强场激光物理

沈百飞 著

科学出版社

北京

内 容 简 介

本书主要介绍超强超短激光与等离子体相互作用的基本理论和实验方法，重点为强场激光的相对论效应和量子电动力学效应。前三章为一些理论介绍，包括强场激光、强激光与电子、原子和团簇相互作用以及等离子体物理基础理论；第4、5章分别为强激光与稀薄等离子体和固体靶相互作用；第6章简单介绍传统加速器和高能粒子束，为后面几章作准备；第7~9章为强场激光的重要应用，即强激光驱动的高能电子束、高能离子束和强辐射源；第10、11章为强场激光在等离子体和真空中的量子电动力学效应；第12章介绍激光核物理。

本书较为全面地介绍了强场激光物理理论和实验的最新进展，主要目的是为刚进入这一领域的研究生提供一本较全面的参考书，也可供这一领域的科技人员、对强场物理感兴趣的其他研究领域的科技工作者参考，对强场物理感兴趣的高年级本科生也可阅读。

图书在版编目（CIP）数据

强场激光物理 / 沈百飞著. —北京：科学出版社，2023.11
ISBN 978-7-03-076667-0

Ⅰ. ①强… Ⅱ. ①沈… Ⅲ. ①激光基础–高等学校–教材
Ⅳ. ①TN241

中国国家版本馆 CIP 数据核字（2023）第 196178 号

责任编辑：陈艳峰 崔慧娴 / 责任校对：彭珍珍
责任印制：张 伟 / 封面设计：无极书装

科学出版社 出版
北京东黄城根北街 16 号
邮政编码：100717
http://www.sciencep.com

北京虎彩文化传播有限公司 印刷
科学出版社发行 各地新华书店经销

*

2023 年 11 月第 一 版 开本：720×1000 1/16
2023 年 11 月第一次印刷 印张：28
字数：559 000

定价：268.00 元
（如有印装质量问题，我社负责调换）

前　　言

　　强场激光物理随着超强超短激光的发展而兴起，并正在继续发展中。随着激光强度的不断提高和应用领域的不断拓展，所需的基础知识也在不断扩展。本书尽可能全面地介绍相关的知识，可作为进行强场物理研究的基础和参考。因为相关知识众多，通常直接引用和强场激光物理有关的理论，而不给出系统、详细的推导。

　　本书主要介绍强场激光与物质相互作用的有关物理过程。描述强场激光的一个重要参数是归一化振幅 a，它定义为自由电子在激光场中的振荡能和电子静能的比，即 $a = eA/(m_e c^2)$。本书的强场激光主要是指归一化振幅 $a \geqslant 1$ 的超短超强激光，对于波长为 800nm 的钛宝石激光，其对应的激光强度为 $> 10^{18}\,\mathrm{W/cm^2}$，自由电子在这样的激光场中做相对论运动，也即在强场激光与物质相互作用过程中，相对论效应起重要作用，归一化振幅 a 是洛伦兹不变量，即在不同的参考系中是不变的。归一化振幅也可写为 $a = \dfrac{eE}{m_e c \omega_L} = \dfrac{eE \cdot \lambda_C}{\hbar \omega_L}$，即表示在一个康普顿波长内电子吸收的光子数，这从量子电动力学理论的角度表明，强场意味着多光子非线性过程。

　　描述强场激光还有其他的重要参数，比如电场强度 E 和激光强度 $I \propto E^2 \propto a^2 \lambda_L^{-2}$。强激光与原子(或离子)相互作用时，激光电场与原子库仑场的比值是重要参数，因为原子及各种电荷态的离子种类繁多，一般选取激光电场和氢原子玻尔半径处电场的比作为参数，即 E_L/E_H，$E_L/E_H = 1$ 对应的激光强度大约为 $10^{15}\,\mathrm{W/cm^2}$。对于强场激光的量子电动力学效应，最重要的物理参数是施温格电场 E_s，在该电场下，真空中能激发出正负电子对，因此可定义激光电场和施温格电场的比值 $\eta = E_L/E_s$，用其来描述量子电动力学效应。施温格电场对应的激光强度约为 $10^{29}\,\mathrm{W/cm^2}$，激光强度和对应的电场强度不是洛伦兹不变量，如果考虑高能电子与强激光相互作用，在电子参数系中，激光强度可大大提高，这被称为洛伦兹增强。

　　与强场激光物理密切相关的一个领域是高能量密度物理，它一般定义为压力达到 1Mbar①或能量密度达到 $10^5\,\mathrm{J/cm^3}$。这个定义并不完美，因为它不是和某个天然物理量的比。高能量密度物理可作为高压物理、聚变物理、天体物理等的学科基础。对于本书讨论的强场激光与物质相互作用，其压力和能量密度通常都远

---

① 1bar $= 10^5$Pa。

超高能量密度的定义，比如强度为$10^{18}\,\mathrm{W/cm^2}$的激光，其光压接近 1Gbar，这一般也是远大于黑体辐射的辐射压，能量密度达到$3\times10^7\,\mathrm{J/cm^3}$，因此强场激光物理可看成是极端高能量密度物理。

除了本书主要讨论的光学波段超强超短激光，还有其他一些方法可以产生极端的强场。一种是正在迅速发展的 X 射线自由电子激光，由于其波长更短，原则上可以把能量集中在更小的时空尺度内，从而产生更高的能量密度。其激光强度有望超过可见光波段的激光，但其归一化振幅a不一定很高。另一种是高 Z 核，当高 Z 原子的核外电子被剥离后，在靠近核的地方其库仑电场非常强，因此核附近可发生量子电动力学效应，比如γ射线在高 Z 核附近可产生正负电子对。在高能物理研究中，粒子碰撞也能产生非常极端的强场，这些已超出了本书的内容。

本书在第 1 章中将首先简单介绍强场激光的产生方法和理论描述。强场激光与物质相互作用时，在激光的预脉冲部分或者脉冲的前沿，就开始将气体或固体电离成等离子体，因此激光与物质相互作用主要是激光与等离子体相互作用，但作为基础，将先在第 2 章中介绍强激光与电子、原子和团簇等较为简单的物质形态的相互作用。等离子体是强场物理中最主要的物质形态，随着电离层等离子体、磁约束等离子体、惯性约束等离子体、天体物理和实验室天体物理、低温等离子体应用等方面研究的进行，等离子体物理理论逐渐成熟，我们将在第 3 章对其作简要介绍，重点是研究激光等离子体相互作用时所需要的有关知识。在此之后分两章(第 4 章和第 5 章)介绍强激光与稀薄等离子体以及激光与固体靶相互作用的基本理论。强激光与等离子体相互作用的重要应用是驱动产生高能粒子源和电磁辐射。在这一领域，传统加速器已经历百年发展，形成了完备的理论体系，为激光加速器研究奠定了坚实的基础，为此，我们在第 6 章中对传统加速器进行简单介绍。然后，在第 7～9 章对激光驱动电子加速、激光驱动离子加速、激光驱动辐射源进行介绍，其中也包括高能粒子束驱动的等离子体加速等。随着激光强度和粒子能量的增长，激光与物质相互作用进入新的参数区域，第 10 章介绍高能射线束与强激光或高 Z 核的强电场作用时的量子电动力学效应。第 11 章则介绍没有实物粒子存在时光的相互作用，也即激光与物质相互作用中的物质由等离子体变成真空。强场激光驱动的粒子源和辐射源通常具有极短的脉宽、很高的流强，在许多领域具有重要应用，我们将在其各自章节中介绍一些有关应用。我们将在第 12 章特别介绍激光驱动等离子体和射线源在核物理方面的应用。

本书在最后给出一些重要的参考书籍，在书中有少量文献没有给出详细的文献目录，相信读者能容易检索到有关文献。

最后，感谢导师徐至展院士引领我国强场物理的早期研究，并将我引入这一未知新领域，感谢 Meyer-ter-Vehn 教授、郁明阳教授、Nakajima 教授、李跃林博士等在我作为德国"洪堡学者"、日本学术振兴会(JSPS)访问教授等出访期间给予的帮助。感谢研究小组成员在作图、校对等方面的付出。感谢国家自然科学基金委、科技部、中国科学院、上海市等给予的科研资助。

沈百飞

2023 年 1 月

目　　录

第 1 章 强 场 激 光

    光是普通常见的, 但又是极其神秘的。很多专著从不同的角度, 如几何光学、波动光学、激光物理和量子光学等, 来讨论光的特性。本章简单介绍到目前为止对光的一些认识, 重点关注和强场激光物理密切相关的一些基础知识, 主要介绍超强超短激光的产生方法和理论描述, 以及激光的各种模式等。

1.1 光 子

    光传递电磁相互作用, 在真空中其速度恒为 c, 即使改变参考系, 光速仍不变。光具有波粒二象性。按照量子力学, 真空中波长为 λ 的平面光, 一个光子的动量为 $\hbar k \left(k = \dfrac{2\pi}{\lambda} \right)$, 能量为 $\hbar\omega (\omega = kc)$。一般地, 光束中的一个光子并不是平面单色光, 它具有平均的中心动量、能量和角动量, 也具有一定的动量分布、能量分布和角动量分布。当光的频率 $\nu(=\omega/(2\pi))$ 比较高时, 光的粒子性比较明显, 比如伽马射线和电子碰撞时, 把光看成光子是比较方便的。光子为玻色子, 可以无限叠加, 也即光子密度可以非常高, 强场激光就具有高光子密度, 这时一个电子在康普顿波长尺度内可同时与多个光子碰撞, 也即发生非线性过程。

    单个光子的能量是有上限的。显然单个光子的能量小于宇宙质量, 即 $\hbar\omega < M_{\mathrm{u}}c^2$ (M_{u} 为宇宙质量)。若普朗克时间

$$t_{\mathrm{p}} = \sqrt{\frac{\hbar G}{c^5}} \approx 5.4 \times 10^{-44}\mathrm{s} \tag{1.1}$$

为最小时间尺度(G 为引力常数), 单个光子的最大能量为

$$\hbar\omega < \sqrt{\frac{c^5 \hbar}{G}} \approx 1.2 \times 10^{19}\,\mathrm{GeV}. \tag{1.2}$$

按普朗克时间计算得到的最大光子能量远小于宇宙质量的静能。目前观测到的最高能的伽马光子为来自天鹅座的伽马射线, 其能量为 1.4PeV。如果高能光子来自高能电子的辐射, 高能电子能量也有上限。相应地, 单个光子的动量也有上限。同时, 单个光子的角动量必然也有上限。

    作为参考, 波长为 1μm 的近红外光的光子能量约为 1eV, 波长为 1nm 的 X 射

线光子能量约为1keV。本书把能量为100keV以上的光子称为伽马光子,伽马光的另一种定义为来自核跃迁的辐射。

1.2 光　波

光可以用电磁波来描述,即使能量弱到只有一个光子的能量。在真空中向 x 方向传输的单色平面波可用矢势写为

$$A(x,t) = A_0 \exp\left[\,\mathrm{i}\left(k_{\mathrm{L}}x - \omega_{\mathrm{L}}t + \varphi\right)\right]. \tag{1.3}$$

可以把它看成理想的平面激光。我们用 ω_{L} 和 k_{L} 分别描述激光在真空中的频率和波数。对于线偏振光(图 1.1),矢势振幅 $A_0 = A_0 \hat{e}_y$,对于圆偏振光 $A_0 = A_0\left(\hat{e}_y \pm \mathrm{i}\hat{e}_z\right)$,其中 ± 分别对应右旋和左旋圆偏振光。在本书的这种定义下,当振幅相同时,圆偏振激光的强度是线偏振激光的两倍。需要指出的是,偏振不是激光独有的性质,在激光发明很早之前,人们就已知晓光的偏振特性。

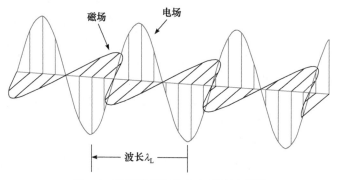

图 1.1　平面线偏振单色电磁波示意图

激光的脉宽不是无限的,也即矢势振幅 A_0 不是随时间恒定不变的。对于不同激光,其振幅是变化的,也即激光脉冲包络是不同的,比如激光可有不同的脉宽,也比如有些激光有比较陡的上升沿而下降沿比较缓,关于少周期激光脉冲载波包络也可参考图 1.2。如果描述振幅变化的激光脉冲包络为高斯分布,t_0 时刻包络峰值为 x_0,包络可写为

$$A_0(x,t) = A_0 \exp\left[-\frac{\left(k_{\mathrm{L}}x - \omega_{\mathrm{L}}t - k_{\mathrm{L}}x_0 + \omega_{\mathrm{L}}t_0\right)^2}{\left(\omega_{\mathrm{L}}\tau\right)^2}\right], \tag{1.4}$$

高斯激光脉冲强度的半高全宽(FWHM)为

$$\Delta\tau = \sqrt{2\ln 2}\,\tau. \tag{1.5}$$

有些文献中，也用强度的 $1/e$ 处的位置来定义激光的脉宽。由激光脉冲矢势的表达式可以得到其电场和磁场的表达式分别为

$$E = -\frac{1}{c}\frac{\partial A}{\partial t}, \qquad B = \nabla \times A. \tag{1.6}$$

同样，也可以从电场或磁场的表达式出发来描述光。这几种表达方式描述的激光，特别是超短脉冲激光，稍有不同。

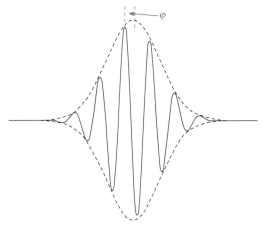

图 1.2　少周期激光脉冲载波包络相位示意图，振幅高点与包络高点有相位差 φ

高斯脉冲在趋向无穷远处才变为零，当进行数值模拟时，需要进行截断，有时也可采用半个周期的正弦波作为激光包络。在有些模拟中，也可设置一定的激光上升沿，然后使激光振幅保持不变，以研究在确定激光强度下的相互作用过程。

1.3　光场的量子化

光的粒子性和波动性是统一的，光场量子化是对光子概念的深化。描述光的方程为麦克斯韦方程，平面单色光为其自由传播解。电磁场具有无穷多自由度，沿 x 方向传输的线偏振平面电磁波可以用平面单色光展开，也即投影到麦克斯韦方程的一组正交完备解上

$$A_y(x,t) = \sum_j \left(\frac{2\pi\hbar}{V\omega_j}\right)^{\frac{1}{2}} \left(a_j e^{-i\omega_j t + ik_j x} - a_j^+ e^{-i\omega_j t - ik_j x}\right). \tag{1.7}$$

这也可以看成利用傅里叶变换把光场从时域描述变为频域描述。一般地，对于自由空间的任意电磁场，则可展开为

$$A(\boldsymbol{r},t)=\sum_{j}\sum_{\sigma=1}^{2}\left(\frac{2\pi\hbar}{V\omega_{j}}\right)^{\frac{1}{2}}\hat{e}_{j,\sigma}\left(a_{j,\sigma}\mathrm{e}^{-\mathrm{i}\omega_{j}t+\mathrm{i}\boldsymbol{k}_{j}\cdot\boldsymbol{r}}-a_{j,\sigma}^{+}\mathrm{e}^{-\mathrm{i}\omega_{j}t-\mathrm{i}\boldsymbol{k}_{j}\cdot\boldsymbol{r}}\right), \tag{1.8}$$

由此可得到电场和磁场分别为

$$E(\boldsymbol{r},t)=\mathrm{i}\sum_{j}\sum_{\sigma=1}^{2}\left(\frac{2\pi\hbar\omega_{j}}{V}\right)^{\frac{1}{2}}\hat{e}_{j,\sigma}\left(a_{j,\sigma}(t)\mathrm{e}^{\mathrm{i}\boldsymbol{k}_{j}\cdot\boldsymbol{r}}-a_{j,\sigma}^{+}(t)\mathrm{e}^{-\mathrm{i}\boldsymbol{k}_{j}\cdot\boldsymbol{r}}\right), \tag{1.9}$$

$$B(\boldsymbol{r},t)=\mathrm{i}\sum_{j}\sum_{\sigma=1}^{2}\left(\frac{\hbar\omega_{j}}{2V}\right)^{\frac{1}{2}}\left(\hat{e}_{j}\times\hat{e}_{j,\sigma}\right)\cdot\left(a_{j,\sigma}(t)\mathrm{e}^{\mathrm{i}\boldsymbol{k}_{j}\cdot\boldsymbol{r}}-a_{j,\sigma}^{+}(t)\mathrm{e}^{-\mathrm{i}\boldsymbol{k}_{j}\cdot\boldsymbol{r}}\right). \tag{1.10}$$

这里 σ 表示偏振，V 用于归一化。这里假定空间区域有限，也即周围有"镜子"约束光，因此平面单色光的模式是离散的，所以把光写成分离频率平面光的叠加，也即级数展升。类似地，我们也可以对其进行积分展开。

将电磁场展开来讨论光的量子化，意味着只需适当归一化，一个光子总是可以用麦克斯韦方程的解来表示。

现在我们只考虑其中的单个模式，也即单个单色平面光的模式，这意味着我们只考虑具有确定能量和动量的光子。为满足麦克斯韦方程，上式中系数需满足对易关系

$$[a,a^{+}]=1, \tag{1.11}$$

其物理本质是光子的自旋量子数为 1。

考虑平面单色光这种单模是数学上一种方便的处理方式。同时，很多相互作用发生在极小的时空尺度内，在这样的时空尺度上，具体描述场的时空结构是不易的，但可以认为光的动量是不变的。在考虑作用前后光子动量的分布时，用平面单色波展开是最合理的。

从另一个角度看，对于普通的高斯光束，我们可以把光看成很多具有确定能量和动量的光子(单色平面波)的组合；但也许更应该看成很多完全相同的光子的组合，其中每个光子都具有高斯光束的性质。特别地，对于涡旋激光，如果把它分解成很多平面单色光，则单个模式不能包含轨道角动量这一重要特性，因此在需要讨论作用前后角动量的变化时，展开为平面单色光不是合适的处理方式。

现在把上面的系数看成算符，通过计算单模光场的能量，可得到其哈密顿量表示为

$$H=\hbar\omega\left(a^{+}a+aa^{+}\right)=\hbar\omega a^{+}a+\frac{1}{2}\hbar\omega. \tag{1.12}$$

哈密顿量中的 $\frac{1}{2}\hbar\omega$ 被称为零点能，也即没有光子时的能量，一般认为这是真空涨

落引起的，其物理内涵仍有待深入挖掘。可以看到，零点能随频率无限增长，这显然是有问题的，其原因可能是平面波近似。对于高能光子，极端地，当 $\hbar\omega$ 接近宇宙总能量时，平面波近似显然是不成立的。在很多问题中，只有能量的相对变化是有意义的，可不用考虑零点能。

对于具有确定能量的本征态，用哈密顿量可写为

$$H|n\rangle = \hbar\omega\left(a^+a+\frac{1}{2}\right)|n\rangle = E_n|n\rangle, \tag{1.13}$$

如果用算符 a 对其作用，利用对易关系，可得到

$$Ha|n\rangle = (E_n-\hbar\omega)|n\rangle. \tag{1.14}$$

这意味着可定义

$$|n-1\rangle = \frac{1}{\alpha_n}a|n\rangle, \tag{1.15}$$

其也是本征态，其本征能量为 $E_{n-1}=E_n-\hbar\omega$。这里系数 α_n 由归一化条件

$$\langle n-1|n-1\rangle = 1 \tag{1.16}$$

决定，$|\alpha_n| = \sqrt{n}$。因此我们把 a 称为湮灭算符，类似地，我们把 a^+ 称为产生算符。由此可以得到

$$a|n\rangle = \sqrt{n}|n-1\rangle, \qquad a^+|n\rangle = \sqrt{n+1}|n+1\rangle. \tag{1.17}$$

如果我们把湮灭算符一直运算下去，由于光子没有反粒子，能量只能为正值，最后必然得到基态能为

$$E_0 = \frac{1}{2}\hbar\omega, \tag{1.18}$$

并且必须有

$$a|0\rangle = 0. \tag{1.19}$$

利用产生算符，也可得到

$$|n\rangle = \frac{(a^+)^n}{\sqrt{n!}}|0\rangle. \tag{1.20}$$

定义

$$q = \sqrt{\frac{\hbar}{2\omega}}\left(a^++a\right), \tag{1.21}$$

$$p = \mathrm{i}\sqrt{\frac{\hbar\omega}{2}}\left(a^+-a\right). \tag{1.22}$$

由此也可得到

$$a^+ = \sqrt{\frac{1}{2\hbar\omega}}(\omega q - \mathrm{i}p), \qquad a = \sqrt{\frac{1}{2\hbar\omega}}(\omega q + \mathrm{i}p), \tag{1.23}$$

可以推导得到

$$p = -\mathrm{i}\hbar\frac{\partial}{\partial q}. \tag{1.24}$$

由哈密顿量的表达式可得到,

$$\dot{q}_i = \frac{\partial H}{\partial p_i}, \qquad \dot{p}_i = -\frac{\partial H}{\partial q_i}. \tag{1.25}$$

可以证明对易关系

$$\left[q_i, p_j\right] = \mathrm{i}\hbar\delta_{ij}. \tag{1.26}$$

由 $a|0\rangle = 0$,可得到真空态下的波函数为

$$\phi_0(q) = \left(\frac{\omega}{\pi\hbar}\right)^{\frac{1}{4}}\exp\left(-\frac{\omega q^2}{2\hbar}\right). \tag{1.27}$$

真空态具有最小测不准关系,即

$$\Delta p\Delta q = \frac{1}{2}\hbar. \tag{1.28}$$

除了利用具有确定动量的单光子单色平面光作为基外,我们还可以利用另外一组基,即湮灭算符的本征态,

$$a|\alpha\rangle = \alpha|\alpha\rangle \tag{1.29}$$

本征值 α 为复数,经典意义上对应单模光场的复振幅,这被称为相干态。经推演可得到

$$|\alpha\rangle = \exp\left(-\frac{1}{2}|\alpha|^2\right)\sum_n\frac{a^n}{\sqrt{n!}}|n\rangle, \tag{1.30}$$

$$|\alpha\rangle = \exp\left(-\frac{1}{2}|\alpha|^2\right)\exp\left(aa^+\right)|0\rangle. \tag{1.31}$$

相干态是超完备的,但非正交。相干态是一种最小测不准态,即 $\Delta p\Delta q = \frac{1}{2}\hbar$,除零点起伏外,没有其他噪声,因而被认为是最接近经典极限的量子态。在处理角动量问题时,也许可构造一组关于角度和角动量的最小测不准态。

顺带指出,后面利用狄拉克方程研究真空中强场产生正负电子对时,我们也采用类似的方法对电子波函数再量子化。

1.4 短脉冲激光

短脉冲激光的定义是随年代变化的。历史上把纳秒脉冲的钕玻璃激光(波长为 1.06μm)称为短脉冲激光,可见光波段激光(比如钛宝石激光的波长为 800nm)脉宽可短至几十飞秒,甚至几飞秒,目前一般把这种飞秒激光称为超短激光。在紫外或软 X 射线波段,脉宽可短至几十阿秒。未来,在 γ 波段,也许可实现仄秒(10^{-21}s) 脉冲。物理上我们可定义当激光脉宽远大于激光波长,即 $\Delta \tau c \gg \lambda_L$ 时,激光为长脉冲激光,或称为多周期脉冲。当激光脉宽和激光波长可比,即一个激光脉冲只包含几个激光波长时,为少周期激光。由测不准原理,激光脉冲最短只能为约一个激光周期。瞬时产生的亚周期脉冲,在传输过程中会逐渐展宽。

对于少周期激光脉冲,激光的载波包络相位(CEP),即振幅高点与包络高点间的相位差,极为重要。取激光脉宽 $\Delta \tau = 2\lambda_L / c$,得到如图 1.2 所示激光振幅和脉冲包络的关系。振幅的高点和包络的高点可不重合,对于多周期激光这种不重合一般不会有大的影响,但对于少周期激光,对很多物理现象(比如原子的光场电离)有很大影响。为了得到稳定可靠的实验结果,有时需要稳定的载波包络相位,即对于每一发激光脉冲,相位差 φ 是恒定不变的。

如果激光脉冲用矢势 A 来描述,由矢势可得到激光脉冲的电场和磁场,即

$$E = -\frac{1}{c}\frac{\partial A}{\partial t}, \qquad B = \nabla \times A. \tag{1.32}$$

对于一维平面激光,容易发现和矢势一样,在无穷远处,电场 E 和磁场 B 也为零。若用电场 E 来描述激光的振幅和包络,可通过积分 $A = \int cE\mathrm{d}t$ 得到矢势。这时可发现,当载波包络相位 $\varphi \neq 0$ 时,不能保证两侧无穷远处矢势同时为零。按目前的电磁理论,电场 E 为更本质的物理量,要求其在无穷远处为零是必要的,但是否必须要求矢势 A 在无穷远处为零,还是只要求矢势的导数为零,则没有定论。本书一般假定在无穷远处 $\partial A / \partial t = 0, A = 0$。

激光的坡印亭矢量 $S = (c / 4\pi)E \times B$,因此激光的强度为

$$I = \frac{\omega_L k_L}{8\pi} A_0^2 \times \begin{cases} 1 + \sin 2(k_L x - \omega_L t + \varphi), & \text{线偏,} \\ 2, & \text{圆偏.} \end{cases} \tag{1.33}$$

偏振特性对激光等离子体相互作用有很大影响。比如,圆偏振激光没有两倍频的纵向振荡项,不易加热等离子体。另外,在相同的平均强度下,线偏振激光的振幅为圆偏光的 $\sqrt{2}$ 倍。

电磁场的时域分布和频域分布可通过傅里叶变化相关联。短的时域分布意味着宽的频域分布。同时，这也可以从时间和能量的测不准关系来理解。因此，短脉冲激光可以通过连续或分离的不同频率的单色光合成得到。如果用基频激光来产生一系列高次谐波，然后把基频和部分低频谐波滤波，那么滤波后多个分离的单色谐波合成可得到的脉冲时域分布为

$$A(x,t) = \sum_{n=n_1}^{n_2} A_n \mathrm{e}^{\mathrm{i}(k_n x - \omega_n t + \varphi_n)}. \tag{1.34}$$

对于奇次谐波，n 取奇数。假设所有谐波的振幅 A_n 和相位 φ_n 都相同，在 $x = 0$ 处

$$A(x=0,t) = \frac{A\mathrm{e}^{\mathrm{i}(n_1\omega_0 t + \varphi)}\left(1 - \mathrm{e}^{\mathrm{i}2N\omega_0 t}\right)}{1 - \mathrm{e}^{\mathrm{i}2\omega_0 t}}, \tag{1.35}$$

这里 $n_2 - n_1 \equiv 2(N-1)$。由此得到光强的时域分布为

$$I = I_0 \frac{\sin^2(N\omega_0 t)}{\sin^2(\omega_0 t)}, \tag{1.36}$$

I_0 为单次谐波的光强。作为例子，取 $n_1 = 21$，$n_2 = 31$，得到光强的时域分布如图 1.3 所示。如果基频光为可见光，就可得到阿秒(10^{-18}s)脉冲链。阿秒脉冲的间隔为半个基频激光周期，即 $T_\mathrm{L}/2$，阿秒脉冲的脉宽 $\Delta\tau = T_\mathrm{L}/N$，峰值强度为 $N^2 I_0$。如果基频光为少周期激光，从时域上理解，只有位于脉冲峰值位置的最强的激光周期(参考图 1.2)才可以产生高次谐波，这时可得到单个的阿秒脉冲。实验上也

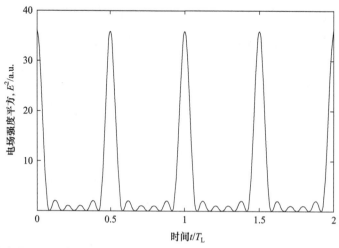

图 1.3 谐波合成阿秒脉冲。阿秒脉冲的间隔为半个基频激光周期，即 $T_\mathrm{L}/2$，阿秒脉冲的脉宽 $\Delta\tau = T_\mathrm{L}/N$，峰值强度为 $N^2 I_0$

可通过偏振门、双色场等方法来控制驱动的基频激光,使得高次谐波只在一个或少数几个激光周期里产生,从而得到单个的阿秒脉冲。需要指出的是,如果各次谐波的相位不同或随机分布,则合成得到的光束有很大不同,有可能得不到阿秒脉冲。

从另一个角度看,少周期激光的基频和谐波都是有谱宽的。谐波合成脉冲链时,单个谐波的谱宽决定了脉冲链的宽度。如果单个谐波的谱宽足够大,则脉冲链可短到只包含一个脉冲。顺带指出,类似地,二氧化碳激光虽然可同时辐射多个谱线的激光,但这些谱线一般都比较窄,因此即使相位锁定,也只能合成脉冲链,而不是单一的短脉冲。要获得单一短脉冲,需要通过增加气压或增加强度等增加单个谱线的宽度。

根据傅里叶变换关系或测不准原理,激光脉冲的时域和频域存在一定关系。短脉冲激光不只意味着大谱宽,也意味着高中心频率。因此,阿秒脉冲必然在紫外或 X 射线波段,而仄秒(10^{-21}s)脉冲必然是伽马射线。

短脉冲激光意味着大量光子集中在很短的时间尺度内,这样用较低的激光能量就能获得极高的激光功率和强度。因为激光装置的大小通常取决于激光能量,在一定的激光功率下,短脉冲意味激光装置可大大缩小,建设费用降低,在普通实验室中就能进行高功率激光的研究,从长远看有望将高功率激光用于各种应用领域。

由于光是玻色子,原则上,在真空中激光强度可一直上升,直到真空被超强激光极化。但在介质中,当激光强度足够大时,材料被融化,原子被电离,光学系统就不再能很好地工作。因此需要很多激光技术来克服这些挑战。

1.5 啁啾脉冲放大

1985 年,G. Mourou 和 D. Strickland 提出利用啁啾脉冲放大(CPA)技术来产生超强激光,后来因超强超短激光的广泛应用获得了诺贝尔物理学奖。其基本思想是,先产生一个高品质的短脉冲种子激光(一般为数飞秒~数皮秒),这样的短脉冲激光有一定的带宽。因为不同频率的光在色散介质中速度不同,通过色散元件,比如光栅,可将脉冲宽度展开几个数量级,短脉冲飞秒激光变成纳秒脉宽的啁啾脉冲,也即激光的频率随所处激光包络的位置变化(图 1.4)。线性啁啾平面高斯脉冲可写为

$$A(t) = A_0 \exp\left[-(t/\tau_G)^2\right]\exp\left[i\omega_L\left(t+\beta t^2\right)\right], \tag{1.37}$$

这里,ω_L 为激光中心频率,β 的符号决定正啁啾或负啁啾。如果相位中有时间的

立方项或更高次项，则啁啾是非线性的。将啁啾脉冲作傅里叶变换，可得到频谱分布

$$A(\omega) \propto A_0 \exp\left[-\frac{\tau_G^2}{4\left(1+\tau_G^4\beta^2\right)}(\omega-\omega_L)^2\right]\exp\left[-\mathrm{i}\frac{\tau_G^4\beta}{4\left(1+\tau_G^4\beta^2\right)}(\omega-\omega_L)^2\right]. \tag{1.38}$$

顺带指出，对于涡旋激光，如果角量子数随频率线性变化，即

$$l = l_0\frac{\omega}{\omega_L} = l_0\left(1+\beta t\right), \tag{1.39}$$

那么脉冲展宽成啁啾脉冲时，角量子数也可随着变为"啁啾"的，即在脉冲不同时间、位置的角量子数是不同的。频率和角量子数同样啁啾的脉冲可写为

$$A(t) = A_0 \exp\left[-(t/\tau_G)^2\right]\exp\left[\mathrm{i}(\omega_L t+l_0\varphi)(1+\beta t)\right]. \tag{1.40}$$

这样的写法可使角量子数为非整数，后面我们将对涡旋光的啁啾特性及弹簧光进行深入的讨论，为了只使用整数角量子数，我们将采用离散模式的叠加。

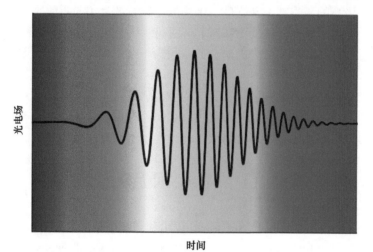

图 1.4　啁啾脉冲振幅随时间变化的示意图，颜色的变化表示频率的变化

　　回到啁啾脉冲放大，将脉宽变长的啁啾脉冲注入激光放大器中进行放大，使得啁啾脉宽和泵浦激光的脉宽相匹配，这样整个啁啾脉冲都能得到放大(图 1.5)。同时，放大器要对各个频率都有很好的放大，否则，谱宽变窄，不能压回到短脉冲。激光介质是有损伤阈值的，因此放大介质中的激光强度不能太高。但由于此时的啁啾激光脉宽很宽，在低于损伤阈值下仍能获得很高的激光能量。同时增大激光介质的横向尺寸可进一步缓解这一限制，提高激光功率($P = IS$，S 为横向面积)，但扩大横向尺寸会带来其他问题，比如大尺寸激光晶体难以生长，横向寄生

振荡等。放大后的啁啾激光再用与脉冲展宽色散相反(共轭色散)的元件(常用的仍是光栅)将脉冲压缩到原来的宽度，就可获得很高的激光功率。根据物理实验的需要，也可以不完全压缩到原来的宽度，这样可得到高功率的啁啾脉冲(正啁啾或负啁啾)。

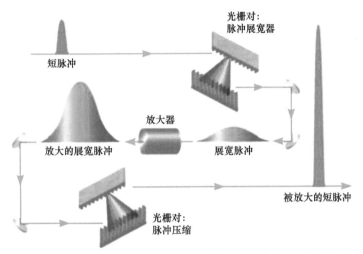

图 1.5　啁啾脉冲展宽、放大和压缩。如果不完全压缩到原来的宽度，可得到高功率的啁啾脉冲

1.6　激　光　模　式

　　激光与物质相互作用中，操控的对象为激光和物质。原则上，在满足麦克斯韦方程的条件下，可以操控四维时空中任何一点电场、磁场的矢量方向和振幅大小。通常，激光除了波长、脉宽、强度等可操控外，激光的模式(这里主要指横模)也是重要的操控对象。数学上，任意电磁波可由一组正交完备的平面波展开，即看成许多平面波的叠加。这样的正交完备函数除平面波外，常用的还有厄米-高斯函数、贝塞尔-高斯函数和拉盖尔-高斯函数等。物理上，也可近似产生这样的平面光、厄米-高斯光、贝塞尔-高斯光、拉盖尔-高斯光等。这些不同模式的激光有着独特的性质和应用。

1.6.1　高斯激光

　　在实验室中，激光介质、光学元件的尺寸都是有限的，因此激光是有横向分布的。对于厄米-高斯光，光场振幅的横向分布为高斯函数与厄米函数的乘积，即

$$A_0(y,z) = C_{mn} H_m\left(\sqrt{2}\,\frac{y}{w(x)}\right) H_n\left(\sqrt{2}\,\frac{z}{w(x)}\right) \exp\left(\frac{-\left(y^2+z^2\right)}{w^2(x)}\right), \tag{1.41}$$

H 为厄米函数，$H_n(x) = \sum_{k=0}^{[n/2]} (-1)^k \dfrac{n!}{k!(n-2k)!} (2x)^{n-2k}$，其中 [ ] 为取整。当 $m = n = 0$ 时，得到常用的基模高斯光。

短脉冲基模高斯激光可描述为

$$A(x,y,z,t) = A_0 \frac{w_0}{w(x)} \exp\left(\frac{-\left(y^2+z^2\right)}{w^2(x)}\right) \exp\left[-\frac{\left(k_\mathrm{L}x - \omega_\mathrm{L}t - k_\mathrm{L}x_0 + \omega_\mathrm{L}t_0\right)^2}{\left(\omega_\mathrm{L}\tau\right)^2}\right]$$

$$\times \exp\left(-\mathrm{i}k_\mathrm{L}x + \mathrm{i}\omega_\mathrm{L}t - \mathrm{i}k\frac{y^2+z^2}{2R(x)} + \mathrm{i}\varsigma(x)\right) \tag{1.42}$$

这里，$t = t_0$ 时，激光的焦点在 $x = x_0$ 处，这时光束横向尺寸 $w(x)$ 取最小值 w_0，即激光束腰尺寸。光束尺寸随传播距离的变化关系为

$$w(x) = w_0 \sqrt{1 + \left(\frac{x-x_0}{x_R}\right)^2}, \tag{1.43}$$

这里 $x_R = \pi w_0^2 / \lambda_\mathrm{L}$ 为瑞利长度。距焦点 x_R 处激光强度降为焦点处的一半。$2x_R$ 称为激光焦深。在实际应用中，通常认为基模高斯光在瑞利长度内，光束是近似平行的。

$R(x) = (x-x_0)[1 + (x_R/(x-x_0))^2]$ 为激光波前的曲率半径，$\varsigma(x) = \arctan\left[\dfrac{x-x_0}{x_R}\right]$ 为激光的纵向相位延迟，即 Gouy 相位。当 $x - x_0 \gg x_R$ 时，光斑大小 $w(x)$ 的变换趋近于直线，在傍轴近似下，即这条直线与中央光轴的夹角比较小时，有

$$\theta \approx \tan\theta = \frac{\lambda_\mathrm{L}}{\pi w_0}. \tag{1.44}$$

光束发散的总角度为 2θ。发射角和焦斑尺寸的乘积是常数，焦斑聚得越小，发射角越大。这也可理解为横向动量和横向尺寸满足测不准关系。

高斯激光中和横向位置有关的两项分别为横向包络和由球面波效应引起的相位变化，我们把它们合起来写为

$$\exp\left(\frac{-\left(y^2+z^2\right)}{w^2(x)} - \mathrm{i}k\frac{y^2+z^2}{2R(x)}\right) = \exp\left[-\mathrm{i}k\frac{r^2}{2}\left(\frac{1}{R(x)} - \mathrm{i}\frac{\lambda}{\pi w^2(x)}\right)\right]$$

$$= \exp\left(-\mathrm{i}k\frac{r^2}{2}\frac{1}{q}\right). \tag{1.45}$$

也即我们可以定义参数 $q(x)$，

$$\frac{1}{q} = \frac{1}{R(x)} - \mathrm{i}\frac{\lambda}{\pi w^2(x)}, \tag{1.46}$$

利用 $R(x)$ 的表达式，可得到

$$q(x) = \mathrm{i}\frac{\pi w_0^2}{\lambda} + (x - x_0).\tag{1.47}$$

q 参数满足 ABCD 传输规律，对于大焦斑，过渡到几何光学中傍轴光线的传输规律。如果把 Gouy 相位项也包括进来，则有

$$\frac{1}{q}\exp\left(-\mathrm{i}k\frac{r^2}{2}\frac{1}{q}\right)\tag{1.48}$$

的形式。在第 4 章中对此有更多的讨论。

实验上，对一个大尺寸平行光束聚焦时，F 数定义为焦距除以光束尺寸，即 $F = f/R_{\mathrm{m}}$，也即 $F \approx 1/(2\theta)$。由此可以得到束腰为

$$w_0 = \frac{2\lambda_{\mathrm{L}}}{\pi}F.\tag{1.49}$$

对于光学元件，F 数定义为焦距除以光学元件(比如聚焦透镜)横向尺寸，如果实际光束尺寸小于光学元件尺寸，则实际 F 数大于标定 F 数。

有些应用中，比如激光与固体靶作用加速离子以及研究强激光的强场量子电动力学效应等，希望得到尽量高的激光强度，这时需要紧聚焦，也即小 F 数；在另一些应用中，比如对于激光驱动尾场电子加速，需要在较长距离上(可达几十厘米)保持稳定的激光强度，这时需要采用大 F 数聚焦。短脉冲高斯激光在真空中的传输如图 1.6 所示。应注意，短脉冲激光的脉宽可远小于瑞利长度。

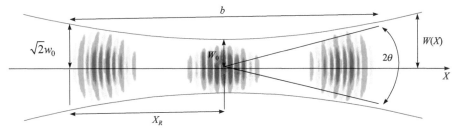

图 1.6　短脉冲高斯激光(束腰 $w_0 = 5\lambda_{\mathrm{L}}$，脉宽 $\tau = 2T$) 在焦点附近的传输。短脉冲激光的脉宽可远小于瑞利长度

需要注意，由于衍射极限，或者说测不准关系，即 $\Delta y\Delta k_y \geqslant (1/2)\hbar$，激光焦斑最小只能聚焦到波长量级。小于激光波长的超分辨，一般采用次级效应，比如激光激发的次级荧光。

基模高斯光在瑞利长度内，光束是近似平行的，这时激光脉冲近似写为

$$A(x,y,z,t) = A_0 \frac{w_0}{w} \exp\left(\frac{-\left(y^2 + z^2\right)}{w^2}\right) \exp\left[-\frac{\left(k_L x - \omega_L t - k_L x_0 + \omega_L t_0\right)^2}{\left(\omega_L \tau\right)^2}\right] \tag{1.50}$$
$$\times \exp\left(-\mathrm{i}k_L x + \mathrm{i}\omega_L t\right),$$

这里一般用焦点尺寸作为平行光束束腰尺寸，即 $w = w_0$。

为了充分利用激光放大介质的性能，高功率激光强度的横向分布可能几乎是平顶的，这种激光被称为超高斯激光。在理论上，我们可以用超高斯函数来描述其横向分布，即

$$A = A_0 \frac{w_0}{w(x)} \exp\left(\frac{-\left(y^2 + z^2\right)}{w^2(x)}\right)^n, \quad n > 1. \tag{1.51}$$

同时，在某些应用中超高斯激光也是非常有用的，比如在用光压加速机制整体加速薄膜靶时，超高斯光束能减少横向有质动力引起的等离子体密度扰动，可较好地抑制横向不稳定性的发展。

1.6.2 贝塞尔光

贝塞尔光可看成许多不同方向的平面光干涉的结果，也即可写为平面波的叠加。常用的理想零阶贝塞尔光束可写为

$$A(x,y,z,t) = A_0\left(x - ct\right)\exp\left[\mathrm{i}\left(\beta x - \omega_L t\right)\right]J_0\left(\alpha\sqrt{y^2 + z^2}\right), \tag{1.52}$$

其中，J_0 为第一类零阶贝塞尔函数，β 为轴向波数，α 为横向波数，$\alpha^2 + \beta^2 = k^2$。由式(1.52)可以看到贝塞尔光是包含横向动量的。贝塞尔光被认为是无衍射光，即中间光斑的长度无限长。但这是由于理想贝塞尔光无穷多旁斑干涉的结果，其总功率无限大。但显然，实际激光的功率不可能无限大，其横向在一定位置必然是截断的。一旦有横向截断，必然有衍射，即光斑随传输距离不断变大。对于准理想贝塞尔光，其焦斑长度可远大于瑞利长度，但这仍是许多旁斑干涉的结果。总体上是以牺牲中心焦斑的功率增加中心焦斑的焦深。在进行理论计算或数值模拟时，一般也在横向对贝塞尔函数进行截断，因此会带来一些误差。特别对于解析计算，更需要小心。

一阶贝塞尔光具有中空结构，横向可形成指向轴的有质动力，这和下面讲的拉盖尔-高斯光类似，但贝塞尔光没有轨道角动量。

实验中可用轴锥透镜聚焦高斯光束等方法形成贝塞尔光。贝塞尔激光被用于激光驱动电子加速等研究，并取得了一些成果。

第 1 章 强 场 激 光

· 15 ·

1.6.3 拉盖尔-高斯光

拉盖尔-高斯函数是正交完备函数，因此各种激光都可以展开为拉盖尔-高斯函数。其函数形式为

$$A_{pl}(x,y,z,t) = A_0 \sqrt{\frac{2p!}{\pi(p+|l|)!}} \frac{w_0}{w(x)} \left[\frac{\sqrt{2(y^2+z^2)}}{w(x)}\right]^{|l|} \exp\left(\frac{-(y^2+z^2)}{w^2(x)}\right) L_p^{|l|}\left(\frac{2(y^2+z^2)}{w^2(x)}\right)$$

$$\times \exp\left[-\frac{(k_L x - \omega_L t - k_L x_0 + \omega_L t_0)^2}{(\omega_L \tau)^2}\right]$$

$$\times \exp\left\{-ik_L x + i\omega_L t + il\varphi - ik\frac{y^2+z^2}{2R(x)} + i(2p+|l|+1)\varsigma(x)\right\}, \tag{1.53}$$

这里，$L_p^{|l|}$ 为拉盖尔函数，p 描述径向(横向)动量，l 描述角动量。当 $p=l=0$ 时，仍回到基模高斯光，最常用的则是 A_{01} 模。对于高斯激光，激光束腰大小为 w_0，但对拉盖尔-高斯激光，激光强度分布为环状结构，在 w_0 不变时，环到光轴的半径随 l 增大而增大，即最大振幅位置为

$$r(x)_{max} = w(x)\sqrt{\frac{l}{2}}. \tag{1.54}$$

拉盖尔-高斯激光是一种涡旋激光。可以通过多种方式产生拉盖尔-高斯激光，这里给出比较容易理解的一种产生方式。如图 1.7 所示，当具有平直波前的高斯激光透过厚度随旋转角变化的介质(螺旋相位板)时，由于介质的折射率和空气(或真空)不同，平直波前变成扭曲的螺旋状波前(图 1.7)就可得到涡旋激光(拉盖尔-高斯激光)。对于强场激光，透过式光学元件带来色散、损伤阈值等问题，因此可改用反射式螺旋相位板，利用光程差来改变波前。拉盖尔-高斯激光也可在特殊设计的激光腔中直接产生，例如利用厄米-高斯激光合成，以及利用叉形光栅等方式得到。

拉盖尔-高斯光的相位除了沿传播方向变化外，在垂直传播方向的横截面上也随旋转角变化。对于拓扑荷 l(也被称为角量子数)，则角度旋转 2π 时，相位变化为 $2l\pi$。对于相位，2π 和 $2l\pi$ 的效果是一样的，因此在横截面上连续变化 $2l\pi$ 和每次都从 $0\sim2\pi$，然后变化 l 次的效果是相同的。但在实验上，这意味着两种实现方法的实际效果稍有不同。对于少周期超短激光脉冲，还有额外的不同，当 l 比较大时，连续变化 $2l\pi$ 的方法使得脉冲被显著拉长。

可以看到在中心点，拉盖尔-高斯光的相位是不确定的，这意味着该点的振幅只能为零，也即这是个奇点。拉盖尔-高斯光的横向分布由上面的公式(1.53)描述，也可参考图 1.7。由于其螺旋状的相位分布和环状的强度分布，这种激光也被称为

涡旋光。涡旋光的振幅横向分布也可使用贝塞尔函数描述，由于其无衍射特性，即电磁场振幅不随传输距离变化，可方便作一些理论分析。但前面已指出，贝塞尔函数意味着横向强度积分是无穷大的，因此为符合实际必须进行恰当的截断。

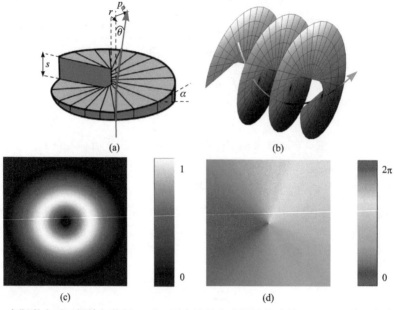

图 1.7　高斯激光透过螺旋相位板(a)后，平直波前变成螺旋状波前(b)、(d)。其坡印亭矢量除了有传播方向分量外，还具有旋转分量。其横向强度分布为环状结构(c)

我们知道，圆偏振激光具有自旋角动量，而拉盖尔-高斯激光的一个重要特点是具有轨道角动量。在傍轴近似下，我们可以通过计算激光的角动量和能量的比值来得到每个光子的平均角动量，即

$$\frac{J_x}{\mathcal{E}} = \frac{\int \mathrm{d}v \boldsymbol{r} \times (\boldsymbol{E} \times \boldsymbol{B})_x}{c \int \mathrm{d}v (\boldsymbol{E} \times \boldsymbol{B})_x}, \tag{1.55}$$

这个公式中同时包括自旋角动量和轨道角动量。对于圆偏振高斯激光，因为单个光子的自旋角动量为 $\pm h$，总角动量为 $\pm Nh$(符号取决于左旋或右旋，N 为光子数)，而激光总能量为 $Nh\omega_\mathrm{L}$。因此

$$\frac{J_x}{\mathcal{E}} = \pm \frac{1}{\omega_\mathrm{L}}. \tag{1.56}$$

可以证明，对拉盖尔-高斯激光，有

$$\frac{J_x}{\mathcal{E}} = \frac{l+\sigma}{\omega_\mathrm{L}}, \tag{1.57}$$

σ 为椭偏度，$-1 \leqslant \sigma \leqslant +1$，$\sigma = \pm 1$ 为左旋光或右旋光。也即每个光子的平均总角动量为 $(l+\sigma)\hbar$。不只是拉盖尔-高斯光具有涡旋结构和轨道角动量，其他一些形式也可以。在紧聚焦情况下，涡旋光自旋和轨道角动量的描述更为复杂，这里不仔细讨论。

庞加莱球是研究偏振合成的常用方法，这一方法也可以用来研究涡旋光的合成。类似两个圆偏振态，假如我们有两个涡旋态 $|l\rangle$ 和 $|-l\rangle$。这两个态可合成出新的态

$$|a\rangle = \cos\frac{\theta_a}{2}|l\rangle + e^{i\phi_a}\sin\frac{\theta_a}{2}|-l\rangle. \tag{1.58}$$

角度的几何意义见图 1.8，其物理意义表示相对振幅和相对相位。若 $\theta_a = \pi/2$，$\phi_a = 0$，即振幅和相位都相同，我们可得到

$$|a\rangle = \frac{1}{\sqrt{2}}(|l\rangle + |-l\rangle). \tag{1.59}$$

类似圆偏光可合成线偏光，$LG_{0,1}$ 和 $LG_{0,-1}$ 可以合成没有轨道角动量的厄米高斯模式 $HG_{0,1}$。反过来，我们也可以通过厄米高斯模式来合成拉盖尔-高斯模式。这里的一个问题是，没有角动量的光，合成后为什么有角动量了。对于真实的合束，各子束在近场必然是分离的，也即子束的光轴，或者说动量是不共线的。各子束相对于自己的光轴没有角动量不意味着合束对于新的光轴没有角动量。图 1.8 中给出更一般的合成方式。平面光的自旋角动量只能为 $\pm\hbar$，而轨道角动量可以为任意值，不同角量子数的合成更为复杂。

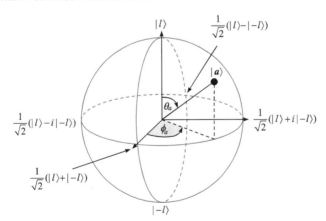

图 1.8 描述涡旋态合成的庞加莱球

光子是具有内禀自旋角动量的，对平面光，其大小为 $\pm\hbar$，它和光的相干性无关，即非相干光也可以是圆偏光或线偏光。但相干光要求所有光子有相同偏振特性。因为光子内禀自旋角动量为 $\pm\hbar$，圆偏光是更本质的，而线偏光只是不同圆偏

光的合成。

　　拉盖尔-高斯光与光子的自旋无关，它描述的是光的轨道角动量，即相对于激光传输轴的角动量。和偏振特性类似，原则上，具有轨道角动量的光也不需要必须是相干光。比如，一束伽马射线一般不相干，但它可具有轨道角动量。我们可以理解为每一个伽马光子都具有拉盖尔-高斯这样的波函数形式，因此每一个光子都是有轨道角动量的。但这些光子之间的相对相位是随机的，因此整个光束是不相干的。对于非相干涡旋光，光轴处的光强一般不为零。在 PIC(particle-in-cell)模拟中，伽马光子射出后，作为经典粒子考虑，即保持其动量方向不变，这时，对所有光子进行统计分析后，仍可得到其总角动量。可以认为，每发射一个伽马光子都进行了一次量子力学意义上的测量。因为伽马光是非相干的，单独测量和一起测量的效果是一样的。

　　在保证总角动量守恒的条件下，光的自旋角动量和轨道角动量是可以转换的。

　　角动量和角度符合测不准原理，即

$$\Delta L \cdot \Delta \varphi \geqslant \frac{\hbar}{2}. \tag{1.60}$$

这意味着和高次谐波可合成超短脉冲类似，由多个不同角量子数 l 的拉盖尔-高斯激光可合成环上一个点，即

$$A(x,t) = \sum_{l=l_1}^{l_2} A_l \mathrm{e}^{\mathrm{i}(k_l x - \omega_l t + l\varphi + \varphi_l)}. \tag{1.61}$$

l 一般是离散的，分数涡旋光也可以看成多个离散涡旋光的合成，这是由于和纵向空间可以看成无限大不同，角向转一圈为 2π，是有限的，类似有谐振腔。这里先假定横向分布相同，频率都相同，φ_l 也为常数。为和前面谐波合成类似，这里也取 l 为奇数，$l_2 - l_1 \equiv 2(M-1)$，那么有

$$I = I_0 \frac{\sin^2(M\varphi)}{\sin^2\varphi}. \tag{1.62}$$

和高次谐波在一个激光周期里有两个峰类似，在环上有两个强点。如果 l 为连续整数，且 $l_2 - l_1 = M - 1$，则

$$I = I_0 \frac{\sin^2\left(\dfrac{M\varphi}{2}\right)}{\sin^2\left(\dfrac{\varphi}{2}\right)}, \tag{1.63}$$

即一个环上只有一个亮点，这个亮点不随时间变化，也即不是旋转的。

　　平均角量子数不为整数的拉盖尔-高斯光被称为分数涡旋激光，它也可以看成

是数个整数涡旋激光的合成。一般，只有少数几个整数涡旋光的合成称为分数涡旋光，它的强度分布一般为"C"形，如果整数涡旋光的数目增多，则"C"的缺口变大，也即逐渐变成一个"点"。随着 ΔL 的增大，$\Delta\varphi$ 可以很小，但其线长度 $r\Delta\varphi$ 是有极限的，也即激光的峰值强度不会无限增大。在进行涡旋光合成时，若不同 l 激光的环位置相同，即 A_l 相同，则在径向上也更局域。

现在同时考虑频率和角量子数的合成，

$$A(x,\varphi,t) = \sum_{n=0}^{N} A_n e^{i\left[k_n x - \omega_0(t+n\alpha t)+(l_0\varphi+n\beta\varphi)\right]}. \tag{1.64}$$

这里 n 为连续整数，那么合成后得到

$$I = I_0 \frac{\sin^2\left[\dfrac{(N+1)(\alpha\omega_0 t - \beta\varphi)}{2}\right]}{\sin^2\left[\dfrac{\alpha\omega_0 t - \beta\varphi}{2}\right]}. \tag{1.65}$$

如果角量子数取连续整数，$\beta=1$。这时，亮点随时间旋转，如果时间确定，亮点随空间旋转，由 $\alpha\omega_0\Delta t = 2\pi$ 可得到螺距为

$$\Delta x = c\Delta t = \frac{2\pi c}{\alpha\omega_0}. \tag{1.66}$$

如果我们类似激光的时间包络，把式(1.65)中辛格(sinc)函数换成高斯函数，则有一个问题，即 φ 不再有周期性。

如果我们把相位项也一起写出来，则振幅为

$$A(x,r,\varphi,t) = A(r)\frac{\sin\left[\dfrac{(N+1)(\alpha\omega_0 t - \alpha k_0 x - \varphi)}{2}\right]}{\sin\left(\dfrac{\alpha\omega_0 t - \alpha k_0 x - \varphi}{2}\right)} e^{i\frac{N}{2}(\alpha k_0 x - \alpha\omega_0 t + \varphi)} e^{i(k_0 x - \omega_0 t + l_0\varphi)}. \tag{1.67}$$

这样的激光被称为"弹簧光"(图1.9)，即在某个横截面，激光只出现在很小的角度 $\Delta\varphi$ 内，也即只是环上的一个点。从整个激光脉冲看，这些亮点连成一个"弹簧光"。

我们知道，高斯激光的频率可以是啁啾的，从原则上讲，涡旋激光的频率和角动量都可以啁啾。同时，弹簧光的频率和角动量也可以啁啾。比如，如果我们假定 $\alpha=\alpha_0+\alpha_1 t$，$\beta=\beta_0+\beta_1 t$，就可得到频率和角动量都啁啾的弹簧光。

拉盖尔-高斯激光的角动量和动量方向平行(或反平行)，也可产生角动量和动量方向成一定角度(甚至垂直)的激光，这被称为时空涡旋，即在时间轴和空间轴

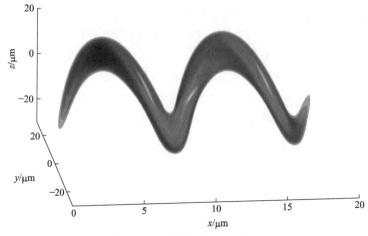

图 1.9 弹簧光强度的空间分布

组成平面里的涡旋。时空涡旋激光可采用两维近似(x-y 平面，x 为激光传播方向)，并可以描述为(图 1.10)

$$A \propto J_l(\rho)\exp(\mathrm{i}k_0\xi + \mathrm{i}l\varphi),\tag{1.68}$$

这里，$\xi = x - ct = r\cos\varphi$，零点为涡旋的中心，$(r,\varphi)$ 为 (ξ,y) 平面的极坐标；$J_l(\rho)$ 为 l 阶贝塞尔函数，描述 $(\Delta k\xi, \Delta ky)$ 平面的环状振幅分布，实际使用中需要截断，也可以近似使用拉盖尔-高斯函数；$\rho = \Delta kr$，其中 $\Delta k = \Delta\omega / c$ 描述激光的谱宽。

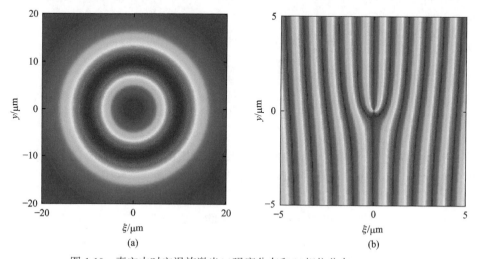

图 1.10 真空中时空涡旋激光(a)强度分布和(b)相位分布($\xi = x - ct$)

对于最佳压缩的飞秒激光，$\Delta k\Delta L = 1/2$，ΔL 为激光脉宽，因此当 $x = 0$，$\xi = \Delta L$ 时，$\rho = 1/2$，也即环的尺寸和激光脉宽可匹配。可以看到，对确定的 ξ，

即在确定波前位置，y 增大时，φ 和 ρ 增大。时空涡旋光在真空中传输一段距离后，由于衍射效应，一般不能继续保持很好的涡旋结构。

1.6.4　矢量光

前面讲的各种激光模式原则上都是激光波前的横向调制。同时，激光的偏振也可以进行操控。最常见的偏振模式为线偏振、圆偏振或椭圆偏振。还有两种对称的偏振模式为径向偏振和角向偏振，比如在激光驱动三维空泡尾场中，其场结构即为径向偏振的电磁波。对偏振进行操控的光被称为矢量光，它和标量光相对应。

研究光的干涉、衍射等波动效应时，如果不需要考虑电磁场的矢量叠加，利用标量叠加就可以了，那么利用标量波理论就足够了，这时相位起关键作用。反之，如果需要考虑矢量叠加，那么除了相位，电磁场的方向也极为重要，这时就需要考虑矢量波理论。

我们用庞加莱球讨论矢量光。用斯托克斯参量来描述光的偏振，定义

$$S_0 = E_y E_y^* + E_z E_z^*,$$
$$S_1 = E_y E_y^* - E_z E_z^*,$$
$$S_2 = E_y E_z^* + E_z E_y^*,$$
$$S_3 = i\left(E_y E_z^* - E_z E_y^* \right), \tag{1.69}$$

水平线偏、45°线偏、左旋圆偏和右旋圆偏分别为(1,1,0,0)、(1,0,1,0)、(1,0,0,−1)、(1,0,0,1)。线偏和圆偏的几何意义见图 1.11。球面上任意一点的偏振态矢量可表示为

$$|a\rangle = \sin\left(\alpha + \frac{\pi}{4}\right) e^{-i\phi} |e_r\rangle + \cos\left(\alpha + \frac{\pi}{4}\right) e^{i\phi} |e_l\rangle, \tag{1.70}$$

这里 $|e_r\rangle$ 和 $|e_l\rangle$ 分别表示右旋光和左旋光。

当 $\alpha = 0$ 时，矢量光的偏振态沿赤道变化，即可得到局域线偏振的矢量光。我们可得到这样一种光

$$\boldsymbol{E} = \cos\varphi \hat{\boldsymbol{e}}_y + \sin\varphi \hat{\boldsymbol{e}}_z, \tag{1.71}$$

即在任意一点，其偏振方向都是由中心指向该点，这就是径向偏振光。径向偏振光也可以看成两个圆偏振涡旋光的叠加，即

$$\boldsymbol{E} = \begin{cases} \dfrac{1}{2} e^{i\phi} (\hat{\boldsymbol{e}}_y - i\hat{\boldsymbol{e}}_z), & l=1, \sigma=-1, \\ +\dfrac{1}{2} e^{-i\phi} (\hat{\boldsymbol{e}}_y + i\hat{\boldsymbol{e}}_z), & l=-1, \sigma=1. \end{cases} \tag{1.72}$$

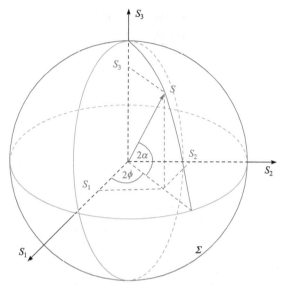

图 1.11　矢量光合成的庞加莱图

这和拉盖尔-高斯光合成厄米-高斯光类似。后面讨论相干渡越辐射时，我们将再次讨论径向偏振光。

类似地，还有一类矢量光，即角向偏振光，这里不再展开讨论。

1.7　激光纵向场

在傍轴近似下，激光脉冲的纵向场通常被忽略。实际上，对于非平面光束，横向场在横向方向随空间坐标变化，由 $\nabla \cdot E = 0$ (对库仑规范，$\nabla \cdot A = 0$) 可知，激光场必然存在纵向分量。纵向电场大约为 $E_x = E_\perp / (kw_0)$，在紧聚焦情况下，即激光脉冲的束腰半径比较小，比如束腰半径小于 $5\lambda_L$ 时，纵向分量不可忽略。

对于圆偏振激光，其纵向分量具有涡旋特性。为满足 $\nabla \cdot A = 0$，沿 x 方向传输的圆偏振激光可表示为

$$A = A_0 \begin{pmatrix} k^{-1}\partial_r u(r)\sin(kx - \omega t + \theta) \\ u(r)\sin(kx - \omega t) \\ u(r)\cos(kx - \omega t) \end{pmatrix}, \tag{1.73}$$

这里 $u(r)$ 为横向分布，如果 $u(r)$ 为高斯分布，$\partial_r u(r)$ 必然为环状结构，方位角 $\theta = \arctan(z / y)$。可以看到在轴向 x 方向，矢势和电场表达式中的相位有随方位角变化的项，也即纵向场具有涡旋结构。这可以用来解释圆偏振激光可产生涡旋的高次谐波。

径向偏振光、涡旋光等，由于其中空结构，在激光轴附近可产生比较强的纵向电场，可用于电子或正电子的加速，在某些模式下(如 $l=1,\sigma=-1$ 的涡旋激光)，也可产生轴向的磁场，可以约束带电粒子的横向运动。

1.8 非理想光束和多模激光

在实际实验中，光学元件都不是理想的，因此很难实现完美的单模激光。一般用光束品质因子 M^2 描述激光束的横向空间品质，其定义为

$$M^2 = \frac{实际光束的腰斑尺寸\times 其远场发射角}{基模高斯光束腰斑\times 其远场发射角}. \tag{1.74}$$

对理想基模高斯光束，$M^2=1$，这也即衍射极限。对理想高阶厄米-高斯光束和拉盖尔-高斯光束，$M^2>1$，特别是对 $p=0$ 的拉盖尔-高斯光，$M^2=2l+1$。这意味着如果把高阶拉盖尔-高斯光聚焦到和基模高斯光相同的尺寸，则其发散角要比基模高斯光大。

非理想光束原则上都可看成多个激光模式的合成，也即实际光束一般为多个模式(横模或纵模)的组合，这里的不同模式也包括不同传播方向。假定实际光束为多个基模高斯激光的叠加，且这几个基模高斯激光的相对相位没有很好控制，则 $M^2>1$，相对于原本理想的基模高斯激光，我们也可以理解为横向平面上的激光相位不再均匀，振幅不满足高斯分布。这时激光的焦斑大小为

$$w_0 = M^2 \frac{2\lambda_{\mathrm{L}}}{\pi} F, \tag{1.75}$$

这里 F 为镜子的 F 数。同时，半高全宽内激光能量集中度降低，强度峰值的横向位置漂移，并可影响激光的指向稳定性。如果激光脉冲中除包含基模外，还包含高阶模，也会影响激光束光学品质，即 $M^2>1$。

利用变形镜可修正激光的波前，使其变得平直，从而得到好的聚焦效果。一般是根据前一个脉冲的聚焦情况来自动调整变形镜，使得后一个脉冲波前优化。由于变形镜的控制单元有限，一般只能修正大尺度($\gg\lambda_{\mathrm{L}}$)的变形，这可大大改善激光的焦斑尺寸，但高频的相位变化(类似光栅)意味着许多光被衍射偏离原来的光轴方向，这些子光束不能被聚焦到原来的焦点处，导致焦斑内的激光能量较少，即能量集中度较低。这里，能量集中度定义为激光能量在激光焦斑内的比例。

对于强场物理实验，通常使用离轴抛面镜对激光束进行聚焦，如图 1.12(a)所示，为得到小的焦斑，一般使用小 F 数(比如 $F<2$)的离轴抛面镜，但这也会带来加工难度。同时由于激光束和抛面镜并不理想，激光聚焦在能量集中度和焦斑尺

寸方面达不到理想情况，这限制了高激光强度的获得。如果光学镜子有空间频率为激光波长量级的不平整度，镜子就变成了"光栅"，除了零级光外，还有很多射向不同方向的衍射光。这些光不能真正聚焦在焦斑内。

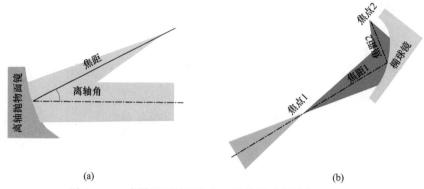

图 1.12　(a)离轴抛面镜聚焦和(b)椭球镜聚焦激光的示意图

物理实验中改善聚焦的一个方法是利用椭球镜(椭球的一部分)，如图 1.12(b)所示，将激光聚焦在椭球镜的一个焦点上，实验用靶则放在另一个焦点。如果靶焦点的焦距远小于另一个焦点的焦距，根据几何光学，焦斑尺寸可缩小。由于靶离椭球镜位置很近，椭球镜容易被靶的溅射打坏，椭球镜通常是一次性的。

从另一个角度讲，由于光学元件尺寸的限制，为得到更高功率、更高强度的激光束，光束合成是重要的技术途径。在强场激光装置中，如果能实现 N 个子光束的理想相干合束，则峰值强度为

$$I_{总} = N^2 I_{子}. \tag{1.76}$$

同时激光的焦斑相应减小，但不能小于激光波长。对于大型激光装置，多个光束的完美相干叠加是非常困难的，但这仍是努力的重要方向。需要指出的是，在理论研究中，要确保子束在近场是相互分开的，否则可能会得到能量不守恒这样的非物理结果，也即对于多光束合成，子光束在近场必然是相互分离的。

同时，在激光聚变研究中，利用多个子束(比如 8 路)合成一个光束，再与等离子体相互作用。这时，子束间的相位一般不受控制，即随机分布，也即合束为非相干叠加。对于激光聚变，焦斑很大，因此不用考虑非相干叠加对聚焦的影响。同时激光聚变中也希望减小激光的相干性，以抑制激光等离子体不稳定性。

在惯性约束聚变研究中，为消除激光的相干性，通常采用随机相位板(RPP)来改变激光的相位，这实际上是使激光分裂成向不同方向传输的很多子束，然后这些子束再聚焦到靶面的不同位置上，主要的作用是横向空间匀滑。对于宽谱激光，也可以用所谓诱导空间非相干(ISI)的方法，改变各子束的相位(也即相对时间)来

进行时间匀滑。这些方法有一定的限制因素，时间匀滑受激光带宽的限制，而随机相位板会影响激光的聚焦。

为了物理实验的需要，有时我们需要激光在局域的时空位置更强，就需要有意使用非理想的激光束，也即多个模式的合成。比如飞行焦点，不同子束依次聚焦在不同的位置，这使得焦点位置似乎是快速运动的。这样，焦点在等离子体中的"运动速度"可达到甚至超过光速，有利于控制尾场电子加速等。当然这里的焦点运动速度绝不是激光的群速度。再比如弹簧光，它也是多个不同频率、不同拓扑荷的涡旋光的合成。多模激光的非线性相互作用，有时可看成多个单模激光作用后的相干叠加，这可使得输出信号在时空上重新分布。

1.9 激光对比度

实际上的超短脉冲激光在时域上一般也并不是一个完美的单峰结构，而是常常伴随很多预脉冲。预脉冲主要由纳秒预脉冲、放大的自发辐射(ASE)、皮秒预脉冲和高阶色散导致的脉冲前沿等组成，其示意图如图 1.13 所示。主脉冲峰值强度和预脉冲强度的比值称为对比度。如果对比度保持不变，随着峰值激光强度的增强，预脉冲强度也相应增强。这时对于超强激光，其预脉冲就足以电离原子、产生预等离子体，如果有足够的时间，这些预等离子体会膨胀，从而破坏原本期望的等离子体状态。这一过程对激光与薄膜靶相互作用就极为重要，预脉冲激光可在固体密度等离子体前产生一定标尺长度的预等离子体，甚至有可能完全烧穿薄膜靶，以致与主脉冲相互作用的其实是稀薄等离子体。实验中可通过激光技术和物理方法来消减预脉冲，其中等离子体镜是比较常用的物理方法。其基本原理是在离焦点一定位置处放一镜子，当激光较弱时(预脉冲)能透过镜子，而当激光较

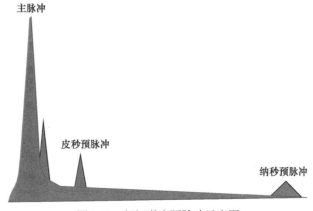

图 1.13　超短激光预脉冲示意图

强时，镜子被电离形成等离子体变成全反镜。利用这种方法能滤掉预脉冲，但会损失一些激光能量，同时由于等离子体镜面非完美，光束品质也有所下降。为进一步消除预脉冲，可使用双等离子体镜。消除预脉冲、提高对比度的另一种方法是利用二次谐波，激光通过晶体产生高次谐波时，非线性系数和激光强度相关，即更强的激光更容易产生高次谐波，因此，低强度的激光可被抑制，也即预脉冲被大大抑制了。因为晶体有损伤阈值，所以这一方法不适合特别强的激光。

1.10　激光的相干性

由于脉冲包络的存在，激光频率不可能是单一的，而是有一个谱宽 $\Delta \nu$。把包含包络的平面激光作傅里叶变换，可得到激光的频谱分布。我们可以得到振幅或强度随频率的变化。若希望保留相位等信息，可得到振幅随频率的变化，在进行理论计算时，如果进行滤波后再反演到时域，就可采用这种方法。我们也可直接得到强度随频率的变化，可用它和实验结果进行比较。从傅里叶分析可得到谱宽和脉宽的关系为

$$\Delta \nu \cdot \Delta \tau \sim 1. \tag{1.77}$$

利用能量和时间的测不准关系也能得到同样的关系。

这意味着短脉冲激光必然有一定的频谱分布，脉宽越短，谱越宽。反过来，要得到一个短脉冲激光，激光的频谱要足够宽，这除了要求有个宽谱的种子脉冲，还对激光放大介质有很高要求，即激光跃迁的能级要足够宽，目前实验中常用的钛宝石激光就能满足这一要求。需要说明的是，当实验中测得一定的谱宽时，根据上面的关系，可以说明脉宽有可能有多短，但不是必然这么短，实际脉宽有可能大得多，也即对单色性不好的长脉冲，也可能有很大的谱宽。

谱宽影响激光的时间相干性。假定激光是准单色的，即带宽 $\Delta \nu$ 和中心频率 ν 相比是小的。它的相干时间为

$$\Delta t \sim \frac{1}{\Delta \nu}, \tag{1.78}$$

即两束相同的光分开 Δt 后再干涉时，不再有清晰的干涉条纹。高相干性并不总是有利的，在激光等离子体物理中，时间相干性和受激拉曼散射等不稳定性有关。在激光聚变物理中要设法降低激光的相干性来抑制这些不稳定性的发展。相应地，纵向相干长度为

$$\Delta l = c \Delta t. \tag{1.79}$$

考虑高能电子与激光对撞时，在电子参考系中，带宽变为 $\gamma \Delta \nu$，相干长度减小为

$\Delta l / \gamma$，但相干长度和波长的比值为不变量。

光源的横向相干性与光源的横向尺寸有关，如果光源的横向面积为 ΔA，对应直径为 Δx，在距离光源 R 处垂直光传播轴的平面上，光场具有明显空间相干性的条件为(图 1.14)

$$\frac{\Delta x L_x}{R} \leqslant \lambda, \tag{1.80}$$

这里 λ 为激光波长。距离光源 R 处的相干面积可表示为

$$A_C = \pi \left(\frac{1}{2} L_x \right)^2 = \frac{\pi^2}{16} \frac{R^2 \lambda^2}{\Delta A}, \tag{1.81}$$

也即在这个区域内干涉条纹是清晰的。为下面处理方便，这里把光源假定为圆形的(在简化为方形时 $\pi^2 / 16$ 这项为 1)，我们实际上还假定了在面积 ΔA 内光是均匀的。综合时间和空间相干性，可得到相干体积

$$V_C = \frac{\pi^2}{16} \frac{R^2 \lambda^4}{\Delta A \Delta \lambda}. \tag{1.82}$$

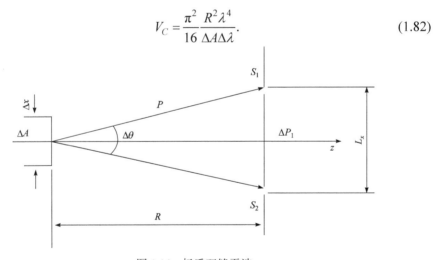

图 1.14 杨氏双缝干涉

现在考虑角度变化的相干性问题。圆偏振激光携带自旋角动量，某些模式的激光(比如拉盖尔-高斯激光)还携带轨道角动量。对于角动量，如果 $\Delta L \ll L$，即角动量非常"单色"，则按测不准原理，$\Delta \varphi \gg 2\pi$，这里 2π 和 $2n\pi$ 应该有不同意义。对比较"单色"的涡旋光，相干角度远大于 2π，也即不管如何改变角度，永远相干。一般地，相干角度为

$$\Delta \varphi \sim \frac{1}{\Delta L}, \tag{1.83}$$

也即只在 $\Delta \varphi$ 内有清晰的干涉条纹。应该指出，对于线偏振高斯激光，在使用随机

相位板后，其平均角动量仍为零，但其在环向有一定的不确定性，如果我们将其用拉盖尔-高斯函数展开，则显然有高阶模，即 $\Delta L \neq 0$，同时描述拉盖尔-高斯光径向分布的 $\Delta p \neq 0$，但一般 ΔL 不大。

如果光在横向不均匀，我们也可把其分为径向不均匀和环向不均匀。现在我们把相干面积改写为

$$A_C = \int_0^{\frac{L_x}{2}} r\mathrm{d}r\mathrm{d}\varphi \approx \frac{1}{8} L_x^2 \Delta\varphi = \frac{R^2\lambda^2}{8(\Delta x)^2 \Delta L} = \frac{\pi}{4}\frac{R^2\lambda^2}{\Delta A \Delta L}, \tag{1.84}$$

这里 ΔA 是直径为 Δx 的圆的面积。总体上，能量、动量和角动量的不确定性都会影响激光的相干性。我们定义

$$h = V_C \Delta\varphi = \frac{R^2\lambda^4}{8\Delta\lambda(\Delta x)^2 \Delta L} = \frac{\pi}{4}\frac{R^2\lambda^4}{\Delta A \Delta\lambda \Delta L} \tag{1.85}$$

来描述激光的相干性。对于非涡旋激光，$L = 0$，但如果环向不是完全均匀的，$\Delta L \neq 0$。通常的相位板不随时间变化，激光振幅在环向必然以 2π 为周期作周期变化，所以角量子数是离散的。

为控制受激拉曼散射(SRS)等不稳定性发展，可综合考虑时间、空间和角度相干性，我们在第 4 章中有更多讨论。由于激光介质的限制，激光的带宽有限，但角量子数的"角宽"可以比较大。

1.11 强场激光的发展趋势

目前实验中常用的高功率激光有如下几种。一是钕玻璃激光器，脉宽是纳秒或更长(未使用啁啾脉冲放大技术)，它的特点是总能量大。美国国家点火装置(NIF)192 路激光的总能量超过 2MJ，总的峰值功率达 500TW。二是钛宝石激光器，其放大部分可继续用钛宝石，也可用参量放大，其波长一般在800nm左右，脉宽一般为 10~50fs。目前国际上数台 10PW 级飞秒激光正相继投入运行，强场激光强度的发展路线图如图 1.15 所示。三是基于玻璃介质的皮秒激光，波长在 1μm 左右，它也可实现 10PW 级激光功率，其激光总能量可比飞秒激光更高，但建设成本也更高。另外，二氧化碳激光，其波长为 10.6μm，也可实现皮秒脉宽的高功率激光(相对前两种要弱)。其他红外波段的高功率激光器也有发展。

从基础研究的角度看，高的激光脉冲总能量、高的脉冲峰值功率、高的激光强度都是极为重要的，对不同的研究有不同的侧重点。

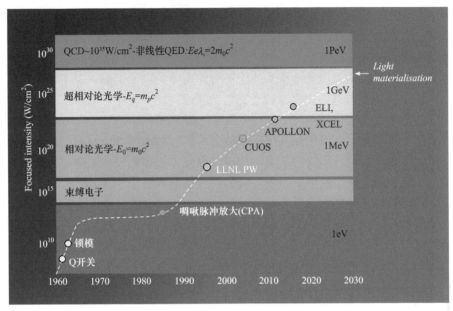

图 1.15   强场激光强度的发展路线图(C.Danson et al.，High Power Laser Sci. Eng. 7，e54(2019))

对激光聚变研究，更注重的是激光总能量和多束激光的总峰值功率，到目前为止，激光聚变已实现点火，但能量增压(即输出总能量与激光能量之比)仍较小。因此，继续提高激光总能量和总峰值功率仍是需要考虑的，同时，增加带宽，消除激光的相干性，提高激光脉冲形状的可控性等也是重要的研究内容。

对于相对论激光物理研究，光学波段的飞秒激光仍是发展重点。对于 100PW 级激光，光学口径已扩到 1m 以上，光学元件的制作难度和成本都已很高，大的光学元件也意味着大的压缩腔和大的物理实验真空靶室。因此，继续这一技术路线的经济成本的压力很大。但如果有迫切的科学目标，按目前的技术路线，激光功率再增加一个量级到 1EW，仍是可能的。

同时，对于飞秒激光，随着激光功率的提高，光学品质的控制还有待继续提高。由于光学元件表面的高频不均匀，很大一部分激光不能集中在焦斑内，如果焦斑内激光能量的集中度从 20%上升到 80%，就意味着有效功率可增加 4 倍。同时，如果通过变形镜等改善激光波前，激光焦斑的尺寸从 6μm 缩小到 2μm，也意味着激光强度可增加 9 倍。同时，激光的对比度也需要继续改进，在消除纳秒尺度预脉冲的基础上，也要改善皮秒尺度的预脉冲。

光学材料的损伤阈值是制约激光功率进一步提升的关键因素，激光强度达到一定值时(比如$10^{14}\,\mathrm{W/cm^2}$)，原子被光场电离变成等离子体。甚至在更低的激光强度下，激光介质吸收激光能量，就会产生成丝、融化等。对于纳秒激光或皮秒激光,其损伤的主要机制是热损伤,一般用单位面积所能承受的激光能量来描述;对于飞秒强激光,直接的电离损伤起了很大作用,也即激光强度起了更大作用,以能量为单位的损伤阈值变低。

光学材料的损伤阈值和传统加速器中材料击穿的限制类似。对于加速器,可通过增加加速长度来进一步提高粒子能量,或通过新一代的介电加速器或等离子体加速器等来提高损伤阈值。

对于高功率激光,可采用高损伤阈值的材料,如采用介质膜增加损伤阈值。同时可增加激光口径,但这会极大增加技术难度,比如大尺寸光栅制作的技术要求很高,也会增大建设成本。目前可能的发展方向有几个。

一是组束,先分别产生较小功率的几个激光子束,再合成一个激光束。这可解决单路激光的损伤阈值问题,但不能解决光束总口径太大的问题。同时它带来新的问题,子光束间的相对相位要控制得足够好,才能实现相干合束。

二是利用等离子体作为光学元件,等离子体不具有一般的损伤阈值概念,因此正在被考虑作为强场激光的光学元件。等离子体反射镜已有较多使用,当然目前的目的是提高激光的对比度。等离子体光栅原则上也是可以实现的,基于受激拉曼散射或受激布里渊散射(SBS)的等离子体激光放大器也有原理性演示。等离子体作为光学元件的最大挑战是其精密可控性。原则上等离子体从低电离态被强激光进一步电离到高电荷态会改变等离子体数密度,也可以看成"损伤";等离子体具有其自身的特征振荡或者特征波,这一方面可被用于等离子体光栅等,另一方面意味着等离子体镜表面密度的调制;在更大时、空尺度上,等离子体中各种流体运动都会影响等离子体的光学性质。这些都会影响基于等离子体的超强激光的实现。特别对于光栅压缩,时间尺度需要纳秒量级,空间尺度也比较大,利用等离子体作为介质的难度是非常大的。

三是短波长激光,比如 X 射线激光。对于强场激光,我们要把激光约束在尽可能小的时空尺度内,这样才能获得高能量密度,超强的电场强度、磁场强度等极端物理条件。原则上,激光焦斑尺寸的极限是激光波长,其最小脉宽也为激光波长,因此这个时空区域的极限为 λ_L^3。在激光总能量不变的情况下,如果光子能量从光学波段的1eV 增加到硬 X 射线波段的10keV,根据测不准原理,原则上激光的横向尺寸和纵向脉宽都可缩小,激光的能量密度可以大大提升。脉宽为 1as、能量为 1J 的 X 射线激光,其功率就可达到 1EW。激光的强度可以超过目前的光学激光。下面简单介绍几种实现短波长激光的可能途径,我们将在第 9 章中有更多的介绍。

对基于等离子体中高电离态离子能级跃迁的 X 射线激光,曾有过广泛的研究,但目前只有少数实验室仍在坚持研究。其主要挑战是一般需要高功率激光泵浦,所以有较高的研究门槛;同时等离子体的难以控制是一个重要挑战。

　　基于高能电子束的 X 射线自由电子激光研究进展迅速。虽然装置规模大、建设成本高，但可控性较好，可以获得高品质的相干 X 射线。如果发展类似光学激光的 CPA 技术，激光功率可进一步提高。实现硬 X 射线脉冲展宽和压缩的一个可能方法是采用多层晶体结构，不同的晶体反射不同波长的 X 射线。利用强激光驱动高能电子束的自由电子激光已得到原理性验证，但仍面临许多挑战，比如自由电子激光通常要求电子束有很好的能散度，而激光驱动的电子束很难实现。

　　利用强场激光与等离子体相互作用也可产生短波长相干辐射，如果 1000J、10fs、100PW 的激光能够产生 1J、1as 的 X 射线相干辐射，也就能获得 1EW 的峰值功率(图 1.16)。这一方案的实现难度也是非常高的。

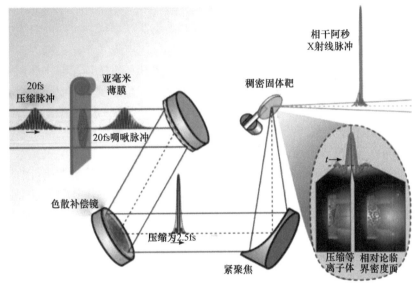

图 1.16　超强激光产生相干 X 射线脉冲的原理。利用薄膜将数十飞秒的可见光波段激光压缩至数飞秒(单周期)，压缩后与固体等离子体表面相互作用，通过"相对论振荡镜"机制产生单个相干的阿秒 X 射线脉冲辐射(G.Mourou et al., Eur.Phys.J. Spec.Top. 223,1181(2014))

　　X 射线激光的光学元件面临巨大挑战，波长的缩短意味着精度要求的提高，纳米波段意味着纳米精度。X 射线可以通过复合折射透镜(CRL)透射式聚焦，但由于折射率的限制，一般 F 数很大，这意味着焦斑不可能很小。通常的材料难以反射 X 射线。晶体是很好的 X 射线光学材料，其结构非常规则、精密，但通常只针对特定波长和特定角度。多层膜已可用于硬 X 射线波段，其性能有待进一步提升。在 X 射线波段，通常采用掠入射来增强反射性能。这意味着更大的反射面积和更高的精度要求。

　　对于强激光的量子电动力学(QED)等效应，更关心的是激光强度而不是归一化的激光振幅。短波长激光不利于归一化的激光振幅，但有利于提高激光的强度。

因此，利用超强短波长激光来研究量子电动力学效应是有利的。有趣的是，对于硬 X 射线激光，可能先进入量子电动力学参数区域，再进入相对论参数区域，或者几乎同时进入相对论和量子电动力学参数区域，这会带来许多新的物理。相对论区也意味着非线性区。因此，利用超强 X 射线激光研究量子电动力学效应，可先研究线性量子电动力学效应，再研究非线性量子电动力学效应。

激光强度的理论极限和真空极化有关。根据量子电动力学，当激光的电场强度达到施温格电场强度时，真空被极化，甚至可在真空中产生正负电子对，这意味着激光能量被消耗，激光强度不能继续增强。但根据量子电动力学理论，对于平面激光，对称性会抑制正负电子对的产生。因此，激光强度的理论极限仍有待继续研究。

从应用角度看，高的电光能量转换效率和高重复频率极为重要。对于大型的科研或工业应用，如果电力成本是费用的重要部分，电光效率是关键的，比如对于聚变能源，高电光效率是关键因素。我们可以将其和传统加速器作比较。传统加速器用电变成微波驱动源，再获得高能粒子束，其总体效率比较高。目前从激光到粒子束的效率不算低，可达到 10% 左右，但电到钛宝石飞秒激光的效率一般低于 1%。为此需要发展半导体激光泵浦、高功率光纤激光、超短二氧化碳激光等技术来提高电光转换效率。

对某些应用，其主要成本可能是装置的建设费用，而不是日常运行的电费，因而建设费用中装置的规模成为最主要考虑的问题。我们仍将其和传统加速器作比较。传统加速器使用大量的钢铁，而激光装置使用大量的玻璃。如果规模生产，总体上成本都可大大缩减。一般来说，激光装置的规模比加速器小，并且易于立体排布，所需的建筑面积更少，建筑成本更低。

除了降低激光器成本，激光装置的一个需求是达到应用所需的重复频率，以提高应用效率。目前飞秒激光的重复频率已有很大提高，比如 PW 激光的重复频率已可达到 0.1Hz，但对某些应用，仍需继续提高。

为实现广泛应用，还要解决激光器的稳定性、皮实性、易操作和寿命等问题。

第2章 强激光与电子、原子和团簇相互作用

强场激光与电子、原子等简单个体的相互作用，由于不涉及集体效应，物理过程相对简单。它们是强场激光与等离子体相互作用物理的基础。

本书在描述激光与物质相互作用时，常采用归一化的变量。定义 ω_L、k_L 分别为激光在真空中的频率和波数。其他频率归一化到激光频率，$\omega = \omega / \omega_L$，波数归一化到激光波数，$k = k / k_L$，时间归一化为 $t = \omega_L t$，长度归一化为 $x = k_L x$，速度归一化到真空光速 $\beta = v / c$ 或 $v = v / c$，电子和离子动量归一化到 $p = p / m_{e,i}c$，电子和离子能量归一化到电子和离子静能，$\mathcal{E} = \mathcal{E} / m_{e,i}c^2$，电磁矢势归一化为 $a = eA / (m_e c^2)$，标势归一化为 $\phi = e\phi / m_e c^2$，圆偏振激光归一化强度为 $I = a^2 / (4\pi)$，线偏振激光为 $I = a^2 / (8\pi)$，功率归一化为 $P = P / P_0$，$P_0 = m_e c^2 / e \times m_e c^3 / e = 8.7\text{GW}$ 为自然功率。对于圆偏振高斯激光，激光功率为 $P = (a^2 w_0^2 / 4)P_0$，线偏为 $P = (a^2 w_0^2 / 8)P_0$。等离子体密度归一化到临界密度，即 $n = n / n_c$。后面在引入这些归一化时将有讨论，在其他地方，不再一一说明。

2.1 相对论协变描述

在强场物理研究中，粒子或等离子体的运动都是相对论的。有时选择合适的参考系(比如电子静止参考系)进行讨论更为方便，因此有必要建立运动方程的相对论协变描述。即使只在实验室参考系中进行讨论，相对论协变描述有时也更为简洁。

定义四维时空坐标 $x_\mu = \begin{pmatrix} x^0 \\ x^1 \\ x^2 \\ x^3 \end{pmatrix} = \begin{pmatrix} ct \\ x \\ y \\ z \end{pmatrix}$，对于平坦时空，度规为

$$g^{\mu\nu} = g_{\mu\nu} = \begin{pmatrix} 1 & 0 & 0 & 0 \\ 0 & -1 & 0 & 0 \\ 0 & 0 & -1 & 0 \\ 0 & 0 & 0 & -1 \end{pmatrix}. \tag{2.1}$$

需注意的是，在不同书籍和文献中，坐标和度规的选择方式有所不同。由此可得到

$$x^{\mu} = g^{\mu\nu}x_{\nu} = \left(x^0, -x^1, -x^2, -x^3\right) = (ct, -x, -y, -z). \tag{2.2}$$

四维空间距离为

$$s^2 = x^{\mu}x_{\mu} = c^2t^2 - x^2 - y^2 - z^2. \tag{2.3}$$

类似地可得到距离元

$$\mathrm{d}s^2 = c^2\mathrm{d}t^2 - \mathrm{d}x^2 - \mathrm{d}y^2 - \mathrm{d}z^2. \tag{2.4}$$

四维空间距离和距离元都由内积得到，为标量，因此都是洛伦兹不变量。四维动量为

$$p^{\mu} = m\frac{\mathrm{d}x^{\mu}}{\mathrm{d}\tau} = m\gamma\frac{\mathrm{d}x^{\mu}}{\mathrm{d}t} = mU^{\mu}, \tag{2.5}$$

这里 $\mathrm{d}\tau = \mathrm{d}t/\gamma$ 为原时，$p^0 = m\gamma c$，其他三项为相对论动量。这里也定义了四维速度 $U^{\mu} = \gamma\mathrm{d}x^{\mu}/\mathrm{d}t$。由四维动量公式可得

$$p^{\mu}p_{\mu} = m^2\gamma^2c^2 - m^2\gamma^2c^2\beta^2 = m^2c^2, \tag{2.6}$$

即静能为不变量。四维力定义为

$$f^{\mu} = \left(\boldsymbol{v}\cdot\frac{\boldsymbol{f}}{c}, -f_1, -f_2, -f_3\right), \tag{2.7}$$

四维运动方程为

$$\frac{\mathrm{d}p^{\mu}}{\mathrm{d}t} = f^{\mu}. \tag{2.8}$$

我们也可定义闵可夫斯基力

$$F^{\mu} = \gamma f^{\mu}, \tag{2.9}$$

这样运动方程可写为

$$\frac{\mathrm{d}p^{\mu}}{\mathrm{d}\tau} = F^{\mu}. \tag{2.10}$$

2.2 电磁相互作用基本理论

本节给出电磁相互作用的一般理论，以方便后面章节使用。

2.2.1 洛伦兹规范

采用相对论协变的洛伦兹规范

$$\partial_\alpha A^\alpha = 0, \tag{2.11}$$

其中 $\partial_\alpha \equiv \left(\partial_t / c, \partial_x, \partial_y, \partial_z \right)$，四维电势为 $A^\alpha \equiv \left(\phi, -\boldsymbol{A} \right)$，其三维形式为

$$\frac{1}{c}\frac{\partial \phi}{\partial t} + \nabla \cdot A = 0. \tag{2.12}$$

电场 $\boldsymbol{E}$ 和磁场 $\boldsymbol{B}$ 由势得到，即

$$\boldsymbol{B} = \nabla \times \boldsymbol{A}, \tag{2.13}$$

$$\boldsymbol{E} = -\nabla \phi - \frac{1}{c}\frac{\partial \boldsymbol{A}}{\partial t}. \tag{2.14}$$

描述电磁场的拉格朗日量为

$$L = -\frac{1}{16\pi} F_{\alpha\beta} F^{\alpha\beta} - \frac{1}{c} J_\alpha A^\alpha. \tag{2.15}$$

其中，电磁场用二阶张量描述，即

$$F^{\alpha\beta} = \begin{pmatrix} 0 & -E_x & -E_y & -E_z \\ E_x & 0 & -B_z & B_y \\ E_y & B_z & 0 & -B_x \\ E_z & -B_y & B_x & 0 \end{pmatrix}. \tag{2.16}$$

四维电流为

$$J^\alpha = \left(c\rho, J \right), \tag{2.17}$$

由此可得到描述电磁场动力学演化的麦克斯韦方程

$$\partial_\alpha F^{\alpha\beta} = \frac{4\pi}{c} J^\beta. \tag{2.18}$$

由此可得到我们常用的三维形式

$$\begin{cases} \nabla \times \boldsymbol{E} = -\dfrac{1}{c}\dfrac{\partial \boldsymbol{B}}{\partial t}, \\[2mm] \nabla \times \boldsymbol{B} = \dfrac{4\pi}{c}\boldsymbol{J} + \dfrac{1}{c}\dfrac{\partial \boldsymbol{E}}{\partial t}, \\[2mm] \nabla \cdot \boldsymbol{E} = 4\pi\rho, \\[2mm] \nabla \cdot \boldsymbol{B} = 0. \end{cases} \tag{2.19}$$

把它写为四维势的形式，即为

$$\Box^2 A^\alpha = \frac{4\pi}{c} J^\alpha, \tag{2.20}$$

$$\partial_\alpha A^\alpha = 0. \tag{2.21}$$

把式(2.20)、式(2.21)中标势和矢势部分分开写，可得到

$$\frac{1}{c}\frac{\partial \phi}{\partial t} + \nabla \cdot \boldsymbol{A} = 0, \tag{2.22}$$

$$\nabla^2 \phi - \frac{1}{c^2}\frac{\partial^2 \phi}{\partial t^2} = -4\pi\rho, \tag{2.23}$$

$$\nabla^2 \boldsymbol{A} - \frac{1}{c^2}\frac{\partial^2 \boldsymbol{A}}{\partial t^2} = -\frac{4\pi}{c}\boldsymbol{J}. \tag{2.24}$$

对式(2.20)做四维散度计算，可得连续性方程

$$\partial_\alpha J^\alpha = 0, \tag{2.25}$$

即

$$\frac{\partial \rho}{\partial t} + \nabla \cdot \boldsymbol{J} = 0. \tag{2.26}$$

采用洛伦兹规范的好处是，这样的电磁场描述是相对论协变的，也即可利用洛伦兹变换，从一个参考系变到另一个参考系。在需要变换参考系进行讨论时，这是很有必要的。

2.2.2　库仑规范

在电磁场描述中，另一种常用的规范为库仑规范。库仑规范下的电磁势方程为

$$\nabla \cdot \boldsymbol{A} = 0, \tag{2.27}$$

$$\nabla^2 \phi = -4\pi\rho, \tag{2.28}$$

$$\nabla^2 \boldsymbol{A} - \frac{1}{c^2}\frac{\partial^2 \boldsymbol{A}}{\partial t^2} = -\frac{4\pi}{c}\boldsymbol{J} + \frac{1}{c}\nabla\frac{\partial \phi}{\partial t}. \tag{2.29}$$

库仑规范也叫横向规范，这一规范是不对称的，也不是洛伦兹协变的，但它对于处理激光物质相互作用通常是方便的，因为激光本身有一个特殊方向，即激光传播方向。特别是，如果激光的矢势看成只有横向分量，则理论分析可简化。在后面讨论激光与等离子体相互作用时，一般都采用库仑规范。讨论激光与相对论电子作用时，有时变换参考系是方便的，这时采用洛伦兹规范。

2.2.3　激光的能量、动量和角动量

物理学中有三个重要的守恒定律，即能量守恒、动量守恒和角动量守恒，它

们分别对应时间均匀性、空间均匀性和空间各向同性。同时从测不准原理我们也知道，能量和时间、动量和空间、角动量和角度是三对关联量。

先来看能量-时间关系。超强和超短是密切相关的。要获得大的激光功率和强度，要把激光约束在很小的时空区域里。同时要产生超短的激光脉冲(比如阿秒脉冲或仄秒脉冲)，必须要用超强激光产生高能光子。我们前面已看到大的中心频率和谱宽(能量)意味着有可能获得短脉冲的激光。超强激光也意味着极高的能量密度，为高能量密度物理研究提供有力工具。高能量密度的定义为百万大气压，即 $1\mathrm{Mbar}(1\mathrm{bar}=10\mathrm{N}/\mathrm{cm}^2)$，或者 $10^{11}\mathrm{J}/\mathrm{m}^3$。

再来看动量-空间关系。光的动量和脉冲尺寸是相关的，对短脉冲激光，除了能量不确定外，纵向动量也相应地不确定。同时如果把激光横向尺寸聚得越小，则激光散得越快，也即激光的横向动量越不确定。超强激光也同时意味着极高的动量密度，光压不再是小量，比如对于 $10^{21}\mathrm{W}/\mathrm{cm}^2$ 这样的激光强度，其光压可达到 1Tbar，也即 10^{12} 个大气压。超强激光的光压甚至能将一小块薄膜靶在几个激光周期里加速到接近光速。

最后看角动量-角度关系。圆偏振光的每个光子携带 $\hbar$ 的自旋角动量，通常的高斯激光是没有轨道角动量的，但拉盖尔-高斯激光等涡旋激光携带轨道角动量。可以证明，拉盖尔-高斯激光每个光子的平均角动量为 $l\hbar$，超强激光也可具有超高的角动量密度。如果一个脉冲由不同 l 的光波叠加而成，可以得到"弹簧光"这样的结构。激光的角向宽度 $\Delta\theta$ 和 Δl 成反比。

下面我们讨论电磁场能量、动量和角动量的理论描述。电磁场的能量密度为

$$\varepsilon = \frac{1}{8\pi}\left(E^2 + B^2\right), \tag{2.30}$$

描述能流的坡印亭矢量为

$$\mathbf{S} = \frac{c}{4\pi}\mathbf{E}\times\mathbf{B}, \tag{2.31}$$

动量密度为

$$\mathbf{g} = \frac{1}{4\pi c}(\mathbf{E}\times\mathbf{B}), \tag{2.32}$$

角动量密度为

$$\mathbf{L} = \mathbf{r}\times\frac{1}{4\pi c}(\mathbf{E}\times\mathbf{B}). \tag{2.33}$$

定义对称电磁应力张量

$$\Theta^{\alpha\beta} = \frac{1}{4\pi}\left(g^{\alpha\mu}F_{\mu\lambda}F^{\lambda\beta} + \frac{1}{4}g^{\alpha\beta}F_{\mu\lambda}F^{\mu\lambda}\right), \tag{2.34}$$

也即

$$\Theta^{00} = \frac{1}{8\pi}\left(E^2 + B^2\right), \tag{2.35}$$

$$\Theta^{0i} = \left(\frac{1}{4\pi}\boldsymbol{E}\times\boldsymbol{B}\right)_i, \tag{2.36}$$

$$\Theta^{ij} = \frac{-1}{4\pi}\left[E_iE_j + B_iB_j - \frac{1}{2}\delta_{ij}\left(E^2 + B^2\right)\right]. \tag{2.37}$$

这里，$-\Theta^{ij} = T_{ij}^{(M)}$ 为三维麦克斯韦应力张量，即

$$\Theta^{\alpha\beta} = \begin{pmatrix} u & cg \\ cg & -T_{ij}^{(M)} \end{pmatrix}. \tag{2.38}$$

这是一个由能量密度、动量密度等组成的对称张量。因为能量、动量守恒是由时间和空间的均匀性决定的。因此在无源条件下，由

$$\partial_\alpha\Theta^{\alpha\beta} = 0, \tag{2.39}$$

可得到能量守恒和动量守恒方程。由第一个方程可得到能量守恒方程，即

$$\frac{\partial u}{\partial t} + \boldsymbol{\nabla}\cdot\boldsymbol{S} = 0. \tag{2.40}$$

其他三个方程为动量守恒方程

$$\frac{\partial(\boldsymbol{E}\times\boldsymbol{B})_i}{4\pi c\partial t} = \sum_{j=1}^{3}\frac{\partial}{\partial x_j}T_{ij}^{(M)}. \tag{2.41}$$

方程描述动量的变化，也即压力。T_{ii} 为通常的光压，在傍轴近似下，高斯激光只有 T_{ii} 不为零，其他交叉项都为零，因此我们一般直接使用光压。但对于复杂的光场，并不总是如此。比如对于拉盖尔-高斯光，电磁场的轴向分量不能忽略。所以其他分量 T_{ij} 不能忽略，特别是有些项不是轴对称的。这意味着拉盖尔-高斯光斜入射到镜面时，左右两侧的压力是不对称的，镜面向一侧倾斜，从而导致光的反射定律不再严格成立，需要修正。

在有源情况下，有

$$\partial_\alpha\Theta^{\alpha\beta} = \frac{-1}{c}F^{\beta\lambda}J_\lambda. \tag{2.42}$$

等式右边为洛伦兹力密度

$$\frac{1}{c}F^{\beta\lambda}J_{\lambda} = \left(\frac{1}{c}\boldsymbol{J}\cdot\boldsymbol{E}, \rho E_i + \frac{1}{c}(\boldsymbol{J}\times\boldsymbol{B})_i\right), \tag{2.43}$$

由此可得能量守恒和动量守恒方程为

$$\frac{\partial u}{\partial t} + \nabla\cdot\boldsymbol{S} = -\boldsymbol{J}\cdot\boldsymbol{E}, \tag{2.44}$$

$$\frac{\partial(\boldsymbol{E}\times\boldsymbol{B})_i}{4\pi c\partial t} - \sum_{j=1}^{3}\frac{\partial}{\partial x_j}T_{ij}^{(\mathrm{M})} = -\left[\rho E_i + \frac{1}{c}(\boldsymbol{J}\times\boldsymbol{B})_i\right] = \frac{\mathrm{d}P_i}{\mathrm{d}t}. \tag{2.45}$$

利用这一方程，可以计算最一般条件下等离子体中电磁场的动量演化。由动量守恒，电磁动量的变化等于等离子体动量 P_i 的变化，也即只要知道了某处的电磁场及其随时空的变化，就可以知道该处等离子体动量随时间的变化。

我们可以定义张量

$$M^{\alpha\beta\gamma} = \Theta^{\alpha\beta}x^{\gamma} - \Theta^{\alpha\gamma}x^{\beta} \tag{2.46}$$

来描述电磁场的角动量。角动量守恒意味着其四维散度为零，即

$$\partial_{\alpha}M^{\alpha\beta\gamma} = 0. \tag{2.47}$$

可以看到，这里除了角动量守恒，还包含着其他一些守恒量。

按照量子光学理论，激光场的能量可写为

$$\begin{aligned}H &= \sum_{\boldsymbol{k}}\sum_{s}\frac{1}{2}\hbar\omega\left(a_{\boldsymbol{k},s}^{+}a_{\boldsymbol{k},s} + a_{\boldsymbol{k},s}a_{\boldsymbol{k},s}^{+}\right)\\ &= \sum_{\boldsymbol{k}}\sum_{s}\hbar\omega\left(a_{\boldsymbol{k},s}^{+}a_{\boldsymbol{k},s} + \frac{1}{2}\right),\end{aligned} \tag{2.48}$$

相应地，激光场的动量可写为

$$\begin{aligned}\boldsymbol{P} &= \sum_{\boldsymbol{k}}\sum_{s}\frac{1}{2}\hbar\boldsymbol{k}\left(a_{\boldsymbol{k},s}^{+}a_{\boldsymbol{k},s} + a_{\boldsymbol{k},s}a_{\boldsymbol{k},s}^{+}\right)\\ &= \sum_{\boldsymbol{k}}\sum_{s}\hbar\boldsymbol{k}\left(a_{\boldsymbol{k},s}^{+}a_{\boldsymbol{k},s} + \frac{1}{2}\right).\end{aligned} \tag{2.49}$$

我们也可写出激光的自旋角动量，假定每个光子(每个模式)是线偏振的，且两种线偏是相互垂直的，自旋角动量可写为

$$\boldsymbol{J}_{s} = \mathrm{i}\sum_{\boldsymbol{k}}\hbar\boldsymbol{k}\left(a_{\boldsymbol{k},2}^{+}a_{\boldsymbol{k},1} - a_{\boldsymbol{k},1}^{+}a_{\boldsymbol{k},2}\right). \tag{2.50}$$

如果每个光子都是圆偏的，则

$$\begin{aligned}\boldsymbol{J}_{s} &= \sum_{\boldsymbol{k},\lambda}\hbar\boldsymbol{k}\lambda\left(a_{\boldsymbol{k},\lambda}^{+}a_{\boldsymbol{k},\lambda} + \frac{1}{2}\right)\\ &= \sum_{\boldsymbol{k}}\hbar\boldsymbol{k}\left(n_{\boldsymbol{k},+1} - n_{\boldsymbol{k},-1}\right),\end{aligned} \tag{2.51}$$

这里 $\lambda = 1, -1$ 表示左旋或右旋。可以看到激光束的自旋角动量由左旋和右旋光子数的差决定。

把激光的轨道角动量也写成类似形式时遇到了困难。我们知道拉盖尔-高斯光不能像高斯光那样近似为平面光,量子光学中为得到确定的动量和能量,都用平面光展开,这种算符直接和轨道角动量算符相乘,必然会遇到困难。也即具有确定轨道角动量的光子,其横向动量必然有不确定性。原则上,对光场用具有轨道角动量的基函数展开可解决这个问题。对于具有轨道角动量的电子,可采用类似的方法。我们将在第 10 章中详细讨论这些问题。

2.2.4　电磁场中电荷运动的基本方程

本章基于经典电动力学理论进行讨论,量子电动力学理论下的电子运动在后面章节中讨论。带电粒子与电磁场相互作用原则上是一个自洽演化的过程,电磁场影响电荷的运动,电荷运动也影响电磁场的结构。实际上,当电荷比较多时,这种影响是很大的,这是我们后面讨论的激光等离子体相互作用。这里在讨论单粒子运动时,忽略集体运动的影响。同时我们也暂时忽略粒子辐射反作用对粒子运动的影响。实际上,当激光强度达到 10^{23} W/cm^2 时,电子运动电磁辐射不能忽略,辐射反作用必须考虑。我们用拉格朗日量来描述相对论带电粒子在电磁场中的运动,

$$L(\boldsymbol{r}, \boldsymbol{v}, t) = -mc^2 \sqrt{1 - \beta^2} + q\boldsymbol{\beta} \cdot \boldsymbol{A} - q\phi, \tag{2.52}$$

其中第一项为粒子自由运动的拉氏量,后两项描述粒子与电磁场的相互作用。对于多电子系统,如果特别考虑电子间额外的相互作用,拉格朗日量需要修正。将式(2.52)乘以相对论因子可得

$$\gamma L = -mc^2 - \frac{q}{c} U^\mu A_\mu. \tag{2.53}$$

这里,U^μ 为 2.1 节中定义的四维速度,A_μ 为四维电势。式(2.53)中三项都为洛伦兹不变量,也即作用量积分为

$$A = \int_{\tau_1}^{\tau_2} \gamma L \mathrm{d}\tau. \tag{2.54}$$

由欧拉-拉格朗日方程

$$\frac{\mathrm{d}}{\mathrm{d}t} \frac{\partial L}{\partial \boldsymbol{v}} - \frac{\partial L}{\partial \boldsymbol{r}} = 0, \tag{2.55}$$

可得到运动方程

$$\frac{\mathrm{d}\boldsymbol{p}}{\mathrm{d}t} = q\left(\boldsymbol{E} + \boldsymbol{\beta} \times \boldsymbol{B}\right), \tag{2.56}$$

这里动量是相对论的，即 $\boldsymbol{p} = \left(m\gamma v_x, m\gamma v_y, m\gamma v_z\right)$。由此可得能量方程

$$\frac{\mathrm{d}\mathcal{E}}{\mathrm{d}t} = \frac{\mathrm{d}m\gamma c^2}{\mathrm{d}t} = q\boldsymbol{v} \cdot \boldsymbol{E}. \tag{2.57}$$

即只有电场能加速电子，而磁场只能改变电子运动的方向。

对于洛伦兹力，我们也可给出运动方程的协变形式，利用电磁张量 $F^{\mu\nu}$ 可得

$$\frac{\mathrm{d}p^{\mu}}{\mathrm{d}\tau} = m\frac{\mathrm{d}U^{\mu}}{\mathrm{d}\tau} = \frac{q}{c}F^{\mu\nu}U_{\nu}, \tag{2.58}$$

也即

$$\frac{\mathrm{d}p^{\mu}}{\mathrm{d}t} = m\frac{\mathrm{d}U^{\mu}}{\mathrm{d}t} = \frac{\dfrac{q}{c}F^{\mu\nu}U_{\nu}}{\gamma}, \tag{2.59}$$

其中第一项为能量方程

$$\frac{\mathrm{d}\mathcal{E}}{\mathrm{d}t} = q\boldsymbol{v} \cdot \boldsymbol{E}. \tag{2.60}$$

这和从洛伦兹方程推导得到的结果是一样的。其他三项为洛伦兹力。

电荷在电磁场中的正则动量为

$$\boldsymbol{P}_c = \frac{\partial L}{\partial \boldsymbol{v}} = m\gamma\boldsymbol{v} + \frac{q\boldsymbol{A}}{c} = \boldsymbol{p} + \frac{q\boldsymbol{A}}{c}, \tag{2.61}$$

由此可得带电粒子在电磁场中的哈密顿量为

$$H = \boldsymbol{P}_c \cdot \boldsymbol{v} - L, \tag{2.62}$$

即

$$H = \sqrt{\left(\boldsymbol{P}_c c - q\boldsymbol{A}\right)^2 + m_0^2 c^4} + q\phi. \tag{2.63}$$

利用哈密顿量，有时不需要计算粒子的详细轨迹，就可直接得到动量的变化。比如，在讨论粒子加速时，我们可以用哈密顿量来讨论试探粒子的捕获和加速过程。

由电磁场中电子的哈密顿量，电子四维动量可写为

$$p^{\mu} = \left(\frac{E}{c}, \boldsymbol{p}\right) = \left(\frac{1}{c}(\mathcal{E} - e\phi), \boldsymbol{P}_c - \frac{e}{c}\boldsymbol{A}\right), \tag{2.64}$$

这里 $\mathcal{E}$ 为电子的总能量，而四维正则动量为

$$P_c^{\mu} = mU^{\mu} + \frac{e}{c}A^{\mu}, \tag{2.65}$$

因此可定义协变形式的哈密顿量为

$$\tilde{H} = \frac{1}{2m}\left(P_{c\mu} - \frac{e}{c}A_\mu\right)\left(P_c^\mu - \frac{e}{c}A^\mu\right) - \frac{1}{2}mc^2 \equiv 0. \tag{2.66}$$

2.2.5 坐标变换和洛伦兹变换

只在实验室参考系中讨论时，一般不需要写成协变形式，但如果希望换到一个方便的参考系中进行讨论，然后再转回实验室参考系中时，这种协变形式是很有帮助的。在两个惯性系之间，物理量的洛伦兹变换关系为

$$\Lambda_\nu^\mu = \begin{pmatrix} \gamma & -\gamma\dfrac{v^1}{c} & -\gamma\dfrac{v^2}{c} & -\gamma\dfrac{v^3}{c} \\ -\gamma\dfrac{v^1}{c} & 1+\dfrac{(\gamma-1)v^1v^1}{|v|^2} & \dfrac{(\gamma-1)v^1v^2}{|v|^2} & \dfrac{(\gamma-1)v^1v^3}{|v|^2} \\ -\gamma\dfrac{v^2}{c} & \dfrac{(\gamma-1)v^2v^1}{|v|^2} & 1+\dfrac{(\gamma-1)v^2v^2}{|v|^2} & \dfrac{(\gamma-1)v^2v^3}{|v|^2} \\ -\gamma\dfrac{v^3}{c} & \dfrac{(\gamma-1)v^3v^1}{|v|^2} & \dfrac{(\gamma-1)v^3v^2}{|v|^2} & 1+\dfrac{(\gamma-1)v^3v^3}{|v|^2} \end{pmatrix}, \tag{2.67}$$

这里 v^1、v^2、v^3 分别为 x、y、z 方向的速度，即矢量变换为

$$A'^\mu = \Lambda_\nu^\mu A'^\nu. \tag{2.68}$$

对张量，如电磁张量，变换为

$$T'^{\mu\nu} = \Lambda_\alpha^\mu \Lambda_\beta^\nu T^{\alpha\beta}. \tag{2.69}$$

如果 $v^2 = v^3 = 0$，即两惯性参考系只在 x 方向有相对运动，洛伦兹变换关系可大大简化。变换关系为

$$\Lambda_\nu^\mu = \begin{pmatrix} \gamma & -\gamma\beta & 0 & 0 \\ -\gamma\beta & \gamma & 0 & 0 \\ 0 & 0 & 1 & 0 \\ 0 & 0 & 0 & 1 \end{pmatrix}. \tag{2.70}$$

要采用洛伦兹逆变换时，只需要将 β 改为 $-\beta$ 即可。特别地，电磁场的变换关系为

$$E' = \gamma(E + \beta \times B) - \frac{\gamma^2}{\gamma+1}\beta(\beta \cdot E), \tag{2.71}$$

$$B' = \gamma(B - \beta \times E) - \frac{\gamma^2}{\gamma+1}\beta(\beta \cdot B). \tag{2.72}$$

如果考虑一个激光脉冲在不同参考系的洛伦兹变换，我们知道电磁场是时空的函数，因此在进行电磁场变换的同时，时空坐标也要相应变换。

在描述相对论电子束或相对论运动的薄膜靶与激光相互作用时，在电子或薄膜靶参考系中看激光时，激光参数需作洛伦兹变换。有些参数在不同参考系中是不同的，如激光波长蓝移、激光强度增加等。激光频率变化为

$$\omega'_{\mathrm{L}} = \sqrt{\frac{1+\beta}{1-\beta}}\,\omega, \tag{2.73}$$

激光强度变化为

$$I' = \frac{1+\beta}{1-\beta}I. \tag{2.74}$$

也有一些物理量是洛伦兹不变的，如激光的归一化矢势 $a_0 = \dfrac{eA_0}{m_e c^2} = \dfrac{eE_0}{m_e \omega_{\mathrm{L}} c}$、激光的周期数、激光的光子数、等离子体频率等都是洛伦兹不变量。

在数值模拟中，有时作参考系变换是方便的。比如，平面光斜入射与固体靶相互作用时，通过参考系变换，可变为正入射激光与横向运动的固体靶相互作用。这样原本需要进行二维数值模拟，就可变为一维数值模拟。在激光驱动低密度等离子体尾场电子加速数值模拟时，由于模拟空间长度很长，同时为了精确模拟激光场，长度步长要远小于激光波长，这样计算量很大。如果换一个参考系，在新参考系中，激光频率红移，同时等离子体密度增加，这样长度步长可增大，同时模拟的空间尺度变小，这样计算量可大大减小。在激光与稀薄等离子体相互作用的数值模拟中，更常用的方法则是移动窗口。这是基于激光及其周围等离子体的状态是缓变的，并且通常关心的也只是相互作用区域的演化过程。因此，模拟时可只考虑激光束附近的区域，这由于激光几乎是以真空光速移动的。模拟窗口的移动速度一般选为真空光速。通过减少模拟区域的方法可大大减小计算量。

同时，激光以光速传播，为方便描述随激光脉冲运动的物理量，经常采用坐标变换，比如激光在稀薄等离子体中传播时，可令 $\xi = x - v_{\mathrm{g}}t$($v_{\mathrm{g}}$ 为激光的群速度)，这样一些物理量相对于激光脉冲不变(准稳态近似，$\partial/\partial t = 0$) 或变化较小。这时，描述激光的参数，如激光波长、电场强度等是不变的。在非相对论条件下，坐标变换和笛卡儿变换是相同的，但应注意，对于电磁场，总是相对论的。在第 3 章中，我们对坐标变换和准稳态近似有更多的讨论。

2.3　带电粒子在恒定磁场中的运动

激光是交变的电磁场，原则上静磁场也可以看成有一定边界条件的长波长电

磁波。磁化等离子体会影响激光等离子体的相互作用，强激光驱动产生的高能电子和离子束，通常需要利用磁场进行偏转、聚焦等操控，因此这里先讨论带电粒子在静磁场中运动的一些基本特性，在传统加速器和高能粒子束一章有更多的讨论。

　　受实验条件限制，目前外加静磁场一般都远小于超强激光本身的磁场，但某些情况下，外加磁场依然能影响激光等离子体相互作用。在超短激光与等离子体相互作用结束后，在较长的时间尺度上，强磁场可影响等离子体的动力学演化过程。强场激光与等离子体相互作用时可产生极强的准稳态自生磁场，并影响激光等离子体相互作用及等离子体随时间的演化。

2.3.1　回旋运动

　　带电粒子在空间均匀且不随时间变化的恒定磁场 $\boldsymbol{B}$ 中运动时，受洛伦兹力，其运动方程为

$$\frac{\mathrm{d}\boldsymbol{p}}{\mathrm{d}t} = q\boldsymbol{\beta} \times \boldsymbol{B}. \tag{2.75}$$

因为磁场不会对带电粒子做功，如果忽略粒子运动产生的辐射损失，其动能是守恒的，即 $m\gamma c^2 = \mathrm{const.}$，在非相对论情况下为 $\frac{1}{2}mv^2 = \mathrm{const.}$。在本书讨论的极端强场下，特别是在辐射主导区，电子运动的电磁辐射是很强的，并且会影响电子的运动，但这里暂且忽略辐射损失的影响。为便于讨论，带电粒子在均匀磁场中的运动分为匀速直线部分和回旋运动部分，因此我们将粒子动量分解成平行磁场分量和垂直磁场分量，即

$$\boldsymbol{p} = \boldsymbol{p}_\perp + \boldsymbol{p}_\parallel. \tag{2.76}$$

这样运动方程可改写成

$$\frac{\mathrm{d}\boldsymbol{p}_\parallel}{\mathrm{d}t} = 0, \tag{2.77}$$

$$\frac{\mathrm{d}\boldsymbol{p}_\perp}{\mathrm{d}t} = q\left(\boldsymbol{\beta}_\perp \times \boldsymbol{B}\right). \tag{2.78}$$

由平行分量的方程(2.77)可知，平行动量为常数，即粒子在沿磁力线方向做匀速直线运动。在横向，粒子做圆周运动，其动量大小不变，因此有

$$cp_\perp = qBR_\mathrm{c}. \tag{2.79}$$

回旋半径(或称拉莫尔半径)为

$$R_\mathrm{c} = \frac{cp_\perp}{qB}, \tag{2.80}$$

回旋运动的角频率，或称进动频率为

$$\omega_c = \frac{qB}{\gamma mc}. \tag{2.81}$$

考虑平行速度，可以得到电荷运动的螺距，即电荷绕磁力线旋转一圈时在平行磁场方向运动的距离，

$$a = \frac{\gamma mcv_\parallel}{qB}, \tag{2.82}$$

在非相对论条件下，$\gamma = 1$。需要指出，即使磁力线是弯曲的，导心也倾向于沿磁力线运动。在一些模拟计算中，可将回旋运动平均掉，只考虑导心的运动，这样可大大减少计算量。类似地，在激光与电子作用时，有时也可平均掉电子在激光场中的振荡运动，只考虑激光包络对电子运动的影响。

2.3.2　漂移运动

如果除了磁场还有其他的场，比如静电场或重力场等，那么带电粒子除了在磁场作用下做平行磁力线和回旋运动外，还在其他场的作用下运动，同时带电粒子会产生漂移运动。即使只有磁场存在，如磁场空间不均匀，带电粒子的运动也非常复杂，原则上，需要用二阶张量才能完全描述某点处磁场的变化，即

$$\Delta \boldsymbol{B} = \begin{pmatrix} \dfrac{\partial B_x}{\partial x} & \dfrac{\partial B_y}{\partial x} & \dfrac{\partial B_z}{\partial x} \\[2mm] \dfrac{\partial B_x}{\partial y} & \dfrac{\partial B_y}{\partial y} & \dfrac{\partial B_z}{\partial y} \\[2mm] \dfrac{\partial B_x}{\partial z} & \dfrac{\partial B_y}{\partial z} & \dfrac{\partial B_z}{\partial z} \end{pmatrix}. \tag{2.83}$$

这里我们只考虑一种简单的情况，假定磁场缓变，即 $B/(\partial B/\partial y) \gg R_c$，只考虑磁场的一维变化，磁场在 z 方向，磁场梯度在 y 方向(图 2.1)，也即只考虑磁场梯度张量中的 $\partial B_z/\partial y$ 这一项。这时带电粒子除了沿磁力线平移和绕磁力线旋转外，同时还在垂直磁场方向(同时垂直磁场梯度方向)做漂移运动。

回旋运动的角频率在一阶近似下可写为

$$\omega_c(y) = \frac{qB(y)}{\gamma mc} = \omega_0 \left[1 + \frac{1}{B_0}\left(\frac{\partial B}{\partial x}\right)_0 y \right]. \tag{2.84}$$

电子在垂直磁场方向的运动方程(在 x-y 平面)为

$$\frac{\mathrm{d}\boldsymbol{v}_\perp}{\mathrm{d}t} = \boldsymbol{v}_\perp \times \boldsymbol{\omega}_c(y), \tag{2.85}$$

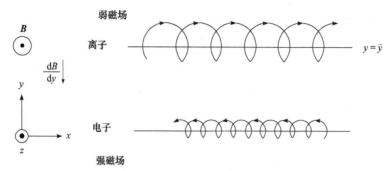

图 2.1 带电粒子在梯度磁场中的漂移

这里 $\boldsymbol{\omega}_c$ 的方向取为垂直圆周运动的平面 (z 方向)。把速度分解成在恒定磁场中的速度和由于磁场不均匀引起的修正 $v_\perp = v_0 + v_1$，则修正项为

$$\frac{\mathrm{d}\boldsymbol{v}_1}{\mathrm{d}t} = \left[\boldsymbol{v}_1 + \boldsymbol{v}_0 \frac{1}{B_0}\left(\frac{\partial B}{\partial x}\right)_0 y\right] \times \boldsymbol{\omega}_0. \tag{2.86}$$

假定电子回旋运动中心位置的初始值为零，

$$\boldsymbol{x}_0 = \frac{v_0}{\omega_0}\left(\sin\omega_0 t \hat{\boldsymbol{e}}_x + \cos\omega_0 t \hat{\boldsymbol{e}}_y\right), \tag{2.87}$$

$$\boldsymbol{v}_0 = v_0 \left(\cos\omega_0 t \hat{\boldsymbol{e}}_x - \sin\omega_0 t \hat{\boldsymbol{e}}_y\right). \tag{2.88}$$

将 $\boldsymbol{x}_0$ 和 $\boldsymbol{v}_0$ 代入，振荡部分平均后，忽略漂移速度的导数，漂移速度为

$$v_D = \langle \boldsymbol{v}_1 \rangle = \frac{1}{B_0}\left(\frac{\partial B}{\partial x}\right)_0 \langle v_0 y \rangle = \frac{R_c^2}{2}\frac{1}{B_0}\left(\frac{\partial B}{\partial x}\right)_0 \omega_0 \hat{\boldsymbol{e}}_x, \tag{2.89}$$

这里 y 方向的平均值为零，漂移运动速度沿 x 方向。

更普适的方程为

$$\frac{\boldsymbol{v}_D}{\omega_0 R_c} = \frac{R_c}{2B^2}\left(\boldsymbol{B} \times \nabla_\perp B\right), \tag{2.90}$$

即漂移方向垂直于磁场和磁场的梯度方向。漂移速度和粒子的回旋半径，也即和粒子速度相关。

在物理图像上，可以这样理解，电荷在磁场强的地方回旋半径小，而在磁场弱的地方回旋半径大，这样的总体效果是，电荷逐渐向垂直磁场梯度方向漂移(图2.1)。由于正负电荷的漂移方向是相反的，漂移会产生电荷分离场。这也可理解为磁场的变化产生电场，$\nabla \times \boldsymbol{B} = \frac{1}{c}\frac{\partial \boldsymbol{E}}{\partial t}$，也即在垂直磁场梯度方向有加速电场。应注意，对于稳态过程，漂移是匀速的，一般地，则有加速度，这也可参考 3.3.1 节。如果磁力线弯曲，带电粒子也有漂移现象，这被称为曲率漂移。

需要指出，带电粒子还在垂直磁力线方向，在磁压 $P_B = B^2/(8\pi)$ 的作用下向磁场较弱的地方运动，磁压引起的运动和电荷符号无关。这和上面讲的漂移运动是不同的。带电粒子和磁场的相互作用可以用洛伦兹力来描述，也可以用上面给出的电磁应力张量描述，对于三维电磁应力张量，如果没有电场，只有磁场，则

$$T_{ij} = \frac{1}{8\pi}\left(\delta_{ij}B^2 - 2B_iB_j\right).\tag{2.91}$$

现在假定磁场只有一个方向，比如 z 方向，则应力张量中仅有 $T_{zz} = -B_z^2/(8\pi)$ 这项，这便是磁压。

这里考虑的是单电子情况，在等离子体中情况更为复杂，我们后面在磁化等离子体部分有讨论。在无碰撞磁声激波加速中，在激波面附近，磁场被压缩后有很大的梯度，因此粒子可沿激波面横向漂移，漂移加速是无碰撞磁声激波加速的一种重要微观机制，在第 8 章激光驱动质子加速中有更详细讨论。

对于激光等离子体，磁场除了影响等离子体的集体运动，还经常会影响等离子体中高能粒子的运动，比如在鞘层质子加速中，靶背表面有自生磁场，对质子加速有一定影响。

2.3.3　绝热不变量

当带电粒子在缓变磁场中运动时，有几个物理量，比如磁矩、磁通等几乎保持不变，这被称为绝热不变量。这些不变量不是完全严格不变的，只是在一定的时间内变化很小。利用这些不变量可以对很多物理现象(比如磁镜)进行很好的描述。

带电粒子的哈密顿量为

$$H = H(\boldsymbol{p},\boldsymbol{q},t),\tag{2.92}$$

$\boldsymbol{p}$、$\boldsymbol{q}$ 为广义动量和坐标。绝热不变量为对封闭曲线 $C(t)$ 的积分

$$\mathcal{J} = \oint \boldsymbol{p}\cdot\mathrm{d}\boldsymbol{q},\tag{2.93}$$

用周期变量 s 来描述封闭曲线 $C(t)$ 上的点，即 $p_i = p_i(s,t)$，$q_i = q_i(s,t)$。那么

$$\frac{\mathrm{d}\mathcal{J}}{\mathrm{d}t} = \oint\left(p_i\frac{\partial^2 q_i}{\partial t\partial s} + \frac{\partial p_i}{\partial t}\frac{\partial q_i}{\partial s}\right)\mathrm{d}s,\tag{2.94}$$

经推导可得

$$\frac{\mathrm{d}\mathcal{J}}{\mathrm{d}t} = \oint\frac{\mathrm{d}H}{\mathrm{d}s}\mathrm{d}s = 0,\tag{2.95}$$

即 $\mathcal{J}$ 为不变量。

磁矩守恒。绝热不变量和电荷运动的轨迹联系起来是有意义的。带电粒子绕磁力线的旋转，形成一个环形电流，并产生感应磁场，这个感应磁场的方向总是和外磁场方向相反的。这个小电流可看成一个磁偶极子，其磁矩为

$$\mu = I\pi R_{\mathrm{c}}^2 = \frac{q\omega_{\mathrm{c}}R_{\mathrm{c}}^2}{2c}, \tag{2.96}$$

在非相对论情况下

$$\mu = \frac{mv_\perp^2}{2B} = \frac{\mathcal{E}_\perp}{B}, \tag{2.97}$$

也即 $\mathcal{E}_\perp = \mu B$。如果磁矩方向和磁场方向不平行，则 $\mathcal{E}_\perp = \boldsymbol{\mu} \cdot \boldsymbol{B}$。

我们先来证明磁场随时间缓变时，电子绕磁力线运动产生的磁矩是绝热不变量。这里暂时没有采用上面的不变量公式进行推导，对电子动能求导可得

$$\frac{\mathrm{d}\mathcal{E}_\perp}{\mathrm{d}t} = B\frac{\mathrm{d}\mu}{\mathrm{d}t} + \mu\frac{\mathrm{d}B}{\mathrm{d}t}. \tag{2.98}$$

假定磁场随时间缓变，它会感生出一个电场，在一个周期内电荷动能的变化为

$$\begin{aligned}
\Delta\mathcal{E}_\perp &= \int_0^{2\pi/\omega_{\mathrm{c}}} e\boldsymbol{E} \cdot \mathrm{d}\boldsymbol{r}_\perp \approx \oint e\boldsymbol{E} \cdot \mathrm{d}\boldsymbol{r}_\perp \\
&= e\int \nabla \times \boldsymbol{E} \cdot \mathrm{d}\boldsymbol{s} = -\frac{e}{c}\int \frac{\partial \boldsymbol{B}}{\partial t} \cdot \mathrm{d}\boldsymbol{s} \\
&= \frac{e\pi r_{\mathrm{c}}^2}{c}\frac{\partial B}{\partial t}.
\end{aligned} \tag{2.99}$$

在计算过程中，假定了在回旋周期里，磁场几乎不变，电荷的横向轨道基本保持为圆形。因此，带电粒子横向动能随时间的变化为

$$\frac{\mathrm{d}\mathcal{E}_\perp}{\mathrm{d}t} \approx \frac{\Delta\mathcal{E}_\perp}{2\pi/\omega_{\mathrm{c}}} = \mu\frac{\mathrm{d}B}{\mathrm{d}t}, \tag{2.100}$$

和上面的动能微分公式比较可知，

$$\frac{\mathrm{d}\mu}{\mathrm{d}t} = 0, \tag{2.101}$$

即当磁场随时间缓变时，电荷圆周运动的磁矩为不变量。

类似地，当磁场随空间缓变时，我们也可证明，磁矩基本保持不变。这里用前面的不变量进行推导。电荷在电磁场中的正则动量为

$$\boldsymbol{p} = m\boldsymbol{v} + e\boldsymbol{A}, \tag{2.102}$$

沿封闭曲线 $C(t)$ 运动时的正则坐标微分元为

$$\mathrm{d}\boldsymbol{r} = \frac{\partial \boldsymbol{R}_c}{\partial \theta}\mathrm{d}\theta = \frac{\boldsymbol{u}}{\omega_c}\mathrm{d}\theta. \tag{2.103}$$

对缓变磁场，我们像前面推导磁漂移那样，将矢势以导心位置为基点展开，即

$$\boldsymbol{A}(\boldsymbol{r}) = \boldsymbol{A}(\boldsymbol{R}) + (\boldsymbol{R}_c \cdot \nabla)\boldsymbol{A}(\boldsymbol{R}). \tag{2.104}$$

同时把速度分解为平行磁场的速度分量和垂直磁场的速度分量，因此利用正则动量和正则坐标的绝热不变量为

$$\mathcal{J} = \oint \frac{\boldsymbol{u}}{\omega_c} \cdot \left\{ m(\boldsymbol{U}+\boldsymbol{u}) + e\left[\boldsymbol{A}(\boldsymbol{R}) + (\boldsymbol{R}_c \cdot \nabla)\boldsymbol{A}(\boldsymbol{R})\right]\right\}\mathrm{d}\theta, \tag{2.105}$$

这里，$\boldsymbol{U},\boldsymbol{u}$ 分别为导心和相对导心的速度。经推导可得

$$\mathcal{J} = 2\pi \frac{m}{e}\mu, \tag{2.106}$$

即磁矩 μ 为不变量。对于相对论运动的带电粒子，忽略辐射，磁矩仍是不变的。电子内禀的自旋运动也会产生磁矩，其在目前的磁场条件下，电子自旋磁矩也是不变的。

　　从磁矩守恒的推导过程可以看出，如果电子不是理想点粒子，在特别高频的极端强磁场作用下，即不满足磁场缓变条件时，电子的自旋磁矩也许会变化，这可能意味着电子结构的变化。电子磁矩产生的磁场总是倾向于抵消原磁场，也即这时磁矩处于低能级，如果磁矩的方向相反，即处于高能级，这两个能级间的跃迁将放出或吸收光子。由于这两个状态下电子的角动量也相反，放出光子必然具有角动量。对于电子自旋，其自旋角动量为 $\pm\hbar/2$，因此其放出或吸收光子的角动量为 $\pm\hbar$，即圆偏光。对于电子的轨道角动量，按量子电动力学理论，在磁场中也应有角动量的反转，即电子轨道旋转方向的反转，在反转过程中，根据角动量守恒，辐射的光子除了自旋角动量外，还可携带轨道角动量。

　　磁通守恒。磁场随空间缓变时，带电粒子除了绕磁场做回旋运动外，还可沿磁力线方向运动，在这个过程中，如果电荷速度的平动变化相对于周期运动是小的，由横向正则动量守恒(假定恒为零)可得到重要的不变量，

$$B\pi R_c^2 \equiv C, \tag{2.107}$$

即带电粒子旋转运动轨迹包含的磁通不变。我们看到，当磁场比较大时，回旋半径较小，也就是说，磁场对带电粒子有约束作用。并且，如果磁场强度沿磁力线方向逐渐增大，回旋半径也会逐渐变小。

　　考虑电子在磁场沿 x 方向变化的真空中运动。忽略电子在垂直磁场方向的漂移，由上面横向动量表达式可知电子的横向动量为

$$p_\perp = qBR_\mathrm{c} = q\sqrt{\frac{CB}{\pi}}, \tag{2.108}$$

电子能量可写为沿 x 方向和垂直 x 方向动量的函数，即

$$\mathcal{E}^2 = m^2c^4 + p_x^2 + p_\perp^2, \tag{2.109}$$

磁场只改变电子运动的方向，但不改变电子的能量，由于只有磁场，电子能量守恒，横向能量变大时，纵向能量必然变小。当具有一定初速度的电子沿磁场方向运动到磁场足够强的地方时，纵向动量 p_x 将减为零，然后向相反方向运动。这就是所谓磁镜，即带电粒子可以被强磁场反射(图 2.2)。

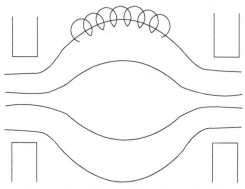

图 2.2　带电粒子在磁镜中运动的示意图

　　磁镜曾被考虑用作磁约束装置，至今仍有研究，但由于实际上仍有粒子漏出，比如 $p_\perp = 0$，即带电粒子没有横向动量时，是不能被约束的。实际上，$p_\perp/p_x$ 比较小时，带电粒子会泄漏。由于粒子间的碰撞，不断有粒子变为具有较小的横向动量而泄漏。主流磁约束聚变装置采用其他磁场位型。

2.3.4　纵向不变量和费米加速

　　当电荷在磁镜中沿磁力线来回运动，或电荷沿封闭磁力线旋转运动时，要平均掉电荷绕磁力线的回旋运动，只考虑导心沿磁力线的运动。正则动量沿磁力线的分量为

$$p_\parallel = m\gamma v_\parallel + eA_\parallel, \tag{2.110}$$

因此有不变量

$$\mathcal{J} = \oint \left(m\gamma v_\parallel + eA_\parallel \right) \mathrm{d}s. \tag{2.111}$$

因为电荷沿磁力线的封闭曲线运动 $\oint eA_\parallel \mathrm{d}s = 0$，因此可得到纵向不变量为

$$\mathcal{J} = \oint m\gamma v_\parallel \mathrm{d}s. \tag{2.112}$$

由于电荷沿磁力线来回运动的周期通常比绕磁力线的周期长得多,相对磁矩不变量,纵向不变量对磁场缓变的要求更高。

从这个纵向不变量可以看到,在位置-动量相空间中,电荷运动所围的面积是不变的。前面我们知道,电荷能被磁镜捕获,那么当磁镜两端逐渐靠近时,封闭曲线长度变短,电荷的动量必然是不断增加的,这就是费米加速,它被认为是宇宙中高能射线产生的一种机制。在无碰撞磁声激波加速中,质子可在激波面的磁场中多次反射,获得能量。这就是一种费米加速机制。

2.3.5　磁谱仪

电荷在磁场中运动时受洛伦兹力偏转,如果电荷的动能比较大,回旋半径很大,但在有限的时空尺度上,一般只能偏转一个小的角度。在磁场确定的情况下,对于确定的荷质比,偏移量和电荷能量一一对应,因此,可利用这一原理测量高能粒子的能谱。一般地,在激光与等离子体相互作用中,除了产生高能粒子外,还产生 X 射线等电磁辐射,因为电磁辐射不随磁场偏转,其成像可作为原点。特别高能的粒子更靠近原点。对于特别高能的电子,比如能量达到10GeV,需要米级的强磁场才能有效偏离电子,从而测得电子能谱。在利用激光驱动离子加速时,由于经常有多种离子,并且对同一种离子有不同的电荷态,为了进行区分,在垂直磁场方向再加一个高电压,以产生静电场,电场和磁场可叠加在同一个空间,也可前后放置。这种能谱仪被称为汤姆孙谱仪。这样电荷在两个平面里运动,对于每一种确定荷质比的离子,可记录一条曲线,给出这种离子的能谱。

2.4　电子在电磁场中的运动

激光是电磁波。现在考虑电子在电磁场中的运动

$$\frac{\mathrm{d}\boldsymbol{p}}{\mathrm{d}t} = -e\left(\boldsymbol{E} + \frac{\boldsymbol{v}}{c} \times \boldsymbol{B}\right). \tag{2.113}$$

对于非相对论电子,即 $|v| \ll c$,磁场力可忽略,电子在电磁场中的运动方程为

$$m_{\mathrm{e}}\frac{\mathrm{d}\boldsymbol{v}}{\mathrm{d}t} = -e\left(\boldsymbol{E} + \frac{\boldsymbol{v}}{c} \times \boldsymbol{B}\right) \approx -e\boldsymbol{E}. \tag{2.114}$$

利用第 1 章平面电磁波的表达式,取实部,对于线偏振和圆偏振激光可得到电子运动为

$$v = -\frac{eA_0}{m_{\mathrm{e}}c}\begin{cases} \cos(k_{\mathrm{L}}x - \omega_{\mathrm{L}}t + \varphi)\hat{e}_y, \\ \cos(k_{\mathrm{L}}x - \omega_{\mathrm{L}}t + \varphi)\hat{e}_y \mp \sin(k_{\mathrm{L}}x - \omega_{\mathrm{L}}t + \varphi)\hat{e}_z. \end{cases} \tag{2.115}$$

也即在非相对论激光条件下，电子在平面激光场中做横向振荡或圆周运动。本书中一般把激光传播方向定为 x 方向，考虑一个横向运动方向时引入 y 方向，考虑两个横向运动时再引入 z 方向。参考上面速度公式中的振幅，引入无量纲归一化激光振幅

$$a_0 = \frac{eA_0}{m_e c^2} = \frac{eE_0}{m_e \omega_L c}. \tag{2.116}$$

当 $a_0 = 1$ 时，电子在激光场中的振荡速度接近光速 c，即达到相对论阈值。可以把激光的平均强度写为

$$I = \delta \frac{m^2 c^3 \omega_L^2}{8\pi e^2} a^2, \tag{2.117}$$

或者

$$I_0 \lambda_L^2 = \delta \left(1.37 \times 10^{18} \frac{W}{cm^2} \mu m^2 \right) a_0^2, \tag{2.118}$$

对线偏振激光 $\delta = 1$，对圆偏振 $\delta = 2$。这里激光波长的单位为 μm。也即对可见光波段的激光，当激光强度达到 10^{18} W/cm^2 左右时，相对论效应已比较显著。电子在激光场中的相对论效应是本书重点讨论的内容。相应地，当激光强度达到 $(m_p/m_e)^2 I_0 \lambda_L^2 = \delta \left(5 \times 10^{24} \frac{W}{cm^2} \mu m^2 \right)$ 时，质子在激光场中的振荡速度也接近光速，目前实验室的激光还未达到这样的强度。需要指出的是，激光强度在不同的参考系中是可变换的，但归一化振幅 a_0 是洛伦兹不变量，在不同的参考系中保持不变。

由于相对论效应，虽然电子在线偏振激光场中的横向动量是简谐变化的，但其运动速度和相应的电流不再是简谐的。按经典电动力学理论，非线性振荡的电流可产生高次谐波。从另一个角度看，激光的归一化振幅也可写为

$$a_0 = \frac{eE}{mc\omega_L} = \frac{eE \cdot \lambda_C}{\hbar \omega_L}, \qquad \lambda_C = \frac{\hbar}{mc}. \tag{2.119}$$

即表示在一个康普顿波长内电子吸收的光子数，康普顿波长只考虑静止质量，而德布罗意波长一般包括电子的动能。这一表达式从量子电动力学的角度表明，在强场条件下 $(a_0 > 1)$，电子-光子散射是非线性的，比如对于汤姆孙散射或康普顿散射，电子可同时吸收很多个光子而散射一个光子，即这时为非线性汤姆孙散射或康普顿散射。顺带指出，描述量子电动力学效应的重要参数施温格场，其物理意义为在一个康普顿波长内电子吸收的能量等于电子静能，即

$$E_s = \frac{m^2 c^3}{e\hbar} = \frac{mc^2}{e\lambda_C}. \tag{2.120}$$

这时，强场可在真空中产生正负电子对。如果同时满足 $a_0 > 1$，则多个光子变为一个正负电子对。对于可见光波段激光，总是先达到 $a_0 > 1$，再达到施温格场强，但对硬 X 射线激光，并不总是如此。需注意，施温格电场 E_s 不是洛伦兹不变量。我们将在后面章节中专门介绍强激光的量子电动力学效应。

对于波长为 $1\mu m$ 的激光，$a_0 = 1$ 对应的电场 $E = 3.2 \times 10^{10}\,V/cm$，磁场为 $1 \times 10^4\,T$。作为对比，用于磁谱仪的永磁铁的磁场一般小于 $1T$，目前利用传统高电压作用线圈产生的脉冲强磁场，最高可达 $100T$ 左右。顺带指出，利用超导线圈可产生很强的静磁场，但不适合产生脉冲磁场，因为脉冲强电流会影响超导。

现在我们讨论电荷和电磁场相互作用更一般性的理论。电荷在电磁场中的正则动量为

$$P_c = \frac{\partial L}{\partial v} = m\gamma v + \frac{qA}{c} = p + \frac{qA}{c}, \tag{2.121}$$

这里 $\gamma = 1/\sqrt{\left(1 - \beta^2\right)}$ 为相对论因子。对平面波，或者在傍轴近似下忽略场的横向变化，拉氏量横向平移不变，$\partial L/\partial r_\perp = 0$，这时正则动量的横向分量是守恒的，如果初始正则动量为零，即粒子未与激光场相互作用时动量为零，则粒子动量在电磁场中一直有

$$p_\perp = -\frac{q}{c}A_\perp. \tag{2.122}$$

如果电子刚从原子中电离(比如多光子或隧穿电离)，原则上初始正则动量不为零。但对于强场激光，电离一般发生在激光较弱时，一般仍可以将初始正则动量近似为零(原子的电离能一般只有 eV 量级)。对于强激光与等离子体相互作用，一般可假定等离子体是冷的，即忽略电子的初始动量。如果激光场有横向分布，在有质动力作用下，电子在激光场中振荡的同时，向激光较弱的地方漂移，即高斯激光把电子推离激光轴，拉盖尔-高斯激光把电子推离激光高强度环。在研究激光等离子体相互作用时，一般采用库仑规范，这样在傍轴近似下，矢势只出现在横向，可以简化理论研究。

带电粒子在电磁场中的哈密顿量为

$$H = P_c \cdot v - L, \tag{2.123}$$

即

$$H = \sqrt{\left(P_c c - qA\right)^2 + m_0^2 c^4} + q\phi. \tag{2.124}$$

若横向正则动量守恒，则电子哈密顿量为

$$H = \sqrt{m_0^2 c^4 + p_x^2 c^2 + e^2 A^2} - e\phi, \tag{2.125}$$

这里纵向设为 x 方向。为讨论方便，下面常用归一化的物理量，则电子哈密顿量为

$$H = \sqrt{1 + p_x^2 + a^2} - \phi, \tag{2.126}$$

这里矢势 a 和标势 ϕ 随时空变化。对于圆偏振激光，哈密顿量形式不变，但 a 没有振荡部分。

如果拉氏量仅通过 $x - v_g t$ 作为整体依赖于 x 和 t，根据诺特定理有

$$H - v_g p_x = h_0, \tag{2.127}$$

h_0 为常数，可由初始条件决定。在真空中，激光的电磁场结构都是以真空光速运动，在均匀稀薄等离子体中传播时，电子等离子体波以相速度匀速运动，等离子体波的相速度一般等于驱动激光的群速度。因此，可利用这一公式方便地计算电子动量在电磁场中的变化。

如果不考虑静电势，即电子只与在真空中传输的激光场相互作用，假定电子进入激光前动量为零，由式(2.127)得 $h_0 = 1$。在真空中激光群速度和相速度都为真空光速，$v_g = v_p = 1$，我们容易计算得到

$$p_x = \frac{a^2}{2}. \tag{2.128}$$

可以看到，在激光上升沿，电子纵向动量不断增大，即不断被加速，当电子相对位置到达激光脉冲峰值后，电子不断被减速，最后速度回到零。由电子哈密顿量公式，可得电子在激光场中的能量为

$$\mathcal{E}_e = \left(1 + \frac{a^2}{2}\right) m_e c^2. \tag{2.129}$$

可以看到，电子能量和纵向动量有类似的变化规律。

虽然电子的纵向动量和能量有增加和减小，但电子的运动方向一直是往前的。这类似于物体在无阻力隧道中先下降后上升的过程，当物体重新上升到同一平面时，动能降为零，但物体的水平位置是移动的。在实验室参考系中，对线偏振激光，电子运动轨迹如图 2.3(a)所示。

对线偏振激光，如果取 $h_0 = 1 + a_0^2 / 2$，即电子初始以一定初速度 $a_0^2 / \left(2 + a_0^2\right)$ 向激光脉冲运动，在平顶激光场中，即激光振幅不随 $x - ct$ 变化时，电子在纵向只做振荡运动。$p_x = \left(a_0^2 / 4\right) \cos\left[2\left(\omega t - kx + \varphi\right)\right]$，电子的横向动量 $p_y = a$。在非相对论条件下，即 $a \ll 1$ 时，$p_x \ll p_y$，电子的纵向运动可忽略，电子只在横向运动，对于线偏振激光，做线性振荡。在相对论情况下，$a \geqslant 1$，纵向运动不能忽略，对线

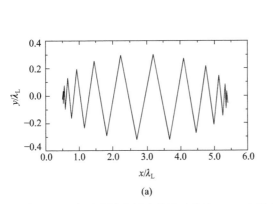 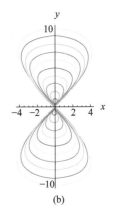

(a) (b)

图 2.3 (a)电子在激光场中的运动轨迹；(b) 电子在电子参考系中的运动轨迹

偏振激光，电子运动的轨迹为"8"字形，如图 2.3(b)所示。如果 $h_0 \neq 1 + a_0^2/2$，这种"8"字形运动也可以看成是在电子参考系(电子平均速度为零)中电子的运动轨迹。应指出，由于电子速度不能超过光速，无论激光多强，在电子参考系中，电子在横向和纵向的运动距离都不会超过激光波长。如果考虑纵向运动，电子运动相对于激光轴的角度为

$$\tan^2 \theta = \left(\frac{p_\perp}{p_x}\right)^2 = \frac{2}{\gamma - 1}. \tag{2.130}$$

当 $a > 2$ 时，电子的纵向动量超过横向动量，当 $a \gg 1$ 时，纵向速度接近光速，而横向速度接近 0，也即电子主要是沿激光传播方向运动，这和非相对论下电子运动的图像是非常不同的。

对圆偏振激光，仍可取 $h_0 = 1 + a_0^2/2$，在平顶区，电子仍只做圆周运动。

现在我们讨论电子在强场平面激光中正则动量的协变形式。我们知道，电子在外场中的四维正则动量可写为

$$P_c^\mu = mU^\mu - \frac{e}{c} A^\mu. \tag{2.131}$$

对于圆偏平面单色光(传播方向为 x)，在电子初始为静止的参考系中，

$$P_c^\mu = mc\left[\left(1 + \frac{1}{2}a^2\right), -\frac{1}{2}a^2, -a_y, -a_z\right]. \tag{2.132}$$

因为 a 为洛伦兹不变量，考虑电子运动，相对论协变的电子四维正则动量为

$$P_c^\mu = p^\mu - \frac{m^2 c^2}{2kp} a^2 k^\mu - \frac{m^2 c^2}{p} a^\mu, \tag{2.133}$$

这里，$k^\mu = (\hbar k_x, -\hbar k_x, 0, 0)$ 为光子四维动量，$k^\mu k_\mu = 0$；$a^\mu = (0, 0, -a_y, -a_z)$；$k, p$

分别为光子和电子动量的大小；最后一项为横向振荡项，对时间平均为零。对线偏光，也可得到类似形式。

在经典情况下，电子在平面波中的运动可得到解析解，在量子条件下，利用狄拉克方程，也可得到相同的电子四维正则动量，并可得到电子波函数的 Volkov 解。对于复杂的光场，则一般很难得到解析解。应注意，在等离子体中，在纵向有静电场，$\dfrac{m^2 c^2}{2kp} a^2 k^\mu$ 这一项经常被平衡掉，但在真空中，在强场下纵向项比横向项更重要。

本章只讨论相对论条件下激光场与电子的经典相互作用。强激光的量子电动力学效应在后面章节中专门介绍。

2.5　激光驱动电子加速(非尾场)

从电子的能量公式可以看到，在激光上升沿，电子获得能量，当电子到达激光的峰值位置时，能量最大，然后电子不断损失能量。当电子离开平面激光时，电子能量回到零。这就是著名的 Lawson-Woodward 定律，其具体表述为：在真空中，相对论电子不能通过与电磁波相互作用获取能量，如果

(1) 没有壁或边界；

(2) 沿加速方向不是强相对论的(辐射可忽略)；

(3) 没有静电场或静磁场；

(4) 相互作用区域无限大；

(5) 横向有质动力可忽略。

这其实意味着，只要破坏了其中的一项，电子就能被加速。应指出，下面讨论的加速机制不是激光驱动电子加速的主流方案，但作为物理机制，仍是有启发性的。

2.5.1　稀薄等离子体中电子加速

考虑平面激光在稀薄欠稠密等离子中传播，由于有等离子体，激光群速度 $v_g \neq 1$，这里我们忽略稀薄等离子体引起的其他影响。假设激光向右(x 轴正方向)传播，电子初始静止。这时由式(2.126)得

$$p_x = \frac{v_g \pm \sqrt{v_g^2 - a^2\left(1 - v_g^2\right)}}{1 - v_g^2},\tag{2.134}$$

这里，当电子和激光相向运动时取"－"号，同向运动时取"+"号。如果电子到达脉冲峰值时，速度已达到 v_g，则电子开始相对激光同方向向右运动，电子离开

激光脉冲时的动量为 $p_x = 2v_g\gamma_g^2 \approx 2\gamma_g^2$，这里 γ_g 为对应 v_g 的相对论因子。我们看到如果 $v_g \to 1$，电子获得的加速非常大。但这里有个前提条件，即电子到达激光脉冲峰值时，速度要达到 v_g，也即电子要能被激光场捕获。实际上这是很难的，要求激光很强，或等离子体密度接近临界密度，即 v_g 较小，但这时的加速效果不好，同时，等离子体的静电场一般不能忽略。但如果初始时刻电子在激光脉冲前同方向做相对论运动，速度略小于激光群速度，原则上电子更容易被激光捕获并被加速。

2.5.2 平面激光对电子薄层的加速

考虑平面激光脉冲与电子层厚度远小于趋肤深度的薄膜靶相互作用，设电子层面密度为 σ(密度归一化到临界密度，长度归一化到激光波数)，忽略电子层对激光的影响，则电子运动的哈密顿量为

$$H = \sqrt{1 + p_x^2 + a^2} - \phi, \tag{2.135}$$

其中 $\phi = \sigma x$。假定初始时刻，电子层位于 $x = 0$ 且静止，因此电子纵向动量为

$$p_x = \frac{a^2 - \phi^2 - 2\phi}{2(1+\phi)} = \frac{a^2 + 1 - (1+\phi)^2}{2(1+\phi)}, \tag{2.136}$$

因为横向动量为 $p_\perp = a$，总的相对论因子为

$$\gamma = \frac{a^2 + 1 + (1+\phi)^2}{2(1+\phi)}. \tag{2.137}$$

一般地，静电势可以忽略，则回到单电子在激光场中运动的表达式。为了避免电子动量在经过整个激光脉冲后回到零，可在适当地方，比如电子到达激光脉冲的峰值位置时，加一稍厚的挡板(图 2.4)，这样激光被挡板挡回，而电子则通过。利用这一方法，我们便可获得自由的高能电子束。数值模拟表明，这一方法确实

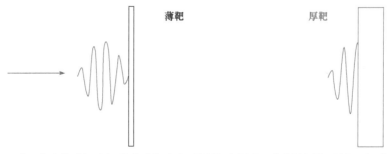

图 2.4 平面激光脉冲加速超薄薄膜靶中电子层的示意图。激光被厚靶反射，电子则透过

是可行的，因为纳米靶非常薄，加速得到的电子也是一薄层，可作为电子层飞镜，电子也有一定的单能性。我们也可把这里的纳米薄膜靶改为厚靶前放置非常稀薄的等离子体，这样激光可在稀薄等离子体中加速电子，这里等离子体非常稀薄，因此主要是真空加速。

应指出，电子在激光场中时，如果 $a \gg 1$，纵向动量几乎等于总动量，即电子运动相对于激光轴的夹角很小，但是纵向速度对应的相对论因子为

$$\gamma_x = \frac{\gamma}{\sqrt{1+p_\perp^2}} \approx \sqrt{\frac{\gamma}{2}}, \tag{2.138}$$

即纵向速度对应的相对论因子远小于电子的总相对论因子。如果这时有另一束激光反向入射，多普勒频移是按照纵向相对论因子计算的。一旦电子穿过挡板，其能量或者说总相对论因子保持不变，但由于电子彻底离开了激光场，其不再有横向运动，纵向速度对应的相对论因子即为电子的总相对论因子。这时如果从右侧有一探针激光入射，通过电子层多普勒频移后，信号光的频率变得更高。我们在第 9 章还将讨论这一问题。

若图 2.4 的薄膜靶厚度在趋肤深度附近，在激光上升沿，随着激光的增强，薄膜靶逐渐变成相对透明，靶中电子也可被加速。

2.5.3　非平面光束驱动电子加速

对于横向为高斯分布的光束，一个初始静止在激光前的电子，如果不刚好在激光轴上，即存在横向有质动力，电子经过整个激光脉冲后能获得净能量。如果相对论电子斜入射与高斯激光相互作用，由于激光束各处的相速度并不都相同，电子束也有可能被加速。

对于贝塞尔或拉盖尔-高斯激光，由于其环状强度分布，其电场和磁场有轴向分量，可对电子进行加速和约束，环状激光的有质动力可对电子提供横向聚焦力，因此电子有可能被加速更长的距离。

2.5.4　真空加速的一般性讨论

从本节的讨论中我们看到，激光在真空中是可以将电子加速到很高能量的，在某些情况下也很有用。比如被激光有质动力整体从薄膜靶中推出，并继续加速到相对论速度的电子薄层，在其密度降低之前，可作为相对论等离子体飞镜反射迎面而来的另一束较弱的激光，反射光的频率升高，脉宽变短。但由于这种电子层的密度有限，如果在电子参考系中，入射的弱激光频率高于电子层的等离子体频率，则反射率受限。

真空加速也存在很大的局限性。首先，如果要加速比较多的电子，其电子束

的库仑排斥力是很大的，而在横向上，激光一般没有一个指向激光轴的约束力(某些高阶模除外)，却有使电子离开轴的有质动力。这种有质动力和电荷符号无关，所以即使对正电子，有质动力也会将其推离激光轴，也即电子束是散焦的。由于激光的光斑大小有限，所以很难同时加速较多的电子。在纵向上，如果单电子受激光场的加速都一样，那么电子束本身的库仑力使得电子束前段的电子跑得更快，后段的电子跑得更慢，从而影响能散。如果类似传统加速器的射频波加速，只利用激光的一个周期进行加速，原则上是可以的。但由于激光波长太小，只有 1μm 左右，很难把电子注入到相同的相位上，也即电子束脉宽要远小于 1μm，如果可以做到，我们可以获得阿秒脉宽的高能电子束。但如果电子不在同样的相位上，电子束被加速后的能散必然很差。激光与等离子体相互作用时，如果想只利用激光自身的电磁场加速电子，也有同样的问题。

　　总体上，真空加速目前不是激光驱动电子加速的主流方式，后面我们将看到，主流方式为基于等离子体的激光驱动尾场加速。另外，对于目前的激光强度，激光直接与离子的相互作用一般是可忽略的，因此没有真空离子加速。但间接地，激光可通过等离子体中的静电场来影响质子的运动。

2.6　强激光与原子相互作用

　　本书主要讨论的是强激光与等离子体相互作用。但在具体实验中，激光一般是与固体或气体相互作用，因此激光与等离子体作用前一般先有原子电离等过程。我们考虑的激光强度一般远大于原子电离所需的强度，在激光的预脉冲阶段或者主脉冲的前几个激光周期里激光就把低 Z 原子全部电离，电离过程对激光等离子体相互作用不是很重要，在很多研究中，都可以忽略这一电离过程，直接考虑激光与等离子体相互作用。但激光与原子相互作用依然是一个重要的研究领域，相对较弱的激光与原子相互作用可产生高次谐波，也可揭示原子的物理特性，如电子波函数的分布等。对于强场激光，虽然强度很高，但一般也不能把高 Z 元素核外所有的电子都电离掉，因此强场激光与高 Z 离子的相互作用依然是重要的研究方向，高 Z 元素电离也是测量激光强度的一个方法。激光电离过程也会改变等离子体密度的分布，也即激光轴上的密度更高，从而影响激光的传输，也即激光传输时有所谓的"电离散焦"。在激光驱动等离子体尾场加速中，电离注入方案则和原子电离过程直接相关。这里对激光与原子相互作用作简单介绍。

2.6.1　光场电离

　　氢原子的玻尔半径为

$$a_B = \frac{\hbar^2}{me^2} = 5.3 \times 10^{-9} \, \text{cm}, \tag{2.139}$$

也即 10nm 厚度的靶大约能够并排放下 200 个原子。氢原子在玻尔半径处的电场
强度为

$$E_a = \frac{e}{a_B^2} = 5.1 \times 10^9 \, \text{V/m}. \tag{2.140}$$

氢原子内部库仑场强对应的激光强度为 $3.5 \times 10^{16} \, \text{W/cm}^2$，这也被称为"原子强度"，研究激光与原子相互作用时，这是判断激光强弱的参数。

当激光场远低于原子内部静电场时，原子在非共振状态下轻微改变它的量子态，原子能级有微小的移动。这种非线性相互作用可采用微扰理论进行研究，许多传统的非线性光学即讨论有关内容。当激光强度和库仑场可比时或者更高时，电子波包在线偏振激光场中振荡，其振幅可超过玻尔半径，甚至高几个数量级，振荡电子的平均动能可高于原子的束缚能，电子可通过隧穿电离或过势垒电离等方式从束缚态变成自由电子。这时，激光与原子的相互作用呈现强非线性，理论研究需要采用非微扰理论。

激光与原子相互作用中，Keldysh 参数具有重要意义。其定义为

$$k = \sqrt{\frac{I_p}{2U_p}}, \tag{2.141}$$

这里，I_p 为原子的电离能，$U_p = e^2 E_0^2 / (4m\omega_L^2)$ 为电子在激光场中的平均振荡动能。作为对比，我们在讨论激光的相对论效应时，利用归一化振幅 a。在讨论电子在激光场中运动时，我们已知道电子的振荡动能除了和电场强度(激光强度)有关外，也和激光的波长相关，即在相同激光强度下，电子在长波长激光中(如中红外)的动能更容易超过电离能。

当 $k > 1$ 时，激光场强小于原子库仑场强，电离过程主要是多光子电离或阈上电离。根据爱因斯坦的光电效应理论，当光子的能量大于原子电离能时，电子可被光子电离。对于可见光波段的激光，其单个光子的能量只有 eV 量级，一般不足以电离原子，但当激光强度足够高时(光子密度足够高)，原子可同时吸收几个光子而电离，这就是多光子电离。n_p 个光子电离的电离率为

$$\Gamma_n \propto \sigma_n I_L^{n_p}. \tag{2.142}$$

电离截面 σ_n 随 n_p 减小，但随着激光强度的增长，$I_L^{n_p}$ 迅速增长。实际上，在激光发明后不久，当激光强度达到 $10^{10} \, \text{W/cm}^2$ 时，多光子电离就被观测到。

研究激光在空气中的成丝现象时，空气主要是被多光子电离，其形成的自由

电子密度为

$$n = n_a n_p^{3/2} \int_{-\infty}^{\xi} \left(\frac{I(\xi)}{2 I_{\text{th}}} \right)^{n_p} d\xi, \tag{2.143}$$

这里，n_a 为原子密度；对于空气，激光波长为1.06μm 时，$n_p = 11$，阈值光强 $I_{\text{th}} = 1.2 \times 10^{14}\,\text{W/cm}^2$；$\xi = k_L(x - ct)$ 为归一化位置，可取 $\xi = 0$ 作为激光脉冲位置。

随着激光强度的进一步增强，电子可以吸收多于其电离所需的最小数目光子而电离，这就是阈上电离。这在实验上表现为光电子的能量间隔为 $\hbar\omega_L$，即光电子动能为

$$\mathcal{E}_f = (n + s)\hbar\omega_L - \mathcal{E}_{\text{ion}}, \tag{2.144}$$

这里 n 为多光子电离所需的光子数，s 为额外吸收的光子，$\mathcal{E}_{\text{ion}}$ 为电离能。应注意，如果只考虑电子和光子，因为电子有质量，而光子无静止质量，能量和动量守恒不能同时满足，但由于原子核的存在，动量守恒是可以满足的。

当$k < 1$时，激光场强超过原子库仑场强，也即激光极大地改变了原来的库仑场，原子库仑场和激光电场在偏振方向相叠加形成一个合成势垒，也即

$$U(x) = -\frac{Ze^2}{x} - eE_L x, \tag{2.145}$$

当x为正时，原子原来的势垒被压低、压窄。即使势垒峰值高度仍高于电离能，按照量子理论，基态电子有概率通过隧穿效应越过势垒而电离，这就是隧穿电离。隧穿电离所需的时间仍有争议，有理论假定电离的初始时刻位于激光电场的峰值位置，同时通过电子的出射信息可判断电子电离结束时处于激光电场的相位。这样可推断出隧穿所需的时间。按这种方法进行测量，隧穿时间是远小于激光周期的，也即是阿秒尺度的。也就是说，近似地，隧穿电离的电离速率与激光电场的瞬时值有关。根据量子理论，类氢离子隧穿电离的速率为

$$\Gamma_i = 4\omega_a \left(\frac{I_i}{I_h} \right)^{\frac{5}{2}} \frac{E_a}{E_L} \exp\left[-\frac{2}{3} \left(\frac{I_i}{I_h} \right)^{\frac{3}{2}} \frac{E_a}{E_L} \right], \tag{2.146}$$

这里 I_i 和 I_h 分别为该原子和氢原子的电离能，E_a 为原子电场，

$$\omega_a = \frac{me^4}{h^3} = 4.16 \times 10^{16}\,\text{s}^{-1} \tag{2.147}$$

为原子频率。可以看到激光强度足够高时，电离率远大于激光频率，也即在不到一个激光周期里大量原子即可迅速电离，形成等离子体。

随着激光强度的进一步增加，原子的库仑势垒被完全抑制，也即势能小于电

子在激光场中的振荡动能，基态电子能直接越过势垒成为自由电子，这就是过势垒电离。对于氢原子，可计算得到过势垒电离的激光强度阈值为

$$I = 1.4 \times 10^{14} \, \text{W/cm}^2. \tag{2.148}$$

如果激光强度很高，它不仅可以电离最外层的电子，还可以继续电离束缚能更高的内壳层电子。实验上，通过测量高 Z 惰性气体原子能被电离掉多少个电子，可以判断激光的强度。这里的一个问题是，核外电子是从外到里逐层电离还是各层电子一起电离，还有待深入研究。

如果激光强度略高于电离阈值，对于高斯激光，其轴上的激光更强，能电离更多的原子到更高的电离态，因此轴上会有更高的等离子体密度。非相对论等离子体的折射率为

$$\eta(r,t) = \left(1 - \frac{n_e(r,t)}{n_c}\right)^{\frac{1}{2}}, \tag{2.149}$$

这里 n_c 为由激光频率决定的临界密度。密度变化会改变折射率的横向分布，使得激光倾向散焦，这就是电离散焦效应。相反地，如果激光轴的等离子体密度比周围等离子体密度低，则有聚焦效应，这就是等离子体波导。我们在后面章节中给出统一的理论，这里只给出结论，即当

$$\frac{n_e}{n_c} > \frac{\lambda}{\pi x_R} \tag{2.150}$$

时，电离散焦效应超过激光本身的衍射效应。这里 n_e 为轴上电子密度，x_R 为激光的瑞利长度。

当激光较弱时，气体电离使激光散焦，激光散焦后变弱，不再继续电离，然后由于气体的非线性效应，如克尔效应，激光再次聚焦，这种过程可重复多次。这就是激光在气体中传播时的成丝现象。

在激光与比较稠密的气体或固体相互作用时，一旦有电子被电离变成自由电子，这些自由电子就会与其他原子相碰撞，可通过碰撞电离方式使原子电离。因此，即使强度稍低的激光与固体相互作用时，也能形成大量等离子体。

2.6.2　气体高次谐波

强激光与气体相互作用可产生高次谐波。气体原子中的电子被非相对论线偏振激光场电离(第一步)后，在激光场中做振荡运动，并获得振荡动能(第二步)，当激光电场改变方向时，电子有很大概率再次回到原子核附近(第三步)，并辐射光子以释放多余的能量，从而能回到基态，辐射的光子一般为基频波的谐波，能量为 $n\hbar\omega$。这就是 Corkum 等提出的激光与原子作用产生高次谐波的"三步模型"。

辐射光子的最大能量等于电离能加上电子从激光场中获得的能量(图 2.5)。电子从激光场中获得能量的大小和电子电离所处激光场的相位有关,用经典的牛顿运动方程可得到当初始相位为 $\phi_0=17°$ 或 $197°$ 时,电子返回时的最大动能为 $3.17U_p$,因此气体高次谐波截止处的光子能量为

$$E_{截止}=I_p+3.17U_p. \tag{2.151}$$

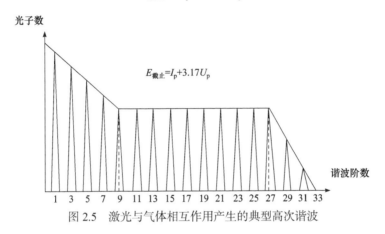

图 2.5　激光与气体相互作用产生的典型高次谐波

　　显然,对圆偏振激光,电子被电离后不能回到核附近,因此不能产生高次谐波。

　　因为电子是在回到原子核附近时产生谐波辐射的,其高频成分的脉宽远小于泵浦激光的周期,因此在滤掉低频成分后可得到阿秒脉冲链,目前用这种方法在实验中获得的最短阿秒脉冲为 43as。第 1 章中我们从谐波合成的角度也阐述了这一问题。如果电子在离原子核稍远处就与原子复合,则这时电子能量还不是最高的,因此释放光子的频率也不是最高的。利用少周期的飞秒激光和其他一些方法可获得单个的阿秒脉冲。三位科学家因阿秒脉冲的实验工作获得 2023 年诺贝尔物理学奖。

　　由于高次谐波可获得相干的 X 射线,同时可得到相干的短波长阿秒脉冲,用于超快过程的探测,因此得到广泛关注,在这一领域有大量的理论和实验工作。

　　从激光到气体高次谐波的转换效率较低,因此阿秒脉冲一般都很弱,这限制了其应用。利用双色激光泵浦、改善相位匹配等能增加谐波强度。产生高次谐波的泵浦激光不能太强,否则原子气体就变成等离子体了。虽然激光和离子相互作用原则上也能产生高次谐波,但等离子体的色散效应等会极大影响高次谐波的产生效率。这里的色散效应是指,泵浦激光和产生的高次谐波,由于其波长不同,在等离子体中传输的相速度不同。同时对于相对论激光,电子的纵向运动变得重要,电子电离后也不容易回到原子核。因此,不能通过增强激光强度的方式来增强原子高次谐波强度。如果在保持强度的情况下扩大泵浦激光的口径,一方面需

要更高的激光功率，另一方面因为阿秒脉冲的波长很短，需要极好地控制阿秒脉冲波前的平直，这样才能聚焦阿秒脉冲，增加强度。

对于激光原子相互作用，更好的理论应是量子理论，但基于问题的复杂性，或者说完全的数值计算需要太多的计算资源，一般仍需要做很多近似。

目前也有基于量子理论，利用非相对论激光与固体相互作用而产生高次谐波，由于固体的密度较高，有可能获得较强的阿秒脉冲。由相对论效应产生的高次谐波将在后面讨论。

2.7　强激光与团簇相互作用

团簇是介于原子、分子与固体之间的中间物质状态，是由几个至几百万个原子或分子构成的近似球状聚合体。气体团簇在宏观上具有气体密度，在微观上具有固体密度。高背压气体经喷嘴向真空绝热膨胀时，气体温度急剧下降，气体因过饱和受范德瓦耳斯力凝聚成液滴状团簇。通过改变气体背压、喷嘴直径和张角、气体初始温度等可控制团簇的尺寸。如果初始气体冷却至低温，就可以得到较大的团簇。随着纳米技术的发展，现在也可以直接制造纳米固体颗粒，然后喷射出来。

初始状态为 n_0、T_0 的理想气体经孔径为 d 的声速喷嘴向真空绝热膨胀，形成自由喷流，在离开喷嘴 $x(x/d > 4)$ 后进入超声速区域。对于理想单原子气体，绝热指数为 $\gamma = 5/3$，可得到气体最终温度为

$$T = 1.25\left(a^2 n_0 d\right)^{-\frac{4}{5}} T_0 = \left(1.25 a^{-1.6}\right)\left(n_0 d T_0^{-1.25}\right)^{0.8}, \tag{2.152}$$

这里 a 为分子间势能为零时相邻分子的间距。对于确定分子，参数

$$\Psi = n_0 d T_0^{-1.25} \tag{2.153}$$

决定了最终温度。Hagena 对此进行了修正并用到团簇形成，他定义参量

$$\Gamma = n_0 d^q T_0^{0.25q-1.5}, \tag{2.154}$$

这里 q 由实验确定，对于单原子分子，一般可取 $q = 0.85$。由此可得

$$\Gamma = n_0 d^{0.85} T_0^{-1.29}. \tag{2.155}$$

他认为相同 Γ 对应相同的团簇尺寸。

温度采用能量单位，把温度归一化到分子势能的势阱深度 ε，长度归一化到氘分子间距 a，可得到无量纲 Hagena 参量

$$\hat{\Gamma} = n_0 a^3 \left(\frac{d}{a}\right)^{0.85} \left(\frac{T_0}{\varepsilon}\right)^{-1.29}. \tag{2.156}$$

需要指出，金属气体的成团过程稍有不同。为方便实验，可以把这个方程改写成温度和压力 $p_0 = n_0 T_0$ 的函数，如果把长度、压力、温度的单位分别取为 μm、mbar 和 K，Hagena 参量为

$$\hat{\Gamma} = \alpha \frac{d^{0.85}}{T_0^{2.29}} p_0, \tag{2.157}$$

α 为成团系数，对于气体 He、Ne、Ar、Kr、Xe、H_2、D_2、N_2、O_2、CO_2 和 CH_4，文献中给出的值分别为 3.85、185、1650、2890、5500、184、181、528、1400、3660 和 2630。基本上越大的分子，越容易形成大团簇。同时低的初始温度也是非常有利的。Hagena 由此给出了团簇中分子数的经验公式

$$\langle N \rangle = 33 \left(\frac{\hat{\Gamma}}{1000} \right)^{2.35}. \tag{2.158}$$

实际喷嘴通常有一定的张角，如果 d 为喷嘴喉颈处直径，θ 为半张角，则对单原子分子有效直径修正为

$$d_{\mathrm{eff}} = \frac{0.74d}{\tan\theta}, \tag{2.159}$$

对双原子分子和多原子分子，系数改为 0.866 和 0.965。

需要指出的是，当压力很大，即产生近临界密度气体时，Hagena 经验公式和实验结果有较大差异。

激光与团簇相互作用时，在很短的时间里将电子电离，并迅速将电子拉出团簇。剩余的离子受库仑力迅速膨胀，离子的膨胀各向同性，这被称为库仑爆炸。若激光场在极短时间里达到足够强度以剥离团簇内部的所有电子，则爆炸过程可简化为纯库仑爆炸。初始半径为 R_0 的氢团簇电子的总电荷量为

$$Q = \frac{4\pi}{3} R_0^3 \rho e. \tag{2.160}$$

由此可计算得到从团簇中剥离所有电子所需的阈值光强为

$$I_{\mathrm{crit}} \left(\frac{\mathrm{W}}{\mathrm{cm}^2} \right) = \frac{8\pi c^3 m_{\mathrm{e}} R_0^2 \rho}{3\lambda^2} \approx 1.94 \times 10^{15} \frac{R_0^2 (\mathrm{nm})}{\lambda^2 (\mu\mathrm{m})}, \tag{2.161}$$

这里氢团簇的原子密度取为 $\rho = 3 \times 10^{22}\,\mathrm{cm}^{-3}$。通常激光对比度高，团簇尺寸小时，容易发生纯库仑爆炸。

库仑爆炸是离子的静电势能转化为离子的动能的过程。当库仑爆炸在无穷远处结束时，库仑势能为零，因此由能量守恒可知，初始径向位置为 r 的质子，其最终动能为

$$\varepsilon_i = \frac{4\pi}{3} e^2 \rho r^2. \tag{2.162}$$

氢团簇表面质子的能量可估计为

$$\varepsilon_{\max} = 0.181 R_0^2 \,(\text{nm})\, \text{keV}, \tag{2.163}$$

也即团簇越大，由库仑爆炸而加速获得的动能越大，同时达到纯库仑爆炸所需的激光强度越高。

对于初始均匀分布的球体团簇，在半径 r 处球壳内的质子数为 $\mathrm{d}N = 4\pi\rho r^2 \mathrm{d}r$，所以质子的能量分布为

$$\frac{\mathrm{d}N}{\mathrm{d}\varepsilon_i} = \frac{3}{2e^3} \sqrt{\frac{3\varepsilon_i}{4\pi\rho}}, \tag{2.164}$$

可见在高能端有最多的质子分布。质子的平均动能为

$$\varepsilon_{\mathrm{av}} = \frac{1}{N} \int \varepsilon_i \mathrm{d}N = \frac{3}{5} \varepsilon_{\max}. \tag{2.165}$$

团簇膨胀的另一个理论模型是等离子体球。假定团簇比较大，电子都留在团簇内部，等离子体球被激光加热后，团簇迅速绝热膨胀、冷却。这可参考后面的绝热稀疏波模型。

实际的情况更为复杂，大多介于上述两种模型之间，即团簇外层的电子已迅速离开团簇，但内层的电子仍留在团簇中，这时可采用"壳层结构模型"。同时，实际上团簇膨胀过程是和激光团簇相互作用同时进行的，这一过程可通过粒子模拟得到更详细的物理图像。同时激光的预脉冲也对团簇膨胀有较大影响。

团簇库仑爆炸可产生较高能的离子，如果团簇中含氘，比如氘代甲烷团簇，氘氘离子碰撞，可产生聚变反应，这种核反应虽不可能实现能量增益，但其产生的大量中子有可能作为中子源，实验上可获得约 $10^6 \, \mathrm{J}^{-1}$ 的中子产额，因此曾引起广泛的关注。近年来，其他产生中子的方法有可能具有更高效率，所以对这一方向的关注度有所降低。

在激光与气体相互作用进行尾场电子加速研究时，如果气体中混有团簇或纳米颗粒(或纳米丝)，其库仑场结构可影响背景电子的运动，从而触发背景电子被尾波场捕获加速，因此这可作为电子注入的一种机制。超强激光与近临界密度等离子体相互作用进行尾场加速质子研究时，超强激光与纳米颗粒的作用同时具有光压加速和库仑爆炸两种效应。它们可使质子获得一定的预加速，因此更易被尾波场捕获加速。

2.8　强激光与原子核相互作用

考虑强激光与裸核的相互作用。由于离子质量远大于电子，离子在激光场中的运动一般是非相对论的线性运动。当激光强度达到约 $10^{24}\,\mathrm{W/cm^2}$ 时，质子在激光场中做相对论运动。核能级跃迁的辐射因离子运动产生多普勒频移。因此，利用超强激光可以研究短寿命核在激光场中运动引起的多普勒频移。顺带指出，激光与等离子体相互作用时，离子被加热，这时离子的核辐射由于多普勒效应也会展宽。

激光场可影响原子核外的场分布，当另一个核子靠近核时，因为势垒改变，可引起反应截面的改变。

强激光一般很难影响原子核中质子相对于中子的相对运动。假定原子核被固定，质子能够在核内自由运动，但不能跑出核。原子核的典型尺度为飞米 $(10^{-15}\,\mathrm{m})$，质子在这个尺度上在激光场中可获得的动能估计为 $\Delta\varepsilon = eE\Delta x$，即使对目前最强的激光 $10^{22}\,\mathrm{W/cm^2}$，其能量为 $5.6\,\mathrm{eV}$，也远小于核中典型的激发能。因此，一般激光很难直接影响核的跃迁以及核的裂变等。

强激光产生的等离子体可影响核反应，产生的高能射线可以间接用于核物理研究，这些在后面的激光核物理一章讨论。

第3章 等离子体物理基础理论

等离子体是物质除固体、液体、气体外的第四态，它是自由电子和离子等组成的混合物，宏观上一般为中性。原则上，当物质的温度升高到一定值时，就会变成等离子体。当较低强度的激光与物质相互作用时，一旦有少数电子被电离后，通过碰撞电离等过程，物质被加热成等离子体。当相对论激光与物质相互作用时，激光电场远大于原子中外层电子所感受的原子内部电场，因此在激光的预脉冲阶段，原子就被迅速电离，形成等离子体。等离子体中可以有电子、不同电荷态的离子和中性原子。等离子体也可以有不同电子温度、离子温度和辐射温度，也即电子和离子分别达到热平衡，但电子和离子间还没来得及充分碰撞以达到平衡。本书以电子伏特作为等离子体温度单位($1\mathrm{eV}=11600\mathrm{K}$)，因此常省略玻尔兹曼常数 k_B，有时也归一化到电子静能。为讨论方便，一般考虑完全电离的等离子体。但实际上对高 Z 元素，其内壳层电子的电离势非常高，因此通常仍有束缚电子。本章只介绍等离子体的一些基本性质，特别是和激光等离子体相关的知识，作为后面几章讨论强场激光与等离子体相互作用的基础。更详细的知识可参论关于等离子体物理的专著。

3.1 等离子体的重要特性

等离子体的参数，如密度、温度等，跨度范围非常大，比如对磁约束等离子体，其典型密度为 $10^{14}\mathrm{cm}^{-3}$，而惯性聚变等离子体密度可高达 $10^{25}\mathrm{cm}^{-3}$。对于激光等离子体，常见的密度为气体密度和固体密度。等离子体是非常复杂的体系，其英文为"plasma"，原意为血浆，我国台湾将其译为"电浆"，它在宏观上经常体现出流体特征，具有流体运动的各种特征，比如激波、湍流、各种不稳定性等。它和其他流体(如液体、气体等)不同的地方在于等离子体具有电荷分离场，具有像电子朗缪尔波这种其他流体没有的特性。在磁约束聚变以及天体等离子体等研究中，经常涉及复杂的外加磁场，这使得物理过程更为复杂，产生和磁场相关的新的波的模式。对于强场激光等离子体，强激光可极大地扰动等离子体状态；同时强流的高能粒子束也可和等离子体强烈相互作用，并产生新的等离子体状态，比如高度非线性的"空泡"状的等离子体尾波。在强场激光与等离子体相互作用中，高能粒子和流体元的运动经常是相对论的，这一方面需要利用相对论流体力学，另一方面需要考虑非流体的、动理学的物理现象。本节对等离子体的一些重要特性进行讨论。

3.1.1　德拜长度

在等离子体中，假设离子不动，而只考虑附近电子的运动，电子温度为 T_e。设想空间坐标原点处出现电量为 q 的净正电荷，在这个电荷周围存在球对称标势 $\phi(r)$，相应的径向电场为 $E(r) = -\dfrac{\partial \phi}{\partial r}$。假定电子很快地处于热力学平衡，则

$$n_e(r) = n_0 e^{-\frac{e\phi(r)}{T_e}}, \tag{3.1}$$

这里 n_0 为背景等离子体密度。当库仑作用能远小于电子热运动动能时，上式近似为

$$n_e(r) = n_0 \left(1 - \frac{e\phi(r)}{T_e} \right). \tag{3.2}$$

由泊松方程 $\nabla^2 \phi = 4\pi e (n_0 - n_e)$ 得

$$\nabla^2 \phi = \frac{4\pi n_0 e^2 \phi(r)}{T_e} = \frac{\phi}{\lambda_D^2}, \tag{3.3}$$

这里 $\lambda_D = \sqrt{\dfrac{T_e}{4\pi n_0 e^2}}$ 即为德拜长度。将常数代入后，德拜长度可写为

$$\lambda_D = 7.4 \sqrt{\frac{T_e(\mathrm{keV})}{n_0 \left(10^{21} \mathrm{m}^{-3} \right)}} \ \mu\mathrm{m}. \tag{3.4}$$

高温低密度等离子体的德拜长度比较大。如果也考虑离子的运动，德拜长度就修正为

$$\frac{1}{\lambda_D^2} = \frac{4\pi n_{0e} e^2}{T_e} + \frac{4\pi n_{0i} e^2}{T_i}. \tag{3.5}$$

使用球坐标求解式(3.3)可以得到

$$\phi(r) = \frac{q}{r} e^{-r/\lambda_D}. \tag{3.6}$$

从式(3.6)可以看到，在德拜长度处，标势(即德拜势)已大幅衰减，近似为零，这表明中心的正电荷已被半径为 λ_D 的德拜球内的负电荷屏蔽。德拜长度是等离子体的特征量，只有当电子、离子混合体的尺度大于德拜长度时，才是准中性的，传统上才被定义为等离子体。也就是说，在小于德拜长度的尺度上，如下面讲到的等

离子体鞘层，等离子体不是电中性的。德拜长度和等离子体的密度和温度有关，温度越高，电子越容易脱离离子的束缚，因此德拜长度越大。而等离子体密度高时，在很小的空间区域内，就有足够多的电子中和离子，因此德拜长度变小。在粒子模拟中，为了充分刻画电子所受的场，网格的尺寸要小于德拜长度。也要注意到，库仑势随指数衰减，即使在德拜球外，仍有微弱的电场存在，这对一些物理过程是很重要的。当库仑势完全屏蔽时(可理解为电子温度为零)，局部电势的扰动被迅速屏蔽，不能传输，即只有等离子体振荡，没有等离子体波。但实际上库仑势总是有泄漏的，因此局部的扰动可以在空间传播。

在等离子体中，由于德拜屏蔽，相比在真空中，离子的库仑势更快地衰减，对于等离子体中的核反应,这意味着一个核越过更小的势垒就能与另一个核反应，也即可增加反应截面。

建立稳定的德拜屏蔽需要时间，这个时间可简单估计为电子以热速度穿越德拜长度所需的时间，即

$$\tau_{pe} = \frac{\lambda_D}{v_{T_e}} = \sqrt{\frac{m_e}{4\pi n_e e^2}}, \tag{3.7}$$

也即当等离子体中有扰动后，在这个时间尺度后，在比德拜长度更大的空间尺度上，等离子体达到电中性。

3.1.2 等离子体鞘层

等离子体在德拜长度内不是电中性的。在等离子体与真空或壁的边界处，可形成等离子体鞘层，在鞘层中存在电荷分离场(图 3.1)。假设等离子体与无限大固体壁平面接触，并假定电子温度和离子温度相同，电子的热速度比离子大，因此壁附近的电子更快更多地跑向壁，因为电子跑得更快，所以其密度比离子更低。同时，壁上累积的负电荷(或者说等离子体中更多的正电荷)形成的电势阻止电子继续向壁运动，但同时会加速离子运动，一段时间后形成稳态鞘层，鞘层的厚度大约为 $5\lambda_D$。假定电中性处(鞘层边界)等离子体离子密度为 n_0，速度为 u_0，则离子密度的连续性方程为

$$n_i(x)u_i(x) = n_0 u_0. \tag{3.8}$$

假设电中性处电势为零，离子(假定为质子)在负电势作用下不断获得能量，非相对论离子的能量守恒方程为

$$\frac{1}{2}m_i u_i^2(x) - e\phi(x) = \frac{1}{2}m_i u_0^2. \tag{3.9}$$

电子密度在鞘层电势中服从玻尔兹曼分布，即

$$n_{\mathrm{e}}(x) = n_0 \mathrm{e}^{-\dfrac{e\phi}{T_{\mathrm{e}}}}. \tag{3.10}$$

因此，描述电势的泊松方程为

$$\nabla^2 \phi = 4\pi e(n_{\mathrm{i}} - n_{\mathrm{e}}) = 4\pi n_0 e\left(\frac{1}{\sqrt{1 + 2e\phi / m_{\mathrm{i}} u_0^2}} - \mathrm{e}^{\dfrac{e\phi}{T_{\mathrm{e}}}}\right). \tag{3.11}$$

为满足离子密度大于电子密度这一条件，在鞘层场中，离子初速度需大于离子声速，即 $u_0 > c_{\mathrm{s}} = \sqrt{k_{\mathrm{B}} T_{\mathrm{e}} / m_{\mathrm{i}}}$。这就是玻姆条件。为满足这一条件，必然有个预鞘层，离子在这里预先得到一定的加速(图 3.1)。

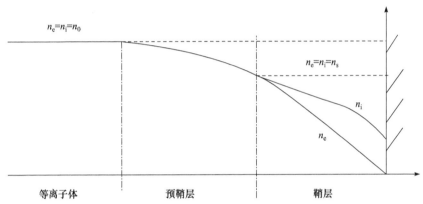

图 3.1　等离子体在壁附近预鞘层和鞘层的密度分布

预鞘层中的电场很弱，可近似认为是电中性的。预鞘层和鞘层的分界不明显，如果取该点处的电势为 $\phi = k_{\mathrm{B}} T_{\mathrm{e}} / (2e)$，则分界处密度 $n_{\mathrm{s}} = 0.61 n_0$。一般取 $n_{\mathrm{s}} = 0.5 n_0$ 作为鞘层的起点。

后面将看到，激光驱动离子加速方案中，有一种称为靶后法向鞘层加速，即利用这一鞘层电场进行离子加速。稍有不同的是我们不需要固体壁，也即这里的鞘层在等离子体和真空的边界上。需要注意的是，由于没有固体壁，整个鞘层也是运动的。我们将在第 8 章中进行详细讨论。

3.1.3　耦合等离子体

当真空中电子正对着离子运动时，在一定距离，离子的库仑势等于电子运动的动能(非相对论)，即

$$\frac{1}{2} m v^2 = \frac{e^2}{r}, \tag{3.12}$$

这是真空中初速度为 v 的电子和离子的最小距离。对温度为 T 的稀薄等离子体，

平均最小距离为

$$r_c \equiv \frac{e^2}{T}. \tag{3.13}$$

同时，对密度为 n 的等离子体，粒子间的平均距离为

$$r_d = \left(\frac{4\pi n}{3}\right)^{-1/3}. \tag{3.14}$$

定义无量纲参数等离子体参数 $\Lambda = 4\pi n\lambda_D^3$，则

$$\Lambda = \frac{1}{4\pi}\left(\frac{r_d}{r_c}\right)^{2/3} = \frac{1}{e^3}\frac{T^{3/2}}{n^{1/2}}. \tag{3.15}$$

当 $\Lambda \ll 1$ 时，$r_d \ll r_c$，电子动能远小于相互作用势能，也即等离子体温度主要不是由电子的动能决定，而是由相互作用能决定。这要求等离子体温度低，密度高。这时等离子体的热力学性质和凝聚态物质相似，被称为强耦合等离子体。当 $\Lambda \gg 1$ 时，则为弱耦合等离子体，这时等离子体的热力学性质接近理想气体。本书考虑的一般都是弱耦合等离子体，或称为理想等离子体，这时德拜球中的粒子数远大于 1。强耦合和弱耦合中间的状态也被称为温稠密等离子体，其描述最为困难。在惯性聚变等离子体中，当冰冻氘氚燃料被(准)等熵压缩到很高密度时，即处于强耦合等离子体状态。

需要指出，等离子体参数 Λ 是描述等离子体性质的四个物理量 m、e、T、n 可以构成的唯一无量纲量。

我们也可以将粒子间的平均距离和电子的德布罗意波长比较。温度为 T 的等离子体，其典型动量为 $p = \sqrt{2mT}$，对应的德布罗意波长为

$$\lambda_B \sim \frac{h}{\sqrt{2mT}}. \tag{3.16}$$

当 $\lambda_B > r_d$，即温度比较低，密度比较高时，量子效应起作用。当 $\lambda_B \gg r_d$ 时，量子效应起主导作用，这时电子能量要用费米-狄拉克分布，而不是经典条件下的玻尔兹曼分布。在我们通常处理的激光等离子体中，是相反情况，可以把等离子体看成是经典的。

3.1.4　碰撞频率

一个粒子在等离子体中运动时，会和其他粒子碰撞而交换动量和能量。当电子与离子相碰时，由于电子和离子的惯性差别很大，电子和离子的感受可以是非常不同的，在碰撞前后，电子的运动变化很大，而离子的运动变化可能很小，用碰撞频率描述，即为 $\nu_{ie} \ll \nu_{ei}$，这里 ν_{ie} 是离子的感受，ν_{ei} 是电子的感受。因此，讨论碰撞时，先要确定考虑的对象。通常，粒子间正碰时，动量改变比较大，而

瞄准距离离核比较大时，动量改变比较小。但多次的这种远碰也能有效改变入射粒子的动量方向。为此定义动量方向有 90° 变化时为一次碰撞，即使实际上这可能是多次远碰的综合效果。统计上，可用碰撞截面 σ 来描述。假定粒子束 a 具有单一速度 v_a，粒子束密度为 n_a，它和密度为 n_b、速度为 v_b 的粒子束 b 相碰，其相对速度固定为 v_{ab}，那么碰撞频率可写为 $v_{ab} = n_b \sigma_{ab} v_{ab}$。描述动量变化的碰撞截面为

$$\sigma_{ab} = 4\pi \ln\Lambda \left(\frac{q_a q_b}{m^* v_{ab}^2} \right)^2, \tag{3.17}$$

这里 $m^* = m_a m_b / (m_a + m_b)$ 为约化质量，库仑对数 $\ln\Lambda$ 描述屏蔽效应。在等离子体中速度有一个分布，这时碰撞频率可取平均值，即

$$v_{ab} = n_b \langle \sigma_{ab} v_{ab} \rangle. \tag{3.18}$$

对于电子温度和离子温度分别为 T_e 和 T_i 的等离子体，我们直接给出电子-离子和电子-电子的平均碰撞频率分别为

$$v_{ei} \approx 2.9 \times 10^{-6} n_i Z^2 \frac{\ln\Lambda}{T_e^{3/2}} \mathrm{s}^{-1}, \tag{3.19}$$

$$v_{ee} \approx 5.8 \times 10^{-6} n_e \frac{\ln\Lambda}{T_e^{3/2}} \mathrm{s}^{-1}. \tag{3.20}$$

如果等离子体中有多种离子，可进行平均。这里库仑对数 $\ln\Lambda$ 是等离子体密度和温度的函数，在激光等离子体中，可近似为

$$\ln\Lambda = \mathrm{Max}\left\{ 1, 24 - \ln\left(\frac{\sqrt{n_e}}{T_e} \right) \right\}. \tag{3.21}$$

这里 n_e 的单位为 cm^{-3}，T_e 的单位为 eV。作为估计时，可近似取 $\ln\Lambda \approx 10$。对于低温高密度等离子体，屏蔽效应变弱，库仑对数逐渐变小至 1。电子-离子碰撞时的约化质量和电子-电子相碰类似，所以碰撞频率也是类似的。但电子和离子碰撞时，虽然电子的动量容易改变，但因为电子和离子的质量差别很大，电子的能量不容易改变，也即电子只改变运动的方向，但几乎不改变速度的大小。对于离子-离子碰撞，在同样的温度下，因为离子速度小，所以碰撞频率约为 $v_{ee}\sqrt{m_e/m_i}$。从离子角度看，对离子和电子相碰，由于离子质量远大于电子，离子不容易改变其动量和能量，其碰撞频率 v_{ie} 约为 $v_{ee} m_e / m_i$。

由上面的讨论可知，在等离子体中，电子和离子比较容易分别达到热平衡，而电子和离子的热平衡需要更长的时间。其热平衡所需时间的比值大约为

$$1 : \left(\frac{m_i}{m_e} \right)^{\frac{1}{2}} : \frac{m_i}{m_e}. \tag{3.22}$$

对于高能粒子，碰撞截面随速度增大而减小。这是因为电子迅速穿过离子附近时，离子的场没有足够时间改变电子的动量。对离子也有类似情况。

对于低温固体，电子主要受晶格，也即声子散射，这时碰撞频率为

$$\nu_{ep} = 2k_s \frac{e^2 T_i}{\hbar^2 v_F}, \tag{3.23}$$

这里，k_s 为常数；v_F 为费米速度。比如对固体铝，费米温度 $mv_F^2 = 11.7\text{eV}$。

对于中间温度，上面针对不同温度的电子碰撞频率公式可以联系起来，比如定义

$$\nu^{-1} = \nu_{ei}^{-1} + \nu_{ep}^{-1}. \tag{3.24}$$

但显然，由碰撞频率计算得到的平均自由程不应小于平均离子间距 r_0，r_0 也被称为离子球半径。因此在这一区域，电子碰撞频率可近似为 $\nu = v / r_0$。

考虑所有这些后电子-离子碰撞频率随温度的变化如图 3.2 所示。

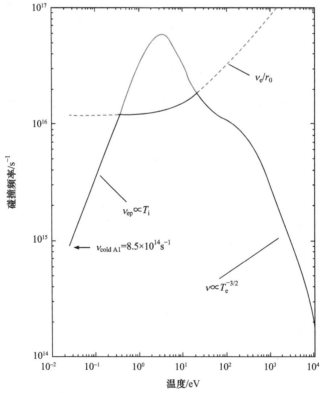

图 3.2　固体铝中电子-离子碰撞频率随温度的变化。起点为室温时的碰撞频率

(K. Eidmann et al., Phys. Rev. E 62, 1202(2000))

平均自由程为一个粒子经历一次碰撞前运动的平均长度，即

$$l_{\mathrm{m}} = 1/n_b\sigma_{ab}. \tag{3.25}$$

热传导等和热电子的自由程相关, 其可以估计为

$$l_{\mathrm{m}} = 1/n_{\mathrm{i}}\sigma_{\mathrm{ei}} = \frac{v_{\mathrm{e}}}{v_{\mathrm{ei}}} = \left(\frac{1}{v_{\mathrm{ei}}}\right)\sqrt{\frac{k_{\mathrm{B}}T_{\mathrm{e}}}{m_{\mathrm{e}}}}. \tag{3.26}$$

将碰撞频率或自由程与其他的特征频率或特征长度比较是有意义的。在高温等离子体条件下, 比如本书讨论的相对论激光等离子体中, 电子在激光场中做相对论振荡, 同时还经常会产生超热电子或高能电子。由于这些电子的碰撞截面很小, 即碰撞频率远小于等离子体频率, 电子在经历一次等离子体振荡时, 几乎没有发生任何碰撞。等离子体的特征响应时间为 $\omega_{\mathrm{pe}}^{-1}$。我们经常把这样的等离子体作为无碰撞等离子体。强激光产生超热电子或高能电子时, 因为这些电子的平均自由程远大于等离子体波长, 等离子体状态经常不是热平衡的。在这种情况下, 动理学的描述比流体描述更合适。有时, 电子和离子各自是热平衡的, 但电子温度和离子温度可能差很多, 这时需要双流体描述。

电子碰撞的宏观效应产生电阻, 驱动电流的电场力和电子碰撞产生的摩擦力达到平衡。电场力为

$$F = -eE. \tag{3.27}$$

如果电子运动的平均速度远小于热速度, 即 $v \ll v_{\mathrm{T}}$, 摩擦力为

$$F \sim mvv_{\mathrm{ei}}. \tag{3.28}$$

需要指出, 虽然电流的传输速度几乎是光速的, 但弱场下电子的速度一般是远小于光速的。摩擦力在热速度和平均速度相等时达到最大, 然后减小。在电场较小时, 电流密度为

$$j = nev = ne\frac{eE}{mv_{\mathrm{ei}}} = \frac{\omega_{\mathrm{pe}}^2}{4\pi v_{\mathrm{ei}}}E, \tag{3.29}$$

这就是欧姆定律, 稍后我们将更详细地讨论广义欧姆定律。电导率为

$$\sigma = \frac{j}{E} = \frac{\omega_{\mathrm{pe}}^2}{4\pi v_{\mathrm{ei}}}. \tag{3.30}$$

可以看到, 当等离子体频率远大于电子碰撞频率时, 等离子体为理想导体。对于理想导体, 电阻耗散可忽略。电导率的倒数, 即电阻率为

$$\eta = 5.2\times10^{-3}Z\ln\varLambda/T_{\mathrm{e}}^{3/2}\,(\Omega\cdot\mathrm{cm}). \tag{3.31}$$

这里温度仍以 eV 为单位。激光驱动的电子束一般是相对论定向运动, 这时碰撞难以阻止电子运动, 上面的公式不再适用。

等离子体中粒子间的短程碰撞将有序的运动变成无序的热运动，是一种重要的能量耗散机制。高能粒子束在物体中传输时连续不断地碰撞，使得高能粒子慢慢停止下来(在后面章节中有更详细讨论)。电子等离子波由于电子碰撞逐渐衰减(也存在无碰撞衰减)，并加热等离子体。这一效应也可以阻止受激拉曼散射等不稳定性的持续增长。

3.1.5　等离子体频率

现在考虑等离子体的本征频率。设等离子体密度为 n，由于小扰动而引起的振荡电场的形式为 $E = E_0 \mathrm{e}^{-\mathrm{i}\omega_{\mathrm{pe}}t}$，电子在这个电场中的非相对论运动方程为

$$m_{\mathrm{e}} \frac{\mathrm{d}\boldsymbol{v}}{\mathrm{d}t} = -e\boldsymbol{E}_0 \mathrm{e}^{-\mathrm{i}\omega_{\mathrm{pe}}t}, \tag{3.32}$$

积分后得到速度为

$$\boldsymbol{v} = \frac{e\boldsymbol{E}_0}{\mathrm{i}\omega_{\mathrm{pe}} m_{\mathrm{e}}} \mathrm{e}^{-\mathrm{i}\omega_{\mathrm{pe}}t}. \tag{3.33}$$

这里先忽略离子运动产生的电流，则等离子体中的净电流密度为

$$\boldsymbol{j} = -ne\boldsymbol{v} = -\frac{ne^2 \boldsymbol{E}_0}{\mathrm{i}\omega_{\mathrm{pe}} m_{\mathrm{e}}} \mathrm{e}^{-\mathrm{i}\omega_{\mathrm{pe}}t}. \tag{3.34}$$

这里假定没有磁场，所以

$$\frac{\partial \boldsymbol{E}}{\partial t} + 4\pi \boldsymbol{j} = 0. \tag{3.35}$$

把上面电流表达式代入有

$$\left(\mathrm{i}\omega_{\mathrm{pe}} + \frac{4\pi ne^2}{\mathrm{i}\omega_{\mathrm{pe}} m_{\mathrm{e}}} \right) \boldsymbol{E}_0 \mathrm{e}^{-\mathrm{i}\omega_{\mathrm{pe}}t} = 0. \tag{3.36}$$

如果 $\boldsymbol{E}_0$ 不为零，由括号内为零得到等离子体频率为

$$\omega_{\mathrm{pe}} = \left(\frac{4\pi n_{\mathrm{e}} e^2}{m_{\mathrm{e}}} \right)^{1/2} \approx 5.64 \times 10^4 \sqrt{n_{\mathrm{e}}} \,(\mathrm{rad/s}). \tag{3.37}$$

我们也称它为朗缪尔频率。这里密度的单位为 cm^{-3}，推导是非相对论的。顺带指出，进行洛伦兹变换时，由于密度和质量都相应变化，因此等离子体频率是洛伦兹不变量。作为参考，激光频率在不同参考系中是变化的。在粒子模拟中，可通过改变参考系，使得激光和等离子体的频率接近，从而减小计算量。一维等离子体波是静电波，但可以通过一些方式在等离子体中产生电磁波。我们看到，如要

利用等离子体振荡产生太赫兹辐射，等离子体密度大约为 $10^{16} \, \mathrm{cm}^{-3}$，也即激光与稀薄等离子体相互作用驱动尾波的过程中是可以产生太赫兹辐射的。

用类似方法也可得到离子的振荡频率 ω_{pi}。我们只需把公式(3.37)中的电子质量改成离子质量，则有 $\omega_{\mathrm{pi}} \ll \omega_{\mathrm{pe}}$。考虑离子运动后的等离子体频率为

$$\omega_{\mathrm{p}}^2 = \omega_{\mathrm{pe}}^2 + \omega_{\mathrm{pi}}^2 \approx \omega_{\mathrm{pe}}^2. \tag{3.38}$$

应注意，在强相对论激光与等离子体相互作用时，ω_{pe} 变小，有时 ω_{pi} 不能忽略。

等离子体频率对应的等离子体波数为

$$k_{\mathrm{pe}} = \frac{\omega_{\mathrm{pe}}}{c}, \tag{3.39}$$

采用实际单位

$$\lambda_{\mathrm{pe}} \left(\mu\mathrm{m} \right) \approx 3.3 \times 10^{10} \, / \, \sqrt{n_{\mathrm{e}} \left(\mathrm{cm}^{-3} \right)}. \tag{3.40}$$

比如对等离子体密度 $1 \times 10^{18} \, \mathrm{cm}^{-3}$，等离子体波长为 $\lambda_{\mathrm{pe}} \approx 33 \mu\mathrm{m}$。后面我们将看到，激光在等离子体中驱动的空泡的尺寸大体上就是等离子体波长。

等离子体本征振荡频率具有重要意义。激光在等离子体中传输时，假定激光入射到密度随距离不断上升的等离子体中，当激光频率等于等离子体频率时，激光从该处反射。我们在第 4 章中给出其详细推导过程。

现在来估计电子等离子体振荡产生的静电场。假设所有电子以波数 $k_{\mathrm{pe}} = \omega_{\mathrm{pe}} \, / \, c$ 做正弦振荡，由泊松方程

$$\nabla \cdot \boldsymbol{E} = 4\pi e \left(n_0 - n_{\mathrm{e}} \right) \tag{3.41}$$

可得

$$\left(\omega_{\mathrm{pe}} \, / \, c \right) E_{\mathrm{max}} = 4\pi e n_0, \tag{3.42}$$

因此最大静电场可估计为

$$E_{\mathrm{max}} = E_0 = \frac{4\pi e n_0 c}{\omega_{\mathrm{pe}}} = \frac{c m_{\mathrm{e}} \omega_{\mathrm{pe}}}{e}, \tag{3.43}$$

这就是线性情况下的波破条件。把常数代入后得到

$$E_0 \left(\mathrm{V/cm} \right) \approx 0.96 n_0^{1/2} \left(\mathrm{cm}^{-3} \right). \tag{3.44}$$

经过简单计算，可以看到等离子体的静电场是非常强的，如果等离子体密度为 $10^{20} \, \mathrm{cm}^{-3}$，$E_0 \approx 10 \mathrm{GV/cm}$，也即电子可在 $1\mathrm{cm}$ 尺度上被加速到 $10\mathrm{GeV}$。激光等离子体加速电子是后面重点讨论的内容。

如果电荷分离场足够大，电子在电荷分离场中做纵向相对论振荡运动，这时的基频振荡仍为 ω_{pe}，但同时有很多高频振荡。很多文献中，直接将电子质量乘上平均的相对论因子后估算等离子体频率。那种方法是有问题的，但可以作为一种直观的理解。当强激光与等离子体相互作用时，电子在激光场中做横向相对论运动，其相对论因子为 $\gamma = 1 + a^2$。如果我们考虑电子的相对论质量，则等离子体频率为

$$\omega_{p} = \omega_{pe} / (1 + a^2)^{1/2}. \tag{3.45}$$

这里的归一化矢势一般主要是外加场引起的，即激光场引起的，也即电子的相对论质量不完全是电荷分离场引起的。利用相对论质量直接估计等离子体频率的描述过于简单。后面章节中讨论激光与等离子体相互作用时，将给出更详细的讨论。

如果考虑线偏振激光电场随时间的振荡，相对论等离子体频率是非线性的，线偏振强激光在等离子体传输时，可产生谐波。

通过简单推导可以看到，当 $1 + a^2 = m_i / m_e$，即 $a \approx (m_i / m_e)^{1/2} \approx 43$ 时，电子等离子体频率和离子等离子体频率相等，也即当激光振幅达到 $a \approx 43$ 时，离子运动对等离子体状态的影响和电子同样重要。

3.1.6 电离与复合

等离子体中离子的电离态是随等离子体温度、密度等变化的。电子与原子(离子)碰撞可将原子跃迁到激发态，甚至把束缚电子碰撞成为自由电子。当电子动能为两倍电离势时，碰撞电离的截面最大。电子能量更大时，电离截面随电子能量以 $\sim \ln \mathcal{E} / \mathcal{E}$ 衰减。电子碰撞电离过程的逆过程为三体复合，即两个电子靠近一个离子，其中一个电子被离子俘获。这一过程发生的概率显然和电子密度的平方成正比，因此只有在高密度条件下才变得重要。光电离和光复合是等离子体中另一对重要的电离和复合过程，即原子(离子)吸收光子电离或放出光子复合。如果等离子体密度比较低，区域比较小，光子还没来得及和离子相互作用，就离开了等离子体，这时我们称等离子体是光性薄的。实验室中的强场激光等离子体通常都是光性薄的，但对于惯性聚变的体点火方案，光性就是厚的。对于不是光性厚的等离子体，不能用温度方式描述光子能量分布，在聚变等离子体模拟中，一般用多群的方式来处理光子。在光性薄等离子体中，我们一般忽略光电离。但如果有外加的强激光场或强 X 射线源等与等离子体相互作用，显然光电离是不能忽略的。

在稀薄等离子体中，比如等离子体的晕区，自由电子主要通过辐射复合变回束缚电子，也即电子碰撞电离和光辐射复合达到平衡，这就是所谓晕区平衡，这

发生在等离子体密度比较低的地方。离子碰撞电离后，容易布居在具有完整壳层的离子态，比如类氖离子或类氦离子。对于基于碰撞机制的 X 射线激光，电子碰撞激发和光复合可达到短暂平衡，并且在某些能级实现粒子数布居反转，这样就可实现 X 射线波段的自发辐射放大。在临界密度附近，三体复合是非常重要的。自由电子经复合变成束缚电子后的离子一般处于激发态，具有完整壳层的离子，比如类氦离子，经三体复合后，变成处于激发态的类锂离子，处于激发态的类锂离子经光辐射、碰撞退激发等回到基态。在这一过程中，某些能级间可实现粒子数反转，从而产生基于复合机制的 X 射线激光。这一般只能发生在等离子体冷却过程中的某个时空区域，因此能产生复合机制 X 射线激光的时空窗口比较小。我们将在第 9 章中对基于高电荷态离子能级跃迁的 X 射线激光作更详细的介绍。

3.1.7　萨哈平衡

激光与等离子体相互作用时，即使激光很强，一般也只能把低 Z 元素核外电子全部剥离，对于高 Z 元素一般不能全部剥离。在激光与稀薄等离子体相互作用时，电子与离子的碰撞频率很低，主要是激光通过隧穿电离等机制直接电离。当激光与稠密等离子体或固体相互作用时，一旦有少量自由电子，自由电子在激光场中运动获得能量并和原子碰撞可产生雪崩的碰撞电离。若不考虑激光，在等离子体中，具有一定温度，也即一定速度分布的电子和原子(或离子)相碰，可使原子的束缚电子变成自由电子，也即原子被碰撞电离。近似地，可把离子看成类似氢离子，其电离能为 $E_i = Z^2 E_H$，$E_H = 13.6\text{eV}$ 为氢原子电离能。可以想象电子热速度和电离能 E_i 可比时，有可能通过碰撞电离原子(离子)。

原则上只要给出等离子体中离子各电荷态的初始分布，就可利用各种碰撞截面、跃迁概率等，通过速率方程组来求解其动力学演化。但在一些平衡或准平衡条件下，可直接给出各电荷态布居。在低密度等离子体中，自由电子主要通过辐射复合变回束缚电子，碰撞电离和辐射复合这两个过程形成的平衡状态被称为冕区平衡。对于高密度等离子体，三体复合机制占主导。虽然等离子体中部分离子处于激发态，但总体上大多数离子都处于基态。为简单起见，假定所有粒子都处于具有不同电荷态的离子的基态，萨哈平衡告诉我们处于不同电荷态的粒子布居数之间的关系，即

$$\frac{N_j}{N_k} = \frac{g_j}{4 n_e a_0^3 g_k} \left(\frac{k_B T_e}{\pi E_H} \right)^{3/2} e^{-\frac{E_{jk}}{k_B T_e}}, \tag{3.46}$$

这里，$a_0 = \hbar^2 / m_e c^2 = 5.3 \times 10^{-9}\text{cm}$，为玻尔半径；$E_{jk}$ 为 k 电荷态和 j 电荷态的能级差，g_j 和 g_k 为这两个态的简并度；n_e 为电子等离子体密度。

利用萨哈平衡可以计算在一定的等离子体温度和密度下，各电荷态离子的布居情况，也可以计算出平均的电离度。从公式(3.46)知道，布居数随能级指数变化，因此离子一般仅处于平均电离态附近的几个电离态。因为从完整壳层(比如类氖离子)电离需要很大的电离能，处于完整壳层的离子布居数通常比较多。对于激光等离子体，激光可以不断加热等离子体，并且处于热平衡的等离子体中总有不少高能电子，因此，相对于低密度气体中光场电离，在高密度情况下电子碰撞可得到更高的电离度。

在等离子体密度很高时，等离子体中的背景电子可靠近离子，从而部分屏蔽离子的电势，这使得离子的电离势被抑制，电离能变小。这时，利用萨哈平衡进行计算时需要修正。电离势抑制不只是影响电离能，也会影响离子各激发态能级的位置，从而影响离子线辐射的光谱。反过来说，通过测量离子光谱的变化可以推断等离子体的状态。

对于更极端的低温高密度等离子体，如我们前面所讲，耦合效应变得重要，萨哈平衡失效。在理想情况下，可使用托马斯-费米模型。

3.2　等离子体描述方法

3.2.1　单粒子轨道

第 2 章介绍了带电粒子在电磁场中的运动。对于等离子体，可以计算典型粒子在等离子体中的运动，从而得到粒子运动的基本信息，这些典型粒子也被称为试探粒子。通过计算试探粒子的电磁辐射，可以得到基本的辐射规律。通过设置大量试探粒子，也可以得到粒子运动的统计规律。但等离子体中有很多集体效应，比如集体运动产生的各种波，这些现象依靠单粒子模型是不能解释的。

3.2.2　粒子模拟

等离子体中有自由运动的电子和离子，以及伴随它们的电磁场。电磁场通过洛伦兹力按牛顿方程影响带电粒子的运动，带电粒子的运动则通过其电荷、电流按麦克斯韦方程影响电磁场的变化。因此，这是一个自洽演化的过程。

原则上，通过计算每个粒子的运动，

$$\mathrm{d}\boldsymbol{p}_i = q_i\left(\boldsymbol{E} + \boldsymbol{b}\times\boldsymbol{B}\right)\mathrm{d}t, \tag{3.47}$$

$$\mathrm{d}\boldsymbol{r}_i = \boldsymbol{v}_i\mathrm{d}t, \tag{3.48}$$

可以得到等离子体的宏观性质，比如电荷密度和电流密度，分别为

$$\rho(\boldsymbol{r}) = \sum_j q_j(\boldsymbol{r}), \tag{3.49}$$

$$\boldsymbol{j}(\boldsymbol{r}) = \sum_j q_j(\boldsymbol{r}) \boldsymbol{v}_j. \tag{3.50}$$

这里 j 表示粒子。同时，由电荷密度、电流密度等利用麦克斯韦方程可计算电磁场的变化。这种方法虽难以得到解析的表达式，但原则上，利用数值计算，通过循环运算，可以得到等离子体状态的自洽演化。激光等离子体物理研究中常用的 PIC 数值模拟正是基于这样的思想。

等离子体中通常有非常多的电子和离子，如果每个粒子都这样计算，计算量可能会非常庞大。为此，通常用一个"宏粒子"代表很多真实粒子，在一个空间网格中，一般有几个到几十个宏粒子。宏粒子代表的真实粒子数一般要小于德拜球中的粒子数。为了减小短程力的影响，宏粒子可设置一定的尺寸和形状，因此也称为粒子云。在研究 X 射线激光与等离子体相互作用时，由于空间步长非常小，一个宏粒子可能仅代表少量真实粒子，但一般不应该小于 1 个真实粒子。

为了数值计算电磁场，需要对相互作用区域进行网格划分。这样可以只计算格点上的电磁场。再根据宏粒子在网格中的位置，进行插值计算得到该点处的电磁场值。对于激光等离子体，我们通常讨论的是较大尺度上(大于德拜长度或和德拜长度可比)的物理过程。进行数值计算时，网格的划分需要考虑以下几点。一是不能远大于德拜长度，在没有相互作用时，远大于德拜长度意味着基本电中性，但数值精度不能确保完全电中性，这时电子会运动以平衡电荷的非中性。这会产生非物理的"数值加热"，直到温度提高，使得德拜长度增加到和网格大小可比。对于需要严格考虑激光能量吸收的过程，比如靶后鞘层场加速，这是比较重要的。对于其他一些过程，即使有数值加热，热速度仍远小于电子振荡速度，这时不是特别严重的数值加热可能问题不大。在这种情况下，我们也可以设置一定的初始温度，使得等离子体一开始就满足德拜长度的要求。网格的划分也要考虑所研究的物理过程，如果研究的是等离子体波，为了很好地刻画等离子体波，网格尺寸要远小于等离子体波长。同时激光波长也是需要考虑的重要长度，如果激光振荡是重要的，网格要远小于激光波长，如果要分辨激光产生的高次谐波，网格要分得更细。如果只是激光的包络起重要作用，经过一些处理后，网格可分得粗一些。有时不同维度上需要的精度可不同，因此不同维度网格的大小也可以不同，比如通常横向上网格可稍大些。一般时间步长 $\Delta t = \Delta x / c$，这样即使是高能粒子，但在一个时间步长上不会穿越两个网格。同时，这也可减小由于网格划分引起的电磁波的非物理的"数值色散"。

在考虑某些随短脉冲激光一起运动的准稳态过程时，在与激光相互作用的这段时间里，离子运动通常是可以忽略的(激光不是特别强)。这时可设置离子不动，以减小计算量。

激光与稀薄等离子体相互作用时，激光几乎以光速传播。一般我们只关心激光脉冲附近的相互作用，因此数值模拟的空间范围可随激光传输而移动，也即采用运动窗口，这可大大减小计算量。

原则上 PIC 模拟包含激光等离子体相互作用中的各种信息，因此数值模拟类似于数值实验，可以帮助我们理解许多复杂的物理过程。但即使大规模数值计算得到巨大发展的今天，PIC 数值模拟一般仍只能模拟较小时空尺度(时间为飞秒-皮秒，空间为微米-毫米)的相互作用过程，有时还采用二维近似，甚至一维模拟等来减小计算量。

为研究一些特殊的物理过程，在 PIC 程序中可额外增加一些物理模块，如电离模块、碰撞模块、QED 效应模块等。

由于数值模拟中的各种近似，数值模拟结果要经过理论分析、实验研究等增强可信度。

3.2.3　等离子体的动理学描述

对于理想等离子体，粒子间的相互作用能比粒子本身的动能小很多，这时可用粒子(电子和离子)六维相空间的分布函数来描述等离子体状态，即

$$f = f(\boldsymbol{r}, \boldsymbol{v}, t), \tag{3.51}$$

这里，$\boldsymbol{r}$ 和 $\boldsymbol{v}$ 都是独立变量，并且和 t 无关。

如果没有电离和复合等过程，也没有高能情况下的核反应、正负电子对的产生等，等离子体中电子、离子运动的位置和速度由运动常数确定，即

$$\boldsymbol{r} = \boldsymbol{r}(C_1, C_2, C_3, C_4, C_5, C_6, t), \tag{3.52}$$

$$\boldsymbol{v} = \boldsymbol{v}(C_1, C_2, C_3, C_4, C_5, C_6, t). \tag{3.53}$$

通过反解，可得到六个运动常数 C_i，$i = 1 \sim 6$，

$$C_i = C_i(\boldsymbol{r}, \boldsymbol{v}, t). \tag{3.54}$$

由此可以得到

$$\frac{\mathrm{d}C_i}{\mathrm{d}t} = \frac{\partial C_i}{\partial t} + \frac{\partial C_i}{\partial \boldsymbol{r}}\frac{\mathrm{d}\boldsymbol{r}(t)}{\mathrm{d}t} + \frac{\partial C_i}{\partial \boldsymbol{v}}\frac{\mathrm{d}\boldsymbol{v}(t)}{\mathrm{d}t} = 0. \tag{3.55}$$

对于由 C_i 组成的任意函数 f，有

$$\frac{\mathrm{d}f}{\mathrm{d}t} = \sum_{i=1}^{6} \frac{\partial f}{\partial C_i}\frac{\mathrm{d}C_i}{\mathrm{d}t} = 0, \tag{3.56}$$

即

$$\sum_{i=1}^{6} \frac{\partial f}{\partial C_i} \left(\frac{\partial C_i}{\partial t} + \frac{\partial C_i}{\partial \boldsymbol{r}} \frac{\mathrm{d}\boldsymbol{r}(t)}{\mathrm{d}t} + \frac{\partial C_i}{\partial \boldsymbol{v}} \frac{\mathrm{d}\boldsymbol{v}(t)}{\mathrm{d}t} \right) = 0. \tag{3.57}$$

由此可得描述无碰撞等离子体的弗拉索夫方程,

$$\frac{\partial f_\alpha}{\partial t} + \boldsymbol{v} \cdot \frac{\partial f_\alpha}{\partial \boldsymbol{r}} + \boldsymbol{a}_\alpha \cdot \frac{\partial f_\alpha}{\partial \boldsymbol{v}} = 0. \tag{3.58}$$

这个方程对电子和离子都适用, α 表示不同的粒子, 在等离子体中, 非相对论条件下加速度 $\boldsymbol{a}_\alpha = \mathrm{d}\boldsymbol{v}(t)/\mathrm{d}t$ 为

$$\alpha_\alpha = \frac{1}{m_\alpha} q_\alpha (\boldsymbol{E} + \boldsymbol{\beta} \times \boldsymbol{B}). \tag{3.59}$$

弗拉索夫方程说明, 粒子的六维相空间密度是个常数。这里的弗拉索夫方程一般用于非相对论情形, 相对论协变的方程在后文有讨论。

　　利用弗拉索夫方程和麦克斯韦方程原则上可以很好地描述无碰撞激光等离子体, 但实际使用起来却不是很方便。这本质上是因为它给出了太多的信息, 而对于很多细节的信息, 我们一般也不很关心。

　　首先, 弗拉索夫方程很难解析求解, 只有极少量的极端情形, 可得到解析解。其次, 即使对于数值求解, 弗拉索夫方程也不方便。分布函数是六维相空间的函数, 进行六维数值模拟是极其消耗计算资源的, 目前所进行的一些数值模拟一般都不会用足六维。另外, 对于相对论激光等离子体相互作用, 网格的划分也有困难, 上面分布函数中的变量是速度, 不是动量。对于相对论运动的粒子, 速度很接近光速, 如果要刻画这些速度的微小变化, 网格就要分得非常细。这也会大大增加计算量。对于相对论性弗拉索夫方程, 可以直接对动量进行网格划分, 但比如对激光驱动电子加速, 少量电子被加速到极高的能量, 为这些少量电子划分十分精细的网格显然是不经济的。

　　利用弗拉索夫方程求解也有好处, 主要是数值噪声一般较小。同时, 某些物理现象, 原则上就是分布函数不满足麦克斯韦分布, 即没有达到热平衡引起的, 如朗道阻尼、韦伯不稳定性等, 这时, 我们仍需要用弗拉索夫方程来进行讨论。电子束在等离子体中传输, 原则上也可以看成分布函数不满足麦克斯韦分布, 但有时可将其简化为电子束加冷等离子体流体的模型。

　　在处理电磁场时, 如果不考虑粒子间的短程相互作用, 只使用平均的电磁场, 我们可以用弗拉索夫方程描述无碰撞等离子体。对于激光等离子体, 通常这是比较好的近似。但如果等离子体密度比较高, 或者需要研究高能粒子的传输等, 粒子碰撞就不能忽略。这时可把最重要的两体之间的短程相互作用(两体碰撞)作单独处理, 而把其他粒子间的相互作用作平均处理, 这就是 BBGKY 近似。

$$\frac{\partial f_\alpha}{\partial t} + \boldsymbol{v} \cdot \frac{\partial f_\alpha}{\partial \boldsymbol{r}} + \boldsymbol{a}_\alpha \cdot \frac{\partial f_\alpha}{\partial \boldsymbol{v}} = \sum_{\beta=e,i} \left(\frac{\partial f_\alpha}{\partial t} \right)_\beta . \tag{3.60}$$

$\left(\dfrac{\partial f_\alpha}{\partial t} \right)_\beta$ 代表 α 粒子的分布函数因 α 粒子和 β 粒子碰撞所产生的改变。这个方程被称为福克-普朗克方程。当碰撞项取玻尔兹曼型时，这一方程称为玻尔兹曼方程。

3.2.4　等离子体流体方程

由于直接利用弗拉索夫方程进行研究有很多困难，一般将分布函数中的许多信息平均掉，得到描述流体的物理量，然后再建立起相关的流体方程。当然历史上，并不是只能从弗拉索夫或玻尔兹曼方程推导得到流体方程。根据对流体过程的物理理解，也可以直接给出相关的流体方程。为了描述的系统性，这里从弗拉索夫方程出发进行讨论。

由分布函数，可以得到描述流体的物理量，首先是数密度

$$n_\alpha(r,t) = \int f_\alpha(\boldsymbol{r}, \boldsymbol{v}, t) \mathrm{d}\boldsymbol{v}, \tag{3.61}$$

这是某个时空点的等离子体流体数密度，如果乘上粒子的质量，即可得到质量密度 ρ；如果乘上粒子的电荷，则可得到电荷密度。在等离子体中，不同离子通常处于不同的电离态，即有一定的电离态分布。一般我们可以对此进行平均，即认为处于某个平均的电离态。流体元的速度 $\boldsymbol{u}_\alpha$ 可通过下式得到

$$n_\alpha \boldsymbol{u}_\alpha = \int \boldsymbol{v} f_\alpha(\boldsymbol{r}, \boldsymbol{v}, t) \mathrm{d}\boldsymbol{v}, \tag{3.62}$$

这里各粒子相对于流体元的热运动速度已被平均掉。利用电子和离子流体元速度可以计算等离子体的电流密度。同样，非相对论压力张量为

$$p_{ij}^\alpha = \int m_\alpha \left(v_i - u_i^\alpha \right) \left(v_j - u_j^\alpha \right) f_\alpha(\boldsymbol{r}, \boldsymbol{v}, t) \mathrm{d}\boldsymbol{v}, \tag{3.63}$$

对于各向同性等离子体，$p_{ij}^\alpha = p^\alpha$，其量纲为 ρc^2。

在进行了这些定义后，由弗拉索夫方程可得

$$\int \mathrm{d}\boldsymbol{v} \left(\frac{\partial f_\alpha}{\partial t} + \boldsymbol{v} \cdot \frac{\partial f_\alpha}{\partial \boldsymbol{r}} + \boldsymbol{a}_\alpha \cdot \frac{\partial f_\alpha}{\partial \boldsymbol{v}} \right) = 0. \tag{3.64}$$

由此可得到流体数密度的连续性方程

$$\frac{\partial n}{\partial t} + \frac{\partial}{\partial \boldsymbol{x}} (n \boldsymbol{u}) = 0. \tag{3.65}$$

对质量密度，方程也类似。对各向同性等离子体，由

$$\int \mathrm{d}\boldsymbol{v}\,\boldsymbol{v}\left(\frac{\partial f_\alpha}{\partial t} + \boldsymbol{v}\cdot\frac{\partial f_\alpha}{\partial \boldsymbol{r}} + \boldsymbol{a}_\alpha\cdot\frac{\partial f_\alpha}{\partial \boldsymbol{v}}\right) = 0, \tag{3.66}$$

利用公式(3.63)可得到

$$n\frac{\partial \boldsymbol{u}}{\partial t} + n\boldsymbol{u}\cdot\frac{\partial \boldsymbol{u}}{\partial \boldsymbol{x}} = \frac{nq}{m}\left(\boldsymbol{E} + \frac{\boldsymbol{u}\times\boldsymbol{B}}{c}\right) - \frac{1}{m}\frac{\partial p}{\partial \boldsymbol{x}}. \tag{3.67}$$

由连续性方程,等式左边也可写为

$$n\frac{\partial \boldsymbol{u}}{\partial t} + n\boldsymbol{u}\cdot\frac{\partial \boldsymbol{u}}{\partial \boldsymbol{x}} = \frac{\partial n\boldsymbol{u}}{\partial t} + \frac{\partial}{\partial \boldsymbol{x}}\cdot n\boldsymbol{u}\boldsymbol{u}, \tag{3.68}$$

这是流体的运动方程,或者说动量守恒方程。在不同的场合,流体方程有很多不同的写法。原则上正确的写法,在实际使用时可能并不方便。比如,等式右边的洛伦兹力如果用磁压描述更方便,可直接写为

$$\frac{nq}{m}\left(\boldsymbol{E} + \frac{\boldsymbol{u}\times\boldsymbol{B}}{c}\right) = \frac{1}{m}\frac{\partial}{\partial x}\left(\frac{B^2}{8\pi}\right). \tag{3.69}$$

实际上,利用磁压描述时,已对电子绕磁场的回旋运动进行了平均。这里考虑的是无碰撞等离子体,所以没有黏滞项、摩擦项等。

如果等离子体的温度或者磁场等不均匀,等离子体中有能量的流动,我们还需要一个描述能量守恒的方程。能量方程也可从弗拉索夫方程推导得到。对于惯性聚变等离子体,能量输运特别重要。这里我们直接给出能量守恒方程,

$$\frac{\partial}{\partial t}\left(\frac{1}{2}\rho u^2 + e\rho + \frac{B^2}{8\pi}\right) + \nabla\cdot\left(\frac{1}{2}\rho u^2 \boldsymbol{u} + h\rho\boldsymbol{u} + c\frac{\boldsymbol{E}\times\boldsymbol{B}}{4\pi}\right) = \mathcal{P}, \tag{3.70}$$

这里,$\rho = nm$,e 为比内能,对于具有三个自由度的理想气体 $e\rho = \frac{3}{2}nk_\mathrm{B}T$,即每个粒子每个自由度的内能为 $\frac{1}{2}k_\mathrm{B}T$;$h = e + p/\rho$ 为比焓,这里包含了因体积变化做功的贡献,对有三个自由度的理想气体 $h = \frac{5}{2}nk_\mathrm{B}T$;$\mathcal{P}$ 为外部能源,可包括激光的加热和热流 $\nabla\cdot Q$。热流可写为

$$Q = -\kappa_\mathrm{th}\nabla T. \tag{3.71}$$

在惯性聚变等离子体中,热导系数 κ_th 和经典理论值可有很大偏差。

能量方程中包括了磁能 $B^2/(8\pi)$ 和输运电磁能的坡印亭矢量。对于磁化等离子体,当等离子体的密度变化时,有时磁通是守恒的,但这意味着磁能是不守恒的,也即磁能和流体的其他能量形式(如动能等)有交换。更一般地,这一项应为电磁能。如果等离子体中电磁能主要是宽谱的黑体辐射,则一般用黑体辐射压 P_R 来

描述，可用 $P_R \boldsymbol{u}$ 来代替坡印亭矢量。对于黑体辐射，辐射压为

$$P_R = \frac{\mathcal{E}_R}{3} = \frac{4\sigma T^4}{3c}, \tag{3.72}$$

这里，$\mathcal{E}_R$ 为辐射场能量密度；σ 为斯特藩-玻尔兹曼常数。辐射压和热压之比为

$$\frac{4m_p \sigma T^4}{3c\rho k_B T} = 0.05 T^3 \rho, \tag{3.73}$$

这里，温度单位为 keV，质量密度单位为 g/cm^3。可以看到，即使温度达到 keV，辐射压相对于热压还是小的，可忽略。但因为辐射压和 T^4 成正比，随着温度的升高，辐射压可迅速升高，在黑腔物理以及高温天体中比较重要，如果辐射压远大于热压，则称为辐射主导，但这和强场激光物理中讲的辐射主导区有区别。对于强场激光等离子体，等离子体的温度很高，也有很强的宽谱辐射，如果激光能量更多地变成宽谱辐射而不是等离子体的热能和高能粒子的动能，我们称为辐射主导区。我们会在第 9 章详细介绍强场激光的辐射主导区。但由于强激光等离子体的体积比较小，同时辐射大多是高频的，如伽马射线，辐射很快地离开等离子体，也即等离子体是光性薄的，因此这种宽谱辐射对等离子体流体运动的影响一般可忽略。激光本身的电磁能当然是重要的，在很多文献中这种单色定向相干电磁场产生的压力也称为辐射压。在本书中，为和黑体辐射的宽谱辐射压区分，把强场激光产生的辐射压称为光压。对于惯性聚变等离子体，驱动的纳秒激光的强度相对较弱，其光压和热压相比一般是可忽略的，激光是通过加热等离子体间接地影响等离子体的运动；对于超强超短激光，光压可远大于热压，因此光压不可忽略。在和稀薄等离子体相互作用时，经常反过来通过忽略热压等使问题简化，对强激光与固体靶相互作用时，光压可占主导，有时和热压同样重要。

3.2.5　相对论磁流体方程

对于强场激光与物质相互作用，粒子和流体元的运动经常是相对论的，对于激光光压加速等，等离子体整体以接近光速运动。对于相对论理想流体，仍可以简单地利用粒子运动的分布函数进行计算。比如，计算相对论动量可用

$$n_\alpha \boldsymbol{p}_\alpha = \int \boldsymbol{p} f_\alpha(\boldsymbol{r}, \boldsymbol{v}, t) \mathrm{d}\boldsymbol{v}, \tag{3.74}$$

但这种简单的表述不是相对论协变的，不能随意变换到其他参考系。比如相对论激波，一般在波面参考系中讨论是方便的，这时我们可能需要使用相对论协变的流体方程。

对于相对论等离子体，原则上应该发展相对论性的弗拉索夫方程，我们直接给出相对论协变的无碰撞弗拉索夫方程，

$$p^{\mu}\frac{\partial f}{\partial x^{\mu}}+m\frac{\partial\left(F^{\mu}f\right)}{\partial p^{\mu}}=0, \tag{3.75}$$

这里 $F^{\mu}=\dfrac{q}{c}F^{\mu\nu}U_{\nu}$ 为闵可夫斯基四维力，对于激光等离子体即为洛伦兹力。相对论流体并不要求电子的热运动必须是相对论的，但为了讨论的一致性，我们直接从相对论分布函数出发。相对论性麦克斯韦分布函数为

$$f\left(\boldsymbol{x},\boldsymbol{p},t\right)=n_{0}\left(\boldsymbol{x},t\right)N\exp\left[-\frac{\left(E_{0}^{2}+p^{2}c^{2}\right)^{\frac{1}{2}}}{KT}\right]. \tag{3.76}$$

在静止参考系中，从相对论分布函数直接得到四维密度-电流矢量，即

$$N^{\mu}=c\int p^{\mu}f\frac{\mathrm{d}^{3}p}{p^{0}}, \tag{3.77}$$

这里 $p^{0}=m\gamma c$。第 0 个分量，

$$N^{0}=cn \tag{3.78}$$

描述数密度，其他三个分量描述粒子流。四维连续性方程为

$$\frac{\partial N^{\mu}}{\partial x^{\mu}}=0, \tag{3.79}$$

这一方程和非相对论流体方程是一样的。但为了给出在不同参考系中都适用的方程，定义四维速度为

$$U^{\mu}=\frac{\mathrm{d}x^{\mu}}{\mathrm{d}\tau}. \tag{3.80}$$

由此，可定义四维电流 $J^{\mu}=\rho U^{\mu}$，$J^{\mu}J_{\mu}=\rho^{2}c^{2}$。这里 $\rho=nm$ 为静止质量密度，是洛伦兹不变量。需要指出，n 为静止参考系下的数密度，m 为静止质量。

这样在任意参考系中，有

$$\nabla_{\mu}J^{\mu}=\nabla_{\mu}\left(\rho U^{\mu}\right)=U^{\mu}\nabla_{\mu}\rho+\rho\nabla_{\mu}U^{\mu}=0, \tag{3.81}$$

也即得到相对论的连续性方程，

$$\frac{\partial\gamma n}{\partial t}+\frac{\partial\gamma nu^{i}}{\partial x^{i}}=0. \tag{3.82}$$

对非相对论流体，$\gamma=1$，可回到前面的非相对论形式的连续性方程。在实验室参考系中，如果流体以相对论速度运动，由于长度收缩，等离子体密度相对于静止

参考系是增加的。因此，如果我们直接用增加后的密度 $n' = \gamma n$，原来的连续性方程(3.65)仍是正确的。

同样，利用相对论分布函数可得到四维能量-动量张量，即

$$T^{\mu\nu} = c\int p^{\mu}p^{\nu} f \frac{\mathrm{d}^3 p}{p^0}, \tag{3.83}$$

可以看到 $T^{00} = nm\gamma c^2$。$T^{\mu\nu}$ 可按物理理解分解，比如分解成膨胀项、旋转项、剪切项等，这种分解方法不是唯一的，我们不展开讨论。

由 J^{μ} 和 $T^{\mu\nu}$ 的定义可以给出密度、比内能和压力的表达式分别为

$$\rho c^2 = U_{\mu}J^{\mu} = mcU_{\mu}\int p^{\mu} f \frac{\mathrm{d}^3 p}{p^0}, \tag{3.84}$$

$$e\rho c^2 = U_{\mu}U_{\nu}T^{\mu\nu} = U_{\mu}U_{\nu}c\int p^{\mu}p^{\nu} f \frac{\mathrm{d}^3 p}{p^0}, \tag{3.85}$$

$$p = \frac{1}{3}\left(g_{\mu\nu} + \frac{U_{\mu}U_{\nu}}{c^2}\right)T^{\mu\nu}, \tag{3.86}$$

这里 $g_{\mu\nu} = g^{\mu\nu}$ 为度规(见公式(2.1))，这些洛伦兹不变量都是静止参考系中的值。在相对论协变表述中，比内能包含了静止质能项 $mc^2 / m = c^2$。对于理想流体，

$$T^{\mu\nu} = \frac{(e\rho + p)U^{\mu}U^{\nu}}{c^2} - pg^{\mu\nu}. \tag{3.87}$$

这里也给出完全相对论协变的能量-动量张量方程

$$\nabla_{\mu}T^{\mu\nu} = \nabla_{\mu}\left[\frac{(e\rho + p)U^{\mu}U^{\nu}}{c^2} - pg^{\mu\nu}\right] = 0, \tag{3.88}$$

其中

$$a^{\mu} = \frac{U^{\nu}\nabla_{\nu}U^{\mu}}{c} \tag{3.89}$$

为加速度，它和洛伦兹力相联系，即

$$\frac{\mathrm{d}p^{\mu}}{\mathrm{d}\tau} = m\frac{\mathrm{d}U^{\mu}}{\mathrm{d}\tau} = \frac{q}{c}F^{\mu\nu}U_{\nu}, \tag{3.90}$$

其中三个空间分量 $(\mu = 1,2,3)$ 可改写为

$$\frac{\mathrm{d}p^{\mu}}{\mathrm{d}t} = m\frac{\mathrm{d}U^{\mu}}{\mathrm{d}t} = \frac{qF^{\mu\nu}U_{\nu}}{\gamma c}, \tag{3.91}$$

这时等式右边即为通常的洛伦兹力。

不考虑外力，能量-动量张量方程的时间分量$(\mu=0)$为

$$\frac{\partial p}{\partial ct}=\frac{\partial}{c^2\partial x^\nu}\Big[(e\rho+p)U^0U^\nu\Big], \tag{3.92}$$

空间分量$(\mu=i)$为

$$\frac{\partial p}{\partial x^i}=\frac{\partial}{c^2\partial x^\nu}\Big[(e\rho+p)U^0U^\nu\beta^i\Big], \tag{3.93}$$

时间分量化简可得能量方程

$$\frac{\partial}{\partial t}\Big(e\rho\gamma^2+\gamma^2p\beta^2\Big)+\nabla\cdot\Big(e\rho\gamma^2+\gamma^2p\Big)\boldsymbol{\beta}=0. \tag{3.94}$$

按上面的定义，这里的比内能e、密度ρ都是在静止参考系中定义的洛伦兹不变量。只在实验室参考系中讨论时，可直接采用实验室参考系中的$\rho'=n'm'=n\gamma m\gamma=\rho\gamma^2$。对非相对论理想等离子体，比内能为$\big((3/2)k_{\mathrm{B}}T/m\big)$。对相对论流体，如果比内能只考虑静止质量比内能$c^2$，而忽略热能，可以得到能量方程为

$$\frac{\partial}{\partial t}\Big(\rho c^2+\gamma^2p\beta^2\Big)+\nabla\cdot\Big(\rho c^2+\gamma^2p\Big)\boldsymbol{\beta}=0, \tag{3.95}$$

式中，$\beta=v/c$。这里的ρ是实验室参考系的，即ρ'，不是静止质量密度。类似地，式(3.93)的空间分量$(\mu=i)$化简后可得

$$\frac{\partial}{\partial t}\Big(e\rho\gamma^2+\gamma^2p\Big)\boldsymbol{u}+\nabla\Big[\Big(e\rho\gamma^2+\gamma^2p\Big)\boldsymbol{uu}+pc^2\boldsymbol{I}\Big]=0. \tag{3.96}$$

只考虑静止质量能且利用实验室参考系中ρ，可得到实验室参考系中动量方程为

$$\frac{\partial}{\partial t}\Big(\rho c^2+\gamma^2p\Big)\boldsymbol{u}+\nabla\Big[\Big(\rho c^2+\gamma^2p\Big)\boldsymbol{uu}+pc^2\boldsymbol{I}\Big]=0, \tag{3.97}$$

其中，$\boldsymbol{I}=\big(\delta^{ij}\big)$。利用这些公式可讨论相对论激波。

在强相对论条件下，比内能、压力和比焓分别为

$$e=\frac{3k_{\mathrm{B}}T}{m}, \tag{3.98}$$

$$p=nk_{\mathrm{B}}T, \tag{3.99}$$

$$h=\frac{4k_{\mathrm{B}}T}{m}. \tag{3.100}$$

3.2.6　物态方程

在推导流体方程时，可以看到每个物理量的方程都会引入更高阶的量。关于密度的连续性方程引入平均速度，关于速度的方程又引入压力(能量密度)。对于相对论方程，也是 5 个方程有 6 个未知数。这意味着如果这样继续下去，方程数总是小于变量数。因此，我们需要一个额外的方程截断这一过程，这就是所谓的物态方程，它描述压力和密度、温度的关系。物态方程是微观过程的宏观体现。

对于强激光等离子体，电磁力经常远大于热压力，这时热压项可忽略，这是最简单的截断，这时我们称等离子体为冷等离子体。

对于理想等离子体，我们通常可以用理想气体模型来计算等离子体的压力，即

$$P = nk_{B}T, \tag{3.101}$$

这里温度是从分布函数中引入的。如果局域等离子体的热传导可忽略，等离子体的变化是绝热的。对理想气体的绝热过程，我们有

$$\frac{p_{e}}{n_{e}^{\gamma}} = \text{constant}, \tag{3.102}$$

这里 $\gamma = (n_{f}+2)/n_{f}$ 为绝热指数，在需要和相对论因子区分时，绝热指数写为 γ_{a}，n_{f} 为自由度。对于有三个自由度的非相对论电子，$\gamma = 5/3$，但在强相对论条件下，绝热指数变为 $\gamma = 4/3$，与无质量的辐射类似，也即如要满足相对论弗拉索夫方程，对于 3 个自由度，绝热指数需满足 $5/3 > \gamma > 4/3$；对于某些过程，如受激拉曼散射，电子在横向来不及弛豫，也即电子只有一个自由度，这时 $\gamma = 3$；对于辐射主导等离子体，因为光子有两个偏振自由度，总自由度为 6，因此黑体辐射的绝热指数 $\gamma = 4/3$；对于等温过程，意味着无穷多自由度，因此 $\gamma = 1$。在后面处理具体问题时，会说明绝热指数的选择。一般地，压力是密度和温度的复杂函数，即

$$P = P(n,T). \tag{3.103}$$

在高压条件下，物态方程极为复杂，也还有待进一步的理论和实验研究。物态方程对高压物性、星球内部结构等研究具有重要意义。

3.2.7　等离子体流体数值模拟

激光等离子体的流体运动非常复杂，数值模拟能帮助理解物理过程，解释物理实验结果，设计实验方案等。由于在数值模拟中经常作了很多近似，比如高能电子的热输运、高压条件下的物态方程等都有待确定，因此模拟结果不是必然正确的，需要和实验不断校验、迭代改进。

一般地，对于激光等离子体，其电子流体和离子流体运动并不一致，电子的温度和离子的温度也不相同，同时还要考虑辐射温度，这就是所谓三温双流体模型。如果认为电子运动能迅速跟上离子，等离子体为电中性，电荷分离场不重要，这时可采用单流体模型，如果辐射压可忽略，有时只需考虑双温。

激光等离子体流体模拟的网格划分主要有两种，即欧拉格式和拉格朗日格式。欧拉格式是数值模拟中常用的方法，即对空间进行网格划分，用差分代替微分计算物理量随空间的变化，同时以一定的时间步长描述体系随时间的演化。网格的大小要能刻画我们感兴趣的最小的时空变化。比如，对于某种波，空间网格尺寸至少要小于几分之一波长。对于等离子体中的激波，要描述物理量非常陡峭的变化，网格就要分得足够细。欧拉格式简单直观，原则上也能描述各种复杂的运动，但它也有缺点，当物质进入一个网格时，总是假定它零时间弥散充满整个网格，下一个时刻它又可以零时间弥散充满临近的网格，因此它对物质的扩散是高估的，这是非物理的。在处理激波等问题时，与实际物理现象的偏差就比较大。当然我们可以通过划分更小的网格来减弱这个非物理效应，但这意味着需要更多的计算资源。可以通过非均匀划分网格以及动态调整网格大小等来缓解这一问题，也即在需要的地方、需要的时刻把网格分得细一点，在其他地方、其他时刻把网格分得粗一点。

对于拉格朗日格式，物质是随网格一起运动的，即把 $dm = \rho dx$ 作为变量。在密度比较高的地方，空间步长自动就变小了，因此比较适合激波等急剧变化的物理现象，但拉格朗日格式在进行多维模拟、处理流体的涡旋运动等问题时有很大困难。目前也有采用无网格的拉格朗日方法来克服这一困难，有关程序还比较少。

将流体方程的微分形式变成差分形式时，要注意采用特定的差分格式，以避免数值发散等问题。

3.3　磁化等离子体

对于磁约束等离子体，磁场是极为重要的。对于激光等离子体，外加静磁场通常远小于激光本身的电磁场，外加磁场一般不能起很大的作用。但磁场可改变激光在等离子体中传输的折射率，对某些物理过程，比如电子的热传导，也起重要影响。激光等离子体相互作用是强非线性相互作用，即使外加磁场相对激光场很弱，在某些情况下，仍有可能起很大作用。当激光与等离子体作用结束后，外加磁场仅和等离子体自生电磁场比较，这时外加磁场可起更大作用。本节只介绍磁化等离子体的一般知识，激光在磁化等离子体中的传输等在后面章节中介绍。

3.3.1　广义欧姆定律

我们知道，经典欧姆定律 $\boldsymbol{j} = \sigma\boldsymbol{E}$ 将电流和电场联系起来，但显然，电场只决定电荷的加速度而不是速度，因此这个方程是简化的。假定电中性 $n = n_{\mathrm{e}} = n_{\mathrm{i}}$，等离子体处于局域热平衡，利用双流体模型，忽略离子热压，在同时考虑电场和磁场时，可得到描述等离子体中总电流强度随时间变化的广义欧姆定律：

$$\frac{\partial \boldsymbol{j}}{\partial t} = \frac{ne^2}{m_{\mathrm{e}}}\boldsymbol{E} + \frac{ne^2}{m_{\mathrm{e}}c}\boldsymbol{u}\times\boldsymbol{B} - \frac{e}{m_{\mathrm{e}}c}\boldsymbol{j}\times\boldsymbol{B} + \frac{e}{m_{\mathrm{e}}c}\nabla P_{\mathrm{e}} - \nu_{\mathrm{ei}}\boldsymbol{j} - \frac{e}{m_{\mathrm{e}}}\boldsymbol{R}_{\mathrm{ei}}^{u} - \frac{e}{m_{\mathrm{e}}}\boldsymbol{R}_{\mathrm{ei}}^{\mathrm{T}}, \tag{3.104}$$

这里，$\boldsymbol{u}$ 为流体速度，ν_{ei} 为电子-离子碰撞频率；右边几项分别为电场力、洛伦兹力、霍尔项、热压项、电阻项、正比于宏观速度的摩擦力和温度梯度引起的热摩擦力项。对于激光等离子体，温度梯度比较大，因此热摩擦项可能是比较重要的，这里暂不考虑最后两项。

对于稳态情况，我们有 $\partial \boldsymbol{j}/\partial t = 0$。但需注意，对于电子加速等情况，$\partial \boldsymbol{j}/\partial t \neq 0$。

3.3.2　磁化等离子体的 β 值

广义欧姆定律和磁场有关，因此我们先考虑静磁场的影响。第 2 章中讨论了单电子在静磁场中的运动，带电粒子在垂直磁力线的平面做回旋运动，同时沿磁力线平动，在梯度或弯曲磁场中，带电粒子有漂移运动。这里讨论等离子体在磁场中的集体运动。如果等离子体尺度远大于回旋半径，则等离子体是磁化的，并且磁化通常是指电子和离子都磁化。我们定义热压和磁压的比值来描述等离子体的磁化状态

$$\beta = \frac{P}{B^2/8\pi} = \frac{nk_{\mathrm{B}}T}{B^2/8\pi}. \tag{3.105}$$

$\beta = 1$ 表示磁压和热压可比。对于磁约束等离子体，需要用磁压来抗衡热压，约束等离子体，因此等离子体通常是低 β 的，但为了降低磁约束装置成本，有时只能适当提高 β 值。在天体等离子体中，磁化等离子体可能是低 β 的，也可能是高 β 的。对于强激光等离子体，通常静磁场相对是弱的，我们一般考虑的是强激光的交变电磁场与等离子体的相互作用。在激光等离子体作用结束后，如果仍有外加的静磁场或等离子体中自生的强磁场，这时需要考虑磁化等离子体的演化。

在第 2 章中，我们给出了三维电磁应力张量，

$$\Theta^{ij} = \frac{-1}{4\pi}\left[E_i E_j + B_i B_j - \frac{1}{2}\delta_{ij}\left(E^2 + B^2\right)\right]. \tag{3.106}$$

如果没有电场，只有磁场，则

$$\Theta^{ij} = \frac{1}{8\pi}\left(\delta_{ij}B^2 - 2B_iB_j\right). \tag{3.107}$$

应注意，这里实际上只忽略外加电场和电荷分离场，磁场变化产生的感生电场没有被忽略，也即只忽略电磁应力张量中的电场。洛伦兹力 $\boldsymbol{f} = \boldsymbol{j}\times\boldsymbol{B}$ 为磁应力张量的散度，即 $\boldsymbol{f} = \nabla\cdot\Theta$，或 $f_j = \dfrac{\partial}{\partial x_i}\Theta^{ij}$，如果等离子体处于平衡状态，没有流体速度，则

$$\frac{\partial}{\partial x_i}\left[P\delta_{ij} + \frac{1}{8\pi}\left(\delta_{ij}B^2 - 2B_iB_j\right)\right] = 0, \tag{3.108}$$

这里各向同性部分即为磁压，而各向异性部分则为磁张力，它指向磁力线的曲率中心，倾向于使弯曲的磁力线伸直。如果没有磁张力，即等离子体在热压和磁压作用下达到平衡。

3.3.3　磁冻结和磁扩散

考虑上面的广义欧姆定律，对于高 β 等离子体，磁场项远小于压力项，磁场项和压力项都可假定为零，且忽略最后两项，在稳态时，广义欧姆定律退化为通常形式的欧姆定律

$$\frac{ne^2}{m_e\nu_{ei}}\boldsymbol{E} = \sigma\boldsymbol{E} = \boldsymbol{j}. \tag{3.109}$$

在广义欧姆定律中，如果霍尔项、热压项、摩擦力和热摩擦力项可忽略，在稳态时，广义欧姆定律可简化为

$$\boldsymbol{j} = \sigma\left(\boldsymbol{E} + \frac{1}{c}\boldsymbol{u}\times\boldsymbol{B}\right), \tag{3.110}$$

利用麦克斯韦方程 $\nabla\times\boldsymbol{E} = -\dfrac{1}{c}\dfrac{\partial\boldsymbol{B}}{\partial t}$ 和 $\nabla\times\boldsymbol{B} = \dfrac{4\pi}{c}\boldsymbol{j}$ 消去 $\boldsymbol{j}$，可得到等离子体中描述磁场变化的方程，即磁感应方程，

$$\frac{\partial\boldsymbol{B}}{\partial t} = \nabla\times\left(\boldsymbol{u}\times\boldsymbol{B}\right) + \eta_m\nabla^2\boldsymbol{B}, \tag{3.111}$$

其中，$\eta_m = c^2/(4\pi\sigma)$ 为磁黏滞系数，若电导率 $\sigma\to\infty$，等离子体为理想磁流体，磁场冻结，磁力线随流体运动，也即对给定的流体，磁通量 $\Phi = \displaystyle\int_S\boldsymbol{B}\cdot\mathrm{d}\boldsymbol{S}$ 是守恒的。但磁通守恒意味着磁能是不守恒的，也即磁能和机械能有交换。若流体运动是相对论的，磁场的快速变化必然会产生电场，这时电场不能忽略。

实际上，磁场不可能完全冻结在流体元上，和热传导类似，磁场也会扩散。

若等离子体速度为零，则方程(3.111)描述纯磁扩散。作为估计，我们取 l_0 为磁场 $\boldsymbol{B}$ 空间变化的特征长度，则

$$\frac{\partial \boldsymbol{B}}{\partial t} = \frac{\eta_{\mathrm{m}}}{l_0^2} \boldsymbol{B}. \tag{3.112}$$

可以得到磁场随时间的演化为

$$\boldsymbol{B} = \boldsymbol{B}_0 \mathrm{e}^{\pm t \frac{\eta_{\mathrm{m}}}{l_0^2}}, \tag{3.113}$$

这里 $\tau = l_0^2 / \eta_{\mathrm{m}}$ 为磁场扩散进入等离子的特征时间。为描述磁场的扩散，可定义磁雷诺数

$$R_{\mathrm{m}} = \frac{l_0 V_0}{\eta_{\mathrm{m}}}, \tag{3.114}$$

其中，l_0、V_0 分别为系统的特征尺度和特征速度。若磁雷诺数远大于 1，磁感应方程退化为冻结方程；若磁雷诺数远小于 1，则退化为磁扩散方程。

顺带指出，流体中描述惯性力和黏滞力之比的量为雷诺数，其定义为

$$R_{\mathrm{e}} = \frac{\rho l_0 V_0}{\eta}, \tag{3.115}$$

这里，l_0、V_0 分别为系统的特征尺度和特征速度，ρ 为流体密度，η 为流体黏滞系数。在进行实验室天体物理研究时，实验室中的等离子体尺寸和天体相差很大。但通常认为，在相同雷诺数下的物理有相似性，因此可以用小尺寸的实验室等离子体来模拟大尺寸的天体等离子体。

实际上，进行实验室天体模拟时，还有其他一些无量纲量的相似性也需要考虑。如

$$\delta = \frac{V_0 \tau}{l_0}, \quad \epsilon^2 = \frac{V_0^2}{V_{\mathrm{A}}^2}, \quad \gamma^2 = \frac{P}{\rho V_{\mathrm{A}}^2}$$

这里 $V_{\mathrm{A}} = B / \sqrt{4\pi\rho}$ 为阿尔芬声速，描述磁化等离子体中的典型波速，后面有详细讨论。容易看到，这里的 γ 只不过是前面 β 值的不同写法。

如果考虑热压项，欧姆定律可写为

$$\boldsymbol{j} = \sigma \left(\boldsymbol{E} + \frac{1}{c} \boldsymbol{u} \times \boldsymbol{B} + \frac{1}{nec} \nabla P \right), \tag{3.116}$$

因此磁场演化方程为

$$\frac{\partial \boldsymbol{B}}{\partial t} = \nabla \times \left(\boldsymbol{u} \times \boldsymbol{B} \right) + \eta_{\mathrm{m}} \nabla^2 \boldsymbol{B} + \nabla \times \left(\frac{1}{ne} \nabla P \right), \tag{3.117}$$

最后一项称为贝尔曼电池项，有观点认为贝尔曼电池项为宇宙中磁场产生的重要机制。我们将在后面激光驱动磁场产生部分对其进行详细讨论。

3.4　等离子体中的波

　　等离子体中的波非常丰富。在普通流体中，除表面外，一般不存在切向的恢复力，因此只能存在纵波，即声波。在等离子体中，由于电磁力的存在，特别是外加磁场时，波动现象非常丰富、复杂，横波、纵波以及两者的混合模式均可以在等离子体中发生。同时等离子体中有多种特征时间长度，在不同时间尺度需要考虑不同的波，或者需要考虑波的不同演化阶段。比如，离子声波的特征时间一般比电子等离子体波长很多，因此对超短飞秒激光，一般只需要考虑和电子等离子体波相关的拉曼散射。但在激光聚变物理中，由于激光是纳秒脉宽的，和离子声波相关的受激布里渊散射也同样重要。另外，比如对非线性孤立波，如果在经历一定的耗散过程后演化为激波，那么在较短的时间尺度上我们看到的是基本稳定的孤子波，在更长的时间尺度上看到的则是基本稳定的激波。这些丰富复杂的等离子体波提供了大量可操控利用的手段，比如利用激光或粒子束激发的电子等离子体波进行电子加速，利用无碰撞激波进行离子加速，利用非线性振荡产生高次谐波等。

3.4.1　色散关系和介电张量

　　这里我们先考虑小振幅的等离子体波。小振幅的扰动总是可以写成平面波的叠加，因此我们可以先讨论具有 (ω, k) 的平面波的特性。我们可以把波写为平面波形式，

$$a = a(\omega, k) \mathrm{e}^{\mathrm{i}(\boldsymbol{k} \cdot \boldsymbol{r} - \omega t)}, \tag{3.118}$$

这时如果知道 ω 和 k 的关系，即色散关系，我们就知道波传输的基本性质。我们可以把它写为

$$\omega(k) = \omega_{\mathrm{r}}(k) + \mathrm{i}\gamma(k), \tag{3.119}$$

实部描述振荡特性，虚部描述振荡随时间的衰减或增长。类似地，我们也可把色散关系写为

$$k(\omega) = k_{\mathrm{r}}(\omega) + \mathrm{i}k_{\mathrm{l}}(\omega), \tag{3.120}$$

这样我们可描述波随空间的衰减或增长。应指出，在讨论波的角动量特性时，这

种平面波展开不是最方便的。但我们后面将看到，可以用拉盖尔-高斯函数作为完备基展开。

对于小振幅扰动，可以用电导率张量或介电张量来描述等离子体对场的响应。这里考虑一般情况，因此电导率和介电系数不再是简单的标量而是二阶张量。一般地，

$$j(r,t) = \sigma(r,r',t,t') \cdot E(r',t'),$$ (3.121)

如果假定 σ 仅是 $r-r'$ 和 $t-t'$ 的函数，特别地，如果只考虑瞬时响应，我们可以得到相空间的表达式，即

$$j(\omega,k) = \sigma(\omega,k) \cdot E(\omega,k).$$ (3.122)

在介电介质中，我们可引入电感应矢量 D，

$$\frac{\partial D}{\partial t} = \frac{\partial E}{\partial t} + 4\pi j.$$ (3.123)

我们定义介电张量

$$\varepsilon(\omega,k) = I + \frac{4\pi i}{\omega}\sigma(\omega,k),$$ (3.124)

则有

$$D = \varepsilon \cdot E.$$ (3.125)

我们也可引入极化强度 P，

$$P = \chi_e \cdot E,$$ (3.126)

$\chi_e = \frac{i}{\omega}\sigma(\omega,k)$ 为极化率张量，因此电感强度 D 为

$$D = E + 4\pi P,$$ (3.127)

则

$$D = E + 4\pi\chi_e \cdot E = \varepsilon \cdot E.$$ (3.128)

本章我们先考虑小振幅的线性波，孤子波和激波留到后面再讨论。按电磁理论，原则上，只要给出了等离子体的介电常数，就能系统地给出等离子体中波传播的一般特性。对于非各向同性的等离子体，如具有外磁场时，介电常数为张量。这里只介绍几种对激光等离子体相互作用比较重要的波，我们从物理角度考虑和该波有关的各个因素，并忽略不重要的量，来进行较为直观的讨论。我们把等离子体中的电磁波，包括磁化等离子体中的电磁波，单独留到第 4 章讨论，因为这是本书的重点内容。

3.4.2　电子等离子体波

　　当等离子体局部偏离电中性时,电子会以等离子体频率 ω_{pe} 做振荡,对于冷等离子体,这种振荡不会传播。但如果考虑热压,就会产生可传播的电子等离子体波,这也称为朗缪尔波。

　　因为电子等离子体波是快速振荡的波,我们先把离子看成不动的均匀背景,其密度为 $n_{0\mathrm{i}}$。不考虑外加的电磁场,只考虑等离子体中电荷分离引起的电场,描述无耗散一维非相对论电子流体的方程为

$$\frac{\partial n_{\mathrm{e}}}{\partial t} + \frac{\partial}{\partial x}\left(n_{\mathrm{e}}u_{\mathrm{e}}\right) = 0, \tag{3.129}$$

$$\frac{\partial}{\partial t}\left(n_{\mathrm{e}}u_{\mathrm{e}}\right) + \frac{\partial}{\partial x}\left(n_{\mathrm{e}}u_{\mathrm{e}}^2\right) = -\frac{n_{\mathrm{e}}eE}{m_{\mathrm{e}}} - \frac{1}{m_{\mathrm{e}}}\frac{\partial p_{\mathrm{e}}}{\partial x}, \tag{3.130}$$

$$\frac{p_{\mathrm{e}}}{n_{\mathrm{e}}^{\gamma}} = \mathrm{constant}, \tag{3.131}$$

$$\frac{\partial E}{\partial x} = -4\pi e\left(n_{\mathrm{e}} - n_{0\mathrm{i}}\right), \tag{3.132}$$

这里假定等离子体是绝热的,即等离子波的相速度远大于电子热速度。由 $P = nk_{\mathrm{B}}T$,可得

$$\frac{\partial p_{\mathrm{e}}}{\partial x} = \gamma_{\mathrm{a}}k_{\mathrm{B}}T_{\mathrm{e}}\frac{\partial n_{\mathrm{e}}}{\partial x}. \tag{3.133}$$

我们考虑无碰撞等离子体,即电子碰撞频率远小于等离子体频率,这时波传播方向电子运动的能量不会在一个等离子体振荡周期里均分到另两个方向上,也即电子的自由度为 1,因此绝热指数 $\gamma_{\mathrm{a}} = 3$。需要注意的是,这里不使用一般单原子理想气体的绝热指数 5/3。

　　我们对流体方程组中的第一个方程作时间偏导,对第二个方程作空间偏导,然后消去 $\frac{\partial}{\partial t}\frac{\partial}{\partial x}\left(n_{\mathrm{e}}u_{\mathrm{e}}\right)$ 项,可以得到

$$\frac{\partial^2 n_{\mathrm{e}}}{\partial t^2} - \frac{\partial^2}{\partial x^2}\left(n_{\mathrm{e}}u_{\mathrm{e}}^2\right) - \frac{e}{m_{\mathrm{e}}}\frac{\partial}{\partial x}\left(n_{\mathrm{e}}E\right) - \frac{1}{m_{\mathrm{e}}}\frac{\partial^2 p_{\mathrm{e}}}{\partial x^2} = 0. \tag{3.134}$$

现在我们考虑小的扰动,并且忽略高阶小量,即进行线性化。令 $n_{\mathrm{e}} = n_0 + \tilde{n}$, $u_{\mathrm{e}} = \tilde{u}$, $p_{\mathrm{e}} = n_0 KT_{\mathrm{e}} + \tilde{p}$, $E = \tilde{E}$,我们可得到电子密度小涨落的方程

$$\left(\frac{\partial^2}{\partial t^2} - 3v_{\mathrm{e}}^2\frac{\partial^2}{\partial x^2} + \omega_{\mathrm{pe}}^2\right)\tilde{n} = 0, \tag{3.135}$$

这里热速度 $v_e = \sqrt{k_B T_e / m_e}$。对于具有波动形式的解，即 $\tilde{n} \sim e^{ikx-i\omega_l t}$，马上得到色散关系，即

$$\omega_l^2 = \omega_{pe}^2 + 3k^2 v_e^2. \tag{3.136}$$

需要注意，这个色散关系是非相对论的。如果热速度为零，振荡频率与 k 无关，即群速度 $v_g = \dfrac{\mathrm{d}\omega_l}{\mathrm{d}k} = 0$，所以只有等离子体振荡，没有可传播的等离子体波。有热速度时，等离子体波的频率基本仍由等离子体振荡频率决定，但电子的热运动带来一个修正项。因此电子等离子体波的相速度为

$$v_p = \frac{\omega_l}{k} \approx \frac{\omega_{pe}}{k}, \tag{3.137}$$

等离子体波的群速度为

$$v_g = \frac{\mathrm{d}\omega_l}{\mathrm{d}k} \approx \frac{3v_e^2}{v_p}. \tag{3.138}$$

群速度和电子热速度相关，热速度比较小时，群速度较低。当波的相速度和电子热速度接近时，波与粒子发生强烈相互作用。图 3.3 为一维电子等离子体波的一个例子，这里分别给出静电场、电子速度和电子密度随相位的变化。

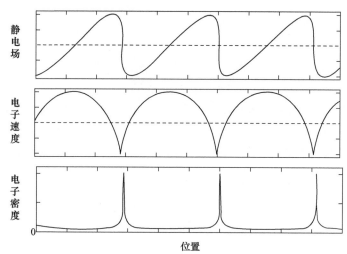

图 3.3　大振幅电子等离子体波中静电场、电子速度和电子密度随相位的变化[7]

　　这里对电子等离子体波的推导是基于流体方程的。这意味着当等离子体波长小于德拜长度时，有关理论不再成立。这时必须回到弗拉索夫方程。有关理论表明，这时有强烈的朗道阻尼，也即这类波不能持续。

　　电子等离子体波是纵波，即它的振荡方向和传播方向是一致的，也称为静电

波或朗缪尔波。电子等离子体波在纵向形成很强的静电场。如果用高能粒子束或者激光激发出这种电子等离子体波，就可以利用其极强的静电场进行电子加速，我们将在第 7 章中详细讨论。当特别强的激光，比如强度为 $I = 10^{22} \, \mathrm{W/cm^2}$，在接近临界密度的等离子体中激发大振幅的电子等离子体波时，离子的运动不再能被忽略，这时甚至质子也能被静电波高效加速。但应指出的是，这不是所谓的离子朗缪尔波。

在上面关于密度扰动的方程中，如果朗缪尔波有耗散，即假定密度有 $\tilde{n} \sim$ $e^{ikx - i(\omega - i\nu/2)t}$ 的形式(因为 ν 描述能量的耗散，所以在振幅表达式中有因子 $1/2$.)，朗缪尔波的色散关系修正为

$$\omega_l^2 - \frac{\nu^2}{4} - \mathrm{i}\omega_l\nu = \omega_{\mathrm{pe}}^2 + 3k^2 v_{\mathrm{e}}^2, \tag{3.139}$$

如果 $\nu \ll \omega_l$，$\nu^2/4$ 项可忽略。

我们可以从能量平衡的角度来讨论朗缪尔波的耗散，即电子在朗缪尔波的振荡能 $n_{\mathrm{e}}mv_{\mathrm{os}}^2/2$ 以碰撞频率 ν_{ei} 变成随机的热运动，而朗缪尔波能量的耗散速率为 $\nu E^2/(8\pi)$，这两者应达到平衡，即

$$\nu \frac{E^2}{8\pi} = \nu_{\mathrm{ei}} \frac{n_{\mathrm{e}}mv_{\mathrm{os}}^2}{2}, \tag{3.140}$$

再利用电子振荡速率 $v_{\mathrm{os}} = eE/(m\omega_l)$，就可得到朗缪尔波的能量阻尼率，

$$\nu = \nu_{\mathrm{ei}} \frac{\omega_{\mathrm{pe}}^2}{\omega_l^2}. \tag{3.141}$$

因为一般地，$\omega_l \approx \omega_{\mathrm{pe}}$，这时 $\nu = \nu_{\mathrm{ei}}$，也即朗缪尔波的耗散速率即为电子-离子碰撞频率。后面讨论激光在等离子体中的碰撞吸收时，我们也采用类似的方法进行分析。这里讨论的是碰撞阻尼，实际上还有无碰撞阻尼，如朗道阻尼，后面将有讨论。

3.4.3　离子声波

下面我们讨论等离子体中另一种重要的波，即离子声波，它是一种低频波。假定 $v_{\mathrm{e}} \gg \omega_{\mathrm{pi}}/k \gg v_{\mathrm{i}}$，即电子热速度远大于离子声速，也远大于离子热速度，电子所受的静电力和热压平衡，即

$$n_{\mathrm{e}}eE = -\frac{\partial p_{\mathrm{e}}}{\partial x} = -k_{\mathrm{B}}T_{\mathrm{e}}\frac{\partial \tilde{n}_{\mathrm{e}}}{\partial x} \approx -KT_{\mathrm{e}}\frac{\partial \tilde{n}_{\mathrm{i}}}{\partial x}, \tag{3.142}$$

也可以用另一种推导方式，即认为电子在静电场中是可以迅速达到热平衡的，

所以

$$n_{\mathrm{e}} = n_0 \mathrm{e}^{-e\phi/(k_{\mathrm{B}}T_{\mathrm{e}})}, \tag{3.143}$$

求梯度可得到电场表达式。离子声波是慢过程，因此可认为电子的热传导非常充分，电子是等温的，所以电子等离子体的绝热指数 $\gamma=1$。因为电子总能赶上离子密度的变化，等离子体基本保持电中性。同时离子热速度远小于离子声速，即认为离子是绝热的。我们可以得到类似电子的离子运动方程，

$$\frac{\partial^2 n_{\mathrm{i}}}{\partial t^2} - \frac{\partial^2}{\partial x^2}\left(n_{\mathrm{i}}u_{\mathrm{i}}^2\right) + \frac{e}{m_{\mathrm{i}}}\frac{\partial}{\partial x}\left(n_{\mathrm{i}}E\right) - \frac{1}{m_{\mathrm{i}}}\frac{\partial^2 p_{\mathrm{i}}}{\partial x^2} = 0. \tag{3.144}$$

因为离子只有一维运动，其绝热指数 $\gamma=3$，也作类似的微扰展开。可以得到

$$\frac{\partial^2 \tilde{n}_{\mathrm{i}}}{\partial t^2} - \frac{en_0}{m_{\mathrm{i}}}\frac{\partial}{\partial x}\left(\tilde{E}\right) - \frac{3k_{\mathrm{B}}T_{\mathrm{i}}}{m_{\mathrm{i}}}\frac{\partial^2 \tilde{n}_{\mathrm{i}}}{\partial x^2} = 0. \tag{3.145}$$

由上面电场的表达式可以得到

$$\frac{\partial^2 \tilde{n}_{\mathrm{i}}}{\partial t^2} - \frac{k_{\mathrm{B}}T_{\mathrm{e}} + 3k_{\mathrm{B}}T_{\mathrm{i}}}{m_{\mathrm{i}}}\frac{\partial^2 \tilde{n}_{\mathrm{i}}}{\partial x^2} = 0. \tag{3.146}$$

对于具有波动形式的解，即 $\tilde{n} \sim \mathrm{e}^{\mathrm{i}kx - \mathrm{i}\omega t}$，马上得到离子声波的色散关系，即

$$\omega_{\mathrm{i}} = \pm kc_{\mathrm{s}}, \tag{3.147}$$

其中离子声速为 $c_{\mathrm{s}} = \sqrt{(k_{\mathrm{B}}T_{\mathrm{e}} + 3k_{\mathrm{B}}T_{\mathrm{i}})/m_{\mathrm{i}}}$。在激光等离子体中，经常 $T_{\mathrm{i}} \ll T_{\mathrm{e}}$，这时离子声速可近似为 $c_{\mathrm{s}} = \sqrt{(k_{\mathrm{B}}T_{\mathrm{e}})/m_{\mathrm{i}}}$。

在上面推导中，更一般地，可写

$$\frac{\partial p_{\mathrm{e}}}{\partial x} = \frac{\partial p_{\mathrm{e}}}{\partial \rho}\frac{\partial \rho}{\partial x}, \tag{3.148}$$

即离子声速为 $c_{\mathrm{s}}^2 = \dfrac{\partial p_{\mathrm{e}}}{\partial \rho}$。在线性范围内，$c_{\mathrm{s}}^2 = \gamma p / \rho$。在相对论条件下，利用相对论流体方程可得到 $c_{\mathrm{s}}^2 = \dfrac{\delta p_{\mathrm{e}}}{\delta e}$。

利用离子声速可以估计热等离子体的膨胀速度。比如，强激光迅速加热一个薄膜靶后，高密度等离子体会迅速膨胀，其膨胀的速度就可用离子声速估计。当电子温度远高于离子温度时，离子声速主要由电子温度决定。激光可以和离子声波耦合，即激光转换为一个离子声波和另一个散射光，这就是受激布里渊散射。一般情况下，离子声速相对于光速比较小，离子声波的频率也就比较小，所以散射光的频率变化很小。另外，激光聚变中常说的激波，一般就是离子声激波。

3.4.4　磁声波

当具有外加磁场时，等离子体不再各向同性。由于波的传播方向可以和磁场有不同的夹角，因此存在许多不同的模式。在磁约束聚变中，由于需要用磁场来约束等离子体，因此需要详细研究各种和磁场有关的等离子体波。这里只简单介绍垂直磁场传播的磁声波和平行磁场方向传播的阿尔芬波，无碰撞磁声激波加速被认为是宇宙中高能质子产生的重要原因。在实验室中，利用激光等离子体也能产生无碰撞磁声激波。

我们假定忽略离子的热压，也忽略电子的惯性，即 $\rho = n_i m_i$，$p = p_e$。磁场 B 沿 z 方向。非相对论流体方程为

$$\frac{\partial \rho}{\partial t} + \frac{\partial}{\partial x}(\rho u) = 0, \tag{3.149}$$

$$\frac{\partial}{\partial t}(\rho u) + \frac{\partial}{\partial x}\left(\rho u^2 + p + \frac{B^2}{8\pi}\right) = 0, \tag{3.150}$$

$$\frac{p_e}{n_e^\gamma} = \text{constant}, \tag{3.151}$$

假设扰动项具有 $e^{i\omega t - ikx}$ 的波动形式，这三个方程的扰动项分别为

$$\omega \rho_1 = k \rho_0 u, \tag{3.152}$$

$$\omega \rho_0 u = k p_{e1} + \frac{k}{4\pi} B_0 B_1, \tag{3.153}$$

$$k \rho_0 p_{e1} = p_{e0} \gamma_a \rho_1. \tag{3.154}$$

对于理想等离子体，假定磁力线冻结在等离子体上，则

$$B\rho = \text{constant}, \tag{3.155}$$

因此有

$$B_1 \rho_0 = -B_0 \rho_1. \tag{3.156}$$

利用连续性方程可得

$$\omega B_1 = -k B_0 u. \tag{3.157}$$

从微观上理解，垂直磁场切割磁力线的流体运动 (x 方向) 产生了横向 y 方向的电流，这一横向电流感应出 B_1 (z 方向)。

从这几个扰动方程可得到色散方程

$$\omega^2 = \left(c_s^2 + v_A^2\right) k^2, \tag{3.158}$$

这里，$c_s = \sqrt{\gamma_a p_{e0} / \rho_0}$ 为绝热离子声速，假定电子等温，一般取电子绝热指数

$\gamma_a = 1$，如果是急剧变化的快过程，可忽略电子热传导，认为电子是绝热的；$v_A = \sqrt{B_0^2/(4\pi\rho_0)}$ 为阿尔芬声速。当磁场为零时，回到离子声波；对于低温、强磁场等离子体，即低 β 等离子体，色散关系主要由阿尔芬声速决定，也即相速度主要由阿尔芬声速决定。

3.4.5　阿尔芬波

现在考虑波的传播方向和磁场 $\boldsymbol{B} = B_0 \hat{e}_x$ 平行。我们只考虑横向速度 u_y 扰动的影响，磁力线像弹性弦一样振动，并产生一个随磁力线传播的横波。

离子的运动方程为

$$\rho \frac{\mathrm{d}\boldsymbol{u}}{\mathrm{d}t} = \boldsymbol{j} \times \boldsymbol{B} = (\nabla \times \boldsymbol{B}) \times \boldsymbol{B}, \tag{3.159}$$

平衡解为 $u_0 = 0, j_0 = 0, E_0 = 0$，因此，一阶扰动方程为

$$\rho_0 \frac{\partial u_y}{\partial t} = \frac{1}{4\pi} B_0 \frac{\partial B_y}{\partial x}. \tag{3.160}$$

我们仍然考虑理想等离子体，磁力线完全冻结在等离子体上，在 3.3 节中，我们知道，这时磁场变化为

$$\frac{\partial \boldsymbol{B}}{\partial t} = \nabla \times (\boldsymbol{u} \times \boldsymbol{B}). \tag{3.161}$$

现在考虑在 y 方向 u 有一个扰动 u_y，则一阶扰动方程为

$$\frac{\partial B_y}{\partial t} = \frac{\partial}{\partial x} u_y B, \tag{3.162}$$

取波动形式，得

$$\omega B_y = -k u_y B. \tag{3.163}$$

运动方程为

$$-\omega \rho_0 u_y = \frac{1}{4\pi} B_0 k B_y. \tag{3.164}$$

上面两个方程相乘，即可得色散关系

$$\omega = \pm k v_A. \tag{3.165}$$

和磁声波不同，阿尔芬波只和阿尔芬声速有关。

在离子加速一章中，我们将讨论离子声激波和磁声激波，并讨论它们对离子的加速。

3.5　流体不稳定性

对于一个力学平衡点，施加一个小扰动后，在某些情况下可恢复到平衡状态，但在另一些条件下则远离平衡点。在前面进行流体描述时，我们一般使用一维模型，一维流体总是平衡的，但应注意，即使一维，也可有动理学的不稳定。我们知道，在实际的三维尺度上，像水或风这样的流体经常不是稳定的压缩和流动，而是有各种湍流。比如，在设计高速运动的飞机或汽车时，需要尽可能减少物体动能耗散成空气湍流的能量。

在不稳定性发展的初始阶段，波仍是线性的，但它随时间迅速增长，理论上希望找到这个线性增长率，以确定在所考虑的时间尺度内这种不稳定性是否严重，并为寻找抑制不稳定性的方法提供指导。不稳定性一般先在第二个维度上发展起来，然后再变为三维不稳定性。这里只简单讨论几种流体不稳定性。

3.5.1　瑞利-泰勒不稳定

高密度液体均匀放置在低密度液体上面时，可有短时间的平衡，但受地球引力作用，高密度液体倾向于刺入低密度液体中，以降低重力势能，这被称为瑞利-泰勒不稳定。将此推广，如果流体中密度梯度和压力梯度相反，同样地，高密度流体倾向于刺入低密度流体。在激光等离子体中，激光迅速加热流体表面，在冕区，等离子体密度低，但温度高，总体上压力大；在等离子体内部，密度高，但温度低，总体上压力较小。也即高温高压的稀薄等离子体挤向低温低压的稠密等离子体。挤进稠密等离子体的高压低密等离子体被称为空泡，这和水中不断上升的气泡是很类似的。刺进低密等离子体的稠密等离子体被称为尖钉(图 3.4)。

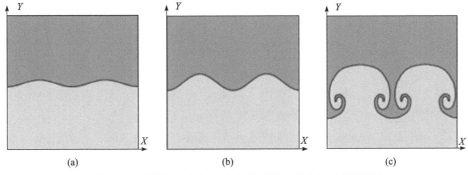

图 3.4　两种密度流体界面瑞利-泰勒不稳定性的增长[19]

瑞利-泰勒不稳定性是影响惯性约束聚变的重要因素。在超强激光与固体密度等离子体相互作用时，激光具有很高的光压，但密度很低，因此可挤入高密低温的等离子体中，但因为激光是相干光，不是热分布，情况更为复杂。在光压驱动质子加速时，横向不稳定性是影响质子持续加速的主要原因，有人认为，类瑞利-泰勒不稳定性是影响横向不稳定的主要机制。需要指出，当薄膜靶被加速到接近光速时，由于相对论效应，不稳定性增长率被抑制。

考虑不可压缩流体，并假定流体做无旋运动，即 $\nabla \times \boldsymbol{u} = 0$。无旋意味着我们可以把流体速度写成势的梯度，即

$$\boldsymbol{u} = \nabla \phi. \tag{3.166}$$

当耗散可忽略时，这是真实流体的很好近似。流体不可压缩意味着 $\nabla \cdot \boldsymbol{u} = 0$。因此有

$$\nabla^2 \phi = 0. \tag{3.167}$$

假定流体运动除了有内部热压影响外，还受重力 $\boldsymbol{F} = \rho \boldsymbol{g} = -\rho \nabla U$ 作用，则流体元运动方程为

$$\rho \left(\frac{\partial \boldsymbol{u}}{\partial t} + \boldsymbol{u} \cdot \nabla \boldsymbol{u} \right) = -\nabla p + \boldsymbol{F}. \tag{3.168}$$

将速度用势来描述，可得到

$$\rho \nabla \left(\frac{\partial \phi}{\partial t} + \frac{u^2}{2} + U \right) + \nabla p = 0. \tag{3.169}$$

假定重力在 y 方向，对空间积分，并利用 $U = gy$，得到

$$\frac{\partial \phi}{\partial t} + \frac{u^2}{2} + gy + \frac{p}{\rho} = C(t), \tag{3.170}$$

$C(t)$ 为依赖时间的积分常数。假定 $p = p_0$，我们可取积分常数 $C(t) = p_0 / \rho$，这样方程可简化为

$$\frac{\partial \phi}{\partial t} + \frac{u^2}{2} + gy = 0. \tag{3.171}$$

对于激光等离子体，重力一般可忽略，但流体被加速，在随流体运动的非惯性系中，可用加速度 a 代替 g，其他量则采用加速参考系中物理量。

因为流体不稳定总是先从第二维开始发展，现在考虑二维流体界面 $S(x,y,t) = 0$，流体界面运动满足方程

$$\frac{\mathrm{d}S}{\mathrm{d}t} = \frac{\partial S}{\partial t} + \boldsymbol{u} \cdot \nabla S = 0. \tag{3.172}$$

将界面方程写为 $y = \xi(x,t)$，则有 $S(x,y,t) = y - \xi(x,t)$，考虑近似平坦水平的表面，

界面运动方程变为

$$\left(\frac{\partial \xi}{\partial t} + u_x \frac{\partial \xi}{\partial x} - u_y\right)_{y=\xi^{\pm}} = 0, \tag{3.173}$$

$y = \xi^{\pm}$ 表示界面的两侧。

将速度用势来描述,即 $\boldsymbol{u} = \nabla \phi$,同时和处理参量过程等类似,考虑小扰动,我们将方程线性化可得到界面两侧(1 和 2)的方程为

$$\frac{\partial \xi}{\partial t} + u_{x01} \frac{\partial \xi}{\partial x} - \frac{\partial \tilde{\phi}_1}{\partial y} = 0, \tag{3.174}$$

$$\frac{\partial \xi}{\partial t} + u_{x02} \frac{\partial \xi}{\partial x} - \frac{\partial \tilde{\phi}_2}{\partial y} = 0. \tag{3.175}$$

忽略表面张力等,假定界面两侧的压力是连续的,即 $p_1 = p_2$,则界面两侧势(3.167)的线性化方程为

$$\rho_1 \left(\frac{\partial \tilde{\phi}_1}{\partial t} + u_{x01} \frac{\partial \tilde{\phi}_1}{\partial x}\right) + \rho_1 a \xi = p_0 - p_1, \tag{3.176}$$

$$\rho_2 \left(\frac{\partial \tilde{\phi}_2}{\partial t} + u_{x02} \frac{\partial \tilde{\phi}_2}{\partial x}\right) + \rho_2 a \xi = p_0 - p_2. \tag{3.177}$$

现在,我们假定所有变量都有 $\exp\left[\mathrm{i}(kx - \omega t)\right]$ 的形式,将其代入 $\nabla^2 \phi = 0$,可得到

$$\tilde{\phi} = \begin{cases} \tilde{\phi}_1(x) = A\mathrm{e}^{kx}, & x \leqslant 0 \\ \tilde{\phi}_2(x) = A\mathrm{e}^{-kx}, & x \geqslant 0 \end{cases} \tag{3.178}$$

这里已考虑了当 $x \to \pm\infty$ 时,扰动衰减为零。

将变量形式代入界面运动方程,并利用上面势随空间变化的表达式,可得到

$$-\mathrm{i}(\omega - ku_{x01})\xi - Ak = 0, \tag{3.179}$$

$$-\mathrm{i}(\omega - ku_{x02})\xi + Ak = 0. \tag{3.180}$$

类似地,势方程(3.176)和(3.177)为

$$-\mathrm{i}(\omega - ku_{x01})\rho_1 A + \rho_1 a \xi = p_0 - p_1, \tag{3.181}$$

$$-\mathrm{i}(\omega - ku_{x02})\rho_2 A - \rho_2 a \xi = p_2 - p_0. \tag{3.182}$$

因为 $p_1 = p_2$,两个势方程相加可消去压力项,再利用上面两个方程,分别消去 A/ξ,由这四个方程可得到色散关系为

$$(\omega - ku_{x02})^2 \rho_2 + (\omega - ku_{x01})^2 \rho_1 = -(\rho_2 - \rho_1)ak. \tag{3.183}$$

为考虑不稳定性的增长率，我们把 ω 写为

$$\omega = \omega_R + i\sigma. \tag{3.184}$$

忽略切向速度的变化，即 $u_{x01} = u_{x02}$，可得到经典瑞利-泰勒不稳定性增长率为

$$\sigma = \sqrt{\frac{\rho_2 - \rho_1}{\rho_2 + \rho_1} ak}. \tag{3.185}$$

这里 a 为加速度。可以看到，当 $\rho_2 > \rho_1$，即轻流体支撑稠密流体时，不稳定性是增长的，反过来，则是可衰减的振荡，界面是稳定的。在强激光与等离子体作用时，可有非常大的加速度，因此不稳定增长率可比较大，为抑制不稳定发展，可调控激光脉冲形状。在光压加速时，一般采用陡上升沿的激光。这样虽然不稳定性增长 $\sigma t \propto \sqrt{I_L} t$，但因为离子能量增长 $\mathcal{E} \propto I_L t$，不稳定性增长 $\sigma t \propto \mathcal{E}/\sqrt{I_L}$，在获得同样的离子能量时，利用高强度激光是有利的。

对于激光等离子体，通常密度不是突变，而只是随空间迅速变化，我们一般用特征长度 L 来描述密度变化的快慢。假如有一个密度变化区域连接两个均匀密度区域 ρ_2、ρ_1，$\Delta\rho = \rho_2 - \rho_1$，因此，我们可把不稳定性增长率写为

$$\sigma = \sqrt{\frac{A_t}{1 + kL} ak}, \tag{3.186}$$

这里 $A_t = \Delta\rho / (\rho_2 + \rho_1)$。在长扰动波长近似下，$kL \ll 1$，回到经典瑞利-泰勒不稳定性增长率。激光等离子体相互作用时，烧蚀效应会降低不稳定性的发展，不稳定性增长率修正为

$$\sigma = \sqrt{\frac{ak}{1 + kL}} - \beta k u_a, \tag{3.187}$$

这里 u_a 为烧蚀速度，β 为系数，其范围为1~3。

在考虑磁场时，经典瑞利-泰勒不稳定性增长率修正为

$$\sigma^2 = \frac{\rho_2 - \rho_1}{\rho_2 + \rho_1} ak - \frac{(\boldsymbol{k} \cdot \boldsymbol{B}_0)^2}{2\pi(\rho_2 + \rho_1)}, \tag{3.188}$$

也即当磁场有沿流体界面方向分量时，磁场有企稳作用。但我们看到，对长波不稳定性，比较难以抑制。同时，这也意味着有外加磁场时，不稳定性容易从垂直磁场(同时也垂直加速度方向)这个维度上发展起来。在磁约束等离子体中，磁场用于约束等离子体，因此磁场的作用特别重要。对于低 β 等离子体，热压和重力通常可忽略，加速度是由磁压梯度产生的，这时不稳定性被称为槽型不稳定性。

3.5.2　θ 箍缩和 Z 箍缩

等离子体中的强电流可引起等离子体箍缩，环形电流引起的等离子体箍缩称

为 θ 箍缩，纵向电流引起的箍缩一般称为 Z 箍缩，因此，本节我们把纵向定为 z 方向。

利用高压放电，可在等离子体柱外铜壳上产生环形强电流，其可在等离子体表面感应出环形电流；对于激光等离子体，圆偏振激光和涡旋激光与等离子体相互作用，也能产生环形强电流。取柱坐标系，电流可描述为

$$\boldsymbol{J} = \left(0, J_\theta, 0\right). \tag{3.189}$$

按安培定律，环向电流可产生轴向的磁场，即 $J_\theta = -\dfrac{1}{4\pi} \mathrm{d}B_z / \mathrm{d}r$，因此等离子体中的磁场为

$$\boldsymbol{B} = \left(0, 0, B_z\right). \tag{3.190}$$

等离子体的流体运动方程可写为

$$\rho \frac{\partial \boldsymbol{u}}{\partial t} + \rho \boldsymbol{u} \cdot \nabla \boldsymbol{u} = -\nabla p + \frac{1}{c} \boldsymbol{J} \times \boldsymbol{B}. \tag{3.191}$$

假定等离子体处于静止即 $u = 0$，则热压和洛伦兹力平衡。把电流代入后可得

$$\frac{\mathrm{d}}{\mathrm{d}r} \left(P + \frac{1}{8\pi} B_z^2 \right) = 0, \tag{3.192}$$

即热压和磁压平衡，这称为 θ 箍缩。

类似地，如果在轴向高压放电可形成轴向电流；强激光与等离子体相互作用产生的高能电子束也能形成强的轴向电流。轴向电流可产生环形磁场 B_θ。仍假定达到平衡，等离子体流体速度为零，则

$$-J_z B_\theta = \left(\nabla P\right)_r, \tag{3.193}$$

代入安培定律后，可得

$$\frac{\mathrm{d}P}{\mathrm{d}r} = -\frac{1}{8\pi} \frac{1}{r^2} \frac{\mathrm{d}}{\mathrm{d}r} \left(r^2 B_\theta^2 \right). \tag{3.194}$$

这称为 Z 箍缩。这个方程的解不唯一，这里不展开讨论。

顺带指出，对于一般的磁场位型，在稳态时有

$$\nabla P = \boldsymbol{j} \times \boldsymbol{B}, \quad \nabla \times \boldsymbol{B} = \frac{4\pi}{c} \boldsymbol{j}, \tag{3.195}$$

由此可得到

$$\nabla \left(P + \frac{1}{8\pi} B^2 \right) = \frac{1}{4\pi} \left(\boldsymbol{B} \cdot \nabla \right) \boldsymbol{B}, \tag{3.196}$$

也即

$$\frac{\partial}{\partial x_i}\left[P\delta_{ij} + \frac{1}{8\pi}\left(\delta_{ij}B^2 - 2B_iB_j \right) \right] = 0. \tag{3.197}$$

在实际实验中，在放电的初期，磁压远大于热压，因此等离子体柱被迅猛压缩，直到等离子体被加热到很高的温度，使得热压和磁压平衡。利用这一机制建设的 Z 箍缩装置可产生高温、高密度等离子体，从而用于产生强 X 射线辐射，Z 箍缩装置也可用于惯性聚变物理等研究。Z 箍缩装置的优点是电可以高效转换为热能，转换效率比较高，所以总的驱动功率可很高；其缺点是柱几何不如球对称压缩高效，同时压缩的波形也难以控制。由于等离子体区域比较大，更适合体点火。

3.5.3　腊肠和扭曲不稳定性

上面讨论了 θ 箍缩和 Z 箍缩的稳定情况和动力学演化过程，现在讨论其流体不稳定性。假定等离子体柱由其纵向电流所产生的角向磁场约束，达到稳定状态。现在等离子体表面受到收缩-膨胀的简谐扰动。因为等离子体表面的角向磁场强度与等离子体半径成反比，在收缩处，表面向内的磁压增大，使得等离子体更为收缩，而膨胀区则更为膨胀，等离子体柱形似腊肠，因此被称为腊肠不稳定性。

纵向磁可对腊肠不稳定性起到稳定作用。假定等离子体柱同时有纵向场 B_z 和角向场 B_φ，对于等离子体半径 r 的小扰动 δr，相应的磁场扰动为

$$\delta B_z = -B_z \frac{2\delta r}{r}, \tag{3.198}$$

$$\delta B_\varphi = -B_\varphi \frac{\delta r}{r}. \tag{3.199}$$

因为纵向磁对等离子体柱半径的变化起稳定作用，而角向场则强化扰动，因此，稳定条件为

$$\delta P_{\mathrm{m}} = \frac{1}{8\pi}\delta\left(B_\varphi^2 - B_z^2 \right) > 0, \tag{3.200}$$

由此可得

$$B_z^2 > \frac{1}{2}B_\varphi^2, \tag{3.201}$$

也即纵向磁场足够强时，可抑制腊肠不稳定性。

当等离子体柱发生凸或凹的扰动时，在凹的部分磁场增强，扰动进一步发展，形成扭曲不稳定性。其稳定条件为

$$\frac{B_z^2}{B_\varphi^2(r)} > \ln\frac{\lambda}{r}, \tag{3.202}$$

这里，r 为等离子体柱半径，λ 为扰动波长。由平衡条件 $B_z^2 / B_\varphi^2(r) \leqslant 1$，对于 λ/r 比较大的长波扰动，总是不稳定的。

对于真空中自由传输的高能电子束，如果忽略库仑力，也有类似情形，因此也可发展腊肠和扭曲不稳定性。在激光驱动尾场电子加速中，如果电子连续注入，电子束比较长时，可在模拟中看到扭曲不稳定性。

这里讨论的是流体不稳定性，下面我们还将讨论强电流产生的微观的、动理学的不稳定性。

3.6　动理学不稳定性

当等离子体的速度分布函数偏离麦克斯韦分布时，也有可能产生不稳定性，这通常称为微观不稳定性，一般用动理学理论进行描述，因此也称为动理学不稳定性。特别是带电粒子束在等离子体中传输时，总速度分布显然不是热平衡的，因此很容易引起微观不稳定性。

3.6.1　粒子-波相互作用

考虑电子与朗缪尔波的相互作用。热电子或高能电子可在一个振荡周期内移动和朗缪尔波长可比的距离，因此，电子和波之间可进行能量交换。对于无磁场等离子体，共振条件为

$$\omega_{\mathrm{pe}} - \boldsymbol{k} \cdot \boldsymbol{v} = 0. \tag{3.203}$$

考虑一维情形，当 $v < \omega_{\mathrm{pe}}/k$ 时，电子从波获得能量；当 $v > \omega_{\mathrm{pe}}/k$ 时，电子把其能量交给波。一般情况下，如果电子速度为麦克斯韦分布，$(\partial f / \partial v)_{v=\omega_{\mathrm{pe}}/k} < 0$，加速的电子比减速的电子多，总体上，朗缪尔波损失能量，这称为朗道阻尼；反过来，如果 $(\partial f / \partial v)_{v=\omega_{\mathrm{pe}}/k} > 0$，即电子速度分布有双峰结构，给波能量的电子比从波获得能量的电子多，因此电子可激发朗缪尔波，同时电子分布倾向于变回麦克斯韦分布。高能电子束驱动尾场，可看成一种特殊粒子波相互作用，即高能电子不断把能量交给朗缪尔波；尾场加速电子则是另一种粒子-波相互作用，即波的能量不断交给电子。对于电子加速，由于电子束长度通常小于朗缪尔波长，并且电子相对于朗缪尔波的运动长度通常小于半个波长，被加速电子的速度可大于波的相速度。我们将在第 7 章系统讨论尾波与电子的相互作用。理论上，有时可以把高能电子束和其他等离子体分开考虑，这样等离子体仍可看成冷等离子体流体。

在考虑二维或三维情形时，高能电子束激发的一般是电磁波，而不是静电朗缪尔波，因此利用电子束在微波共振腔中传输时，可产生微波。电子束或激光在

等离子体中形成的三维尾场其实也是电磁波，其波长一般在太赫兹波段。

对于离子声波，通常电子速度远大于离子声速，离子声速远大于离子速度，因此，有可能电子把能量交给离子声波，然后离子声波把能量交给离子。原则上，也可通过强场激光驱动离子声波来加速离子，这时一般需要驱动源的群速度比较慢，离子声速较小，这样离子才可能被离子声波捕获。到目前为止没有看到利用线性离子声波加速离子成功的尝试。后面我们将讨论利用离子声激波进行离子加速。

3.6.2　韦伯不稳定性

当等离子体电子速度分布各向异性时，比如考虑强激光产生的超热电子在等离子体中传输时，可激发韦伯不稳定性。韦伯不稳定性是一种微观不稳定性，可产生强磁场。

无碰撞非相对论电子等离子体的弗拉索夫方程为

$$\frac{\partial f}{\partial t} + \boldsymbol{v} \cdot \frac{\partial f}{\partial \boldsymbol{r}} + \frac{e}{m}\left(\boldsymbol{E} + \boldsymbol{\beta} \times \boldsymbol{B}\right) \cdot \frac{\partial f}{\partial \boldsymbol{v}} = 0, \tag{3.204}$$

假定只有外加磁场 B_0，我们将电子分布函数分解为 $f = f_0 + \tilde{f}$，磁场 $\boldsymbol{B} = \boldsymbol{B}_0 + \tilde{\boldsymbol{B}}$，则扰动项的弗拉索夫方程为

$$\frac{\partial \tilde{f}}{\partial t} + \boldsymbol{v} \cdot \frac{\partial \tilde{f}}{\partial \boldsymbol{r}} + \frac{e}{m}\left(\boldsymbol{\beta} \times \boldsymbol{B}_0\right) \cdot \frac{\partial \tilde{f}}{\partial \boldsymbol{v}} = -\frac{e}{m}\left(\tilde{\boldsymbol{E}} + \boldsymbol{\beta} \times \tilde{\boldsymbol{B}}\right) \cdot \frac{\partial f_0}{\partial \boldsymbol{v}}. \tag{3.205}$$

我们把电场和磁场都用势来描述，因为这里我们只考虑电磁不稳定性，不考虑电荷分离场，所以

$$\boldsymbol{E} = -\frac{1}{c}\frac{\partial \boldsymbol{A}}{\partial t}, \quad \boldsymbol{B} = \nabla \times \boldsymbol{A}. \tag{3.206}$$

假定一阶扰动量都具有 $\exp(\mathrm{i}\omega t - \mathrm{i}\boldsymbol{k}\cdot\boldsymbol{r})$ 的形式，$\tilde{\boldsymbol{E}} = -\mathrm{i}(\omega/c)\tilde{\boldsymbol{A}}$，$\tilde{\boldsymbol{B}} = \mathrm{i}\boldsymbol{k}\times\tilde{\boldsymbol{A}}$，那么线性弗拉索夫方程可以为

$$\mathrm{i}(\omega - \boldsymbol{k}\cdot\boldsymbol{v})\tilde{f} - \boldsymbol{\omega}_{\mathrm{c}}\cdot\left(\boldsymbol{v}\times\frac{\partial \tilde{f}}{\partial \boldsymbol{v}}\right) = \frac{\mathrm{i}e}{mc}\left[\omega\tilde{\boldsymbol{A}}\cdot\frac{\partial f_0}{\partial \boldsymbol{v}} + \left(\boldsymbol{k}\times\tilde{\boldsymbol{A}}\right)\cdot\left(\boldsymbol{v}\times\frac{\partial f_0}{\partial \boldsymbol{v}}\right)\right], \tag{3.207}$$

这里，$\omega_{\mathrm{c}} = e\mathrm{B}_0/(mc)$ 为电子在磁场中的回旋频率。速度的各向异性包含在右边最后一项中。

假定外加磁场沿 z 方向，电子速度在纵向和横向有不同的分布形式，即

$$f_0 = f\left(v_\perp, v_z\right). \tag{3.208}$$

电子速度可表示为

$$v = v_\perp \cos\varphi \boldsymbol{e}_x + v_\perp \sin\varphi \boldsymbol{e}_y + v_z \boldsymbol{e}_z, \tag{3.209}$$

我们寻求沿 z 方向传播的横波解，即 $\boldsymbol{k}$ 也为 z 方向，则等式右边可简化为

$$\frac{\mathrm{i}e\tilde{\boldsymbol{A}}}{mc} \cdot \left(\omega \frac{\partial f_0}{\partial \boldsymbol{v}_\perp} - kv_\perp \frac{\partial f_0}{\partial v_z} + kv_z \frac{\partial f_0}{\partial \boldsymbol{v}_\perp} \right) = \frac{\mathrm{i}e\tilde{\boldsymbol{A}}}{mc} \cdot \left[kv_\perp \frac{\partial f_0}{\partial v_z} + (\omega - kv_z) \frac{\partial f_0}{\partial \boldsymbol{v}_\perp} \right]. \tag{3.210}$$

无外加磁场时，$\omega_\mathrm{c} = 0$，只考虑 x 方向偏振的电磁波，可以容易得到

$$\mathrm{i}(\omega - kv_z)\tilde{f} = \frac{e\tilde{E}}{m\omega} \left\{ kv_x \frac{\partial f_0}{\partial v_z} + (\omega - kv_z) \frac{\partial f_0}{\partial v_x} \right\}, \tag{3.211}$$

由此可得到扰动的密度和电流。

忽略离子运动，电磁波传输方程为

$$\nabla^2 \tilde{\boldsymbol{A}} - \frac{1}{c^2} \frac{\partial^2 \tilde{\boldsymbol{A}}}{\partial t^2} = \frac{4\pi e}{c} n_\mathrm{e} v_x = \frac{4\pi e}{c} \int v_x \tilde{f} \mathrm{d}\boldsymbol{v}, \tag{3.212}$$

将 $\tilde{f}$ 代入 $\tilde{\boldsymbol{A}}$ 的传输方程可得到无磁场时的色散关系，

$$\omega^2 = k^2 c^2 + \omega_\mathrm{pe}^2 \left(\int \frac{kv_x^2}{\omega - kv_z} \frac{\partial f_0}{\partial v_z} \mathrm{d}\boldsymbol{v} + 1 \right). \tag{3.213}$$

等离子体中电磁波相速度大于真空光速，如果 $u_\perp \gg u_z$，那么电磁波的相速度远大于电子纵向运动速度，即 $\omega \gg kv_z$，当等离子体密度较高时，更容易满足 $\omega \gg kv_z$。这时，上式中积分项为

$$\int \frac{kv_x^2}{\omega - kv_z} \frac{\partial f_0}{\partial v_z} \mathrm{d}\boldsymbol{v} = \frac{k}{\omega} \int \frac{v_x^2}{1 - \dfrac{kv_z}{\omega}} \frac{\partial f_0}{\partial v_z} \mathrm{d}\boldsymbol{v} = \frac{k}{\omega} \int v_x^2 \mathrm{d}\boldsymbol{v}_\perp \int \left(1 + \frac{kv_z}{\omega}\right) \frac{\partial f_0}{\partial v_z} \mathrm{d}v_z$$

$$= \frac{k^2}{\omega^2} \int v_x^2 f_0 \mathrm{d}\boldsymbol{v} = \frac{k^2}{\omega^2} u_\perp^2. \tag{3.214}$$

如果速度为麦克斯韦分布，横向热速度 $u_\perp^2 = 2T_\mathrm{e\perp}/m_\mathrm{e}$，因此，色散关系为

$$\omega^2 = k^2 c^2 + \omega_\mathrm{pe}^2 \left(1 + \frac{k^2}{\omega^2} u_\perp^2 \right). \tag{3.215}$$

色散关系 ω^2 的解为

$$\omega^2 = \frac{1}{2}\left(\omega_\mathrm{pe}^2 + k^2 c^2\right) \pm \frac{1}{2}\left[\left(\omega_\mathrm{pe}^2 + k^2 c^2\right)^2 + 4\omega_\mathrm{pe}^2 k^2 u_\perp^2 \right]^{1/2}. \tag{3.216}$$

其中有一个负根，也即 ω 有两个纯虚根，这表明不稳定性能发展起来。

韦伯不稳定性是由速度分布的各向异性产生的，是一种电磁不稳定性。顺带说明，电子束也可激发产生沿 x 方向的静电波，因为这里推导时已假定产生的是

电磁波，所以没有出现静电模式。原则上，推导过程中应包含标势 ϕ。

我们可以考虑简单特殊例子，速度为 V 的电子束在无磁场冷等离子体中传输，电子等离子体的分布函数为

$$f_0 = \delta(\boldsymbol{v}), \tag{3.217}$$

电子束的分布函数为

$$f_0 = \delta(v_x - V), \tag{3.218}$$

则色散关系为

$$\omega^2 = k^2 c^2 + \omega_{\mathrm{pe}}^2\left(1 + \alpha\frac{k^2}{\omega^2}V^2\right), \tag{3.219}$$

这里 $\alpha = \omega_{\mathrm{pb}}^2 / \omega_{\mathrm{pe}}^2$，即束密度和背景等离子体密度之比。但实际上，电子束传输时可产生回流电子，并且回流电子的数量更多，一般对不稳定性的贡献更大。

在上面色散关系中，假定 $\omega_{\mathrm{pe}}^2 \ll k^2 c^2$，也即细丝的特征长度远小于等离子体波长，对不稳定性起主要贡献的是回流电子，并且假定所有背景电子都有同样回流速度，则电子韦伯不稳定性增长率可简单估计为

$$\Gamma_{\mathrm{We}} \approx \beta\omega_{\mathrm{pe}}. \tag{3.220}$$

如果考虑相对论效应，可修正为

$$\Gamma_{\mathrm{We}} \approx \left(\frac{\beta}{\sqrt{\gamma}}\right)\omega_{\mathrm{pe}}, \tag{3.221}$$

这里 $\beta = V / c$ 和 γ 分别为回流电子的速度和相对论因子。如果回流电子完全中和热电子的电流，β 可估计为电子束密度和等离子体密度之比，比如可取 $\beta \approx 0.01 \sim 0.1$。

激光与未磁化等离子体相互作用时，如果其产生超热电子沿 x 方向传输，同时回流电子沿 $-x$ 方向传输，由于韦伯不稳定性按二维物理图像产生沿 z 方向传输的电磁波，产生磁场的方向为 y 方向，电场在 x 方向。在三维物理图像下，对于柱状电子束，其产生的磁场则绕电子束。随着不稳定性的增强，小的电子柱可合并为大的电子柱，并产生很强的磁场。热电子以这种方式可消耗动能，并沿径向辐射电磁波。在第 12 章介绍电子束在物质中传输时，我们会回顾这里的知识。

当韦伯成丝中的磁场能量密度与高能电子流的能量密度可比时，韦伯不稳定性趋向饱和。如果用相对论强激光的能量密度近似热电子能量密度，可估计饱和的磁场强度为

$$B_{\mathrm{sat}} \approx \sqrt{8\pi a_0 n_{\mathrm{c}} m_{\mathrm{e}} c^2}, \tag{3.222}$$

这里，n_c 为等离子体临界密度；a_0 为激光归一化振幅。

韦伯不稳定性可产生极强的磁场，有助于形成无碰撞磁声激波，无碰撞激波可加速质子，这被认为是宇宙中高能质子产生的重要机制。对此，我们在第 8 章中详细介绍。在鞘层场加速质子中，超热电子引起的韦伯不稳定性可产生横向磁场，影响质子的运动。在光压加速中，韦伯不稳定性可能也是影响横向不稳定的重要原因。

有外加磁场时的求解则较为复杂，这里直接给出 $\tilde{f}$ 的表达式：

$$\tilde{f} = \frac{e}{m\omega v_\perp} \frac{\mathrm{i}(\omega - kv_z)\left(v_x E_x + v_y E_y\right) + \omega_c\left(v_x E_x - v_y E_y\right)}{\omega_c^2 - (\omega + kv_z)^2}$$
$$\times \left[kv_\perp \frac{\partial f_0}{\partial v_z} + (\omega - kv_z)\frac{\partial f_0}{\partial v_\perp} \right], \tag{3.223}$$

有磁场时的色散关系为

$$\omega^2 = k^2 c^2 + \omega_{pe}^2 \int f_0 \left[\frac{\omega - kv_z}{\omega - kv_z \pm \omega_c} + \frac{1}{2} kv_\perp^2 \frac{1}{\left(\omega - kv_z \pm \omega_c\right)^2} \right] \mathrm{d}\boldsymbol{v}. \tag{3.224}$$

对于冷等离子体中沿 z 方向以速度 v 传输的电子束，磁化等离子体中的色散关系为

$$\omega^2 = k^2 c^2 + \omega_{pe}^2 \left(\frac{\omega}{\omega \pm \omega_c} + \alpha \frac{\omega - kV}{\omega - kV \pm \omega_c} \right), \tag{3.225}$$

这里 α 为电子束密度和背景等离子体密度之比。对于某些 kV，有虚部大于零的复 ω 根，也即存在不稳定的模式。

如果分布函数的具体形式可表示为

$$f_0 = \frac{n}{u_\perp^2 u_z (2\pi)^{\frac{3}{2}}} \mathrm{e}^{-\frac{v_\perp^2}{2u_\perp^2} - \frac{v_z^2}{u_z^2}}, \tag{3.226}$$

磁化等离子体的色散关系为

$$\omega^2 = k^2 c^2 + \omega_{pe}^2 \left[\frac{\omega}{\omega \pm \omega_c} + \frac{1}{2} ku_\perp^2 \frac{1}{\left(\omega \pm \omega_c\right)^2} \right], \tag{3.227}$$

这时不稳定性也可发展。

类似地，如果圆偏振或涡旋激光在等离子体中产生环形的强电流，也可激发韦伯不稳定性，这时其产生的磁场是轴向的。利用这种机制，可产生极强的轴向强磁场。

3.6.3　其他不稳定性

等离子中还有很多其他的不稳定性。等离子体与电磁波相互作用时，会产生参量不稳定性，这是激光等离子体相互作用的重要内容，我们放在第 4 章中详细讨论。

3.7　自相似模型

流体过程通常非常复杂，需要进行数值模拟，但利用自相似模型可以得到等离子体流体运动的大体图像。

很多动力学物理过程，在其演化的中间阶段，在比较大的时空区域内，都具有自相似的特点，但在物理过程发生的初始阶段和最后消失的阶段则不符合自相似特征。自相似意味着利用比较少的物理量就可描述动力学演化的主要特征。

对于等离子体流体运动，在等离子体产生的初始时刻，动力学过程是非常复杂的，但在其后的演化过程中，比如球形爆炸过程中，我们可以给出简单的自相似解来描述等离子体膨胀的时空演化。

这里的自相似模型只考虑对称演化(包括平面、柱和球对称)。这时流体方程可写为

$$\frac{\partial \rho}{\partial t} + u\frac{\partial \rho}{\partial r} + \rho\left(\frac{\partial u}{\partial r} + \frac{su}{r}\right) = 0, \tag{3.228}$$

$$\frac{\partial u}{\partial t} + u\frac{\partial u}{\partial r} + \frac{1}{\rho}\frac{\partial p}{\partial r} = 0, \tag{3.229}$$

$$\frac{\partial p}{\partial t} + u\frac{\partial p}{\partial r} - c_s^2\left(\frac{\partial \rho}{\partial t} + u\frac{\partial \rho}{\partial r}\right) = 0, \tag{3.230}$$

其中，$s = 0,1,2$ 分别对应平面、柱和球对称。这里，离子声速为 $c_s^2 = \partial p_e/\partial\rho$，电子等温时，$c_s = (k_B T_e/m_i)^{1/2} = (p/\rho)^{1/2}$。我们看到，在上面方程中，如果声速是密度和压力的函数，这些方程只涉及 u、ρ、p 这三个变量。我们能把这些物理量都写为无量纲参数 $\xi = r/R(t)$ 的函数，$R(t)$ 为随时间变化的空间标尺长度，那么流体演化在不同时刻，流体参数相对于参数 ξ 是不变的，也即流体是自相似演化的。

3.7.1　等离子体膨胀

当激光与半无限大一维平板靶或薄膜靶相互作用时，在飞秒时间长度内，等离子体被迅速局域加热，这时流体运动还不显著，但在皮秒或纳秒时间尺度上，等离子体逐渐膨胀。由于激光预脉冲的存在，预脉冲会加热等离子体，这时与主

脉冲作用的是有一定密度轮廓的等离子体。下面我们用自相似模型给出等离子体膨胀的大致图像。一维平面自相似模型假定初始等离子体集中在一个平面内，当我们需要讨论的时刻远大于激光加热的时间时，也即等离子体充分膨胀后，这个模型是合理的。

我们考虑一维平面非相对论电子等温流体，等离子体流体方程为

$$\frac{\partial n}{\partial t} + \frac{\partial}{\partial x}(nu) = 0, \tag{3.231}$$

$$\frac{\partial}{\partial t}(u) + u\frac{\partial}{\partial x}(u) = -\frac{1}{nm_i}\frac{\partial p_e}{\partial x}, \tag{3.232}$$

$$p_e = nKT_e. \tag{3.233}$$

在等温条件下，

$$\frac{\partial}{\partial t}(u) + u\frac{\partial}{\partial x}(u) = -c_s^2\frac{1}{n}\frac{\partial n}{\partial x}. \tag{3.234}$$

现在我们寻求自相似解，令 $n = f(x/t)$，$u = g(x/t)$，即空间标尺长度 $R = c_s t$，随时间线性变化。连续性方程和动量方程分别变为

$$f'\left(g - \frac{x}{t}\right) + fg' = 0, \tag{3.235}$$

$$g'\left(g - \frac{x}{t}\right) + c_s^2\frac{f'}{f} = 0. \tag{3.236}$$

经演算可以得到

$$u = c_s + \frac{x}{t}, \tag{3.237}$$

$$n = n_0 \exp\left(-\frac{x}{c_s t}\right), \tag{3.238}$$

这里的无量纲自相似参数为 $\xi = r/R(t) = x/(c_s t)$。这就是等温平面稀疏波。可以看到等离子体以离子声速膨胀，同时膨胀的程度和膨胀时间关系密切，t 时刻等离子体的标尺长度为 $L = c_s t$。因此，在进行飞秒强激光与薄膜靶相互作用时，我们需要特别控制纳秒时间尺度上的预脉冲，而皮秒时间尺度上的预脉冲危害相对较小，在飞秒时间尺度，基本可认为等离子体流体是冻结不动的。

薄膜靶与半无限平面靶不同，膨胀等离子体没有和未扰动等离子体的热交换，对于快过程，电子热传导可忽略。对于绝热膨胀，

$$\frac{p_e}{n_e^\gamma} = \text{constant}. \tag{3.239}$$

经演算，可得到

$$\frac{n}{n_0} = \left(\frac{2}{\gamma+1} - \frac{\gamma-1}{\gamma+1} \frac{r}{c_{s0}t} \right)^{2/(\gamma-1)}, \tag{3.240}$$

$$\frac{p}{p_0} = \left(\frac{2}{\gamma+1} - \frac{\gamma-1}{\gamma+1} \frac{r}{c_{s0}t} \right)^{2\gamma/(\gamma-1)}, \tag{3.241}$$

$$u = \frac{2}{\gamma+1} c_{s0} \left(1 + \frac{r}{c_{s0}t} \right), \tag{3.242}$$

这里 $c_{s0} = \sqrt{\gamma p_0 / \rho_0}$。可以看到物理量也都是无量纲自相似参数为 ξ 的函数。

很多实际的等离子体膨胀过程介于等温膨胀和绝热膨胀之间，一般可用等温或绝热模型给出一个大致图像。

3.7.2　爆轰波

假定在均匀等离子体中，在一个平面、一个点或者一条线上突然沉积很多的能量。比如，当激光在稀薄等离子体中传输时，在传输轴上，激光沉积能量。这些热能迅速转变成动能，并形成迅速向外运动的激波，这种激波称为爆轰波。在核爆过程中，可近似为空气中在一个点的能量突然释放，在某一点测量风的速度，就可估计核爆释放的能量。激光与平面固体靶相互作用时，激光突然在固体表面沉积能量，然后推动一个激波猛烈地往固体中运动，这可近似为平面爆轰波。在激光驱动尾场电子加速中，可利用预脉冲激光形成的通道，引导主脉冲激光的传输。预脉冲加热等离子体形成通道的过程可近似理解为柱几何的爆轰波。

在能量沉积期间，流体运动是极为复杂的，但如果讨论的时间尺度远大于能量沉积的时间，也即假定能量是零时间突然沉积的，我们可以用自相似模型大体给出流体运动的规律。

在爆轰过程中，起主要作用的物理量为沉积能量 $\mathcal{E}$ 和背景密度 ρ_0。它们和时间 t 以及位置 r 构成的无量纲参数为

$$\frac{\mathcal{E}t^2}{\rho_0 r^5} = \text{constant.} \tag{3.243}$$

因此，标尺长度可写为

$$R = \frac{1}{Q} \left(\frac{\mathcal{E}}{\rho_0} \right)^{1/5} t^{2/5}, \tag{3.244}$$

这里 Q 为常数，由初始条件决定。由此可得(详细推导可参考 L. I. Sedov, Similitude and Dimensional Analysis in Mechanics (Academic Press, New York, 1959), Chap. 8.)激波面上的参数为

$$R_{\mathrm{s}} = \left(\frac{\mathcal{E}}{\rho_0}\right)^{\frac{2}{2+s}} t^{\frac{4}{2+s}}, \tag{3.245}$$

$$u_{\mathrm{s}} = \frac{1}{2}\left(\frac{\mathcal{E}}{\rho_0}\right)^{\frac{2}{2+s}} \frac{1}{R_{\mathrm{s}}}, \tag{3.246}$$

$$u_2 = \frac{4}{(s+2)\gamma+1}\left(\frac{\mathcal{E}}{\rho_0}\right)^{\frac{1}{2}} \frac{1}{R_{\mathrm{s}}^{s/2}}, \tag{3.247}$$

$$\rho_2 = \frac{\gamma+1}{\gamma-1}\rho_0, \tag{3.248}$$

$$p_2 = \frac{8\mathcal{E}}{(s+2)^2(\gamma+1)}\frac{1}{R_{\mathrm{s}}^{s}}, \tag{3.249}$$

这里，$s = 0, 1, 2$ 分别对应平面、柱和球对称；R_{s}、u_{s} 分别为激波面的位置和速度；u_2、ρ_2、p_2 分别为激波面后等离子体的速度、密度和压力。可以看到，这里激波面前后密度的比值和强激波条件下的比值是一样的。这里 $\mathcal{E} = \mathcal{E}_0 / \alpha$，$\mathcal{E}_0$ 为沉积能量。α 由几何形状和绝热指数决定，对柱几何 $\gamma = 5/3$，$\alpha = 0.75$。柱几何下爆轰波的参数随位置的变化可参考图 3.5。

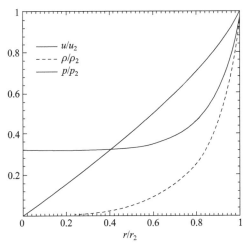

图 3.5　柱爆炸归一化等离子体速度 u、密度 ρ 和压力 p 随半径 r 的变化。这里半径归一化到激波面的半径

第 4 章　强激光与稀薄等离子体相互作用

激光与气体相互作用时,气体电离后的等离子体密度通常是低于临界密度的,激光能在其中传输。在激光与固体相互作用时,由于激光预脉冲的作用,在固体表面一般会形成有一定密度梯度的低密度等离子体,这些等离子体的密度也是低于临界密度的。低于临界密度的等离子体称为欠稠密等离子体或稀薄等离子体。强激光与稀薄等离子体相互作用大体上可分为两个阶段,第一阶段,强激光在等离子体中传输,激发各种波,并将激光能量耗散到电子、离子和电磁辐射。强激光与稀薄等离子体相互作用可用于激光驱动电子加速,产生 X 射线辐射等,这是我们最关心的阶段。第二阶段,当激光离开相互作用的区域后,等离子体自我演化。这时,等离子体膨胀、冷却,在更长的尺度上,离子运动变得重要,离子继续辐射 X 射线,产生核反应等。在进行实验测量时,有时不能忽略这一阶段物理过程对测量信号的影响。

4.1　强激光在等离子体中的传输方程

讨论激光等离子体相互作用时,在非紧聚条件下,可采用傍轴近似,忽略矢势的纵向分量;即使纵向场重要时,在 PIC 模拟中,有时也可把输入脉冲的矢势和电场写为只有横向分量,数值模拟是根据麦克斯韦方程进行计算的,可自洽演化出电场和磁场的纵向分量,虽然不能确认这和实际的激光有多大差异,但从和实验结果对比看,这种处理一般是可行的。在矢势只有横向分量时,利用库仑规范是方便的,但应该指出,库仑规范不是相对论协变的,由此得到的强激光等离子体相互作用的相对论方程不能随意地变换到其他参考系。但进行参数变换,或者说坐标变换是可以的。

4.1.1　基本方程

由库仑规范 $\nabla \cdot \boldsymbol{A} = 0$,麦克斯韦势方程可写为

$$\nabla^2 \boldsymbol{A} - \frac{1}{c^2}\frac{\partial^2 \boldsymbol{A}}{\partial t^2} = -\frac{4\pi}{c}\boldsymbol{J} + \frac{1}{c}\frac{\partial}{\partial t}\nabla \Phi, \tag{4.1}$$

$$\nabla^2 \Phi = -4\pi\rho. \tag{4.2}$$

这组方程可以描述激光的传输。可以证明，任何一个矢量 V 都可以分解为无旋部分和无源部分 $V = V_r + V_d$，即 $\nabla \times V_r = \mathbf{0}$，$\nabla \cdot V_d = 0$。这里把电流分为无源部分(横向部分)和无旋部分(纵向部分)，即

$$J = J_l + J_t, \tag{4.3}$$

那么我们有 $\nabla \times J_l = \mathbf{0}$，$\nabla \cdot J_t = 0$。对矢势方程求散度，可得到

$$J_l = \frac{1}{4\pi} \frac{\partial}{\partial t} \nabla \Phi. \tag{4.4}$$

因此，

$$\nabla^2 A - \frac{1}{c^2} \frac{\partial^2 A}{\partial t^2} = -\frac{4\pi}{c} J_t. \tag{4.5}$$

对于激光等离子体相互作用，在平面波近似或傍轴近似下，矢势 A 只有横向分量。这样无源电流 J_t 也就是横向电流，即

$$\nabla^2 A - \frac{1}{c^2} \frac{\partial^2 A}{\partial t^2} = \frac{4\pi e}{c} (n_e u_{et} - n_i u_{it}), \tag{4.6}$$

这里 u_{et} 和 u_{it} 分别为电子和离子的横向速度，也即在库仑规范下，激光横向矢势和横向电流自洽耦合，保证激光的传输。

4.1.2　等离子体对弱激光场的线性响应

第 3 章中我们讨论了欧姆定律和广义欧姆定律,但没有讨论电场的高频变化。现在考虑等离子体对高频弱激光场的线性响应。假定激光电场为

$$E = E_0 e^{-i\omega_L t}. \tag{4.7}$$

忽略磁场对电子运动的影响，不考虑离子运动，电子在这个电场中的非相对论运动方程为

$$m_e \frac{d u}{d t} = -e E_0 e^{-i\omega_L t}, \tag{4.8}$$

积分后得到速度为

$$u = \frac{e E_0}{i \omega_L m_e} e^{-i\omega_L t}. \tag{4.9}$$

这里先忽略离子运动产生的电流，则等离子体中的净电流密度为

$$j = -neu = -\frac{ne^2 E_0}{i\omega_L m_e} e^{-i\omega_L t} = \frac{i\omega_{pe}^2}{4\pi\omega_L} E = \sigma E, \tag{4.10}$$

这里我们引入高频激光在等离子体中的电导率 $\sigma = i\omega_{pe}^2 / (4\pi\omega_L)$。在无耗散情况

下，电导率为虚数，如果考虑电子-离子碰撞等耗散，则电导率包含实数(可参考第
3 章电子碰撞及本章碰撞吸收)，也即要加上电阻项等。如果电场不是激光场，上
面的讨论同样成立。讨论激光在等离子体中传输的横向变化时，这一项就是密度
散焦项。

本书中，我们更常用矢势来描述电磁场，因为 $E = -\dfrac{1}{c}\dfrac{\partial A}{\partial t}$，所以也可以有

$$j = \frac{ne^2 A}{m_e c} = neca. \tag{4.11}$$

4.1.3　相对论强激光的传输方程

对于相对论激光，忽略离子运动，考虑电子质量相对论效应后，电子横向运
动速度为

$$u_{et} = \frac{eA}{m_e \gamma c}. \tag{4.12}$$

应注意，这里相对论因子包括电子纵向速度的贡献，我们后面会给出相对论因子
的具体推导。因此相对论强激光传输方程为

$$\nabla^2 A - \frac{1}{c^2}\frac{\partial^2 A}{\partial t^2} = \frac{1}{c^2}\frac{\omega_e^2}{\gamma}A, \tag{4.13}$$

把它写成归一化的形式可得到

$$\nabla^2 a - \frac{\partial^2 a}{\partial t^2} = \frac{n_e}{\gamma}a. \tag{4.14}$$

这是我们讨论很多激光等离子体传输问题的出发方程。这里的横向电流驱动项由
激光场自洽给出。

4.1.4　激光在等离子体中传输的色散关系

对于非相对论激光，考虑均匀等离子体，寻找 $e^{ikx-i\omega t}$ 形式的解，马上可以得
到激光在等离子体中传输的色散关系：

$$\omega_L^2 = \omega_{pe}^2 + k^2 c^2, \tag{4.15}$$

其中，ω_{pe} 是电磁波能在等离子体中传输的最小频率。如果 $\omega_L < \omega_{pe}$，波数 k_L 为虚
数，也即电子的响应能在趋肤深度尺度上屏蔽电磁波，电磁波在趋肤深度尺度上
迅速衰减。这个频率对应的等离子体密度称为临界密度

$$n_{cr} = 1.1\times10^{21}/\lambda_L^2 \ \text{cm}^{-3}, \tag{4.16}$$

这里激光波长以微米为单位。对于光学波段激光，比如 $\lambda_L = 0.8\mu m$ ，这个密度在典型的气体密度和固体密度之间。当激光在有密度梯度的等离子体中传输时，在临界密度处反射(图 4.1)。

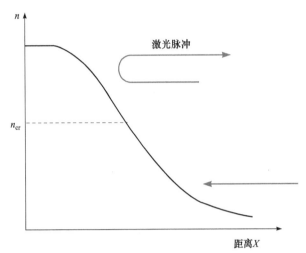

图 4.1　激光在密度变化等离子体中传输及反射

　　低于临界密度的等离子体称为欠稠密或稀薄等离子体。本章讨论的正是激光与稀薄等离子体相互作用。高于临界密度的等离子体称为稠密等离子体，基于激光与固体靶相互作用时，也把这种情况下的等离子体称为固体密度等离子体。我们在第 5 章中讨论激光与稠密等离子体相互作用。

　　由色散关系知道，非相对论激光在稀薄等离子体中传输的相速度和群速度分别为

$$v_{ph} = \frac{\omega_L}{k}, \tag{4.17}$$

$$v_g = \frac{d\omega_L}{dk} = \frac{k}{\omega_L}c^2, \tag{4.18}$$

$$v_{ph}v_g = c^2, \tag{4.19}$$

即随着等离子体密度的增大，激光的群速度逐渐下降，到临界密度处为零，而相速度则逐渐上升到无限大。

　　在光学中，我们经常用折射率来描述介质的光学性质，对于等离子体，从色散关系知道，折射率为

$$n = \sqrt{1 - \omega_{pe}^2 / \omega_L^2} = \sqrt{1 - n_e / n_{cr}}. \tag{4.20}$$

等离子体的折射率小于 1，这和可见光在玻璃等介质中的折射率相反。因此，激

光在等离子体中传输时，倾向偏折到低密度区。对于 X 射线在金属中的传输，我们可以把金属看成等离子体，其折射率也小于 1。因此，用金属(比如 Be)作 X 射线的透镜时，凹透镜是聚焦的。

4.1.5 相对论自透明

对于相对论激光，电子质量变大，电子回旋频率变小。上面的色散关系需要修正。由于相对论效应，激光在等离子体中的色散关系可粗略写为

$$\omega_{\mathrm{L}}^2 = \frac{\omega_{\mathrm{pe}}^2}{\gamma} + k^2 c^2. \tag{4.21}$$

相比非相对论激光，激光可深入到更高的等离子体密度，也即等离子体更容易透明。这就是相对论自透明。这一色散关系可给出直观物理理解，即由于相对论效应，电子质量变大，因此等离子体频率变小，但对于飞秒激光，实际情况更为复杂。在给出上面色散关系时，其实假定了等离子体密度和相对论因子都是不变的。但实际上飞秒激光在稀薄等离子体中传输时，激光包络引起的有质动力使电子堆积在脉冲前沿，也即激光脉冲前沿处的等离子体密度不再是原来的背景等离子体密度。我们不能简单使用上面的相对论色散关系计算激光在等离子体中的相速度。在光压加速中，薄膜靶整体做高速运动，在靶参考系中，激光多普勒红移也影响相对论自透明。对于线偏振激光，相对论因子是振荡变化的，因此相互作用过程更为复杂。我们在第 5 章中对相对论透明有更多的讨论。

4.1.6 慢变振幅近似

同时考虑了包络形状和振荡的激光脉冲可写为

$$a(x,r,t) = a_0(x,r,t)\mathrm{e}^{\mathrm{i}\omega_{\mathrm{L}}t - \mathrm{i}kx}. \tag{4.22}$$

对此求两次时间偏导可得到

$$\frac{\partial^2 a}{\partial t^2} = \left(\frac{\partial^2 a_0}{\partial t^2} + 2\mathrm{i}\omega \frac{\partial a_0}{\partial t} - \omega_{\mathrm{L}}^2 a_0 \right) \mathrm{e}^{\mathrm{i}\omega_{\mathrm{L}}t - \mathrm{i}kx}. \tag{4.23}$$

如果假定 $\partial^2 a_0 / \partial t^2 \ll \omega_{\mathrm{L}}^2 a_0$，即认为激光的包络是缓变的，也即在一个激光周期里，激光的振幅没有明显变化，对 x 求偏导也可以得到类似关系。这就是慢变振幅近似，这时我们可以把 $\partial^2 a_0 / \partial t^2$ 这项忽略。对于多周期激光，慢变振幅近似成立，但对少周期激光，则需要谨慎。数学上，慢变振幅近似使两次偏导变成了一次偏导，有利于解析推导。

4.1.7 准稳态近似

考虑激光在稀薄等离子体中传播。由于等离子体密度远小于临界密度，激光

以接近真空光速的群速度在等离子体里传输。激光和等离子体的状态经常处于较为稳定的状态，这时可采用准稳态近似。为了方便地处理激光与稀薄等离子体的准稳态相互作用，进行变量变换(不是参考系变换)是有好处的，我们令

$$\xi = x - v_g t, \tag{4.24}$$

$$\tau = t, \tag{4.25}$$

这里 v_g 是激光的群速度，有时在处理特别稀薄的等离子体时，可假定 $v_g = c = 1$，一般地，这是准稳结构的速度。经过这样的变换后，准稳结构几乎不随 τ 变化。为方便地进行公式的变换，这里给出一次偏导和二次偏导的转换方式，即

$$\frac{\partial}{\partial x} = \frac{\partial}{\partial \xi}, \quad \frac{\partial}{\partial t} = \frac{\partial}{\partial \tau} - v_g \frac{\partial}{\partial \xi}, \tag{4.26}$$

$$\frac{\partial^2}{\partial x^2} = \frac{\partial^2}{\partial \xi^2}, \quad \frac{\partial^2}{\partial t^2} = \frac{\partial^2}{\partial \tau^2} - 2v_g \frac{\partial^2}{\partial \tau \partial \xi} + v_g^2 \frac{\partial^2}{\partial \xi^2}. \tag{4.27}$$

在这个坐标系中，等离子体波和激光脉冲一起运动。激光传输方程变为

$$\left[\nabla_\perp^2 + \left(1 - v_g^2\right)\frac{\partial^2}{\partial \xi^2} + 2v_g \frac{\partial^2}{\partial \xi \partial \tau} - \frac{\partial^2}{\partial \tau^2} \right] a = \left(\frac{n_e}{\gamma_e} - \rho \frac{n_i}{\gamma_i} \right) a. \tag{4.28}$$

此处保留激光场方程的多维形式是为了可用这个表达式研究激光的相对论自聚焦，以及研究激光在波导中的传输等问题。上面公式中，$\rho = m_e / m_i$。

如果激光和等离子体构成的结构稳定传输，在随稳定结构一起运动的坐标系中，等离子体参数(如电子密度等)不随时间变化，即 $\partial/\partial \tau = 0$，这可大大简化理论推导。

4.2　激光的传输

本节我们讨论激光在真空、弱电离空气和磁化等离子体等中的传输，但这里暂时忽略空气中等离子体密度和磁化等离子体密度因激光有质动力引起的变化，也即认为激光是比较弱的。这样不需要等离子体的流体方程来计算等离子体的自洽演化。

4.2.1　高斯激光在真空中的传输

第 1 章我们直接给出了激光的模式，如厄米-高斯模式，现在我们用传输方程进行讨论。对于真空中传输的轴对称激光，忽略超强激光的真空极化效应，方程(4.1)中电流为零，传输方程为

$$\nabla^2 \boldsymbol{A} - \frac{1}{c^2}\frac{\partial^2 \boldsymbol{A}}{\partial t^2} = 0. \tag{4.29}$$

柱坐标形式可写为

$$\frac{1}{r}\frac{\partial}{\partial r}\left(r\frac{\partial \boldsymbol{A}}{\partial r}\right) + \frac{\partial^2 \boldsymbol{A}}{\partial x^2} - \frac{1}{c^2}\frac{\partial^2 \boldsymbol{A}}{\partial t^2} = 0. \tag{4.30}$$

在真空中 $v_g = c$，这里为描述激光脉冲随位置的变化，我们利用另一种参数变化方式，即 $\xi = x - t$，$x = x$，这样可得到归一化后的传输方程为

$$\frac{1}{r}\frac{\partial}{\partial r}\left(r\frac{\partial \boldsymbol{a}}{\partial r}\right) + 2\frac{\partial^2 \boldsymbol{a}}{\partial \xi \partial x} + \frac{\partial^2 \boldsymbol{a}}{\partial x^2} = 0. \tag{4.31}$$

假定激光脉冲振幅具有形式

$$a(r,\xi,x) = a(\xi)u(r,x)\exp(\mathrm{i}\xi), \tag{4.32}$$

其中，$a(\xi)$ 描述激光振幅的纵向分布，$u(r,x)$ 描述振幅横向分布随纵向位置的变化。这里假定激光矢势只有横向分量，这实际上作了傍轴近似，只有在激光焦斑比较大时才成立。采用缓变振幅近似，如果激光脉冲为多周期激光，有 $\partial a/\partial \xi \ll a$，如果激光包络在一个激光周期里变化很小，有 $\partial^2 u/\partial x^2 \ll \partial u/\partial x$，那么描述横向分布变化的方程为

$$\frac{1}{r}\frac{\partial}{\partial r}\left(r\frac{\partial u}{\partial r}\right) + 2\mathrm{i}\frac{\partial u}{\partial x} = 0. \tag{4.33}$$

可以推导得到，$u(r,x) = \dfrac{1}{2q}\exp\left(-\mathrm{i}k\dfrac{r^2}{2}\dfrac{1}{q}\right)$ 为方程的解，其中 q 参数即为第 3 章中给出的

$$\frac{1}{q} = \frac{1}{R(x)} - \mathrm{i}\frac{\lambda}{\pi w^2(x)}, \tag{4.34}$$

$$q(x) = \mathrm{i}\frac{\pi w_0^2}{\lambda} + (x - x_0). \tag{4.35}$$

两项分别描述振幅和相位在不同纵向位置随横向的变化。振幅项中有虚数部分，这就是 Gouy 相位项。

现在我们给出简单推导。为简化书写，定义 $\tilde{q} = \mathrm{i}/(2q)$，采用归一化单位，有

$$\tilde{q} = \tilde{q}_r + \mathrm{i}\tilde{q}_i = b^{-2} + \mathrm{i}R^{-1}. \tag{4.36}$$

后面可看到，这里 b 为归一化光束半径，这样我们把横向分布写成

$$u(r,x) = C\tilde{q}\exp\left(-r^2\tilde{q}\right), \tag{4.37}$$

这里 C 为常数。演化方程的第一项为

$$\frac{1}{r}\frac{\partial}{\partial r}\left(r\frac{\partial u}{\partial r}\right)=4\tilde{q}u\left(r^2\tilde{q}-1\right). \tag{4.38}$$

因此由演化方程有

$$2\tilde{q}-\mathrm{i}\frac{1}{\tilde{q}}\frac{\partial\tilde{q}}{\partial x}=0, \tag{4.39}$$

求解可得

$$\tilde{q}=\left(b_0^2+2\mathrm{i}x\right)^{-1}, \tag{4.40}$$

式中 b_0 为积分常数。这里我们将激光焦点位置选在 $x=0$。由 $q=\left(\mathrm{i}/2\right)\tilde{q}^{-1}$，可得到上面的横向分布。可以看到，$q$ 参数是从传输方程推导得到的，同时包含了振幅和相位信息，因此用于讨论激光传输问题是比较合适的。应指出，这里我们给出的是基模高斯解，实际上，还有其他很多模式也都是可以存在的。

4.2.2　激光在气体中的传输

现在我们考虑激光在气体(包括空气)中传输，气体不电离，或有少量电离。激光通过电离消耗能量，自由电子仅通过折射率影响激光的传输。这里激光强度一般为 $10^{13}\sim10^{14}\,\mathrm{W/cm^2}$，没有达到相对论强度。对于超强激光，其预脉冲也有这样的强度，因此这里的讨论也适用于超强激光的预脉冲与气体的相互作用。我们先给出一般性的传输方程

$$\frac{\partial E}{\partial x}=\mathrm{i}\frac{1}{2}\Delta_\perp E-\mathrm{i}\frac{k''}{2}\frac{\partial^2 E}{\partial t^2}+\mathrm{i}\frac{n_2}{2}R(t)E-\mathrm{i}\frac{n_e}{2}E-\frac{\varepsilon_i}{2}E, \tag{4.41}$$

这里，等式右边分别为衍射项、色散项、克尔效应项、电子密度散焦项和能量散射项；n_2 为克尔折射率系数。

为进行解析分析，忽略色散项，克尔效应只考虑瞬时的，即不随时间变化，$R(t)=|E|^2$，我们把各效应都归到介电常数，这样介质中激光横向分布的演化方程为

$$\frac{1}{r}\frac{\partial}{\partial r}\left(r\frac{\partial u}{\partial r}\right)+2\mathrm{i}\frac{\partial u}{\partial x}=(1-\varepsilon)u. \tag{4.42}$$

为求解高斯激光横向分布的演化，可把解写成

$$u=v\exp\left(-\tilde{q}r^2\right) \tag{4.43}$$

的形式，这里 $\tilde{q}=\tilde{q}_r+\mathrm{i}\tilde{q}_i=b^{-2}+\mathrm{i}R^{-1}=(b_0^2+2\mathrm{i}x)^{-1}$。由此可得到演化方程为

$$4\tilde{q}u\left(r^2\tilde{q}-1\right)+2\mathrm{i}\frac{\partial u}{\partial x}=(1-\varepsilon)u. \tag{4.44}$$

等式两边乘上 $r\mathrm{d}r$ 后积分可得

$$\mathrm{i}\frac{\partial}{\partial x}\left(\frac{v}{\tilde{q}}\right)=v\int_0^\infty (1-\varepsilon)\exp\left(-\tilde{q}r^2\right)r\mathrm{d}r. \tag{4.45}$$

取 v 为实数, 也即忽略 Gouy 相位项, 假定焦点在真空介质界面处 $(x=0)$, 这里光束半径 $b=b_0$, 忽略激光吸收, 在传输过程中, 激光功率不变, 因此 $v=b_0/b$。由式(4.45)可计算激光的演化过程。

激光在包含自由电子的气体中传输的介电系数可写为

$$\varepsilon(\xi)=1+\frac{P}{P_N}-n+\mathrm{i}\varepsilon_i, \tag{4.46}$$

这里, $\xi=k_\mathrm{L}(x-ct)$ 为归一化位置, 可取 $\xi=0$ 作为激光脉冲峰值位置; P/P_N 描述激光在气体中传播的克尔效应, 也即激光电场引起的非线性效应, P 为激光功率, 空气(按氧计算)的阈值功率 $P_N=10^{10}\,\mathrm{W}$。克尔效应倾向使激光聚焦, 如果激光功率远小于 P_N, 这时一般也没有自由电子, 因此 $\varepsilon(\xi)=1$, 克尔效应也可使气体产生三次谐波。克尔效应包括瞬时克尔效应和延时克尔效应(也称拉曼效应), 这里不再展开讨论。对较强的激光, 为更精确地描述, 可能需要考虑高阶克尔效应, 这样克尔聚焦才不会被低估。n_e 为自由电子的密度, 第 2 章中我们已给出空气被多光子电离而形成的自由电子密度为

$$n=n_\mathrm{a}n_\mathrm{p}^{\frac{3}{2}}\int_{-\infty}^{\xi}\left(\frac{I(\xi)}{2I_\mathrm{th}}\right)^{n_\mathrm{p}}\mathrm{d}\xi. \tag{4.47}$$

这里, n_a 为原子密度, 对于空气, 激光波长为 $1.06\mu\mathrm{m}$ 时, $n_\mathrm{p}=11$, 阈值光强 $I_\mathrm{th}=1.2\times10^{14}\,\mathrm{W/cm}^2$, 当激光强度大于 I_th 时, 气体电离度迅速上升。自由电子倾向于使激光散焦。后面将看到预等离子体密度分布和相对论效应等都能引起折射率的变化, 但这里暂时不考虑。对于高斯时间包络, 即 $I(\xi)=I_\mathrm{L}(r)\exp\left(-2\xi^2/L^2\right)$, $I_\mathrm{L}(r)$ 表示峰值强度, 这里也包括了激光的横向分布。积分后可得激光峰值强度处的电子密度为

$$n=32n_\mathrm{a}L\left(\frac{I_\mathrm{L}(r)}{I_\mathrm{th}}\right)^{n_\mathrm{p}}. \tag{4.48}$$

激光电离产生的自由电子会因三体复合等过程逐渐消失, 但因为电子密度较低, 其持续时间可达微秒, 等离子体发出的荧光肉眼可见。对于飞秒激光, 其频谱比

较宽, 有时还需要考虑气体的色散。

我们把方程(4.45)的实部和虚部分开写, 可以得到

$$\frac{\partial}{\partial x}\left(\frac{v\tilde{q}_r}{\lceil\tilde{q}\rceil^2}\right) = -v\int_0^\infty (1-\varepsilon_R)\exp\left(-\tilde{q}_r r^2\right)\sin\left(\tilde{q}_i r^2\right)r\mathrm{d}r, \tag{4.49}$$

$$\frac{\partial}{\partial x}\left(\frac{v\tilde{q}_i}{\lceil\tilde{q}\rceil^2}\right) = v\int_0^\infty (1-\varepsilon_R)\exp\left(-\tilde{q}_r r^2\right)\cos\left(\tilde{q}_i r^2\right)r\mathrm{d}r, \tag{4.50}$$

这里, ε_R 为 ε 的实部, 描述激光的传输, 其虚部 ε_I 描述激光能量的损耗, 由此可得到描述激光能量吸收的方程。

由这些方程, 可自洽描述 $\tilde{q}_r$、$\tilde{q}_i$ 和 v 在激光方向上的演化。在进行解析推导时, 我们忽略了 Gouy 相位项, 没有考虑色散, 也没有考虑克尔效应中的延时部分, 如果需要全面考虑这些效应, 我们需要回到传输方程和密度演化方程中进行数值求解。

从公式(4.49)和(4.50)容易看到, 要实现长距离稳定传输, 希望曲率半径无穷大, 焦斑半径不随传输而改变, 即 $\partial_x\tilde{q}_r = 0, \tilde{q}_i = 0$。物理上, 可通过平衡克尔聚焦效应和电离散焦效应来实现稳定传输。实际上, 这个平衡很难完全实现, 因此实际传输过程中, 一般是聚焦和散焦过程不断交替进行(图 4.2)。

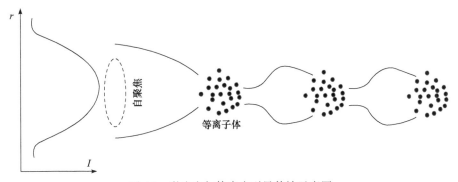

图 4.2 激光在气体中自引导传输示意图

激光的成丝传输可产生长距离的等离子体通道, 因此有可能用于激光引雷, 即在云层和地面的高电压之间加入一根等离子体导线, 从而使云层中的能量以电流形式到达地面。激光在电离空气分子时, 也能电离空气中的杂质, 通过测量这些杂质原子的特征谱线, 可以分析空气中污染物的种类和浓度。如果激光能长距离穿过大气, 与大气中远处的某固体相互作用, 也能通过该固体电离后的特征谱线分析其成分。激光在大气中产生的离子可促使水汽围绕其凝聚, 因此有可能用于人工诱导的降雨和降雪。

激光在大气中传输时可产生非常丰富的电磁辐射。上面我们已讲到电离原子或分子的线辐射，在某些情况下一些线辐射(比如氮分子的一些谱线)甚至是相干的，这也被称为空气激光。飞秒强激光在空气中传输时，强非线性效应可使其光谱展得很宽，这被称为超连续辐射。非线性效应能产生三次谐波，甚至五次谐波。激光在空气中成丝时还能产生 THz 辐射。

4.2.3 激光在磁化等离子体中的传输

电磁波的色散关系和磁场有关。对于具有外加磁场的冷等离子体，也即低 β 等离子体，先考虑线偏振激光垂直磁场传播。选取激光传播方向为 x，外加磁场方向为 z。如果激光的电场方向和外加磁场方向平行，即 $E_L /\!/ B_0$，如图 4.3(a)所示，对于非相对论的弱激光，电子只在 z 方向振荡，外加磁场对电子运动没有影响，因此其色散关系仍为 $\omega_L^2 = \omega_{pe}^2 + k^2 c^2$，这被称为寻常波。应该指出，对于相对论强激光，电子有纵向 (x 方向)振荡，这时外磁场会影响电磁波的传输。

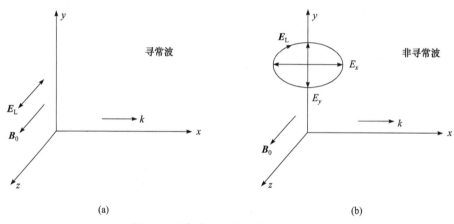

图 4.3 寻常波(a)和非寻常波(b)的传输

如果激光的电场方向和外加磁场方向垂直，E_L 主要在 y 方向，即 $E_L \perp B_0$，如图 4.3(b)所示，因为激光传播时会产生纵波，可设

$$E_L = E_x e_x + E_y e_y. \tag{4.51}$$

对于冷等离子体，弱场下电子线性运动，假设速度具有 $v_e \sim \exp(-i\omega_L t)$ 的形式，则运动方程为

$$-im\omega_L v_e = -e\left(E_L + v_e \times B_0\right). \tag{4.52}$$

代入 E_L 的表达式，可求解得到

$$v_x = \frac{e}{m\omega_L}\left(-\mathrm{i}E_x - \frac{\omega_c}{\omega_L}E_y\right)\left(1 - \frac{\omega_c^2}{\omega_L^2}\right)^{-1},\tag{4.53}$$

$$v_y = \frac{e}{m\omega_L}\left(-\mathrm{i}E_x + \frac{\omega_c}{\omega_L}E_y\right)\left(1 - \frac{\omega_c^2}{\omega_L^2}\right)^{-1},\tag{4.54}$$

这里，$\omega_c = |eB/(m_ec)|$ 为电子在磁场中的回旋频率。用它们计算电流，代入波动方程，经过运算可得到色散关系为

$$\frac{k^2c^2}{\omega_L^2} = 1 - \frac{\omega_{pe}^2}{\omega_L^2}\frac{\omega_L^2 - \omega_{pe}^2}{\omega_L^2 - \omega_h^2},\tag{4.55}$$

这里 ω_h 称为上杂化频率，$\omega_h^2 = \omega_{pe}^2 + \omega_c^2$。这是一种部分横向、部分纵向的电磁波，传播方向垂直外加磁场，电场方向有垂直磁场分量和传播方向分量。这被称为非寻常光。

下面区分激光传输时的截止和共振。当折射率变为零时，等离子体波长变为无穷大，激光在等离子体中传播被截止；当折射率变为无穷大，也就是波长变为零时，等离子体中发生共振。当色散关系中 $k \to \infty$ 时，有

$$\omega_L^2 = \omega_h^2 = \omega_{pe}^2 + \omega_c^2,\tag{4.56}$$

这时，激光和磁化等离子体发生共振，激光的群速度和相速度都为零，波的能量转换为等离子体的振荡。外加磁场不是很强时，即对于 $\omega_L \gg \omega_c$，共振点在原来的临界密度附近。

当色散关系中 $k \to 0$ 时，有

$$\omega_L^2 \pm \omega_L\omega_c - \omega_{pe}^2 = 0,\tag{4.57}$$

这时，激光传输被截止，由正负号分别给出两个截止频率，即右旋截止和左旋截止，

$$\omega_{L,R} = \frac{1}{2}\left[\omega_c + (\omega_c^2 + 4\omega_{pe}^2)^{\frac{1}{2}}\right] \approx \omega_{pe} + \frac{\omega_c}{2},\tag{4.58}$$

$$\omega_{L,L} = \frac{1}{2}\left[-\omega_c + (\omega_c^2 + 4\omega_{pe}^2)^{\frac{1}{2}}\right] \approx \omega_{pe} - \frac{\omega_c}{2},\tag{4.59}$$

这里后面一个约等于是假定了 $\omega_{pe} \gg \omega_c$。我们看到由于磁场的影响，原来的截止频率有变化，也即临界密度有修正。

由色散关系，可得到相速度，$v_p = \omega_L/k$，因为这里 v_p 可能为虚数，我们给出

v_p^2 随频率的变化(图 4.4)。对于寻常波图 4.4(a)，当 $\omega_L \gg \omega_{pe}$ 时，$v_p \approx c$，在临界密度处，相速度为无穷大，然后变为虚数，即在阴影区域，电磁波不能传输。

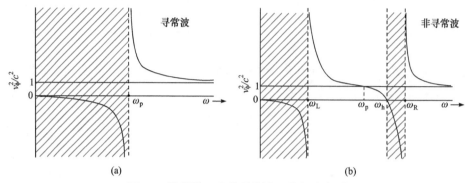

图 4.4　寻常波(a)和非寻常波(b)的相速度图

对于非寻常波，在 ω_{pe} 的左右两侧分别有左旋截止频率 $\omega_{L,L}$ 和右旋截止频率 $\omega_{L,R}$。当激光频率降到右旋截止频率时，进入阴影区，相速度为虚数，激光即不能传输；但频率继续降低时，在 $\omega_L^2 = \omega_h^2$ 处发生共振，然后在更低的频率处，电磁波又能传输，直到左旋截止频率。如果传输激光为单纯的右旋或左旋圆偏振激光，和寻常波类似，只有一个截止点，只是这个截止点的位置分别在 $\omega_{L,R}$ 或 $\omega_{L,L}$。非寻常光在激光等离子体物理中的应用还有待开拓。

如果磁场方向和激光传输方向平行，在线性近似下，也即激光振幅比较小时，色散关系为

$$\frac{c^2 k^2}{\omega_L^2} = 1 - \frac{\omega_{pe}^2}{\omega_L(\omega_L \mp \omega_c)} - \frac{\omega_{pi}^2}{\omega_L(\omega_L \pm \omega_{c,i})}, \tag{4.60}$$

这里，"$\pm$"符号分别对应右旋和左旋圆偏振激光；$\omega_{c,i}$ 为离子回旋频率，这项一般可忽略。可以看到，磁场较弱时，$\omega_c < \omega_L$，磁场影响右旋或左旋圆偏光的相速度；当归一化磁场强度达到 1 时，电子回旋频率和激光频率相同，这可使得原来透明的等离子体变得不透明，也可使得原来不透明的等离子体变得透明。

对于相对论激光，电子质量变大，电子回旋频率变小。上面的色散关系需要修正。

对于特别低频的电磁波，比如射频波段，即使磁场不是很强，回旋频率也可能和电磁波频率可比。在磁约束聚变的微波加热机制中，就会碰到这种情况。

4.2.4　法拉第旋转

线偏振激光沿磁场方向传播时，我们可把线偏光分解成左旋光和右旋光的叠

加。从 4.2.3 节电磁波在磁化等离子体中的色散关系我们知道，左旋光和右旋光的相速度是不同的，因此经过一段距离的传输后，再把左旋光和右旋光合成时，虽然其仍为线偏光，但偏振的方向有一个旋转。这就是法拉第旋转。在激光等离子体物理实验中，利用法拉第效应可测量等离子体中的自生磁场。左旋光和右旋光在磁化等离子体中传播的群速度也不同，如果磁场非常强，线偏振超短激光在磁化等离子体中传播一段距离后可完全分解成前后两个激光脉冲光，其中一束为右旋激光，另一束为左旋激光。

法拉第旋转不只出现在等离子体介质中，也可出现在固体介质中。在激光光路中，利用法拉第旋转和偏振片，可阻挡反向传播的激光，以防止反射光打坏激光元件。由于 X 射线的偏振变化可精密测量，法拉第效应也可用于材料中微弱磁场的精密测量。

4.3　相对论冷等离子体流体方程

对于强激光等离子体相互作用，激光有质动力会影响等离子体的状态，而等离子体状态又会影响激光的传输，因此需要自洽考虑激光和等离子体的演化，也即需要考虑等离子体的流体运动。第 3 章中我们给出了一般的流体方程，也给出了相对论协变的流体方程。这里特别关心的则是特定的问题，即强场激光与等离子体相互作用，并且电子的运动是相对论的。这里我们推导出实验室参考系中使用的强场激光与冷等离子体相互作用的相对论流体方程。忽略热压项，对于电子相对论流体，动量方程为

$$\frac{\mathrm{d}\boldsymbol{p}}{\mathrm{d}t} = \frac{\partial \boldsymbol{p}}{\partial t} + (\boldsymbol{u}\cdot\boldsymbol{\nabla})\boldsymbol{p} = -e\left(\boldsymbol{E} + \frac{\boldsymbol{u}\times\boldsymbol{B}}{c}\right), \tag{4.61}$$

这里，电子流体元的动量为 $\boldsymbol{p} = m\gamma\boldsymbol{u}$ ，$\gamma = \left(1 - u^2/c^2\right)^{-1/2} = \left[1 + p^2/\left(m_{\mathrm{e}}^2 c^2\right)\right]^{1/2}$。对于冷等离子体，热运动远小于流体运动，所以忽略热运动的贡献，相对论因子表述为流体元速度的函数。对相对论因子进行梯度运算得到

$$m_{\mathrm{e}}c^2\boldsymbol{\nabla}\gamma = \boldsymbol{u}\times(\boldsymbol{\nabla}\times\boldsymbol{p}) + (\boldsymbol{u}\cdot\boldsymbol{\nabla})\boldsymbol{p}. \tag{4.62}$$

我们把 $(\boldsymbol{u}\cdot\boldsymbol{\nabla})\boldsymbol{p}$ 代入动量方程中，同时把电场、磁场写成势的形式，可得到

$$\frac{\partial \boldsymbol{p}}{\partial t} = e\left[\frac{\partial \boldsymbol{A}}{c\partial t} + \boldsymbol{\nabla}\phi - \boldsymbol{u}\times\left(\boldsymbol{\nabla}\times\frac{\boldsymbol{A}}{c}\right)\right] - m_{\mathrm{e}}c^2\boldsymbol{\nabla}\gamma + \boldsymbol{u}\times(\boldsymbol{\nabla}\times\boldsymbol{p}). \tag{4.63}$$

知道正则动量为 $\boldsymbol{p}_{\mathrm{c}} = m\gamma\boldsymbol{u} - (e/c)\boldsymbol{A}$ ，因此

$$\frac{\partial \boldsymbol{p}_c}{\partial t} = e\nabla\phi - m_e c^2 \nabla\gamma + \boldsymbol{u} \times (\nabla \times \boldsymbol{P}_c). \tag{4.64}$$

对此进行旋度运算可得

$$\frac{\partial \nabla \times \boldsymbol{p}_c}{\partial t} = \nabla \times \left[\boldsymbol{u} \times (\nabla \times \boldsymbol{P}_c) \right], \tag{4.65}$$

如果初始时刻，也即激光与等离子体相互作用前，正则动量为零，它的旋度永远保持为零。这样冷等离子体的相对论流体动量方程简化为

$$\frac{\partial \boldsymbol{p}_c}{\partial t} = e\nabla\phi - m_e c^2 \nabla\gamma, \tag{4.66}$$

这个方程非常简洁，等式右边的两项分别为静电力和有质动力。如果这两项达到平衡，即 $e\nabla\phi = m_e c^2 \nabla\gamma$，则纵向动量为零或保持不变。本书把 $\nabla\gamma$ 这项统称为有质动力项，这里包括由脉冲包络形状引起的项(包括纵向和横向)以及线偏振激光的两倍频振荡项，两倍频振荡包括横向振荡和纵向振荡。有些文献对有质动力有不同的定义。这个方程是利用库仑规范在实验室参考系中推导的，能描述强激光等离子体的相对论流体运动，但不是相对论协变的。如果进行相对论协变描述，需利用协变的流体方程

$$\frac{\mathrm{d}p^\mu}{\mathrm{d}\tau} = m\frac{\mathrm{d}U^\mu}{\mathrm{d}\tau} = \frac{q}{c}F^{\mu\nu}U_\nu \tag{4.67}$$

和洛伦兹规范的激光传播方程。

　　如果等离子体温度不是特别高，$T_e \ll \langle\gamma\rangle m_e c^2$，考虑热压时，仍可把热压项直接加上，则

$$\frac{\partial \boldsymbol{p}_c}{\partial t} = e\nabla\phi - m_e c^2 \nabla\gamma + \frac{\nabla p_e}{n_e}. \tag{4.68}$$

对于离子，进行类似推导可得到

$$\frac{\partial(\boldsymbol{p}_i - e\boldsymbol{A}/c)}{\partial t} = -e\nabla\phi - m_i c^2 \nabla\gamma_i. \tag{4.69}$$

离子的相对论因子一般很小，激光质动力对离子的影响一般可忽略。如需要，我们也可加上热压项。

　　前面我们看到正则动量的旋度保持为零，即 $\nabla \times \boldsymbol{p}_c = \boldsymbol{0}$，因此，我们可把正则动量写为 $\boldsymbol{p}_c = \nabla\psi$。归一化后，相对论因子可写为

$$\gamma = \sqrt{1 + (a + \nabla\psi)^2}. \tag{4.70}$$

可以把梯度部分轻松积分掉，得到

$$\frac{\partial \psi}{\partial t} + \gamma - \phi - 1 = 0. \tag{4.71}$$

若正则动量为零, 相对论因子

$$\gamma = \sqrt{1 + a^2(x, r, t)}, \tag{4.72}$$

这和真空中电子在激光场中的相对论因子是不同的(在真空中 $\gamma = 1 + a^2/2$), 因为在等离子体中, 在流体近似下, 电子受静电力作用, 只能做局域振荡运动, 而不是随激光脉冲一直向前运动。对于圆偏振激光, 相对论因子没有振荡项, 即 $\gamma = \sqrt{1 + a_0^2(x, r, t)}$, $\nabla \gamma$ 为激光包络的有质动力, 在非相对论情况下 $\nabla \gamma = \frac{1}{2} \nabla a_0^2$。对于高斯激光, 在横向上, 有质动力把电子推离高强度的激光中心轴; 在纵向上, 有质动力把电子从强的地方推向弱的地方。对于线偏振激光, $a = a_0 \sin(k_L x - \omega_L t + \varphi)$, 因此有质动力除了包络项还有振荡项。粗略地, 可取平均值 $\gamma = \sqrt{1 + \frac{1}{2} a_0^2(x, r, t)}$。对于非相对论情况, 两倍频振荡项为 $\frac{1}{2} a_0^2 k_L \sin 2(k_L x - \omega_L t + \varphi)$。

4.3.1 一维相对论冷等离子体

现在我们给出一维相对论冷等离子体更详细的理论描述。前面我们知道归一化的电子相对论流体方程为

$$\frac{\partial (\boldsymbol{p}_e - \boldsymbol{a})}{\partial t} = \nabla \phi - \nabla \gamma. \tag{4.73}$$

把电子动量分解成无旋部分(横向分量)和无源部分(纵向分量), 即

$$\nabla \cdot \boldsymbol{p}_{et} = 0, \quad \nabla \times \boldsymbol{p}_{el} = 0. \tag{4.74}$$

因为 $\boldsymbol{p}_{et} = \gamma_e \boldsymbol{u}_{et}$, $\boldsymbol{p}_{el} = \gamma_e \boldsymbol{u}_{el}$, 可以得到

$$\gamma_e \boldsymbol{u}_{et} = \boldsymbol{a}, \tag{4.75}$$

$$\frac{\partial}{\partial t}(\gamma_e \boldsymbol{u}_{el}) = \nabla \phi - \nabla \gamma. \tag{4.76}$$

这里直接把离子的效应也包括进来, 把一维相对论冷等离子体的方程完整写为

$$\left(\frac{\partial^2}{\partial x^2} - \frac{\partial^2}{\partial t^2}\right) a = \left(\frac{n_e}{\gamma_e} - \rho \frac{n_i}{\gamma_i}\right) a, \tag{4.77}$$

$$\frac{\partial^2 \phi}{\partial x^2} = n_e - n_i, \tag{4.78}$$

$$\frac{\partial n_{\mathrm{e}}}{\partial t} + \frac{\partial}{\partial x}\left(n_{\mathrm{e}}\boldsymbol{u}_{\mathrm{el}}\right) = 0, \tag{4.79}$$

$$\frac{\partial n_{\mathrm{i}}}{\partial t} + \frac{\partial}{\partial x}\left(n_{\mathrm{i}}\boldsymbol{u}_{\mathrm{il}}\right) = 0, \tag{4.80}$$

$$\gamma_{\mathrm{e}}\boldsymbol{u}_{\mathrm{et}} = \boldsymbol{a}, \tag{4.81}$$

$$\gamma_{\mathrm{i}}\boldsymbol{u}_{\mathrm{it}} = -\rho\boldsymbol{a}, \tag{4.82}$$

$$\frac{\partial}{\partial t}\left(\gamma_{\mathrm{e}}\boldsymbol{u}_{\mathrm{el}}\right) = \frac{\partial}{\partial x}\left(\phi - \gamma_{\mathrm{e}}\right), \tag{4.83}$$

$$\frac{\partial}{\partial t}\left(\gamma_{\mathrm{i}}\boldsymbol{u}_{\mathrm{il}}\right) = \frac{\partial}{\partial x}\left(\rho\phi + \gamma_{\mathrm{i}}\right), \tag{4.84}$$

$$\gamma_{\mathrm{e}} = \left(\frac{1+a^2}{1-u_{\mathrm{el}}^2}\right)^{\frac{1}{2}}, \tag{4.85}$$

$$\gamma_{\mathrm{i}} = \left(\frac{1+\rho^2 a^2}{1-u_{\mathrm{il}}^2}\right)^{\frac{1}{2}}. \tag{4.86}$$

其中 $\rho = m_{\mathrm{e}}/m_{\mathrm{i}}$。令 $\rho = 0$，即可忽略离子运动。利用这套方程，可以描述激光与冷等离子体相互作用时的一维自洽演化，比如可得到一维相对论孤子解。

顺便指出，在相对论条件下，线偏振激光波动方程的右侧是非线性的。这意味着相对论激光在等离子体中传输时会产生高次谐波。

现在对上面的方程做坐标变换 $\xi = x - v_{\mathrm{g}}t$，$\tau = t$，这样泊松方程、连续性方程和运动方程分别变为

$$\frac{\partial^2 \phi}{\partial \xi^2} = n_{\mathrm{e}} - n_{\mathrm{i}}, \tag{4.87}$$

$$\frac{\partial}{\partial \xi}\Big[n_{\mathrm{e}}\left(v_{\mathrm{g}} - \boldsymbol{u}_{\mathrm{el}}\right)\Big] = \frac{\partial n_{\mathrm{e}}}{\partial \tau}, \tag{4.88}$$

$$\frac{\partial}{\partial \xi}\Big[n_{\mathrm{i}}\left(v_{\mathrm{g}} - \boldsymbol{u}_{\mathrm{il}}\right)\Big] = \frac{\partial n_{\mathrm{i}}}{\partial \tau}, \tag{4.89}$$

$$\frac{\partial}{\partial \xi}\Big[\gamma_{\mathrm{e}}\left(1 - v_{\mathrm{g}}\boldsymbol{u}_{\mathrm{el}}\right) - \phi\Big] = -\frac{\partial}{\partial \tau}\left(\gamma_{\mathrm{e}}\boldsymbol{u}_{\mathrm{el}}\right), \tag{4.90}$$

$$\frac{\partial}{\partial \xi}\Big[\gamma_{\mathrm{i}}\left(1 - v_{\mathrm{g}}\boldsymbol{u}_{\mathrm{il}}\right) + \rho\phi\Big] = -\frac{\partial}{\partial \tau}\left(\gamma_{\mathrm{i}}\boldsymbol{u}_{\mathrm{il}}\right). \tag{4.91}$$

我们假定在现在的坐标系中，物理量对时间的变化是慢的，这样我们可使用准稳态近似，也即等式右边对时间偏导可忽略。这时我们研究的是在某时刻物理量随

ξ 的变化，也就是说一个基本不变的结构随着激光整体往前运动。这正是我们采用这种坐标变换的原因。

电子的纵向运动可影响电子密度分布，从而影响静电势，为自洽地描述静电势的演化，我们需要给出电子纵向运动和电磁势的关系。因为在无穷远处，电子速度为零，且电子密度未受扰动，由连续方程(4.87)得

$$n_e\left(v_g - u_{el}\right) = n_0 v_g,\tag{4.92}$$

容易得

$$n_e = \frac{n_0 v_g}{v_g - u_{el}}.\tag{4.93}$$

由运动方程(4.90)得

$$\gamma_e\left(1 - v_g u_{el}\right) - \phi = 1,\tag{4.94}$$

相对论因子为

$$\gamma_e = \left(1 - u_e^2\right)^{-\frac{1}{2}} = \left(1 + p_e^2\right)^{\frac{1}{2}} = (1 + \gamma_e^2 u_{et}^2 + \gamma_e^2 u_{el}^2)^{\frac{1}{2}} = (1 + a^2 + \gamma_e^2 u_{el}^2)^{\frac{1}{2}},\tag{4.95}$$

由此得

$$\gamma_e = \left(\frac{1 + a^2}{1 - u_{el}^2}\right)^{\frac{1}{2}},\tag{4.96}$$

代入式(4.94)得纵向速度为

$$u_{el} = \frac{\left(1 + a^2\right)v_g - (1 + \phi)\sqrt{(1 + \phi)^2 - \left(1 - v_g^2\right)\left(1 + a^2\right)}}{\left(1 + a^2\right)v_g^2 + (1 + \phi)^2}.\tag{4.97}$$

这一方程表明，电子流体的纵向运动是由电磁势和结构运动速度 v_g 决定的。

对于相对论运动，给出动量更为方便，为使表达式更简洁，我们令 $\Phi_e = 1 + \phi$，这样由 $\gamma_e^2 = 1 + a^2 + p_{el}^2 = (v_g p_{el} + \Phi_e)^2$ 得到纵向动量为

$$p_{el} = \gamma_g^2\left(v_g \Phi_e - R_e\right),\tag{4.98}$$

式中 $R_e = \left[\Phi_e^2 - \left(1 - v_g^2\right)\left(1 + a^2\right)\right]^{1/2}$。同样地，可以推导离子运动的动量，令 $\Phi_i = 1 - \rho\phi$，$R_i = \left[\Phi_i^2 - \left(1 - v_g^2\right)\left(1 + \rho^2 a^2\right)\right]^{1/2}$，可得到

$$p_{il} = \gamma_g^2\left(v_g \Phi_i - R_i\right).\tag{4.99}$$

也可以相应地把其他物理量表示成场和 v_g 的函数，即

$$\gamma_\alpha = \gamma_g^2\left(\Phi_\alpha - v_g R_\alpha\right), \tag{4.100}$$

$$\frac{n_\alpha}{n_0} = \gamma_g^2 v_g\left(\frac{\Phi_\alpha}{R_\alpha} - v_g\right), \tag{4.101}$$

这里 $\alpha = e, i$。

这样化简后的标势演化方程为

$$\frac{\partial^2 \phi}{\partial \xi^2} = \gamma_g^2 v_g n_0\left(\frac{\Phi_e}{R_e} - \frac{\Phi_i}{R_i}\right), \tag{4.102}$$

这个方程中只包含准稳结构的速度、背景等离子体密度和电磁势，在给定驱动激光时，可以计算得到静电势的空间分布。这是我们后面讨论尾场电子和离子加速的出发方程，这个方程同时包括了电子和离子的影响，因此也可以描述离子的捕获和加速，我们也可以方便地把它扩展到有多种离子的情况。如果离子运动可忽略，我们可把方程简化。

4.4　激光的纵向调制与孤子

在第 3 章中，我们介绍过等离子体中有电子等离子体波、离子声波等。在某些情况下，这些波能形成稳定传输的局域结构，也即孤子，或称孤立波，对应地，可以有朗缪尔孤子和离子声孤子等。同样，激光在稀薄等离子体中传输时，如果忽略电子在激光场中的振荡，等离子体密度分布只和激光包络相关，且自洽演化，在某些情况下，能够形成稳定传输的电磁孤子结构。在某些情况下，电磁孤子的群速度可为零。

假定在激光作用下，电子等离子体密度相对于背景密度 n_0 有扰动 $\tilde{n}_e$，从相对论激光的传播方程出发，有

$$\left(\frac{\partial^2}{\partial t^2} - \nabla^2\right)\boldsymbol{a} = -\frac{n_0 + \tilde{n}_e}{\gamma_e}\boldsymbol{a}. \tag{4.103}$$

在近临界密度等离子体中，激光的波数比较小，这时我们先只忽略两阶时间偏导，但保留两阶空间偏导。假定激光为圆偏振，这样相对论因子只和激光包络有关。对于激光脉冲 $a_0(x, r, t)\mathrm{e}^{\mathrm{i}\omega_L t - \mathrm{i}kx}$，如果消去相对论色散关系，可得到描述激光包络演化的方程

$$2\mathrm{i}\frac{\partial a_0}{\partial t} - 2\mathrm{i}\frac{\partial a_0}{\partial x} - \frac{\partial^2 a_0}{\partial x^2} - \nabla_\perp^2 a_0 = -\frac{\tilde{n}_e}{\gamma_e}a_0. \tag{4.104}$$

定义新的变量

$$\tau = t, \quad \xi = x - v_g t,$$

式中 $v_g = kc^2 / \omega$ 为激光在等离子体中的群速度。忽略横向效应，可得到激光包络演化方程

$$\mathrm{i}\frac{\partial a_0}{\partial \tau} = -\frac{1}{2}\frac{\partial^2 a_0}{\partial \xi^2} + \frac{1}{2}\frac{\tilde{n}_e}{\gamma_e}a_0, \tag{4.105}$$

如果把 $\tilde{n}_e / (2\gamma_e)$ 看成势，这和量子力学中的薛定谔方程有相同形式，因此这个方程被称为非线性薛定谔方程。为了给出激光振幅的纵向自洽分布，还需要一个关于 a_0 和 $\tilde{n}_e$ 关系的方程。忽略电荷分离场，近似认为电子密度分布在有质动力势和热压作用下迅速达到平衡，即

$$n_0 + \tilde{n}_e = n_0 \mathrm{e}^{-\frac{(\gamma_e - 1)}{KT_e}}, \tag{4.106}$$

在弱相对论近似下，同时考虑 $(\gamma_e - 1) \ll KT_e$，则有

$$\tilde{n}_e = -n_0 \frac{a_0^2}{2KT_e}, \tag{4.107}$$

这样可得到研究激光传输方向调制的非线性薛定谔方程，即演化和 a_0^3 相关，

$$\mathrm{i}\frac{\partial a_0}{\partial \tau} = -\frac{1}{2}\frac{\partial^2 a_0}{\partial \xi^2} - n_0 \frac{a_0^2}{4KT_e}a_0. \tag{4.108}$$

利用这个方程可讨论激光在等离子体中传输时脉冲包络的演化，特别地，在某些情况下，可得到激光一维传输的孤子解。这时

$$\frac{\partial a_0}{\partial \tau} = 0, \tag{4.109}$$

由

$$\frac{1}{2}\frac{\partial^2 a_0}{\partial \xi^2} + n_0 \frac{a_0^2}{4KT_e}a_0 = 0, \tag{4.110}$$

可得到 a_0 随 ξ 的变化。这里假定了等离子体密度只是弱的扰动。

对冷相对论等离子体，如果忽略热压，认为有质动力势和静电势决定电子的纵向运动，即

$$\frac{\partial}{\partial t}\left(\gamma_e \boldsymbol{u}_{el} \right) = \nabla \phi - \nabla \gamma. \tag{4.111}$$

联合利用冷等离子体的流体方程，可以获得冷等离子体中的各种相对论孤子解，如单峰结构和多峰结构等。在强相对论条件下，特别是对稠密等离子体，在某些

情况下，电子可被有激光有质动力完全推开，也即密度降为零。这种一维条件下数学上成立的解，在物理上并不合理，除非孤子速度为零。实际上，PIC 模拟中可观测到这种速度为零的电磁孤子，但形成过程更为复杂。在多维条件下，电子可绕过中空区域到达孤子后部，在孤子速度较小时，可近似满足这一条件。但实际上一维条件下得到的孤子解在多维条件下大多不成立，一维条件下中空的孤子解在三维条件下一般更接近"空泡"状的尾波。

4.5　激光的横向调制与自聚焦

激光在稀薄等离子体中传输时，除了纵向受到调制外，横向也受到调制。前面我们讨论过空气中克尔效应引起的自聚焦，是由气体分子的非线性引起的。这里考虑的是完全电离的等离子体，自聚焦是由等离子体密度效应和相对论效应引起的。

对于圆偏振相对论激光，折射率为

$$n = \sqrt{1 - \frac{n_e}{n_{cr}[1 + a_0^2(x,r,t)]^{\frac{1}{2}}}}. \tag{4.112}$$

我们考虑几种不同参数下激光传输。如果考虑等离子体密度的变化，可以先假定等离子体电中性，忽略电荷分离场，这时激光的有质动力和等离子体热压达到平衡，由于激光轴上等离子体密度降低，激光倾向于自聚焦，由于这一平衡过程比较慢，所以只适合较弱的长脉冲；对于相对论强激光，即使等离子体密度没有变化，由于相对论效应，折射率也会随激光强度而变化，由此引起的自聚焦即为相对论自聚焦，我们将推导相对论自聚焦的阈值；对于相对论激光，通常可忽略热压，认为等离子体是冷的，如果离子在短时间里来不及运动，激光的有质动力和电荷分离引起的静电力达到平衡，我们也将讨论这种条件下的激光传输。我们还将考虑激光在具有初始的横向密度轮廓的等离子体中的传输。

4.5.1　等离子体密度扰动引起的自聚焦

激光在等离子体中传输时，激光的横向有质动力可将电子推离激光轴，在较长的时间尺度上，离子也会跟上，从而形成等离子体通道。现在考虑由此引起的激光自聚焦。对于较弱的激光，等离子体的热压起很大作用。这里假定电子在激光场中的振荡速度远小于电子热速度，即 $v_{os} \ll v_e$，这是和冷等离子体完全相反的假定。激光横向有质动力倾向于将电子推离轴，而等离子体的热压阻止这一过程，假定两者达到平衡，由 4.4 节的讨论，我们知道平衡时等离子体的扰动

密度为

$$\tilde{n}_{\mathrm{e}} = -n_0 \frac{a_0^2}{2k_{\mathrm{B}}T_{\mathrm{e}}}. \tag{4.113}$$

但应注意，现在讨论的是密度横向扰动。这时激光在等离子体中色散关系可写为

$$\omega_{\mathrm{L}}^2 = c^2 k^2 + \omega_{\mathrm{pe}}^2 \left(1 - \alpha |\boldsymbol{a}|^2\right), \tag{4.114}$$

其中非线性项也可写为

$$\alpha |\boldsymbol{a}|^2 = \frac{1}{2}\left(\frac{v_{\mathrm{os}}}{v_{\mathrm{e}}}\right)^2. \tag{4.115}$$

如果同时考虑激光束的衍射效应，则色散关系修正为

$$\omega_{\mathrm{L}}^2 = c^2 k^2 + \frac{c^2}{R^2} + \omega_{\mathrm{pe}}^2 \left(1 - \alpha |\boldsymbol{a}|^2\right), \tag{4.116}$$

这里 R 为激光束腰半径。激光束传输时，$R^2|\boldsymbol{a}|^2$ 为守恒量。激光总体上是衍射还是聚焦形成细丝由

$$\eta = \frac{c^2}{R^2} - \omega_{\mathrm{pe}}^2 \alpha |\boldsymbol{a}|^2 \tag{4.117}$$

决定。由此可得到弱激光的成丝不稳定的激光功率阈值为

$$P_{\mathrm{cr}} = \frac{\omega_{\mathrm{L}}^2}{\omega_{\mathrm{pe}}^2} n_{\mathrm{e}} k_{\mathrm{B}} T_{\mathrm{e}} c \lambda_{\mathrm{s}}^2, \tag{4.118}$$

其中 $\lambda_{\mathrm{s}} = c/\omega_{\mathrm{pe}}$ 为趋肤深度。

对于低温等离子体，有质动力非常容易推开电子，使得激光轴上的电子密度降低，从而汇聚激光，因此这个临界功率是很低的。

在上面的推导过程中，我们假定了有质动力和热压达到平衡，而忽略了电荷分离场的影响，也即假定等离子体基本是电中性的，因此对于弱激光，这是一个比较慢的过程，也即只有对于长脉冲激光，这种细丝形成机制才重要。顺带指出，在前面讨论激光在气体中传输时，我们也忽略了激光有质动力引起的密度扰动，是因为那里的等离子体密度一般很低，电离引起的密度轮廓更重要，有质动力引起的密度扰动项的影响很小。

4.5.2　相对论自聚焦

对于高斯激光，光轴上的激光更强，由于相对论质量效应，折射率更接近 1，光束倾向于往折射率大的地方聚焦，这种由强激光的相对论效应引起的聚焦效应

被称为相对论自聚焦。即使不考虑等离子体密度的变化，相对论自聚焦效应仍然可发生。对于线偏振激光，相对论因子有振荡项，情况更复杂些，但总体上相对论自聚焦效应仍然存在。

下面具体讨论相对论自聚焦。考虑弱相对论近似，对圆偏振激光，

$$\frac{1}{\gamma_e} = \left(1+a^2\right)^{-\frac{1}{2}} \approx 1 - \frac{1}{2}a^2, \tag{4.119}$$

在研究相对论自聚焦效应时，先假定电子密度没有扰动，因此电流项为

$$\frac{n_0}{\gamma_e}\boldsymbol{a} \approx n_0\boldsymbol{a} - \frac{1}{2}n_0 a^2 \boldsymbol{a}, \tag{4.120}$$

这里在弱相对论近似下，使用非相对论色散关系，再忽略时间和空间的二阶导数，即假定激光是缓变的。经过参量变换后激光传输方程为

$$\mathrm{i}\frac{\partial a_0}{\partial \tau} = \frac{1}{2}\nabla_\perp^2 a_0 + \frac{1}{4}n_0 a_0^2 a_0. \tag{4.121}$$

在有些文献中(1/4)这项为(1/8)，这是由于对圆偏振激光振幅 a_0 的定义不同。在真空中时，等式右边第二项不存在，可参考式(4.33)，这个方程可以描述激光在真空中的衍射，对于高斯形状的光，可以准确推导出其瑞利长度和相位变化等，我们在前面已有讨论。可以看到在焦后，第一项倾向于使得激光散焦。第二项可看成横向的势阱，它使激光会聚。因此，这也是一个非线性薛定谔方程，但它描述的是激光横向的变化。前面可描述一维孤子的非线性薛定谔方程描述的是纵向的变化。

上述方程乘上 a_0 的复共轭 a_0^*，并加上对应的共轭方程，可得到

$$\frac{\partial}{\partial \tau}|a_0|^2 = \frac{\mathrm{i}}{2}a_0\nabla_\perp^2 a_0^* - \frac{\mathrm{i}}{2}a_0^*\nabla_\perp^2 a_0, \tag{4.122}$$

对此进行横向积分，可得

$$\int \frac{\partial}{\partial \tau}|a_0|^2\, 2\pi r \mathrm{d}r = \frac{\partial P}{\partial \tau} = 0, \tag{4.123}$$

也即激光功率在传输过程中是守恒的，这也是能量守恒的必然结果。

由非线性薛定谔方程可得到对应的拉格朗日密度为

$$\mathcal{L} = \mathrm{i}\left(a_0^*\frac{\partial}{\partial \tau}a_0 - a_0\frac{\partial}{\partial \tau}a_0^*\right) + \nabla_\perp a_0 \cdot \nabla_\perp a_0^* - \frac{1}{4}n_0|a_0|^4. \tag{4.124}$$

把 a_0、$\frac{\partial}{\partial \tau}a_0$、$\nabla_\perp a_0$ 和它们的复共轭看成独立变量，则

$$\frac{\partial \mathcal{L}}{\partial a_0^*} = \mathrm{i}\frac{\partial}{\partial \tau}a_0 - \frac{a_0\left|a_0\right|^2}{2}, \tag{4.125}$$

$$\frac{\partial \mathcal{L}}{\partial\left(\partial_\tau a_0^*\right)} = -\mathrm{i}a_0, \tag{4.126}$$

$$\frac{\partial \mathcal{L}}{\partial \nabla_\perp a_0^*} = \nabla_\perp a_0. \tag{4.127}$$

由拉格朗日方程

$$\frac{\partial \mathcal{L}}{\partial a_0^*} = \frac{\partial}{\partial \tau}\left(\frac{\partial \mathcal{L}}{\partial\left(\partial_\tau a_0^*\right)}\right) + \nabla_\perp\left(\frac{\partial \mathcal{L}}{\partial \nabla_\perp a_0^*}\right), \tag{4.128}$$

可得到上面非线性薛定谔方程。

对应拉格朗日量的作用量为

$$S = \int \mathcal{L}2\pi r\mathrm{d}r. \tag{4.129}$$

由诺特定律,对于任何对称操作(这里为随 τ 平移),作用量 S 不变,也即存在守恒量。

上式的虚数部分即上面的能量守恒。其实数部分为

$$\begin{aligned} H &= \int \mathcal{H}2\pi r\mathrm{d}r = \int (\nabla_\perp a_0 \cdot \nabla_\perp a_0^* - \frac{1}{4}n_0\left|a_0\right|^4)2\pi r\mathrm{d}r \\ &= \int\left(\left|\nabla_\perp a_0\right|^2 - \frac{1}{4}n_0\left|a_0\right|^4\right)2\pi r\mathrm{d}r, \end{aligned} \tag{4.130}$$

这里 $\mathcal{H} = \left|\nabla_\perp a_0\right|^2 - \frac{1}{4}n_0\left|a_0\right|^4$ 为哈密顿密度。

假定激光为傍轴近似下的高斯激光,即

$$a_0\left(r\right) = a_0\exp\left(-\frac{r^2}{2w_0^2}\right), \tag{4.131}$$

可得

$$H = \pi a_0^2\left(1 - \frac{n_0 a_0^2 w_0^2}{8}\right). \tag{4.132}$$

对于高斯激光,真空中光束会发散,相对论自聚焦效应要超过发散效应,才能真正自聚焦。我们知道, $\left|\nabla_\perp a_0\right|^2$ 这项是激光在真空中的衍射, $\frac{1}{4}n_0\left|a_0\right|^4$ 则是激光的相对论自聚焦,因此 $H < 0$ 意味着自聚焦,即

$$n_0 a_0^2 w_0^2 = 8. \tag{4.133}$$

从这一方程可得到相对论自聚焦阈值。由第 2 章激光强度的表达式知道，归一化圆偏振激光强度为 $I = a^2 / (4\pi)$，可得圆偏振高斯激光的归一化激光功率(归一化到自然功率 $P_0 = m_e c^2 / e \times m_e c^3 / e = 8.7\mathrm{GW}$) 为

$$P = \frac{1}{4} a_0^2 w_0^2, \tag{4.134}$$

因此相对论自聚焦需要的功率为

$$P_\mathrm{f} = 2P_0 \left(\frac{n_\mathrm{cr}}{n_\mathrm{e}} \right) = 17.5\mathrm{GW} (n_\mathrm{cr} / n_\mathrm{e}). \tag{4.135}$$

如果自聚焦和衍射效应刚好平衡，则激光可保持强度不变并传播很长的距离，这对电子加速等研究是十分重要的。可以看到相对论自聚焦阈值和激光功率相关，而不是直接和激光强度相关。相对论自聚焦需要一定的传播距离，通过分析也可以得到激光束尺寸随距离的演化为

$$w^2 = w_0^2 \left[1 + \frac{x^2}{x_\mathrm{R}^2} \left(1 - \frac{P}{P_\mathrm{f}} \right) \right], \tag{4.136}$$

这里 x_R 为激光在真空中传播时的瑞利长度。可以看到，激光功率达到 $10\,P_\mathrm{f}$ 时，在 1/3 瑞利长度距离上激光束尺寸缩小到零(测不准原理决定激光束尺寸不可能真的到零)，也即才有比较好的自聚焦效果。下面我们将看到等离子体的响应也会影响激光的传输。在激光尾场10GeV电子加速中，如果等离子密度为$10^{-4} n_\mathrm{c}$，那么相对论自聚焦的激光功率约为 2 PW。如果等离子体密度较高，在较低的激光功率下，激光自聚焦就可发生；如果激光功率远超相对论自聚焦功率，激光甚至会分裂成多个子光束分别聚焦，也即形成多细丝结构。

4.5.3　激光在预等离子体通道中的传输

在激光电子加速等实验中，激光的稳定长距离传输极为重要。激光在自由空间传播时，由于衍射效应，稳定的传输距离为瑞利长度。前面讨论了相对论自聚焦、密度横向扰动等对激光传输的影响。实际上光纤这样的波导结构可以克服衍射效应，使得激光传输很长的距离，这里先考虑弱激光在预等离子体通道中的传输。

这样的预等离子体通道可通过等离子体的膨胀演化形成，比如预脉冲激光加热轴上的等离子体，热等离子体膨胀可使轴上的等离子体密度比较低，我们可利用第 3 章中的自相似模型估算等离子体密度轮廓的演化；毛细管放电烧蚀可使壁上的等离子体向中间膨胀，在一定时刻也能形成轴上密度低、周边密度高的通道

结构；在充气型细毛细管中，气体密度远低于壁的密度，也具有类似波导结构。这里为理论分析方便，假定等离子体密度具有抛物型的横向密度轮廓，即

$$n(r) = n_0 + \Delta n r^2 / r_{\mathrm{m}}^2, \tag{4.137}$$

其中，n_0 为轴上密度，等离子体密度随半径增大。对稀薄等离子体，对应的折射率近似为

$$n_r = 1 - \frac{\omega_{\mathrm{e}}^2}{2\omega_{\mathrm{L}}^2}\left(1 + \frac{\Delta n r^2}{n_0 r_{\mathrm{m}}^2}\right). \tag{4.138}$$

在傍轴近似下，把高斯激光的振幅写为 $A(x,r,t) = A_0 \exp\left(\dfrac{-2r^2}{w^2}\right)$，可以得到激光束腰和 r_{m} 比值 $R = w / r_{\mathrm{m}}$ 随传播距离的演化为

$$\frac{\mathrm{d}^2 R}{\mathrm{d}x^2} = \frac{1}{X_{\mathrm{m}}^2 R^3}\left(1 - \frac{\Delta n}{\Delta n_{\mathrm{c}}} R^4\right), \tag{4.139}$$

式中 $X_{\mathrm{m}} = \pi r_{\mathrm{m}}^2 / \lambda_{\mathrm{L}}$；第一项描述真空中衍射，而第二项描述等离子体通道的聚焦效应；$\Delta n_{\mathrm{c}} \equiv (\pi r_{\mathrm{m}}^2 r_{\mathrm{e}})^{-1}$，$r_{\mathrm{e}}$ 为经典电子半径。当 $\Delta n = \Delta n_{\mathrm{c}}$ 时，对于合适的初始束腰，即 $R_0 = 1$，激光能稳定传输，R 保持不变。

如果考虑相对论自聚焦，等离子体通道中激光束腰演化方程为

$$\frac{\mathrm{d}^2 R}{\mathrm{d}x^2} = \frac{1}{X_{\mathrm{m}}^2 R^3}\left(1 - \frac{\Delta n}{\Delta n_{\mathrm{c}}} R^4 - \frac{P}{P_{\mathrm{f}}}\right), \tag{4.140}$$

这里 P 为激光功率，而 P_{f} 为相对论自聚焦临界功率。

4.5.4　激光等离子体通道间的相互作用

上面我们介绍了多种机制形成的等离子体通道，有时也称为细丝。如果同时形成多个通道，在克尔效应或等离子体效应等作用下，细丝间会出现吸引、融合、排斥等相互作用过程。

当两束非共线光丝重合时，其重叠部分激光可产生强烈的干涉调制，从而使得自聚焦过程更加显著。这一过程也会影响两束激光的后续传播。

对于单束激光，如果其功率远高于自聚焦临界功率，那么其在传输过程中可形成多个等离子体通道。这种多丝结构在空气和等离子体中都可发生。当强激光在有密度梯度的等离子体中传输时，在接近临界密度时，自聚焦临界功率降低，容易看到多丝结构的形成。对于强激光，其波前通常不是很平直，也即横向有多个强度峰，这时，多丝结构更容易形成。一个光丝引起的等离子体参数的变化可影响附近光丝的传输，取决于具体条件，两光丝可相互吸引或相互排斥。

4.6　参　量　过　程

第 3 章中我们讨论了等离子体中的多种不稳定性,本节讨论激光驱动的不稳定。当激光在等离子体中传输时,它可以与另外两个波耦合,后两个波一般源自热噪声,也可通过种子源引入。这三个波可以有各自不同的色散关系。当耦合条件很好满足时,激光的能量输运到另两个波中,也即激发另两个波的增长。这被称为参量不稳定性。为满足共振激发,三波过程要满足能量守恒和动量守恒,这也被称为匹配条件,即

$$\omega_L = \omega_1 + \omega_2, \tag{4.141}$$

$$\boldsymbol{k}_0 = \boldsymbol{k}_1 + \boldsymbol{k}_2, \tag{4.142}$$

式中,ω_L、$\boldsymbol{k}_0$ 分别为泵浦激光在等离子体中的频率和波矢;ω_1、$\boldsymbol{k}_1$、ω_2、$\boldsymbol{k}_2$ 为另两个波在等离子体中的频率和波矢。三个波矢可以不共线,如图 4.5 所示。

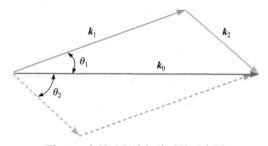

图 4.5　参量过程波矢关系的示意图

如果驱动激光携带角动量,比如激光为拉盖尔-高斯激光,参量过程还须满足角动量守恒,即

$$L_L = L_1 + L_2. \tag{4.143}$$

在等离子体中激发的两个波可以是电磁波(散射光)、电子等离子体波、离子声波等。

4.6.1　三波耦合的一般理论

假定驱动激光和其产生的两个波在空间上是均匀的,三个相互耦合的振荡方程可写为

$$\frac{\mathrm{d}^2}{\mathrm{d}t^2}a_L + \omega_L^2 a_L = -\alpha_1 a_1 a_2, \tag{4.144}$$

$$\frac{\mathrm{d}^2}{\mathrm{d}t^2}a_1 + \omega_1^2 a_1 = -\alpha_2 a_L a_2, \qquad (4.145)$$

$$\frac{\mathrm{d}^2}{\mathrm{d}t^2}a_2 + \omega_2^2 a_2 = -\alpha_3 a_L a_1. \qquad (4.146)$$

如果 a_2 的频率为 ω，a_1 的频率为 $\omega_L - \omega$，可以把后两个方程写为

$$\begin{pmatrix} \omega_1^2 - (\omega_L - \omega)^2 & \alpha_2 a_L \\ \alpha_3 a_L & \omega_2^2 - \omega^2 \end{pmatrix} \begin{pmatrix} a_1 \\ a_2 \end{pmatrix} = \begin{pmatrix} 0 \\ 0 \end{pmatrix}. \qquad (4.147)$$

这时要求行列式的值为零，可得到新的色散关系，即

$$\left[\omega_1^2 - (\omega_L - \omega)^2\right]\left(\omega_2^2 - \omega^2\right) = \alpha_2\alpha_3 a_L^2, \qquad (4.148)$$

现在假定 ω 为 ω_2 附近的小变动，如果这一小变动为纯虚数 $\omega = \omega_2 + \mathrm{i}\gamma$，则泰勒展开后可以得到

$$\gamma = \frac{\sqrt{\alpha_2\alpha_3}}{2\sqrt{\omega_2(\omega_L - \omega_2)}}a_L. \qquad (4.149)$$

这就是参量不稳定性的增长率。我们看到增长率主要由驱动光的振幅 a_L 以及耦合系数 α_2 和 α_3 决定。

4.6.2　受激拉曼散射

激光在稀薄等离子体中传输时，有质动力扰动电子密度的分布，激发电子等离子体波，从而入射激光耦合到电子等离子体波和散射光，这个过程称为受激拉曼散射(SRS)。类似地，如果入射激光耦合到离子声波和散射光，则称为受激布里渊散射(SBS)。拉曼散射和布里渊散射早先在研究弱光与分子、液态和固体等相互作用时就已被发现，光波和电子耦合的称为拉曼散射，光波与声子耦合的称为布里渊散射。这里称为"受激"是因为散射过程由于参量不稳定而不断正反馈加强，直到饱和。

受激拉曼过程满足能量守恒和动量守恒，即

$$\omega_L = \omega_s + \omega_l, \qquad (4.150)$$

$$\boldsymbol{k}_0 = \boldsymbol{k}_s + \boldsymbol{k}_l. \qquad (4.151)$$

因为非相对论激光能够在等离子体中传输的最大频率为电子等离子体频率 ω_{pe}，受激拉曼散射只能发生在 $\omega_L \geqslant 2\omega_{pe}$，也即 $n \leqslant n_{cr}/4$ 的地方。特别地，在 1/4 临界密度附近，激光可耦合为两个电子等离子体波，这被称为双等离子体衰变(TPD)。

受激拉曼散射使得部分激光能量转换为电子等离子体波，波在衰减的过程中

加热等离子体,并可产生超热电子。在惯性聚变中,这些超热电子预加热靶丸内部,不利于准等熵压缩,通常是不利的,同时对于背向拉曼散射,激光被反射,能量被浪费,因此受激拉曼散射在惯性聚变物理中是一个需要重点研究的物理过程。在全尺度激光聚变研究中,激光的焦深很长,即瑞利长度很长,不稳定过程可在很长的激光传播距离上不断增长,因此对不稳定性抑制的要求更高。对激光聚变,激光强度是非相对论的,可以采用非相对论理论,但对强场激光,则需要考虑相对论效应。

受激拉曼散射的基本物理过程是这样的。考虑在激光传输方向等离子体密度有小的扰动,也即局部有非中性的电荷密度 δn,这一密度在激光的场作用下产生横向电流 $\delta J = \delta n a / \gamma$。如果符合色散关系,这一电流就能产生散射光 δa。散射光和入射光相干叠加后,产生和频或差频的有质动力 $\nabla(a_L \delta a)$。这个有质动力在激光传播方向产生周期性的密度扰动。如果整个过程形成正反馈,拉曼散射就被激发起来。

下面对其进行详细分析。这里的方程仍保留着三维形式,但我们大多进行的是一维推导。考虑三维效应时,比如侧向拉曼散射,要特别小心。我们从激光传播方程出发

$$\left(\frac{\partial^2}{\partial t^2} - \nabla^2\right)\boldsymbol{a} = -\frac{n_e}{\gamma_e}\boldsymbol{a}. \tag{4.152}$$

假定激光振幅和电子密度有个小的扰动,即 $\boldsymbol{a} = \boldsymbol{a}_L + \tilde{\boldsymbol{a}}$,$n_e = n_0 + \tilde{n}_e$。把它们代入方程可得到关于一阶小量散射光的方程

$$\left(\frac{\partial^2}{\partial t^2} - \nabla^2 + \omega_{pe}^2\right)\tilde{\boldsymbol{a}} = -\frac{\tilde{n}_e}{\gamma_e}\boldsymbol{a}_L, \tag{4.153}$$

这里我们不考虑(忽略)相对论效应引起的高次谐波项。等式右侧是产生散射光的横向电流。

流体的连续性方程为

$$\frac{\partial n_e}{\partial t} + \nabla \cdot (n_e \boldsymbol{u}_e) = 0. \tag{4.154}$$

电子流体元的横向正则动量近似为零,则描述流体的纵向动量方程为

$$\frac{\partial \boldsymbol{p}_1}{\partial t} = \nabla \phi - \nabla \gamma - \frac{\nabla p_e}{n_e}, \tag{4.155}$$

这里相对论因子包括横向动量和纵向动量的贡献。对于快过程,采用绝热物态方程,即 $p_e / n_e^3 = \text{constant}$。把纵向动量和静电势看成小量,即 $\boldsymbol{p}_1 = \tilde{\boldsymbol{p}}$,$\phi = \tilde{\phi}$。在非相对论条件下(下面将另外给出相对论条件下的推导),可以得到

$$\frac{\partial \tilde{n}_e}{\partial t} + n_0 \nabla \cdot \tilde{\boldsymbol{u}} = 0, \tag{4.156}$$

$$\frac{\partial \tilde{\boldsymbol{u}}}{\partial t} = \nabla \tilde{\phi} - \nabla (\boldsymbol{a}_L \cdot \tilde{\boldsymbol{a}}) - \frac{3 v_e^2 \nabla \tilde{n}_e}{n_0}. \tag{4.157}$$

对这两个方程分别取时间导数和散度, 可以得到

$$\left(\frac{\partial^2}{\partial t^2} + \omega_{pe}^2 - 3 v_e^2 \nabla^2 \right) \tilde{n}_e = n_0 \nabla^2 (\boldsymbol{a}_L \cdot \tilde{\boldsymbol{a}}). \tag{4.158}$$

这个方程左侧是电子等离子体波的传播, 右侧是驱动项, 也即方程描述电磁波扰动驱动产生电子密度的扰动, 再驱动产生静电电子等离子体波。

现在我们已经获得了静电波和电磁波耦合的两个方程(4.153)和(4.158)。取 $\boldsymbol{a}_L = \boldsymbol{a}_0 \cos(\omega_L t - \boldsymbol{k}_0 \cdot \boldsymbol{x}) = \boldsymbol{a}_0 [\exp(\mathrm{i}\omega_L t - \mathrm{i}\boldsymbol{k}_0 \cdot \boldsymbol{x}) + \exp(-\mathrm{i}\omega_L t + \mathrm{i}\boldsymbol{k}_0 \cdot \boldsymbol{x})]/2$, 同时假定密度扰动具有 $\sim \exp(\mathrm{i}\omega t - \mathrm{i}\boldsymbol{k} \cdot \boldsymbol{x})$, 电势扰动具有 $\sim \exp(\mathrm{i}\omega_s t - \mathrm{i}\boldsymbol{k}_s \cdot \boldsymbol{x})$ 的形式, 对两个方程作傅里叶分析, 得到

$$(\omega^2 - k^2 c^2 - \omega_{pe}^2) \tilde{\boldsymbol{a}}(\boldsymbol{k}, \omega) = \frac{1}{2} \boldsymbol{a}_0 [\tilde{n}_e(\boldsymbol{k} - \boldsymbol{k}_0, \omega - \omega_L) + \tilde{n}_e(\boldsymbol{k} + \boldsymbol{k}_0, \omega + \omega_L)], \tag{4.159}$$

$$(\omega^2 - \omega_l^2) \tilde{n}_e(\boldsymbol{k}, \omega) = \frac{1}{2} k^2 n_0 \boldsymbol{a}_0 [\tilde{\boldsymbol{a}}(\boldsymbol{k} - \boldsymbol{k}_0, \omega - \omega_L) + \tilde{\boldsymbol{a}}(\boldsymbol{k} + \boldsymbol{k}_0, \omega + \omega_L)], \tag{4.160}$$

这里 ω_l 为朗缪尔波的频率, 高阶项已被忽略。取激发的等离子体波的频率 $\omega \approx \omega_l \approx \omega_{pe}$, 也即考虑激发朗缪尔波产生的共振, 将上面两个方程中的 $\tilde{\boldsymbol{a}}$ 消去, 可以得到色散关系

$$\omega^2 - \omega_l^2 = \frac{\omega_{pe}^2 k^2 c^2 a_0^2}{4} \left[\frac{1}{(\omega - \omega_L)^2 - (\boldsymbol{k} - \boldsymbol{k}_0)^2 c^2 - \omega_{pe}^2} + \frac{1}{(\omega + \omega_L)^2 - (\boldsymbol{k} + \boldsymbol{k}_0)^2 c^2 - \omega_{pe}^2} \right], \tag{4.161}$$

激发的等离子体波的频率应该在朗缪尔波附近, 取 $\omega = \omega_l + \delta\omega = \omega_l + \mathrm{i}\gamma_s$, $\delta\omega \ll \omega_l$。先忽略频率上移项, 并且认为散射光满足色散关系, 也即是共振的, 得到色散关系

$$(\omega_l - \omega_L)^2 - (\boldsymbol{k} - \boldsymbol{k}_0)^2 c^2 - \omega_{pe}^2 = 0. \tag{4.162}$$

这样可以得到受激拉曼散射的增长率为

$$\gamma_s = \frac{kca_0}{4} \left[\frac{\omega_{pe}^2}{\omega_l(\omega_L - \omega_l)} \right]^{\frac{1}{2}} = \frac{kca_0}{4} \left[\frac{\omega_{pe}^2}{\omega_l \omega_s} \right]^{\frac{1}{2}}, \tag{4.163}$$

这里的波数由式(4.161)确定。我们一直用矢量 $\boldsymbol{k}$, 也即这个公式可以描述后向散

射、前向散射和侧向散射。但这里的驱动激光近似为平面光，没有考虑激光脉冲横向分布的影响，并且假定了矢势和密度梯度垂直，即 $a \cdot \nabla n = 0$。对于后向散射，

$$k = k_0 + k_L \left(1 - \frac{2\omega_{pe}}{\omega_L}\right)^{\frac{1}{2}}, \tag{4.164}$$

波数的范围为 $k_0 < k < 2k_L$，即 SRS 发生在 1/4 临界密度以下。

类似地，可以得到前向拉曼散射的增长率

$$\gamma_s = \frac{\omega_{pe}^2}{\sqrt{8}\omega_L} a_0. \tag{4.165}$$

实际上对侧向散射，$a \cdot \nabla n = 0$ 不能严格成立，因此侧向散射优先在垂直偏振平面。可以看到在激光频率确定时，等离子体密度越接近 $n_{cr}/4$，增长率越高。

在上面的推导中，我们假定频率有个虚数偏离，这样得到了不稳定性随时间的增长率。类似地，我们可以假定波数有个虚数偏离，这样可得到空间不稳定性增长率。这意味着不稳定性发展需要一定的时间和空间。在相同增长率条件下，对于飞秒激光脉冲，由于激光在同一个空间位置停留的时间很短，因此不稳定性，特别如需要长时间发展的 SBS，不容易发展。当然不稳定性增长率和激光振幅相关，飞秒激光通常振幅比较大，这一因素使得 SRS 的增长率比较高。同时不稳定性需要一定的传输距离来发展。如果激光是紧聚焦，瑞利长度比较短，激光强度随着传输很快降低，不稳定性可能来不及发展。如果相反，比如在惯性聚变中，真空靶室的尺寸很大，激光需要很长的距离才能到达聚变靶，为此一般用大 F 数聚焦，激光的瑞利长度很大，激光在很长的距离上都能维持很高的强度，因此不稳定性有充分的传输距离来发展。

SRS 的增长率可以简单估计为 $\gamma_s = k_L ca$，其对应的增长时间为 $\tau_s = 1/(k_L ca)$，对波长为 1μm 的激光，如果激光强度为 $10^{14}\,\text{W/cm}^2 (a \approx 0.01)$，增长时间只需要 50fs，如果对应传输距离，只需要 16μm。可以看到，SRS 是非常容易发生的。

实际上，只有当 SRS 增长率大于朗缪尔波的衰减速率时，SRS 才能真正发展起来，这就是 SRS 的阈值。如果只考虑电子-离子碰撞引起的等离子波衰减，则在第 3 章给出的朗缪尔波的阻尼速率等于电子碰撞速率，$\nu = \nu_{ei}$，我们简单给出 SRS 发生的阈值为

$$a_0^2 > \left(\frac{\omega_{pe}}{\omega_L}\right)^2 \frac{\nu_{ei}^2}{\omega_{pe}\omega_L}, \tag{4.166}$$

一般情况下，电子-离子碰撞频率远小于等离子体频率，所以这个阈值是很低的，但如果等离子体温度很高，碰撞频率比较高，SRS 的阈值提高，也即非常高的等

离子体温度可抑制 SRS 的发生。

实际上，无碰撞耗散也非常重要，甚至在很多情况下比碰撞耗散更重要，比如朗道阻尼就是电子等离子体波重要的耗散机制。假定静电波写为

$$E = E_0 \sin(kx - \omega_l t). \tag{4.167}$$

等离子体大多数的背景电子，其速度和静电波的相速度 ω_l / k 是不同的。这些电子受到静电力被加速或减速，但平均来说其能量是不变的。但背景等离子体中有部分电子其速度 $v \approx \omega_l / k$，这些电子可被静电场持续地加速或减速。这意味着电子获得能量，也意味着静电场损伤能量，被耗散，即电子和静电波之间有能量交换。(具体的推导过程可参考第 3 章波和粒子的相互作用以及 Kruer 的书)，这里我们直接给出电子能量变换的平均速率为

$$\langle \dot{\delta\mathcal{E}} \rangle = -\frac{\pi e^2 E_0^2}{2m|k|} \frac{\omega_l}{k} \frac{\partial f}{\partial v}\left(\frac{\omega_l}{k}\right). \tag{4.168}$$

从公式可以看到，能量交换取决于相速度附近速度分布函数的斜率。特别地，速度略小于波相速度的电子获得能量，而速度略大于波相速度的电子损失能量。如果速度分布随速度降低，总体上粒子从波中获得能量；反之，粒子把能量给波。这就是逆朗道阻尼，也是自由电子激光中高能电子能量交给波的过程，自由电子激光中的波是电磁波，而不是静电波。我们将在第 9 章中进行更详细的讨论。

由能量平衡

$$2v\frac{E_0^2}{8\pi} = \langle \dot{\delta\mathcal{E}} \rangle \tag{4.169}$$

得到电场的增长或衰减速率为

$$\frac{v}{\omega_l} = -\sqrt{\frac{\pi}{8}} \frac{\omega_{pe}^2 \omega_l}{k^3 v_e^3} \exp\left(-\frac{\omega_l^2}{2k^2 v_e^2}\right). \tag{4.170}$$

如果假定散射光由电子-离子碰撞耗散，而朗缪尔波由朗道阻尼耗散，那么 SRS 发生的阈值为

$$a_0^2 > \left(\frac{\omega_{pe}}{\omega_L}\right)^2 \frac{v_{ei} v_l}{\omega_{pe} \omega_L}, \tag{4.171}$$

这里 v_l 为朗缪尔波的朗道阻尼速率。

当受激拉曼散射被激发起来后，入射激光可与朗缪尔波产生和频的耦合，即从朗缪尔波中获得能量，产生更高频的散射光，这被称为反斯托克斯线，而低频的谱线则称为斯托克斯线。因为反斯托克斯线是次级效应，一般相对较弱。

随着 SRS 不稳定性的增长，等离子体温度提高，同时大振幅电子等离子体波

的朗道阻尼更大，这使得 SRS 不能继续增长，也即达到饱和。

4.6.3 相对论激光的拉曼散射

对于惯性聚变，驱动激光一般是非相对论的。但对于强场飞秒激光，激光振幅 $a \geqslant 1$，受激拉曼散射更容易发生。这里推导相对论激光受激拉曼散射的增长率，其推导过程完全仿效非相对论条件下的推导。为简单起见，考虑圆偏振相对论激光，对线偏振激光，因为有振荡项，推导更困难。和前面类似，假定激光有小扰动，因此相对论因子为 $\gamma = \sqrt{1+a^2} = \gamma_0 + \dfrac{a_0 \tilde{a}}{\gamma_0}$，我们忽略激光包络引起的有质动力对电子密度的扰动，即 $\nabla \gamma_0 = 0$，对于飞秒强激光这一假定其实有很大问题。这时，参量过程的能量和动量守恒方程为

$$\omega_L = \omega_s + \frac{\omega_{pe}}{\sqrt{\gamma_0}}, \tag{4.172}$$

$$\boldsymbol{k}_0 = \boldsymbol{k}_s + \boldsymbol{k}_1, \tag{4.173}$$

泵浦激光、散射激光和电子等离子体波的色散关系为

$$\omega_L^2 = k_0^2 c^2 + \frac{\omega_{pe}^2}{\gamma_0}, \tag{4.174}$$

$$\omega_s^2 = k_s^2 c^2 + \frac{\omega_{pe}^2}{\gamma_0}, \tag{4.175}$$

$$\omega_1^2 \approx \frac{\omega_{pe}^2}{\gamma_0}. \tag{4.176}$$

散射光和密度扰动方程分别为

$$\left(\frac{\partial^2}{\partial t^2} - \nabla^2 + \frac{\omega_{pe}^2}{\gamma_0} \right) \tilde{a} = -\frac{\tilde{n}_e}{\gamma_0} \boldsymbol{a}_L, \tag{4.177}$$

$$\frac{\partial \tilde{n}_e}{\partial t} + n_0 \nabla \cdot \tilde{\boldsymbol{u}} = 0. \tag{4.178}$$

应注意，这里的连续性方程是非协变的，电子密度是实验室参考系的，不是静止参考系的。假设纵向运动是小扰动，不影响相对论因子，电子流体的纵向动量方程为

$$\gamma_0 \frac{\partial \tilde{\boldsymbol{u}}}{\partial t} = \nabla \tilde{\phi} - \nabla \left(\frac{\boldsymbol{a}_L \cdot \tilde{\boldsymbol{a}}}{\gamma_0} \right) - \frac{3 v_e^2 \nabla \tilde{n}_e}{n_0}. \tag{4.179}$$

由此方程和连续性方程，可得

$$\left(\gamma_0 \frac{\partial^2}{\partial t^2} + \omega_{pe}^2 - 3v_e^2 \nabla^2 \right) \tilde{n}_e = n_0 \nabla^2 \left(\frac{\boldsymbol{a}_L \cdot \tilde{\boldsymbol{a}}}{\gamma_0} \right). \tag{4.180}$$

对密度扰动方程和散射光方程进行傅里叶分析可得

$$\left(\omega^2 - k^2 c^2 - \frac{\omega_{pe}^2}{\gamma_0} \right) \tilde{\boldsymbol{a}}(\boldsymbol{k}, \omega) = \frac{\boldsymbol{a}_0}{\gamma_0} \left[\tilde{n}_e (k - k_0, \omega - \omega_L) + \tilde{n}_e (k + k_0, \omega + \omega_L) \right], \tag{4.181}$$

$$\left(\gamma_0 \omega^2 - \omega_{pe}^2 \right) \tilde{n}_e (\boldsymbol{k}, \omega) = \frac{k^2 n_0 \boldsymbol{a}_0}{\gamma_0} \left[\tilde{\boldsymbol{a}}(k - k_0, \omega - \omega_L) + \tilde{\boldsymbol{a}}(k + k_0, \omega + \omega_L) \right]. \tag{4.182}$$

只考虑频率下转换，由此可得色散关系为

$$\gamma_0 \omega^2 - \omega_{pe}^2 = \frac{\omega_{pe}^2 k^2 a_0^2}{4\gamma_0^2} \left[\frac{1}{(\omega - \omega_L)^2 - (k - k_0)^2 c^2 - \omega_{pe}^2 / \gamma_0} \right]. \tag{4.183}$$

取 $\omega = \omega_1 + \delta\omega = \omega_1 + i\gamma_s$，可得相对论条件下(后向)受激拉曼散射的增长率为

$$\gamma_s = \frac{kca_0}{4\gamma_0^{3/2}} \left(\frac{\omega_{pe}^2}{\omega_1 \omega_s} \right)^{\frac{1}{2}} = \frac{kca_0}{4\gamma_0^{5/4}} \left(\frac{\omega_{pe}^2}{\omega_{pe}\omega_s} \right)^{\frac{1}{2}}. \tag{4.184}$$

可以看到，和非相对论情况相比，多了修正因子 $\gamma_0^{5/4}$。需要指出，在不同文献中，相对论条件的受激拉曼散射增长率的表达式有所不同。同时，如我们前面指出，飞秒激光的包络可对电子密度有很大扰动，公式(4.184)仅有参考意义。另外，对于飞秒强激光，受激拉曼散射很快就能被激发，更重要的可能不是不稳定性的增长率，而是饱和时的情形。

4.6.4　涡旋激光的受激拉曼散射

原则上对于受激拉曼散射，除了能量守恒和动量守恒外，还需要满足角动量守恒，

$$\boldsymbol{L}_L = \boldsymbol{L}_s + \boldsymbol{L}_1, \tag{4.185}$$

如果入射激光为一般的线偏振高斯激光，不携带角动量，只要散射光的角动量和朗缪尔波的角动量能相互抵消，角动量守恒就能满足，对于前向散射和后向散射，这是容易实现的。我们可以用和上面完全一样的过程推导得到相同的增长率。只是等离子体中一般不容易产生这样带角动量的朗缪尔波的种子源，所以我们不容易观察到这种现象。但如果我们用一个带角动量的涡旋光，比如拉盖尔-高斯激光，作为种子散射光来激发 SRS，就可以实现这种过程。利用这一原理，可以实现涡旋激光的受激拉曼放大，我们后面对此作更详细的介绍。

如果入射激光携带自旋(圆偏振激光)或轨道(拉盖尔-高斯光)角动量，假定激发的朗缪尔波不携带角动量，那么散射光和入射光携带相同的角动量，这对于前向和后向拉曼散射是容易满足的。对于侧向拉曼散射，为满足动量守恒，散射光的波矢和朗缪尔波的波矢不同向，如果朗缪尔波的角动量为零，则散射光的动量和其轨道角动量不同向。

4.6.5　受激拉曼散射的抑制

对于激光惯性约束聚变，受激拉曼散射等不稳定性过程散射激光，影响激光吸收，同时产生超热电子，对靶丸预加热，一般是有害的，因此需要抑制。在全尺度聚变实验中，由于激光的瑞利长度长，受激拉曼等不稳定性更为严重。受激拉曼散射是一个相干过程,消除激光的相干性是抑制受激拉曼散射的最主要方法。和能量守恒定律、动量守恒定律、角动量守恒定律这三个定律相对应，激光的相干性也可分为时间相干性、空间相干性和角度相干性。这些在第 1 章激光的相干性中有介绍。对于时间相干性，一般用宽频来消除。假定激光振幅有随时间变化项 $\alpha(t)$，这里 $\alpha(t)$ 的平均值为 1，忽略衰减项，不稳定性随时间的增长可描述为

$$f(t) = \exp\left(\gamma_0 \int_0^t \alpha(t')\mathrm{d}t'\right), \tag{4.186}$$

如果 $\alpha(t)$ 为高斯分布，则时间平均的增长率

$$\left\langle \exp\left(\gamma_0 \int_0^t \alpha(t')\mathrm{d}t'\right)\right\rangle = \exp\left[\frac{1}{2}\gamma_0^2 \int_0^t \mathrm{d}t' \int_0^t \mathrm{d}t'' \langle\alpha(t')\alpha(t'')\rangle\right], \tag{4.187}$$

可定义带宽为

$$\frac{1}{\Delta\omega} = \int_0^\infty \mathrm{d}\tau \langle\alpha(t)\alpha(t+\tau)\rangle, \tag{4.188}$$

得到不稳定性平均增长为(假定 $\Delta\omega \gg \gamma_0$)

$$\langle f\rangle = \exp\left(\frac{\gamma_0^2 t}{\Delta\omega}\right). \tag{4.189}$$

现在我们考虑离散模式叠加对 SRS 的影响。由第 1 章我们知道，N 个分离的单色谐波合成可得到的脉冲时域分布为

$$A(x,t) = \sum_{m=0}^{N-1} A_m \mathrm{e}^{\mathrm{i}(k_m x - \omega_m t + \varphi_m)}. \tag{4.190}$$

假设所有谐波的振幅 A_m 和相位 φ_m 都相同，$\omega_m = \omega_0(1+m\varepsilon)$，如 ε 远小于 1，表示激光在中心频率附近有谱宽。在 $x=0$ 处得到光强的时域分布为

$$I = I_0 \frac{\sin^2\left(N\varepsilon\omega_0 t / 2\right)}{\sin^2\left(\varepsilon\omega_0 t / 2\right)}. \tag{4.191}$$

脉冲的间隔为 $T_{\mathrm{L}} / \varepsilon$，脉冲的脉宽 $\Delta\tau = T_{\mathrm{L}} / (N\varepsilon)$，峰值强度为 $N^2 I_0$，也即一个周期 $T_{\mathrm{L}} / \varepsilon$ 内强度积分仍为 $N I_0 T_{\mathrm{L}} / \varepsilon$。

考虑多模激光的受激拉曼散射

$$\left(\frac{\partial^2}{\partial t^2} - \nabla^2 + \omega_{\mathrm{pe}}^2\right)\tilde{\boldsymbol{a}} = -\frac{\tilde{n}_{\mathrm{e}}}{\gamma_{\mathrm{e}}}\boldsymbol{a}_{\mathrm{L}}, \tag{4.192}$$

$$\left(\frac{\partial^2}{\partial t^2} + \omega_{\mathrm{e}}^2 - 3v_{\mathrm{e}}^2\nabla^2\right)\tilde{n}_{\mathrm{e}} = n_0\nabla^2\left(\boldsymbol{a}_{\mathrm{L}} \cdot \tilde{\boldsymbol{a}}\right), \tag{4.193}$$

$$\boldsymbol{a}_{\mathrm{L}} = \sum \boldsymbol{a}_{\mathrm{L}m}. \tag{4.194}$$

假设所有 $\boldsymbol{a}_{\mathrm{L}m}$ 相位相同，$\exp(-\mathrm{i}\omega_{\mathrm{L}m}t + \mathrm{i}\boldsymbol{k}_{\mathrm{L}m}\cdot\boldsymbol{x}) / 2$，假定扰动具有 $\sim \exp(\mathrm{i}\omega t - \mathrm{i}\boldsymbol{k}\cdot\boldsymbol{x})$ 的形式，只考虑频率下转换，

$$\left(\omega^2 - k^2 c^2 - \omega_{\mathrm{pe}}^2\right)\tilde{\boldsymbol{a}}(\boldsymbol{k},\omega) = \sum \frac{1}{2}\boldsymbol{a}_0\left[\tilde{n}_{\mathrm{e}}\left(\boldsymbol{k} + \boldsymbol{k}_{\mathrm{L}m}, \omega + \omega_{\mathrm{L}m}\right)\right], \tag{4.195}$$

$$\left(\omega^2 - \omega_1^2\right)\tilde{n}_{\mathrm{e}}(\boldsymbol{k},\omega) = \sum_m \frac{1}{2}k^2 c^2 n_0 \boldsymbol{a}_0 \tilde{\boldsymbol{a}}\left(\boldsymbol{k} - \boldsymbol{k}_{\mathrm{L}m}, \omega - \omega_{\mathrm{L}m}\right), \tag{4.196}$$

$$\left(\omega^2 - \omega_1^2\right) = \frac{\omega_{\mathrm{pe}}^2 \boldsymbol{k}^2 c^2 a_0^2}{4}\sum\frac{1}{\left(\omega - \omega_{\mathrm{L}m}\right)^2 - \left(\boldsymbol{k} - \boldsymbol{k}_{\mathrm{L}m}\right)^2 c^2 - \omega_{\mathrm{pe}}^2}. \tag{4.197}$$

取 $\omega = \omega_1 + \delta\omega = \omega_1 + \mathrm{i}\gamma_{\mathrm{s}}$，$\delta\omega \ll \omega_1$，并且认为只有散射光 $\omega - \omega_{\mathrm{L}0}$ 完全满足色散关系，也即是共振的，得到色散关系

$$\left(\omega_1 - \omega_{\mathrm{L}0}\right)^2 - \left(\boldsymbol{k} - \boldsymbol{k}_{\mathrm{L}0}\right)^2 c^2 - \omega_{\mathrm{pe}}^2 = 0. \tag{4.198}$$

这意味着对于其他的驱动光模式，散射光不能完全满足色散关系，而有小的偏离。因此，我们有

$$\left(2\mathrm{i}\omega_1\gamma_{\mathrm{s}} - \gamma_{\mathrm{s}}^2\right) = \frac{\omega_{\mathrm{pe}}^2 \boldsymbol{k}^2 c^2 a_0^2}{4}\sum_m\frac{1}{\left(\omega_1 - \omega_{\mathrm{L}0}\right)\left(2\mathrm{i}\gamma_{\mathrm{s}} + 2m\varepsilon\omega_{\mathrm{L}0}\right)}, \tag{4.199}$$

一般我们有 $\omega_1 \gg \gamma_{\mathrm{s}}$，即不稳定性经过多个等离子体振荡周期才显著增长，同时，$m\varepsilon\omega_{\mathrm{L}0} \ll \omega_1$，即谱宽远小于激光频率和等离子体频率。这样，其中描述不稳定性增长率的实部近似为

$$\gamma_{\mathrm{s}}^2 \approx \frac{\omega_{\mathrm{pe}}^2 \boldsymbol{k}^2 c^2 a_0^2}{-16\left(\omega_1 - \omega_{\mathrm{L}0}\right)\omega_1}\sum_m\frac{\gamma_{\mathrm{s}}^2}{\gamma_{\mathrm{s}}^2 + \left(m\varepsilon\omega_{\mathrm{L}0}\right)^2}.$$

这里我们忽略了波数适配的效应，大体上它和频率适配的效应是同量级的。因此不稳定性增长率修正为

$$\gamma_s = \frac{kca_0}{4}\left[\frac{\omega_{pe}^2}{\omega_1(\omega_L - \omega_1)}\right]^{\frac{1}{2}}\left(\sum_m \frac{\gamma_s^2}{\gamma_s^2 + (m\varepsilon\omega_{L0})^2}\right)^{\frac{1}{2}}. \tag{4.200}$$

若 $m\varepsilon\omega_{L0} \ll \gamma_s$，即频宽很窄，近似单色光，则

$$\gamma_s = \frac{kca_0}{4}\left[\frac{\omega_{pe}^2}{\omega_1(\omega_L - \omega_1)}\right]^{\frac{1}{2}}\sqrt{N}\left(1 - \frac{1}{2N}\sum_k \frac{(\varepsilon\omega_{L0})^2}{\gamma_s^2}m^2\right) \approx \gamma_0\left(1 - \frac{1}{6}\frac{(\Delta\omega_{L0})^2}{\gamma_s^2}\right). \tag{4.201}$$

这里 γ_0 为式(4.163)描述的增长率。式中，$m\varepsilon\omega_{L0} = 0$ 时，即不考虑后面修正项，N 个激光合束后，总强度为 NI_0，T_L/ε 时间内不稳定线性增长为 $\propto \sqrt{NI_0}T_L/\varepsilon$。频宽的影响先只理解为激光脉宽缩短，强度增加，如理解为激光强度增加为 N^2I_0，脉宽缩短为 $T_L/(N\varepsilon)$，因此不稳定性线性增长为 $\sqrt{N^2I_0}\left(\dfrac{T_L}{N\varepsilon}\right) = \sqrt{I}T_L/\varepsilon$，也即相干合束降低增长率。反过来，我们可认为激光本来就是脉冲激光，只是把它展开为 N 个子束的合束，脉冲的振幅即为 Na，激光脉宽为 $T_L/(N\varepsilon)$，那么增长率 $\propto Na$。这和单一模式时的结果是一样的。如考虑后面修正项，增长率又进一步降低，这项是通常说的谱宽影响。在式 (4.201) 中我们已假定 $N \gg 1$。如果各子束相位随机，增长率进一步降低。如果子束间的频率不等间距，增长率也有不同。

若除 $m = 0$ 外，$m\varepsilon\omega_{L0} \gg \gamma_s$，即可近似认为只有一个模式对不稳定性起作用，$\gamma_s = \gamma_0/\sqrt{N}$。实际情况一般处于两者之间。

对于(横向)空间相干性，一般用随机相位板等来消除。对于横向相干面积，如图 4.6 所示，我们也可分解为 $\Delta s = r\Delta r\Delta\varphi = \dfrac{1}{2}\Delta r^2\Delta\varphi$，即分为径向相干性和角向相干性。应指出，$\Delta r$ 太小可使得径向动量的不确定性很大，从而影响激光的聚焦。对于角向相干性，可以用宽角动量谱来消除。对于一般的高斯激光，平均角动量为零，即使使用随机相位板后，角动量谱宽度一般也很小。为增加角动量谱宽度，首先要有角动量，也即利用涡旋激光，并且要使用多个不同角动量的涡旋光合成的激光。顺带指出，偏振随机可以看成是自旋角动量有谱宽。

现在我们先不考虑 Δr 引起的径向相干性，只考虑驱动激光为不同频率 ω 和角量子数 l 的 N 个子束的合成，即

$$a_L(x,t) = \sum_{m=0}^{N-1} a_m e^{i(k_{Lm}x - \omega_{Lm}t + l_{Lm}\varphi + \varphi_m)}. \tag{4.202}$$

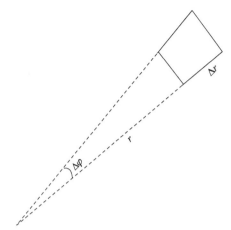

图 4.6 横向相干面积可分解为 $\Delta s = r\Delta r\Delta\varphi = \frac{1}{2}\Delta r^2\Delta\varphi$

为推导简单，令 $a_m \equiv a_0$，$\varphi_m \equiv 0$。各子束频率为 $\omega_{Lm} = \omega_{L0}(1+m\varepsilon_1)$，子束间频率间隔为 $\omega_{L0}\varepsilon_1$，总频宽为 $\Delta\omega = (N-1)\omega_{L0}\varepsilon_1$，通常 $\Delta\omega/\omega_{L0} \ll 1$。同时用 ε_3 描述对应波数的变化。角量子数 $l_{Lk} = l_{L0}(1+m\varepsilon_2)$，总量子数宽度 $\Delta l = l_{L0}(N-1)\varepsilon_2$。$l_{L0}\varepsilon_2$ 通常为整数，我们这里令 $l_{L0}\varepsilon_2 = 1$。具有这种结构的激光称为弹簧光，可参考第 1 章。叠加后的振幅为

$$a_L(x,r,\varphi,t) = a_0(r)\frac{\sin\left[\frac{N\left(\varepsilon_1\omega_{L0}t - \varepsilon_3 k_{L0}x - \varepsilon_2 l_{L0}\varphi\right)}{2}\right]}{\sin\left[\frac{\varepsilon_1\omega_{L0}t - \varepsilon_3 k_{L0}x - \varepsilon_2 l_{L0}\varphi}{2}\right]}, \tag{4.203}$$

这意味着脉宽从 T_0 减小为 T_0/N，环向亮点大小变为 $2\pi/N$。

利用式(4.191)和式(4.192)，忽略径向梯度，并假定波具有 $\sim \exp(i\omega t - ikx + il\varphi)$。对于下转换散射光，色散关系为

$$\left(\omega^2 - \omega_1^2\right) = \frac{\omega_{pe}^2 k^2 c^2 a_0^2}{4}\sum_{m=0}^{N-1}\frac{1}{(\omega - \omega_{Lm})^2 - (k - k_{Lm})^2 c^2 - \frac{(l - l_{Lm})^2}{r^2}c^2 - \omega_{pe}^2}. \tag{4.204}$$

可以看到色散关系依赖径向位置 r。对于弹簧光，作为估计，可用峰值强度位置 R。现在我们假定只有一种模式比如 $(\omega_{L0}, k_{L0}, l_{L0})$ 是完全共振的，其他模式则稍偏离共振，即

$$\left(\omega_1 - \omega_{L0}\right)^2 - \left(k - k_{L0}\right)^2 c^2 - \frac{(l - l_{L0})^2}{r^2}c^2 - \omega_{pe}^2 = 0. \tag{4.205}$$

我们先只考虑单色光，并且假定 $n\varepsilon_2 l_{L0}^2 c^2/R^2 \ll \omega_{s0}\gamma_s$，可以得到

$$\gamma_{\mathrm{s}} \approx \gamma_0 \left[1 - \frac{1}{6} \left(\frac{l_{\mathrm{L}0} \Delta l c^2}{\omega_{\mathrm{s}0} \gamma_{\mathrm{s}} R^2} \right)^2 \right]. \tag{4.206}$$

这里假定了 $\Delta l / l_{\mathrm{L}0} \ll 1$。

如果同时考虑频率和角动量谱宽，就需要考虑是频率谱宽还是角动量谱宽占主导。

对于真实激光，振幅为 Na_0。因此，上面的公式，除修正项外，和前面是相同的。同时我们看到，当 $\Delta l > (1/l_{\mathrm{L}0})(\omega_{\mathrm{s}0}/\omega_{\mathrm{L}0})(2\pi R/\lambda_{\mathrm{L}0})^2 (\Delta\omega/\omega_{\mathrm{L}0})$ 时，由 Δl 引起的抑制占主导。因为对纳秒激光，一般 $\dfrac{\Delta\omega}{\omega_{\mathrm{L}0}} \ll 1$，这是很容易实现的。因此，利用宽角量子数时可以抑制 SRS 等不稳定性。

从朗道阻尼的讨论中，我们知道，随着受激拉曼散射的增长，等离子体被加热，但等离子体温度可阻止拉曼散射的继续增长，因此拉曼散射可达到饱和。

同时，激光传输时的成丝不稳定性对等离子体密度有比较大的影响，同时也会影响激光的强度，而激光强度和等离子体密度可影响 SRS 的发展。因此成丝不稳定性也会影响 SRS 的增长。

我们现在再从关联函数的角度来理解相干性的影响。以径向空间相干性为例，假定有两个相干光 $a_1(r)$、$a_2(r)$，在线性发展阶段，不稳定性随时间的增长为

$$b = \beta(a_1 + a_2)^2 = \beta\left(a_1^2 + a_2^2 + 2a_1 a_2\right). \tag{4.207}$$

如果 $a_1(r) = a_2(r) = a_0(r)$，则对横向积分有

$$b = 4\beta \int a_0^2(r)\mathrm{d}s. \tag{4.208}$$

如果 $a_1(r) \neq a_2(r)$ 但满足 $\int a_1^2(r)\mathrm{d}s = \int a_2^2(r)\mathrm{d}s = \int a_0^2(r)\mathrm{d}s$，先考虑简单情况，$a_1(r) = \dfrac{w_0}{w_1} a_0 \mathrm{e}^{-r^2/w_1^2}$，$a_2(r) = \dfrac{w_0}{w_2} a_0 \mathrm{e}^{-r^2/w_1^2}$，$a_0(r) = a_0 \mathrm{e}^{-r^2/w_0^2}$，也即两束光有不同焦斑大小，或者说不同的径向动量。设 $w_1 = w_0 + \Delta w$，$w_2 = w_0 - \Delta w$，则

$$2\int a_1(r)a_2(r)\mathrm{d}s = 2\left(1 - \frac{3\Delta w^2}{w_0^2}\right)\int a_0^2(r)\mathrm{d}s, \tag{4.209}$$

也即两束不同焦斑的相干光叠加可抑制不稳定性，或者说横向动量的谱宽也可抑制不稳定性。

我们再从谱分布的角度看，时间上激光分裂成很多的小峰意味着激光有比较大的频谱宽度，我们在推导不稳定性增长率时知道，只有相位完全匹配，不稳定性才能快速增长，较宽的谱意味着对很多频率，相位不能完全匹配，这部分光激

发不稳定性的增长速度必然变慢。实际上要形成螺距较小的弹簧光，也必然需要较大的频谱宽度。

我们也可从另一个角度直观理解相干性对 SRS 增长的影响。SRS 的线性增长率和激光振幅 a_0 成正比，如果时间为 t，线性增长为 $a_0 t$。现在如果激光振幅不是恒定的，而是集中在时间 Δt 内，在保持激光总能量(或平均功率)不变的条件下，则激光振幅增强为 $a_0 \sqrt{t / \Delta t}$，SRS 增长 $a_0 \sqrt{t \Delta t} < a_0 t$，也即如果把激光在时间上或者空间上切成很多小段，是有利于控制受激拉曼散射的。因此，可以用增加带宽和利用随机相位板等造成激光的时空干涉，来形成很多的亮点和暗点，这实际上和激光的相干体积有关。我们可以考虑一种特殊情况，如果激光是由不同角量子数的涡旋光合成的弹簧光，对于环上确定空间点，只在短的时间段里为亮点，其他时刻为暗点，并且呈周期性变化。因此，在这种情况下，受激拉曼散射也是被抑制的。

4.6.6　双等离子体波衰变

激光在稀薄等离子体中传输时，也可衰变为两个电子等离子体波，其能量、动量和角动量的匹配关系为

$$\omega_{\mathrm{L}} = \omega_{\mathrm{l1}} + \omega_{\mathrm{l2}}, \tag{4.210}$$

$$\boldsymbol{k}_0 = \boldsymbol{k}_{\mathrm{l1}} + \boldsymbol{k}_{\mathrm{l2}}, \tag{4.211}$$

$$\boldsymbol{L}_{\mathrm{L}} = \boldsymbol{L}_{\mathrm{l1}} + \boldsymbol{L}_{\mathrm{l2}}. \tag{4.212}$$

因为 $\omega_{\mathrm{l1}} \approx \omega_{\mathrm{l2}} \approx \omega_{\mathrm{pe}}$，不稳定性发生在 $n = n_{\mathrm{cr}} / 4$ 附近。因为双等离子体波衰变激发等离子体波，并最终变成电子的热能，在激光聚变中要考虑其引起的预加热。

我们先不考虑角动量，对于双等离子体衰变，等离子体波的传播方向和激光方向不共线，我们仍把速度分解为激光驱动项和扰动项，即 $\boldsymbol{u} = \boldsymbol{a}_{\mathrm{L}} + \tilde{\boldsymbol{u}}$，那么，等离子体连续性方程和动量方程的扰动项分别为

$$\frac{\partial \tilde{n}_{\mathrm{e}}}{\partial t} + n_0 \nabla \cdot \tilde{\boldsymbol{u}} + \boldsymbol{a}_{\mathrm{L}} \cdot \nabla \tilde{n}_{\mathrm{e}} = 0, \tag{4.213}$$

$$\frac{\partial \tilde{\boldsymbol{u}}}{\partial t} = \nabla \tilde{\phi} - \nabla (\boldsymbol{a}_{\mathrm{L}} \cdot \tilde{\boldsymbol{u}}) - \frac{3 v_{\mathrm{e}}^2 \nabla \tilde{n}_{\mathrm{e}}}{n_0}. \tag{4.214}$$

对这两个方程分别取时间导数和散度，可以得到

$$\left(\frac{\partial^2}{\partial t^2} + \omega_{\mathrm{pe}}^2 - 3 v_{\mathrm{e}}^2 \nabla^2 \right) \tilde{n}_{\mathrm{e}} = n_0 \nabla^2 (\boldsymbol{a}_{\mathrm{L}} \cdot \tilde{\boldsymbol{u}}) - \frac{\partial (\boldsymbol{a}_{\mathrm{L}} \cdot \nabla \tilde{n}_{\mathrm{e}})}{\partial t}, \tag{4.215}$$

这个方程描述电磁波扰动驱动产生电子密度的扰动，也即产生静电电子等离子

体波。

取 $a_L = \boldsymbol{a}_0 \cos(\omega_L t - \boldsymbol{k}_0 \cdot \boldsymbol{x}) = \boldsymbol{a}_0 \left[\exp(\mathrm{i}\omega_L t - \mathrm{i}\boldsymbol{k}_0 \cdot \boldsymbol{x}) + \exp(-\mathrm{i}\omega_L t + \mathrm{i}\boldsymbol{k}_0 \cdot \boldsymbol{x}) \right] / 2$, 同时假定密度扰动具有 $\sim \exp(\mathrm{i}\omega t - \mathrm{i}\boldsymbol{k} \cdot \boldsymbol{x})$, 对密度方程作傅里叶分析, 得到

$$\left(\omega^2 - \omega_1^2 \right) \tilde{n}_e(k,\omega) = \frac{\omega}{2} \boldsymbol{k} \cdot \boldsymbol{a}_0 \left[\tilde{n}_e(k-k_0, \omega-\omega_L) + \tilde{n}_e(k+k_0, \omega+\omega_L) \right]$$
$$+ \frac{1}{2} k^2 n_0 \boldsymbol{a}_0 \cdot \left[\tilde{\boldsymbol{u}}(k-k_0, \omega-\omega_L) + \tilde{\boldsymbol{u}}(k+k_0, \omega+\omega_L) \right]. \quad (4.216)$$

类似地, 如果密度扰动为 $\tilde{n}_e(k-k_0, \omega-\omega_L)$, 则

$$[(\omega-\omega_L)^2 - \omega_{l-k_0}^2] \tilde{n}_e(k-k_0, \omega-\omega_L)$$
$$= \frac{\omega}{2} \boldsymbol{k} \cdot \boldsymbol{a}_0 \left[\tilde{n}_e(k,\omega) + \tilde{n}_e(k-2k_0, \omega-2\omega_L) \right]$$
$$\frac{1}{2} (\boldsymbol{k}-\boldsymbol{k}_0)^2 n_0 \boldsymbol{a}_0 \cdot \left[\tilde{\boldsymbol{u}}(k,\omega) + \tilde{\boldsymbol{u}}(k-2k_0, \omega-2\omega_L) \right], \quad (4.217)$$

等式后面的两个非共振项可忽略。

由连续性方程知道,

$$\tilde{\boldsymbol{u}}(k,\omega) \approx \frac{\boldsymbol{k}\omega}{k^2 n_0} \tilde{n}_e(k,\omega), \quad (4.218)$$

这里忽略了非共振项。这也意味着速度扰动方向和等离子体波矢方向近似一致。利用上面三式可以得到色散关系,

$$\left(\omega^2 - \omega_1^2 \right) \left[(\omega-\omega_L)^2 - \omega_{l-k_0}^2 \right] = \left\{ \frac{\boldsymbol{k}c \cdot \boldsymbol{a}\omega_{pe} \left[(\boldsymbol{k}-\boldsymbol{k}_0)^2 - k^2 \right]}{2k(\boldsymbol{k}-\boldsymbol{k}_0)} \right\}^2, \quad (4.219)$$

这里耦合项中可假定 $\omega \approx \omega_{pe}$, $\omega - \omega_L \approx -\omega_{pe}$ 。

为得到增长率, 我们仍可写 $\omega = \omega_1 + \mathrm{i}\gamma$, 得到

$$\gamma \approx \frac{\boldsymbol{k}c \cdot \boldsymbol{a}}{4} \left| \frac{(\boldsymbol{k}-\boldsymbol{k}_0)^2 - k^2}{k|\boldsymbol{k}-\boldsymbol{k}_0|} \right|. \quad (4.220)$$

可以看到, 当等离子体波和激光传播方向以及激光偏振方向都成 45° 角时, 增长率有最大值

$$\gamma \approx \frac{k_0 ca}{4}. \quad (4.221)$$

在 1/4 临界密度附近, 双等离子体衰变比受激拉曼散射更容易发生。可以认为速度的扰动有两部分, 即电子等离子体波引起的纵向运动和激光扰动引起的横向部分。对于前向或后向拉曼散射, 纵向运动和电子在激光场中的运动垂直, 这部分

不会继续引起密度变化，起作用的是激光扰动引起的横向运动，也即驱动激光和散射激光拍频引起的有质动力对等离子体密度起作用。对于双等离子体衰变，电子等离子体波引起的"纵向运动"和激光不共线，由此引起的"有质动力"对等离子体密度继续扰动，而激光扰动引起的有质动力项可忽略，也即一般拉曼散射可忽略。

4.6.7　受激布里渊散射

受激布里渊散射和离子声波有关，是一个慢过程，对于使用纳秒激光的惯性约束聚变比较重要，对于飞秒激光等离子体相互作用，一般来不及发展起来。但如果激光很强，有质动力很大，则激光传输的距离比较长时，受激布里渊散射仍可能是重要的。

对于受激布里渊散射，激光衰变为散射光和离子声波，因此能量和动量守恒关系为

$$\omega_L = \omega_s + \omega_i, \tag{4.222}$$

$$\boldsymbol{k}_0 = \boldsymbol{k}_s + \boldsymbol{k}_i, \tag{4.223}$$

我们暂不考虑角动量守恒。

激光和散射光拍频产生的有质动力和热压一起驱动电子流体的运动，从而产生电荷分离势。对慢过程，忽略电子的惯性，并采用等温近似，即绝热指数 $\gamma = 1$，有

$$\nabla \tilde{\phi} = \nabla \left(\boldsymbol{a}_L \cdot \tilde{\boldsymbol{a}} \right) + \frac{v_e^2 \nabla \tilde{n}_e}{n_0}. \tag{4.224}$$

离子在这个静电场中运动并激发出离子声波，离子运动的连续性方程和动量方程分别为

$$\frac{\partial n_i}{\partial t} + \nabla \cdot \left(n_i \boldsymbol{u}_i \right) = 0, \tag{4.225}$$

$$\frac{\partial \boldsymbol{u}_i}{\partial t} + \boldsymbol{u}_i \cdot \nabla \boldsymbol{u}_i = \nabla \tilde{\phi}. \tag{4.226}$$

动量方程左边第二项是二阶小量，可忽略，即

$$\frac{\partial \tilde{n}_i}{\partial t} + n_0 \nabla \cdot \left(\boldsymbol{u}_i \right) = 0, \tag{4.227}$$

$$\frac{\partial \boldsymbol{u}_i}{\partial t} = \nabla \tilde{\phi}. \tag{4.228}$$

由此可得

$$\frac{\partial^2 \tilde{n}_i}{\partial t^2} = n_0 \nabla^2 \tilde{\phi}, \tag{4.229}$$

也即静电势使得离子密度变化。假定 $\tilde{n}_i = \tilde{n}_e$，把它代入方程(4.223)，可得

$$\frac{\partial^2 \tilde{n}_i}{\partial t^2} - c_s^2 \nabla^2 \tilde{n}_i = n_0 \nabla^2 \left(\boldsymbol{a}_L \cdot \tilde{\boldsymbol{a}} \right). \tag{4.230}$$

这个方程描述入射激光和散射光相互作用驱动的离子声波。

我们仍和前面一样，把驱动激光写为 $a_L = \boldsymbol{a}_0 \cos(\omega_L t - \boldsymbol{k}_0 \cdot \boldsymbol{x}) = \boldsymbol{a}_0 [\exp(\mathrm{i}\omega_L t - \mathrm{i}\boldsymbol{k}_0 \cdot \boldsymbol{x}) + \exp(-\mathrm{i}\omega_L t + \mathrm{i}\boldsymbol{k}_0 \cdot \boldsymbol{x})] / 2$，同时假定密度扰动具有 $\sim \exp(\mathrm{i}\omega t - \mathrm{i}\boldsymbol{k} \cdot \boldsymbol{x})$ 的形式，对激光传播方程和密度方程作傅里叶分析，忽略非共振项，可得到(这里不考虑侧向散射)

$$
\begin{aligned}
&\omega^2 - k^2 c_s^2 \\
&= \frac{k^2 c^2 a_0^2}{4} \omega_{pi}^2 \times \left[\frac{1}{(\omega - \omega_L)^2 - (k - k_0)^2 c^2 - \omega_{pe}^2} + \frac{1}{(\omega + \omega_L)^2 - (k + k_0)^2 c^2 - \omega_{pe}^2} \right].
\end{aligned}
\tag{4.231}
$$

一般我们可认为只有频率下转换的散射光，因此有

$$\left(\omega^2 - k^2 c_s^2 \right) \left(\omega^2 - 2\omega\omega_L + 2kk_0 c^2 - k^2 c^2 \right) = \frac{k^2 c^2 a_0^2}{4} \omega_{pi}^2. \tag{4.232}$$

我们仍把频率写为 $\omega = kc_s + \mathrm{i}\gamma$，考虑共振条件，即 $k^2 c^2 = 2kk_0 c^2 - 2\omega_L kc_s$，可得到增长率为

$$\gamma = \frac{1}{2\sqrt{2}} \frac{k_0 c a_0 \omega_{pi}}{\sqrt{\omega_L k_0 c_s}}. \tag{4.233}$$

在强场条件下，静电场主要由激光决定，热压作用可忽略，波的相速度远大于离子声速，即 $\omega \gg kc_s$，这时我们可得到

$$\omega \approx \left(\frac{k_0^2 c^2 a_0^2 \omega_{pi}^2}{2\omega_L} \right)^{1/3} \left[\frac{1}{2} + \mathrm{i}\frac{\sqrt{3}}{2} \right]. \tag{4.234}$$

当激光传输到四分之一临界密度以上时，受激拉曼散射和双等离子体衰变都不再发生，但可发生和离子声波相关的不稳定性。一种是上面讲的布里渊散射，另一种是发生在临界密度附近的等离子体衰变，激光在临界密度附近衰变为一个电子等离子体波和一个离子声波。

4.7　等离子体光栅

考虑两束激光在 x-y 平面，以一定角度 $(\pm\theta)$ 入射到等离子体中，激光为线偏振，偏振在 z 方向，我们把两激光写为

$$a_1 = a_0 \sin(kx\cos\theta + ky\sin\theta - \omega t),\tag{4.235}$$

$$a_2 = a_0 \sin(kx\cos\theta - ky\sin\theta - \omega t).\tag{4.236}$$

两束光叠加区域的光场为

$$a = a_1 + a_2 = 2\sin(kx\cos\theta - \omega t)\cos(ky\sin\theta).\tag{4.237}$$

可以看到，在 y 方向可形成稳定的周期性结构，其周期为 $k\Delta y\sin\theta = 2\pi$，即

$$\Delta y = \frac{\lambda}{\sin\theta}.\tag{4.238}$$

这一光场结构可驱动等离子体密度形成相应的结构，也即形成等离子体光栅。我们可以通过调节两束光的夹角 2θ 来调节等离子体光栅的尺寸。这样的等离子体光栅可作为等离子体光学元件。由于其为等离子体，相对于固体光栅有更高的损伤阈值，也即能承受更高的激光光强。

由于等离子体光栅的存在，原则上两束激光之间可发生能量传递。

第 5 章　强激光与固体靶相互作用

强场激光除了与气体作用外，还经常与固体相互作用，这时等离子体密度一般是大于临界密度 n_c 的。在低温、高压条件下，气体喷嘴喷出的气体经电离后等离子体密度也可能大于临界密度。如果驱动激光为长波长激光，如 CO_2 激光，气体密度更容易大于临界密度。对于稀薄等离子体，激光能透入到等离子体中，并传输很长的距离；对于稠密等离子体，激光在等离子体表面反射，因此相互作用主要发生在趋肤深度 $l_s = c/\omega_{pe}$ 内，但在这局域范围内，依然有非常丰富的相互作用过程，特别是在不同的激光强度和脉冲宽度下，相互作用过程具有非常不同的特点。强激光与固体相互作用时，等离子体密度一般有个分布，即从欠稠密逐渐变为稠密，因此我们把近临界密度附近的一些相互作用过程也放在本章讨论。强激光与稠密等离子体相互作用可用于激光驱动离子加速等。本章我们讨论强激光与稠密等离子体相互作用的基本理论。

5.1　激光固体等离子体相互作用中的基本物理过程

强场激光与固体厚靶或固体薄膜靶相互作用时，强激光被迅速从临界密度面反射，因此相互作用的时间非常短，大体上为激光的脉宽，但相互作用的过程非常复杂，如图 5.1 所示。本节我们做个粗略介绍，后面会给出各个物理过程的具体分析。

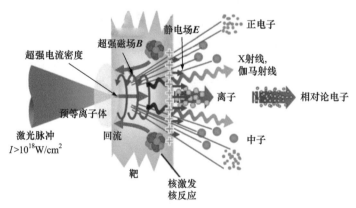

图 5.1　超强激光与固体密度等离子体相互作用的示意图(H. Daido et al., Review of laser-driven ion sources and their applications, Reports on Progress in Physics, 75(5), 056401(2012))

强场激光不可避免伴随预脉冲。预脉冲与固体表面相互作用，电离并加热表面等离子体，热等离子体以稀疏波形式向外膨胀，在固体表面产生预等离子体，预等离子体的密度从零上升到固体密度。因此，激光与固体靶相互作用时，主脉冲可同时与稀薄和稠密等离子体相互作用。如果预脉冲的影响比较大，预等离子体的标尺长度则比较长，这时主脉冲与稀薄等离子体的相互作用更为重要。对于纳米厚度的薄膜靶，有可能整个靶被电离、加热并膨胀，最高密度可低于固体密度，甚至低于临界密度。

由于相对论效应，强激光与靶表面电子的非线性相互作用可产生相对论高次谐波，谐波的波长可推进到 X 射线波段，QED 效应起作用时，甚至可推进到伽马射线波段。主脉冲强激光与固体表面等离子体相互作用，热等离子体膨胀，由热电机制可在靶前产生环向静磁场；同时，激光的横向包络产生的有质动力可驱动横向电流，其和密度梯度共同作用也可产生环形磁场。主脉冲可在固体表面前向加速产生高能电子或超热电子，这些电子往稠密等离子体中传输，可引起背景冷等离子体中电子回流，这种电子速度分布的各向异性可激发韦伯不稳定性，并在稠密等离子体中产生横向磁场。高能电子在稠密或固体密度靶中传输时可由韧致辐射产生伽马射线，伽马射线和高 Z 核作用，可由 Bethe-Heitler(BH) 过程产生正负电子对，也可引发核反应，如巨共振反应，在此过程中，可产生中子等核反应产物。热等离子体膨胀产生的反冲力如果足够强就可产生离子声静电激波，如果等离子体中磁场起很大作用，可产生磁声激波，激光特别强时，光压占主导，光压可直接驱动静电激波。激波的马赫数足够大时，激波面可反射并加速未扰动区的离子，这就是无碰撞激波加速。对于光压占主导的纳米薄膜靶，激光足够强时，整个薄膜可被光压加速，称为"光帆"加速。热电子到达靶背后，可在靶背形成鞘层场，鞘层场可加速靶后表面的质子，这就是靶法线鞘层加速(TNSA)。热电子从靶后表面射出，可由相干渡越辐射等机制产生强太赫兹辐射。热等离子体中电子运动产生的电流，还可产生 GHz 波段的强电磁辐射。

5.2　一维非均匀等离子体的 WKB 解

飞秒强激光与固体作用时，固体表面迅速电离形成等离子体，如果激光与纳米厚度薄膜靶相互作用，整个薄膜靶可被迅速电离。等离子体形成的过程较为复杂，涉及各种能量吸收机制、电离过程、热传导过程、流体运动过程等，后面我们将对能量吸收机制进行一些讨论，其他过程可参考第 3 章。这里为处理简单，我们只考虑强激光与等离子体的相互作用。先考虑激光与固体相互作用产生的预等离子体。假定等离子体密度缓变且并不因激光而改变，推导平面激光场随等离子体密度的变化。激光传输方程为

$$\left(\frac{\partial^2}{\partial x^2} - \frac{\partial^2}{\partial t^2}\right)a = \frac{n_e}{\gamma_e}a. \tag{5.1}$$

把激光场写为 $a(x,t) = a_0(x)\mathrm{e}^{\mathrm{i}(\omega_L t - k(x)x)}$，即波矢随等离子体密度变化。在非相对论条件下，忽略 $a_0(x)$ 和 k 的所有偏导项，色散关系为 $k^2(x) = \omega_L^2 - n_e(x)$。如果只忽略两阶导数及两个一阶导数的乘积，可以得到

$$2k\frac{\partial a_0}{\partial x} + \frac{\partial k}{\partial x}a_0 = 0, \tag{5.2}$$

求解可得

$$a_0(x) = \frac{\text{constant}}{\sqrt{k(x)}}, \tag{5.3}$$

由群速度公式可知

$$v_g = \frac{\mathrm{d}\omega}{\mathrm{d}k} = \frac{k}{\omega} = \frac{\text{constant}}{a_0^2(x)}, \tag{5.4}$$

即

$$v_g a_0^2(x) = \text{constant}. \tag{5.5}$$

这表明激光的能流是守恒的。由此，

$$a_0(x) = a_0(x=0)\frac{1}{\sqrt{v_g}} = a_0\sqrt{\frac{\omega}{k}} = a_0(1-n_e)^{-\frac{1}{4}}, \tag{5.6}$$

这里在 $x=0$ 处，$n_e = 0$，也即在真空中 $v_{g=c}$。如果写成电场和磁场的形式，则

$$E_0(x) = E_0(1-n_e)^{-\frac{1}{4}}, \tag{5.7}$$

$$B_0(x) = B_0(1-n_e)^{-\frac{1}{4}}. \tag{5.8}$$

这样我们给出激光场随等离子体密度变化的 WKB(Wentzel-Kramers-Brillouin)解。WKB 解只对密度缓变情况正确，并且在临界密度附近，激光场变成无穷大，WKB 解显然失效。

如果等离子体密度线性变化，$n_e = n_{cr}x/L$，一维激光传输方程为

$$\left(\frac{\partial^2}{\partial x^2} + \left(1 - \frac{x}{L}\right)\right)a = 0. \tag{5.9}$$

作参数变换，$\xi = L^{1/3}(x-L)$，可得到

$$\frac{\partial^2 a}{\partial \xi^2} - \xi a = 0, \tag{5.10}$$

该方程的解为

$$a = c_1 A_i(\xi), \tag{5.11}$$

这里 A_i 为 Airy 函数(图 5.2)，c_1 为常数，由边界条件，即 $x=0$ 处的激光决定。它描述的是激光在临界密度处反射后形成的驻波场。可以看到，随着等离子体密度的增长，激光群速度变慢，因此激光振幅变大，在临界密度附近激光开始衰减。

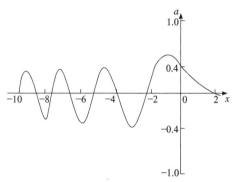

图 5.2 从真空 $(-\infty)$ 处入射的恒定平面激光振幅随空间的变化

5.2.1 s 偏振斜入射

考虑激光传播方向和等离子体密度梯度方向有一个夹角 θ。和前面一样，等离子体密度 $n_e(x)$ 是 x 的函数，一维平面激光在 x-y 平面传输，其偏振在 z 方向(s 偏振)，如图 5.3 所示。激光传输的波方程变为

$$\left(\frac{\partial^2}{\partial x^2} + \frac{\partial^2}{\partial y^2} + 1 - n_e(x) \right) a_z = 0, \tag{5.12}$$

在 y 方向的传播为 $a_z = a_{z0}(x) e^{iy\sin\theta}$，$\theta$ 为入射角。所以上式可写为

$$\left(\frac{\partial^2}{\partial x^2} + \cos^2\theta - n_e(x) \right) a_z = 0, \tag{5.13}$$

临界密度变为 $n_{cr}\cos^2\theta$，在斜入射条件下，激光在较低的等离子体密度下就可反射。在激光与薄膜靶相互作用时，预脉冲使等离子体迅速膨胀，为了使主脉冲与等离子体相互作用时等离子体仍为稠密，可考虑使用斜入射，这对无碰撞冲击波加速等是极为重要的。

顺带指出，太阳辐射使得离地面 50km 外的大气是部分电离的，这被称为电离层。波长足够大的电磁波可以被电离层反射，并且斜入射时，即使频率稍高的"短波"也能被反射。短波电台就是利用这一原理将电磁信号传输到远离发射站的收音机。

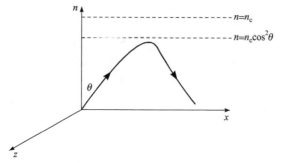

图 5.3　斜入射平面激光的传输

5.3　强激光与固体薄膜相互作用

强激光与固体密度等离子体的相互作用主要发生在趋肤深度内，因此强激光与纳米厚度薄膜靶的相互作用极为重要。

5.3.1　圆偏振相对论激光在稠密等离子体中传输的解析解

现在假定飞秒激光的对比度很高，预脉冲很好控制，那么激光直接与固体密度等离子体相互作用。这里假定等离子体密度轮廓为台阶状，即直接从零跃升到稠密，如果等离子体密度的标尺长度非常小，强激光可把电子推离密度变化区，这里的理论也成立。先假定离子惯性无穷大，离子只作为不运动的背景，讨论相对论激光与电子等离子体的相互作用，电子的响应时间为电子等离子体频率，相对于其他时间尺度可近似为瞬时的。这里只考虑圆偏振激光，因为圆偏振激光没有振荡项，容易得到解析解；对于线偏振激光，其脉冲包络引起的效应是类似的，因此这里的结果也可参考。电子等离子体在激光场中的运动方程为

$$\frac{\partial \boldsymbol{p}_{\mathrm{c}}}{\partial t} = e\nabla \phi - m_{\mathrm{e}}c^2\nabla \gamma + \frac{\nabla p_{\mathrm{e}}}{n_{\mathrm{e}}}, \tag{5.14}$$

$\boldsymbol{p}_{\mathrm{c}} = m_{\mathrm{e}}\gamma\boldsymbol{v} - (e/c)\boldsymbol{A}$ 为正则动量。应注意，在稠密等离子体中，由于静电场，电子的纵向运动受到抑制。后面将对所有物理量归一化。在第 2 章中我们知道，可以把正则动量写为

$$\boldsymbol{P}_{\mathrm{c}} = \nabla \Psi. \tag{5.15}$$

由运动方程可得

$$\frac{\partial \Psi}{\partial t} = \gamma - \phi - 1 + T_{\mathrm{e}}\ln(n_{\mathrm{e}}/n_0). \tag{5.16}$$

由正则动量公式可知，这里相对论因子可写为 $\gamma = \sqrt{1 + (a + \nabla\Psi)^2}$ 。

现在考虑圆偏振激光与冷稠密等离子体相互作用，即忽略热压力。寻求稳态

解,即电子只有横向振荡,在纵向上没有运动。这时正则动量为不变量,且

$$\gamma = \phi + 1, \quad \gamma = \sqrt{1 + a^2}, \tag{5.17}$$

即激光的有质动力和电荷分离产生的静电力达到平衡。我们希望得到在趋肤深度内激光场和电子密度分布的自洽解。如果稠密等离子体是半无限均匀靶,我们需要考虑入射界面和等离子体中无穷远处的边界条件;如果稠密等离子体是个薄膜靶,且其厚度小于趋肤深度,部分激光将透过薄膜靶,则需要前后两个表面的边界条件。在库仑规范下,相对论激光在等离子体中的传播方程为

$$\nabla^2 a - \frac{\partial^2 a}{\partial t^2} = n_e \frac{a}{\gamma}, \tag{5.18}$$

$$\nabla^2 \phi = n_e - n_0. \tag{5.19}$$

只考虑一维相互作用,因为激光在等离子体中传播时频率不变,但由于色散关系,波矢随等离子体密度变化,因此我们可以假定激光在等离子体中具有这样的形式(图 5.4(a))

$$a_2 = a_2(x)e^{i\omega_L t + i\theta(x)}, \tag{5.20}$$

式中 $a_2(x)$、$\theta(x)$ 都为实数。把它代入激光传播方程,其实部和虚部分别为

$$a_2(x)\frac{\partial^2 \theta}{\partial x^2} + 2\frac{\partial a(x)}{\partial x}\frac{\partial \theta}{\partial x} = 0, \tag{5.21}$$

$$\frac{\partial^2 a}{\partial x^2} + a - a\left(\frac{\partial \theta}{\partial x}\right)^2 = n_e \frac{a}{\gamma}. \tag{5.22}$$

由这两个方程可以得到对于变量 x 的两个运动常数,即

$$M = -(\partial \theta / \partial x)(\gamma^2 - 1), \tag{5.23}$$

$$W = \frac{\left(\frac{\partial \gamma}{\partial x}\right)^2 + M^2}{2(\gamma^2 - 1)} + \frac{\gamma^2}{2} - n_0 \gamma. \tag{5.24}$$

其中第一个常数表示动量守恒,因为电子没有纵向运动,所以只表示激光场的动量守恒;第二个方程则表示能量守恒,包括激光场和电子横向运动的能量。当左右两束激光同时与一薄层等离子体相互作用时(沿激光各自传播方向看,两束激光分别为左旋和右旋,如图 5.4(a)所示),电子等离子体被推进到薄层的中间。在电子等离子体表面,横向电场 $E = -\partial a / \partial t$ 和横向磁场 $B = -\partial a / \partial x$ 连续。我们把左侧入射激光写为 a_1,反射激光写为 a_3,因此在左边界"b"处有

$$M = a_1^2 - a_3^2, \tag{5.25}$$

$$2(a_1^2 + a_3^2) = (\partial a_b / \partial x)^2 + M^2 / a_b^2 + a_b^2, \tag{5.26}$$

$$\cos\left(\theta_b - \phi_{1b}\right) = \left(a_1^2 + a_b^2 - a_3^2\right) / 2a_1 a_b, \tag{5.27}$$

$$\cos\left(\phi_{3b} - \phi_{1b}\right) = \left(a_b^2 - a_1^2 - a_3^2\right) / 2a_1 a_3, \tag{5.28}$$

$$\cos\left(\phi_{3b} - \theta_b\right) = \left(a_b^2 + a_3^2 - a_1^2\right) / 2a_b a_3, \tag{5.29}$$

式中，θ_{1b}、θ_{3b} 分别为入射光和反射光在 x_b 点处的相位。类似地，在右边界"c"处可得到类似的边界条件。θ_c 和 θ_b 的关系为

$$\theta_c = \int_{x_b}^{x_c} -\frac{M}{a_2^2}\mathrm{d}x + \theta_b, \tag{5.30}$$

归一化静电场为

$$E_x = -\partial\gamma / \partial x = \sqrt{\left(2W + 2n_0\gamma - \gamma^2\right)\left(\gamma^2 - 1\right) - M^2}. \tag{5.31}$$

在两个电子等离子体表面处的静电场和电子被推进的距离有关，即 $x_{ab} = |E_{xb}| / n_0$，同时我们也可推导出电子密度随相对论因子的变化，即

$$n_e = \gamma\left(3n_0\gamma - 2\gamma^2 + 1 + 2W\right). \tag{5.32}$$

原则上由这一组方程可以计算出激光场和电子密度的分布。现考虑一个相对简单的例子，即只有左侧有入射激光，如图 5.4(b)所示，那么在右边界处，有 $M = a_4^2 = a_c^2$，$\partial\gamma_c / \partial x = 0$，由此可以得到两个运动常数之间的关系，

$$W = M + 1/2 - n_0\left(M+1\right)^{1/2}. \tag{5.33}$$

因为在右边界 $\partial\gamma_c / \partial x = 0$，即有质动力为零，因此即使激光很强，也不会将电子推出原薄膜靶的边界，也即离子边界。激光脉冲的上升沿很陡时，如果考虑动理学效应，等离子体密度分布来不及和有质动力达到平衡态，这时可有部分电子被推出薄膜靶。

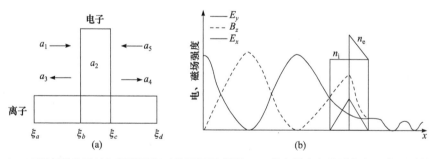

图 5.4　(a)两束激光同时与薄膜靶相互作用的示意图；(b)单束激光与薄膜靶相互作用时的电子密度和激光电磁场分布

作为一个例子，取等离子体密度 $n_0 = 100$，圆偏振激光振幅 $a = 3$，靶厚 $x_{ad} = 0.1$，可以得到如图 5.4(b)所示的结果。数值模拟证实了解析结果。

以上的讨论都假定未扰动等离子体密度或者离子密度是均匀的。实际上由于激光预脉冲的影响,当激光主脉冲与等离子体相互作用时,等离子体已膨胀,一般可以用指数形式描述其密度轮廓,即 $n_0(x) = n_{0L} \exp(x/L)$,这里定义 $x=0$ 处的等离子体密度为 n_{0L}。$\partial n_0 / \partial x = n_0 / L$,$L$ 为标尺长度。这时上面的一系列公式需修正,但大体的物理图像保持不变。

另外需要指出,只有对圆偏振激光,在稳态近似下,并假定离子不动,才能得到这样的解析解。实际上,离子在强静电力作用下很快就开始跟上电子运动。这和激光在稀薄等离子体中的运动不同,在稀薄等离子体中,激光的传输速度几乎是光速,离子的反应跟不上。但对于固体密度等离子体,由于强大的静电力,激光对电子等离子体的推进不能持续,除非离子也跟上一起运动。这就是后面激光驱动离子加速这一章要讲的光压加速的打孔阶段和光帆阶段。

5.3.2 相对论透明

在粗略讨论时,如果由于相对论质量效应使得 $n/\gamma < n_{cr}$,那么认为等离子体是透明的,这里我们对此作更详细的讨论。现在回到上面激光在稠密等离子体中解析解的存在性,这个解析解在什么条件下存在,如果解析解不存在意味着什么。我们将看到解的存在性是和激光的透明条件相关的,解析解不存在意味着流体假定不再成立,动理学效应起作用,稠密等离子体开始变得透明。只考虑一束激光,从能量方程和边界条件得到

$$y = 4a_1^2 - 2M + M^2 - \gamma_b^2 + 1 - 2W\gamma_b^2 - 2n_0\gamma_b^3 + \gamma_b^4 = 0, \tag{5.34}$$

同时还可以得到两个限制条件,即

$$2(2a_1^2 - M) \leqslant \frac{M^2}{a_b^2} + a_b^2, \tag{5.35}$$

$$(2W + 2n_0\gamma_b - \gamma_b^2)(\gamma_b^2 - 1) \leqslant M^2, \tag{5.36}$$

当 $\partial y / \partial \gamma_b = 0$ 时,y 有极值,这时

$$2\gamma_b^2 - 3n_0\gamma_b - (2W+1) = 0. \tag{5.37}$$

因此,若 y 有解,则

$$\gamma_b \leqslant \gamma_{bc} = \left[3n_0 + (9n_0^2 + 16W + 8)^{1/2}\right]/4. \tag{5.38}$$

对于半无限大稠密等离子体,激光全反射,即 $M=0$,$W=1/2-n_0$。这时方程简化,因为关于 γ_b 的两曲线(5.36)和(5.37)在 $n_0 = 1.5$ 处交叉,可得到

$$\gamma_b \leqslant \gamma_{bc} = 2n_0 - 1, \quad 1 \leqslant n_0 \leqslant 1.5, \tag{5.39}$$

$$\gamma_b \leqslant \gamma_{bc} = \left[3n_0 + \left(9n_0^2 - 16n_0 + 16 \right)^{1/2} \right] / 4, \quad n_0 > 1.5, \tag{5.40}$$

通过边界条件，可以得到相对应的入射激光振幅 a_1 的条件(见图 5.5 中的实线)。

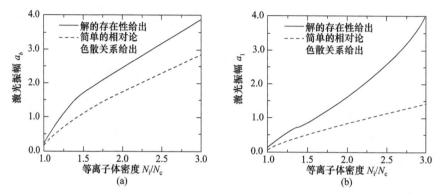

图 5.5　强激光与稠密等离子体相互作用时，相对论透明所需激光振幅随离子体密度的变化：(a)边界处激光振幅，(b)入射激光振幅

对于激光稠密等离子体 $(n_0 > 1)$ 相互作用，当激光比较弱时，激光全反射，在等离子体中，激光在趋肤深度内逐渐衰减到零，对于相对论激光，趋肤深度有修正。当等离子体厚度有限时，比如纳米薄膜靶，部分激光透过等离子体，这是倏逝波意义上的穿透。在这些情况下，我们都能得到解析解。但当入射激光比较强时，即不符合上面解的存在条件时，没有基于流体方程的稳态解，这意味着流体过程是动力学演化的，并且电子有动理学运动。我们发现，这时等离子体开始逐渐变得透明。对于确定的激光强度，需要通过一定时间的演化，等离子体逐渐变得透明。如果激光强度继续提高，演化到透明所需的时间更短。

需要指出的是，在讨论相对论激光的色散关系时，我们给出过另一个简单的相对论透明条件，即 $k^2 = \omega_L^2 - \omega_e^2 / \gamma_b$。结合边界条件，这意味着

$$a_1^2 > \frac{n_0^2 - 1}{4}, \tag{5.41}$$

如果忽略反射，则

$$a_1^2 > n_0^2 - 1. \tag{5.42}$$

那么这些透明性条件之间是什么关系？通过模拟可以发现，平面激光缓慢上升时，当激光振幅达到色散关系给出的条件时，等离子体是不易透明的，即满足前面解存在性的条件，但这种稳定解是脆弱的，和高密液体压在低密液体上类似，各种不稳定性可破坏这一脆弱平衡，使等离子体变得透明。比如，当激光振幅达到不稳定性条件使得等离子体变透明后，当激光振幅下降时，回到不透明的条件由色散关系给出。因为不稳定性的增长需要时间，从不透明到透明是需要时间逐渐演

化的, 这对飞秒激光特别重要, 因为激光等离子体总的作用时间很短, 有可能还没演化到透明, 相互作用就结束了。应指出, 实际上离子会跟随电子运动, 这也会对上面的讨论带来修正, 离子运动使得整个等离子体面运动, 由于多普勒效应, 在等离子体面参考系, 激光红移, 等离子体变得不易透明, 激光特别强时, 等离子体面速度可接近光速, 甚至有相对论不透明现象。对于正负电子对等离子体, 正电子惯性小, 容易跟上电子, 相对论不透明现象更明显。

从这里的讨论可以看到, 如果等离子体密度有台阶状的分布, 相对论激光与稍高于临界密度的等离子体作用时, 激光可挤入等离子体。这里采用的是一维模型, 因此这里的不稳定性是一维的动理学不稳定性。如果等离子体密度的标尺长度不是很小, 激光更容易在等离子体中传输。对于线偏振激光, 由于激光振荡项的扰动, 等离子体透明也变得更容易。在真实的二维和三维条件下, 横向的流体或动力学不稳定性可使得相对论等离子体更容易变得透明。

5.3.3 薄膜靶产生少周期相对论激光脉冲

从上面的讨论可以看到, 由于相对论效应, 弱激光不能透过薄膜靶, 而强激光能透过薄膜靶, 利用相对论透明效应, 原则上能够消除预脉冲。对于已经很好消除预脉冲的飞秒激光, 可近似认为流体冻结, 这时薄膜靶能使激光脉宽更短, 产生少周期甚至单周期的相对论激光脉冲(图 5.6)。但应注意, 对于离主脉冲较远的预脉冲, 流体膨胀效应占主导。

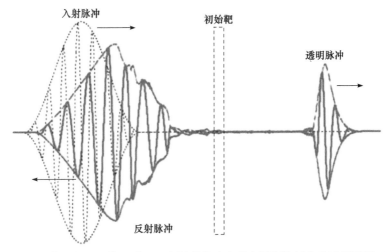

图 5.6 强激光与薄膜靶相互作用时, 只有最强的几个激光周期能部分透过薄膜靶, 因此可产生少周期激光脉冲

5.3.4　两束激光与薄膜靶相互作用

现在考虑两束圆偏振激光从左右两侧同时与薄膜靶相互作用，如果两束激光分别为左旋和右旋，在靶中两束激光的旋转方向一致，前面的解释理论仍适用。如果两束激光同为左旋或右旋，则两束激光在靶中合成为线偏振，并且不同位置的偏振方向不同，这时，电子层可在靶中左右振荡，并产生高次谐波。

5.3.5　相对论激光与双靶的相互作用

一束或两束圆偏振激光与平行放置的两薄膜靶相互作用时，仍可得到解析解，但在某些靶间距离下，解析解不存在。这时，两靶之间的激光场可不断增强，甚至超过驱动激光的场强。

5.4　临界密度附近的激光等离子体加热

强激光与等离子体作用时，激光除了反射或穿过等离子体外，部分激光能量沉积到等离子体中，变成电子和离子的能量，电子的剧烈运动则会产生各种频率的电磁辐射。下面讨论激光能量转移给电子的几种主要机制。

5.4.1　光阴极发射

当弱激光与固体表面作用时，由光电效应，激光把表面(金属)原子电离产生自由电子；激光较强时，也可通过多光子电离或隧穿电离等产生自由电子。自由电子在激光场作用下克服固体表面的束缚能离开固体表面。在这个过程中可施加高压形成静电场，或使用射频波施加交变电场。在电场作用下，电子得到加速。利用这种方法可得到传统加速器中所需的高品质电子源。

5.4.2　碰撞吸收

对于惯性聚变等离子体，其低于临界密度的区域通常有几百微米，并且有很长的标尺长度，$L/\lambda \sim 100$，当较弱的激光，$I = 10^{12} \sim 10^{15}\,\mathrm{W/cm^2}$，在冕区等离子体中传输时，激光能量主要以逆轫致辐射机制被吸收，即光子被电子吸收变成动能的增加，这称为碰撞吸收。碰撞吸收主要发生在稀薄等离子体中，但为了集中讨论激光对等离子体的加热，所以也放在这里讨论。顺带指出，因为光子被吸收后消失，对于涡旋激光，其自旋和轨道角动量也都传递给了等离子体；而对于受激拉曼散射，因为有散射光，散射前后光子数不变，除非满足一定条件，涡旋激光的角动量一般不传递给等离子体。

对于无吸收情况，也即激光在稀薄等离子体中的绝热传播，已经在第 4 章中

进行了讨论。现在我们讨论由于电子-离子碰撞引起的激光能量吸收，这称为碰撞吸收、逆韧致吸收或经典吸收。对激光传播方程

$$\nabla^2 a - \frac{\partial^2 a}{\partial t^2} = \frac{n_e}{\gamma} a \tag{5.43}$$

中的电流项进行修正，在非相对论条件下，考虑电子-离子碰撞，假定激光和速度具有 $\exp(-\mathrm{i}\omega_L t + \mathrm{i}kx)$ 的形式，电子动量方程为

$$\frac{\mathrm{d}v}{\mathrm{d}t} = -E - \nu_{ei} v, \tag{5.44}$$

将波动形式代入，可得

$$-\mathrm{i}v = -\mathrm{i}a - \nu_{ei} v, \tag{5.45}$$

因此电子运动速度为

$$v = \frac{a}{1 + \mathrm{i}\nu_{ei}}. \tag{5.46}$$

因此不使用归一化，激光在等离子体中传输的色散方程修正为

$$\omega_L^2 = k^2 c^2 + \frac{\omega_{pe}^2}{1 + \mathrm{i}\left(\dfrac{\nu_{ei}}{\omega_L}\right)} = k^2 c^2 + \frac{\omega_{pe}^2}{1 + (\nu_{ei}/\omega_L)^2} - \mathrm{i}\frac{\nu_{ei}}{\omega_L}\frac{\omega_{pe}^2}{1 + (\nu_{ei}/\omega_L)^2}, \tag{5.47}$$

如果 $\nu_{ei} \ll \omega_L$，上式可近似为

$$\omega_L^2 = k^2 c^2 + \omega_{pe}^2 \left[1 - \mathrm{i}(\nu_{ei}/\omega_L)\right]. \tag{5.48}$$

对应的折射率为

$$n^2 = 1 - \frac{n/n_c}{1 + \mathrm{i}(\nu_{ei}/\omega_L)} = 1 - \frac{n/n_c}{1 + (\nu_{ei}/\omega_L)^2} + \mathrm{i}\frac{\nu_{ei}}{\omega_L}\frac{n/n_c}{1 + (\nu_{ei}/\omega_L)^2}. \tag{5.49}$$

同时等离子体的电导率为

$$\sigma_e = \frac{\mathrm{i}\omega_{pe}^2}{4\pi(\omega_L + \mathrm{i}\nu_{ei})} = \frac{\omega_{pe}^2 \nu_{ei} + \mathrm{i}\omega_{pe}^2 \omega_L}{4\pi(\omega_L^2 + \nu_{ei}^2)}. \tag{5.50}$$

因此有

$$j = \sigma_e E. \tag{5.51}$$

我们可以比较第 4 章中无碰撞条件下的电导率公式。对于强激光等离子体相互作用，经常可近似为无碰撞等离子体 $(\omega_L \gg \nu_{ei}, \omega_{pe})$，这时电导率为纯虚数。对于等离子体或金属，有很高的自由电子密度，即 ω_{pe} 很大，因此有很好的导电性，有时

可近似为理想导体。对于非均匀等离子体和斜入射，在前面非碰撞等离子体的讨论中，将等离子体频率进行局域修正后仍有效。

在上面具有碰撞阻尼的电磁色散关系中，我们将激光频率写为

$$\omega_L = \omega_r - i\nu / 2, \tag{5.52}$$

其中，虚数部分描述激光能量的衰减；ν 为能量阻尼系数，因此在振幅项中包含因子 $1/2$。假定 $\nu \ll \omega_r$，这样实数部分即是原来不含碰撞的色散关系，而由虚数部分，可得到激光能量阻尼率为

$$\nu = \frac{\omega_{pe}^2}{\omega_r^2} \nu_{ei}. \tag{5.53}$$

这里给出一个简单的物理理解，电子的振荡能 $n_e m \nu_{os}^2 / 2$ 以碰撞频率 ν_{ei} 变成随机的热运动，而激光能量的耗散速率为 $\nu E^2 / (8\pi)$，这两者应达到平衡。再利用电子振荡速率 $\nu_{os} = eE / (m\omega_r)$，就可得到上面的激光能量阻尼率。

为研究激光能量随空间的阻尼，可以把波数写为复数，即

$$k = k_r + ik_i / 2, \tag{5.54}$$

类似地，由虚数部分可得到空间传播的衰减速率

$$k_i = \frac{\omega_{pe}^2}{\omega_L^2} \frac{\nu_{ei}}{\nu_g}, \tag{5.55}$$

这里，$\nu_g = k_r c^2 / \omega_L$ 为激光群速度。将上式写为和等离子体密度的依赖关系，即得到常用的逆韧致吸收系数

$$K_{ib} = k_i = \frac{\nu_{ei}}{c} \frac{n}{n_c} \frac{1}{\sqrt{1 - n / n_c}}. \tag{5.56}$$

激光强度随距离衰减可写为

$$I \sim I e^{-K_{ib} x}. \tag{5.57}$$

可以看到，激光在接近临界密度面时有很强烈的逆韧致吸收。

如果 $\nu \gg \omega_r$，这对应的是低频或直流电场，我们可类似得到

$$\nu = \frac{\omega_{pe}^2}{\nu_{ei}}. \tag{5.58}$$

可以看到，这时吸收率和碰撞频率是成反比的，可得到等离子体的电阻为

$$\eta = \frac{1}{\sigma_e} = 3.2 \times 10^{-11} \left(\frac{1keV}{T_e} \right)^{3/2} \Omega \cdot cm \tag{5.59}$$

这个电阻率通常是很低的，对于高温等离子体，通常远低于金属，因此我们经常近似为无碰撞等离子体。应该注意到的是这个电阻率和等离子体密度无关，只和等离子体温度有关。对于高温等离子体，电导率甚至好于金属。

关于电子碰撞频率公式的推导是基于电子速度具有麦克斯韦分布的，上面的理论都是基于非相对论的较弱的激光，振荡速度远小于热速度，即 $v_{os} \ll v_{te}$，这时原有的电子碰撞频率公式依然正确。但对于较强的激光，许多电子在激光场中做高速振荡，原来基于麦克斯韦速度分布计算得到的电子-离子碰撞频率不再正确，需要修正。由此得到的有效碰撞频率为(一种模型)

$$v_{eff} = v_{ei} \frac{v_{te}^3}{(v_{os}^2 + v_{te}^2)^{3/2}}. \tag{5.60}$$

对于相对论激光，需要考虑相对论质量效应。同时在相互作用过程中，电子的能谱分布也在变化。一是随着激光能量的吸收，电子温度在增加，碰撞频率随电子温度变化；二是低能电子相对减少。这些也会影响逆轫致吸收。

应指出，激光在等离子体中通过受激拉曼散射激发电子等离子体波后，电子等离子体波也可通过碰撞过程或朗道阻尼等加热等离子体，这在第 4 章中已有讨论。

5.4.3　$u \times B$ 加热

前面研究圆偏振激光与稠密等离子体相互作用时，电子等离子体的密度轮廓在激光的有质动力作用下发生变化，如果作用的时间稍长，离子的密度也相应改变。对于初始缓慢变化的密度轮廓，会在临界密度附近出现密度陡化。但对线偏振激光，相互作用过程更为复杂。我们先考虑线偏振激光正入射到有一定密度梯度的等离子体上。我们知道，对于线偏振激光，除了具有和激光脉冲包络有关的有质动力外(这和圆偏振激光的情况类似)，还具有频率为 $2\omega_L$ 的振荡的有质动力，这一有质动力是由激光电场驱动的以速度 u 横向运动的电子受到激光磁场 B 的洛伦兹力 $u \times B$ 产生的。因此，我们把由此引起的加热叫 $u \times B$ 加热或者 $j \times B$ 加热。对于相对论激光，电子的横向运动速度接近光速，这时振荡有质动力驱动的电子纵向振荡对激光能量沉积起重要作用。

假定电场在 y 方向的线偏振激光沿 x 方向传播与等离子体相互作用。激光的相对论因子为

$$\gamma = \sqrt{1 + [a_0 \cos(\omega_L t - kx)]^2} \approx \gamma_0 + \frac{a_0^2}{4\gamma_0} \cos[2(\omega_L t - kx)]. \tag{5.61}$$

这里为处理简单，先假定 $a_0 \ll 1$，离子密度不变，电子等离子体密度轮廓由激光包络的有质动力 $\nabla \gamma_0$ 决定，$\gamma_0 = \sqrt{1 + a_0^2 / 2}$，而 $2\omega_L$ 项只产生局域的振荡。

如果密度梯度非常陡峭，电子被频率为 $2\omega_L$ 的洛伦兹力 $u \times B$ 拉出等离子体表

面,然后再在洛伦兹力 $u \times B$ 和电荷分离引起的静电力共同作用下加速进入等离子体,这两个过程不对称,按理想模型,可以认为进入等离子体的电子能量都被耗散,因此等离子体被加热。这和下面讲的斜入射激光的真空加热非常类似。只是对于 $u \times B$ 加热,只有在 $u \sim c$,也即在相对论激光条件下才变得重要。

如果等离子体密度的标尺长度比较大, $L > c / \omega_{pe}$,临界密度面的电子不足以被拉到真空中,但这时 $u \times B$ 可驱动 $2\omega_L$ 的静电振荡,这个静电振荡可向高密度区域隧穿,并在 $4n_c / \gamma_0$ 处发生共振。这种情况和下面讲的共振加热非常类似,可以认为是 $u \times B$ 驱动的共振吸收。

5.4.4　真空加热

当 p 偏振激光(激光的磁场方向与等离子体面平行)斜入射到具有陡峭密度面的稠密等离子体时,等离子体表面的电子在半个激光周期内被激光的电场拉出到真空中,其拉出距离远超德拜鞘的长度 $\lambda_D = v_e / \omega_{pe}$,然后被电荷分离场以及在下半个激光周期中变得反方向的激光电场加速进入等离子体。激光场在等离子体中在趋肤深度 c / ω_{pe} 内就迅速衰减,远比真空中的激光场弱,这两个过程不对称。电子能量因此可以被沉积到等离子体中。由于这个过程中,电子在真空中获得的能量被沉积在等离子体中,因此称为真空加热或者 Brunel 加热。同时,电子在等离子体中运动时,碰撞效应也会进一步增强电子能量的沉积。

5.4.5　共振加热

前面我们讨论过,当 s 偏振平面激光斜入射到有密度梯度的层状等离子体时,其在等离子体密度为 $n_c \cos^2 \theta$ 的地方反射。现在我们讨论 p 偏振激光,为讨论简单先考虑非相对论激光,对于在 x-y 平面传输的 p 偏振激光,其电场在 x 方向和 y 方向都有分量,传输方程比较复杂,因此我们可采用关于磁场 B 的方程,磁场只在 z 方向,如图 5.7 所示。

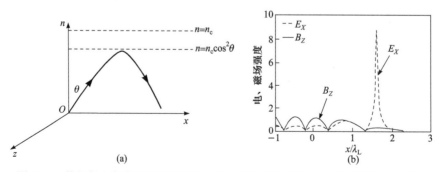

图 5.7　p 偏振斜入射激光的共振吸收。(a)入射激光示意图,(b)激光场随 x 的变化

与前面一样, 等离子体密度 $n_e(x)$ 是 x 的函数, 一维平面激光在 x-y 平面传输, 其偏振在 z 方向 (s 偏振)。波方程变为

$$\left[\frac{\partial^2}{\partial x^2} + \frac{\partial^2}{\partial y^2} + 1 - n_e(x) \right] \boldsymbol{a} = 0. \tag{5.62}$$

在 y 方向的传播为 $\boldsymbol{a} = \boldsymbol{a}_0(x) e^{iy \sin \theta}$, θ 为入射角。所以上式可写为

$$\left\{ \frac{\partial^2}{\partial x^2} + \left[\cos^2 \theta - n_e(x) \right] \right\} \boldsymbol{a} = 0. \tag{5.63}$$

因为 $\boldsymbol{B} = \nabla \times \boldsymbol{a}$, 同时 $\boldsymbol{a} = -i\boldsymbol{E} = \dfrac{1}{1 - n_e(x)} \nabla \times \boldsymbol{B}$, 即 $\boldsymbol{a} = \dfrac{1}{1 - n_e(x)} \dfrac{\partial B}{\partial x}$。我们对上式求旋度, 可得到关于磁场 $\boldsymbol{B}$ 的方程

$$\frac{\partial^2}{\partial x^2} + \frac{\partial n_e(x)}{\partial x} \frac{1}{1 - n_e(x)} \frac{\partial B}{\partial x} + \left[\cos^2 \theta - n_e(x) \right] B = 0. \tag{5.64}$$

可以看到, 对于缓变等离子体, 磁场 $\boldsymbol{B}$ 的折返点仍为 $n_c \cos^2 \theta$, 即临界密度变为 $n_c \cos^2 \theta$, 超过这个密度后磁场强度在趋肤深度内衰减。现在我们看看在磁场衰减的时候, 电场是如何变化的。由 $-i\boldsymbol{E} = \dfrac{1}{1 - n_e(x)} \nabla \times \boldsymbol{B}$ 的 x 分量我们马上知道

$$E_x = \frac{B_z(x) \sin \theta}{1 - n_e(x)}. \tag{5.65}$$

可以看到分母项为 $1 - n_e(x)$, 如果趋肤深度较长, 在临界密度附近电场为无穷大, 即发生共振。可以看到这里的截止点和共振点是不同的。激光电场从截止点隧穿到共振点, 和等离子体本征频率发生共振。共振和激光的入射角度有很大关系, 对于正入射, $\sin \theta = 0$, 即 E_x 分量为零, 对于掠入射, 截止点和共振点太远, 即在共振点的 $B_z(x)$ 太小。在共振点, 电子快速振荡并通过朗道阻尼或碰撞等方式耗散。因此, 我们把这种激光能量吸收方式叫做共振吸收。当等离子体密度梯度很陡峭时, 上面的描述可类比激光在导体表面反射的菲涅耳公式。另外, 对于陡峭等离子体界面, 当边界面的等离子体密度比较高时, 这种共振吸收是不存在的。从上面关于磁场 $\boldsymbol{B}$ 的方程可以看到, 当标尺长度比较小时, 情况也不一样。另外, 对于相对论激光也要进行修正。

5.4.6　线性模式转换

在上面的讨论中, 我们看到 p 偏振激光在临界密度附近激发了很强的等离子体振荡, 如果等离子体不是冷的, 这些振荡可激发电子等离子体波, 并向低密度

等离子体区域传输。这种在共振点激发等离子体波的方式称为线性模式转换。由于电子等离子体波最终会耗散,可以利用这种方式有效加热等离子体。这种线性模式转换的逆过程也成立,即向共振点传输的电子等离子体波可以激发出向低密度区传输的电磁波。

5.4.7　结构靶

在实际物理实验中,为了增强激光到电子的能量转换效率、提高热电子的份额或者控制超热电子的准直性等,经常采用具有各种结构的靶,而不是普通的平面靶。通常采用的靶包括泡沫靶、光栅靶、纳米刷靶、微通道靶等。这时,前面讨论的各种加热机制不能简单套用,而要具体分析,这时数值模拟可以给出更直观的物理图像。但即使这样,前面的讨论仍可以提供一些大致的猜测。

结构靶的一个目的是利用激光的预脉冲产生较长空间尺度的近临界密度等离子体,激光在这样的等离子体中可形成相对论自聚焦,并更多地被吸收,同时可能产生较多的超热电子,这时通常采用的是泡沫靶。另一个目的是处理产生超热电子,还希望利用结构表面的电磁场来导引热电子的传输,这时可用纳米刷靶、微通道靶等。比如激光与图 5.8 所示的结构靶相互作用时,激光可将 B 表面的电子拉出并加速,这些较高能的电子可穿透前后表面,形成较强的静电场(不完全符合鞘层定义),有利于质子加速。在实际实验中,结构靶对超热电子产生的效果较好,但对质子加速的效果通常不如预期,这可能是由于激光预脉冲的影响。

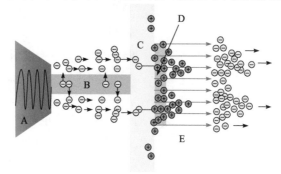

图 5.8　激光与细丝或薄板靶相互作用
A:激光,B:纳米丝,C:纳米金属靶,D:含氢薄层,E:静电场

5.5　等离子体密度轮廓的演化

激光与等离子体作用时,激光的有质动力、热等离子体的膨胀等都会改变等离子体的密度轮廓。

5.5.1　电子温度

电子在激光场获得的典型能量为 $\gamma - 1 = \sqrt{1 + a_0^2} - 1$，这些电子直接进入到高密度等离子体区域，一般称这些电子为热电子。同时这些电子在一定的范围内与电子、离子碰撞来加热背景的电子和离子。对于飞秒激光，一般来说，在激光等离子体相互作用期间，经典的热传导可忽略。这时其热化的区域为平均自由程 $\lambda_{\mathrm{mfp}} = v_e / v_{ei}$。对于相对论激光，一般碰撞频率小于等离子体频率，即 $v_{ei} < \omega_{pe}$，并且 $v_e \sim c$，因此激光场能被电子携带进的深度可大于趋肤深度 c / ω_{pe}，这称为反常趋肤效应。总的平均电子温度可以估计为

$$T_e = \frac{激光能量 \times 吸收效率}{\lambda_{\mathrm{mfp}} n}. \tag{5.66}$$

这里 n 为线密度。在没有完全热化之前，也即电子速度分布不满足麦克斯韦分布时，等离子体一般可近似为两个电子温度，即热电子的温度和背景电子的温度，如图 5.9 所示。

在靶法向鞘层加速 (target normal sheath acceleration) 质子加速中，一般采用很薄的靶。这时靶的厚度可能小于平均自由程，这些穿透薄膜靶的热电子在静电场作用下可返回薄膜靶，继续热化。由于薄膜靶的总电子数较少，所以可获得更高的电子温度。

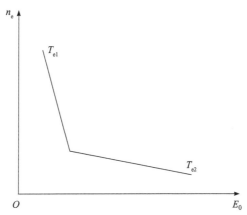

图 5.9　电子数随电子能量的分布(对数坐标)

5.5.2　热传导

当激光与固体表面相互作用时，激光能量逐渐被等离子体吸收，在更长的时间尺度上，等离子体能量通过热传导传到高于临界密度的区域，同时等离子体在

热压作用下膨胀。等离子体的膨胀和电子温度的升高会影响激光能量的后续吸收。这是一个自洽演化的过程。

不考虑等离子体密度随时间的变化，如图 5.10(a)所示，对于一维情况，电子温度的扩散方程可写为

$$\frac{3}{2} n_e k_B \frac{\partial T_e}{\partial t} = \frac{\partial}{\partial x}\left(\kappa_e \frac{\partial T_e}{\partial x} \right) + \frac{\partial \Phi_L}{\partial x}, \tag{5.67}$$

上式第一项中

$$q(x) = \kappa_e \frac{\partial T_e}{\partial x} \tag{5.68}$$

为热流，κ_e 为热传导系数，对于等离子体经常采用 Spitzer 热传导系数，一般可写为 $\kappa_e = \kappa_{e0} T_e^{5/2}$，热传导系数和等离子体密度无关，其表达式的推导过程可参考激光核物理一章(第 12 章)。应指出，Spitzer 热传导系数有时和实际情况有较大偏差，特别是温度梯度比较大时，热流不会接近无穷大，也即不会超过热速度引起的能量流动，因此应用时要十分小心。式(5.67)右边第二项描述激光能流的吸收。如果激光能量的吸收只是局域在等离子体表面，则有

$$q\big|_{x=0} = \eta_a I_L. \tag{5.69}$$

式中，I_L 为激光强度，η_a 为吸收系数。对于恒定的激光吸收和均匀的等离子体密度，电子温度扩散方程有自相似解。

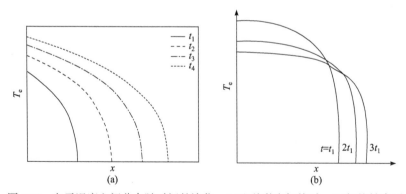

图 5.10　电子温度空间分布随时间的演化。(a)飞秒激光加热时，(b)加热结束后

在激光加热结束后，温度分布的演化则是另一个图像，加热点的温度不断降低，同时热波往里传输，如图 5.10(b)所示。假定热能是在 $t = 0$ 时刻瞬时释放的，也可得到这一热传导过程的自相似解。

上面假定等离子体密度不变的模型是比较理想化的，也即假定热波速度是远超声速的，对于飞秒激光，在 100fs 的时间尺度上，热流很大，也许还能近似忽略等离子体的流体运动，在更长的时间尺度上，流体运动必须考虑。

激光加热等离子体表面后，热波持续往里传输，同时等离子体膨胀，也即稀疏波前从真空往等离子体里跑。在 τ_p 时刻，稀疏波赶上热波，即

$$\int_0^{\tau_p} c_s \mathrm{d}t = x_T(\tau_p),\tag{5.70}$$

这里，c_s 为离子声速，$x_T(\tau_p)$ 为 τ_p 时刻热波波前的位置。这时热波速度是亚声速的，声波快速往里跑可形成激波，如图 5.11 所示。应注意，这里有两种情况，一种是加热源可直达热波波前，另一种是加热源只达到离热波波前较远处，通过热传导，热波到达更深处。对于激光等离子体相互作用，激光只能到达临界密度处，能量沉积也只能到达临界密度(忽略超热电子)，一般属于后一种情况。

5.5.3　密度轮廓变陡

激光与固体靶作用时，激光加热靶表面，然后等离子体向外膨胀，因此激光经常是和具有一定标尺长度的等离子体相互作用，即使对于飞秒激光，其预脉冲

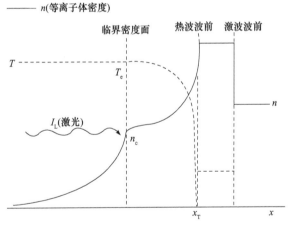

图 5.11　激光加热冕区等离子体，在临界密度面反射，热波继续往里传输，稀疏波超过热波后可驱动产生激波

一般也会产生预等离子体。对于自由膨胀的等离子体，我们在第 3 章中利用自相似模型给出了演化图像，等离子体密度的标尺长度可估计为离子声速乘于演化时间。

现在讨论激光对等离子体密度轮廓的影响。我们考虑慢过程，假定电子密度和离子密度相同。非相对论激光在具有一定密度轮廓的等离子体中一维传输方程为

$$\left\{ \frac{\partial^2}{\partial x^2} + \left[1 - n(x)\right] \right\} a = 0.\tag{5.71}$$

描述流体运动的方程为连续性方向和动量方程，分别为

$$\frac{\partial n}{\partial t} + \frac{\partial}{\partial x}(nu) = 0, \tag{5.72}$$

$$\frac{\partial u}{\partial t} + u\frac{\partial u}{\partial x} = -\frac{c_s^2}{n}\frac{\partial n}{\partial x} - \frac{\rho}{2}\frac{\partial a^2}{\partial x}. \tag{5.73}$$

这里采用了等温模型。动量方程右边第一项为热压项，第二项为有质动力项，对于圆偏振激光，$\nabla\gamma = \nabla\sqrt{1+a^2} \approx \frac{1}{2}\frac{\partial a^2}{\partial x^2}$，对于线偏振激光，只考虑脉冲包络的有质动力时，有质动力项为 $\frac{1}{4}\frac{\partial a^2}{\partial x}$，$\rho = m_e / m_i$。

激光在临界密度附近反射，在有质动力或者光压的作用下，等离子体被往里推，等离子体密度轮廓在临界密度附近变得陡峭，这就是所谓的密度轮廓变陡，如图 5.11 和图 5.12 所示。这一现象对很多物理过程具有重要影响，比如与前面讲的各种加热机制和等离子体标尺长度是密切相关的，等离子体密度变陡，标尺长度变小，会影响加热过程。同时它对相对论高次谐波产生等也具有重要影响。对于相对论激光，这一现象尤为明显，因此，即使有一定的预等离子体，我们前面讨论的激光与台阶状等离子体相互作用的模型仍是有意义的。对超强激光，有时已不只是流体意义上的密度陡化，其驱动的静电激波甚至可以加速背景离子。

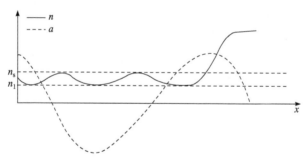

图 5.12　激光有质动力引起的密度变陡

现在假定等离子体密度结构是准稳的。随陡峭流体面一起运动的坐标系中的流体方程为

$$\frac{\partial}{\partial x}(nu) = 0, \tag{5.74}$$

$$\frac{\partial u^2}{\partial x} = -c_s^2\frac{\partial \ln n}{\partial x} - \frac{\rho}{2}\frac{\partial a^2}{\partial x}. \tag{5.75}$$

这里的速度是相对于流体面的。把连续性方程代入可得

$$\left[1 - (u^2/c_s^2)\right]\frac{\partial}{\partial x}(\ln n) + \frac{\partial}{\partial x}\left(\frac{a^2}{2v_e^2}\right) = 0. \tag{5.76}$$

式中 v_e 为归一化到光速的电子热速度。可以看到,在声速点,即马赫数 $M = u^2 / c_s^2$ =1 时, a^2 有极大值,即声速点在激光驻波场的最大值位置。将上面方程积分,可以得到

$$\frac{n_s^2}{n^2} + 2\ln\frac{n}{n_s} + \frac{a^2}{v_e^2} = 1 + \frac{a_{max}^2}{v_e^2}. \tag{5.77}$$

这里, n_s 为声速点的密度, a_{max} 为声速点的激光振幅。这个方程可分段求解,密度 $n < n_s$ 的区域,为低密度平台区,等离子体密度周期变化,密度 $n > n_s$ 的区域为密度上升区。

激光随距离的变化利用前面线性密度梯度下的表达式,可以得到解析结果。

在上面的讨论中,假定激光是没有耗散的,如果需要考虑耗散项,可修改激光的传输方程。我们也假定了等离子体是中性的,即不考虑电子等离子体波。实际上,在临界密度附近,激光可通过模式转换等激发电子等离子体波。对于斜入射激光,在临界密度附近则只有电子等离子体波。电子等离子体波也可使密度梯度变陡,由此形成的密度标尺长度的典型值为德拜长度。

5.6 电磁波在等离子体表面和等离子体通道中的传输

本章前面讨论的与固体靶的相互作用主要采用的是一维模型,一般是平面激光正入射或斜入射与稠密等离子体相互作用。下面我们考虑横向效应。我们先考虑激光在稠密等离子体表面或中空通道中的传播。

5.6.1 电磁波在等离子体表面的传输

电磁波能够在等离子体表面传播,交流电的传输可以看成低频电磁波的传输。如果把等离子体看成是理想导体,类似金属,在等离子体内部横向和纵向电磁场均为零,如果考虑趋肤效应,则电磁场有一定的透入。这里假定等离子体频率不是无限高,甚至可以和传输电磁波的频率可比,我们来讨论电磁波在等离子体内外的传输。这里的等离子体也可以是高能电子束。

我们考虑弱电磁波,忽略其对等离子体密度的影响,考虑二维平面模型(图 5.13),先假定等离子体为半无限大,电磁波的传输方向 x 平行等离子体面。电势

$$\boldsymbol{a} = a_x \hat{x} + a_y \hat{y}, \tag{5.78}$$

且具有 $\sim \exp\left[-i\left(\omega_L t - k_x x\right)\right]$ 的形式。这里把电磁波的频率写成激光频率 ω_L ,以方便归一化讨论,实际上这里的电磁波不是驱动激光的频率,而是太赫兹辐射等。我们考虑横磁模,在非相对论条件下, x 分量的传播方程为

$$\nabla^2 a_x + a_x = \omega_{\mathrm{pe}}^2(y)a_x. \tag{5.79}$$

当 $y>0$ 时，$n_e = 0$，把波的形式代入，可得到

$$\frac{\partial^2 a_x}{\partial y^2} - (k_x^2 - 1)a_x = 0, \qquad y>0, \tag{5.80}$$

$$\frac{\partial^2 a_x}{\partial y^2} - (k_x^2 - 1 + \omega_{\mathrm{pe}}^2)a_x = 0, \qquad y<0. \tag{5.81}$$

由此可得

$$a_x = a_0 \mathrm{e}^{-\sqrt{k_x^2-1}\,y}\mathrm{e}^{-\mathrm{i}(\omega_{\mathrm{L}} t - k_x x)}, \qquad y>0, \tag{5.82}$$

$$a_x = a_0 \mathrm{e}^{\sqrt{k_x^2-1+\omega_{\mathrm{pe}}^2}\,y}\mathrm{e}^{-\mathrm{i}(\omega_{\mathrm{L}} t - k_x x)}, \qquad y<0, \tag{5.83}$$

a_x 在 $y=0$ 处连续，且在 $y=\infty$ 处为零。我们先忽略电荷分离产生的库仑场，如果等离子体是电子束，非中性，实际上是存在静电场的。应指出，对高能电子束，在计算等离子体频率时，需要考虑相对论效应引起的电子质量修正。若只考虑电磁波部分，则 $\nabla \cdot \boldsymbol{a} = 0$。因此有

$$a_y = \frac{\mathrm{i}k_x}{\sqrt{k_x^2-1}}a_0\mathrm{e}^{-\sqrt{k_x^2-1}\,y}\mathrm{e}^{-\mathrm{i}(\omega_{\mathrm{L}} t - k_x x)}, \qquad y>0, \tag{5.84}$$

$$a_y = -\frac{\mathrm{i}k_x}{\sqrt{k_x^2-1+\omega_{\mathrm{pe}}^2}}a_0\mathrm{e}^{\sqrt{k_x^2-1+\omega_{\mathrm{pe}}^2}\,y}\mathrm{e}^{-\mathrm{i}(\omega_{\mathrm{L}} t - k_x x)}, \qquad y<0. \tag{5.85}$$

如果要求 a_y 传播方程等式右侧的位移电场连续，则得到色散关系

$$k_x^2(2-\omega_{\mathrm{pe}}^2) = 1-\omega_{\mathrm{pe}}^2, \tag{5.86}$$

由此可得

$$\alpha_1 = \sqrt{k_x^2-1} = \left(\frac{-1}{2-\omega_{\mathrm{pe}}^2}\right)^{1/2}, \tag{5.87}$$

$$\alpha_2 = \sqrt{k_x^2-1+\omega_{\mathrm{pe}}^2} = -\left(\frac{(1-\omega_{\mathrm{pe}}^2)^2}{2-\omega_{\mathrm{pe}}^2}\right)^{\frac{1}{2}} = \left|1-\omega_{\mathrm{pe}}^2\right|\alpha_1. \tag{5.88}$$

可以看到，只有当 $\omega_{\mathrm{pe}}^2 > 2$ 时，$\alpha_{1,2}$ 才都为实数。同时，当 $\omega_{\mathrm{pe}}^2 \gg 1$ 时，电磁波在等离子体中是迅速衰减的，电磁波基本局域在等离子体的表面，所以也称为表面等离子体波。同时当 $\omega_{\mathrm{pe}}^2 = 2$ 时，有共振。当 $\omega_{\mathrm{pe}}^2 < 2$ 时，有横向波矢，前面关于波的形式的假定不再成立，需要重新讨论。

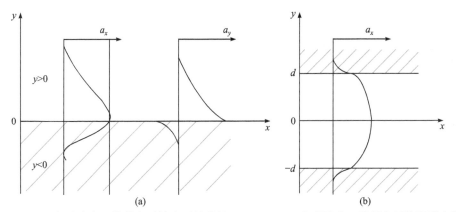

图 5.13　(a)电磁波在二维等离子体表面的传输 ($\omega_{\text{pe}}^2 > 2$)；(b)电磁波在二维等离子体通道中的

传输，图中给出场的横向分布是针对 $\sqrt{1-k_x^2}\,d < \pi$ 的

在相对论条件下，情况较为复杂。即使忽略被激光拉出表面的电子，电子在横向有质动力作用下被往里推，表面等离子体波要和电子密度自洽求解。

5.6.2　电磁波在中空等离子体通道中的传输

现在来讨论在两个等离子体层之间的波导。在第 4 章中讨论过激光在有一定轮廓的稀薄等离子体通道中的传输。这里不一样的是等离子体通道中是完全真空的。这种波导结构对传统加速器是十分重要的，对于激光驱动粒子加速也值得借鉴。特别地，当利用激光驱动太赫兹波时，可用等离子体通道进行传输。假定当 $-d < y < d$ 时为真空，其他区域为等离子体，和上面一样考虑横磁模。现在电磁波在等离子体中仍是衰减的，但在真空中不是。假定电磁波不是很强，等离子体密度等不受电磁波影响，并且假定等离子体为电中性。因此，纵向场为

$$a_x = a_0 \cos\sqrt{1-k_x^2}\,y\,\mathrm{e}^{-\mathrm{i}(\omega_{\text{L}}t - k_x x)}, \qquad -d < y < d, \tag{5.89}$$

$$a_x = a_0 \cos\sqrt{1-k_x^2}\,d\,\mathrm{e}^{-\sqrt{k_x^2 - 1 + \omega_{\text{pe}}^2}(y-d)}\,\mathrm{e}^{-\mathrm{i}(\omega_{\text{L}}t - k_x x)}, \qquad y > d, \tag{5.90}$$

这里假定在轴上电场有最大值，并且已保证纵向场在 $y = d$ 处连续。类似地，我们也可以得到横向场

$$a_y = \frac{\mathrm{i}k_x}{\sqrt{1-k_x^2}}\,a_0 \sin\sqrt{1-k_x^2}\,y\,\mathrm{e}^{-\mathrm{i}(\omega_{\text{L}}t - k_x x)}, \qquad -d < y < d, \tag{5.91}$$

$$a_y = \frac{\mathrm{i}k_x \cos\sqrt{1-k_x^2}\,d}{\sqrt{k_x^2 - 1 + \omega_{\text{pe}}^2}}\,a_0 \mathrm{e}^{\sqrt{k_x^2 - 1 + \omega_{\text{pe}}^2}(y-d)}\,\mathrm{e}^{-\mathrm{i}(\omega_{\text{L}}t - k_x x)}, \qquad y > d. \tag{5.92}$$

同样利用位移电流连续可得到

$$\frac{\sin\sqrt{1-k_x^2}\,d}{\sqrt{1-k_x^2}} = -\frac{\cos\sqrt{1-k_x^2}\,d}{\sqrt{k_x^2-1+\omega_{\mathrm{pe}}^2}}\left(1-\omega_{\mathrm{pe}}^2\right),\tag{5.93}$$

由此可得

$$\tan\sqrt{1-k_x^2}\,d = -\frac{\sqrt{1-k_x^2}}{\sqrt{k_x^2-1+\omega_{\mathrm{pe}}^2}}\left(1-\omega_{\mathrm{pe}}^2\right).\tag{5.94}$$

对于理想导体，$\omega_{\mathrm{pe}}^2 \gg 1$，

$$\tan\sqrt{1-k_x^2}\,d \gg 1,\tag{5.95}$$

即对TM1模式

$$\sqrt{1-k_x^2}\,d = \frac{\pi}{2}.\tag{5.96}$$

对低密度等离子体，ω_{pe}^2 有限时，电磁波可部分透入等离子体。

考察横向场可以看到，通道上下侧的电场方向是相反的，也即当通道为柱几何时，这是径向偏振光。可以参考第 1 章中光的模式。

这里讨论的是电磁场的稳定结构。实际实验中，如果高能电子束穿过金属薄膜后进入等离子体通道，电子束穿过金属后表面时产生的相干渡越辐射在等离子体通道中可逐渐演化到上面描述的稳定的模式。

为了调节通道中电磁波的相速度和纵向场的横向分布，可以在通道中加一定密度的等离子体，也可如第 6 章中讨论的改变通道的结构。

本节的讨论中，忽略了当激光场对等离子体密度的影响，当激光比较强时，激光必然会影响等离子体密度，因此激光传输和等离子体密度是一个自洽演化的过程。

5.7　激光打孔和相对论有质动力通道

较弱的激光与稠密等离子体相互作用时，其基本物理图像是激光加热等离子体表面，等离子体膨胀，同时驱动往里的激波，当激光稍强时，在临界密度处有密度轮廓变陡，对此，本章前面已有讨论。但相对论强激光与临界密度附近的等离子体相互作用时，物理图像则不同。激光的有质动力或者说光压可将等离子体中的电子往里、往两侧推，形成有质动力通道，这个过程一般称为激光打孔(hole boring)。在稍长的时间尺度上，离子在静电力作用下也会向两侧运动，在更长的时间尺度上，等离子体在热压作用下继续往两侧膨胀，这时，激光产生的热电子可深入到激光不能达到的地方，并使那里的等离子体膨胀。因此，可以看到几十飞秒、几百飞秒、几皮秒的激光的打孔图像是不完全相同的。打孔阶段产生的前

向或侧向激波有可能加速质子，对此我们在第 8 章中讨论。

5.7.1　有质动力通道

现在我们先考虑第一阶段，在几十飞秒的时间尺度上，假定离子来不及运动，考虑相对论激光在等离子体中的稳定传输。在上面讨论相对论自聚焦阈值时，我们假定等离子体密度是均匀的。实际上，激光的横向有质动力在横向将电子从激光轴往外推，这样可形成电子等离子体密度通道。但电荷分离产生静电场阻止电子继续向外运动，因此可实现平衡，即形成稳定的通道。这种打孔可称为"超快打孔"。现在对此进行讨论。

我们考虑一维柱对称模型，即假定物理量在激光传播方向是不变的，考虑圆偏振激光，忽略振荡项，只考虑横向有质动力和横向静电力的平衡，即

$$\nabla_\perp \phi = \nabla_\perp \gamma. \tag{5.97}$$

由泊松方程知道

$$\nabla_\perp^2 \phi = k_{pe}^2 \left(n_e - 1 \right), \tag{5.98}$$

这里，$k_{pe} = \omega_{pe} / c$，因此有

$$n_e = 1 + k_{pe}^{-2} \nabla_\perp^2 \gamma. \tag{5.99}$$

因为假定激光为圆偏振，且

$$a_0(r) = a_0 \exp\left(-\frac{r^2}{2w_0^2} \right), \tag{5.100}$$

在等离子体中，电子相对论因子为 $\gamma = \sqrt{1 + a_0^2}$，因此对圆偏振激光，有

$$\nabla_\perp^2 \gamma = \frac{1}{2\gamma} \frac{4a_0^2}{w_0^2} \left(\frac{r^2}{w_0^2} - 1 \right) e^{-r^2/w_0^2}. \tag{5.101}$$

由此可知，

$$\frac{2a_0^2}{k_{pe}^2 w_0^2} > 1 \tag{5.102}$$

时，激光可把激光轴上的电子完全排空。如果进行自洽的求解，需要使用激光的传输方程。在柱坐标下，对圆偏振激光，传输方程为

$$\frac{1}{r} \frac{\partial}{\partial r}\left(r \frac{\partial a_0}{\partial r} \right) - \frac{a_0}{\gamma^2}\left(\frac{\partial a_0}{\partial r} \right)^2 - \frac{\gamma^2 a_0 n^2}{r^2} - a_0 \gamma n_0 + \left(1 - k^2 \right) a_0 \gamma^2 = 0. \tag{5.103}$$

由此可得到平衡态时的电子密度横向分布为

$$n_e = \gamma^2 n_0 + \frac{1}{\gamma}\left(\frac{\partial a_0}{\partial r}\right)^2 + \frac{\gamma^2 a_0 n^2}{r^2} - \left(1 - k^2\right) a_0 \gamma^2. \tag{5.104}$$

因为电子密度不可能为负值，激光更强时，需要分段计算静电势。利用这一公式，也可计算相对论激光在稠密等离子体中形成的通道，即相对论激光的打孔，对于稠密等离子体，激光传输的波数 k 可远小于 1，甚至接近零，如果 $k \leqslant 0$，则激光功率不足以打孔。如果有预等离子体通道，公式需稍作修正。若激光打孔所需的功率随等离子体密度迅速升高(图 5.14)，则即使相对论激光，也很难真正深入稠密等离子体内部。

5.7.2　长脉冲激光的打孔效应

长脉冲激光的打孔过程比较复杂，有质动力、静电力、热压等都起作用。一般用二维或三维 PIC 模拟给出物理图像，因为相互作用的时间比较长，等离子体密度

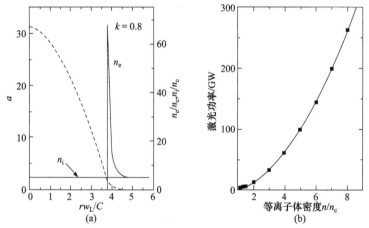

图 5.14　(a)背景等离子体密度 $n_0 = n_i = 5n_c$，激光传播波数 $k = 0.8$ 时，圆偏振激光振幅和电子密度的横向分布。(b)相对论强激光在稠密等离子体中打孔所需的临界激光功率

比较高，数值模拟的计算量很大，因此模拟结果不是很多。解析上，我们可给出一些简单的估计。如果打孔速度 u 远小于光速，激光在打孔面反射，其产生的光压为 $P_L = 2I_L / c$，其动量流为 $P_L u$，认为离子从激波面反射，速度为打孔速度的两倍(第 8 章有更详细讨论)，流体运动产生的动量流为 $\left(\frac{1}{2} n_i m_i (2u)^2\right) u$，根据动量守恒，可得到打孔速度

$$u = \sqrt{\frac{I_L}{n_i m_i c}}. \tag{5.105}$$

应注意,如果假定激光在等离子体表面被完全吸收,则光压为 $P_L = I_L / c$。如果离子没有完全被激波面反射,离子速度会小于 $2u$。可以看到,打孔速度和激光振幅成正比,和等离子体密度的平方根成反比。也即打孔效应只是对近临界密度附近等离子体效应才明显,对高密度等离子体,比如 $n = 100n_c$ 的固体密度,一般仅能打出一个凹坑。应该指出,对于密度略低于临界密度的等离子体,由于电子密度容易堆积在激光脉冲前,实际与激光作用的经常是稠密等离子体,因此打孔效应和稠密等离子体类似。

现在我们对打孔效应作更详细一点的讨论。我们考虑部分激光被反射,部分激光被吸收,吸收的激光能量变为电子和离子的动能。假定离子为非相对论,根据能量守恒和动量守恒,可以得到

$$(1-R)I_L = n_h (\gamma_e - 1)m_e c^3 + \frac{1}{2}n_i m_i v_i^2 u_i, \tag{5.106}$$

$$(1+R)I_L / c = n_h \gamma_e m_e c^2 + n_i m_i v_i u_i. \tag{5.107}$$

这里,R 为激光反射率,n_h 为产生的热电子密度,γ_e 为热电子相对论因子,v_i 为离子速度,u_i 为打孔速度,如果所有离子都被反射,则 $v_i = 2u_i$。

虽然这里讨论的是离子和电子一起被推开,形成的是完全中空的等离子体通道,但等离子体通道仍会影响激光传输的群速度,这会影响激光的打孔速度。激光在打孔过程中,横向有相对论自聚焦等不稳定性,由于等离子体的密度扰动有一定随机性,激光有时不能按原来入射方向直线传播(图 5.15),这对于激光聚变中的快点火方案是不利的。在激光与等离子体相互作用结束后,等离子体通道在热压作用下会继续膨胀,由于激光产生的热电子能穿透更深,后期等离子体通道长度也更长。

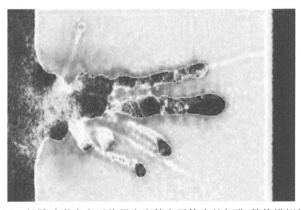

图 5.15 长脉冲激光在近临界密度等离子体中的打孔(数值模拟结果)

第6章　传统加速器和高能粒子束

强激光驱动粒子加速是强场激光物理的重要研究内容，这将在下面两章(第7章和第8章)重点介绍。我们知道，传统加速器已有百年发展历史，其很多知识可供激光加速学习，为此本章先简单介绍传统加速器。人类最早发明的加速装置可追溯到史前时代，强有力的弓能在短时间里把箭加速到很高的速度，然后依靠惯性射向目标，现代的气炮、电磁弹射等能将物体加速到很高的速度，这些都是整个物体的加速。对于基本粒子，地球上存在很多放射性核素，它们能通过核衰变自发地发出各种高能射线。在地球之外的宇宙中，也存在多种加速机制，大量高能宇宙射线不断地射向地球。为了有控制地产生高性能的高能粒子束，人们开始制造各种加速器。现在，加速器一般专指对电子、离子、正电子等带电微小粒子的加速装置。本章先简单介绍核反应产生的高能粒子以及几种重要的传统加速器，即高压加速器、磁感应加速器和射频加速器等，然后介绍高能粒子束品质的描述以及粒子束的传输等。

6.1　传统加速器

6.1.1　天然加速机制

自然界中存在天然的加速机制，核反应产生高能粒子是其中之一。地球上存在很多放射性核素，1896 年，法国物理学家贝可勒尔在研究铀盐的实验中，首先发现了铀原子核的天然放射性，1898 年，居里夫妇又发现了放射性更强的钋和镭。这些放射性核素通常能通过核衰变自发地放出 α 射线、β 射线或 γ 射线等。核反应产生的高能粒子通常具有确定的能量，可用来进行各种实验研究。1911 年卢瑟福用 Ra 和 Th 裂变产生的 α 粒子(即氦核，典型能量为 6MeV)轰击原子，发现原子内部有一个直径小于 10^{-11}cm 的带正电的原子核。1919 年他又通过轰击金属箔实现了首个人工核反应 $\alpha + {}^{14}N \rightarrow {}^{17}O + p$。利用放射性元素产生的具有确定能量的各种高能粒子至今仍有广泛的应用。现在也可利用人工的核反应产生高能粒子，但核反应机制很少能得到 20MeV 以上的高能粒子。

地球外的宇宙中存在许多加速机制，这些高能宇宙射线不断地射向地球。宇宙射线所包含的高能粒子种类十分丰富，包括从中子、质子到镍的各种核。1936 年在宇宙射线中发现了 μ 介子，1947 年又发现了 π 介子。高能粒子的能量可高达

$3 \times 10^{20} \text{eV}$。宇宙射线对人体有害，但可促进生物进化，宇宙射线对人造卫星等太空设备，特别是集成电路的影响是极为重要的研究课题。宇宙射线的加速机制仍未完全清楚，利用强场激光进行实验室天体物理研究，是探究宇宙射线加速机制的重要方法。

天然放射性物质产生的高能粒子和宇宙射线的发现大大推动了核物理、高能物理等方面的研究。但是天然放射性物质产生的高能粒子通常能量较低，宇宙射线则是数量更少，可望而不可求。由于大气层的影响，到达地面的宇宙射线数量再次减少，能量更低，因此一些使用宇宙射线的实验需要在高空或外太空进行。为了有效地控制、使用高能粒子束，人们开始寻找其他途径。通过人工控制的聚变或裂变反应等能产生高能粒子并增加高能粒子的束流强度，可在一定能量区域内得到合适的高能粒子，但在得到更高能的粒子束以及能量可调谐等方面有很大局限。于是人们开始发明各种可控的加速器。

加速器的本质就是利用电场加速带电粒子，即 $F = qE = ma$。粒子速度不能超过光速，但在高能粒子的速度很接近光速时，能量的增长不受限制，因此加速器实际上为增能器。我们通常把粒子能量分为低能($100\text{keV} \sim 100\text{MeV}$)、中能($100\text{MeV} \sim 1\text{GeV}$)、高能($1\text{GeV} \sim 100\text{GeV}$)和超高能($> 100\text{GeV}$)。粒子加速器按粒子种类分有电子加速器、质子加速器、重离子加速器、正电子加速器等；按轨道形状可分为直线型、回旋型和环形；按加速电场可分为静电场、感应电场和射频电磁场等。下面我们按不同加速场对其作简单介绍。

6.1.2　高电压加速器

由于大多数射线都是带电的(中子、伽马射线等例外)，人们通常用电磁场通过电磁相互作用对它们进行加速。最早，人们用直流高压电场来加速带电粒子，如图 6.1 所示。1932 年考克饶夫特(John Douglas Cockcroft)和瓦尔顿(Emest Thomas Sint Walton)利用他们建成的倍压加速器将质子能量加速到 700keV，并实现了首次人工核嬗变(transmutation)Li(p,α)He。几乎与此同时，范德格拉夫(R. J. van de

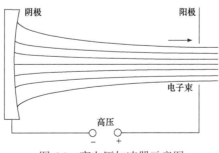

图 6.1　高电压加速器示意图

Graaff)发明了能量为1.5MeV 的静电加速器。这类加速器都利用高电压进行加速，只是高压电源的类型不同。粒子得到的能量取决于电压的大小，即 $\mathcal{E}=qU$。按照高压电源的不同类型，分为倍压加速器、静电加速器、高频高压加速器和强流脉冲加速器等。高压加速器受制于高压放电效应，其能量通常在几十MeV 以下，但由于其有比较高的束流强度，依然有很多应用。

6.1.3 电磁感应加速器

1940 年，科斯特(D. W. Kerst)建成了首个电磁感应加速器(betatron)，电子能量为 2.3 MeV(在此之前，维特洛伊已做过这方面的工作，但没有成功)。这里简要介绍其基本原理。

在电磁铁的两极间有一环形真空室，如图 6.2 所示，电磁铁受交变电流激发，在两极间产生一个由中心向外逐渐减弱并具有对称分布的交变磁场，这个交变磁场在真空室内激发感生电场，其电场线是一系列绕磁感应线的同心圆，由 $2\pi R E = \pi R^2 \dot{B}_{\mathrm{av}}$ (B_{av} 为半径为 R 的圆里的平均磁场强度)得到在半径 R 处的感生电场强度为 $E = \dot{B}_{\mathrm{av}} R / 2$。环形真空室中的电子受感生电场 E 的作用而被加速，其动量变化为 $\dot{p} = eE$，同时，电子还受到真空室所在处磁场的洛伦兹力的作用，由相对论向心力公式， $p = eB_{\mathrm{g}} R$ (B_{g} 为电子所在处的磁场强度，称为引导磁场)，使电子在半径为 R 的圆形轨道上运动，因此可得 $B_{\mathrm{g}} = B_{\mathrm{av}} / 2$，也即引导磁场强度为平均磁场的一半。我们看到电子在引导磁场作用下做圆周运动的同时得到感生电场在切线方向不断加速，如果引导磁场强度刚好是平均磁场的一半，电子就能保持半径不变的圆轨道。但我们还要保证电子轨道的稳定，也即当电子由某种原因稍偏离预定轨道时，有合适的力使它回到原预定轨道。当磁场形状为 $B = B_0 (r / R)^n$ 时，可以证明当 $n<1$ 时，可保证电子轨道的稳定，具体推导可参考 6.3 节。在美国芝加哥大学建成的能量为315MeV 的电磁感应加速器是同类加速器中能量最大的，其轨道半径为 1.22m，磁场强度为 9.2kG。电磁感应加速器的主要缺陷在于同步辐射损失和束流的横向尺寸过大等。

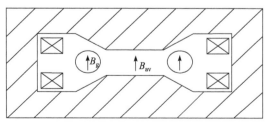

图 6.2 电磁感应加速器示意图， B_{g} 为局域的引导磁场， B_{av} 为粒子轨道所围面积里的平均磁场

6.1.4 射频加速器

由于电弧放电等效应，在单个加速区间的两端很难加上很高的电压，因此就需要多次利用加速电场使电子不断得到加速。其方法是把沿直线的一串偏移管交替接到高频电源的两个电极上。电子在最初的两个电极间得到加速，当正负电极变换时，电子躲在漂移管中惯性前进。如果偏移管长度合适，电子离开漂移管时，电子遇到的又是加速场，这样电子就能得到不断的加速。这种直线加速器的结构如图 6.3 所示，它由一系列加速腔排列而成。如果腔与腔之间的电场相位按一定规律变化，粒子相继通过各腔时均获得加速。最简单是所谓的 π 模式，即相邻腔之间电场相位差 π。

图 6.3 射频直线加速器示意图

由于偏移管的长度正比于 $\beta\lambda/2$ (β 为电子速度，λ 为射频源波长)，为节省长度，需要使用高频的射频源。但高频时(MHz～GHz)，这种开放式的漂移管结构的效率变得越来越低。后来就把这种结构封闭起来，形成谐振腔结构。

对于谐振腔结构，我们也可以换个角度分析，把它看成圆柱形金属波导管内加上很多准周期的金属结构(图 6.4)。当电磁波在光滑圆柱形波导管中向前传播时，横磁行波 TM01 模的场为

$$E_x = E_0 J_0 \left(\frac{2.405r}{R} \right) e^{i(k_x x - \omega t)}, \tag{6.1}$$

$$E_r = 0.416 k_x R E_0 J_1 \left(\frac{2.405r}{R} \right) e^{i(k_x x - \omega t)}, \tag{6.2}$$

$$B_\varphi = E_0 J_1 \left(\frac{2.405r}{R} \right) e^{i\left(k_x x - \omega t + \frac{\pi}{2} \right)}, \tag{6.3}$$

$$v_{\mathrm{ph}} = \frac{c}{\sqrt{1 - \frac{\omega_\mathrm{c}^2}{\omega^2}}} > c, \tag{6.4}$$

这里，R 为柱半径。我们看到横磁模有一个纵向的电场，可以加速粒子。后面我们将看到，利用激光激发的尾场加速粒子也是基于同样的思想。

横磁模 TM01 的横向波数为

$$k_r = \frac{2.405}{R}, \tag{6.5}$$

纵向波数为

$$k_x^2 c^2 = \omega^2 - k_r^2 c^2, \tag{6.6}$$

对于确定的波导半径，$k_x = 0$ 对应的频率为截止频率 $\omega_c = k_r c$，对于 3GHz 的射频波加速，波长为 $\lambda = 10\text{cm}$，式(6.4)中截止圆频率 $\omega_c = 2.405 c / R$，因此最小柱半径 $R = 3.8\text{cm}$。我们也可把色散关系写为

$$\omega^2 = \omega_c^2 + k_x^2 c^2, \tag{6.7}$$

从这个色散关系可以得到

$$v_{\text{ph}} = \frac{\omega}{k_x} > c, \tag{6.8}$$

即它的相速度总是大于真空光速。由于粒子的速度总是小于真空光速，粒子相对于加速场有相移，因此它不能持续加速粒子。但如果在波导中安装一系列准周期的金属结构，则电磁波传播时，波的相速度就可低于真空光速，从而有可能与粒子同步，使粒子不断被加速(图 6.4)。

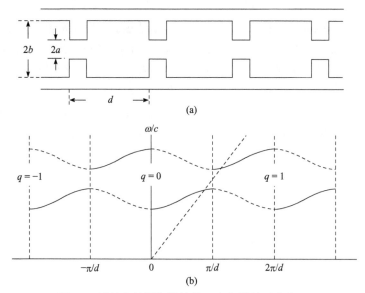

图 6.4　波导中的周期性结构(a)和色散关系曲线(b)

　　假定结构周期为 d，周期只对波的相位有扰动，忽略其引起的波的衰减，加速场可写为

$$\tilde{E}_x = E_x(x,r)\,\mathrm{e}^{-\mathrm{i}(k_0 x - \omega t)}, \tag{6.9}$$

这里 k_0 为没有周期性结构时的波数。由周期性条件 $E_x(x,r) = E_x(x+d,r)$，可以对

加速场进行傅里叶展开，即

$$\tilde{E}_x = e^{-i(k_0 x - \omega t)} \sum_{q=-\infty}^{\infty} E_{x,q}(r) e^{\frac{i2q\pi x}{d}} = e^{i\omega t} \sum_{q=-\infty}^{\infty} E_{x,q}(r) e^{-i\left(k_0 + \frac{2\pi q}{d}\right)}. \tag{6.10}$$

可以看到周期性结构产生了很多空间谐波

$$k_q = k_0 + \frac{2\pi q}{d}, \qquad q\text{为整数} \tag{6.11}$$

这些空间谐波会影响色散关系。对于这种结构，可以推导得到其色散关系，如图 6.4 所示(可参考加速器物理方面的专著)，实线表示向右传输的波，虚线表示向左传输的波，其具体形状由腔的设计决定。从色散关系可以看到，只有频率在一定范围内的电磁波才可以传输。$q = 0$ 时的色散关系在 $-\pi/2 < k < \pi/2$ 范围内，其中我们可以找到一个点，也即找到一个合适的频率，使其相速度和粒子速度相等，这样粒子就可以一直被加速。这个速度近似为真空光速。由色散关系 $k_x^2 c^2 = \omega^2 - k_r^2 c^2$ 知道，如果纵向相速度为 c，则 $k_r = 0$，因此描述加速场横向分布的

$$J_0(k_r r) \equiv 1, \tag{6.12}$$

也即加速场在横向上处处相同，这对于获得小能散度的高能粒子束极为重要。在第 7 章中我们将看到，对于激光空泡尾场加速，加速场也不依赖横向位置。

高频微波也可以用其他不同的形式制成加速器。1930 年，Ernest O. Lawrence 提出了回旋加速器(cyclotron)的理论，他因此获得 1939 年诺贝尔物理学奖。回旋加速器的主要结构是在磁极间的真空室内有两个半圆形的金属扁盒(D 形盒)隔开相对放置，如图 6.5 所示，D 形盒上加交变电压，其间隙处产生交变电场。粒子

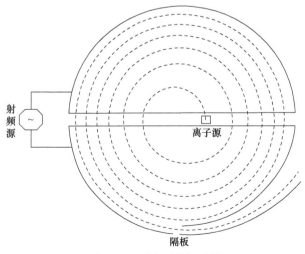

图 6.5　D 形盒回旋加速器

在间隙间受到电场加速，在 D 形盒内不受电场，仅受磁极间磁场的洛伦兹力。粒子每绕行半圈受到一次加速，绕行半径不断增大。

在早期的回旋加速器中，粒子在恒定的均匀磁场的导引下沿着螺旋形轨道旋转，其回旋频率为 $\omega_{\text{syn}} = \dfrac{eB_0}{\gamma m} \approx \omega_{\text{cyc}} = \dfrac{eB_0}{m}$，对于非相对论粒子，回旋频率是个常数，这意味着可以用一个恒定频率的高频电场不断加速处于不同能量的粒子。但由于相对论效应，粒子到达间隙时所处的高频加速场相位每次都要滞后一点，也即粒子相对于高频场相位有一个滑相。经过多次累积后，滑相变得严重，粒子从加速相滑到减速相，这时粒子不再能得到继续加速。我们可以用变频方法(类似啁啾脉冲)缓解这一问题。经典回旋加速器的能量一般难以超过每核子二十几兆电子伏的能量范围。

6.1.5 稳相加速

前面我们看到，对于射频加速，由于粒子速度总是小于波的相速度，因此粒子相对于加速场有相位滑移，这会影响加速效果。如果失相太多，甚至可进入减速相，对于激光驱动尾场加速，这个问题同样存在。对于传统加速器，历史上采用变频加速，以及发明了等时性回旋加速器等，利用这些改进可实现稳相加速。后来在直线加速器中则通过直接调控加速场的相速度来实现持续稳定的加速，因此原有的一些稳相加速方法大多已不再使用。但这些方法对激光驱动粒子加速仍是有借鉴意义的。

实现稳相加速容易想到的一个方法是变频，即加速粒子的射频波的频率随着加速过程而改变。在不加速的这段时间里让射频波的频率稍加改变，这样当粒子回到加速位置时，处于和上个周期同样的加速相位，这样就实现了稳相加速。对于等离子体尾场电子加速，没法做到让电子躲避减速相，但我们仍可以通过调节等离子体密度来改变等离子体尾波频率，使电子更长久地保持在相同的加速相中，我们在第 7 章中对此作更详细的介绍。

稳相加速是对于理想粒子而言的，对于能量和位置稍不同的粒子，一般存在自稳相机制。一般地，高能的粒子跑在前面，而前面的加速场一般较弱，这样它会慢慢回到理想粒子的位置；同样，落在后面的低能粒子受到更大的加速场，可以追赶理想粒子。更确切地说，非理想粒子相对于理想粒子做相对运动，这就是自稳相原理。在激光驱动光压加速机制中，我们看到也有这种自稳相机制。我们将在离子加速一章给出数学描述。

6.1.6 传统加速器的应用

加速器的应用十分广泛，可用于核物理(如核反应、核结构等)的研究，可用于高能物理的研究, 如研究夸克、胶子等基本粒子(利用对撞机), 也可以利用同步辐射、质子束驱动散裂中子源等研究凝聚态物理、生命科学等, 在农业、医学方面可用于辐射育种、放射性治疗等, 在能源方面可用于核废料处理(ADS)及粒子束驱动惯性聚变, 在航天方面可用于抗辐射加固, 在核武器和安全检查方面可用于闪光照像等, 在军事上粒子束可用作定向能武器等。这些也为激光驱动粒子束的应用提供了参考。

6.1.7　传统加速器的现状

我国的传统加速器主要有北京正负电子对撞机、兰州重离子加速器、合肥同步辐射装置、上海同步辐射光源和东莞散裂中子源等。

国际上目前最大的电子直线性加速器是在斯坦福直线加速器中心(SLAC), 它利用 2.856GHz 的高频射频可将电子加速到 50GeV, 其加速梯度为 20MV/m, 正在设计中的国际直线对撞机(ILC), 其单束能量为 250∼500GeV, 加速梯度为 50MV/m 或更高。中国目前构想的环形正负电子对撞机(CEPC)周长达 50km, 电子能量达到 120GeV。

在离子加速方面, 欧洲核子研究中心的大型强子对撞机(LHC)体现了目前离子加速的最高水平, 质子能量可达 7TeV。这一加速器全长 27km, 造价 25 亿美元。我国构想利用电子加速器的隧道, 建设二期工程 SppC, 计划将质子加速到 25∼45TeV。

传统加速器每米能加速的能量受到加速器内微波共振腔崩溃电场的限制, 最高仅为 100MeV/m 量级。直线加速要达到 TeV 能量, 加速长度往往都在千米以上。使用环形的加速器虽然能节省空间, 但带电粒子在环形轨道内高速运动, 向心加速度会使其发出辐射而损失能量, 因此愈来愈难加速。在此情况下, 新型加速器, 特别是以等离子体为介质的加速器越来越得到重视。

6.2　高能粒子束的基本性质

不管是传统加速器还是激光加速器, 其加速得到的粒子束都需要用一些参数来描述其品质。

6.2.1　能散度

能散度 $\delta\mathcal{E}$ 描述束流中带电粒子能量分散的程度。可以表示为

$$\delta\mathcal{E} = \frac{\Delta\mathcal{E}_{1/2}}{\mathcal{E}_0}, \tag{6.13}$$

式中，$\Delta\mathcal{E}_{1/2}$ 为粒子束流强度随能量分布曲线中流强最大值一半处的能量宽度，即半高全宽，也被称为绝对能散度；$\mathcal{E}_0$ 为流强峰值处所对应的能量。

传统加速器的能散度通常能达到 0.1%，甚至更好，目前激光加速产生的高能电子的能散度已可低于 1%，由于电荷密度比较高，继续改善能散度有很大困难，而激光驱动高能离子束的能散度一般超过 10%。如果保持绝对能散度不变，随着粒子束平均能量的增大，相对能散度会不断变小，因此一个低绝对能散度的高品质低能粒子源对级联加速非常重要。

6.2.2　电流强度

高能粒子束的电流强度定义为束的总电荷除以束流的脉宽

$$I = \frac{q}{\tau}, \tag{6.14}$$

这里如果时间 τ 是指单个脉冲的时间 τ_μ，则电流为单脉冲的峰值电流，如图 6.6(a)所示；如果时间为一串脉冲中两束脉冲的时间间隔 T_μ，则电流为脉冲链的平均电流，如图 6.6(b)所示。应注意，这里的电流强度没有除以面积，类似于激光功率，与我们定义的激光的强度是不同的。电流强度再除以面积，则称为电流密度。

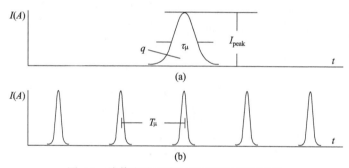

图 6.6　峰值电流强度(a)和平均电流强度(b)

6.2.3　发射度

高能粒子束在加速、传输等过程中，每个粒子的位置和动量都在不断变化。带电粒子的运动状态可用相空间来描述，在直角坐标系中，如果给定了 x、y、z、p_x、p_y、p_z，这个粒子的运动状态就完全确定了。因此，一个粒子的运动状态就是这个六维坐标系中的一个点。

如果描述某个纵向位置 x 处横截面上粒子的相空间状态，就可以用 y、z、p_y、p_z 构成的四维相空间。对于在 y、z 两个方向上运动互不耦合的粒子束，可用两个二维相平面(即 y、p_y 和 z、p_z)分别描述。有时，纵坐标改用发散角，即

p_y / p_x，通常 $p_y \ll p_x$，因此也可以近似为 p_y / p，这里 $p = \sqrt{p_x^2 + p_y^2}$。横向动量也可分解为径向动量 p_r 和角向动量 p_φ。图 6.7 中，A、B 是粒子束在 $x = x_i$ 截面处束流的上下边界点，在相图中处于最左和最右的 r_A 和 r_B。图 6.7(a)中横向位置为 r_M 的点处，其发散角 p_r / p_x 有一定的分布，这在图 6.7(b)中体现为从 M_1 到 M_2 的变化。对 N 点，也有类似关系。

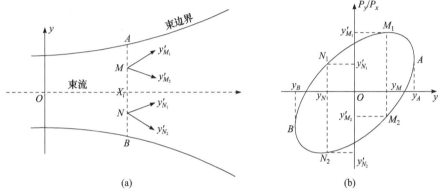

图 6.7　粒子束传播的示意图(a)和粒子束在 $x = x_i$ 截面处 (r, p_r) 相空间的粒子分布(b)

　　粒子束相图的形状一般大体为椭圆。束流发射度的定义为相图面积 A 除以 π，即

$$\varepsilon = \frac{A}{\pi}. \tag{6.15}$$

在二维相空间图中，横坐标是长度，纵坐标是角度，因此发射度的常用单位为 $\mathrm{m} \cdot \mathrm{rad}$ 和 $\mathrm{mm} \cdot \mathrm{mrad}$。有时，有少量粒子的运动状态和其他粒子相差较大，这时可用包含一定百分比粒子的椭圆描述发散度。在粒子数相同的情况下，发射度越小，表示束流品质越好。对于后面讲到的台式化自由电子激光等方面的应用，对发散度都有较高的要求，比如电子辐射源尺寸要达到衍射极限，电子束的发射度就需要达到

$$\varepsilon \sim \frac{\lambda}{4\pi}. \tag{6.16}$$

对于 10keV 的硬 X 射线，发射度大约为 $10^{-11}\mathrm{m}$。传统加速器产生的高能粒子束的发射度一般可达几个 $\mathrm{mm} \cdot \mathrm{mrad}$(产生高亮度光源的电子束其发射度可很小)，目前激光加速器由于电子束横向尺寸较小，一般也能达到类似水平。特别是，如果未来能用强场 X 射线激光驱动加速，由于 X 射线可聚焦得很小，则粒子发射度可再改善几个数量级。

在加速过程中，由于总动量增加，而横向动量 p_r 没有变化，因此粒子的散角 $r' = p_r / p$ 减小，发散度也随之减小。但如果在发散角上乘上 $\beta\gamma$，则 $\beta\gamma p_r / p$ 为不变量。因此可引入归一化发射度，

$$\varepsilon_n = \beta\gamma\varepsilon. \tag{6.17}$$

对于各种线性变换，归一化发射度保持不变。

对于激光加速的高能粒子束，通常其密度比较大，因此束中粒子间的碰撞比较重要。在加速过程中，这种碰撞可增加发射度。

更严格地，我们可以定义束流的均方根半径为

$$\sigma_{11} = \sigma_y^2 = \left\langle y^2 \right\rangle = \frac{1}{N_e} \sum_j y_j^2, \tag{6.18}$$

束流的均方根发散角为

$$\sigma_{22} = \sigma_{y'}^2 = \left\langle y'^2 \right\rangle = \frac{1}{N_e} \sum_j y_j'^2 \tag{6.19}$$

和束流的均方根速度-位置关联性

$$\sigma_{12} = \left\langle yy' \right\rangle = \frac{1}{N_e} \sum_j y_j y_j', \tag{6.20}$$

这时发射度可被定义为

$$\varepsilon_y = \sqrt{\left\langle y^2 \right\rangle \left\langle y'^2 \right\rangle - \left\langle yy'^2 \right\rangle} = \sqrt{\sigma_y^2 \sigma_{y'}^2 - \sigma_{yy'}^2} = \sqrt{\sigma_{11}\sigma_{22} - \sigma_{12}^2}. \tag{6.21}$$

在数值模拟中得到高能粒子束后，可用式(6.21)计算发射度。

在考虑注入束流时，对于温度为 T_e、横向半径为 r_c 的热电子，其发散度为

$$\varepsilon = 2r_c \left(\frac{kT_e}{m_0 c^2} \right)^{1/2}, \tag{6.22}$$

用 PIC 程序模拟入射粒子束的发射度时，可采用这个公式。这也说明一个高品质的源要有很低的温度和很小的空间尺寸，但在模拟时，要注意空间电荷效应对发射度的影响。

粒子的振荡运动将辐射电磁波，当电子运动的动量特别大，并且振荡场也特别强时，辐射是量子随机的，且需要考虑辐射反作用力。电磁辐射将影响电子的运动，也影响电子束的能散、发射度等品质。后面针对激光驱动尾场电子加速，我们将进行一些讨论。

6.2.4　发射度测量

在实验中我们要对粒子束的发射度进行测量。假定粒子束在初始位置的束流

半径 R_1 定义为 $\sigma_{11} = R_1^2$，那么束流在自由空间传输后，由上面的变换方式可得到在距初始位置 L_2 和 L_3 处束流半径分别为

$$R_2^2 = \sigma_{11} + 2L_2\sigma_{12} + L_2^2\sigma_{22}, \tag{6.23}$$

$$R_3^2 = \sigma_{11} + 2L_3\sigma_{12} + L_3^2\sigma_{22}. \tag{6.24}$$

在实验上测得 R_1、R_2、R_3 后，由这两个方程可计算得到 σ_{12} 和 σ_{22}，然后可计算得到发射度 ε。类似地，也可以通过测量束流在经过磁四极后的变化来进行测量。

另外也可用胡椒盖法测量粒子束发射度。在一薄片上开很多小孔，在薄片后一定位置测量其横向位置和能量，比如用 Ce:YAG 屏，根据所有点的值，利用公式(6.21)计算发射度。电子能量较高时，电子也容易穿过薄片未开孔处，需要消除这些背景进行测量，同时高能时，用晶体测量能量也变得困难。

6.2.5　亮度

由于亮度是束流在相空间的密度，所以亮度不只与流强有关，还与束流的发射度有关。直观地，我们可以将亮度定义为通过单位截面、单位立体角的束流强度，即

$$dB = \frac{di}{dSd\Omega}, \tag{6.25}$$

这里，di 为通过截面 dS 的束流强度，$d\Omega$ 为对应的立体角。对整个束流面积，亮度为

$$B = \frac{I}{\int_S dSd\Omega}. \tag{6.26}$$

如果束流是旋转对称的，其发射相图为椭圆形，傍轴方程为

$$\frac{r^2}{b^2} + \frac{r'^2}{a^2} = 1, \tag{6.27}$$

其发射度为 $\varepsilon = ab$，截面和立体角分别为

$$dS = 2\pi r dr, \quad d\Omega = \pi r'^2, \tag{6.28}$$

所以

$$\int_S d\Omega dS = \frac{1}{2}\pi^2 a^2 b^2 = \frac{1}{2}\pi^2\varepsilon^2, \tag{6.29}$$

这样整个粒子束的亮度为

$$B = \frac{I}{\int_S dSd\Omega} = \frac{2I}{\pi^2\varepsilon^2}. \tag{6.30}$$

如果将发射度换成归一化发射度，则可得到归一化亮度。

亮度的另一种定义为四维相空间的粒子束流密度，即

$$B = \frac{I}{V(y, y', z, z')}. \tag{6.31}$$

如果束流相图在横向 y, z 方向都是椭圆形，其相面积分别为 A_y 和 A_z，则

$$V(y, y', z, z') = \frac{1}{2} A_y A_z, \tag{6.32}$$

对于旋转对称的粒子束，$A_y = A_z = \pi\varepsilon$。

对于激光驱动的电子束，同时具有很高的强度和很小的发射度，因此其亮度是很高的。

6.3　粒子束在真空和磁场中的传输

对于传统加速器和激光驱动加速，在加速过程以及后续使用中，粒子束的传输都是一个重要问题。对于传统加速器，对高能粒子，一般采用磁场对其操控。

磁场的大小由材料等制约，对于稳态磁场，一般小于 2T，对于超导磁铁可到约 10T，脉冲磁场可超过 100T。利用强激光驱动，可产生 500T 以上的强磁场，但空间区域较小，稳定性、可操控性等较差。这里一般考虑 10T 以下的稳定磁场。

在第 2 章中我们讨论过带电粒子在恒定磁场中的运动，本章的讨论更针对加速器。高能粒子在磁场中运动时，我们常把参考粒子的理想路线作为一个坐标 s，在传统加速器中，经常被称为封闭轨道，对同步辐射等，确实是封闭的，对直线加速器或者一般的传输系统，s 就是指没有回旋振荡的轨道。一般我们更关心的是粒子的横向运动，两个横向分量即为水平分量 z 和垂直分量 y。$\hat{z} = \hat{s} \times \hat{y}$ 构成右手系，高能粒子的速度大小在运动过程几乎不变，速度的横向分量和总速度相比为小量。因此有

$$t = \frac{s}{v}, \quad \frac{\mathrm{d}}{\mathrm{d}t} = \frac{\mathrm{d}}{\mathrm{d}s}\frac{\mathrm{d}s}{\mathrm{d}t} = v\frac{\mathrm{d}}{\mathrm{d}s}, \quad \frac{\mathrm{d}^2}{\mathrm{d}t^2} = v^2\frac{\mathrm{d}^2}{\mathrm{d}s^2}, \tag{6.33}$$

这里我们暂时不考虑电子束本身的电磁场对粒子运动的影响。

6.3.1　高能粒子在常梯度磁场中的弱聚焦

我们在第 2 章中讨论了带电粒子在均匀磁场，即偶极磁场(或者叫偏转磁场)中的回旋运动，以及在梯度磁场中的漂移运动。对于加速器，需要控制粒子束沿设定轨道稳定传输。我们先考虑如图 6.8 所示的磁场结构，即轴对称常梯度磁场，绕轴 z 旋转的磁场为零，即

$$B_\theta = 0, \quad B_z = \frac{C}{r^n}, \tag{6.34}$$

由此可得

$$-n = \frac{\partial \ln B_z}{\partial \ln r} = \frac{r}{B_z} \frac{\partial B_z}{\partial r}. \tag{6.35}$$

忽略粒子束对场的影响，由 $\nabla \times \boldsymbol{B} = 0$ 可得

$$\frac{\partial B_r}{\partial z} = \frac{\partial B_z}{\partial r}. \tag{6.36}$$

我们现在看 B_z 在轨道附近随 r 的变化，忽略高次项，

$$B_z(r, z = 0) = B_z(r_c, 0) + \left(\frac{\partial B_z}{\partial r}\right)_c r = B_z(r_c, 0)\left(1 - n\frac{r}{r_c}\right). \tag{6.37}$$

为消除粒子束在 z 方向的漂移，在粒子轨道 r_c 处应有 $B_r(r_c, 0) = 0$。现在我们来看轨道附近 B_r 随 z 的变化，忽略高次项，

$$B_r(r_c, z) = B_r(r_c, 0) + \left(\frac{\partial B_r}{\partial r}\right)_c z = \left(\frac{\partial B_z}{\partial r}\right)_c z = \frac{nB_z}{r_c} z. \tag{6.38}$$

如果粒子的主要运动轨迹为绕轴转动，即 θ 方向，则 z 和 r 方向的运动为横向运动。在 z 方向，运动方程为

$$\frac{\mathrm{d}p_z}{\mathrm{d}t} = -qB_r r \frac{\mathrm{d}\theta}{\mathrm{d}t} = -q\left(\frac{\partial B_z}{\partial r}\right)_c zr\frac{\mathrm{d}\theta}{\mathrm{d}t} = -qnB_z\frac{\mathrm{d}\theta}{\mathrm{d}t}. \tag{6.39}$$

粒子在 B_z 中运动的回旋频率为 $\omega_c = qB_z / m = \mathrm{d}\theta / \mathrm{d}t$，因此运动方程可写为

$$\frac{\mathrm{d}p_z}{\mathrm{d}t} = -m\omega_c^2 nz, \tag{6.40}$$

这里质量 m 包含相对论因子。当 $n > 0$ 时，粒子在 z 方向振荡，也即可以被聚焦。

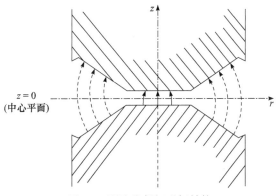

图 6.8　弱聚焦偶极磁场结构

在 r 方向，粒子运动方程为

$$\frac{\mathrm{d}p_r}{\mathrm{d}t} = mr\left(\frac{\mathrm{d}\theta}{\mathrm{d}t}\right)^2 + qB_z r\frac{\mathrm{d}\theta}{\mathrm{d}t} = -m\omega_c^2(1-n)r, \tag{6.41}$$

$n<1$ 时粒子做振荡运动，因此 $0<n<1$ 时轴向和径向都受聚焦力，这时粒子的横向运动是稳定的。这种聚焦称为弱聚焦。由于粒子质量、磁场强度等随时间都有变化，实际上，这种振荡是有阻尼的。当粒子能量很高时，粒子运动的曲率半径很大，粒子的横向运动振幅很大，即很难很好地聚焦。

当 $n>1$ 或 $n<0$ 时，不能使 r 和 z 方向同时聚焦，但如果随着粒子传输，n 交替变化，类似光学中交替使用凸透镜和凹透镜，仍能很好地控制粒子传输，这就是强聚焦。应说明，如果利用 (s, y, z) 坐标体系，则本节中 $z \to y$，$r \to z$。

6.3.2 磁四极透镜

磁四极透镜是常用的强聚焦元件,现在我们考虑粒子在磁四极透镜中的传输。将四极透镜的轴放在高能粒子运动的理想轨道上，如图 6.9 所示，在垂直轨道平面，垂直和水平方向的磁场梯度分别为

$$\frac{\partial B_y}{\partial z} = k, \tag{6.42}$$

$$\frac{\partial B_z}{\partial y} = k, \tag{6.43}$$

也即 $B_y = kz$，$B_z = ky$。

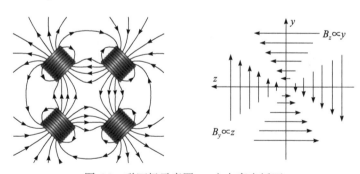

图 6.9　磁四极示意图。s 方向穿出纸面

当带电粒子从四极磁铁中心轴穿过时，因为磁场为零，粒子轨迹不受影响，若粒子偏离中心轴，因为存在垂直于轨道的磁场，因此粒子受聚焦力向中心轴偏转，或受散焦力偏离中心轴。因为离中心轴越远的地方，磁场越强，它对带电粒子有很强的聚焦或散焦力，因此四极磁铁为强聚焦器件。

根据我们上面定义的坐标系，忽略 B_s，带电粒子的横向运动方程为

$$\frac{\mathrm{d}}{\mathrm{d}t}\left(m\frac{\mathrm{d}y}{\mathrm{d}t}\right) = q\frac{\mathrm{d}s}{\mathrm{d}t}B_z, \tag{6.44}$$

$$\frac{\mathrm{d}}{\mathrm{d}t}\left(m\frac{\mathrm{d}z}{\mathrm{d}t}\right) = -q\frac{\mathrm{d}s}{\mathrm{d}t}B_y. \tag{6.45}$$

因为磁场是缓变的，可忽略磁场梯度引起的电场，因此粒子运动过程中的能量不变，即 $\gamma = (1-\beta^2)^{-1/2}$ 为常数。同时，横向运动速度很小时，可近似为 $\mathrm{d}s/\mathrm{d}t = v$ =常数。这样，从上面运动方程可得到粒子横向运动的轨迹方程

$$mv^2\frac{\mathrm{d}^2y}{\mathrm{d}s^2} = -qkvy, \tag{6.46}$$

$$mv^2\frac{\mathrm{d}^2z}{\mathrm{d}s^2} = qkvz, \tag{6.47}$$

即

$$\frac{\mathrm{d}^2y}{\mathrm{d}s^2} = Ky, \tag{6.48}$$

$$\frac{\mathrm{d}^2z}{\mathrm{d}s^2} = -Kz, \tag{6.49}$$

式中 $K \equiv -qk/(mv)$，为聚焦常数。若粒子的初始条件为 $s=0$，$y=y_0$，$(\mathrm{d}y/\mathrm{d}s)_0 = v_{y,0}$，$z=z_0$，$(\mathrm{d}z/\mathrm{d}s)_0 = v_{z,0}$，当 $K>0$ 时，运动轨迹为

$$z = z_0\cos\sqrt{K}s + \frac{v_{z,0}}{\sqrt{K}}\sin\sqrt{K}s, \tag{6.50}$$

$$y = y_0\mathrm{ch}\sqrt{K}s + \frac{v_{y,0}}{\sqrt{K}}\mathrm{sh}\sqrt{K}s. \tag{6.51}$$

从带电粒子在磁四极中横向运动的表达式可以看出，当聚焦常数 $K>0$ 时，粒子在水平方向 (z 方向)做简谐运动，在垂直方向 (y 方向)运动振幅是发散的，即磁场对粒子是散焦的。但我们后面将看到，通过透镜的组合，可以同时实现水平和垂直方向的聚焦。

6.3.3　粒子在磁场中运动的哈密顿描述

利用哈密顿量来研究粒子运动是方便的。前面我们给出过粒子在电磁场中的哈密顿量为

$$H = \sqrt{\left(\boldsymbol{P}_c c - q\boldsymbol{A}\right)^2 + m_0^2c^4} + q\varphi. \tag{6.52}$$

假定粒子在 s 处水平运动的曲率半径为 $\rho(s)$，那么切线方向的单位矢为

$$\hat{s}(s) = \frac{\mathrm{d}\boldsymbol{r}_0(s)}{\mathrm{d}s}, \tag{6.53}$$

切线平面内垂直切线方向的单位矢为

$$\hat{z}(s) = -\rho(s)\frac{\mathrm{d}\hat{s}(s)}{\mathrm{d}s}. \tag{6.54}$$

因此，

$$p_s = \left(1 + \frac{z}{\rho}\right)\boldsymbol{p}\cdot\hat{s}, \quad p_y = \boldsymbol{p}\cdot\hat{y}, \quad p_z = \boldsymbol{p}\cdot\hat{z}, \tag{6.55}$$

$$A_s = \left(1 + \frac{z}{\rho}\right)\boldsymbol{A}\cdot\hat{s}, \quad A_y = \boldsymbol{A}\cdot\hat{y}, \quad A_z = \boldsymbol{A}\cdot\hat{z}. \tag{6.56}$$

假定电磁场不随时间变化，只考虑磁场，忽略标势，哈密顿量为

$$H = \sqrt{m_0^2 c^4 + \frac{(p_s c - qA_s)^2}{(1 + z/\rho)^2} + (p_y c - qA_y)^2 + (p_z c - qA_z)^2}. \tag{6.57}$$

假定 p_s 不变，由 $p = \sqrt{H^2 c^2 - m^2 c^2}$，我们可将 $\tilde{H} = -p_s c$ 作为新的哈密顿量。假定横向运动是小扰动，将 $\tilde{H}$ 展开，可得到

$$\tilde{H} = -pc\left(1 + \frac{z}{\rho}\right) + \frac{1 + z/\rho}{2pc}\left[(p_z c - qA_z)^2 + (p_y c - qA_y)^2\right] - qA_s, \tag{6.58}$$

式中 p 为总动量。由此，可方便地计算带电粒子在稳定磁场中的运动。

对于二维磁场

$$\boldsymbol{B} = B_z(z,y)\hat{z} + B_y(z,y)\hat{y}, \tag{6.59}$$

可以用矢势写为

$$B_z = -\frac{1}{1 + z/\rho}\frac{\partial A_s}{\partial y}, \quad B_y = \frac{\partial A_s}{\partial z}, \tag{6.60}$$

并且，$A_z = A_y = 0$。

带电粒子横向回旋运动的哈密顿方程为

$$z' = \frac{\mathrm{d}z}{\mathrm{d}s} = \frac{\partial\tilde{H}}{\partial p_z}, \quad p_z' = \frac{\mathrm{d}p_z}{\mathrm{d}s} = \frac{\partial\tilde{H}}{\partial z'}, \quad y' = \frac{\mathrm{d}y}{\mathrm{d}s} = \frac{\partial\tilde{H}}{\partial p_y}, \quad p_y' = \frac{\mathrm{d}p_y}{\mathrm{d}s} = \frac{\partial\tilde{H}}{\partial y'},$$

由此可得在上面的横向磁场条件下，粒子(正电荷)的横向运动为

$$\frac{\mathrm{d}^2 z}{\mathrm{d}s^2} - \frac{\rho + z}{\rho^2} = \frac{B_y}{B\rho} \frac{p_0}{p} \left(1 + \frac{z}{\rho}\right)^2, \tag{6.61}$$

$$\frac{\mathrm{d}^2 y}{\mathrm{d}s^2} = -\frac{B_z}{B\rho} \frac{p_0}{p} \left(1 + \frac{z}{\rho}\right)^2, \tag{6.62}$$

式中，p_0 为参考粒子的动量；$B\rho = p_0 / q$ 称为磁刚度。

对于偶极磁场，$B_y = -B_0$，$B_z = 0$，忽略小项，可得

$$\frac{\mathrm{d}^2 z}{\mathrm{d}s^2} + \frac{1}{\rho^2} z = 0, \tag{6.63}$$

$$\frac{\mathrm{d}^2 y}{\mathrm{d}s^2} = 0, \tag{6.64}$$

如果垂直磁场以幂指数 n 变化，则

$$\frac{\mathrm{d}^2 z}{\mathrm{d}s^2} + \frac{1-n}{\rho^2} z = 0, \tag{6.65}$$

$$\frac{\mathrm{d}^2 y}{\mathrm{d}s^2} + \frac{n}{\rho^2} y = 0, \tag{6.66}$$

因此当 $0 < n < 1$ 时，粒子在横向方向是稳定的，这也称为弱聚焦(参考 6.3.1 节)。

对于四极磁场，当 $\rho = \infty$ 时，回到上面的讨论。当 $K > 0$ 时，由带电粒子在磁四极中横向运动 z 分量的轨迹方程得到

$$v_z \equiv \frac{\mathrm{d}z}{\mathrm{d}s} = -z_0 \sqrt{K} \sin \sqrt{K} s + v_{z,0} \cos \sqrt{K} s. \tag{6.67}$$

这里用哈密顿量得到的方程和前面直接用洛伦兹力得到的方程是一样的。

6.3.4　粒子传输矩阵

由理想化的磁偶极和磁四极等，可以得到粒子传输方程，我们也可用变化矩阵描述粒子运动状态在经过磁铁前后的变化。如果粒子经过多个这样的元件，就可由这些矩阵的乘积得到粒子运动总的变化，由此我们可以研究粒子束总的聚焦特性。比如，由粒子在磁四极中的运动方程可得到

$$\begin{pmatrix} z \\ v_z \end{pmatrix} = \begin{pmatrix} \cos \sqrt{K} s & \dfrac{1}{\sqrt{K}} \sin \sqrt{K} s \\ -\sqrt{K} \sin \sqrt{K} s & \cos \sqrt{K} s \end{pmatrix} \begin{pmatrix} z_0 \\ v_{z,0} \end{pmatrix}, \tag{6.68}$$

而作为参考，粒子在自由空间的传输方程为

$$\begin{pmatrix} z \\ v_z \end{pmatrix} = \begin{pmatrix} 1 & s \\ 0 & 1 \end{pmatrix} \begin{pmatrix} z_0 \\ v_{z,0} \end{pmatrix}. \tag{6.69}$$

如果粒子先经过一个磁四极(其长度为 l)，再在自由空间传播 s_0，那么在 $s = l + s_0$ 处，粒子的运动参数为

$$\begin{pmatrix} z(s) \\ v_z(s) \end{pmatrix} = \begin{pmatrix} 1 & s_0 \\ 0 & 1 \end{pmatrix} \begin{pmatrix} \cos\sqrt{K}l & \dfrac{1}{\sqrt{K}}\sin\sqrt{K}l \\ -\sqrt{K}\sin\sqrt{K}l & \cos\sqrt{K}l \end{pmatrix} \begin{pmatrix} z_0 \\ v_{z,0} \end{pmatrix}, \tag{6.70}$$

如果粒子经过多个磁铁和多个自由空间，我们也可进行类似运算。

假定入射粒子是平行的，即 $v_{z,0} = 0$，类似光学中的平行入射，经过 s 距离的传播后，如果 $z(s) = 0$，意味着粒子被聚焦到轴上，由上式可得

$$\cos\sqrt{K}l - s_0\sqrt{K}\sin\sqrt{K}l = 0, \tag{6.71}$$

$$v_z(s) = -\sqrt{K}\sin\sqrt{K}l. \tag{6.72}$$

由式(6.71)得到

$$s_0 = \frac{1}{\sqrt{K}}\cot\sqrt{K}l, \tag{6.73}$$

式(6.72)给出聚焦的斜线，它和入射粒子线相交，得到主平面，主平面在透镜内部，其离透镜右边界距离为

$$s_{\mathrm{H}} = \frac{1 - \cos\sqrt{K}l}{\sqrt{K}\sin\sqrt{K}l}. \tag{6.74}$$

透镜的焦距为

$$f = s_{\mathrm{H}} + s_0 = \frac{1}{\sqrt{K}\sin\sqrt{K}l}. \tag{6.75}$$

因此，在水平方向，带电粒子经过磁四极后是可以聚焦的。类似地，我们可得到垂直方向的变换矩阵，

$$M_y = \begin{pmatrix} \mathrm{ch}\sqrt{K}s & \dfrac{1}{\sqrt{K}}\mathrm{sh}\sqrt{K}s \\ \sqrt{K}\mathrm{sh}\sqrt{K}s & \mathrm{ch}\sqrt{K}s \end{pmatrix}. \tag{6.76}$$

可以看到，在垂直方向，粒子是散焦的。但我们可以通过透镜的组合来实现两个方向的同时聚焦，如图 6.10 所示。如果两个薄透镜的焦距分别为 f_1 和 f_2，透镜间距离为 l，则该透镜组的焦距为

$$\frac{1}{F} = \frac{1}{f_1} + \frac{1}{f_2} - \frac{l}{f_1 f_2} = \frac{f_1 + f_2 - l}{f_1 f_2}. \tag{6.77}$$

一般来说，只要满足 $l - f_1 - f_2 > 0$，透镜组就是聚焦的。用磁四极进行的聚焦称为强聚焦。

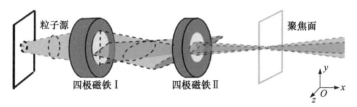

图 6.10　磁四极组对粒子束的聚焦

由前面粒子在弯转磁场中的运动方程，当 $0 < n < 1$ 时，也可以得到弯转磁铁的变换矩阵为

$$M_z = \begin{pmatrix} \cos\frac{\sqrt{1-n}}{\rho}s & \frac{\rho}{\sqrt{1-n}}\sin\frac{\sqrt{1-n}}{\rho}s \\ -\frac{\sqrt{1-n}}{\rho}\sin\frac{\sqrt{1-n}}{\rho}s & \cos\frac{\sqrt{1-n}}{\rho}s \end{pmatrix}, \tag{6.78}$$

$$M_y = \begin{pmatrix} \cos\frac{\sqrt{n}}{\rho}s & \frac{\rho}{\sqrt{n}}\sin\frac{\sqrt{n}}{\rho}s \\ -\frac{\sqrt{n}}{\rho}\sin\frac{\sqrt{n}}{\rho}s & \cos\frac{\sqrt{n}}{\rho}s \end{pmatrix}. \tag{6.79}$$

这时在两个横向方向都是聚焦的。如果 $n > 1$，则只在垂直方向聚焦，在水平方向是散焦的。但如果也像前面的四极磁铁那样进行组合，也即使用交变梯度，我们依然可以实现两个方向都聚焦。

在上面的理论中，磁场在磁铁边界处假定是突变的，即所谓硬边界。实际上磁场变化需有一定的空间长度。为此精细设计时，上面的理论需要修正，比如可增加一个或多个专门描述磁铁边界的矩阵。

在上面的讨论中，我们只给出了一个分量，比如横向 z 分量，即水平方向的描述，或者 y 方向，即垂直方向的描述。如果把两者联合起来，可以用四维变量描述粒子性质，用 4×4 矩阵描述变换关系。

前面我们假定水平方向和垂直方向是解耦的，因此两个方向分开描述和联合描述是一样的。但如果两个方向是关联的，则必须进行联合描述，并在 4×4 矩阵中增加非零项来描述这种耦合关系。

6.3.5　螺线管磁场

前面我们考虑的磁偶极和磁四极，其磁场方向都在横向。螺线管具有纵向磁场，能引导带电粒子的运动，也可对粒子束进行聚焦，但粒子在水平和垂直方向的运动是耦合的。对于激光驱动粒子束，由于其发散角通常较大，强的纵向磁场可以收集更多的粒子。假定磁场为 $B_\parallel(s)$，螺线管的强度为

$$g = \frac{eB_\parallel(s)}{2p}, \tag{6.80}$$

式中 p 为粒子动量。粒子在水平方向和垂直方向的运动方程分别为(这里导数都是对 s 求导)

$$z'' + 2gy' = 0, \tag{6.81}$$

$$y'' - 2gz' = 0. \tag{6.82}$$

令 $h = z + iy$，可得到

$$h'' - 2igh' = 0. \tag{6.83}$$

把 h 写为 $h = \bar{h}\exp[i\theta(s)]$，代入上式，则在角向粒子做匀速运动，即

$$\theta = gs. \tag{6.84}$$

同时有

$$\bar{h}'' + g^2\bar{h} = 0. \tag{6.85}$$

由此可得到在旋转坐标系下，变换矩阵为

$$M = \begin{pmatrix} \cos\theta & \dfrac{1}{g}\sin\theta \\ -g\sin\theta & \cos\theta \end{pmatrix}. \tag{6.86}$$

如果把它变回到直角坐标系，两个方向联合变换的矩阵则为

$$M = \begin{pmatrix} \cos^2\theta & \dfrac{1}{g}\sin\theta\cos\theta & -\sin\theta\cos\theta & -\dfrac{1}{g}\sin^2\theta \\ -g\sin\theta\cos\theta & \cos^2\theta & g\sin^2\theta & -\sin\theta\cos\theta \\ \sin\theta\cos\theta & \dfrac{1}{g}\sin^2\theta & \cos^2\theta & \dfrac{1}{g}\sin\theta\cos\theta \\ -g\sin^2\theta & \sin\theta\cos\theta & -g\sin\theta\cos\theta & \cos^2\theta \end{pmatrix}. \tag{6.87}$$

螺线管也可和磁四极等配合使用。比如，先用螺线管收集质子束，再用磁四极进行聚焦。

6.3.6　刘维尔定理

如果忽略束流内的库仑力作用,忽略传输过程中和其他物质的碰撞,并忽略电磁辐射,当带电粒子束在保守场和外磁场中运动时,粒子的相空间密度保持不变,即粒子在相空间的行为类似于不可压缩流体,这就是刘维尔定理。

我们假定只有磁场,可给出简单证明。假如粒子束的相空间密度为 ψ,则在六维微元里的粒子数为

$$\psi\left(x,y,z,p_x,p_y,p_z\right)\mathrm{d}x\mathrm{d}y\mathrm{d}z\mathrm{d}p_x\mathrm{d}p_y\mathrm{d}p_z. \tag{6.88}$$

相空间的电流密度为

$$\boldsymbol{j}=\left(\psi\dot{x},\psi\dot{y},\psi\dot{z},\psi\dot{p}_x,\psi\dot{p}_y,\psi\dot{p}_z\right), \tag{6.89}$$

这里对时间的导数是沿着相空间元的轨迹的。相空间电流满足连续性方程,即

$$\nabla\cdot\boldsymbol{j}+\frac{\partial\psi}{\partial\tau}=0. \tag{6.90}$$

因此,相空间密度导数可写为

$$\begin{aligned}-\frac{\partial\psi}{\partial\tau}&=\nabla_r\cdot\left(\psi\dot{\boldsymbol{r}}\right)+\nabla_p\cdot\left(\psi\dot{\boldsymbol{p}}\right)\\&=\dot{\boldsymbol{r}}\nabla_r\left(\psi\right)+\psi\left(\nabla_r\dot{\boldsymbol{r}}\right)+\dot{\boldsymbol{p}}\nabla_p\psi+\psi\nabla_p\dot{\boldsymbol{p}},\end{aligned} \tag{6.91}$$

这里,$\nabla_r=\left(\dfrac{\partial}{\partial x},\dfrac{\partial}{\partial y},\dfrac{\partial}{\partial z}\right)$,　$\nabla_p=\left(\dfrac{\partial}{\partial p_x},\dfrac{\partial}{\partial p_y},\dfrac{\partial}{\partial p_z}\right)$。因为 $\dot{\boldsymbol{r}}$ 和空间无关,$\nabla_r\dot{\boldsymbol{r}}=0$。同时我们也可证明,在磁场力作用下,$\nabla_p\dot{\boldsymbol{p}}=0$。因此

$$\frac{\partial\psi}{\partial\tau}+\dot{\boldsymbol{r}}\nabla_r\left(\psi\right)+\dot{\boldsymbol{p}}\nabla_p\psi=\frac{\mathrm{d}\psi}{\mathrm{d}\tau}=0, \tag{6.92}$$

即相空间密度 ψ 保持不变。

根据前面关于发射度的讨论,束流发射度的定义为相图面积 A 除以 π,即

$$\varepsilon=\frac{A}{\pi}. \tag{6.93}$$

根据刘维尔定律,粒子在保守场中传输时,相密度不变,也即只改变相空间椭圆的形状而不改变其面积。

如果存在电场,即粒子在传输过程中被加速,则可以证明归一化的发射度

$$\varepsilon_n=\beta\gamma\varepsilon \tag{6.94}$$

保持不变。

稍后将证明,对于粒子束中的单个粒子,其相空间运动也保持椭圆。因此,

如果我们给出最外围粒子的运动，整个束流的运动也可以知道。相空间椭圆面积可写为 $A = \pi\varepsilon$，椭圆方程可写为

$$\varepsilon = \gamma y^2 + 2\alpha yy' + \beta y'^2, \tag{6.95}$$

式中 γ、α、β 为椭圆参数(图 6.11)。我们知道发射度也表示为

$$\varepsilon_y = \sqrt{\langle y^2 \rangle \langle y'^2 \rangle - \langle yy' \rangle^2} = \sqrt{\sigma_y^2 \sigma_{y'}^2 - \sigma_{yy'}^2} = \sqrt{\sigma_{11}\sigma_{22} - \sigma_{12}^2}. \tag{6.96}$$

我们可以得到相空间椭圆方程为

$$\varepsilon = \sigma_{22} y^2 + 2\sigma_{12} yy' + \sigma_{11} y'^2. \tag{6.97}$$

因此可以给出描述束流分布的 σ 矩阵，即

$$\boldsymbol{\sigma} = \begin{pmatrix} \sigma_{11} & \sigma_{12} \\ \sigma_{21} & \sigma_{22} \end{pmatrix} = \begin{pmatrix} \sigma_y^2 & \sigma_{yy'} \\ \sigma_{yy'} & \sigma_{y'}^2 \end{pmatrix}, \tag{6.98}$$

$$\varepsilon = \sqrt{\det \sigma}. \tag{6.99}$$

因为相空间椭圆面积在传输中不变，对于传输变换 $\boldsymbol{M}$，有

$$\sigma_1 = \boldsymbol{M}\sigma_0\boldsymbol{M}^{\mathrm{T}}, \tag{6.100}$$

这里 $\boldsymbol{M}^{\mathrm{T}}$ 为共轭矩阵。

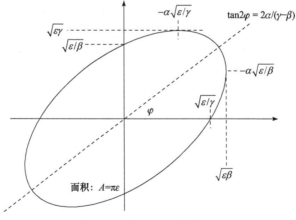

图 6.11　粒子相空间椭圆图

6.3.7　单粒子运动椭球

现在我们来看单个粒子在横向场中的运动规律，以 z 方向为例，

$$\frac{\mathrm{d}^2 z}{\mathrm{d}s^2} = -Kz. \tag{6.101}$$

其一般解可写为

$$z(s) = \sqrt{\varepsilon}\sqrt{\beta(s)}\cos\left(\psi(s) - \psi_0\right), \tag{6.102}$$

其中 $\sqrt{\varepsilon}$ 和 ψ_0 为待定积分常数。对此求导后代入运动方程，因为正弦和余弦函数前系数应为零，可得到

$$\frac{1}{2}\left(\beta\beta'' - \frac{1}{2}\beta'^2\right) - \beta^2\psi'^2 + \beta^2 K = 0, \tag{6.103}$$

$$\beta'\psi' + \beta\psi' = 0. \tag{6.104}$$

第二个方程可积分，这里我们选择积分常数为

$$\beta\psi' = 1. \tag{6.105}$$

这样可得到相位随传输位置的变化为

$$\psi(s) = \int_0^s \frac{\mathrm{d}s}{\beta(s)} + \psi_0. \tag{6.106}$$

同时定义 $\alpha = -\beta'/2$，$\gamma = \left(1+\alpha^2\right)/\beta$，可证明 α、β、γ 即为椭圆常数，并再次得到椭圆方程

$$\varepsilon = \gamma z^2 + 2\alpha z z' + \beta z'^2. \tag{6.107}$$

这也证明单个粒子也是绕椭圆曲线运动的。如果考虑的是最外围粒子的运动，上面定义的 ε 即为发射度。顺带指出，粒子运动时 $\beta(s)$ 的符号不变，一般取正值。

也可得到椭圆系数和聚焦常数的关系为

$$\alpha' = K\beta - \gamma. \tag{6.108}$$

从相空间椭圆图 6.11 我们可以看到，粒子振荡运动的最大位置为 $\sqrt{\varepsilon\beta(s)}$，因此定义新的归一化横向坐标

$$w(\psi) = \frac{z(s)}{\beta(s)}, \tag{6.109}$$

并且粒子传输方向的坐标由 s 改为 ψ。这样粒子的横向运动方程为

$$\frac{\mathrm{d}^2 w}{\mathrm{d}\psi^2} + w^2 = 0. \tag{6.110}$$

也即在新坐标系下，粒子做标准的简谐运动。

6.3.8　粒子束的压缩

根据刘维尔定理，粒子束的相空间密度不变，这意味着改善一个性能时，会牺牲另外一个性能，比如减小束流的横向尺寸时，横向的动量分布变宽。这和光

脉冲的聚焦是类似的，焦斑越小，发散越快。原则上，这些都是由测不准原理决定的。

　　现在我们考虑纵向。对于激光束，在第1章，我们讨论过利用啁啾压缩获得短脉冲强激光。为获得高强度的驱动粒子束，也必须经过粒子束压缩过程。这一过程也是通过操控相空间实现的，但这里是纵向的相空间分布。原则上，减小粒子束脉宽，意味着增加能散度。和啁啾激光放大类似，首先通过调节加速相位使一束长粒子束的各部分感受到的加速梯度不同(比如前端大于末端)，这一过程伴随着能散的增大；然后使粒子束通过专门设计的传输通道，在这个通道中，高能的粒子(前端)会沿着较长的轨道运动，而较低能的部分(尾端)会沿着较短的轨道运动，从而使整束粒子在空间上得到压缩。我们看到这和利用色散元件进行啁啾脉冲压缩的思路是相同的。

　　传统加速器产生的长脉冲粒子束经压缩后得到的超短电子束和质子束可驱动等离子体尾场，再进行尾场粒子加速。

6.4　强流电子束

　　在上面的讨论中，我们忽略了电子束自生的场对电子运动的影响。实际上，对于激光驱动电子加速，电子束电流强度很高，其自身产生的电磁场有时不能忽略。

6.4.1　真空中高能粒子束的场

　　对于激光加速得到的高能粒子束，通常有很高的流强，粒子束本身的场对粒子束的运动有很大影响，因此这里讨论强流高能粒子束本身的场。

　　高能电子束中单电子匀速运动的电磁场为(详见第9章)

$$E(r,t) = e\left[\frac{n-\beta}{\gamma^2(1-\beta \cdot n)^3 R^2}\right]_{\mathrm{ret}}, \tag{6.111}$$

$$B = [n \times E]_{\mathrm{ret}}, \tag{6.112}$$

对这一公式积分，可得到高能电子束附近各空间点的电磁场。

　　对于匀速运动，先计算静止电子柱的场，再利用相对论变换，也是方便的。考虑电荷密度为 ρ、半径为 r_0 的无限长柱状电子束，利用泊松方程的积分形式可以得到径向电场为

$$E_r = 2\pi r \rho, \quad r < r_0 \tag{6.113}$$

$$E_r = 2\pi \frac{r_0^2}{r} \rho, \quad r > r_0 \tag{6.114}$$

现在取横向 y 轴上 r 点，作洛伦兹变换得到匀速运动电子束的电磁场。我们知道电磁张量为

$$F^{\alpha\beta} = \begin{pmatrix} 0 & -E_x & -E_y & -E_z \\ E_x & 0 & -B_z & B_y \\ E_y & B_z & 0 & -B_x \\ E_z & -B_y & B_x & 0 \end{pmatrix}. \tag{6.115}$$

对于一维匀速运动，洛伦兹变换矩阵为

$$\Lambda^\mu_\alpha = \begin{pmatrix} \gamma & -\gamma\beta & 0 & 0 \\ -\gamma\beta & \gamma & 0 & 0 \\ 0 & 0 & 1 & 0 \\ 0 & 0 & 0 & 1 \end{pmatrix}. \tag{6.116}$$

因此匀速运动电子束的电磁场张量为

$$F'^{\mu\nu} = \Lambda^\mu_\alpha \Lambda^\nu_\beta F^{\alpha\beta}. \tag{6.117}$$

在静止参考系中，只有 $F^{02} = -E_y$，$F^{20} = E_y$，其他项都为零。因此

$$F'^{02} = \Lambda^0_\alpha \Lambda^2_\beta F^{\alpha\beta} = \Lambda^0_0 \Lambda^2_2 F^{02} + \Lambda^0_2 \Lambda^2_0 F^{20} = -\gamma E_y. \tag{6.118}$$

即高速运动电子束的横向电场增强为

$$E'_r = \gamma 2\pi r \rho, \quad r < r_0 \tag{6.119}$$

$$E'_r = \gamma 2\pi \frac{r_0^2}{r} \rho, \quad r > r_0 \tag{6.120}$$

应注意，式中 ρ 为静止参考系的，如果改为实验室参考系的，则 $\rho' = \gamma\rho$。同时，也有 z 方向的磁场，即

$$F'^{12} = \Lambda^1_\alpha \Lambda^2_\beta F^{\alpha\beta} = \Lambda^1_0 \Lambda^2_2 F^{02} + \Lambda^0_2 \Lambda^2_0 F^{20} = \gamma\beta E_y, \tag{6.121}$$

也即环形磁场为

$$B'_\varphi = -\gamma\beta E_r = -\beta E'_r. \tag{6.122}$$

　　高能粒子束的静电场倾向于使电子散焦，其环形磁场则倾向于使电子束聚焦，整体合力为

$$F'_r = e\left(E'_r - \beta B'_\varphi\right) = \frac{2\pi}{\gamma^2} e\rho' r. \tag{6.123}$$

我们也可先计算得到静止粒子束的场，即

$$F_r = 2\pi e \rho r, \tag{6.124}$$

再直接将此变到实验室参考系，即 $F_r' = F_r/\gamma$，$\rho' = \gamma\rho$，$r' = r$，可得到同样的结果。

当 $\beta \to 1$ 时，这两个力几乎可抵消，也即电子束可以在较长时间里保持平行传播，这也可以看成相对论效应使寿命增长的一个例子。对于离子束，一般相对论因子较小，因此更容易因静电力发散。但应注意，当高能粒子束在等离子体中传输时，背景电子的运动倾向于中和外来电荷(驱动粒子束)的影响，因而会抵消一部分横向电场，所以整体的合力 $E_r - B_\varphi$ 对粒子束具有汇聚作用，这称为"等离子体透镜效应"。

这里假定电子束是无限长的，如电子束较短，各处的场有较大差异，需回到前面对式(6.111)和式(6.112)积分。

6.4.2　背景等离子体中电子束的电磁场

激光粒子束经常在等离子体中传输。假设均匀电子束半径为 R，电荷密度为 $f_e n_0$，在密度为 n_0 的背景离子通道中传输，总电荷密度为

$$n = n_0(1 - f_e), \tag{6.125}$$

电流密度为

$$j_x = f_e n_0 v_x = \frac{I}{\pi R^2}. \tag{6.126}$$

因此电子束产生的径向电场和角向磁场分别为

$$E_r(r) = 2\pi n r = \frac{2I(1-f_e)}{R^2 f_e v_x} r, \quad r < R \tag{6.127}$$

$$B_\theta(r) = \frac{2I}{cR^2} r, \quad r < R \tag{6.128}$$

6.4.3　电子束自身电磁场对电子横向运动的影响

电子的横向运动方程为

$$\frac{\mathrm{d}}{\mathrm{d}t}(\gamma m_e v_r) = -eE_r(r) + e\beta_x B_\theta(r). \tag{6.129}$$

由此我们可得到电子横向位置随电子传输的变化为

$$\frac{\mathrm{d}^2 r}{\mathrm{d}x^2} = \frac{K}{R^2} r, \tag{6.130}$$

$$K = \frac{I}{I_0} \frac{2}{\beta^3 \gamma^3} \left(1 - \frac{\gamma^2}{f_e}\right), \tag{6.131}$$

式中 $I_0 = mc^3 / e$。

这里的方程包含了背景等离子体的影响,对于三维等离子体空泡尾场,在空泡中背景电子被完全排空,离子的静电场必须考虑。应注意,三维尾场的电磁场结构较为复杂,横向上除了静电场,还有角向磁场,但对于相对论电子,尾场的总横向力为 $-(y/2)n_0$,与纯离子通道是一样的。尾场结构的推导可参考第 7 章。

6.5 粒 子 源

粒子源的品质对加速器是极为重要的。激光加速器也需要先产生高品质的粒子源,再进行加速。同时,如果激光粒子源的品质好,也可为传统加速器提供粒子源。

6.5.1 电子源

为加速器提供电子源的器件称为电子枪。发射电子的为阴极,一般用热发射或场致发射,即通过加电流等方式加热产生热电子,或利用激光照射等产生光电子,再通过高电压使电子获得一定速度,从阳极出射。在加速过程中,有聚焦装置对电子束进行聚焦。为获得高品质电子源,电子枪需精心设计。受空间电荷力的影响,电子枪很难直接提供高电流密度的电子源,但经加速后可通过粒子束压缩获得短脉冲高流强的电子束。

6.5.2 正电子源

正电子是通过高能电子轰击高 Z 材料产生的,具体物理机制可参考后面章节。这种正电子源能谱宽,横向动量大,一般需要用一个强度逐渐变弱的纵向磁场,使小横向面积大横向动量的正电子束变为大横向面积小横向动量的正电子束(物理原理可参考本书第 2 章磁镜部分)。同时,在加速过程中,一般需要纵向磁场对正电子聚焦。直线加速前段使电子(正电子)迅速群聚在很窄的加速相里,可保证获得很好的能散度。

由于激光加速器的加速梯度高,可在很短时间里使正电子获得很高的纵向动量,有利于防止正电子束的纵向和横向扩散,因此利用激光加速器进行正电子加速,特别是初级加速,是值得考虑的方案。但加速区域的空间尺度要比传统加速器小很多，因此需要更精密地控制注入等。

6.5.3　离子源

离子源的种类很多，从质子到各种重离子，因此产生的方法也很多。总体就是用各种方法，如加热、激光电离、粒子束轰击等在阳极产生离子源，然后加速、聚焦后注入加速器中。

由于离子惯性远比电子大，离子源通常为非相对论的，也即容易扩散，传统方法获得离子源比获得电子源更困难，因此利用激光加速离子作为传统加速器的离子源值得研究。但在目前的激光条件下，还不能获得 GeV 量级的相对论质子源。

为进行核物理和高能物理研究，有时还需要极化离子源，我们将在激光驱动极化质子束那部分一并讨论。

6.5.4　缪子源

缪子的半衰期很短，这给缪子加速带来困难，因此利用激光驱动的高加速梯度使缪子迅速加速到相对论速度是可考虑的方案。

缪子一般通过高能质子轰击高 Z 靶产生，由于所需高 Z 靶的长度比较长，缪子一般也不是强相对论，缪子源的纵向和横向源尺寸一般都较大，很难有效注入等离子体尾场中，目前还未找到好的解决办法。

第 7 章　等离子体电子加速

本章讨论激光和高能粒子束在等离子体中驱动的电子加速。激光驱动电子加速的本质是把高品质的短脉冲激光以一定的能量转换效率变成高品质的电子束。激光加速器是先把电转变成激光，再转变成高能粒子束，而传统加速器是先把电转变成微波源再转变成高能电子。目前从电到激光的效率还比较低，而电到微波的效率比较高，因此，激光驱动加速在能量转换效率方面不具优势。但由于激光驱动加速梯度大、空间尺度远小于传统加速器，其建设成本有可能大幅降低。强流高能粒子束在等离子体中传播时，也能驱动尾场加速电子。

在真空中，激光是可以对电子进行加速的。真空加速的一个重要问题是，光学激光的波长一般在微米量级，如果要使整个电子束在相同的加速相位上，电子束尺寸要远小于激光波长，这使得操控很困难。同时，为获得高品质的高能电子束，希望加速场具有横向均匀性以及横向的聚焦场，以防止电子横向扩散，这对真空加速很难做到。激光束的品质也是一个挑战，对于超强激光，激光束很难做到完美，这也意味着加速的不均匀性，从而影响电子束的品质。因此为了获得高品质的电子束，我们需要等离子体作为加速媒介，利用激光驱动等离子体波，再利用等离子体波来对电子进行加速。激光驱动尾场电子由 Tajima 和 Dawson 提出，后来 P. Chen 提出粒子束也可驱动尾场加速。对于典型的三维非线性尾场，即空泡加速，在空泡中，电子被完全排空，即使激光并不完美(比如波前不平直)也是如此。也即可以用不完美的激光驱动完美的空泡。同时由于电子被完全排空，在空泡内纵向加速场具有横向均匀性，即横向各处的电子会得到相同的加速，这和传统直线加速器是类似的，意味着有可能获得单能的电子束。同时空泡中的横向电磁场为电子提供的聚焦力，确保了电子的长距离加速。在等离子体中，相对论自聚焦效应和等离子体通道对激光的约束可使激光传输距离远大于瑞利长度。

7.1　传统加速器中的尾场

尾场(wake field)，也称尾波场，是指驱动源产生，并紧跟在驱动源后面的场，比如水中行驶的船会激发紧随船尾的水波。由于相对论效应，高能粒子束的横向场为静止时的 γ 倍，高能粒子束在中空管道中传输时，横向场和管壁相互作用，激发尾场，当管壁有阻挡物时尾场更强。由因果关系可知，尾场落后于高能粒子束，但由于其以光速传播，一般落后不多。尾场可与驱动粒子束本身或与驱动粒子束后面的粒子束相互作用。尾场包括纵向场和横向场，纵向场可对不同位置的试探粒子进行加速或减速，而横向场则使粒子发生偏转。在传统加速器中，这种尾场通常是有害的，它可产生纵向和横向的不稳定性，影响粒子束的品质。

7.2　激光驱动一维尾场

首先介绍超强超短激光驱动的尾场(图 7.1)，这是等离子体尾场加速的最主要的驱动方式，后面几节将简要介绍其他的一些驱动方式。驱动激光一般具有相对论强度，其脉宽一般小于等离子体波长。下面详细给出这一方案的基本理论。

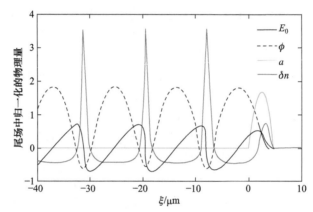

图 7.1　激光驱动的一维尾场结构。绿线为驱动激光包络，黑虚线为尾场标势，黑实线为静电场，红实线为电子密度

在冷等离子体中，一般只有电子等离子体振荡，而没有等离子体波，也即波数 k 是不确定的。但如果有外力持续地驱动等离子体振荡，并且外力以一定速度运动，则可以产生等离子体波，并且波的相速度由驱动源决定，即等于驱动源的运动速度。如果驱动源是激光，电子等离子体波的相速度等于激光的群速度；如果驱动源是粒子束，则相速度等于粒子束的运动速度。由因果关系知道，这样的等离子体波只能出现在驱动源的后面，因此称为尾场。直观上理解，这和船航行时在船尾激发的尾波非常类似，只是船换成了激光或粒子束，而水换成了等离子体。

7.2.1　一维尾场方程

在与驱动源一起运动的坐标系中看，尾场的结构是缓变的，也即在短时间里看，可以认为是准稳的。我们进行坐标变换，即令 $\xi = x - v_p t$，$\tau = t$，这里 v_p 为尾场的相速度。在新坐标系中，$\partial / \partial \tau = 0$。需要注意，这里是进行坐标变换，也即参数变换，而不是洛伦兹变换。这样可以得到描述激光驱动的尾场方程。

激光在稀薄等离子体传输时的群速度为 $v_{\mathrm{g}} = c\sqrt{1 - \omega_{\mathrm{pe}}^2 / \omega_{\mathrm{L}}^2}$。如果我们使用考虑了电子相对论质量的等离子体频率，则

$$v_{\mathrm{g}} = c\sqrt{1 - \omega_{\mathrm{pe}}^2 / [\omega_{\mathrm{L}}^2(1+a^2)]} \approx c\{1 - \omega_{\mathrm{pe}}^2 / [2\omega_{\mathrm{L}}^2(1+a^2)]\},$$

后面这个近似等式假定是极稀薄等离子体。这个速度对应的相对论因子为

$$\gamma_{\mathrm{g}} = \frac{\omega_{\mathrm{L}}\sqrt{1+a^2}}{\omega_{\mathrm{pe}}}, \tag{7.1}$$

需要说明的是这个群速度只能作为一个粗略的估计。实际上，在激光前向有质动力的作用下，在激光脉冲前面的电子密度通常远大于背景等离子体密度(图7.1)，同时由于激光脉冲有一定的分布，与电子相互作用处的激光强度通常也不是峰值强度。同时，由于激光有一定的焦斑大小，散焦效应、相对论自聚焦、激光在通道中传输等都能改变激光传输的群速度。

我们从包含了离子运动的一维尾场方程出发，讨论尾场加速。激光在稀薄等离子体中驱动电子等离子体波的归一化标势方程为(参考第 4 章)

$$\frac{\partial^2 \phi}{\partial \xi^2} = \gamma_{\mathrm{p}}^2 v_{\mathrm{p}} n_0 \left(\frac{\Phi_{\mathrm{e}}}{R_{\mathrm{e}}} - \frac{\Phi_{\mathrm{i}}}{R_{\mathrm{i}}} \right), \tag{7.2}$$

这里，$\gamma_{\mathrm{p}} = 1/\sqrt{1 - v_{\mathrm{p}}^2}$，$v_{\mathrm{p}}$ 为尾波相速度，等于激光的群速度；n_0 为背景等离子体密度；$\Phi_{\mathrm{e}} / R_{\mathrm{e}}$ 描述电子运动，其中 $\Phi_{\mathrm{e}} = 1 + \phi$，$R_{\mathrm{e}} = \left[\Phi_{\mathrm{e}}^2 - \left(1 - v_{\mathrm{p}}^2\right)\left(1+a^2\right) \right]^{1/2}$，$a$ 为驱动激光的振幅；$\Phi_{\mathrm{i}} / R_{\mathrm{i}}$ 描述离子运动，如果有多种离子，可以增加不同离子的项。这里仅考虑质子，定义描述质子质量的参数 $\rho = m_{\mathrm{e}} / m_{\mathrm{i}}$，则 $\Phi_{\mathrm{i}} = 1 - \rho\phi$，$R_{\mathrm{i}} = \left[\Phi_{\mathrm{i}}^2 - \left(1 - v_{\mathrm{p}}^2\right)\left(1+\rho^2 a^2\right) \right]^{1/2}$。采用这一方程的好处是，离子运动的影响也能包括在内。特别是，后面讨论尾场驱动质子加速时，可以采用同样的方程。这就是激光驱动的等离子体尾波场方程。对于短脉冲激光与冷等离子体相互作用，激光脉冲在它后面激发一个朗缪尔波，也即尾波场，尾波场的相速度大体上为激光的群速度。后面我们将看到，在三维非线性区，它形成一个或一串空泡。

研究稀薄等离子体中的电子加速时，通常可假定离子静止不动，这时方程可化简为

$$\frac{\partial^2 \phi}{\partial \xi^2} = n_0 \gamma_{\mathrm{p}}^2 \left\{ v_{\mathrm{p}} \left[1 - \frac{(1+a^2)}{\gamma_{\mathrm{p}}^2(1+\phi)^2} \right]^{-\frac{1}{2}} - 1 \right\}. \tag{7.3}$$

由标势可得到轴向的静电场为

$$E_x = -\partial\phi/\partial\xi. \tag{7.4}$$

同时，等离子体中电子密度、速度和其对应的相对论因子分别为

$$\frac{n}{n_0} = \gamma_p^2 \beta_p \left[\left(1 - \frac{\gamma_\perp^2}{\gamma_p^2(1+\phi)^2} \right)^{-1/2} - \beta_p \right], \tag{7.5}$$

$$u_x = \gamma_p^2(1+\phi)\left[\beta_p - \left(1 - \frac{\gamma_\perp^2}{\gamma_p^2(1+\phi)^2} \right)^{-1/2} \right], \tag{7.6}$$

$$\gamma = \gamma_p^2(1+\phi)\left[1 - \beta_p \left(1 - \frac{\gamma_\perp^2}{\gamma_p^2(1+\phi)^2} \right)^{-1/2} \right]. \tag{7.7}$$

同时描述激光传输的方程为(参考第 4 章)

$$\left(\frac{\partial^2}{\partial x^2} - \frac{\partial^2}{\partial t^2} \right)a = \left(\frac{n_e}{\gamma_e} - \rho\frac{n_i}{\gamma_i} \right)a. \tag{7.8}$$

我们把它变到随激光一起运动的坐标系，

$$\left[\nabla_\perp^2 + \left(1 - v_p^2\right)\frac{\partial^2}{\partial\xi^2} + 2v_p\frac{\partial^2}{\partial\xi\partial\tau} - \frac{\partial^2}{\partial\tau^2} \right]a = \left(\frac{n_e}{\gamma_e} - \rho\frac{n_i}{\gamma_i} \right)a. \tag{7.9}$$

考虑一维情况，假设平面激光脉冲可写为

$$a = \tilde{a}(\xi)e^{i[\omega t + \theta(\xi)]}, \tag{7.10}$$

这里的 ω 不等于激光频率 ω_L，因为我们后面将看到 $\theta(\xi)$ 中也包含 ω，则

$$\frac{\partial a}{\partial\xi} = \frac{\partial\tilde{a}}{\partial\xi}e^{i(\omega t+\theta)} + i\tilde{a}\frac{\partial\theta}{\partial\xi}e^{i(\omega t+\theta)}, \tag{7.11}$$

$$\frac{\partial^2 a}{\partial\xi^2} = \left[\frac{\partial^2\tilde{a}}{\partial\xi^2} + 2i\frac{\partial\tilde{a}}{\partial\xi}\frac{\partial\theta}{\partial\xi} + i\tilde{a}\frac{\partial^2\theta}{\partial\xi^2} - \tilde{a}\left(\frac{\partial\theta}{\partial\xi}\right)^2 \right]e^{i(\omega t+\theta)}, \tag{7.12}$$

$$\frac{\partial^2 a}{\partial\xi\partial\tau} = \left(i\omega\frac{\partial\tilde{a}}{\partial\xi} - \omega\tilde{a}\frac{\partial\theta}{\partial\xi} \right)e^{i(\omega t+\theta)}, \tag{7.13}$$

$$\frac{\partial^2 a}{\partial\tau^2} = -\omega^2\tilde{a}e^{i(\omega t+\theta)}. \tag{7.14}$$

把它们代入激光方程，由虚数部分得

$$\left(1-v_{\mathrm{g}}^{2}\right)\left(2\frac{\partial \tilde{a}}{\partial \xi}\frac{\partial \theta}{\partial \xi}+\tilde{a}\frac{\partial^{2}\theta}{\partial \xi^{2}}\right)+2v_{\mathrm{g}}\omega\frac{\partial \tilde{a}}{\partial \xi}=0. \tag{7.15}$$

这一方程有积分常数

$$M=a^{2}\left[\left(1-v_{\mathrm{g}}^{2}\right)\frac{\partial \theta}{\partial \xi}+\omega v_{\mathrm{g}}\right]. \tag{7.16}$$

常数 M 描述尾场的动量, 若无穷远处 $a=0$, 即物理过程都发生在无限大等离子体中的局部, 则 $M=0$。对于激光与固体薄膜靶相互作用, 我们有类似的推导, 但那里一般 $M\neq 0$。由此,

$$\frac{\partial \theta}{\partial \xi}=\frac{\omega v_{\mathrm{g}}}{1-v_{\mathrm{g}}^{2}}, \quad \theta=-\frac{\omega v_{\mathrm{g}}}{1-v_{\mathrm{g}}^{2}}\xi+\theta_{0}, \tag{7.17}$$

将此代入激光的表达式可得到激光频率为

$$\omega_{\mathrm{L}}=\omega/\left(1-v_{\mathrm{g}}^{2}\right)=1. \tag{7.18}$$

这里给出了等离子体中激光频率和群速度的关系。

激光矢势方程的实数部分为

$$\left(1-v_{\mathrm{g}}^{2}\right)\frac{\partial^{2}a}{\partial \xi^{2}}-\left(1-v_{\mathrm{g}}^{2}\right)a\left(\frac{\partial \theta}{\partial \xi}\right)^{2}-2v_{\mathrm{g}}\omega a\frac{\partial \theta}{\partial \xi}+\omega^{2}a=\frac{n_{\mathrm{e}}}{\gamma_{\mathrm{e}}}a-\frac{n_{\mathrm{i}}}{\gamma_{\mathrm{i}}}\rho a. \tag{7.19}$$

代入 $\dfrac{\partial \theta}{\partial \xi}=\dfrac{\omega v_{\mathrm{g}}}{1-v_{\mathrm{g}}^{2}}$ 和 $\omega=1-v_{\mathrm{g}}^{2}$ 得

$$\frac{\partial^{2}a}{\partial \xi^{2}}+a=\frac{n_{0}}{1-v_{\mathrm{g}}^{2}}\left(\frac{a}{R_{\mathrm{e}}}-\frac{\rho a}{R_{\mathrm{i}}}\right). \tag{7.20}$$

这一方程也有一积分常数

$$W=-\frac{1}{2\gamma_{\mathrm{p}}^{2}}\left(\frac{\partial a}{\partial \xi}\right)^{2}+\frac{1}{2}\left(\frac{\partial \phi}{\partial \xi}\right)^{2}+n_{0}\gamma_{\mathrm{e}}+\frac{n_{0}\gamma_{\mathrm{i}}}{\rho}. \tag{7.21}$$

推导过程中使用了标势方程。常数 W 描述尾场能量, 我们看到这四项分别为激光能、静电能、电子动能和离子动能。

由激光方程和用标势描述的尾场方程, 可得到激光驱动一维尾场的准稳态结构, 典型的结果如图 7.1 所示, 激光方程和尾场方程可通过数值求解, 也可以通过上面推导得到的一些积分常数进行解析分析。

7.2.2　波破与最大尾波场

当一维非线性等离子体波的振幅变大时, 电子密度轮廓波谷中的电子基本被

排空，并堆积在两端。两端处电子的运动速度接近波的相速度。当波的振幅继续变大，并且电子等离子体中电子运动的速度达到波的相速度时，流体描述不再适用，这就是波破，这时的等离子体波也具有最大的静电场。

我们在没有激光场的等离子体处考虑尾场的波破。先考虑具有最大电子密度的波破点，在该处，$\phi = \phi_{\min}$ 且 $\gamma_e = \gamma_p$（参考图 7.1），即电子速度和尾场向前运动的相速度相等。这时，该点处的电子运动速度等不再具有单一值。因为静电势有极小值，$\partial \phi / \partial \xi = 0$。忽略离子的影响，即 $\gamma_i = 1$，我们得到常数 $W = n_0 \gamma_p + n_0 / \rho$。

现在考虑尾场中间的最大电场点。因为电场有极值，所以 $\partial^2 \phi / \partial \xi^2 = 0$。由尾场方程可以得到，当 $\partial^2 \phi / \partial \xi^2 = 0$ 时，有 $1 + a^2 = (1 + \phi)^2$。对于短脉冲激光，最大电场处位于激光后面，即没有激光场的地方，因此 $a = 0$，$\phi = 0$。该点处电子动量也为零，也即相对尾场的速度最大，电子密度最低。这样，从能量常数方程可以得到静电场的最大值为

$$E_{\max} = \left| \frac{\partial \phi}{\partial \xi} \right| = \sqrt{2(\gamma_p - 1)}\sqrt{n} = \sqrt{2(\gamma_p - 1)} E_0. \tag{7.22}$$

这是非线性冷等离子体尾场的最大电场，也就是波破条件。这里 $E_0 = c m_e \omega_{pe} / e$ 为线性条件下的最大电场。这里用了冷等离子体近似，即 $\gamma_p v_{th} \ll v_p$，热效应会降低这个最大电场。

举一个例子，对于等离子体密度 $n_0 = 10^{16} \mathrm{cm}^{-3}$，等离子体波的相速度等于激光群速度，如果激光波长为 $1 \mu m$，$\gamma_p \approx \omega_L / \omega_{pe} \approx 330$，最大静电场可达到 $E_{\max} \approx 26 E_0 \approx 250 \mathrm{GV/m}$，也即在 $10 \mathrm{cm}$ 的尺度上，就可把电子加速到 $25 \mathrm{GeV}$。

对于非相对论的相速度，也即等离子体密度接近临界密度时，$\gamma_p - 1 \approx v_p^2 / 2$，这时的最大尾场为

$$E_{\max} = E_0 v_p. \tag{7.23}$$

我们知道，在线性波条件下尾波波长 λ_W 即为非相对论等离子体波长 λ_{pe}，$\lambda_W = \lambda_p$。在相对论条件下，尾波波长大于非相对论等离子体波长。在波破极限下，可认为等离子体中电子被完全排空到两端的极值点，因此由上面的最大静电场公式得到最大尾波波长为

$$\lambda_W = \left(\frac{2}{\pi} \right) \sqrt{2(\gamma_p - 1)} \lambda_{pe}, \tag{7.24}$$

也即由于相对论效应，随着等离子体波振幅的变大，等离子体波的波长逐渐增大。

由电子相对论因子的表达式(7.7)，令 $\gamma_e = 1$ 和 $\gamma_e = \gamma_p$ 时，可以得到位于尾场中间的最大标势和位于尾场底部的最小标势，即

$$(1+\phi)_{\mathrm{max}} = \left(2\gamma_{\mathrm{p}}^2 - 1\right)/\gamma_{\mathrm{p}}^2, \tag{7.25}$$

$$(1+\phi)_{\mathrm{mim}} = 1/\gamma_{\mathrm{p}}. \tag{7.26}$$

也可以用类似方法研究离子加速时的波破，或电子正电子对等离子体条件下的尾场加速，这些问题留到后面的章节讨论。等离子体中具有几种不同离子的尾场方程，我们也留到后面讨论。

7.2.3　稀薄等离子体中非线性尾场

当等离子体密度特别稀薄时，激光在等离子体中的传播速度很接近真空光速 c，$\gamma_{\mathrm{p}} \gg 1$，若忽略离子运动，强激光驱动的尾场方程可简化为

$$k_{\mathrm{pe}}^{-2} \frac{\partial^2 \phi}{\partial \xi^2} = \frac{1+a^2}{2(1+\phi)^2} - \frac{1}{2}. \tag{7.27}$$

相应地，其他量为

$$\frac{n}{n_0} = \frac{\gamma_{\perp}^2 + (1+\phi)^2}{2(1+\phi)^2}, \tag{7.28}$$

$$u_x = \frac{\gamma_{\perp}^2 - (1+\phi)^2}{2(1+\phi)}, \tag{7.29}$$

$$\gamma = \frac{\gamma_{\perp}^2 + (1+\phi)^2}{2(1+\phi)}. \tag{7.30}$$

激光等离子体相互作用是一个自洽演化过程，通过尾场方程和激光传输方程可自洽地计算激光场、激光群速度、等离子体密度的扰动和电子、离子速度等，研究等离子体中各种孤子结构这种稳定结构时，正是这样做的。但对于极稀薄等离子体，可近似假定激光脉冲不受等离子体影响，即激光脉冲形状和真空中相同，因此实际计算激光尾场时，通常假定激光场不随时间变化，对于给定的等离子体背景密度，激光脉冲和相应的激光群速度利用式(7.3)或式(7.27)进行计算。这种尾场计算不是自洽的，这里首先假定了激光场不随时间变化，其次引入了激光群速度 v_{g}，但在一定范围内进行讨论分析仍是可以的。

7.3　三维尾场

实际上，激光或其他驱动源总是有横向尺寸的，三维效应必须考虑。三维尾场结构可参考图 7.2。

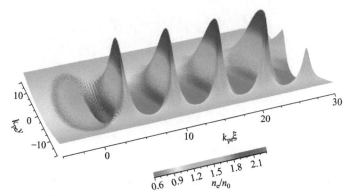

图 7.2　有一定横向尺寸的高斯激光驱动的尾场电子密度分布。这里激光往左传播

7.3.1　线性尾场

激光强度较弱时，等离子体的扰动比较小，电子等离子体波的静电势也比较小，即 $\varphi \ll 1$。若 $\gamma_p \gg 1$，且 $a \ll 1$，这时尾场方程简化为

$$\frac{\partial^2}{\partial \xi^2}\phi + k_{pe}^2\phi = \frac{1}{2}k_{pe}^2 a^2. \tag{7.31}$$

这里 $k_{pe} = \omega_{pe}/c$。在一维情况下，激光的有质动力 $\nabla\gamma \approx \frac{1}{2\gamma}\frac{\partial a^2}{\partial x} \approx \frac{1}{2}\frac{\partial a^2}{\partial x}$ 驱动电子等离子体波的产生，在线性条件下，可把静电场写为

$$E_x = E_0 a_0^2 \cos(k_{pe}\xi). \tag{7.32}$$

对于平面激光，没有横向的静电场，这意味着电子在一维线性尾场中加速时没有横向的回旋振荡，也不会因此辐射损失能量。

对于高斯激光，如果其束腰比较大，在线性尾场条件下，我们可把静电场修正为

$$E_x = -\frac{\pi}{4}E_0 a_0^2 \exp\left(-2r^2/r_s^2\right)\cos(k_{pe}\xi). \tag{7.33}$$

这时纵向静电场是随 r 变化的，这会诱发产生横向的电磁场，即

$$\frac{\partial E_x}{\partial r} = \frac{\partial(E_r - B_\theta)}{\partial \xi}. \tag{7.34}$$

大体上可以估计这个电磁场为

$$E_r - B_\theta \sim \frac{4r}{k_{pe}r_s^2}\exp\left(-2r^2/r_s^2\right). \tag{7.35}$$

对于在尾波场中以近似光速运动的高能电子,其所受的横向力正比于 $E_r - B_\theta$ 。可以看到,在尾场的后半段,纵向场都可以对电子进行加速,而横向场中只有一半是对电子聚焦的,另一半则是散焦的,也即能用来进行电子加速的有效长度为 1/4 的等离子体波长。这和非线性的空泡尾场是完全不同的,对于下面将讨论空泡尾场的,在整个空泡中,电子在横向上都受到聚焦力。

7.3.2　三维空泡的场结构

上文在线性尾场条件下考虑了横向效应。实际上,当焦斑尺寸和等离子体波长相当,脉宽小于等离子体波长的强激光与稀薄等离子体相互作用时,如果激光比较强,可形成一种特殊的三维尾场结构,通常称为空泡(bubble)或吹空(blow-out)。在激光与等离子体作用区域形成一个电子密度峰,类似激波的结构,在激光束后面形成一个只有离子的空泡(图 7.3),空泡中所有电子被激光的有质动力排空。在理想一维条件下,不可能形成密度降到零的孤子波或激波,因为不满足连续性方程。但在三维条件下,电子可先横向运动再绕到激光的后面。需要指出的是,有时被推出的电子并不再回到电子等离子体波的后一个节点处,形成后一个电子密度峰的电子可来自背景等离子体中的其他电子,也即电子轨道有交叉。对长脉冲激光,通过自调制,有时也能形成空泡结构。在空泡中,纵向加速场随距离近似线性变化,但这个加速场不随横向位置变化,因此具有不同横向位置的电子得到同样的加速。同时还有一个指向轴线的线性横向电磁场,这个电磁场对电子有强聚焦作用。因为场是随横向位置线性变化的,所以忽略辐射反作用,电子在加速过程中其归一化的发射度保持不变。

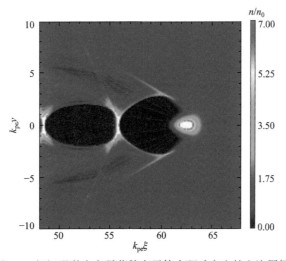

图 7.3　超短强激光在稀薄等离子体中驱动产生的空泡尾场

我们用一个简单模型来描述这个空泡，假设有一个半径为 R 的球形离子腔以速度 v_p 沿 x 方向运动。因为离子球以速度 v_p 运动，进行坐标变换，$\xi = x - v_p t$，$\tau = t$。球心位于 $\xi = 0$，$r = 0$。在库仑规范下描述离子球中归一化势的方程为

$$\nabla^2 \boldsymbol{a} - \frac{\partial^2 \boldsymbol{a}}{\partial t^2} = \frac{\partial}{\partial t} \nabla \phi, \tag{7.36}$$

$$\nabla^2 \phi = -n_0, \tag{7.37}$$

$$\nabla \cdot \boldsymbol{a} = 0. \tag{7.38}$$

由于轴对称性，可认为在离子球内矢势只有轴向分量，即 $\boldsymbol{a} = a_x(y,z)\boldsymbol{e}_x$。利用准稳态近似，并假定 $v_p \sim c$，电磁场方程变为

$$\frac{\partial^2 \phi}{\partial \xi^2} + \nabla_\perp^2 \phi = -n_0, \tag{7.39}$$

$$\nabla_\perp^2 a_x = -\frac{\partial^2 \phi}{\partial \xi^2}. \tag{7.40}$$

由此可知

$$\nabla_\perp^2 (a_x - \phi) = n_0. \tag{7.41}$$

在球对称条件下，可以找到这样一个解

$$\phi(\xi) = -\left(\frac{\xi^2}{4} + \frac{1}{8} y^2 + \frac{1}{8} z^2 \right) n_0 + \phi_0, \tag{7.42}$$

$$a_x = \frac{1}{8} (y^2 + z^2) n_0. \tag{7.43}$$

可以看到，这里隐含要求 $a_x - \phi$ 是球对称的。但如果腔不是球对称，腔内和腔壁上 $a_x - \phi$ 难以连续，上面的解就要修正。我们知道对于实际的空泡，并不完全是球状的，更多的是椭球状。在激光传播过程中，由于真空部分(在空泡中)的传输速度大于在等离子体中(空泡前壁)的传输速度，激光脉冲的前沿不断被侵蚀，也即与等离子体作用的激光场变得更强、更陡。这使得空泡相速度更大、空泡长度被拉长，也即空泡的结构是缓慢演化的。同时随着电子的注入和被加速，高能电子束对空泡的反作用也会影响空泡的传输，就像装满货的卡车和空车的状态是不同的。我们把这一过程称为装载(loading)。装载对空泡的影响，后面将通过在尾场公式中加上电子束项来进行研究。

由势的表达式，可以得到空泡中电磁场为

$$E_x = (\xi / 2) n_0, \quad E_y = (y / 4) n_0, \quad E_z = (y / 4) n_0 \tag{7.44}$$

$$B_x = 0, \quad B_y = (z / 4) n_0, \quad B_z = -(y / 4) n_0. \tag{7.45}$$

对于以相对论运动的电子，受到的力为

$$F_x = -E_x = -(\xi/2)n_0,\tag{7.46}$$

$$F_y = -E_y + B_z = -(y/2)n_0,\tag{7.47}$$

$$F_z = -E_z - B_y = -(z/2)n_0.\tag{7.48}$$

可以看到，空泡中不是简单的静电结构，而是径向偏振、一般在 THz 波段的电磁矢量波结构。当驱动激光离开等离子体时，太赫兹辐射也会随之出射到真空中，因此这也可以作为激光驱动太赫兹辐射的一种方法。

在 $\xi<0$，也即空泡的后半部，电子被加速。同时受到一个聚焦力。对于正电子(或质子)，在空泡的前半部能被加速，但横向受到的是散焦力。如果激光比较强，离子的运动不再被忽略，这里的理论需要修正。

这里的简单模型，假定空泡是一个匀速运动的离子球，但球中的离子是不运动的，运动的是外围的电子。这和相对论运动的球状高能粒子束的场结构是完全不同的。高能粒子束运动时，由于相对论效应，场的主要特征是传播方向的场被极大地压缩到横向。

同时，模型假定了离子球匀速向前运动，因此由对称性，矢势 A 只有 x 分量。对于高斯激光，其脉冲包络的有质动力是对称的。对线偏振激光，其线性振荡项对空泡场结构有一些影响；对圆偏振激光以及拉盖尔-高斯激光，需要考虑激光自旋或轨道角动量的影响。激光和等离子体波的角动量可不断交换，这会影响尾场的结构。

在二维条件下，我们可以进行类似的推导，只要令对 z 的导数为零即可，我们在 x 和 y 方向可以得到完全相同的力。这意味着我们进行二维数值模拟时，可以得到基本合理的结果，但一维的结果和三维有很大不同。特别是三维情况下，对电子加速，横向都是聚焦力，对完全的一维模型，横向是没有力的。准一维模型是在不同的横向位置都为一维模型，然后把这些一维模型拼成一个二维或三维模型。对准一维模型，只在 1/4 波长范围内，电子既能在纵向加速又能在横向聚焦。对线性尾场，即电子等离子体密度变化不是很大，更没有形成空泡时，准一维模型是能描述实际情形的。应指出，对非理想空泡，在空泡尾部高密度电子背后局部区域，实际上有个对电子散焦的区域，也即相对于线性三维情况，这个散焦区域只是大大缩小了。这个区域适合于对正电子加速。

我们知道，等离子体密度降低或激光变强时，空泡逐渐拉长，这时可考虑使用运动的半无限长离子柱模型。

7.4 粒子束驱动尾场

带电粒子束也可驱动尾场并对粒子束中的部分粒子或另一个粒子束团进行加

速。带电粒子束经压缩后可有非常高的峰值功率，能够激发很强的尾场。和激光不同，高能粒子束在等离子体中传输时，没有临界密度的概念，其速度几乎不受等离子体密度影响，也即在比较高的等离子体密度条件下，仍可驱动相速度接近真空光速的电子等离子体波。

加速器直接得到的高能粒子束一般脉宽比较长，通常远大于等离子体波长，为了更好地驱动尾场，需要对粒子束进行压缩，我们在第 6 章对此已有过讨论。但对于 TeV 量级的质子束，压缩是很困难的，目前进行的质子束驱动尾场实验中，质子束仍是长脉宽的，但即使这样，实验已证明质子束驱动尾场能有效加速电子。

7.4.1　同轴加速能量极限

所谓"同轴"加速，是指驱动粒子束和被加速的粒子束团在等离子体中沿着同一条直线朝着同一个方向运动。

考虑一束以速度 v_b 沿 x 方向在等离子体中传输的相对论电子束。假定一个驱动粒子在其后 ξ 处所产生的纵向电场与其所带电荷的比值，即尾波场特征函数为 $W(\xi)$，其中 $\xi = v_b t - x$，那么整束驱动粒子束产生的尾场大小为 $E_x(\xi) = NeW(\xi)$，e 为驱动粒子电荷，N 为驱动粒子束中所包含的粒子数。驱动粒子束被自身激发的场减速，同时加速另一团粒子。驱动粒子束自身的能量变化为

$$\frac{\mathrm{d}(N_1\mathcal{E}_1)}{\mathrm{d}\xi} = -N_1^2 e^2 W(0), \tag{7.49}$$

其中，N_1 为驱动粒子的个数，$\mathcal{E}_1$ 为单个粒子所携带的能量。这里假定所有驱动粒子束处于相同位置 $\xi = 0$。

在驱动电子束后 ξ 处有另一电子束团，其粒子数为 N_2，粒子能量为 $\mathcal{E}_2$，这束电子受到尾场作用而被加速。同样假定电子都处于同一位置，对于同轴加速，第二束粒子能量变化为

$$\frac{\mathrm{d}(N_2\mathcal{E}_2)}{\mathrm{d}\xi} = -N_2^2 e^2 W(0) - N_1 N_2 e^2 W(\xi). \tag{7.50}$$

方程中右边第一项为第二束粒子本身产生的场的作用，第二项为驱动粒子产生的尾波场的影响。由于系统的总能量守恒，两束粒子的能量改变量之和不大于零，即

$$(N_1^2 + N_2^2)W(0) + N_1 N_2 W(\xi) \geqslant 0. \tag{7.51}$$

由此可得到

$$-W(\xi) \leqslant \frac{N_1^2 + N_2^2}{N_1 N_2} W(0) \leqslant 2W(0), \tag{7.52}$$

其中右边的等于号在 $N_1 = N_2$ 时成立。

将式(7.52)代入方程(7.50)中，可以得到被加速粒子的加速梯度为

$$G \equiv \frac{\mathrm{d}\mathcal{E}_2}{\mathrm{d}\xi} \leqslant (2N_1 - N_2) e^2 W(0). \tag{7.53}$$

假定驱动粒子将所有能量都传递给等离子体尾波，并在距离 L 速度降到零，由式(7.53)可得

$$L = \frac{\mathcal{E}_1}{N_1 e^2 W(0)}. \tag{7.54}$$

也即驱动粒子数 N_1 越大，驱动场越强，驱动粒子束在越短的距离里停下来。在这一距离内，第二个粒子束的能量增益为

$$\Delta\mathcal{E}_2 = GL \leqslant \mathcal{E}_1 \left(2 - \frac{N_2}{N_1} \right). \tag{7.55}$$

也即对于同轴等离子体加速，加速粒子的能量增益不可能大于驱动粒子束能量的两倍。

这意味着，如果用100GeV的电子束可以加速得到200GeV的电子或正电子，同时也意味着如果用TeV量级的质子束作为驱动粒子束，有可能获得更高能量的粒子束。应注意，这里假定了驱动粒子与被加速粒子同轴，并且假定了粒子束都只为一个点。如果不满足这两点，粒子加速能量是可以超过驱动粒子束的两倍的。

7.4.2 电子束驱动尾场

电子束驱动尾场加速是由 P. Chen 提出的。高能电子束在等离子体中传输，由于相对论效应，其库仑场主要指向侧向，这可以把背景等离子体中的电子向两侧推开，从而驱动尾场(图 7.4)。如果电子束的电流强度很大，可以把电子推得很远，即也能形成空泡结构。如果除了激光驱动项外还有电子束驱动项，则上面的尾场方程修改为

$$\frac{\partial^2 \phi}{\partial \xi^2} = n_b + \gamma_p^2 v_p n_0 \left(\frac{\Phi_e}{R_e} - \frac{\Phi_i}{R_i} \right). \tag{7.56}$$

在稀薄等离子体条件下，$v_p \approx 1$，把离子运动忽略，方程变为

$$k_{pe}^{-2} \frac{\partial^2 \phi}{\partial \xi^2} = \frac{n_b}{n_0} + \frac{1+a^2}{2(1+\phi)^2} - \frac{1}{2}. \tag{7.57}$$

把激光的作用去掉，方程为

$$k_{pe}^{-2} \frac{\partial^2 \phi}{\partial \xi^2} = \frac{n_b}{n_0} + \frac{1}{2(1+\phi)^2} - \frac{1}{2}. \tag{7.58}$$

若静电波很弱，为线性场，$\phi \ll 1$，方程可继续简化为

$$k_{pe}^{-2}\frac{\partial^2 \phi}{\partial \xi^2} + \phi = \frac{n_b}{n_0}. \tag{7.59}$$

电子束和激光类似，可以把等离子体中的背景电子推开，在电子束的电流强度比较大时形成空泡结构。但它也有和激光不同的地方。相对论电子束的纵向电场被压缩，而横向电场增强，因此其主要在横向推开背景电子，在空泡前端不像激光驱动那样形成明显的密度峰。另外，电子束的静电场在电子束之外也存在，而对于激光，只有在有激光的地方才有有质动力。因此电子束的横向尺寸可远小于空泡尺寸，而激光的束腰尺寸一般和空泡尺寸相当。激光在等离子体中传输时，由于色散关系，激光群速度随等离子体密度增加而减小，尾场的相速度相应减小。因此，为获得更高能的电子，需要采用较低的等离子体密度。对于电子束驱动尾场，电子束的运动速度基本不受电子密度的影响。但快速运动的尾场使得背景电子很难跟上尾场的运动，也即电子的自注入变得困难。对于电子束驱动空泡，一般希望电子束纵向尺寸和等离子体波长相当，对于较高密度的等离子体，电子束脉宽一般需要经过压缩才能符合要求，电子束脉宽压缩也有利于增强电子束的电流强度。典型的高能电子束驱动尾场如图 7.4 所示。

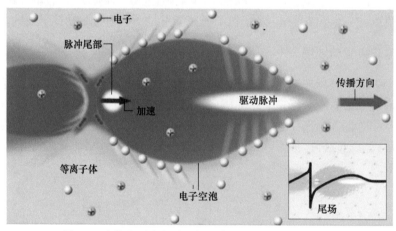

图 7.4　高能电子束驱动尾场示意图(原图来自 C. Jochi)

对一维电子束驱动非线性尾场方程积分，可得到

$$\left(\frac{\partial \Phi_e}{\partial \xi}\right)^2 = 2\left(1 - \frac{n_b}{n_0}\right) - \frac{1}{\Phi_e} - \left(1 - 2\frac{n_b}{n_0}\right)\Phi_e, \tag{7.60}$$

式中 $\Phi_e = 1 + \phi$。在尾场前面处，即 $\phi = 0$，静电场为零。由此可得到归一化尾场为

$$E_x = \pm \left[2\left(1 - \frac{n_b}{n_0}\right) - \frac{1}{\varPhi_e} - \left(1 - 2\frac{n_b}{n_0}\right)\varPhi_e \right]^{1/2}. \tag{7.61}$$

当 E_x 有极大值时，$\partial E_x / \partial \xi = 0$，即 $\varPhi_e^2 = 1/(1 - 2n_b/n_0)$。可以看到，当 $n_b = n_0/2$ 时，有共振，ϕ 有最大值。

为方便解析分析，现在假定驱动电子束为无穷薄的电流片，即 $n_b = \sigma\delta(\xi)$，σ 为面密度，那么尾场标势方程为

$$k_{pe}^{-2} \frac{\partial^2 \phi}{\partial \xi^2} + \phi = \frac{1}{n_0}\sigma\delta(\xi). \tag{7.62}$$

在电子面两侧，即 $\xi = 0$ 附近积分有

$$k_{pe}^{-2} \frac{\partial \phi}{\partial \xi}\Big|_{-0}^{0} = \frac{1}{n_0}\sigma, \quad 即 \frac{\partial \phi}{\partial \xi}\Big|_{-0}^{0} = \sigma. \tag{7.63}$$

定义未扰动处 $\phi = 0$，求解此方程可得

$$\phi = \begin{cases} -\dfrac{\sigma}{k_{pe}}\sin k_{pe}\xi, & \xi < 0, \\[2mm] 0, & \xi > 0. \end{cases} \tag{7.64}$$

由此可计算得到加速场，可以看到加速场只由驱动电子束决定。

顺带指出，上面同时包含了激光和电子束的尾场方程，可以用来描述激光驱动尾场电子加速的载荷效应。前面研究激光驱动尾场中电子加速时，忽略了高能电子束对尾场的反作用。实际上，这些高能电子(也被称为暗电流)和激光一样对尾场结构有影响。特别是如果电子束的电荷比较大，其对空泡的影响也比较大。一般地，随着电子的不断注入，空泡不断被拉长，直到空泡突然收缩，并且使得一部分高能电子被留在空泡外面。从方程上看，如果电流驱动项和激光驱动项的贡献可比，可认为载荷达到极限。

在三维条件下，考虑电子片有柱对称横向分布，即 $n_b = \sigma(r)\delta(\xi)$，在线性近似下(和激光驱动的三维线性尾场类似)，可得到

$$\phi = R(r)\sin k_{pe}\xi. \tag{7.65}$$

由 $E = -\nabla\phi$ 可知，

$$E_x = -k_{pe}R(r)\cos\left(k_{pe}\xi\right), \tag{7.66}$$

$$E_r = -\frac{\partial R(r)}{\partial r}\sin\left(k_{pe}\xi\right). \tag{7.67}$$

可以看到加速场和横向场有 $\pi/2$ 的相位差，即只在 1/4 波长内，电子能同时被加

速和聚焦。

如果驱动电子束的功率很高,可驱动非线性尾波。在非线性条件下,很难给出解析结果,在一维条件下,可通过上面粒子束驱动的尾场方程进行数值求解。在三维情况下,如果电子被完全排空,形成空泡结构,则场分布和激光驱动空泡的场分布相同。

7.4.3　质子束驱动尾场

对于传统加速器,质子束有可能携带更多的能量,因此是更有潜力的驱动源。质子束带正电,它在等离子体中传输时,不再推开背景等离子体中的电子,而是将背景电子吸入(suck-in)质子束,如图 7.5 所示。对于线性尾波,我们仍可使用上面的公式式((7.60)~式(7.64)),其驱动产生的尾场也和电子束类似,只是两种等离子体尾场的相位相差 π。但在非线性尾波场的情况下,驱动电子束对周围电子具有排空效应,除在轴中心极小部分(一般可忽略)能够在其后面产生一个电子空腔。对于质子束,只能使驱动束后方的电子密度下降,但是无法排空。质子束排开等离子体电子的过程发生在背景电子到达中心轴之后,电子由于惯性继续运动,离开中心轴,先到达的电子先被排开,后到达的电子后被排开,也即等离子体振荡的相位是不同的。这就是所谓的"混相效应"。这意味着,在中轴上不能形成很高的电子密度峰,从而影响尾场的强度。如果用相同功率的电子束和正电子束作为驱动源,正电子束驱动产生的尾场要弱很多。

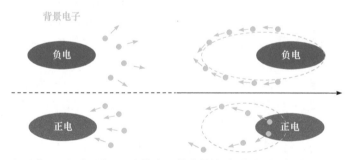

图 7.5　电子束(上)和质子束(下)在等离子体中传输时所引起的背景电子的不同响应

7.5　自调制尾场加速

前面都假定驱动源的纵向尺寸小于等离子体波长。当驱动源的纵向尺寸大于等离子体波长时,依然能激发电子等离子体波。比如,当脉冲宽度大于等离子体波长的长脉冲激光与等离子体相互作用时,在激光脉冲的不同区域可发生自聚焦和衍射等,因此有可能形成周期性的结构,这使得激光纵向被截成很多小的子脉冲,并且每一个子脉冲的脉宽小于等离子体波长。这样一串子脉冲可以激发大振幅的等离子体波，这就是自调制尾场，如果激光比较强，仍有可能形成一串空泡。在早期的激光驱动电子加速研究中，激光的脉宽一般大于 100fs，甚至达到皮秒或更长。这种激光驱动的尾场电子加速就是自调制的。这种自调制的结构不稳定，不断演化，并且由于很多波节中都有电子被注入、加速，最后得到的电子束不单能。

对于高能粒子束驱动的尾场，也是类似。为了使粒子束长度小于等离子体波长，一般要特别把其脉宽压缩。对于电子束，目前技术是可以压缩到百飞秒量级的；对于比较稀薄的等离子体，电子束脉宽与等离子体波长可比；对于高能质子束，由于其惯性比较大，更难以压缩。因此，目前质子束驱动的尾场一般是自调制的。

7.6 拍频激光驱动等离子体波

也可以用其他方式来激发等离子体波。当两个具有不同频率 ω_1 和 ω_2 激光同向传播，同时与稀薄等离子体相互作用，如果其频率差等于等离子体的频率，即 $\omega_1 - \omega_2 = \omega_{pe}$，那么可以共振激发大振幅的等离子体波。利用这一电子等离子体波，可进行电子加速，这一方案在激光驱动电子加速的早期研究中得到较多关注。

7.7 电子在尾场中的运动

本节讨论背景或外注入电子如何在尾场中被加速。

7.7.1 背景电子的捕获

激光或粒子束在等离子体中驱动的尾场具有很大的加速梯度，但电子要能真正长距离被加速需要跟上空泡的运动。

我们利用一维尾场模型来理解电子在尾场中的注入过程。背景等离子体中电子进入到尾场时，被激光脉冲前沿的有质动力往前推，但同时，前半段的尾场将其往后推。总体上，一般其相对速度是往后的，因此其位置相对于尾场或激光脉冲快速后退。当其到达激光的后沿时，激光的有质动力和空泡前半段的尾场同时使其减速。对于粒子束驱动的尾场，没有前向和后向的有质动力。当电子越过尾场的中间点(电场为零)后，开始被往前推。由于电子在后半个尾场中的时间更长，其获得的加速更多。但由于电子速度小于尾波相速度，电子相对于尾场仍向后运动。当电子到达尾场的底部时，可以获得很大的速度，如果电子速度到达尾场运动的相速度，其开始相对于尾场向前运动，并得到进一步的加速，这个过程称为捕获。如果电子速度仍没有达到尾场的相速度，则电子继续向后进入另一个波节中，这些电子则没能被捕获。

按照理想的一维模型，电子是很难被捕获的，但一些额外的效应使得电子可以被捕获。当一维尾场达到高度非线性时，尾场底部的电子运动速度相对于尾场接近零，这意味着该处的电子密度非常高，这时，电子间的挤压碰撞等(这没有包括在理想一维模型中)使得一部分电子被加速，而另一部分被减速。被加速的那部分被尾场捕获，同时这部分电子的静电场阻止其他电子的进一步注入。

理想一维模型假定等离子体是冷的，实际上，等离子体有一定的温度。这意味着初始时刻，有些电子有正的速度，而有些是负的速度。具有初始正速度的电子更容易被捕获。

对于三维的空泡加速，实际过程更为复杂，电子除了纵向运动，还在激光的横向有质动力和尾场的横向场作用下做横向运动，并且处于不同初始横向位置的电子其运动轨迹是不同的，初始不在轴上的电子有可能在空泡底部被捕获，并在轴上被加速。

虽然电子捕获过程通常是高度非线性的过程，但通过计算试探电子在尾场中的运动，仍有利于我们理解电子的捕获和加速过程，为此我们后面将计算试探电子在尾场中的运动。至少，在到达波破前，这种计算还是合理的。

7.7.2　电子失相和激光侵蚀

电子被捕获后，开始相对于尾场向前加速运动。因为这个电子在加速阶段的速度很接近真空光速，我们假定速度为光速的试探电子在相速度为 v_p 的尾波场中运动，电子跑过半个等离子体波长就失相，因此 $(1 - v_p / c) L_d = \lambda_{pe} / 2$，当 v_p 接近光速时，失相长度可简单估计为 $L_d = \gamma_p^2 \lambda_{pe}$。由前面可知，如果简单用相对论质量估计等离子体频率可得到 $\gamma_p = \dfrac{\omega_L \sqrt{1 + a^2}}{\omega_{pe}}$，所以归一化失相长度也可以写为

$L_d = (1 + a^2) \lambda_p^3$，即 $L_d / \lambda_L = (1 + a^2)(\lambda_p^3 / \lambda_L^3)$。实际上，由于空泡前沿密度峰的存在，激光的相速度，也就是空泡的群速度要略小于这个估计值。这里也没有考虑相对论效应对等离子体波长的修正。虽然在空泡前端，电子被激光包络的有质动力以相对论速度推开，但回到空泡尾部的电子中有很多是来自背景等离子体，也即形成空泡时，电子运动的轨迹有交叉，很多来自背景(初始时刻不在轴上)的电子为非相对论电子。

类似地，我们可以估计激光侵蚀的长度。激光在空泡中传输时，因为没有电子等离子体，以真空光速运动，而空泡的速度小于光速，因此激光前沿不断在空

泡前端的密度峰处反射，由于密度峰接近光速运动，反射光是红移的，也即激光把能量转移给了尾场。同时，激光脉宽不断变短，即不断被侵蚀，侵蚀长度为 $L_{\text{etch}} = 2\gamma_{\text{p}}^2 c\tau_{\text{L}}$，这里 τ_{L} 为激光脉宽。可以看到，当激光脉宽大于空泡半径时，失相是限制电子加速的原因，反之，激光脉冲的侵蚀成为主要的限制原因。

电子加速可获得的能量可简单估计为 eE_0L，加速场取中间值，即 $E_0 = (1/8)\sqrt{n}$。如果失相是主要的限制因素，简单计算可得到电子能量为

$$\mathcal{E}_{\text{e}} = \left(1 + a^2\right)/\left(8n_{\text{e}}\right) m_{\text{e}} c^2. \tag{7.68}$$

可以看到，最大电子能量是和等离子体密度成反比的，但低等离子体密度意味着低的加速梯度，也意味着更长的加速距离。同时，低等离子体密度意味着更长的等离子体波长，也即对确定的激光脉冲，影响电子加速的主要限制因素逐渐从失相变为侵蚀。在低等离子体密度时适当增加激光脉宽，可获得更好的加速。低等离子体密度还意味着空泡的相速度更大，背景电子更难以被空泡捕获，单纯的自注入变得困难。

我们也可以给出激光能量和电子能量比值的定标关系，即

$$\frac{\mathcal{E}_{\text{L}}}{\mathcal{E}_{\text{e}}} \propto \frac{a^2 \lambda_{\text{L}}^{-2} \lambda_{\text{p}}^3}{a^2 \lambda_{\text{p}}^2} = \frac{\lambda_{\text{p}}}{\lambda_{\text{L}}^2}. \tag{7.69}$$

利用短波长激光，如 X 射线自由电子激光(XFEL)，以较小的激光能量就可产生高能电子束。但如果保持总体能量转换效率，高能电子的电荷量也会相应减少。利用长波长激光，如二氧化碳激光，则有利于获得大电荷量电子束。

7.7.3　试探电子在尾场中的纵向运动

为了仔细描述电子被捕获及被加速的整个运动过程，我们可以利用试探电子的哈密顿量。考虑一个试探电子(没有初始横向动量)在激光场及其驱动的尾波场中的哈密顿量，

$$H = \sqrt{m_0^2 c^4 + p_x^2 c^2 + e^2 A^2} - e\phi, \tag{7.70}$$

归一化后为

$$H = \sqrt{1 + p_x^2 + a^2} - \phi, \tag{7.71}$$

在运动坐标系(参数变换)中，假定电磁场(矢势和标势)是 $\xi = x - v_{\text{p}}t$ 的函数，根据诺特定理有(或者由哈密顿方程 $\dot{p}_x = \dfrac{\partial H}{\partial x}$)

$$H - v_{\text{p}} p_x = h_0, \tag{7.72}$$

即

$$\sqrt{1+p_x^2+a^2(\xi)}-\phi(\xi)-v_p p_x=h_0, \tag{7.73}$$

式中 h_0 为常数。我们也可以容易验证，由上式可得

$$\frac{\partial p_x}{\partial t}=\frac{\partial(\gamma-\phi)}{\partial x}, \tag{7.74}$$

即电子运动由激光有质动力和尾场静电势决定。在电子与空泡作用前，$a=\phi=0$，因此，有 $h_0=\sqrt{1+p_x^2}-v_p p_x$。从哈密顿量的公式可得到

$$p_x=\gamma_p^2\left[v_p(\phi+h_0)\pm\sqrt{(\phi+h_0)^2-(1+a^2)/\gamma_p^2}\right], \tag{7.75}$$

式中，当电子进入空泡时，取负号；当电子被空泡捕获后反射时，取正号。

　　如果初始时刻位于激光脉冲前的电子，在它还没有受到电磁相互作用时静止，则 $h_0=1$。把 $h_0=1$ 代入上式，在空泡的前面，除了 $p_x=0$ 这个解外，还可以得到另一个解(即取正号)

$$p_x=2\gamma_p^2 v_p\approx 2\gamma_p^2, \tag{7.76}$$

这就是粒子被尾波捕获，然后被加速，最后再次离开尾场，不再和电磁场相互作用时的粒子动量。对于尾场驱动质子或正电子加速，加速是在尾波的前半部分，在捕获、加速和离开的整个过程中，都受到尾场的加速。利用这一公式估计在尾场中加速的质子能量是合适的。对于电子加速，当电子到达空泡的中部时，电子开始失相，这时即可中断加速，可认为 $a=0$，$\phi=\phi_{\max}$，由此我们可以得到

$$\mathcal{E}_e=\frac{1+a^2}{8n_e}m_e c^2. \tag{7.77}$$

这和前面用加速场乘上加速距离得到的表达式是完全相同的。

　　原则上，电子可以用波函数描述，如果电子能量比较小，其德布罗意波长和尾场尺度可比，电子的加速过程可用量子力学方程计算，我们可以用最接近经典描述的相干态作为电子的初态，计算波函数随时间的演化。当泵浦激光为 X 射线激光时，其在晶体中驱动的尾波长很短，这时，量子特性可能是重要的。由量子性，电子被尾场的捕获是有一定概率的。

7.7.4　电子在尾场中的横向回旋运动

　　按传统加速器理论，对于稳定轨道，横向上偏离理想轨道的运动叫做回旋运动。对于激光尾场加速，偏离轴的电子在被纵向电场加速的同时，在尾场及电子束自身的横向电磁场作用下绕轴做回旋运动。

单电子在空泡的横向场作用下做横向回旋运动，横向场由前面的空泡理论给出。对于以相对论运动的电子，受到的横向力为

$$F_y = -E_y + B_z = -(y/2)n_0, \tag{7.78}$$

$$F_z = -E_z - B_y = -(z/2)n_0. \tag{7.79}$$

这里电场力和磁场力是横向聚焦的。也即描述电子横向位置变化的方程可写为

$$\frac{\mathrm{d}^2 r}{\mathrm{d}x^2} = -\frac{n_0}{2\beta}r. \tag{7.80}$$

对于高密度高能电子束，电子束本身的电磁场也对电子运动起重要作用。在真空中传输的电子束，其横向电磁场为 $E_r = 2\pi rn$，$B_\varphi = -\beta E_r$，总体合力为 $F_r = \dfrac{2\pi n}{\gamma^2}r$。若电子束半径为 R，在离子通道中传输时，电子束产生的径向电场和角向磁场分别为

$$E_r(r) = 2\pi nr = \frac{2I(1-f_e)}{R^2 f_e v_x}r, \tag{7.81}$$

$$B_\theta(r) = \frac{2I}{cR^2}r. \tag{7.82}$$

其中，f_e 为电子束密度和背景密度之比。

第 6 章中我们得到在等离子体中传输的强流电子束中电子横向位置随电子传输的变化为

$$\frac{\mathrm{d}^2 r}{\mathrm{d}x^2} = \frac{K}{R^2}r, \tag{7.83}$$

$$K = \frac{I}{I_0}\frac{2}{\beta^3\gamma^3}\left(1-\frac{\gamma^2}{f_e}\right), \tag{7.84}$$

式中 $I_0 = mc^3/e$。等式右边第一项一般可忽略，假定 $f_e = 1$，即电子束密度和背景离子密度相同，忽略电子的辐射反作用，电子横向运动的方程为

$$r'' + \frac{I}{I_0}\frac{2}{\gamma\beta R^2}r = 0, \tag{7.85}$$

这是振荡运动，也即电子在横向是稳定的。电子除了受空泡的电场作用外，也受激光场的作用。虽然激光脉宽通常选为小于等离子体波长的一半，但脉冲尾部的激光场仍对电子运动有较大的影响。如果驱动尾场的激光的尾部和电子束作用，则电子在激光偏振方向，做受迫振荡，在一定条件下可发生共振，共振使电子运动的振幅远大于只有尾场横向电磁场的情况(图 7.6)。

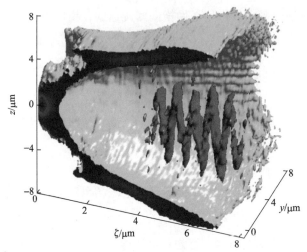

图 7.6　高能电子在空泡中的回旋运动(K. Nemeth, Phys. Rev. Lett. 100, 095002(2008))

　　电子的横向运动影响电子束的发射度。为此电子注入时，要尽量靠近轴，并减小初始横向动量，同时，激光的作用会使电子的发散度变差。为了减少激光场的影响，可使用更短的激光脉冲，但这会降低激发尾场的效率。同时部分激光会从空泡前面的电子层反射，这种反射的激光场也会与电子束相互作用，不能忽略。

　　另一方面，电子的横向运动可产生很强的回旋辐射，这可以作为很好的辐射源，我们后面在第 9 章中再详细讨论。由于能量高的粒子辐射损失更多，回旋辐射可使电子束的能散度降低。

　　考虑一个电子束，在短时间内可假定电子的相对论因子 γ 为常数，傍轴近似下，电子束半径在尾场横向力作用下的演化方程为(Nakajima, Phys. Rev. ST Accel. Beams 14, 091301 (2011))

$$\frac{\mathrm{d}^2\sigma_r}{\mathrm{d}x^2} + \frac{\tilde{K}^2}{\gamma}\sigma_r - \frac{\varepsilon_{n,0}^2}{\gamma^2\sigma_r^3} = 0, \tag{7.86}$$

式中，$\varepsilon_{n,0}$ 为初始归一化发射度，

$$\frac{\tilde{K}^2}{\gamma} = -\frac{K}{R^2}, \tag{7.87}$$

那么有

$$\frac{\mathrm{d}^2\sigma_r}{\mathrm{d}x^2} + \mathcal{K}^2\gamma^2\sigma_r^2 = C, \tag{7.88}$$

式中，$\mathcal{K} = 2\tilde{K}/\sqrt{\gamma} = 2k_\beta$ 为聚焦强度，$C = 2\sigma_{r,0}' + \mathcal{K}^2\sigma_{r,0}/2 + 2\varepsilon_{n,0}^2/\sigma_{r,0}^2$ 为常数，其中 $\sigma_{r,0}$、$\sigma_{r,0}'$ 分别为初始束腰尺寸和初始束腰尺寸随纵向长度的变化。求解这一方

程可得到

$$\sigma_r^2(x) = \frac{C}{\mathcal{K}^2} + \frac{1}{\mathcal{K}}\sqrt{\frac{C^2}{\mathcal{K}^2} - \frac{4\varepsilon_{n,0}^2}{\gamma^2}}\sin(\mathcal{K}x + \phi_0), \tag{7.89}$$

这里初相位为

$$\tan\phi_0 = \frac{\sigma_{r,0}^2 - C/\mathcal{K}^2}{2\sigma_{r,0}\sigma_{r,0}'/\mathcal{K}}. \tag{7.90}$$

可以看到，束腰半径围绕 $\sqrt{C}/\mathcal{K}$ 回旋振荡，回旋振荡的波长为 π/k_β。若取 $\sigma_{r,0}' = 0$，如果常数满足 $C/\mathcal{K} = 2\varepsilon_{n,0}/\gamma$，也即 $\sigma_{r,0}^2 = 2\varepsilon_{n,0}/\gamma$，则束腰半径保持为

$$\sigma_{rM}^2 = \frac{\varepsilon_{n,0}}{k_\beta\gamma} = \frac{\varepsilon_{n,0}}{\tilde{K}\sqrt{\gamma}}. \tag{7.91}$$

假定电子横向做圆周运动，电子的辐射功率为

$$P = \frac{2}{3}\frac{e^2}{m^2c^3}\gamma^2\omega^2|\boldsymbol{p}|^2. \tag{7.92}$$

当电子能量到达几十 GeV 时，辐射对能量的敏感性很高，因此辐射阻尼可改善电子束的能散度。在传统加速器中，有时也插入波荡器等调节电子束参数。同时电子能量很高时，量子电动力学效应变得重要，辐射的量子随机性也需要考虑。这种辐射随机性会影响电子束的能散度。当辐射阻尼和量子随机性达到平衡时，电子束的能散达到所谓自然展宽。我们知道激光加速得到的电子能散度一般要大于传统加速器，但是当电子能量达到百 GeV 量级时辐射阻尼有望自动减小电子束能散度。

电子束的磁场可反作用于电子束，产生不稳定性，这可参考第 3 章。

7.8　空泡加速对激光参数的要求

空泡加速电子能量公式中的激光参数 a 是通过对等离子体频率的影响引入的。这种影响不是特别重要，因为可通过简单调节等离子体密度来改变，但激光强度确实是重要的。实际上，激光参数应该满足两个条件，首先，要到达空泡参数区域，激光要达到相对论强度，这意味着 $a > 1$，这样电子才能前向或横向以接近光速被推开。同时为确保激光束的长距离传输，在不利用预等离子体通道时，激光功率要大于相对论自聚焦的阈值，这样聚焦效应才能克服由于光束有限横向尺寸引起的散焦效应。

相对论自聚焦的临界功率为

$$P_{\mathrm{sf}} = 2\frac{n_{\mathrm{c}}}{n_{\mathrm{e}}}P_0. \tag{7.93}$$

如果驱动激光的束腰大小等于等离子体波长，则激光功率为(归一化到自然功率 $P_0 = 8.7\mathrm{GW}$)

$$P_{\mathrm{L}} = \frac{\pi}{4}\lambda_{\mathrm{p}}^2 a^2. \tag{7.94}$$

由此可得

$$a_{\mathrm{c}} > \sqrt{8/\pi}. \tag{7.95}$$

从实际模拟结果看，激光的强度要更高一些，才有比较好的自聚焦效果。

利用上面讨论的失相条件可以估计激光的脉宽。例如，取 $a=2$，$n_{\mathrm{e}}=10^{-4}n_{\mathrm{c}}$，由上面的公式估计，电子能量大约为 $300\mathrm{MeV}$。这时半个等离子体波长对应的激光脉冲(对于波长为 $0.8\mathrm{\mu m}$ 的激光)宽度约为 $42\mathrm{fs}$。若 $a=4$，$n_{\mathrm{e}}=10^{-4}n_{\mathrm{c}}$，则大约可得到 $10\mathrm{GeV}$ 电子加速，如果激光脉冲通过啁啾等方式拉宽到 $135\mathrm{fs}$，失相长度和侵蚀长度相当。

利用上面的公式，也可简单估计电子加速所需的激光功率和激光能量。若 $a=4$，$n_{\mathrm{e}}=10^{-3}n_{\mathrm{c}}$，假设激光焦斑尺寸等于等离子体波长，即 $R=\lambda_{\mathrm{pe}}/2\approx 16\mathrm{\mu m}$，激光功率约为 $P=(a/a_{\mathrm{c}})^2 P_{\mathrm{sf}}=2(a/a_{\mathrm{c}})^2\frac{n_{\mathrm{c}}}{n_{\mathrm{e}}}P_0=1.1\mathrm{PW}$。激光脉宽等于 $1/2$ 等离子体波长，激光能量为

$$\mathcal{E}_{\mathrm{L}} > P_{\mathrm{sf}}\frac{\lambda_{\mathrm{p}}}{2c}. \tag{7.96}$$

对于上面的例子，激光能量为 $\mathcal{E}_{\mathrm{L}}=150\mathrm{J}$，加速所需的等离子体长度为 $L_{\mathrm{d}}/\lambda_{\mathrm{L}}=\left(1+a^2\right)\left(\lambda_{\mathrm{p}}^3/\lambda_{\mathrm{L}}^3\right)$，即 $40\mathrm{cm}$。

7.9　电子注入与电子源

在前面介绍电子在尾场中的捕获时，简单讨论了电子的自注入。自注入是尾场高度非线性演化过程的结果，可控性比较差。同时在为获得更高能量电子加速而使用更低密度等离子体时，这种非线性演化很可能达不到电子被尾场捕获的条件。为此，可利用额外的扰动来帮助电子的注入。通常的方式即为改变激光的参数或者等离子体的参数。这些方法各有利弊，目前仍在继续发展中。

传统加速器通常先产生一个高品质的电子源，然后再将其逐级加速到很高的能量，对于激光驱动加速，电子注入部分也可以看成电子源部分。

7.9.1　激光注入

传统加速器可利用激光照射光阴极产生电子源，对激光加速，也可利用第二束激光反向或垂直入射到空泡中，控制电子的注入，如图 7.7(a)所示。当有第二束激光反向入射时，假定激光强度比较弱，不在等离子体中产生大的扰动。当它和驱动尾场的激光相遇时，两束激光的拍频可加热电子，使得部分电子获得额外的前向动量，这些电子更容易被尾场捕获，由于这一过程只发生在两束激光相遇时，所以电子注入的位置是可控的，注入电子的数量也可以通过激光的强度来控制。垂直入射的激光也能控制电子的注入，如图 7.7(b)所示。如果垂直激光和等离子体的作用发生在驱动激光到达前，垂直激光对局部等离子体的加热可影响部分电子的注入。如果垂直激光和驱动激光相遇，电子的运动更复杂，但也会有部分电子获得前向加速而被注入。垂直入射的激光也可以稍晚于驱动激光，同样可以扰动部分电子，使这些电子到达空泡尾波时被捕获。也可使用两束反向传输的垂直激光控制注入。

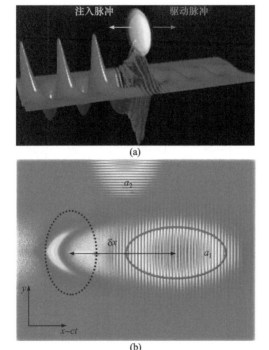

图 7.7　激光注入示意图。(a)反向激光注入(原图来自 Malka)；(b)横向激光注入

7.9.2　密度梯度注入

假定等离子体密度随激光传输方向不断降低，那么对应的等离子体波长不断变大。如果激光驱动的空泡在传输过程中不断变大，那么初始时刻在空泡前面的电子穿越尾场时，在后半个尾场中运动的时间变得比以前更长了。这意味着这些电子受到更多的加速，从而有可能达到尾场的速度而被捕获，如图 7.8 所示。

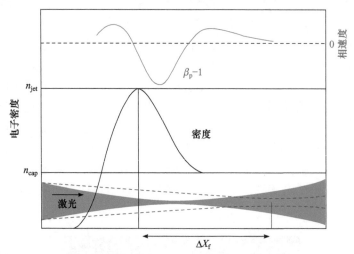

图 7.8　密度梯度注入。在等离子体密度下降时，空泡变大，空泡尾部的相速度变小，电子容易被注入空泡中

可以使这个过程更极端化，即采用台阶状密度轮廓，激光先在均匀高密度等离子体中驱动空泡，然后突然进入低密度等离子体中，这时本来已到达空泡底部即将滑到第二个空泡的电子继续留在第一个空泡中，并继续得到加速，从而被捕获。这里还有一种情况，如果第一阶段的等离子体密度足够高，通过自注入机制，电子就已被捕获。然后降低等离子体密度，希望得到更长距离的加速。为了实现在两个不同等离子体密度中电子都处于比较好的加速相位，可以利用在高密度等离子体中位于第二个空泡中的电子。那么当等离子体密度突然降低时，空泡扩大，原来位于第二个空泡中的电子可以落到第一个空泡的合适加速相位上。这里两部分的等离子体甚至可间隔一段距离，这就是早期的激光驱动尾场的级联加速方案。但实际上这里虽然等离子体是两部分，但驱动激光只有一个，因此不是严格意义上的级联加速。

7.9.3　电离注入

在进行激光驱动电子加速实验时，一般采用较简单的气体，如氢气或氦气，若利用氢气，要特别注意安全。利用简单气体的一个原因是气体电离时等离子体的密度发生变化，从而影响激光的传输。对于氢气或氦气，在较低的激光强度下就完全电离了，因此等离子体密度的变化较小。

电离注入的方法是在氢气中加一些高 Z 气体，比如氦气，如图 7.9 所示。假定脉宽为半个等离子体波长的激光驱动尾场，在初始时刻激光的侵蚀还不严重，激光的峰值位置在空泡的前 1/4 波长处。激光的脉冲前沿可轻松将氦原子外围的电子电离，但氦原子内壳层的两个电子，即第 6、7 个电子需要更高的激光电场才能电离。因此，静止不动的 N^{5+} 相对激光脉冲和尾场结构往后滑动，逐渐进入到空泡中，也进入到激光脉冲中更强的区域，乃至到达峰值位置。在这个过程中，当激光强度增加到足以电离最后两个电子时，由束缚电子变成自由电子。一般可以假定刚电离的电子动量为零，但其所处的位置已处在空泡前 1/4 等离子体波长的某个位置。这和自注入不同，自注入电子初始静止的位置在空泡前面。我们知道在前半个空泡中电子是减速的，也即受的力是往后的。这意味着最后电离的两个电子少受到一些往后的减速力。如果用前面的试探电子的哈密顿量来描述，其 $h_0 \neq 1$，我们可以用电子被电离处的激光矢势 a 和尾场标势 ϕ 来给出 h_0，然后计算该电子的运动轨迹。这些电子因为少受了减速力，更容易被空泡捕获，然后被持续地加速。

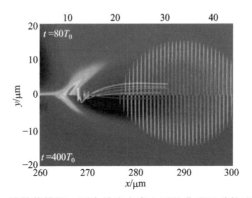

图 7.9　电离注入的二维数值模拟。图中给出电离电子的典型运动轨迹(M. Chen et al., Phys. Plasmas 19, 033101 (2012))

电离注入是比较容易发生的，也可以通过控制氦气的比例来控制电荷量，但也有一个重要问题，就是电子持续不断地注入。在激光传播过程中，一直到激光被严重侵蚀，电离都可以发生在空泡内部，从而在很长的距离上一直有电子被注入。由于这些被注入的电子的加速长度是很不一样的，因此它们的最终能量也不相同。因此，电离注入机制得到高能电子束的单能性较差。

为了控制电离注入，可在适当减小驱动激光强度的基础上，再增加第二束激光，只有两束光的叠加场才足以电离内壳层电子。同时，与控制气体阿秒脉冲产生的方法类似，可以通过双色激光、偏振门、电离激光垂直入射等来缩短注入长度。解决持续注入的另一个办法是把注入段与加速段分开，也即采用两段等离子体，但只在第一段等离子体中加入氮气。

电离注入的另一个问题是，电子在激光脉冲内部某处电离后，一般容易获得一个横向动量，不同电子的横向动量不同。这意味着高能电子的发射度提高，也即影响电子束的品质。利用一束或两束相向传播的垂直入射激光可以解决这一问题。

7.9.4　颗粒注入

我们知道空泡是高度非线性的尾场结构，只要对尾场结构有个扰动，从而使部分背景电子的运动改变就可以使部分电子注入。容易想到的是在波中放一个小的障碍物，用一颗石子打一个水浪可以打出一片浪花，那么我们在等离子体中预先放置或外注入一个小颗粒也可以起到类似的效果。从微观机制上考虑，颗粒被电离后局部产生额外的静电场，这可以改变部分电子(包括背景电子和颗粒上的电子)的运动轨迹使得它们被尾场捕获。在考虑颗粒本身的电子时，其机制和电离注入也有相似之处，即处于颗粒内部的电子在比较强的激光下才能电离(参考大颗粒的库仑爆炸)。颗粒尺寸一般远小于等离子体波长，从而注入是非常局域的，这有利于获得高品质的电子束，同时这也减小了对尾波传输的影响。颗粒尺寸最好要远小于驱动激光的波长，这样激光的衍射效应可忽略，也即不会影响激光的传输，因此一般可采用纳米尺寸的颗粒。实际实验中，采用团簇气体是一个办法，但其没有局域性，其注入机制更类似于电离注入，即团簇内部的电子在激光更强时才变成自由电子；可考虑的一种方法是在气体中放一个纳米丝，这样空泡遇到纳米丝时发生注入；另一种方法是用另一束激光打在金属材料上，融化后的纳米金属颗粒溅射到气体中，控制好合适的延时，就可以控制电子注入了(图 7.10)，在最

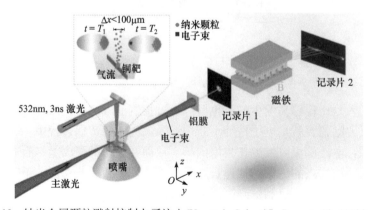

图 7.10　纳米金属颗粒溅射控制电子注入(Xu et al., Scientific Reports 12, 11128(2022))

近获得大于 10GeV 电子束的实验中采用了这种方法；当然最好是能用弹射方法，

把预先制备好的尺寸均匀的纳米金属颗粒准确入射到合适位置。

7.10 等离子体尾场加速的优化

前面讲述了等离子体尾场电子加速的基本原理，尾场加速已成为激光驱动电子加速的标准方案，但如何在此基础上不断提高电子束的品质，仍远没有定型。随着研究的深入，下面的讨论需要不断修正。

7.10.1 注入优化

注入环节是获得高品质电子束的关键。电子刚注入时，能量还不高，也即惯性比较小，易受环境影响。注入电子束要远小于空泡尺寸，这意味着极高的电子密度和电流强度，电子束内极强的电场会影响束内电子的相空间分布。同时电子注入时位于空泡的底部，这里加速场最强，空间变化也最大，对束团内不同电子施加的电磁场并不一致，这些都会影响电子束的品质。目前实验中的最好结果为能散度略小于 1%，和传统加速器相比还有不少差距。

缩短电子注入时间是提高电子束品质的方法之一。对于自注入，空泡底部注入足够多的电子后，电子束自生的场会阻止其他电子的进一步注入，但可控性很差。激光有质动力、密度梯度、外注入颗粒等都是局域注入的。电离注入配合其他方法，比如双色激光等，也能实现局域注入。

对于比较高能的电子加速，比如达到 10GeV 电子加速时，由于等离子体密度降低，空泡尺度变大，一般难以达到极端非线性条件，自注入变得困难，但注入的可控性变好。另外，在绝对能散度不变的情况下，随着电子能量的提高，相对能散度变小。

控制电子注入时的横向动量分布可控制电子束的发射度。对于激光驱动等离子体尾场加速，由于电子束的横向尺寸比较小，容易达到和传统加速器可比的发射度，甚至可以做得更好。如果利用 X 射线激光驱动尾场加速，因为空泡尺寸更小，电子束的发射度还可以减小几个数量级。这对于电子束衍射成像等应用比较重要。

7.10.2 单级加速优化

在空泡尾场加速阶段，首先是要保证长距离的稳定加速。真空中激光的有效传输距离为瑞利长度，超过瑞利长度后激光强度显著下降，瑞利长度和激光的束腰大小有关，增大束腰可以增加瑞利长度，但这意味着激光强度的下降。对于激光驱动尾场加速，激光束腰尺寸一般和空泡的横向尺寸匹配，这时所需的电子加速长度一般大于激光在真空中的瑞利长度，因此需要额外的约束条件。如利用相对论自聚焦来增加额外的聚焦，则激光强度一般要稍大于驱动尾场空泡所需的激光强度。相对论自聚焦所需的激光功率和等离子体密度成反比，对于比较高能的电子加速，需要很高的激光功率。利用等离子体通道来引导激光的传输可降低对激光功率的要求。

在纵向上，失相是限制电子加速的重要原因。从空泡中加速场的纵向分布看，当电子接近空泡中部时，即使还没有完全失相，其加速梯度也相对空泡底部大大减小。为改善失相问题，可使等离子体密度沿传输方向逐渐升高。在激光驱动尾场电子加速中，电子束的速度可近似为真空光速，空泡前沿的速度为激光在等离子体中传播的群速度，如等离子体密度提高，激光群速度稍变慢，即

$$v_g = \frac{d\omega_L}{dk} = \frac{k}{\omega_L}c^2 = \sqrt{1-n_e}\,c \approx \left(1 - \frac{1}{2}n_e\right)c. \tag{7.97}$$

这对电子加速是不利的，因为电子变得更快失相了。但还有一个更占主导的影响，随着等离子体密度的提高，等离子体波长变小，即

$$\lambda_{pe} = \sqrt{\frac{1}{n_e}}. \tag{7.98}$$

这意味着空泡在不断变小，并且主要体现在空泡底部不断在收缩。如果希望空泡底部的相速度刚好等于电子速度，也即真空光速，则

$$v_g - \frac{d\lambda_{pe}}{dt} = c. \tag{7.99}$$

忽略二阶小量，得到

$$\left(1 - \frac{1}{2}n_e\right)c + \frac{1}{2}n_e^{-\frac{3}{2}}\frac{dn_e}{dx}c = c. \tag{7.100}$$

由此可得

$$n_e = \frac{n_c}{L-x}. \tag{7.101}$$

利用这种方法可使电子得到更多的加速，并保持较好的能散度(图 7.11)。

利用啁啾激光也可对加速过程进行一定的调控。飞秒激光通常有较宽的频谱，可以通过调整光栅位置等使放大后的激光不完全压缩到最小脉宽，这时激光是啁啾的，即激光频率随激光位置而变换(参考第 1 章)。激光驱动空泡尾场时，只是激光的前端与等离子体相互作用，随着激光传输，激光不断被侵蚀，后端的激光开始与等离子体相互作用。这意味着，对于啁啾脉冲，不同时刻与等离子体作用的激光频率是变化的，也即激光的群速度或者说所驱动的尾波场的相速度是随激

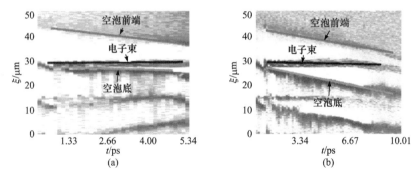

图 7.11　等离子体密度随激光传播距离变化(a)和不变(b)时，空泡加速的演化过程(M. Wen,

New Journal of Physics 12, 045010(2010))

光传输变化的。因此这可以用来调控电子和尾波场的相对运动。通过啁啾拉长激光脉冲，也可增加激光的侵蚀时间。

利用飞行焦点的方法可以改变激光焦点位置的运动速度，其运动速度甚至可超过光速(不是群速度)，因此也可操控尾场的相速度。

实验上也有利用贝塞尔激光进行电子加速的尝试，贝塞尔激光也称为无衍射激光(参考第 1 章)，可在较长的距离上稳定传输，有可能得到更长的电子加速距离。

7.10.3　多级加速与外注入

等离子体尾场加速可获得的能量与等离子体密度成反比，而加速梯度与等离子体密度成正比，这意味着为了获得更高的电子能量，加速距离迅速增加。也就是说，单级加速所能获得的电子能量是有限的。从目前看来，单级电子加速的能量上限大约为10GeV，单级获得更高的电子能量不经济。

为了获得更高能量的电子束，可以像传统加速器那样采用多级加速，也即已经被某种方式加速到一定能量的高能电子束再被注入尾场中继续加速。这一束电子一般来自尾场加速，但也可来自传统加速器。

传统加速器，如斯坦福直线加速器可加速脉宽为 5ps，粒子数为10^{10}量级，能量为 50GeV 的高能电子束，其总能量为 150J。聚焦到 3μm 尺度时，强度为$10^{20}\,W\,/\,cm^2$，其重复频率可超过 100Hz。如利用激光等离子体尾场加速实现类似参数，可采用 5 级级联加速，每级能量为 10GeV。若激光到电子束的能量转换效率为 20%，则每束激光的能量为 150J。如果脉宽为 100fs，则激光功率为 1.5PW。

相隔一定距离的激光束和电子束同向入射到等离子体中，激光束驱动产生尾场，假定位于激光后面的电子束电流强度较小，其对尾场的影响可忽略。一般来说，电子束的速度相对于尾场相速度更接近真空光速。如果初始时刻电子束入射到等离子体里时刚好位于空泡的底部，电子束就能被持续加速，直到失相或者激光侵蚀后尾场逐渐消失。

多级加速的困难在于技术上如何实现具有良好参数的激光束和电子束先后入射到等离子体中。第一级尾场驱动的电子束离开等离子体在真空中传输时，由于其时空尺寸很小，横向动量和库仑力使其逐渐横向膨胀，从而超过第二级空泡的横向尺寸。

解决方法有两种，一是像传统加速器那样在两级之间加聚焦装置。由于尾场加速的电子束电流更强，密度更高，其技术难度比较高。在单级激光驱动尾场加速中，由于激光损伤阈值的限制，一般用大口径离轴抛面反射镜来聚焦激光，同时为了获得大的瑞利长度，镜子的 F 数一般很大。考虑 10GeV 电子加速，如果镜子的口径为 50cm，而 F 数为 30，则经过 15m 的传输到达焦点。假定电子束的发散角为 1mrad，经过 15m 传输后，电子束尺寸变为 15mm。需要把电子再聚焦到几十微米才能匹配空泡的尺寸。为了不阻挡激光的传输，电子聚焦只能在两端进行。按这一方案，十级 100GeV 的电子加速需要 150m 的距离，TeV 电子加速则为 1.5km。二是尽量减少电子束的传输距离，其困难在于如何让激光插入进来。目前的方法是利用薄的等离子体镜来反射激光，经聚焦的激光到达等离子体时，束腰尺寸已比较小，这时经反射后只需要再传输很小的距离就可聚焦到等离子体。因为等离子体镜比较薄，前一级的电子束可以不受影响地穿过。由于激光到达反射镜时，激光强度已很高，镜子必然被电离成等离子体，因此是一次性的。这里，电子束可用等离子体透镜进行一定的聚焦。这一方法已在实验上被原理性验证，但还存在很多问题，比如电子束的耦合效率比较低，这对多级加速是不可接受的。也有考虑是利用等离子体通道把激光引导到电子运动方向。这一方案更紧凑，但还没有得到实验验证。

7.11 等离子体尾场电子加速实验方法与进展

7.11.1 等离子体参数

基于等离子体的尾场电子加速，如果电子能量在 100MeV～10GeV，等离子体密度一般在 10^{19}～10^{17} cm^{-3}，小于空气密度，等离子体长度则相对应地为 200μm～20cm。实验中一般采用氢气或氦气来形成等离子体，以减小电离过程对激光传输的影响，如果采用电离注入，可混入一定比例的氮气。如果需要获得高等离子体密度，可利用高 Z 气体，比如氩气，其电离后可产生更多的自由电子。

对于较短的等离子体长度，比如<1～2mm，可通过设计合适的喷嘴形状，在真空中产生所需的气体，控制气体压力和离喷嘴的位置来改变气体的密度。在进行电子加速实验前，气体密度需通过干涉测量等方法标定。利用刀片阻挡部分气

流的方法可形成陡密度梯度。气体喷嘴可重复使用，适合高重频电子束产生。

较长的等离子体可采用充气型和烧蚀型毛细管，其直径一般为几百微米到毫米量级，加高压放电后形成等离子体，等离子体经过一定时间演化后，在一定时间段，可形成有一定横向密度轮廓的等离子体，即预等离子体波导，这有助于激光的传输。

对于更长的等离子体，比如 10cm 以上，高压放电在技术上有难度。这时可采用气体盒子，在其前端有小孔用于激光传输，侧向有气体的入口，通过控制气体压力来控制气体密度。这种方法也可以做成多段，通过控制各段的气体流动速度来控制密度。对于气体盒子，可以用预脉冲激光加热轴上的等离子体，等离子体膨胀到一定程度时形成等离子体通道。在粒子束驱动尾场加速实验中，有时需要更长的等离子体，达到米量级。目前采用的一种方法是对条状金属锂进行加热，形成锂气体。

为了驱动激光能传输更长的距离，可利用预等离子体通道。等离子体通道主要由两种方式形成。一是利用烧蚀性或充气型毛细管的放电过程，这是低温等离子体过程。对于烧蚀型毛细管，内径为几百微米到几毫米，一般用极细的转子在碳氢(CH)材料中打出一个通道，小于 $500\mu m$ 的通道在技术上有难度。利用飞秒激光打孔可以打更小的洞，但目前还难以打几毫米的长通道。现在也可用晶体直接生长出一个通道，晶体一般有更高的强度。毛细管可以拼接，甚至可以把不同内径的毛细管拼接。在毛细管两端装上电极，加高压，用激光等方式触发放电。管壁形成等离子体并向轴上运动，经过一段时间后形成合适的横向等离子体轮廓，可利用干涉法等对其测量。烧蚀型毛细管可重复使用，但烧蚀次数增加后性能逐渐变差。充气型毛细管更粗，容易加工，并可反复使用。它在通道中充有气体，气体高压放电后形成的等离子体膨胀，从而形成所需的等离子体轮廓。

为了控制注入或者为了控制电子在空泡中的加速相位等，需要调节等离子体密度的纵向分布。对于气体喷嘴，可以通过设计特殊的喷嘴结构、相隔一定距离放置两个喷嘴、加刀片阻滞气流等方法来调节，有时需要特别高的气体密度，比如接近临界密度甚至超过临界密度，需要加非常高的压力，这要求能在强高压下迅速打开的阀门，低温也有利于获得高气体密度，可利用液氮对气体冷却；从喷嘴中喷出的气体因膨胀做功而冷却，对于某些原子或分子可凝聚成团簇；对烧蚀或充气型毛细管，可通过改变通道的直径来调节；对气体盒子，可通过改变各段气体的流体速度来调节密度。

7.11.2 激光参数

根据需要加速的电子束，也需要设计相应的激光参数。根据前面的理论，激光脉宽一般为半个等离子体波长，对于 GeV 以下的电子加速，通常 30fs 左右的激光脉宽时是合适的，也有利用小于 10fs 的超短脉冲激光进行电子加速研究。对于 10GeV 电子加速，合适的激光脉宽为 100fs 左右，否则激光会过早被侵蚀完。激光的束腰半径一般为等离子体波长。对于空泡加速，激光振幅一般为 $a=2\sim5$。为了获得大的瑞利长度，一般利用大 F 数离轴抛面镜进行聚焦。因为传输距离比较大，激光要有好的指向稳定性。如果激光的指向稳定性为 1μrad，经过 15m 的传输距离后，横向位置的不确定为 15μm，在需要两束激光配合的实验中，比如两束激光对打来控制电子注入，预脉冲激光形成等离子体通道等，指向稳定性是非常重要的。在利用激光驱动的电子束进行后续研究时，比如和另一束激光对打时，指向稳定性也特别重要。在需要同时使用两束激光，或一束电子束和一束激光时，除了要精确控制激光和电子的指向，还要高稳定的时间同步，然后通过控制激光的传输距离来调节相对时差，也即 1fs 时差对应 3μm 的长度差。对于各种应用，重复频率是重要指标，因此需要几十太瓦到数拍瓦功率的高重频激光。这在一定程度上决定了激光加速器相对于传统加速器的竞争力。驱动电子加速的激光也需要较高的激光对比度，以防止预脉冲对等离子体参数的改变，但对对比度的要求相对激光固体靶作用要低。

7.11.3　目前实验进展

目前在实验中得到的最高电子能量已达到 10GeV，但还不稳定，最好能散度小于 1%，最好归一化发射度小于 1mm·mrad，最大电荷量大于 1nC。需要指出的是，这些参数不是在同一个实验中同时达到的。

7.12　激光等离子体相互作用的其他加速机制

激光等离子体相互作用除了驱动等离子体尾场可加速电子外，还有些其他机制可加速电子。这些加速机制得到的电子束品质通常没有尾场加速机制好，但某些单项参数可以很好，同时，在研究其他问题时，电子加速过程不可避免地发生，为分析激光等离子体相互作用过程，也需要理解这些加速机制。

7.12.1　激光直接加速

激光直接加速(DLA)机制是指激光在等离子体通道中对电子的加速，它不依靠等离子体的尾波场，这时激光的脉宽远大于等离子体波长。激光在等离子体中传输时，激光纵向包络的有质动力在激光上升沿可以加速电子，但在下降沿则会使电子减速(参考第 2 章)，但即使这样，激光有质动力仍可驱动一个很强的电子流(这些电子的能量不高)，这个电子流可产生很强的环向磁场。同时激光的横向有质动力，可将背景电子横向推开，形成等离子体通道，在等离子体通道中也有径向的静电场。我们知道激光的横向电场只能使电子做横向振荡，不能持续加速电子。但如果同时存在额外的场，比如我们上面讨论的环向磁场和径向静电场，激光就可以加速电子了，因为加速电子的是激光的电场，因此这被称为激光直接加速。我们知道激光的电场是横向的，其加速方向也是横向的，但激光场的磁场可使电子的方向偏转到纵向方向，因此激光直接加速的高能电子仍是沿激光传播方向的。

在实际相互作用中，电子等离子体波也存在，如何判断是激光直接加速，还是自调制的尾波加速？我们知道只有电场能加速电子，而磁场只是使电子偏转方向，在模拟中，我们可跟踪电子，分别计算纵向电场和横向电场对电子的加速，即

$$\mathcal{E}_\parallel = \int eE_\parallel v_\parallel \mathrm{d}t, \tag{7.102}$$

$$\mathcal{E}_\perp = \int eE_\perp v_\perp \mathrm{d}t. \tag{7.103}$$

如果电子能量的主要来源为 $\mathcal{E}_\perp$，则基本可判断为激光直接加速。

7.12.2 涡旋激光加速

利用涡旋激光驱动尾场电子加速，激光的角动量有可能转移到电子束。但相互作用期间，电子束有角动量并不意味着电子束离开激光后有角动量。

7.12.3 大电荷量电子加速

一般可以用动量-位置六维相空间的密度来描述电子束的综合性能。但不少应用对某个单项性能有特别要求，不同的应用对电子束参数有不同的要求。比如用于自由电子激光和汤姆孙散射需要很好的能散度，对于成像研究需要小尺寸的点源和大的粒子数等。高能电子可通过轫致辐射转换为伽马射线，用于伽马成像研究。好的成像需要足够多的光子数。产生超短的大电荷量高能电子束可以进行高时间分辨的高品质伽马成像。

大电荷量和电子束的其他参数(如能散度、能量等)是矛盾的。基于应用需要，可设定一定的电子能量，比如 $30\mathrm{MeV}$，同时放弃对能散度等的要求。对于利用轫致辐射产生伽马射线，即使单能电子束也不能产生单能伽马射线。对于标准的空泡加速，空泡中可装载的高能电子的数量是有限的，即 $\propto \frac{\pi}{6}\lambda_{\mathrm{pe}}^3 n_0 \propto \frac{\pi}{6} n_0^{-1/2}$。从公式看，为获得大电荷量电子，需要更低的等离子体密度。实际上，对于均匀等离子体密度，采用低密度等离子体一般是不合适的。因为低密度等离子体一般适用于高能量电子加速，在激光到电子束的能量转换效率一定的条件下，这意味着需要很高的激光功率和激光能量。但如果初始等离子体密度比较高，在空泡将要过载时，可通过降低等离子体密度、增加空泡的尺寸来继续加载电子。利用这种方

法可以增加电荷量。利用长波长激光(比如二氧化碳激光)驱动尾场加速,因为对应的临界密度比较低,所以需要采用低等离子体密度,也可以获得大电荷量电子束。

因为不追求电子束的能散度等品质,可以不采用标准的空泡加速。强激光与高密度等离子体相互作用时,其纵向尺寸和横向尺寸均远大于等离子体波长,纵向上,可产生自调制的尾场,同时在横向上也可产生复杂的调制结构,有时可形成大空泡中有小空泡的泡沫状结构。这时总的空泡体积由激光尺寸决定,而不是等离子体波长决定,所以高等离子体密度更有利于大电荷量电子束的产生。这时电子束的总体尺寸和激光的尺寸相当,比标准的空泡加速要大。同时,对于高等离子体密度,激光强度远大于相对论自聚焦阈值,因此可形成等离子体通道,在等离子体通道中也存在其他的加速机制,如激光直接加速。如果激光的波前不够平直,激光也分裂成许多细丝结构,即变成很多的子脉冲,这些子脉冲可单独驱动尾场加速。总体上,强激光与高密度等离子体的相互作用比较复杂,这时实验研究和数值模拟更为重要。我们也可直接利用多束激光聚焦在临近区域,这样可增加总的电荷量。

7.13　激光驱动尾场加速的自相似定标

在上面的激光驱动尾场加速中,我们大多是固定激光振幅,然后讨论激光的其他参数,如激光脉宽、横向尺寸等与电子加速的关系。我们也可进行另一种定标。考虑归一化振幅为 a 的激光和电子密度为 n_e 的等离子体相互作用,电子在激光场中的电流项为 $an_e/(\gamma n_c)$。若 $a \gg 1$,电流项近似为 n_e/n_c,因此容易找到无量纲自相似参数

$$S = \frac{n_0}{a_0 n_c}. \tag{7.104}$$

引入新的激光和时空变量

$$\tilde{t} = \sqrt{S}t, \quad \tilde{r} = \sqrt{S}r, \quad \tilde{a} = \frac{a}{a_0}, \tag{7.105}$$

那么激光等离子体相互作用过程是相似的,也即如果在实验中,同时增加激光振幅 a 和等离子体密度 n_0,那么可有相似的空泡结构和相似的电子加速,同时电子能量相应增大。应指出,这种定标关系对电子加速不是最有利的,但可作为一种参考。

第 8 章 等离子体离子加速

当激光归一化振幅 $a \geqslant 1$ 时，电子在激光场中做相对论运动。质子和电子携带相同大小的电荷，但惯性却远大于电子，质子在激光场做相对论运动所需的激光振幅为 $a \geqslant m_p / m_e$，目前的激光技术还不能实现所需的激光强度，因此直接利用激光的有质动力或利用激光直接加速机制对离子进行加速是很困难的。

激光与等离子体相互作用时，电子的响应时间为 ω_{pe}^{-1}，而质子的响应时间为 $\omega_{pi}^{-1} = (m_p / m_e)^{1/2} \omega_{pe}^{-1}$，远大于电子的响应时间。当激光在稀薄等离子体中快速传播时，离子还来不及响应，激光就继续往前传输了，因此在讨论激光脉冲附近的物理过程时，离子的运动经常被忽略。但应该注意到，在更长的时间尺度上，离子的运动不能忽略，比如在飞秒激光的作用结束后，在皮秒和纳秒的时间尺度上，离子运动是极为重要的。同时，对于超强激光，电子质量因相对论效应变大，离子等离子体频率与电子等离子体频率的差距也缩小。通过分析尾场方程可以知道，当 $a \geqslant (m_p / m_e)^{1/2} \approx 43$ 时，电子和质子对尾场的影响可比，即不能忽略质子的运动。

在讨论激光驱动离子加速时，一般都是基于激光等离子体相互作用，考虑在 ω_{pi}^{-1} 时间尺度上离子的运动。为了尽可能与激光的脉冲宽度相匹配，一般选用比较高的等离子体密度，比如固体密度或者近临界密度等。

在激光等离子体尾场驱动电子加速时，电子运动速度是和激光相近的，确切说是接近激光在等离子体中的群速度，因此，电子可以被加速很长的距离，比如几厘米。在离子运动达到相对论速度前，离子在等离子体中难以和等离子体波的相速度匹配，难以获得长距离的加速，因此目前在实验中获得的最大能量仅为 100MeV (质子的静止能量约为 1GeV)，远低于电子能量。但可以相信，随着激光功率的提高，质子速度接近相对论速度后，激光驱动质子加速有更大的进展。

由于正电子和质子同样带有正电荷，和质子加速有类似之处，但背景等离子体中一般没有正电子，因此需要另外产生，本章也讨论一些正电子加速，后面章节中另有专门讨论。除了主要讨论激光驱动加速外，本章也讨论粒子束驱动的质子加速。

8.1 鞘层场加速

强激光与固体薄膜靶相互作用可通过靶后法线方向鞘层场加速机制得到高能

质子, 这是一种很皮实的加速机制, 也是到目前为止最成熟的加速机制, 实验上目前能得到的最高质子能量接近 100MeV。鞘层场加速大体可分三个阶段, 如图 8.1 所示, 也可参考图 5.1。首先, 激光与薄膜靶前表面相互作用, 产生热电子; 然后热电子传输到靶后表面, 由于质子惯性比较大, 在这一过程中可近似认为离子不动, 因此在靶后表面和真空交界面可形成很强的鞘层场, 其大小可达 TV / m 量级; 最后, 这个鞘层场可电离后表面离子, 并将其沿法线方向加速。

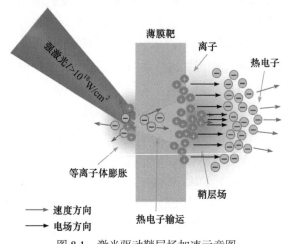

图 8.1　激光驱动鞘层场加速示意图

8.1.1　鞘层场加速基本理论

强场激光与薄膜靶(厚度一般为几纳米～几十微米)相互作用时, 由于各种吸收机制, 前表面电子被加热(参考第 5 章), 对于线偏振激光, 电子温度可近似估计为

$$T_{\mathrm{e}} \approx \left(\frac{I\lambda_{\mathrm{L}}^{2}}{10^{19}\,\mathrm{W}\cdot\mathrm{cm}^{-2}\cdot\mu\mathrm{m}^{2}} \right)^{\frac{1}{2}} \mathrm{MeV}. \tag{8.1}$$

这些热电子向靶后表面传输, 传输过程中会加热靶中的冷等离子体, 从而损失一部分能量, 如果靶比较薄, 则能量损失较小, 显然有利于获得高的电子温度, 同时, 对于薄靶, 部分到达靶后的电子可以振荡回到靶前, 被第二次加速, 因此电子温度可高于上面公式中的值。但薄膜靶并不是越薄越好, 后面将讨论预脉冲可使靶后等离子体膨胀, 不利于离子加速。

对于飞秒激光, 电子加热和传输持续的时间很短, 为方便理解, 我们把电子加热传输过程和离子加速过程分开。加热结束后, 一般可近似认为后表面电子处于热平衡状态, 因此有

$$n_{\mathrm{e}} = n_{0} \exp\left(-\frac{e\phi}{KT_{\mathrm{e}}} \right). \tag{8.2}$$

一般地，离子来不及和电子达到热平衡，可假定离子温度为零。假定离子密度为台阶状，在第 3 章中我们知道，德拜长度 λ_D 内的势方程为

$$\nabla^2\phi = \frac{4\pi n_0 e^2 \phi(r)}{KT_e} = \frac{\phi}{\lambda_D^2}, \tag{8.3}$$

在一维条件下，

$$\phi = E\lambda_D \exp\left(-\frac{x}{\lambda_D}\right). \tag{8.4}$$

由电子密度分布公式，可得 $\phi = xKT_e/(e\lambda_D)$，因此德拜长度内可形成极强的鞘层场，其典型值为

$$E = \frac{KT_e}{e\lambda_D}. \tag{8.5}$$

实际上离子以小于电子的速度运动，但仍可形成鞘层，在第 3 章中，我们介绍了壁附近等离子体的鞘层场。现在边界不再是壁而是真空(图 8.2)。

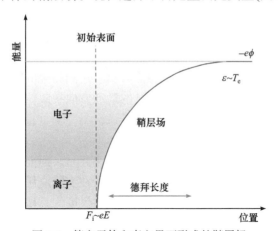

图 8.2 等离子体和真空界面形成的鞘层场

对于一维等离子体自由膨胀，由自相似模型可得到等温平面稀疏波解(参考第 3 章)。离子运动速度和密度分布分别为

$$u_i = c_s + \frac{x}{t}, \tag{8.6}$$

$$n_i = n_0 \exp\left(-\frac{x}{c_s t}\right). \tag{8.7}$$

电子所受的静电力和热压平衡，即

$$n_e eE = -\frac{\partial p_e}{\partial x}. \tag{8.8}$$

因为热电子密度近似等于离子密度，可得到

$$E = \frac{KT_e}{ec_s t}.$$ (8.9)

即用等离子体标尺长度 $l_0 = c_s t$ 代替公式(8.5)中的德拜长度。在等温条件下，标尺长度随时间不断增长，鞘层场则因此不断减小。实际上电子等离子体温度不是严格等温，而因膨胀而降低，标尺长度变化需要一定修正。从公式(8.9)中可以看到，鞘层场和标尺长度相关，和等离子体密度没有直接关系，因此在进行数值模拟时，可采用比真实固体密度低很多的等离子体密度，但仍可以得到和实验符合的质子能量。

传统鞘层场理论假定电子处于热平衡分布。飞秒激光与固体靶相互作用，产生的热电子传输时，短时间里一般来不及把靶中的所有冷电子加热到同样的温度，同时对于结构靶，通常有部分较高能的电子，因此不满足热平衡分布，这时我们也可采用双温甚至三温模型。在靶后表面，我们可只考虑这部分热电子和超热电子引起的鞘层场。

鞘层场是垂直靶表面的，因此质子也沿靶法线方向加速，这种机制也称为靶法线鞘层加速。在最初的实验中，专门设计了三角形的靶，使得与激光作用的前表面和出射质子的后表面不平行来验证这一机制。但对于飞秒激光，靶特别薄或者电子能量比较高时，电子传输到后表面时没有达到完全的热平衡分布，可以认为这已不再是标准的鞘层场加速。热电子的运动方向一般偏向激光传播方向，这使得静电场方向偏离法线方向，产生的质子束也不完全垂直于靶表面，而是可能稍偏向激光传播方向。

应该指出，在靶前表面也可产生鞘层场加速离子，但前表面的鞘层场较靶后表面弱，得到的质子能量较低，反向传输的质子在实际应用时也不是很方便。

前面讨论的是一维模型，实际上激光焦斑的尺度为几微米，当靶后等离子体纵向运动到大于激光焦斑时，三维效应起作用，等离子体的横向膨胀会降低鞘层场。因此，在同样激光强度下，大焦斑有利于质子加速。

在鞘层场加速中，热电子的温度和密度比较重要，在同样的激光强度下，长脉冲激光可以加热更多的电子，通常有更好的加速效果，因此在实验上，大能量的皮秒激光通常能获得较高的质子能量。

靶中有多种离子存在时，由于质子的荷质比最大，最容易被加速，因此其单位核素的能量最高。在实验中，由于靶的表面容易吸附水、油等，因此即使使用金属薄膜靶也可容易得到质子束。如果要加速重离子，可在实验前加热薄膜靶，使吸附的水分子等气化挥发。

鞘层场加速得到的质子一般有很宽的能谱，如果在靶后表面局域只有一薄层质子，则可得到准单能的质子束，但这种准单能的意义不同于传统加速器中的准单能，能散度一般仍有 10%左右。

8.1.2 激光对比度对鞘层场加速的影响

如果激光没有预脉冲，靶后表面是台阶状的，如图 8.3(a)所示。但在第 1 章中我们讨论过，超短的飞秒和皮秒激光在主脉冲前有预脉冲存在。大约强度为 $10^{11}\,W/cm^2$ 的激光就能产生等离子体，如果主脉冲强度为 $10^{21}\,W/cm^2$，意味着需要 10^{10} 的对比度才能抑制预脉冲产生等离子体。预脉冲激光会加热靶前表面，形成的热波和激波传输到后表面，使得后表面等离子体膨胀。如果粗略看，可近似认为预脉冲加热整个薄膜靶，然后薄膜靶以离子声速膨胀。主脉冲激光与靶相互作用时，靶后表面等离子体已存在一个标尺长度，如图 8.3(b)所示，根据前面理论，这种大标尺长度是不利于质子加速的。因此，实验中存在一个最佳靶厚，既能产生较高的电子温度，靶后的标尺长度又较小。

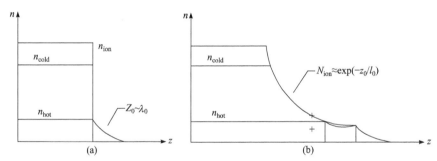

图 8.3　靶后鞘层加速机制理论模型。(a)一维陡峭表面形成的鞘层场，(b)等离子体再膨胀后，鞘层场减小。示意图中的电子包括两种温度，即冷电子和热电子

如果能进一步提高激光对比度，减小预脉冲，则薄膜靶的最佳厚度减小，可以获得更高的质子能量，因此，激光预脉冲的控制对激光薄膜靶相互作用加速质子极为重要。预脉冲的影响不只是取决于激光对比度，还取决于预脉冲的位置，如果预脉冲位于主脉冲前纳秒尺度间隔，由于流体有较长运动时间，对等离子体标尺长度的影响很大；如果在主脉冲前皮秒尺度间隔，预脉冲的影响要小些。一般来说，在 100fs 的时间尺度上，流体还来不及显著运动，可认为流体是冻结的。

8.1.3 改进型靶后鞘层场加速

靶前表面有长标尺长度的低密度等离子体或一定长度的纳米丝等结构时，可增加激光的吸收效率，提高电子等离子体的温度，从而增强鞘层场。从模拟结果看，在各种结构下，质子能量最高可增加到三倍左右。

同时在预等离子体和结构靶条件下，激光可产生一些高能的电子，这些电子来不及达到热平衡，因此电子分布不再满足热平衡，这时靶后表面不再是严格意

义上的鞘层，鞘层场理论也需要修正。这些较高能的电子不容易被鞘层场拉回，因此可把离子加速到更高的能量。但电子能量也不能太高，电子离开离子太远时，在三维条件下，产生的静电场减弱。

8.1.4　鞘层场加速的特点

激光总能加热电子并形成鞘层场，因此鞘层场加速机制非常皮实，实验上很容易实现。鞘层场的尺寸较小，又几乎不动，因此虽然加速梯度非常强，质子很快失相，能获得的加速也有限。目前得到的最大质子能量接近 100MeV。因为鞘层场的加速可近似估计为

$$E\lambda_{\mathrm{D}} \propto T_e \propto I_{\mathrm{L}}^{\frac{1}{2}}, \tag{8.10}$$

质子的能量近似也只和激光强度的平方根成正比，也即通过增强激光强度不能迅速增加质子能量。

为获得更高质子能量，可利用结构靶增加激光吸收效率，并适当增加高能电子的数量，从而增加加速场，结构靶对利用鞘层场机制实现200MeV 以上质子能量是极为重要的。

鞘层加速得到的质子束一般是宽谱的，这对于质子成像等是有利的，可得到随时间演化的物理过程，但对于其他一些应用，如肿瘤治疗，并不有利，因此需要对此作后续操控。我们将在第 12 章对这些进行讨论。

8.2　无碰撞激波加速

激光驱动无碰撞激波加速质子是激光驱动质子加速的重要机制，并有可能得到高流强准单能的质子束，无碰撞激波加速和光压加速也密切相关。无碰撞激波加速还被认为是宇宙中高能质子的一种产生机制。

8.2.1　激波基本理论

在介质中施加扰动时，通常其能量以波的形式传到远处。对于声波，其压力可估计为 ρc_s^2，其能流可估计为 ρc_s^3。但是，如果在某处突然施加特别大的能量，由于声速的限制，一般的声波无法有效传递这一能量，这时激波就产生了。激波是指密度、温度、速度等物理量在很短的空间尺度上突然快速变化，在理想情况下，即在某处突变。

在等离子体中可激发很多种类的波，当流体运动的速度大于当地本征波的速度，即马赫数大于 1，并且某种耗散机制存在时，激波就可能产生。需要耗散机制，是因为高速运动的流体突然变为低速运动时需要某种形式的能量转移。可能

的耗散机制包括加热、磁能的增加、湍流和加速粒子等，这种耗散机制总是存在的。等离子体中不同的波决定不同的激波，比如离子声波有对应的离子声激波。在天体中，当波碰到障碍物时，或者反过来说，当障碍物在流体中快速运动时，可形成激波，在实验室天体物理研究中也可以模拟这样的过程。在惯性聚变等离子体中，热压引起的巨大反冲力迅猛推动高密度物质在低密度低温气体中快速运动，从而形成激波。对于超强激光，激光加热产生的等离子体的热压或者激光的光压本身，可更猛烈地将高密度等离子体推进到低密度等离子体中。比如，对于光压在冷等离子体中驱动的静电激波加速，等离子体的热能、磁能、湍流等都可以忽略，这时光压做功给激波的能量(激光通过多普勒红移损失能量)，通过激波反射离子耗散掉。这样激光多普勒频移消耗的能量就转换为离子的能量。

我们先从中性无磁场等离子体出发，忽略热传导，讨论离子声激波的性质，它由等离子体的热压驱动，也即局域电子等离子体是充分碰撞的。描述质量、动量和能量守恒的一维非相对论流体方程为

$$\frac{\partial \rho}{\partial t} + \frac{\partial}{\partial x}(\rho u) = 0, \tag{8.11}$$

$$\frac{\partial}{\partial t}(\rho u) + \frac{\partial}{\partial x}(\rho u^2 + p) = 0, \tag{8.12}$$

$$\frac{\partial}{\partial t}\left(\frac{1}{2}\rho u^2 + e\rho\right) + \frac{\partial}{\partial x}\left(\frac{1}{2}\rho u^2 \boldsymbol{u} + h\rho \boldsymbol{u}\right) = 0, \tag{8.13}$$

这里 e 为比能，对理想气体 $e = p/\rho(\gamma-1)$，在等离子体中，对较慢的过程三个维度都达到热平衡，绝热指数 $\gamma = 5/3$，比内能为 $e = 3k_\mathrm{B}T/(2m)$，即每个自由度 $(1/2)KT/m$。对快过程，如果自由度只有一个，则 $\gamma = 3$。$h = e + p/\rho$ 为比焓，包括了流体体积变化所做的功。流体动力学方程的一个突出特征是，其解可以不连续。这意味着存在运动界面，在这个界面上，密度、压力和速度等流体力学变量不连续变化，这就是激波。离子声激波可认为是从非线性离子声孤子波通过耗散过程演化产生的，激波的特征速度为离子声速，激波速度和离子声速的比值称为激波的马赫数。如图 8.4 所示，激波面以速度 u_s 从左向右运动，在随激波面运动的坐标系中满足准稳态近似，即 $\partial/\partial t = 0$。这时速度可写为

$$v = u - u_\mathrm{s}, \tag{8.14}$$

激波面右侧(上游，未扰动)的值下标为 1，激波面左侧(下游)的值下标为 2。如果右侧无穷远处未扰动，则 $v_1 = -u_\mathrm{s}$。界面上的跳变条件由守恒定律决定。在准稳坐标系中，由三个流体守恒方程分别得到

$$\rho_1 v_1 = \rho_2 v_2, \tag{8.15}$$

$$\rho_1 v_1^2 + p_1 = \rho_2 v_2^2 + p_2, \tag{8.16}$$

$$\left(h_1 + \frac{1}{2}v_1^2\right)\rho_1 v_1 = \left(h_2 + \frac{1}{2}v_2^2\right)\rho_2 v_2. \tag{8.17}$$

应指出，在非相对论条件下，坐标变换和参考系变换是相同的，但这里原则上只是坐标系变换。当没有质量流，即 $v_1 = v_2 = 0$ 时，压力需保持连续，其他变量可跳变。对有限质量流 ρv，激波面前后的压力不守恒，能量跳变条件可简化为

$$h_1 + \frac{1}{2}v_1^2 = h_2 + \frac{1}{2}v_2^2. \tag{8.18}$$

由这三个方程可推导得到许贡钮条件(Hugoniot condition)

$$\frac{\rho_2}{\rho_1} = \frac{(\gamma+1)p_2 + (\gamma-1)p_1}{(\gamma+1)p_1 + (\gamma-1)p_2}. \tag{8.19}$$

对于强激波，即 $p_2 \gg p_1$，可得到

$$\left(\frac{\rho_2}{\rho_1}\right)_{\max} = \frac{\gamma+1}{\gamma-1}. \tag{8.20}$$

若 $\gamma = 5/3$，则比值为 4。这说明即使最猛烈的压缩，密度的上升也是有限的。实际上在惯性聚变中，为了得到超高的等离子体密度，要进行等熵或低熵压缩。在理想情况下，应该按绝热线压缩，这可以看成无穷多个小激波的叠加；实际上，少量增加激波的数量，就大体上可以通过这些激波的叠加得到很好的效果。

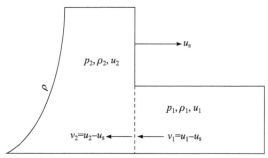

图 8.4　平面激波示意图。定义了不连续面前(标记为 1)后(标记为 2)的流体变量、激波速度 u_s 和相对波前的物质速度 v_1、v_2

　　单纯从流体方程看，激波过程是可逆的，即流体可以通过急剧耗散能量降低速度，也可以获取能量提升速度。但热力学第二定律告诉我们，激波过程是不可逆的，只有第一种方式是可能的。在激波面两侧，熵是不守恒的。

　　一般地，特别在低温、高压条件下，物态方程 $P = P(T, \rho)$ 是比较复杂的。物态方程直接影响激波的参数，比如激波面的速度。因此，在实验上可以通过测量激波速度等来反推物态方程。测量激波速度的常用方法是，测量激光在激波面反

射时的多普勒频移。

对于强激波, 假定未扰动处流体速度为零, 激波面速度和激波后的物质速度分别为

$$u_s = \sqrt{\frac{\gamma+1}{2}\frac{p_2}{\rho_1}},\tag{8.21}$$

$$u_2 = \sqrt{\frac{2}{\gamma+1}\frac{p_2}{\rho_1}}.\tag{8.22}$$

可以看到为了提高激波传播的速度, 需要提高下游等离子体的温度。反过来, 下游高速运动的流体, 在经过很薄的激波面之后迅速变为低速运动, 损失的能量则用来压缩和加热流体。这个转换的薄层中的物理极为复杂, 这里只简单处理为不连续间断面。

这里给个例子。对于密度为 $\rho_1 = 1\text{g}/\text{cm}^3$ 的塑料, 其绝热指数 $\gamma \sim 4/3$。如果给予 50Mbar 的压力, 那么密度可压缩到 $\rho_2 \sim 7\text{g}/\text{cm}^3$, 同时其激波速度约为 $8 \times 10^6 \text{cm}/\text{s}$, 这意味着激波穿越100μm的薄层需要约 1.2ns。这对超强激光与薄膜靶相互作用是极为重要的。如果在主脉冲 ns 或 ps 前有预脉冲, 其驱动产生的激波可能在主脉冲到达前就穿过靶背, 从而极大改变薄膜靶的原始状态。这就是8.1 节中讨论的激光预脉冲对 TNSA 极为重要的原因。

在弱激波近似下, 即 $v_2 = v_1$ 时, 可得到激波传输速度即为离子声速 $c_s = \sqrt{3k_B T_e / m_i}$。

离子声激波的速度可用马赫数表示, 如果 $u_1 = 0$, 马赫数可定义为

$$\mathcal{M} = \frac{-v_1}{c_s} = \frac{u_s}{c_s}.\tag{8.23}$$

8.2.2　相对论激波

上面给出的激波理论是非相对论的。如果流体速度或激波速度接近光速, 我们需要用相对论流体方程来描述。只在实验室参考系中考虑相对论激波时, 不要求相对论流体方程是协变的。但如果要进行参考系变换, 则需要相对论协变的流体方程。我们现在从相对论协变流体方程出发来讨论相对论激波。质量、动量和能量守恒方程分别为

$$\frac{\partial \gamma n}{\partial t} + \frac{\partial \gamma n u^i}{\partial x^i} = 0,\tag{8.24}$$

$$\frac{\partial}{\partial t}\left(e\rho\gamma^2 + \gamma^2 p\beta^2\right) + \nabla\cdot\left(e\rho\gamma^2 + \gamma^2 p\right)\boldsymbol{\beta} = 0,\tag{8.25}$$

$$\frac{\partial}{\partial t}\left(e\rho\gamma^2+\gamma^2 p\right)\boldsymbol{u}+\nabla\left[\left(e\rho\gamma^2+\gamma^2 p\right)\boldsymbol{uu}+pc^2\boldsymbol{I}\right]=0. \tag{8.26}$$

应注意, 这里 n、e、ρ 等都是在静止参考系中的值。这组方程是相对论协变的, 在任何参考系中都适用, 在激波面参考系中, 激波结构是准稳的, 因此和前面一样, 由粒子数、动量和能量守恒可得到

$$\rho_1\gamma_1 v_1=\rho_2\gamma_2 v_2, \tag{8.27}$$

$$(e_1\rho_1+p_1)\gamma_1^2\beta_1=(e_2\rho_2+p_2)\gamma_2^2\beta_2, \tag{8.28}$$

$$p_1+(e_1\rho_1+p_1)(\gamma_1\beta_1)^2=p_2+(e_2\rho_2+p_2)(\gamma_2\beta_2)^2. \tag{8.29}$$

利用比焓 $h=e+p/\rho$, 可将后面两个方程改写为

$$h_1\rho_1\gamma_1^2\beta_1=h_2\rho_2\gamma_2^2\beta_2, \tag{8.30}$$

$$p_1+h_1\rho_1(\gamma_1\beta_1)^2=p_2+h_2\rho_2(\gamma_2\beta_2)^2. \tag{8.31}$$

这几个方程即为相对论性许贡钮方程。从上面公式也可得到

$$h_1\gamma_1=h_2\gamma_2. \tag{8.32}$$

由这组关系, 和非相对论情况类似, 可得到激波面前后物理量的关系。需要注意, 在相对论条件下, 物态方程 $P=P(\rho,T)$ 有改变, 在强相对论条件下, 绝热指数 $\gamma_a\approx 4/3$。这时比能 $e=p/\rho(\gamma_a-1)=3k_BT/m$。对于强激波, 可以得到

$$v_1\approx c, \quad v_2\approx\frac{c}{3}. \tag{8.33}$$

我们也可利用非协变的相对论流体方程, 然后只作坐标变换(不是参考系变换), 再利用准稳态近似进行讨论。回顾尾场理论, 由于电磁场方程中用了库仑规范, 方程不是相对论协变的, 因此只能作坐标变换, 不能作参考系变换。

8.2.3　无碰撞静电激波

在等离子体中, 在德拜长度范围内, 局域是非电中性的。因此, 对于激波面这样的间断面, 特别是马赫数比较大时, 等离子体也不是中性的, 所以需要考虑电荷分离引起的静电场的影响, 这种情况下形成的激波就是静电激波。静电激波不是由朗缪尔波演化而来, 而是考虑了静电场之后的离子声激波。同时, 静电场的存在也增加了新的能量耗散机制, 如粒子加速。因为这时不是依靠碰撞加热来耗散能量, 所以称为无碰撞激波。无碰撞激波除了通过反射粒子, 也可以通过捕获粒子、形成湍流等方式耗散能量。静电激波加速是天体中宇宙射线产生的一种可能机制, 后面讲到的磁声激波加速是另一种可能机制。强激光与等离子体相互作用可以在实验室中驱动这样的静电激波。这里有两种情况: 一种发生在激光与

等离子体相互作用结束后，一般称为无碰撞静电激波加速；另一种发生在激光与等离子体相互作用时，一般称为光压加速的打孔阶段。对于强激光与薄膜靶相互作用，这两种情况可随参数变化逐渐过渡，在过渡区，光压和热压同时起作用。

我们先考虑第一种情况。对于强激光驱动等离子体，一般可假定，$T_e \gg T_i = 0$，这时离子声速只由电子温度决定。冷离子等离子体的一维非相对论流体方程为

$$\frac{\partial \rho}{\partial t} + \frac{\partial}{\partial x}(\rho u) = 0, \tag{8.34}$$

$$\frac{\partial}{\partial t}(\rho u) + \frac{\partial}{\partial x}(\rho u^2) = -n_i e \frac{\partial \phi}{\partial x}. \tag{8.35}$$

把连续性方程代入动量方程后得到

$$\frac{\partial}{\partial t} u + u \frac{\partial}{\partial x} u = -\frac{e}{m_i} \frac{\partial \phi}{\partial x}. \tag{8.36}$$

静电势由泊松方程得到，即

$$\frac{\partial E}{\partial x} = -\frac{\partial^2 \phi}{\partial x^2} = 4\pi e(n_i - n_e). \tag{8.37}$$

假定电子很快达到热平衡，且电子的热压和静电力平衡，并假定电子的流体运动速度远小于热运动，电子密度分布为

$$n_e = n_{e0} \mathrm{e}^{-e\phi/k_B T_e}. \tag{8.38}$$

假定电子温度为常数，则这几个方程可完备描述冷离子流体的运动。在准中性条件下，即 $n_i = n_e = n$，动量方程为

$$\frac{\partial}{\partial t}(u) + u \frac{\partial}{\partial x}(u) = -\frac{1}{n m_i} \frac{\partial (n k_B T_e)}{\partial x}, \tag{8.39}$$

即回到热压决定流体的运动。准中性条件要求波的特征长度比较大。也就是说，当电子温度比较低、静电场比较大、波比较陡峭时，静电力相对热压占主导，这时产生的激波才是无碰撞静电激波。激波面的厚度大约为德拜长度，其横向尺寸可以估计为离子惯性长度 $\lambda_i = c/\omega_i$，ω_i 为离子等离子体频率，离子惯性长度可能和静电激波加速中的横向不稳定性有关。

作准稳态近似，在波面坐标系中，$\partial/\partial t = 0$，在波面坐标系中无穷远处未扰动处速度和密度分别为 u_0 和 n_0，则由流体方程可得

$$nu = n_0 u_0, \tag{8.40}$$

$$\frac{1}{2} m_i u^2 + e\phi = \frac{1}{2} m_i u_0^2, \tag{8.41}$$

也即动能势能守恒。将这两个方程代入泊松方程得到

$$\frac{\partial^2 \phi}{\partial x^2} = 4\pi e n_0 \left[\exp\left(-\frac{e\phi}{KT_e}\right) - \frac{u_0}{(u_0^2 - 2e\phi/m_i)^{1/2}} \right], \tag{8.42}$$

对其积分得

$$\frac{1}{2}\left(\frac{\partial \phi}{\partial x}\right)^2 + \psi(\phi) = 0, \tag{8.43}$$

这里

$$\psi(\phi) = -4\pi n_0 \left[m_i u_0 (u_0^2 - 2e\phi/m_i)^{\frac{1}{2}} + k_B T_e \exp\left(-\frac{e\phi}{k_B T_e}\right) \right] + C. \tag{8.44}$$

可以看到关于 ϕ 的方程类似一个粒子在势阱中的运动。当常数 $C = 4\pi n_0$ $\left(m_i u_0^2 + k_B T_e\right)$ 时，在 $\phi = 0$ 处，$\psi(\phi)$、$\dfrac{\partial \phi}{\partial x}$、$\dfrac{\partial \psi}{\partial \phi}$ 都为 0。这时可得到孤子波解。对于 ϕ 比较小时，

$$\psi(\phi) \approx -2\pi n_0 (e\phi)^2 \left[(k_B T_e)^{-1} - (m_i u_0^2)^{-1} \right]. \tag{8.45}$$

可以看到，当马赫数 $\mathcal{M} = u_0 / \left(\dfrac{k_B T_e}{m_i}\right)^{1/2} > 1$ 时，$\psi(\phi)$ 为负值，这时可能有孤子波解。

我们注意到，泊松方程中离子密度这一项必须为实数，即 $u_0^2 - 2e\phi/m_i > 0$，由此得到

$$\mathcal{M}^2 > \frac{2e\phi_M}{k_B T_e}, \tag{8.46}$$

ϕ_M 为势的极大值，即 $\partial \phi/\partial x = 0$ 处的势。由关于 $\psi(\phi)$ 的方程得到物理解存在的条件为

$$\mathcal{M}^2 + 1 - \exp\left(-\frac{\mathcal{M}^2}{2}\right) > 0, \tag{8.47}$$

即

$$\mathcal{M} < 1.6. \tag{8.48}$$

也即孤子波存在的条件为

$$1 < \mathcal{M} < 1.6. \tag{8.49}$$

当马赫数 $\mathcal{M} > 1.6$ 时，孤子波结构破坏，转变为静电激波(图 8.5)。物理上，对于无碰撞等离子体，如果允许激波的波前反射部分粒子，就可以耗散上游的能量，形成流体速度的跳跃，即形成激波。当然其他的一些耗散机制，如激波后捕

获离子或形成湍流等，在某些环境下也是可能的。

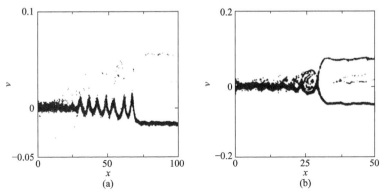

图 8.5   静电孤子波(a)和静电激波(b)的相空间结构。(a)波前坐标系中向右传播的孤子波，未扰动处速度为负值；(b)离子在激波面反射(D. Forslund, PRL 27(18), 1189(1971))

8.2.4   强激光热压驱动的静电激波

当强激光与稠密等离子体(薄膜靶)作用时，在临界密度附近，电子被加热，形成热波，并驱动静电孤子波，如果激光强度比较高，激光的光压也能驱动一个快速运动的电子和离子密度双峰结构。对于线偏振激光，在激光与等离子体作用期间，马赫数一般还相对较低，因此仍是孤子波结构。当激光离开后，这种静电孤子波继续快速向前运动。由于热波的速度小于离子声波，在传播过程中，电子温度不断降低；对于膨胀等离子体，膨胀冷却也使等离子体温度降低。因此，马赫数不断变大，当马赫数 $\mathcal{M} > 1.6$ 时，可形成静电激波，这时部分离子从激波面反射，并获得两倍的激波速度，这就是静电激波加速。由于激波面的速度基本保持不变，因此质子的能量为准单能。从另一种角度看，马赫数比较大意味着静电势比较大，这时离子不能越过这个势垒而被反射。

假设，当强度为 I 的激光与等离子体相互作用时，激光的能量和动量全部被等离子体吸收，则由动量守恒得到

$$n_i m_i u^2 = I / c, \tag{8.50}$$

这里忽略热膨胀的反冲力对流体速度的影响。当激光结束与等离子体相互作用后，这一激波在等离子体中传输时，如果当地的等离子体温度较低，比如当波速度比热波快时，传播过程中的马赫数就可能达到临界值，这时部分离子就被反射，对于初始静止的离子，被加速到两倍的激波速度，其能量为

$$\mathcal{E}_i = \frac{1}{2} m_i (2u)^2 = 2I / (n_i c). \tag{8.51}$$

即在同样等离子体密度条件下，离子能量和激光强度成正比。这是比较好的定标

关系。

对于强激波，假定未扰动处流体速度为零，激波速度为

$$u_s = \sqrt{\frac{\gamma+1}{2}\frac{p_2}{\rho_1}}. \tag{8.52}$$

因此我们要用超强激光快速加热少量等离子体(趋肤深度内)，从而得到高的热压，当激波传播到膨胀中的低密度等离子体中时，可获得大的激波速度，从而得到高能的质子。当激波继续以更快速度传播时，离子不再能被静电势捕获，这时离子不再能被加速。原则上，激波因加速质子而损失能量，激波速度变慢。如果这一效应和因密度下降引起的激波速度增加抵消，则激波速度能保持不变。由于在加速区域，激波面的速度基本保持不变，因此质子的能量为准单能。

实验上最早的成功报道为利用短脉冲 CO_2 激光与气体相互作用。由于 CO_2 激光的波长较长，对于高密度气体，仍可看成稠密等离子体，激光可局域加热等离子体。报道中采用线偏振 TW 量级 CO_2 激光(强度小于 6.5×10^{16} W / cm^2、3ps 脉宽和100ps 间隔的脉冲链)与气体靶相互作用,产生能散度约为 1%、能量约为 22MeV 的低发射角质子束，实验中高能质子的数量很少。

后来，利用线偏振飞秒激光与纳米薄膜靶相互作用驱动无碰撞激波加速也取得了成功。飞秒激光的预脉冲加热薄膜靶使其膨胀，如果预脉冲不是很强，在主脉冲到达时，等离子体仍为稠密，并且仍是相对论不透明的。这时激光加热等离子体可形成激波，当激光离开等离子体后，激波继续向前传输，当其到达密度轮廓的下降沿时，因为密度降低，激波速度增快，同时由于膨胀冷却等离子体温度降低，离子声速减小，这使得激波运动的马赫数可大于 1.6，这时质子可从激波面上反射并得到加速。

利用圆偏振激光也可以驱动无碰撞离子声激波加速。在激光与等离子体相互作用期间，不只是热压，圆偏振激光的光压也一起驱动等离子体密度峰，如果等离子体温度比较高，激光作用期间仍不能加速质子，但激光离开后激波快速运动到低密度区实现静电激波加速。

在实验中，斜入射激光有时是有利的。斜入射激光一般有更高的激光吸收效率，更容易加热等离子体，形成强的热压激波；局域吸收和光压起主导作用，都要求等离子体保持相对论不透明，在前面章节的讨论中我们知道，斜入射激光的反射密度降低，这有利于确保等离子体为不透明。

当利用激光与纳米靶相互作用驱动无碰撞激波机制定标到更高的激光强度和更高的质子密度时，因为主脉冲激光的强度提高，与主脉冲作用的等离子体的密度要更高，才能确保相对论不透明。这也意味着激光的预脉冲要更弱，激光的对比度更高，也即对激光参数的要求更高。

如果有外注入的高能质子束，那么其能在静电激波甚至在静电孤子波中继续得到加速。

8.3　强激光光压驱动的静电激波

现在考虑激光光压驱动的无碰撞静电激波。前面讨论的情况是激波形成和离子反射是在不同时间阶段进行的，而光压驱动静电激波加速是激波形成和离子反射同步进行的。当圆偏振激光正入射与稠密厚等离子体相互作用时，由于没有振荡项，激光对电子的加热比较少，这时等离子体温度比较低，理论上甚至可以假定为冷等离子体，$T_e = 0$，也即离子声速为零，激波马赫数无穷大。这时形成圆偏振激光光压驱动的静电激波，离子从激波面反射得到加速。光压驱动静电激波加速和下面讨论的光压加速密切相关，也被称为光压加速的打孔阶段，因此我们单独用一节对其进行较为详细的讨论。

8.3.1　光压驱动静电激波加速基本理论

我们先来看基本物理图像。圆偏振激光与固体薄膜靶相互作用，激光光压先把电子往里推，如图 8.6(a)所示，由于离子还来不及运动，所以可形成电荷分离场。然后离子在电荷分离场作用下被加速，如图 8.6(b)所示，相空间中最上层的离子初始来自电子层外侧的离子，即 OA 层的离子，这部分离子不多，后面一般忽略。我们主要考虑的是初始在电子层中的离子，即 AB 层中的离子。

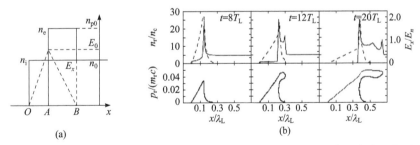

图 8.6　离子被光压驱动静电激波加速的演化过程。(a)初始时刻电子和离子密度示意图；(b)离子密度和离子相空间分布的时间演化(数值模拟结果)。密度图中右侧的台阶状密度结构不是激波，而是由于在同一空间位置有两种速度的离子

和上面讨论类似，用动量守恒来给出反射离子的速度。光压驱动的激波本身是很薄的一层，后面会考虑其微观结构，现在先忽略其消耗的激光能量。考虑准稳态的情况，即激光不断地将其动量交给反射的离子。假定全反射，那么由动量守恒，在非相对论条件下容易得到

$$\frac{2I}{c} = 2n_i m_i u^2, \tag{8.53}$$

即激波面速度为

$$u_s = \sqrt{\frac{I}{n_i m_i c}}. \tag{8.54}$$

这和上面的热压驱动离子声激波离子加速公式是相同的,只是这里光压驱动静电激波加速是激波形成和离子反射同步进行的,而上面的激波形成和离子反射是在不同时间阶段进行的。

对相对论激波,整个理论需要重新审视。如果只是希望计算离子能量,可以把动量守恒和速度叠加方程简单进行相对论修正。我们在激波波面参考系中进行讨论。由于多普勒频移和激光红移,其强度变为

$$I' = I \frac{1 - u_s / c}{1 + u_s / c}. \tag{8.55}$$

假定激光和离子都是全反射,动量方程变为

$$\frac{2I}{c} \frac{1 - u_s / c}{1 + u_s / c} = 2\gamma_s^2 n_i m_i u^2, \tag{8.56}$$

这里,离子速度和动量也进行了相对论修正。定义

$$\Gamma = \frac{I}{n_i m_i c^3}, \tag{8.57}$$

则可得到

$$\beta_s = \frac{u_s}{c} = \frac{\sqrt{\Gamma}}{1 + \sqrt{\Gamma}}. \tag{8.58}$$

回到实验室参考系,被反射的离子速度为

$$\beta_i = \frac{u_i}{c} = \frac{2\beta_s}{1 + \beta_s^2}. \tag{8.59}$$

由此可得到离子能量为

$$\mathcal{E}_i = m_i (\gamma_s - 1) = m_i c^2 \left(\frac{2\beta_s^2}{1 - \beta_s^2} \right). \tag{8.60}$$

对于超强激光,

$$\mathcal{E}_i \approx m_i c^2 \sqrt{\Gamma}. \tag{8.61}$$

也即对于超强激光,定标率回到和激光强度的平方根 $\sqrt{I}$ 成正比,而不是和激光强

度 I 成正比。

8.3.2　光压驱动静电激波加速的准稳结构

上面我们通过能量和动量守恒，简单给出了光压驱动静电激波加速质子的能量，现在我们来讨论加速过程的微观结构，并给出密度和速度等在激波面附近的变化过程。

前面在讨论激光与稀薄等离子体相互作用时，常采用准稳态模型，而在讨论激光与稠密等离子体相互作用时，因为离子惯性比较大，常采用稳态模型。我们在第 5 章给出了稳态条件下的解析解。现在我们看到，对于圆偏振光压驱动静电激波加速，离子运动必须考虑。这时，假定等离子体密度和激光强度都是均匀的，静电激波的结构也是稳定的，因此也可采用准稳态模型，只是现在必须包括离子的运动。我们采用一维冷等离子体准稳态方程(参考第 4 章)，

$$\left(1 - v_{\mathrm{g}}^2 \frac{\partial^2}{\partial \xi^2} + 2v_{\mathrm{g}} \frac{\partial^2}{\partial \xi \partial \tau} - \frac{\partial^2}{\partial \tau^2}\right)a = \left(\frac{n_{\mathrm{e}}}{\gamma_{\mathrm{e}}} - \rho \frac{n_{\mathrm{i}}}{\gamma_{\mathrm{i}}}\right)a, \tag{8.62}$$

$$\frac{\partial^2 \phi}{\partial \xi^2} = n_{\mathrm{e}} - n_{\mathrm{i}}, \tag{8.63}$$

$$\frac{\partial}{\partial \xi}\left[n_{\mathrm{e}}\left(v_{\mathrm{g}} - \boldsymbol{u}_{\mathrm{el}}\right)\right] = \frac{\partial n_{\mathrm{e}}}{\partial \tau} = 0, \tag{8.64}$$

$$\frac{\partial}{\partial \xi}\left[n_{\mathrm{i}}\left(v_{\mathrm{g}} - \boldsymbol{u}_{\mathrm{il}}\right)\right] = \frac{\partial n_i}{\partial \tau} = 0, \tag{8.65}$$

$$\frac{\partial}{\partial \xi}\left[\gamma_{\mathrm{e}}\left(1 - v_{\mathrm{g}}\boldsymbol{u}_{\mathrm{el}}\right)\right] - \phi = -\frac{\partial}{\partial \tau}\left(\gamma_{\mathrm{e}}\boldsymbol{u}_{\mathrm{el}}\right) = 0, \tag{8.66}$$

$$\frac{\partial}{\partial \xi}\left[\gamma_{\mathrm{i}}\left(1 - v_{\mathrm{g}}\boldsymbol{u}_{\mathrm{il}}\right)\right] + \rho\phi = -\frac{\partial}{\partial \tau}\left(\gamma_{\mathrm{i}}\boldsymbol{u}_{\mathrm{il}}\right) = 0. \tag{8.67}$$

这里的物理量都是实验室参考系的，一般我们可忽略离子的横向运动，即 $\rho \dfrac{n_{\mathrm{i}}}{\gamma_{\mathrm{i}}} \ll \dfrac{n_{\mathrm{e}}}{\gamma_{\mathrm{e}}}$。应注意，等离子体在激波面上反射，因此在同一空间位置有两种不同的等离子体，原则上，这是动理学效应，我们前面用流体理论也说明不能给出流体解析解，但其实可以把双流体模型修改为四流体模型(图 8.7)，即两种电子等离子体流体和两种离子等离子体流体，当然我们忽略流体间相对运动引起的碰撞效应，即采用无碰撞模型。相对于激波，我们把往左运动的等离子体称为来自上游，把往右运动的等离子体称为来自下游，分别标记为 "1" 和 "2"，它们满足各自的流体方程。但在势的方程中需同时考虑四种流体的贡献，在准稳态近似下，由连续性

方程有

$$u_{e1l} = \frac{n_0 + n_{e1}}{n_{e1}} v_g, \tag{8.68}$$

$$u_{e2l} = \frac{n_{e2} - n_0}{n_{e2}} v_g. \tag{8.69}$$

同时由对称性，

$$u_{e1l} - v_g = v_g - u_{e2l}, \tag{8.70}$$

$$n_{e1} = n_{e2}. \tag{8.71}$$

对于离子有完全相同的关系。应指出，在非相对论近似下，作参数变换和伽利略变换是一样的，这时才有对称性。对于相对论情况，如果仍作参数变换，则上下游不对称。只有用相对论协变的流体方程作真正的洛伦兹变换，上下游才是对称的。

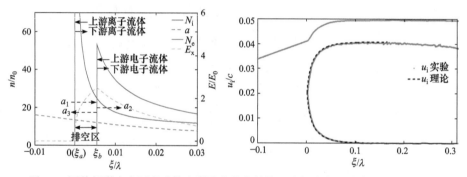

图 8.7 圆偏振激光光压驱动静电激波准稳态结构。右侧为离子速度的相空间分布

由对称性，我们可只关注往右运动的等离子体，并忽略下标，把电子速度方程代入电子运动方程，可得到标势方程为

$$\phi = \left(1 - \frac{n_0 + n_e}{n_e} v_g^2\right) \gamma_e + 2v_g^2 - 1. \tag{8.72}$$

这里定义无穷远处 $\phi = 0$。作非相对论近似，即 $v_g \ll 1$，忽略 $O(v_g^2)$ 项，则

$$\phi = \gamma_e - 1. \tag{8.73}$$

同样，由离子运动方程可得

$$\rho\phi = 1 - \gamma_i \left(1 - v_g u_i + \frac{1}{2} u_i^2 - \frac{1}{2} v_g u_i^2\right), \tag{8.74}$$

同样，我们忽略 $O(v_g^2)$ 项，可得到

$$\rho\phi = v_{\text{g}}u_{\text{i}} - \frac{1}{2}u_{\text{i}}^2. \tag{8.75}$$

质子在激波处的反射，不是突然从速度为零变为速度为 v_{g}，从微观上看这是质子不断被加速的过程。在无穷远处，质子被加速后，$u_{\text{i}} = 2v_{\text{g}}$，这和前面简单的讨论是一致的，这时 $\phi = 0$；在质子折返处，$u_{\text{i}} = v_{\text{g}}$，这时 $\phi_0 = v_{\text{g}}^2 / 2\rho$。一般地，我们可以得到标势为

$$\phi = \phi_0 \frac{n_{\text{i}}^2 - n_0^2}{n_{\text{i}}^2}. \tag{8.76}$$

对于激光传输方程，由于等离子体是稠密的，我们采用第 5 章中的方法，将电子等离子体中的激光场形式写为

$$a = a_0(\xi)\text{e}^{\text{i}\tau + \text{i}\theta(\xi)}. \tag{8.77}$$

把它代入激光传输方程中，由虚部和实部可分别得到动量和能量守恒方程，

$$a_0 \frac{\partial^2 \theta}{\partial \xi^2} + 2\frac{\partial a_0}{\partial \xi}\frac{\partial \theta}{\partial \xi} + 2v_{\text{g}}\frac{\partial a_0}{\partial \xi} = 0, \tag{8.78}$$

$$\frac{\partial^2 a_0}{\partial \xi^2} + a_0 - a_0\left(\frac{\partial \theta}{\partial x}\right)^2 - 2v_{\text{g}}\frac{\partial \theta}{\partial \xi} = 2n_{\text{e}}\frac{a_0}{\gamma}, \tag{8.79}$$

这里相对论因子 $\gamma = \sqrt{1 + a_0^2}$。对动量和能量方程积分，可得到运动常数

$$M = -\left(\frac{\partial \theta}{\partial \xi} + v_{\text{g}}\right)a_0^2 = 0, \tag{8.80}$$

$$W = \frac{1}{2(\gamma^2 - 1)}\left\{\left(\frac{\partial \gamma}{\partial \xi}\right)^2 + \left[M + v_{\text{g}}\left(\gamma^2 - 1\right)\right]^2\right\}$$
$$+ \frac{\gamma^2}{2} + 4n_0\phi_0\sqrt{1 - \frac{\gamma - 1}{\phi_0}} = \frac{1}{2} + 4n_0\phi_0. \tag{8.81}$$

由方程(8.81)，可得到静电场为

$$E_x = -\frac{\partial \gamma}{\partial \xi}. \tag{8.82}$$

质子就是在这个场作用下被加速。和第 5 章一样，我们也需要考虑电子等离子体表面上的边界条件，我们把入射激光称为 a_1，在电子等离子体的部分称为 a_2，反射激光称为 a_3，由反射面 ξ_b 处的边界条件可得到

$$M = (1 - v_{\text{g}})^2 a_{1b}^2 - (1 + v_{\text{g}})^2 a_{3b}^2, \tag{8.83}$$

$$2\left(1-v_g\right)a_{1b}^2 + 2\left(1+v_g\right)a_{3b}^2 = \left(\frac{\partial a_{2b}}{\partial \xi}\right)^2 + \frac{M}{a_{2b}^2} + 2v_g M + a_{2b}^2. \tag{8.84}$$

利用这些公式，可解析求解出电子和离子等离子体密度、激光场和静电场等的结构(图 8.7)。可以看到，密度分布是双峰结构，电子密度峰拉着质子密度峰。应指出，理论中假定了所有质子都被反射，实际上，有部分离子初始时刻会被落在后面，这其中有部分离子也被反射，这就是图 8.6(b)所示相空间图中最上边的那部分质子，但这些质子的数量很少，一般可忽略。

8.3.3　试探粒子在静电场中的运动

实际上离子的初始速度并不都是零，比如对于有初始温度的离子，其初始速度有一个分布，如果初始温度比较高，有些离子能被静电势捕获并加速，另一些则不能。如果有外注入的离子进入静电激波中，这些离子的运动规律和背景离子的运动规律也不同。对于这些情况，我们可采用试探粒子的方法，假定试探粒子不影响场的分布。

我们利用和激波面一起运动的坐标系，即 $\xi = x - u_s t$。离子在静电势下运动的哈密顿量为

$$H_0 = \sqrt{m_i^2 c^4 + p_x^2 c^2} - u_s p_x + e\phi(\xi), \tag{8.85}$$

由此可得到离子动量的变化为

$$p_x = \frac{u_s\left[h_0 - \beta\phi(\xi)\right] \pm \sqrt{\left[h_0 - \beta\phi(\xi)\right]^2 - \left(1 - u_s^2\right)}}{1 - u_s^2}, \tag{8.86}$$

这里正负号分别表示离开激波面和接近激波面的离子；h_0 由离子的初始状态确定。应注意，对于外注入离子，其初始来自激波左侧，并且其初速度大于激波速度。

8.3.4　静电激波加速中的一维不稳定性

从光压驱动静电激波的公式看，激光越强，等离子体密度越低，质子能量越高。但这是有条件的，也即静电势要足够大，能够保证反射质子，如果静电势不够大，则质子相对于激波滑落到激波的后面，不再被加速。同时，电子也会随着滑落到激波的后面，这其实意味着等离子体是透明的。在第 5 章中，在假定离子静止的条件下，我们讨论了等离子体的透明性，指出等离子体的透明性是和一维不稳定性相关的，也即不再存在稳定的流体方程解。在考虑离子运动时，运用上面的四流体模型，也有类似的情况。在激光足够强、等离子体密度比较低时，准稳态解不再存在，这时等离子体变得透明。

从不透明到透明的过程不是突变的而是逐渐变化的。从图 8.8 中我们看到，激光

较强时，静电激波结构不再完全是准稳态，而是随时空有振荡结构，这时质子仍能被反射，但如果激光强度继续增加，则质子完全不能被反射，这时等离子体开始逐渐变得透明。应指出，这里的讨论是一维的，二维的不稳定性也有很大影响。

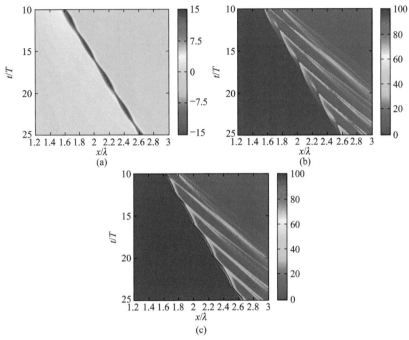

图 8.8　振幅为 $a=10$ 的圆偏振激光与密度为 $10n_c$ 的等离子体相互作用。(a)静电场随时间演化；(b)离子密度；(c)电子密度

8.3.5　静电激波重离子加速

对于激光驱动离子加速，由于重离子的荷质比相对于质子更小，一般难以加速，因此我们通常只考虑质子加速。但对于静电激波加速，不管是热压驱动还是光压驱动，其特点是反射粒子速度为激波速度的两倍(非相对论近似)，这暗示着重离子有可能获得和质子同样的加速。

考虑含有质子和重离子两种离子的等离子体，在动力学上，电子先被光压往前推，然后在电荷分离场作用下质子往前运动，再接着重离子也被加速。我们现在考虑达到准稳态时的情况。在非相对论条件下，动量和能量方程为

$$\frac{I}{c} = -\eta \frac{I}{c} + \left(n_{e1} \frac{A_1}{Z_1} + n_{e2} \frac{A_2}{Z_2} \right) m_p v_i v_s, \tag{8.87}$$

$$I = \eta I + \left(n_{e1} \frac{A_1}{Z_1} + n_{e2} \frac{A_2}{Z_2} \right) \frac{1}{2} m_p v_i^2 v_s. \tag{8.88}$$

这里，A_1、Z_1、$n_{e1} = n_{i1}Z_1$ 分别为第一种离子的电荷、质量和电子密度；下标 "2" 则表示第二种离子；v_s 为激波速度；$v_i = 2v_s$ 为两种离子的共同速度；η 为反射率。这里包括了多普勒效应引起的强度减弱。由这两个方程可得

$$\frac{v_i}{c} = 2\sqrt{\frac{n_e}{n_{e1}\dfrac{A_1}{Z_1} + n_{e2}\dfrac{A_2}{Z_2}}}\sqrt{\frac{m_e}{m_p}}a_L. \tag{8.89}$$

对于单一离子，这个方程可回到前面的形式。令 $\alpha = n_{e1}/n_{e2}$，$\beta = \left(\dfrac{A_1}{Z_1}\right)\Big/\left(\dfrac{A_2}{Z_2}\right)$，方程可改写为

$$\frac{v_i}{c} = 2\sqrt{1 + \frac{\alpha(\beta-1)}{\alpha+\beta}}\sqrt{\frac{Z_2}{A_2}\frac{m_e}{m_p}\frac{n_c}{n_e}}a_L. \tag{8.90}$$

我们把 "2" 作为重离子，可以看到因为 $\beta > 1$，只要增加质子的比例，即增大 α，就可增加离子速度。一般地，当质子比例达到 90% 左右时，即可达到很好的效果。总体上，这是通过减小高能重离子的数量来增加高能重离子的能量。

8.4　磁声激波质子加速

现在考虑另一种激波，磁声激波，即在垂直激波方向有磁场 **B**，磁声激波加速被认为是天体中更可能的加速机制。如果磁场和激波方向有一夹角，则磁场也有垂直分量。激波马赫数定义为激波速度和阿尔芬声速的比值。这时非相对论流体方程为

$$\frac{\partial \rho}{\partial t} + \frac{\partial}{\partial x}(\rho u) = 0, \tag{8.91}$$

$$\frac{\partial}{\partial t}(\rho u) + \frac{\partial}{\partial x}\left(\rho u^2 + p + \frac{B^2}{8\pi}\right) = 0, \tag{8.92}$$

$$\frac{\partial}{\partial t}\left(\frac{1}{2}\rho u^2 + e\rho + \frac{B^2}{8\pi}\right) + \frac{\partial}{\partial x}\left(\frac{1}{2}\rho u^2 \boldsymbol{u} + h\rho \boldsymbol{u} + c\frac{\boldsymbol{E} \times \boldsymbol{B}}{4\pi}\right) = 0. \tag{8.93}$$

前面讨论离子声波时，在冷等离子体近似下只用到了连续性方程和动量方程，但讨论磁声激波时还需要能量方程。对小振幅波，由色散关系就确定了动量和能量的关系，但对激波，能量耗散过程极为重要，不能简单由色散关系确定动量和能量的关系。

对于理想等离子体，忽略电阻，即

$$E + \frac{1}{c}\boldsymbol{u} \times \boldsymbol{B} = 0, \tag{8.94}$$

对于绝热指数 $\gamma = 5/3$，在激波坐标系中，可得到激波面两侧的三个守恒等式为

$$\rho_1 v_1 = \rho_2 v_2, \tag{8.95}$$

$$\rho_1 v_1^2 + n_{e1} k_B T_{e1} + \frac{B_1^2}{8\pi} = \rho_2 v_2^2 + n_{e2} k_B T_{e2} + \frac{B_2^2}{8\pi}, \tag{8.96}$$

$$\left(\frac{5}{2} n_{e1} k_B T_{e1} + \frac{1}{2} v_1^2 \rho_1\right) v_1 + \frac{v_1 B_1^2}{4\pi} = \left(\frac{5}{2} n_{e2} k_B T_{e2} + \frac{1}{2} v_2^2 \rho_2\right) v_2 + \frac{v_2 B_2^2}{4\pi}. \tag{8.97}$$

这里假定离子是冷的，$T_e \gg T_i = 0$，只考虑电子热压。在高马赫数条件下，也即激波速度很大时，动能远大于热能和磁能，可以回到前面的离子声激波，最高密度比为四倍。如无穷远处未扰动，即 $u_1 = 0$，同时可得

$$\sqrt{\frac{kT_{e2}}{m_i}} \approx \frac{\sqrt{3}}{4} u_s. \tag{8.98}$$

这个激波速度和前面离子声激波的速度也是一样的。

一般情况下，密度和温度跳变关系可参考 D.A.Tidman 的著作(Shock waves in collisionless plasmas, Wiley-Interscience, New York, 1971)。

考虑图 8.9 中的激波，$u_1 = 0$，由此可得到马赫数

$$\mathcal{M} = \frac{u_s}{\left(\frac{5k_B T_{e1}}{3m_i} + \frac{B_1^2}{4\pi\rho_1}\right)^{\frac{1}{2}}} > 1, \tag{8.99}$$

对于低 β 磁化等离子体，即磁压远大于热压，可得到阿尔芬马赫数

$$\mathcal{M}_A = \frac{u_s}{\left(\frac{B_1^2}{4\pi\rho_1}\right)^{\frac{1}{2}}}. \tag{8.100}$$

也即对弱激波，激波速度为阿尔芬声速。

可以想到，对于低 β 磁化等离子体，磁场起很大影响，而对高 β 等离子体，磁场的影响不大。对于低 β 等离子体，磁声速大于离子声速，一般磁声激波占主导，反之，则离子声激波占主导。

假定磁场在 z 方向(图 8.9)，磁场梯度可使电子横向漂移(参考第 2 章)。对于理想等离子体有

$$E_x = -B \frac{u_{ye}}{c}, \tag{8.101}$$

也即横向电流可产生纵向电场，由此可得到离子在激波运动方向的纵向速度为

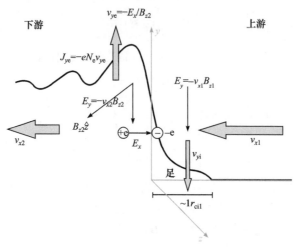

图 8.9　磁声激波示意图。这里激波是向右运动的(图来自 R. A. Treumann)

$$u_x = -\frac{B^2 - B_1^2}{8\pi\rho_1 u_1^2} + u_1,\qquad(8.102)$$

也即在未扰动处，$B = B_1$，$u_x = u_1$。因此，可以认为纵向电场是磁压驱动的。随着磁场的增强，速度逐渐接近激波速度。如果用势来进行描述，可定义

$$\Phi(B) = -\frac{1}{2}\left(\frac{\mathrm{d}B}{\mathrm{d}x}\right)^2.\qquad(8.103)$$

如果在激波面附近磁场有峰值强度，则有势阱，离子在势阱中振荡，可以证明，当马赫数

$$\mathcal{M}_A = \frac{u_1}{u_{A1}} > 2\qquad(8.104)$$

时，流体解不再存在，离子脱离势阱被激波反射并加速。

对于磁声激波，离子的横向运动极为重要，激波面附近磁场变化产生 y 方向的漂移运动，$\nabla \times \boldsymbol{B} = \dfrac{1}{c}\dfrac{\partial \boldsymbol{E}}{\partial t}$。对理想等离子体，横向电场也可写为(图 8.9)

$$E_y = -\frac{u_x B_z}{c}.\qquad(8.105)$$

离子在横向电场作用下持续加速，直到被激波面完全反射，这种加速机制也称为漂移加速(SDA)。

假定激波横向无限大，并且试探离子有比较大的初始横向速度 v_y，则离子在纵向跟随激波一起运动时，横向可持续加速，因而可获得很高的能量。这里的一个问题是，如何使离子有比较大的初始速度。

同时，离子离开激波面后，在磁场作用下可再返回激波面，继续进行加速，这称为扩散激波加速(DSA)，也可以看成是粒子在运动磁镜中的加速，因此也称为一阶费米加速。

对比离子声激波和磁声激波，我们看到，如果热压主导，即为离子声静电激波，如果磁压占主导，即为磁声激波。但在激光驱动磁化等离子体形成激波时，磁压和热压可能可比，目前已有相关实验。这时热压产生的纵向静电场可在纵向形成额外的静电势来捕获并反射离子，即离子在磁势阱中做振荡的同时，在热压产生的静电场中持续被纵向加速。应注意，对磁声激波加速，需要较大的横向尺寸，实验中可采用线聚焦或横向飞行焦点等方式。

在激光与等离子体相互作用时，可产生大量的超热电子，超热电子可形成很强的电流，由于韦伯不稳定性可产生很强的自生横向磁场。在这种情况下，磁压有可能大于热压，从而产生磁声激波，并且加速离子。目前在实验中观察到了韦伯不稳定性相关的等离子体密度峰，类似孤子波，少量纳秒激光实验中观测到离子的加速，但离子能量较低。

8.5　强激光驱动光压加速

光的能量流可产生动量，当它作用于物质上时，物质从宏观上感受到光的压强，从而可以被往前推进。对于弱光而言，光压通常可被忽略。即使在激光驱动聚变中，仍是将光能转换为热能后，利用热压来进行等离子体压缩的。但对于相对论强激光，光压则可起主导作用，本书将激光(也即相干电磁波产生的压力)称为光压，而将宽谱的非相干电磁辐射产生的压力称为辐射压。

8.5.1　光压整体加速

考虑一束激光从作用面上完全反射，产生的压强为

$$P = \frac{2I}{c}\frac{1-\beta}{1+\beta},\tag{8.106}$$

式中，I 为激光强度，β 为作用面运动速度(相速度)。可以看到多普勒效应可影响光压，当运动面速度接近光速时，光压降为零。

科幻小说中有人提出用光压推动帆来驱动宇宙飞船，现在已有一些尝试，不过由于通常光的强度和能量密度都很小，其加速度很小，推动物体加速到接近光速需要很长的时间。这种设想也不是现代高能粒子加速器的概念。

现在考虑非常强的激光和质量很小的纳米厚度薄膜靶相互作用，暂时忽略靶中电子和质子的微观运动，把电子和质子看成一个整体，纳米靶由于质量很小，

可在很短的时间里被加速到接近光速(图 8.10)，因此我们把这种加速机制也称为
光压整体加速。光压加速过程是光的能量和动量转移给靶的动能和动量的过程，
由于电子质量远小于质子质量，靶运动的动能和动量基本就是质子的动能和动量。
光的能量和动量主要是通过多普勒频移效应减小的，在靶速度接近光速时，其能
量转换效率非常高，可接近 100%。应指出，对于多普勒频移，每个光子的能量和
动量都变小了，但光子数几乎不变(如果有光被吸收，则光子数减少)。对于正入射
涡旋激光，反射前后每个光子的角动量不变，因此，在光压加速过程中涡旋激光
的角动量不能传递给靶。

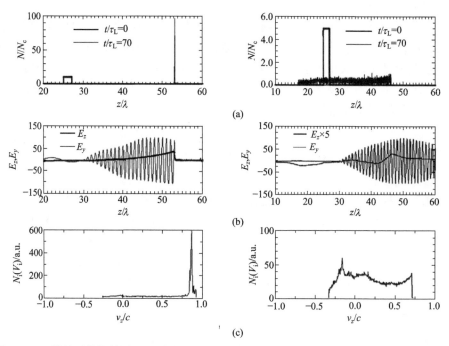

图 8.10　一维粒子模拟结果。(左)振幅为 $a = 100$ 的圆偏振激光与密度为 $10n_c$、厚度为 $2\lambda_L$ 的
薄膜靶相互作用。图中给出在经过 70 个激光周期后，离子密度、电磁场和离子速度的空间分
布。(右)初始等离子体密度降为 $5n_c$ (B.Shen, Physical Review E 64，056406(2001))

　　我们考虑在光压作用下，纳米靶整体动量随时间的变化为

$$\frac{\mathrm{d}p}{\mathrm{d}t} = \frac{2I}{\sigma m_i c^2} \frac{\sqrt{1+p^2} - p}{\sqrt{1+p^2} + p}, \tag{8.107}$$

式中 σ 为薄膜靶面密度，推导时运用了 $\gamma^2 = p^2 + 1$。

　　当薄膜靶速度接近光速，即 $p \gg 1$ 时，有

$$\frac{\mathrm{d}p}{\mathrm{d}t} \propto \frac{1}{p^2}, \tag{8.108}$$

也即 $p \propto t^{1/3}$，由于靶几乎以光速运动，我们也可近似有 $p \propto x^{1/3}$，这说明当靶或者说靶中的质子运动速度接近光速时，虽然光能转换到质子能量的效率非常高，但动量(或能量)转换的速率非常慢，这是因为从公式(8.106)中已经可以看到，靶接近光速运动时，光压趋向零。

光压整体加速需要保证等离子体是不透明的，如果等离子体密度较低，发生一维不稳定性，也即发生相对论透明(参看第 5 章)，薄膜靶不能持续整体加速(图 8.10)，这时的物理过程更接近库仑爆炸(参考第 2 章)，但由于激光有质动力的影响，更多的电子跑到靶的前面，因此库仑爆炸不是对称的，前向的加速更多些，可参考图 8.10(右)。

8.5.2 光压加速的微观机制

从微观上讲，与激光直接相互作用的是薄膜靶中的电子，电子运动产生的电荷分离场再在纵向加速靶中的离子。

我们用平顶激光与稍厚薄膜靶的相互作用来看光压加速的"慢动作"。前面我们已知道，圆偏振激光与薄膜靶相互作用可驱动基于光压的无碰撞静电激波加速。如果激光脉冲足够长，可使靶中所有质子加速，同时电子也被带着一起运动，这时的靶即为一个匀速运动的靶，激光与这个靶继续作用时，可开始第二次的无碰撞静电激波加速，然后可继续进行多次(图 8.11)。在这一过程中，质子能量不断提高。这就是多级无碰撞静电激波加速。如果薄膜靶比较薄，可以快速地不断重复这一过程，从而质子可被加速到很高的能量，这就是光压整体加速，现在也称为光压加速的光帆阶段。

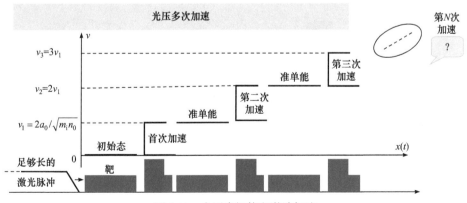

图 8.11 光压多级静电激波加速

在光帆加速阶段，电子层被光压压缩到薄膜靶的前部，犹如船的帆，只是现在的驱动力不是风而是光。质子跟在电子层后面，犹如船体。为分析加速过程，可建立如图 8.12 所示的物理模型。薄膜靶中电子受光压和静电力作用达到平衡，即

$$E_p = 4\pi e n_0 D > \beta_e \times B_1 \sim E_L, \tag{8.109}$$

即

$$D > \frac{\lambda}{2\pi} \frac{n_c}{n_0} a_L, \tag{8.110}$$

即薄膜靶必须足够厚，光压和静电力力才能达到平衡，这一厚度约为等离子体趋肤深度。这一估计是不自洽的，忽略了电子层对激光场的影响。在一维准稳态近似下，在达到相对论自透明前，不管薄膜靶多薄，电子层都不会被推出薄膜靶(参考第 5 章)，但我们仍可以把它作为一种估计。

考虑初始密度为 n_0，厚度为 D 的薄膜靶，其电子层被压缩到厚度为 l_s，质子层厚度为 $d + l_s$，密度为 n。在质子层和电子层，有

$$E_{x1} = E_0 x / d, \qquad 0 < x < d, \quad E_0 = 4\pi n / d \tag{8.111}$$

$$E_{x2} = E_0 \left[1 - (x - d) / l_s \right] \qquad d < x < d + l_s \tag{8.112}$$

质子层中左面质子所受到的加速场更小，这意味着这些质子慢慢被电子层甩在后面，现在我们考虑电子层中的质子运动，电子层中后面质子受到的加速更多，因此会跑到其他质子的前面，而原先在前面的质子则相对往后退。这个过程可多次重复，形成如图 8.13 所示的相空间分布。由于质子相对于理想质子做振荡运动，按传统加速器的理论，可认为质子加速是"稳相"的。

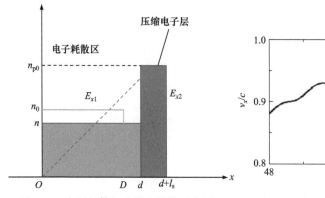

图 8.12　光压整体加速微观结构示意图

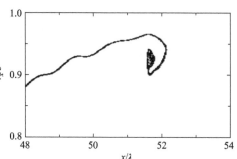

图 8.13　光压加速中质子的相空间分布

8.5.3　光压加速中的横向不稳定性

我们知道激光预脉冲可使薄膜靶膨胀，光压加速失效。现在我们假定激光对

比度足够高，激光很强，等离子体密度较低时，等离子体变得相对论透明，这时光压加速不再有效，前面我们把它称为一维(纵向)不稳定性(参考图 8.8 和图 8.10)。同时，光压加速还存在横向不稳定性，这是妨碍光压加速的重要因素。

横向不稳定性的机制较为复杂,通常认为两种重要的机制为类瑞利-泰勒不稳定性和类韦伯不稳定性。这里不再展开讨论。

已有不少方法来抑制横向不稳定性。一种方法是使光压加速在横向上比较光滑，也即减少初始扰动，这和惯性聚变中抑制不稳定性的思路是一样的。具体方法有两类，一是改变激光，从普通的高斯激光改为超高斯激光，这样激光强度横向上更为平坦，粒子模拟表明这种方法是很有效的。应指出，对 10PW 级激光，为在横向上充分使用放大介质，激光横向分布一般是超高斯分布的。另一种方法是改变靶，使激光轴上靶稍厚些，这样可部分抵消光强不均匀带来的影响，模拟表明这种方法也是有效的，但要求激光有很高的指向稳定性。

另一种思路是基于相对论效应。按相对论理论，速度接近光速时，时间膨胀，寿命增长，这对于不稳定性增长过程也是成立的，也即在相对论情况下不稳定性增长变慢。因此，采用的方法是减小激光的脉宽，更确切地说，是减小激光脉冲的上升沿，在有些模拟中甚至采用阶梯状脉冲上升沿，这可使薄膜靶尽快达到相对论速度，从而减缓不稳定性的发展。但应指出，脉宽上升沿不是越短越好，上升沿太陡时，激光包络的有质动力非常大，电荷分离场无法平衡有质动力，电子被推出靶后表面，真空中的电流强度可远大于阿尔芬电流极限，从而可引起类韦伯不稳定性。

8.5.4 光压加速的特点

光压加速大体上可分为打孔阶段和光帆阶段，光帆加速微观上也可以看成多级的打孔(光压驱动静电激波)加速。原则上，光压整体(光帆)加速有很高的加速效率，在数值模拟中，激光到质子的能量转换效率可到 50%左右，光压加速要求激光有很高的对比度、圆偏振和横向超高斯分布，并且最好有陡上升沿等。顺带指出，对于 10PW 激光，由于其光束口径很大，制作获得圆偏振所需的大口径波片仍有难度。横向不稳定性是制约光压持续加速的重要原因，目前模拟中质子能量一般小于 10GeV。总体上，光压加速有望成为 GeV 量级质子的主要加速机制。在更高能时，加速的速率变慢，这也从本质上限制了利用光压加速获得 10GeV 以上的能量。有方案提出，在加速过程中，由于横向扩散，被加速的质子数变少，因此有可能获得更少但更高能的质子。

实验中已有光压加速的尝试，有多个实验声称验证了光压加速机制。但有些实验中真实的加速机制可能是热压驱动的静电激波加速，或光压驱动的静电激波加速。即使有些实验中确实是光帆加速，由于实验中获得的质子能量较低，这也不是光压加速能发挥其优势的参数区域。我们知道，当作用面的速度较低时，多普勒效应不明显，光压加速的转换效率很低。

8.6 等离子体尾场质子加速

如果希望获得10GeV以上的质子加速，加速场要跟随质子以接近光速运动。激光在等离子体中驱动的尾场能满足这一条件。我们知道激光驱动空泡的后部可以加速电子，空泡加速电子已成为激光驱动电子加速的最主要机制，我们在第 7 章中已有详细讨论。实际上，空泡的前部纵向电场为正，是可以加速质子的，只是质子的惯性太大，通常质子还未获得很多加速就滑落到空泡的后部了，也即质子一般不能被捕获并获得持续加速。因此，在研究电子加速时，通常可忽略质子运动。但如果激光足够强，等离子体密度较高(接近临界密度)，激光驱动的等离子体尾波是可以加速质子的，同时利用粒子束驱动的尾场也可进行质子加速。

8.6.1 激光驱动尾场质子加速

现在我们仔细看包含质子运动的激光驱动一维尾场方程(参考第 4、7 章)，

$$\frac{\partial^2 \phi}{\partial \xi^2} = \gamma_{\mathrm{p}}^2 v_{\mathrm{p}} n_0 \left(\frac{\Phi_{\mathrm{e}}}{R_{\mathrm{e}}} - \frac{\Phi_{\mathrm{i}}}{R_{\mathrm{i}}} \right), \tag{8.113}$$

式中，v_{p} 为尾波相速度；γ_{p} 为对应的相对论因子；$\Phi_{\mathrm{e}} / R_{\mathrm{e}}$ 描述电子运动，其中 $\Phi_{\mathrm{e}} = 1 + \phi$，$R_{\mathrm{e}} = \left[\Phi_{\mathrm{e}}^2 - \left(1 - v_{\mathrm{p}}^2\right)\left(1 + a^2\right) \right]^{1/2}$；$\Phi_{\mathrm{i}} / R_{\mathrm{i}}$ 描述离子运动，则 $\Phi_{\mathrm{i}} = 1 - \rho\phi$，$R_{\mathrm{i}} = \left[\Phi_{\mathrm{i}}^2 - \left(1 - v_{\mathrm{p}}^2\right)\left(1 + \rho^2 a^2\right) \right]^{1/2}$，$\rho = m_{\mathrm{e}} / m_{\mathrm{i}}$。当 $\rho a^2 \approx 1$ 时，电子和质子对尾场的贡献可比。

质子运动可减弱尾场，如果质子也被完全排空，则空泡中电子和质子都没有，第 7 章中空泡的三维模型不再成立。幸运的是，电子只有一种，离子则有很多种，实际上为获得强的尾场，同时有利于质子加速，可利用两种离子的混合气体(如氢和氦)，或者氢和高 Z 惰性气体(如氙)，因为氙原子外的电子不会被激光场全部电离，氙离子有较低的荷质比。也即用重离子来产生较强的尾场，同时加入少量质子来进行加速。包括两种离子的尾场方程可修正为

$$\frac{\partial^2 \phi}{\partial \xi^2} = \gamma_{\mathrm{p}}^2 v_{\mathrm{p}} \left(n_{\mathrm{e}} \frac{\Phi_{\mathrm{e}}}{R_{\mathrm{e}}} - n_{\mathrm{i1}} \frac{\Phi_{\mathrm{i1}}}{R_{\mathrm{i1}}} - n_{\mathrm{i2}} \frac{\Phi_{\mathrm{i2}}}{R_{\mathrm{i2}}} \right), \tag{8.114}$$

"1" 和 "2" 分别描述两种离子的贡献。这时如果作理想化处理，可认为重离子完全不动，这时形成的空泡和第 7 章类似，质子则可被很好捕获和加速，如图 8.14 所示。

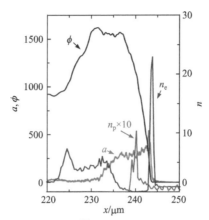

图 8.14　波长为 800nm，振幅为 $a = 316 / \sqrt{2}$ 的圆偏振激光和密度为 $1.5 \times 10^{21} \mathrm{cm}^{-3}$ 的等离子体相
互作用，其中质子密度为 $1.0 \times 10^{20} \mathrm{cm}^{-3}$，氙离子密度为 $1.4 \times 10^{21} \mathrm{cm}^{-3}$。这时，质子能被尾场捕获
并被加速。质子可被加速到超过 10GeV，但数量较少，没有单能性(B.Shen et al., Physical Review
E76, 055402(R)(2007))

数值模拟表明，这一机制是有效的，但需要很高的激光强度和接近临界密度
的等离子体密度。

为使得质子更容易被捕获，可让质子进行一定的预加速，比如可在高 Z 气体
中放入含氢薄膜靶，氢薄膜靶可在光压作用下得到预加速，这样在较弱的尾场下
质子也能被捕获并加速，由于注入质子受到一定控制，质子能谱也有一定单能性。
我们也可利用团簇气体来进行实验，这样团簇的库仑爆炸也能提供一定的初始离
子动能，使得离子更容易被捕获。顺带指出，在强激光下，库仑爆炸不再对称，
前向的动能更大。因为超高斯激光的光压加速效果更好，利用超高斯激光可取得
更好效果。在经过这些优化后，在同样的激光强度下，模拟中可得到接近 100GeV
的准单能质子束，远高于光压加速可获得的能量。

8.6.2　质子束驱动尾场质子加速

除了激光，高能粒子束也能驱动等离子体尾波，第 7 章中我们讨论过粒子束
驱动尾场对电子的加速。粒子束驱动尾场也能对正电荷，包括质子和正电子进行
加速。

正电子的惯性较小，如果期望的正电子能量不是很高，一般用电子束或正电
子束驱动就可以。质子束的惯性很大，一般需要更高的驱动功率，欧洲核子研究
组织(CERN)中 TeV 量级的高能质子束，如果其脉宽得到很好压缩，就可以提供很
高的驱动功率。一般要获得高能的质子加速，比如 TeV 量级，也包括把电子或正
电子加速到 TeV 量级，高功率的质子束都是很好的驱动源。

第 7 章中我们给出了一维情况下粒子束驱动的尾场方程

$$\frac{\partial^2 \phi}{\partial \xi^2} = \pm n_b + \gamma_p^2 v_p n_0 \left(\frac{\Phi_e}{R_e} - \frac{\Phi_i}{R_i} \right), \tag{8.115}$$

其中 n_b 为粒子束密度, 如果驱动源为质子束, 则取负号。8.6.1 节中 R_e, R_i 中的激光振幅 $a = 0$。方程包括了质子在尾场中的运动, 为获得高的尾场强度, 仍可使用包含大量重离子的等离子体。质子束驱动等离子体尾场的多维结构可参考第 7 章。

实验中已证实质子束可驱动尾场电子加速, 但因为实验中质子束还未得到很好压缩, 质子束脉宽远大于等离子体波长, 因此加速机制为自调制尾场加速。为实现质子束驱动尾场质子加速, 驱动质子束的功率必须足够高。我们在第 6 章中讨论过, 高能粒子束原则上是可以被压缩的, GeV 量级的电子束已可被压缩到几十飞秒, 但 TeV 量级的质子束, 由于其巨大的惯性, 压缩是很困难的, 目前还没有几十飞秒 TeV 量级的质子束。数值模拟表明, 短脉冲高强度质子束能驱动尾场加速质子。

8.6.3　等离子体尾场质子加速的横向聚焦

等离子体尾场加速质子(包括正电子)有个很大的问题, 就是横向聚焦问题。我们讨论空泡机制加速电子时知道, 空泡的横向场对电子是聚焦的, 在空泡的后部和前部都是如此, 这对电子加速是有利的。但对于正电荷, 空泡的横向场则是散焦的, 这意味着经过一段时间的加速后, 质子会被横向偏离出加速区域。这也不利于获得单能的质子束, 上面尾场加速质子束单能性不好的重要原因也在于此。对于线性尾场, 有 1/4 尾场区域可同时加速和聚焦, 但线性尾场一般较弱。在三维情况下, 可同时加速和聚焦的区域萎缩到第二个空泡前端很微小的区域。为解决这一问题, 我们简单讨论下面两种方案。

第一种为涡旋激光驱动的尾场加速。涡旋激光的横向强度分布为甜甜圈结构(高阶贝塞尔激光也有类似结构), 这意味着涡旋激光在等离子体中传输时, 并不能推开所有电子, 轴上的背景电子从中间漏入到空泡中, 在空泡的中心轴上形成一个电子等离子体柱, 这一电子等离子体柱可改变空泡中横向场的结构, 大大降低轴附近的横向散焦力。数值模拟表明, 利用这一方案可以很好地加速正电子和质子。这一方案可拓展到利用弹簧光驱动。

第二种为中空等离子体通道的等离子体尾场。对于传统加速器, 尾场是高能粒子束与壁的相互作用, 现在考虑中空的等离子体通道。这里的中空是指完全没有等离子体, 而不是前面讲的抛物状等离子体密度轮廓。中空通道的横向尺寸为等离子体波长量级, 这样的等离子体结构仍能形成空泡状尾场结构。和均匀等离子体密度相比, 纵向加速场略有减小, 但仍能有效进行纵向加速。重要的是, 因为中空部分没有离子，所以也就没有横向力。从数值模拟看，对中空等离子体通道，质子束驱动相比激光驱动的效果更好。应指出，对于正电子加速，由于横向力很小，横向运动引起的辐射损失也大大减小。

在空泡底部后微小区域有对正电荷的横向聚焦，正电子可在此区域同时获得加速和聚焦。

8.7 其他加速机制

上面我们讨论几种比较重要的质子加速机制，包括鞘层场加速、无碰撞激波加速、光压加速和尾场加速等。激光驱动加速中还有一些加速机制，这里作简单介绍。

8.7.1 磁涡旋加速

和鞘场加速类似，磁涡旋加速也利用场在界面处的变化。激光在近临界密度等离子体中传输时，可产生大量的超热电子，从而产生很强的环向磁场。在等离子体密度下降时，或在等离子体和真空界面，磁场横向扩散使得磁场快速减小，从而产生很强的纵向电场，从而可以加速离子。模拟中可得到约 200 MeV 的质子。在一定情况下，或许能形成磁声激波。

8.7.2 BOA 加速

BOA(laser breakout after burner)机制在实验上是线偏振激光和薄膜靶(10~500nm)相互作用，物理上是多种机制的先后或共同作用。初始时为鞘层加速，然后回流电子使得热电子的数量和温度提高，鞘层场加速得到增强，接着薄膜靶被激光击穿，大量超热电子形成的环状横向磁场可产生纵向的静电场继续对质子进行加速，因此总体上可得到 GeV 量级的质子束。

8.8 外注入和级联加速

在上面讨论的加速机制中，质子源大多来自背景等离子体，使用的激光脉冲一般也只是一束。我们知道对于传统加速器，外注入和级联加速是获得高品质高能粒子束的重要方法，在激光驱动电子加速中，我们也讨论了级联加速。对于等离子体质子加速，因为加速机制比较丰富，级联加速的途径也可多样化。

8.8.1 级联鞘层场质子加速

目前实验上成功演示的质子级联加速方案为级联鞘层场加速。两束激光分别斜入射到两个薄膜靶(图 8.15)，第一个靶后鞘层场加速产生的高能质子入射到第二个靶，被第二个靶的靶后鞘层场继续加速。一般实验室只有一束激光，为进行原理性演示可进行分光。由于强激光一般不宜采用透射光学元件，可通过在镜子上挖孔或如图 8.15 移开部分镜子等方法进行分光。鞘场加速得到的质子一般是非相对论(或弱相对论)的宽谱结构，当质子束达到第二个靶时，束脉宽拉长，高能质子跑在前面，低能质子在后面，由于存在鞘层场的空间范围较小，只有一部分质子源落在合适区间得到进一步加速，因此可得到如图 8.15 的质子能谱结构。应指出，靶前的鞘层场对质子源是减速的，但我们知道靶前鞘层场较弱，由于鞘层场和质子的运动方向相反，减速的时间也较短，因此其影响不大。对于鞘层场加速实验，激光通常是斜入射的，因此实验排布比较容易，这和级联电子加速是不同的。

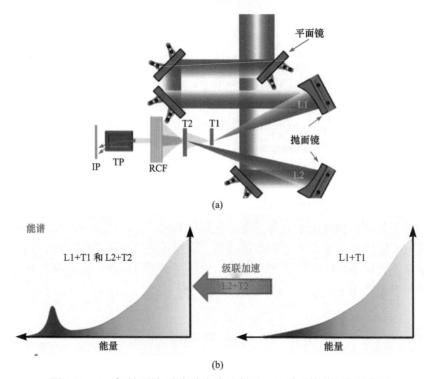

图 8.15　(a)质子级联加速实验光路示意图；(b)质子能谱变化示意图

8.8.2　其他级联加速机制

等离子体的鞘层场几乎是不动的，对于膨胀等离子体，鞘层场的运动速度也比较低。这意味着质子源很快穿过加速区域，因此获得的级联加速不是非常显著。

对于静电激波，光压加速和尾场加速，其场结构都是快速运动的，如果质子源的速度和加速场的相速度接近，则可大大增加加速距离。

现在考虑静电激波。为了增加注入质子的加速距离，需增加静电激波的运动速度，在同样的激光强度下，可减小等离子体的密度，但仍大于临界密度 n_c。在讨论静电激波时，我们知道，随着等离子体密度的降低，等离子体开始出现一维不稳定性，等离子体逐渐变得相对论透明。但这是一个逐渐变化的过程，在一定的密度下，等离子体仍未透明，但静电场已不能反射背景等离子体(图 8.16)。

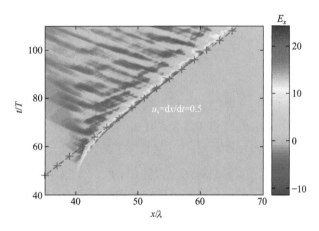

图 8.16　波长为 $\lambda = 0.8\mu m$、峰值振幅为 $a_0 = 20$ 的圆偏振激光束和密度为 $2.5n_c$ 的等离子体相互作用。图为纵向静电场随时间的演化，这里静电波的相速度约为 $0.5c$。图为一维模拟，在二维或三维条件下，需适当增加等离子体密度

这时，如果有一束外注入的质子束，由于其有初始速度，因此可被这一静电场捕获，并被持续加速，如图 8.17 所示。理论上可以用试探粒子的哈密顿量来讨论背景质子或外注入质子是否可以被捕获和加速。

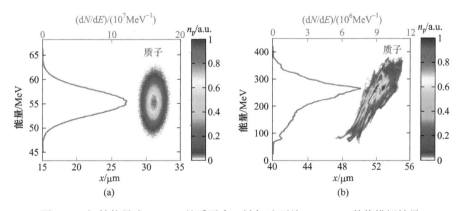

图 8.17　初始能量为 55MeV 的质子束，被加速到约 280MeV (数值模拟结果)

如果利用无碰撞磁声激波进行级联加速，由于入射质子和激波面有一夹角，实验上更容易实现。

数值模拟表明，也可利用光帆阶段的静电场来加速外注入质子，但对于光帆加速，其静电场的空间尺寸非常小，实际实验中，将外注入质子源精确注入静电场的位置有很大难度。

原则上也可进行基于尾场机制的质子级联加速。

8.9 等离子体离子加速展望

激光驱动离子加速的进展很大程度上取决于激光技术的进展。这里的激光参数主要包括激光功率、焦斑尺寸和激光对比度等。随着激光技术的发展，用于实验的激光强度必然会达到 $10^{22}\,W/cm^2$。随着变形镜等的使用，焦斑尺寸可以达到几个激光波长，激光对比度不断提高，可达到 10^{11}，预脉冲得到控制，获得圆偏振所需的大尺寸波片相信也会有进展。目前 10PW 级以上的激光装置还很少，这些参数的提高有赖于相关实验室的努力。

质子加速可大体上分为弱相对论和相对论阶段。目前实验上获得最大质子能量约为100MeV，质子速度是弱相对论的，这对于经常以光速运动的电磁场结构，质子很快就会失相，因此只能利用运动速度较慢的膨胀等离子体的鞘层场和稠密等离子体无碰撞激波的静电场等。单独利用这些机制将质子加速到200～300MeV是较为困难的，而这一能量段又是肿瘤治疗等应用迫切需要的。结构靶和级联加速可能是今后实现250MeV左右质子加速的主要方法，从数值模拟看，结构靶的质子能量最高可增加约三倍，一些模拟中也获得了200MeV以上的质子能量，结构靶也非常依赖于激光的对比度。级联加速也是可行的方法，但必须要有两束激光，目前的原理性实验都是利用一束激光分光进行的，这显然不能获得很高的质子能量。

无碰撞激波加速也是获得200MeV左右质子能量的可能方法。一般采用几十纳米厚的薄膜靶，因此对激光对比度的要求相比光压整体加速稍低些。在激光较强时，热压驱动的无碰撞激波可逐渐过渡到光压驱动的无碰撞激波。目前光压和热压可比时的实验研究还没有看到。

光压加速对于弱相对论加速是不利的。对于光压加速，光能的损失机制为多普勒频移，在弱相对论机制下，多普勒频移很小，这意味着激光到质子的能量转换效率很低。光压加速也不适合强相对论质子加速。在强相对论条件下，激光能量转换为质子能量的速率很低，也即需要很长的加速距离。从模拟来看，如果激光强度、对比度、圆偏振和超高斯脉冲等条件都满足，光压加速比较适合 GeV 量级质子的加速。

　　如果具有更高的激光功率，比如对于可很好操控的百拍瓦激光，其参数足以满足尾场驱动的质子加速，从模拟看，质子能量可到100GeV量级。尾场加速对激光对比度的要求稍低，但激光驱动尾场质子加速还需要解决质子束横向散焦问题，可能需要将激光横向模式转变为涡旋激光等。

　　质子加速也可以使用其他驱动源，经压缩后的短脉冲质子源可作为很好的驱动源，如使用中空通道，可解决横向散焦问题。随着自由电子激光的发展，强场 X 射线激光驱动的离子加速也可成为重要方向，其优点是如果 X 射线激光聚焦得很小，离子源的尺寸也可很小，对高分辨离子成像等是有利的。因为短波长的 X 射线激光即使对于固体密度也是透明的，为更好地进行离子加速，一般只能选择极紫外(EUV)波段。

第 9 章　强激光驱动辐射源

由麦克斯韦方程知道，辐射电磁波的关键是电磁场的变化，也即电磁场的时空扭曲。按经典理论，这种扭曲由两种方式造成。一是电荷的加速运动，如同步辐射；二是运动电荷周围介质的影响，如切伦科夫辐射和渡越辐射。对于原子的线辐射，则需利用量子理论进行描述。强激光驱动的电磁辐射也是如此，只是驱动源的不同带来了一些新的特点。强激光驱动的电磁辐射极为丰富。从波长看，可从静磁场(我们也把它看成一种长波电磁辐射)、射频波、太赫兹波，一直到 X 射线和伽马射线。从辐射机制看，包括几乎所有的已知辐射机制，因此本章对各种辐射机制都有所介绍。强激光驱动电磁辐射源的主要特点是脉冲短、强度高，可作为很好的成像光源或测量探针。

9.1　辐射描述

可以用谱辐射强度 $I_\nu(\boldsymbol{x},t,\Omega,\nu)$ 来描述某处辐射传播方向，单位立体角单位频率范围内的辐射强度，这也称为亮度。有时单位也采用单位光子能量间隔、单位立体角、单位面积的光子数，为对不同光子能量的辐射亮度进行比较，光子能量间隔可归一化到 1%光子中心能量，比如同步辐射的亮度可达到 10^{20} photons / $(\mathrm{s}\cdot\mathrm{mm}^2\cdot\mathrm{mrad}^2\cdot1\%\mathrm{bandwidth})$，而 XFEL 的亮度可达到 10^{35} photons / $(\mathrm{s}\cdot\mathrm{mm}^2$ $\cdot\mathrm{mrad}^2\cdot1\%\mathrm{bandwidth})$ (图 9.1)。对频谱积分，可得到单位立体角辐射强度，即

$$L = I_\Omega(\boldsymbol{x},t,\Omega) = \int_0^\infty I_\nu(\boldsymbol{x},t,\Omega,\nu)\mathrm{d}\nu, \tag{9.1}$$

也称为频率积分的亮度。

再对立体角积分，可得到辐射强度，即

$$I = \int_0^{4\pi} I_\Omega(\boldsymbol{x},t,\Omega)\mathrm{d}\Omega. \tag{9.2}$$

由平均强度，可得到辐射的能量密度，也即辐射压，即

$$\varepsilon = I / c. \tag{9.3}$$

对强度公式中的面积积分，可得到辐射功率，即

$$P = \int I\mathrm{d}S. \tag{9.4}$$

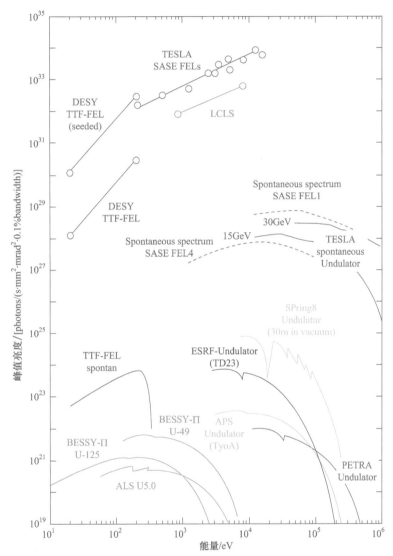

图 9.1　常见光源的峰值亮度。图中包括最常见的波荡器、振荡器、韧致辐射和自由电子激光等。X 射线自由电子激光是 X 射线波段目前亮度最高的光源了。这里未包括可见光波段的强场激光(http://tesla.desy.de/new_pages/TDR_CD/PartV/fel.html.)

应注意，对于粒子束，我们在第 5 章中定义的电流强度已经对面积进行积分，类似于这里的功率。

由上面的讨论可知，和粒子束类似，我们可把辐射的亮度定义为单位投影面积单位立体角内的功率，即

$$L = \frac{\mathrm{d}^2 P}{\mathrm{d}S \cdot \mathrm{d}\Omega}. \tag{9.5}$$

在照明领域，不同频率的光有不同的视觉效果，通常用流明(lm)描述光的视觉效果，称为光通量，它和光功率的比称为光视效能，其最大值为 683lm/W，即 1W = 683lm。单位立体角内的光通量，也即发光强度用坎德拉(cd)描述，除以面积后得到光的亮度单位为 cd / m²，也即尼特。

9.2　热　辐　射

对于激光等离子体，电子分布容易达到麦克斯韦分布，因此某些频段的光谱可以用黑体辐射近似描述。在惯性约束聚变的黑腔中，可近似认为达到辐射热平衡。对于局域热平衡系统，辐射和吸收过程达到细致平衡，单位立体角的黑体辐射分布为普朗克分布，

$$I_{\mathrm{P}}(\nu) = \frac{2h}{c^2} \nu^3 \frac{1}{\mathrm{e}^{h\nu/T} - 1}. \tag{9.6}$$

对频率积分，可得到单位立体角的总辐射强度为

$$I_{\mathrm{P}} = \sigma T^4 / \pi, \tag{9.7}$$

也即黑体辐射的能量密度为

$$\varepsilon_{\mathrm{p}} = \frac{4}{c} \sigma T^4, \tag{9.8}$$

这里 σ 为斯特藩-玻尔兹曼常数。

9.3　激光驱动原子辐射

强场激光与物质相互作用时，把原子电离到高电荷态，并通过电子碰撞、三体复合等过程使离子或原子处于高激发态，电子通过自发跃迁、碰撞退激发等回到低激发态或基态，在这个过程中会产生电磁辐射。确定能级间的跃迁产生的线辐射为

$$\hbar\omega_{nm} = E_n - E_m \tag{9.9}$$

实验中，通过测量特征线辐射可以确定离子的电荷态，通过谱线的宽度信息可诊断等离子体温度和密度等。原则上，测量谱线间的强度比等，通过速率方程模型也可以推算出等离子体的演化状态。强激光与稀薄气体相互作用时，可通过特征谱线来推知离子的电离度，从而判断激光的强度。

对于高温稠密等离子体，离子附近等离子体的电场结构可影响能级分布，使得线辐射的波长产生偏移。

对于激光等离子体的线辐射，在紫外或软 X 射线波段一般用光栅谱仪测量光谱，对硬 X 射线，则使用晶体谱仪，或采用单光子测量方法。为提高集光效率，可使用椭圆弯晶等，如图 9.2 所示。

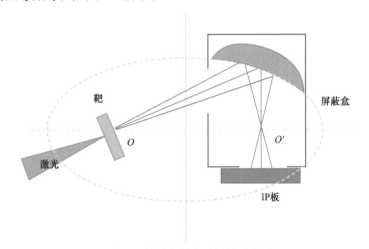

图 9.2 椭圆弯晶实验测量示意图

9.3.1 K_α 线辐射

线辐射一般是自发辐射产生，因此是不相干的，但相对于连续谱，仍有比较好的单色性。强激光与高 Z 材料相互作用时，一般很难把外层电子全部电离，但强激光产生的高能电子可直接与内壳层电子碰撞，使其电离，从而在 K 壳层产生空穴，L 壳层电子跃迁到 K 壳层填补空穴的过程中可产生 K_α 线，通常 L 层到 K 层的跃迁谱线 K_α 线是比较强的谱线，K_α 线有精细结构。高 Z 元素的 K_α 线通常在硬 X 射线波段，常用的铜 K_α 线波长约为 0.15nm(光子能量约为 8keV)。自由电子复合时，可产生复合辐射，同时高能电子也产生轫致辐射，这些都是连续谱，因此，实际测到的谱线通常为背景连续谱和特征谱线。

通过提高激光对比度，采用结构靶，(如纳米结构靶、团簇靶等)可增强 K_α 线的转换效率。激光到 K_α 线的能量转换效率可达到 10^{-4}。利用强激光与等离子体相互作用产生的高亮度 K_α 线辐射，可进行等离子体背光照相等研究。比如在惯性聚变装置上，可利用皮秒激光产生的强 K_α 线辐射对聚变靶丸进行成像研究，用于光刻的 EUV 光源也采用这种机制。

9.4 X 射线激光

中性原子的粒子数布居反转可产生激光，其波长通常在可见光波段，本书讨论的强场激光也多基于这一机制。容易想到，如果高电荷态离子的粒子数布居反转，即高能级的布居数大于低能级的布居数，就可以将激光波长推进到 X 射线波段。由此可以看到，X 射线激光的介质为等离子体。原则上，也可采用内壳层电子的跃迁，但其跃迁时间很短，除非采用行波泵浦，但增益介质的长度太短，难以获得有效增益。

在 X 射线波段，一般用两种方法反射光，一是利用晶体的布拉格反射，晶体某个结构，比如 Si800，对特定波长，在特定角度，晶体衍射可很好地反射 X 射线，反射效率可超过 90%，由于晶体结构的周期通常在 nm 量级，晶体更适用于硬 X 射线。布拉格衍射只在达尔文宽度内有效，因此能反射的谱宽通常很窄，一般小于 1eV。布拉格衍射只对特定波长有效，很难和激光的跃迁波长匹配。二是和可见光波段类似，用镀增反膜来提高反射效率，由于 X 射线的波长很短，一般采用掠入射，因此 X 射线波段的反射镜通常是长条形。总体上，目前仍没有性能像可见光波段那样优良的反射镜，难以构建好的 X 射线激光谐振腔，同时等离子体也容易损坏反射镜。目前的 X 射线激光，一般都不用谐振腔。这样的激光为自发辐射放大(ASE)，对于细棒状激光介质，仍能产生空间和时间相干性较好的激光。应指出，对于自由电子激光，因为其波长是可调的，容易满足布拉格衍射条件，因此原则上可用晶体作谐振腔。用晶体作谐振腔可得到非常好的单色性，用于谱分析等是非常好的，但根据测不准原理，这和短脉冲是矛盾的，也即用晶体谐振腔很难得到阿秒 X 射线激光脉冲。

9.4.1 增益系数

如果激光介质的增益系数为 g，初始强度为 I_0 的 X 射线的放大过程可描述为

$$\frac{\mathrm{d}I}{\mathrm{d}x} = gI, \tag{9.10}$$

积分后可得到

$$I = I_0 \mathrm{e}^{gL}, \tag{9.11}$$

这里 L 为激光介质的长度。当线聚焦激光与固体靶相互作用产生等离子体时，其密度有横向分布，X 射线传播时会产生折射，具体实验中要考虑折射效应。比如用两段等离子体进行级联放大时，两段等离子体间可有一个夹角。

对于自发辐射放大，被放大的不是外注入光源，而是内部的自发辐射强度 I_s。假定单位长度上的自发辐射为 J_s，则有

$$\frac{I}{I_s} = \frac{\int_0^L J_s \mathrm{e}^{gx} \mathrm{d}x}{\int_0^L J_s \mathrm{d}x} = \frac{\mathrm{e}^{gL} - 1}{gL}. \tag{9.12}$$

对于小增益，$I \approx I_s$，即只有自发辐射。实验中如果达到 $gL = 5$，一般认为有显著的自发辐射放大。当 gL 更大时，比如 $gL \approx 10 \sim 20$，增益饱和。如果考虑谱线轮廓，上述公式需要修正。因为在谱线峰值位置的增益更大，在接近饱和时，谱线变窄。但在饱和阈值以上，谱线可加宽，这被称为功率增宽。顺带指出，利用功率增宽可获得超短脉冲激光，比如对二氧化碳激光，有成功的例子。

自发辐射放大需要粒子数反转，我们定义反转因子为

$$F = 1 - \frac{N_1 \sigma_{abs}}{N_u \sigma_{stim}} = 1 - \frac{N_1 g_u}{N_u g_1},\tag{9.13}$$

式中，N_u 和 N_1 分别为上下能级粒子数密度，σ_{stim} 和 σ_{abs} 分别为受激辐射和共振吸收截面。由爱因斯坦关系知道，当统计权重 g_u 和 g_1 相同时，受激辐射和共振吸收概率是相同的。自发辐射的放大系数为

$$g = N_u \sigma_{stim} - N_1 \sigma_{abs} = N_u \sigma_{stim} F.\tag{9.14}$$

当反转因子为正时，可得到自发辐射放大。具体理论计算时，需要计算谱线的跃迁概率和振子强度，并考虑谱线的展宽。对于多普勒展宽，谱线的半高全宽由离子温度决定，为

$$\frac{\Delta \lambda_D}{\lambda_D} = \frac{2(2\ln 2)^{1/2}}{c}\left(\frac{k_B T_i}{M}\right)^{1/2} = 7.7 \times 10^{-5}\left(\frac{k_B T_i}{\mu}\right)^{1/2},\tag{9.15}$$

式中，$k_B T_i$ 为离子温度，单位为 eV；M 为原子质量；$\mu \approx 2Z$ 为原子质量数。我们直接给出这时增益系数的计算公式

$$g = 1.1 \times 10^{-16} f_{lu} \frac{g_1}{g_u}\left(\frac{k_B T_i}{\mu}\right)^{-\frac{1}{2}} N_u F,\tag{9.16}$$

其中，f_{lu} 为跃迁的振子强度。从式(9.16)可以看到，增益系数和等离子体密度成正比。虽然可以通过线聚焦、行波泵浦等增加等离子体长度，但由于泵浦功率的限制，等离子体的长度通常有限，一般小于厘米长度。因此，为获得高增益，一般需要较高的等离子体密度。

9.4.2　电子碰撞激发机制

电子碰撞激发机制一般采用满壳层离子，因为其不容易被继续电离，所以具有较好的稳定性，这里我们以类氖离子为例。如图 9.3 所示，类氖离子的基态为 $1s^2 2s^2 2p^6$，基态电子可通过电子碰撞激发到 $2p^5 3p$，这里最主要的跃迁为 $2p^6$ $^1S_0 \rightarrow 2p^5 3p\, ^1S_0\,(J = 0)$。$J = 0$ 的布居很容易耦合到 $J = 2$，然后 $2p^5 3p \rightarrow 2p^5 3s$ 间发生粒子数反转和受激辐射。具体的主要跃迁为 $3p\, ^3P_2 \rightarrow 3s\, ^1P_1$。3s 上的粒子可快速回到基态。

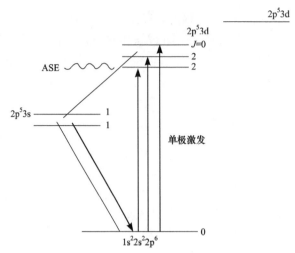

图 9.3 类氖离子碰撞激发 X 射线激光能级跃迁

实验中通常利用线聚焦纳秒高功率激光产生细条状高温高密度等离子体来实现自发辐射放大，实验验证了这一方案的可行性。实验中也成功得到了类镍离子 $4d \rightarrow 4p$ 跃迁的自发辐射放大。

9.4.3 复合泵浦机制

复合泵浦机制一般采用比满壳层多一个电子的离子作为激光介质，我们这里以类锂离子为例。一般采用 $n=4$ 到 3 或 $n=5$ 到 3 的跃迁。激光先迅速加热等离子体，并将其电离至较为稳定的类氦离子。类氦离子通过三体复合和双电子复合等机制变为高激发态的类锂离子，高激发态类锂离子通过辐射、电子碰撞等逐步回到基态。在此过程中，$n=4$ 和 3 以及 $n=5$ 和 3 之间有可能形成粒子数反转，从而产生自发辐射放大。对于复合机制，由于 $\Delta n \neq 0$，因此容易得到比较短的激光波长，但复合机制是在等离子体膨胀冷却的过程中实现粒子数反转的，其实现粒子数反转的时空窗口比较小，实验难度更大。

9.4.4 X 射线激光的进展

早期的 X 射线激光研究大多采用纳秒激光，这些激光本来用于聚变研究。也有少量研究采用 Z 箍缩装置或毛细管放电泵浦。这显然不利于广泛使用。20 世纪 90 年代后随着啁啾脉冲技术的发展，利用预脉冲产生均匀等离子体，然后用皮秒或飞秒激光进行泵浦的技术获得了成功，这使得所需激光能量和激光装置规模大大减小，也有少量研究采用光电离等方式进行泵浦。

总体上，基于粒子数反转的 X 射线激光研究目前进展较为缓慢，其重要原因为基于自由电子激光机制的 X 射线激光发展迅速。我们后面将对此作介绍。

9.5　静磁场的产生和测量

我们把强激光驱动的自生磁场也放在本章讨论，原则上静磁场可以看成波长很长的电磁波，只是根据边界条件，导体表面附近的电场远小于磁场，一般可只考虑磁场。激光等离子体中产生静磁场的机制非常多，本节只讨论几种。

9.5.1　热电机制

在第 3 章中，我们给出了磁场演化方程

$$\frac{\partial \boldsymbol{B}}{\partial t} = \nabla \times \left(\boldsymbol{u} \times \boldsymbol{B} \right) + \eta_{\mathrm{m}} \nabla^2 \boldsymbol{B} + \nabla \times \left(\frac{1}{n_{\mathrm{e}} e} \nabla P \right). \tag{9.17}$$

先考虑右边第一项，可以看到，虽然具体过程很复杂，流体运动是有可能不断放大磁场的，即使包括了第二项磁扩散项。这种磁场放大也被称为发电机(dynamo)模型，但有一个问题没有解决，即初始的种子磁场是从哪里来的。

从第 3 章的磁场演化方程可以知道，热压可产生电流的变化，因而对磁场产生有贡献，

$$\frac{\partial B}{\partial t} = \nabla \times \left(\frac{1}{n_{\mathrm{e}} e} \nabla P \right). \tag{9.18}$$

将其化简可得到

$$\frac{\partial B}{\partial t} = \frac{\nabla T_{\mathrm{e}} \times \nabla n_{\mathrm{e}}}{e n_{\mathrm{e}}}. \tag{9.19}$$

这表明，如果等离子体电子温度和密度梯度不平行，即可产生磁场，这也被称为贝尔曼电池机制。

激光与固体薄膜靶相互作用后，在靶的前、后表面，热等离子体膨胀。假如密度梯度主要沿靶表面的法线方向，电子温度梯度大体上为径向分布，则存在环向的自生静磁场，磁场强度可估计为

$$B \sim 2 \left(\frac{\tau}{\mathrm{ps}} \right) \left(\frac{k_{\mathrm{B}} T_{\mathrm{e}}}{\mathrm{keV}} \right) \left(\frac{L_{\perp}}{\mu\mathrm{m}} \right)^{-1} \left(\frac{L_{\parallel}}{\mu\mathrm{m}} \right)^{-1} \mathrm{MGs} \tag{9.20}$$

式中，$L_{\perp}$ 为横向温度特征长度，$L_{\parallel}$ 为纵向密度特征长度。这种热电机制产生的磁场在激光和等离子体相互作用结束后可持续很长时间。由此产生的磁压和等离子体热压可比，并可使烧蚀的稀薄等离子体箍缩。

应指出，在靶前表面，当激光与等离子体相互作用时，激光横向有质动力将电子横向推开，形成径向电流。因此在激光作用期间，也可产生环向的磁场，这

一磁场方向和上面的热电机制刚好相反。

9.5.2　韦伯不稳定性产生磁场

激光与等离子体相互作用时，电子获得前向的加速，同时产生回流。这种速度分布的各向异性可产生韦伯不稳定性。我们在第 3 章中对此有详细分析。由这种热电子传输引起的韦伯不稳定性可产生横向磁场。如果磁压大于热压，则有可能形成磁声激波，其马赫数足够大时，可通过无碰撞磁声激波加速质子。

9.5.3　圆偏振或涡旋激光产生的轴向静磁场

圆偏振或涡旋激光与稀薄等离子体相互作用，电子可做围绕激光轴的圆周运动，产生轴向磁场，如果激光与等离子体的相互作用有非线性过程，激光与等离子体相互作用结束后，部分激光角动量传递给等离子体，也即有环向的热电子运动，这也可引起韦伯不稳定性，并可产生持续准稳的轴向静磁场。

9.5.4　真空中产生强磁场

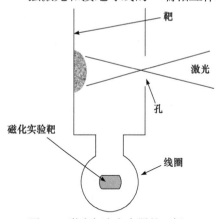

图 9.4　激光打在电容器的一侧，相对于离子，电子更多地跑向电容器的另一侧，形成电流

强激光和接地导线的一端相互作用，热电子相对离子更多更快地离开导线一端的表面，为保持电中性，导线中可形成电流，如果把导线绕成一圈或几圈的线圈，则可在线圈中形成轴向磁场。也可把导线的两端接在一个电容器上，使得从电容器一极产生的热电子喷射到另一极，构成回路(图 9.4)。由于强激光产生的热电子迅猛喷出，电流非常大，利用这种方法可产生千特斯拉以上的脉冲强磁场。由于这种磁场是在真空中，可用于各种实验。顺带指出，导线中有强电流时，也存在垂直导线的强电场。

利用传统高电压产生强电流的方法显然也能产生强磁场，并且在实验中更易于操控，但目前能产生的最强脉冲磁场在 100T 左右。超导线圈不适合产生脉冲强磁场，但可产生 10T 左右的稳态强磁场，用于磁约束聚变等，强磁场有利于减小磁约束装置的规模。

9.5.5　磁重联

对于理想磁流体，磁力线总是冻结在等离子体上，不会断开。但对实际的等离子体，磁场会扩散，磁力线可断开，并再连成新的拓扑结构。

　　如图 9.5 所示，反向平行磁场伴随一定长度的等离子体以速度 u 向中间挤压。在各自区域，磁力线冻结在理想等离子体上，在中间公共区域，磁场扩散，磁力线断开并重联，形成新的磁力线拓扑结构。

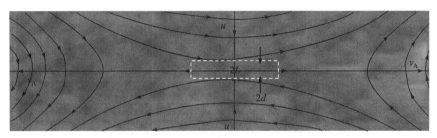

图 9.5　磁重联几何结构示意图

　　我们先考虑简单的 Sweet-Parker 模型。假定垂直纸面方向是均匀的，也即考虑二维模型。考虑低 β 等离子体，热压可忽略，假定稳定区域的尺寸为 $2L \times 2d$，水平方向超出 $2L$ 的地方磁场已完成重联，等离子体以阿尔芬声速 v_{A} 运动，根据这一区域的质量守恒，可以得到

$$u_{\mathrm{sp}} L = v_{\mathrm{A}} d, \tag{9.21}$$

这里 u_{sp} 为 Sweet-Parker 模型中的磁力线往里运动的速度。

　　在汇聚区域，如果磁场的汇聚和扩散达到平衡，那么局域的磁场不随时间变化。这一区域会产生垂直纸面的电流，因此也称电流层。假定磁场变化的标尺长度为 d，由磁感应方程(9.17)，

$$\nabla \times (\boldsymbol{u} \times \boldsymbol{B}) + \eta_{\mathrm{m}} \nabla^2 \boldsymbol{B} = 0 \tag{9.22}$$

可得到

$$u = \frac{\eta_{\mathrm{m}}}{d}. \tag{9.23}$$

由这两个方程可得到

$$u_{\mathrm{sp}} = \frac{v_{\mathrm{A}}}{\sqrt{S}}, \quad d = \frac{L}{\sqrt{S}}, \tag{9.24}$$

这里 $S = v_{\mathrm{A}} L / \eta_{\mathrm{m}}$ 称为 Lundquist 数。因为 S 通常很大，所以 $u_{\mathrm{sp}} \ll v_{\mathrm{A}}$，$d \ll L$，也即在很薄的耗散层里面，磁场随着等离子体流入耗散，再在水平方向流出。

　　可以看到磁重联可以产生等离子体喷流，这在实验室中也被观测到。但这个模型是简化的，也不自洽，磁重联速率被大大低估了。随着耗散层等离子体被加热，热压必须考虑，低 β 假定不再继续适用。另外，还有一些非常重要的因素需

考虑，这里不再展开讨论。

实验中，激光产生的两团等离子体膨胀并相互靠近，等离子体的自生磁场在等离子体靠近时发生磁重联，实验上可以观察到磁重联过程中产生的高能粒子流(图 9.6)。

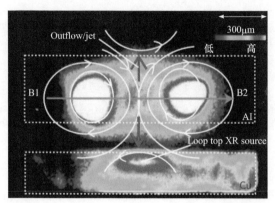

图 9.6　两个激光等离子体的自生磁场发生磁重联，并喷射出高能粒子束(J. Zhong et al.，High Power Laser Science and Engineering 6, 48(2018))

9.5.6　磁场测量

在第 4 章中我们曾讨论，当激光在磁化等离子体中传输时，左旋圆偏光和右旋圆偏光的色散关系不同。对于线偏激光，我们可将其分解为左旋圆偏光和右旋圆偏光，因此其总体效果为激光偏振方向发生旋转。旋转角和磁场强度的关系为

$$\Delta\theta = vBd, \tag{9.25}$$

式中，B 为磁场在激光传播方向的分量，d 为磁场路径长度，v 为费尔德常数。对于等离子体，

$$v = \frac{en_e}{2m_e cn_c}, \tag{9.26}$$

如果考虑磁场和等离子体密度随距离的变化，则

$$\Delta\theta = \frac{e}{2mcn_c}\int n_e B dx. \tag{9.27}$$

因此通过测量偏振的变化可反推出磁场的大小(图 9.7)。这种测量方法只适用欠稠密等离子体。

激光等离子体产生的脉冲磁场也可用 B-dot，即磁探针方法进行测量。其主要原理是基于法拉第电磁感应(图 9.7)，即金属线圈放在磁场中时，变化的磁通可产生电势，即

$$V = -\frac{\mathrm{d}\phi}{\mathrm{d}t} = -\frac{\mathrm{d}}{\mathrm{d}t}\iint \boldsymbol{B} \cdot \mathrm{d}\boldsymbol{S}, \tag{9.28}$$

通过测量感应电压或感应电流，就可计算局部的磁场。可以看到，实际测量的是磁场的变化，为此还需要估计时间尺度。对于激光等离子体，磁探针一般不能深入到等离子体中，因为高温等离子体会迅速将其破坏，所以其一般只能用于真空中的磁场。

我们也可利用磁场对等离子体光谱的影响(即塞曼效应等)来测量磁场。

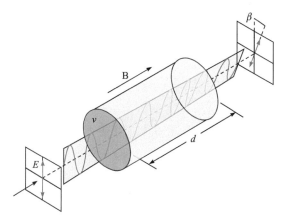

图 9.7　法拉第效应测量磁场示意图

9.6　电子运动产生的辐射

强激光与等离子体相互作用时，电子做相对论的强非线性运动，电子运动产生的辐射极为丰富。这里作些初步讨论。

9.6.1　运动电荷的辐射功率

电子运动可产生电磁辐射，电子运动的辐射功率是洛伦兹不变量，即重要的是电子动量的变化，而不是动量本身。可以把辐射功率写为

$$P = -\frac{2}{3}\frac{e^2}{m^2c^3}\left(\frac{\mathrm{d}p_\mu}{\mathrm{d}\tau}\frac{\mathrm{d}p^\mu}{\mathrm{d}\tau}\right) = \frac{2}{3}\frac{e^2}{m^2c^3}\left[\left(\frac{\mathrm{d}\boldsymbol{p}}{\mathrm{d}\tau}\right)^2 - \beta^2\left(\frac{\mathrm{d}p}{\mathrm{d}\tau}\right)^2\right]$$

$$= \frac{2}{3}\frac{e^2}{c}\gamma^6\left[(\dot{\boldsymbol{\beta}})^2 - (\boldsymbol{\beta}\times\dot{\boldsymbol{\beta}})^2\right], \tag{9.29}$$

式中，$\mathrm{d}\tau = \mathrm{d}t/\gamma$，$p^\mu$ 为四维动量。在非相对论条件下，总辐射功率可简化为

$$P = \frac{2}{3}\frac{e^2}{c}(\dot{\boldsymbol{\beta}})^2. \tag{9.30}$$

对于线性加速器，速度方向和加速度方向相同，电子辐射功率为

$$P = \frac{2}{3}\frac{e^2}{m^2c^3}\left(\frac{\mathrm{d}p}{\mathrm{d}t}\right)^2 = \frac{2}{3}\frac{e^2}{m^2c^3}\left(\frac{\mathrm{d}\varepsilon}{\mathrm{d}x}\right)^2 = \frac{2}{3}\frac{e^2}{c}\gamma^6(\dot{\boldsymbol{\beta}})^2. \tag{9.31}$$

电子的辐射只和能量的变化有关，也即和加速梯度有关，和电子能量本身无关。简单计算可知，只有当加速梯度达到 $2\times10^{14}\,\mathrm{MV/m}$ 时，辐射损失和加速功率才可比。对传统加速器，这一辐射损失显然可忽略。对于强激光驱动加速，虽然其加速梯度远大于传统加速器，其纵向加速产生的辐射损失依然可忽略。但如果电子做圆周运动，则电子的辐射功率很大，

$$P = \frac{2}{3}\frac{e^2}{m^2c^3}\gamma^2\omega^2|\boldsymbol{p}|^2. \tag{9.32}$$

因此，几十 GeV 量级的电子加速器需要采用直线加速器；而同步辐射光源中，一般采用环形结构。纵向做相对论运动的电子叠加横向振荡时，也具有很高的辐射功率。

9.6.2 辐射反作用

如果考虑电子在圆偏振激光场中做圆周运动，且纵向运动被抑制(比如被纵向静电场平衡)，则 $\gamma^2 = 1 + a^2 \approx a^2$ ($a \gg 1$时)， $p = m\gamma v \approx m\gamma c$，这时电子在圆偏振激光场中的辐射功率为

$$P = \frac{2e^2}{3c}a^4\omega^2. \tag{9.33}$$

它随着激光强度的平方增长，对于超强激光，辐射损失是激光能量消耗的重要机制。同时，电子在圆偏振激光场中获得能量的功率为

$$P^+ \approx mc^2a\omega. \tag{9.34}$$

当这两者相等时，可以得到

$$a^3\omega = \frac{3mc^3}{2e^2}, \tag{9.35}$$

也即 $I\lambda^{4/3} \approx 10^{23}\,\mathrm{W/(cm^2 \cdot \mu m^{4/3})}$ 时，电子辐射对电子运动不可忽略。辐射反作用起重要作用，定义这个参数区域为辐射主导区。对线偏振激光，有类似结果。

我们把上面方程改写为

$$a^{-3} = \frac{4\pi r_{\mathrm{e}}}{3\lambda_{\mathrm{L}}} \equiv \varepsilon_{\mathrm{rad}}. \tag{9.36}$$

当波长远小于电子经典半径，即对伽马射线，弱光(若按前面假定，仍需 $a \gg 1$) 时，辐射反作用就需要考虑，而对于长波，则只有在强场条件下，辐射反作用才变得重要。在第 10 章中，我们将对辐射反作用以及辐射主导区的辐射作更详细讨论。

9.6.3　运动电荷的辐射电磁场

上面我们只给出了电子辐射总的功率，现在对其辐射的具体电磁结构进行更细致的讨论。当电子辐射不影响电子本身的运动，即辐射反作用可忽略时，可以先计算电子在场中的运动，再计算电子运动产生的辐射。

电荷运动使其自身周围电磁场分布发生变化，电磁场在真空中以光速传播，因此在远处观测点 t 时刻所观测到的电磁场由过去某时刻 t' 决定(图 9.8)，即

$$c(t - t') = R(t'), \tag{9.37}$$

这里 $R(t')$ 为观测点和电荷之间的距离。在电子静止参考系下，电子的电势只有库仑势，即 $\phi = e / R(t')$，电子运动时，对应的四维势为

$$A^{\mu} = \frac{eu^{\mu}}{R_{\nu}u^{\nu}}, \tag{9.38}$$

式中，$R^{\mu} = \big(R(t'), \boldsymbol{R}(t')\big)$ 为四维位移，$u^{\mu} = (\gamma, \gamma\boldsymbol{\beta})$ 为四维速度。

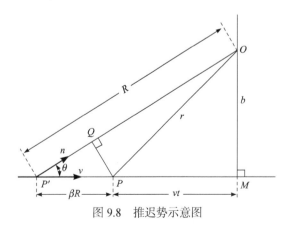

图 9.8　推迟势示意图

在三维形式下，在观测点 $(\boldsymbol{r}, t)$，相对论运动电子的李纳-维谢尔势为(图 9.8)

$$\phi(\boldsymbol{r}, t) = \left[\frac{e}{(1 - \boldsymbol{\beta} \cdot \boldsymbol{n})R} \right]_{\mathrm{ret}}, \tag{9.39}$$

$$A(r,t)=\left[\frac{e\boldsymbol{\beta}}{(1-\boldsymbol{\beta}\cdot\boldsymbol{n})R}\right]_{\text{ret}}. \tag{9.40}$$

需要注意的是，电子辐射后到达观测点需要时间，即用的势是 t 时刻之前，即 $t'=t-R(t')/c$ 时刻的。由势可得到单电子运动的辐射电磁场为

$$E(r,t)=e\left[\frac{\boldsymbol{n}-\boldsymbol{\beta}}{\gamma^2(1-\boldsymbol{\beta}\cdot\boldsymbol{n})^3 R^2}\right]_{\text{ret}}+\frac{e}{c}\left[\frac{\boldsymbol{n}\times\{(\boldsymbol{n}-\boldsymbol{\beta})\times\dot{\boldsymbol{\beta}}\}}{(1-\boldsymbol{\beta}\cdot\boldsymbol{n})^3 R}\right]_{\text{ret}}, \tag{9.41}$$

$$B=\left[\boldsymbol{n}\times E\right]_{\text{ret}}, \tag{9.42}$$

式中第一项为电子匀速运动产生的电场，也即电子的静电场作洛伦兹变换可以得到的。它随 R^2 衰减，在远场经常可忽略，但在近场仍是重要的。如果把它写成和角度 θ($0°$ 为电子运动方向)的关系，可得到

$$E=\frac{e\left(1-\beta^2\right)}{R^2(1-\beta^2\sin^2\theta)^{\frac{3}{2}}}. \tag{9.43}$$

电子做相对论运动时，静电场(近场)在电子运动方向大大减小，在垂直方向则增强。如果考虑电磁传输的推迟效应，电场分布稍有变化，在随电子一起运动的坐标系中，横向离电子束有一定距离的地方，电磁场稍落后。由于纵向电场减弱，利用相对论电子束的纵向电场来进行加速是比较困难的。在激光驱动尾场中，虽然尾场结构是以接近光速的速度运动的，但尾场中的离子几乎是不动的，因此是可以产生很强的纵向场的。同时当电子束在等离子体中传输时，集中在横向的电场可以横向推开等离子体中的电子，从而也可形成尾场结构。当相对论电子束在真空管道中运动时，横向场甚至能影响管壁而产生尾场。

现在我们讨论可辐射到远场的电磁波。我们知道电磁场传播的坡印亭矢量为

$$S=\frac{c}{4\pi}E\times B=\frac{c}{4\pi}|E|^2\boldsymbol{n}. \tag{9.44}$$

由上面相对论电子辐射电磁场的公式可以得到，坡印亭矢量的径向分量为

$$[S\cdot\boldsymbol{n}]_{\text{ret}}=\frac{e^2}{4\pi c}\left\{\frac{1}{R^2}\left|\frac{\boldsymbol{n}\times\left[(\boldsymbol{n}-\boldsymbol{\beta})\times\dot{\boldsymbol{\beta}}\right]}{(1-\dot{\boldsymbol{\beta}}\cdot\boldsymbol{n})^3}\right|^2\right\}_{\text{ret}}. \tag{9.45}$$

由此可得到单位立体角的辐射功率为

$$\frac{\mathrm{d}P(t')}{\mathrm{d}\Omega}=R^2\left(S\cdot\boldsymbol{n}\right)\frac{\mathrm{d}t}{\mathrm{d}t'}=R^2\left(S\cdot\boldsymbol{n}\right)(1-\boldsymbol{\beta}\cdot\boldsymbol{n}). \tag{9.46}$$

如果观察点远离辐射源，在辐射期间 R^2 和 $\boldsymbol{n}$ 几乎不变，那么观察点的角分布和上

式是相同的。代入坡印亭矢量的径向分量，辐射功率为

$$\frac{\mathrm{d}P(t')}{\mathrm{d}\Omega}=\frac{e^2}{4\pi c}\frac{|\boldsymbol{n}\times\left[(\boldsymbol{n}-\boldsymbol{\beta})\times\dot{\boldsymbol{\beta}}\right]|^2}{(1-\boldsymbol{\beta}\cdot\boldsymbol{n})^5}.\tag{9.47}$$

　　电子运动辐射的角分布可参考图 9.9。如果对立体角积分，可得到上面的总辐射功率。电子辐射总功率是洛伦兹不变量，电子运动的速度不影响电子辐射的总功率，但会影响电磁辐射的角分布。从 $1-\boldsymbol{\beta}\cdot\boldsymbol{n}$ 项可以看出，由于相对论效应，辐射主要集中在电子的运动方向，这就是所谓的前灯效应。从公式(9.47)我们也可以看到，辐射主要由和电子运动方向垂直的加速运动产生。

　　分析公式(9.47)，可以得到，当 $\beta\rightarrow1$ 时，辐射主要集中在离轴为

$$\theta=\frac{1}{2\gamma}\tag{9.48}$$

的圆锥上(图 9.9)。

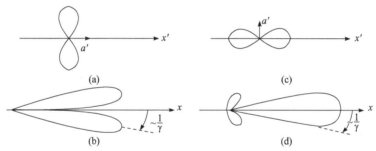

图 9.9　平均速度为零(a)、(c)以及强相对论运动(b)、(d)，纵向加速度(a)、(b)和横向加速度(c)、(d)产生辐射的角分布

　　对辐射功率作傅里叶变换可得到辐射强度随频率的变化。这里我们直接给出电子辐射的谱分布

$$\frac{\mathrm{d}^2 I}{\mathrm{d}\omega\mathrm{d}\Omega}=\frac{e^2\omega^2}{4\pi^2 c}\left|\int_{-\infty}^{+\infty}\boldsymbol{n}\times(\boldsymbol{n}\times\boldsymbol{\beta})\mathrm{e}^{\mathrm{i}\omega\left(t-\boldsymbol{n}\cdot\frac{\boldsymbol{r}(t)}{c}\right)}\mathrm{d}t\right|^2.\tag{9.49}$$

对于多电子体系，辐射分布可写为

$$\frac{\mathrm{d}^2 I}{\mathrm{d}\omega\mathrm{d}\Omega}=\frac{\omega^2}{4\pi^2 c^3}\left|\int\mathrm{d}t\int\mathrm{d}^3 r\boldsymbol{n}\times\left[\boldsymbol{n}\times\boldsymbol{J}(\boldsymbol{r},t)\right]\mathrm{e}^{\mathrm{i}\omega\left(t-\boldsymbol{n}\cdot\frac{\boldsymbol{r}(t)}{c}\right)}\right|^2.\tag{9.50}$$

这里计算时都使用近场的坐标和时间。

9.7　同步辐射

传统加速器中的电子束在磁场中偏转时可产生很强的同步辐射，可建成大型同步辐射装置用于材料分析等。激光驱动的高能电子在电磁场中运动时也可产生很强的同步辐射。

前面我们给出了相对论电子做圆周运动时的总辐射公式

$$P = \frac{2}{3}\frac{e^2}{m^2c^3}\gamma^2\omega^2\left|\boldsymbol{p}\right|^2. \tag{9.51}$$

对于同步辐射 $\omega = c\beta / \rho$，其中 ρ 为圆轨道的半径，因此辐射功率也可写为

$$P = \frac{2}{3}\frac{e^2c}{\rho^2}\beta^4\gamma^4. \tag{9.52}$$

由此，可以得到电子每旋转一周辐射能量的损失为

$$\delta\varepsilon(\mathrm{MeV}) = 8.85\times10^{-2}\frac{\left[\varepsilon(\mathrm{GeV})\right]^4}{\rho(\mathrm{m})}. \tag{9.53}$$

对于大电子能量和小旋转半径，同步辐射的能量损失是相当可观的。这意味着电子能量可高效地转换成 X 射线辐射，同时也意味着要有不断补充电子能量的设备。

相对论电子同步辐射的谱分布为

$$\frac{\mathrm{d}^2 I}{\mathrm{d}\omega\mathrm{d}\Omega} = \frac{e^2\omega^2}{2\pi c}\sum_{l=1}^{\infty}\left[\left(\frac{\cos\theta-\beta_{\parallel}}{\sin\theta}\right)^2 J_l^2(r) + \beta_{\perp}^2 J_l'^2(r)\right]\times\delta\left[l\Omega - \omega\left(1-\beta_{\parallel}\cos\theta\right)\right], \tag{9.54}$$

式中，$\beta_{\parallel}$ 为垂直圆周运动平面的速度，θ 为观测者相对 $\boldsymbol{\beta}_{\parallel}$ 的角度。在同步辐射装置中，一般 $\beta_{\parallel}=0$，$\theta=90°$，$r=(\omega/\Omega)\beta_{\perp}\sin\theta$，回旋频率 $\Omega = \Omega_0(1-\beta_{\perp}^2)^{1/2}$。如同步辐射装置的磁场为 B_0，则 $\Omega_0 = eB_0/(mc)$。同步辐射是由很多分离谱线组成的，即

$$\omega_l = l\Omega. \tag{9.55}$$

如果有 $\beta_{\parallel}$，比如相对论电子与圆偏振激光相互作用，则 ω_l 有多普勒频移，即

$$\omega_l = \frac{l\Omega}{1-\beta_{\parallel}\cos\theta}. \tag{9.56}$$

由于电子束存在一定的速度分布，同步辐射谱线有展宽。对于强相对论电子束 ($\beta_{\parallel}=0$)，辐射谱基本为连续分布，我们直接给出谱分布为

$$\frac{\mathrm{d}^2 I}{\mathrm{d}\omega\mathrm{d}\Omega} = \frac{e^2}{3\pi^2 c}\left(\frac{\omega\rho}{c}\right)^2\left(\frac{1}{\gamma^2}+\theta^2\right)\left[K_{2/3}^2(\xi) + \frac{\theta^2}{1/\gamma^2+\theta^2}K_{1/3}^2(\xi)\right], \tag{9.57}$$

式中，θ 为观测点相对电子运动平面的角度，电子辐射基本集中在运动平面，即 $\theta \to 0$。K 为变形贝塞尔函数，其中

$$\xi = \frac{\omega\rho}{3c}\left(\frac{1}{\gamma^2} + \theta^2\right)^{\frac{3}{2}}. \tag{9.58}$$

对于 $\theta = 0$，定义 $\xi = 1$ 对应的辐射频率为截止频率，即

$$\omega_c = 3\gamma^3\frac{c}{\rho} = 3\left(\frac{\varepsilon}{mc^2}\right)^3\frac{c}{\rho}. \tag{9.59}$$

也即频率大于截止频率的辐射显著变弱了。当高能电子经过二极磁铁偏转时，由上面公式得到截止光子能量为

$$\hbar\omega_c(\text{keV}) = 0.665\varepsilon_0^2(\text{GeV})B(\text{T}). \tag{9.60}$$

在圆偏振激光中运动的电子，在电子运动中心参考系中，其辐射和同步辐射是一样的。从第 2 章我们知道，如果入射电子的初始速度为 $-a_0^2/(2+a_0^2)$，在激光峰值位置时，电子纵向动量为零，电子在圆偏振激光中做圆周运动，其运动半径为激光波长量级，远小于同步辐射装置，因此可有很高的截止频率。对于强相对论激光 $a_0 \gg 1$，取 $\rho \approx \lambda_L/(2\pi)$，可得到截止频率为

$$\omega_c = 12\pi^2\omega_L\gamma^3. \tag{9.61}$$

可取 $\omega_c \approx 0.3(2\pi)^3\omega_L\gamma^3$ 作为电子辐射的典型频率。我们可以把截止频率对应的光子能量和电子静能做比较，来说明辐射反作用是否重要。

同步辐射有光滑连续的光谱，在进行材料分析时不会影响材料的特征谱，随着电子能量的提高，辐射频率可推进到 X 射线甚至硬 X 射线波段。同步辐射有较高的亮度，可方便用于各种研究。下面我们看到，利用回旋辐射和自由电子激光可获得更高的亮度，但代价也更高。同步辐射有较好的准直性，从上面角分布公式可以看到，在轨道平面，即 $\theta = 0$，垂直方向的张角约为

$$\Delta\theta \approx \frac{1}{\gamma}. \tag{9.62}$$

这从 9.6 节的讨论中也可以知道。对角分布中的角度积分，可得到

$$\frac{dI}{d\omega} = 2\sqrt{3}\frac{e^2}{c}\gamma\frac{\omega}{\omega_c}\int_{2\omega/\omega_c}^{\infty}K_{5/3}(\xi)d\xi. \tag{9.63}$$

对于远大于特征频率和远小于特征频率，可得到光子通量的近似公式

$$N(\lambda)\left(\frac{\text{光子数}}{\text{s·mrad}}\right) = 9.35\times10^{16}I(\text{mA})\left(\frac{\rho}{\lambda_c}\right)^{\frac{1}{3}}\left(\frac{\Delta\lambda}{\lambda}\right), \quad \lambda \gg \lambda_c, \tag{9.64}$$

$$N(\lambda)\left(\frac{\text{光子数}}{\text{s}\cdot\text{mrad}}\right)=3.08\times10^{16}I(\text{mA})\varepsilon(\text{GeV})\left(\frac{\lambda_c}{\lambda}\right)^{\frac{1}{2}}e^{-\frac{\lambda_c}{\lambda}}\left(\frac{\Delta\lambda}{\lambda}\right),\quad\lambda\ll\lambda_c\quad(9.65)$$

同步辐射的电场矢量方向平行于加速度，因此同步辐射有很好的偏振特性，产生同步辐射的电子束是脉冲式的，每个脉冲的时间尺度可小于 100ps，因此，同步辐射也是由短脉冲组成的脉冲链。

激光与等离子体相互作用可在局域产生很强的静电场或静磁场，比如，激光与固体薄膜靶相互作用，可在靶后形成很强的鞘层场。我们在激光驱动离子加速一中讨论过鞘层场可有效加速质子或重离子。如果有一束高能电子束斜入射到鞘层场，电子受到横向加速，显然能产生同步辐射，这和上面讨论的电子在二极磁铁中偏转产生的同步辐射是类似的。

9.8　回旋辐射

高能电子在纵向做相对论运动的同时在横向做周期振荡运动，我们把这种运动称为回旋(betatron)运动，由此产生的辐射也称为回旋辐射。对于传统加速器，通常使用周期性的磁场结构来使电子做周期性振荡，我们也称之为插入元件；对于激光驱动电子加速，在空泡结构中，横向静电场和激光脉冲的尾部都可使电子做横向振荡。这种周期性振荡显然可以增大确定观测点所接收到的光子数。

根据振荡幅度的大小，可将回旋运动分为波荡器(undulator)和摇摆器(wiggler)(图 9.10)。

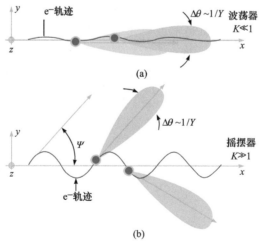

图 9.10　(a)波荡器辐射和(b)摇摆器辐射的示意图。叶片区代表即时辐射的方向。$\varPsi$ 是电子速度与纵向方向 $\boldsymbol{e}_x$ 的最大夹角，而 $\Delta\theta$ 则是辐射光锥的张角。对于波荡器 $\varPsi\ll\Delta\theta$，电子几乎总是沿着轨迹的同一方向辐射；而对于摇摆器 $\varPsi\gg\Delta\theta$，电子在轨迹的不同位置将朝向不同方向辐射

为讨论方便，考虑螺旋状的摇摆磁场结构

$$\boldsymbol{B}_{\mathrm{W}} = B_{\mathrm{W}}\left(\hat{z}\cos\frac{2\pi s}{\lambda_{\mathrm{W}}} + \hat{y}\sin\frac{2\pi s}{\lambda_{\mathrm{W}}}\right), \tag{9.66}$$

式中，s 为电子的理想轨道(也称封闭轨道，可参考第 5 章)，这里可直接看作纵向位置 x。利用运动方程，可得到电子运动的速度为

$$\beta = \frac{K_{\mathrm{W}}}{\gamma}\left(\hat{z}\cos k_{\mathrm{W}}s + \hat{y}\sin k_{\mathrm{W}}s\right) + \beta_{\parallel}\hat{s}, \tag{9.67}$$

其中，波数 $k_{\mathrm{W}} = 2\pi/\lambda_{\mathrm{W}}$，摇摆器参数为

$$K_{\mathrm{W}} = \frac{eB_{\mathrm{W}}\lambda_{\mathrm{W}}}{2\pi mc^2} = 0.934 B_{\mathrm{W}}(\mathrm{T})\lambda_{\mathrm{W}}(\mathrm{cm}), \tag{9.68}$$

这个摇摆器参数类似激光的归一化振幅 a，如果用激光场做摇摆器，可直接用 a 来描述。电子的横向动量一般远小于纵向动量，因此可得到

$$\beta_{\parallel} \approx 1 - \frac{1 + K_{\mathrm{W}}^2}{2\gamma^2}. \tag{9.69}$$

在电子参考系中，电子运动的位移为

$$\boldsymbol{r}(t') = \frac{K_{\mathrm{W}}c}{\omega_{\mathrm{W}}\gamma}\left(\hat{z}\sin\omega_{\mathrm{W}}t' - \hat{y}\cos\omega_{\mathrm{W}}t'\right) + \beta_{\parallel}t'\hat{s}, \tag{9.70}$$

式中，$\omega_{\mathrm{W}} = k_{\mathrm{W}}c$。对于远离摇摆器的观测者，如果偏离轴的小角度为 θ，其由两个横向偏离产生，即

$$\theta^2 = \phi^2 + \psi^2, \tag{9.71}$$

那么观测处的单位矢量为

$$\hat{n} = \phi\hat{z} + \psi\hat{y} + \left(1 - \theta^2/2\right)\hat{s}, \tag{9.72}$$

观测者的时间为

$$t = t' - \frac{\hat{n}\cdot\boldsymbol{r}(t')}{c} = \frac{1 + K_{\mathrm{W}}^2 + \gamma^2\theta^2}{2\gamma^2} - \frac{\phi K_{\mathrm{W}}}{\omega_{\mathrm{W}}\gamma}\sin\omega_{\mathrm{W}}t' + \frac{\psi K_{\mathrm{W}}}{\omega_{\mathrm{W}}\gamma}\cos\omega_{\mathrm{W}}t'. \tag{9.73}$$

定义 $\xi = \omega_{\mathrm{W}}t'$，可得到

$$\frac{2\gamma^2}{1 + K_{\mathrm{W}}^2 + \gamma^2\theta^2}\omega_{\mathrm{W}}t = \xi - \frac{2\gamma\phi K_{\mathrm{W}}}{1 + K_{\mathrm{W}}^2 + \gamma^2\theta^2}\sin\xi + \frac{2\gamma\psi K_{\mathrm{W}}}{1 + K_{\mathrm{W}}^2 + \gamma^2\theta^2}\cos\xi. \tag{9.74}$$

从上式可以看到，观测者看到的频率有洛伦兹频移，可写为

$$\omega_{\mathrm{L}} = \frac{2\gamma^2}{1 + K_{\mathrm{W}}^2 + \gamma^2\theta^2}\omega_{\mathrm{W}}, \tag{9.75}$$

这就是高能电子通过摇摆器后回旋辐射的特征频率。光子能量可通过电子能量和摇摆器参数进行调节。如果磁场结构不是螺旋状，而是平面型的，则上面频率公式中的 K_W^2 应改为 $K_W^2/2$。

对于 $K_W \gg 1$，称为摇摆器，对于激光尾场加速，横向场比较强，并且在电子参考系中，摇摆器的波长非常长，一般符合这一条件。这时各振荡周期的辐射是非相干叠加的。

但对于 $K_W \leqslant 1$，称为波荡器，电子在各周期里的振荡可相干叠加。如果电子束品质足够好，可产生自由电子激光。

前面我们已给出电子运动的辐射功率为

$$P = \frac{2}{3}\frac{e^2}{c}\gamma^6 \left[(\dot{\boldsymbol{\beta}})^2 - (\boldsymbol{\beta} \times \dot{\boldsymbol{\beta}})^2 \right], \tag{9.76}$$

由此可得到单个电子回旋辐射的瞬时功率为

$$P_{\text{inst}} = \frac{1}{3} c r_e m c^2 \gamma^2 K_W^2 k_W^2, \tag{9.77}$$

式中，r_e 为电子经典半径。单电子辐射的时间为电子穿过整个波荡器的时间。波荡器长度为 $L_u = \lambda_W N_W$，因此单电子的总辐射能量为

$$\Delta \varepsilon = \frac{1}{3} r_e m c^2 \gamma^2 K_W^2 k_W^2 L_u. \tag{9.78}$$

对于一个电子束，其辐射的平均功率为

$$P_{\text{avg}}(\text{W}) = 6.336 \mathcal{E}^2(\text{GeV}) B_0^2(\text{kG}) I(\text{A}) L_u(\text{m}). \tag{9.79}$$

9.8.1　高能电子在等离子体空泡中的回旋辐射

对于电子在激光尾场中的回旋运动，如果忽略激光场的影响，只考虑尾场中横向力的作用，电子的横向运动可写为(参考第 7 章)

$$\frac{\mathrm{d}^2 z}{\mathrm{d}t^2} = -\frac{\omega_{\text{pe}}^2}{2\gamma} z. \tag{9.80}$$

写成对传输距离的导数，有

$$\frac{\mathrm{d}^2 z}{\mathrm{d}x^2} = -\frac{\omega_{\text{pe}}^2}{2\gamma \beta_{\parallel}^2 c^2} z. \tag{9.81}$$

由此，把电子的运动方程写成和上面类似的形式

$$z = \frac{K_W}{\gamma} \sin k_w x, \tag{9.82}$$

则波数为

$$k_{\mathrm{w}} = \sqrt{\frac{\omega_{\mathrm{pe}}^2}{2\gamma\beta_{\parallel}^2 c^2}} \approx \frac{\omega_{\mathrm{pe}}/c}{\sqrt{2\gamma}}, \tag{9.83}$$

而波荡器参数 K_{W} 由电子的初始偏离轴的位置以及初始横向动量决定。

如果等离子体波长为 20μm，电子相对论因子为 $\gamma = 5000$，则波荡器波长为 2mm。典型的辐射波长为

$$\lambda_{\mathrm{r}} = \frac{\lambda_{\mathrm{W}}\left(1 + K_{\mathrm{W}}^2\right)}{2\gamma^2} \approx 4\times10^{-11}\mathrm{m}, \tag{9.84}$$

也即可辐射 25keV 的光子。这里假定 $K_{\mathrm{W}} \to 0$。

同步辐射功率正比于 γ^4，也即对电子能量很敏感。能量高的电子辐射得更多，在激光驱动尾场加速中，能量高的电子辐射更多，因此这有利于改善电子纵向运动的能散度，但只有当电子能量很高时才有显著效果。

通过增强电子的横向运动，可增强空泡中电子的回旋辐射。如果激光脉冲较长，激光脉冲后沿可与电子相互作用，也即电子同时受空泡横向场和激光场作用。这可增强电子的横向运动，在一定情况下甚至可发生共振；如果电子以一定初始速度斜入射注入空泡中，其初始横向速度也可增强横向运动；如果等离子体为周期性弯曲的预等离子体通道，尾场结构周期性变化，也可增强电子束的横向运动。

实验上，通过电子在等离子体空泡中的回旋辐射，已可产生高亮度的 X 射线辐射，甚至伽马射线辐射(图 9.11)。

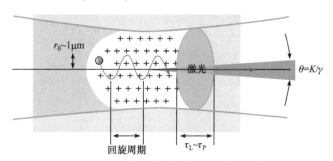

图 9.11　电子在空泡尾场中回旋运动产生辐射示意图

9.9　自由电子激光

电子束在波荡器中的同步辐射可反作用于电子束。电子束在辐射场作用下群

聚在光波的一定相位处，这样电子的相位是相同的，并且相隔一个波长的电子辐射相位也是相同的。这可使得连续谱同步辐射变成相干辐射谱，峰值功率也大大提高，这就是自由电子激光。回旋辐射变成自由电子激光需要满足一定的条件，如回旋运动是小振幅的，即波荡器，电子束的品质足够好等。自由电子激光技术最近已得到很大进展，已有硬 X 射线波段的自由电子激光装置建成。可以看到，其原理不同于基于原子或离子粒子数反转的传统激光器，但其确实同样能产生相干电磁辐射。由于 X 射线自由电子激光的波长很短，原则上，在较小的激光能量下就可得到很大的峰值功率和聚焦强度。比如 1as、1J 的 X 射线激光，其功率可达到 1EW。这是最有希望实现接近施温格场强的激光，但在脉冲压缩、近衍射极限的聚焦等方面仍有很大挑战。基于激光驱动的高能电子束也能驱动自由电子激光，但由于激光电子束在能散度等方面的固有困难，在推进到 X 射线波段，特别是硬 X 射线波段方面，目前看来很难和传统加速器竞争。即使这样，这仍是强场激光物理领域非常关注的方向(图 9.12)。

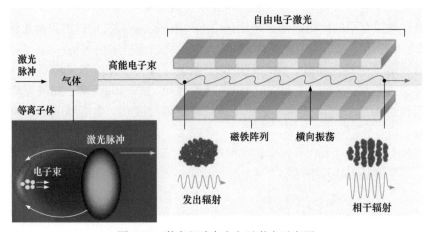

图 9.12　激光驱动自由电子激光示意图

我们先讨论自由电子激光的基本原理。我们仍考虑理想螺旋型波荡器，一维电子束运动时可产生圆偏振平面电磁波，

$$\boldsymbol{E} = E_0 \left[\hat{z} \sin(k_0 s - \omega_0 t + \phi_0) + \hat{y} \cos(k_0 s - \omega_0 t + \phi_0) \right], \tag{9.85}$$

$$\boldsymbol{B} = \hat{s} \times \boldsymbol{E}. \tag{9.86}$$

忽略空间电荷力和辐射反作用力，电子运动方程为

$$\frac{\mathrm{d}\boldsymbol{p}}{\mathrm{d}t} = e\boldsymbol{E} + e\boldsymbol{\beta} \times (\boldsymbol{B} + \boldsymbol{B}_\mathrm{W}). \tag{9.87}$$

我们知道，只有电场对电子做功，即

$$mc^2 \frac{\mathrm{d}\gamma}{\mathrm{d}t} = -e\boldsymbol{E} \cdot \boldsymbol{\beta}c. \tag{9.88}$$

把它写成随传播距离的变化可得到

$$\gamma' \equiv \frac{\mathrm{d}\gamma}{\mathrm{d}s} = -\frac{eE_0\beta_\perp}{mc^2}\sin\phi = -\frac{eE_0 K_W}{\gamma mc^2}\sin\phi, \tag{9.89}$$

这里 K_W 为前面定义的波荡器参数。其中

$$\phi = (k_W + k_0)s - \omega_0 t + \phi_0. \tag{9.90}$$

如果在电子运动时 ϕ 不变,电子能量可不断减小(也可不断增加),也即能量变为电磁辐射。由

$$\frac{\mathrm{d}\phi}{\mathrm{d}s} = \frac{2\pi}{\lambda_W\lambda}\left[\lambda + \lambda_W\left(1 - \frac{1}{\beta_\parallel}\right)\right] \approx k_W\left(1 - \frac{\lambda_W\left(1 + K_W^2\right)}{2\gamma^2\lambda}\right) = 0 \tag{9.91}$$

可以知道,满足共振的电磁辐射波长为

$$\lambda_r = \frac{\lambda_W\left(1 + K_W^2\right)}{2\gamma^2}, \tag{9.92}$$

也即当波荡器参数和电子参数确定后,对于某个波长电磁辐射是可以不断增长(或减小)的。这里给出的是基频波长,谐波也是可以产生的。发生共振时,电子运动一个波荡器周期,相对于电磁波落后一个波长,即

$$\omega_0 \Delta t = \omega_0 \left(\frac{\lambda_W}{\beta_\parallel c} - \frac{\lambda_W}{c}\right) = 2\pi. \tag{9.93}$$

从能量和动量守恒的角度看,电子辐射 $\hbar\omega_0$ 的光子,其损失的动量为 $\hbar\omega_0\beta / c^2$。由于光子的动量为 $\hbar\omega_0 / c$,动量的不平衡由波荡器提供,波荡器的能量可认为不变。也即波荡器可看成具有零能量和动量为 $\hbar k'_W$ 的虚光子。如果它和波荡器的波数刚好匹配,即

$$\frac{\hbar\omega_0}{c} - \frac{\hbar\omega_0\beta}{c^2} = \hbar k'_W. \tag{9.94}$$

由此可得

$$\omega_0 \approx 2\gamma^2 k'_W c, \tag{9.95}$$

这里相对论因子包含了横向运动。

现在把上面的共振条件改写为

$$\gamma_r^2 = \frac{\lambda_W\left(1 + K_W^2\right)}{2\lambda}, \tag{9.96}$$

即对于确定的工作波长 λ，有确定共振电子相对论因子 γ_r，这些电子是持续取得能量还是持续损失能量，取决于其所处的相位。这意味着有些电子相对向前运动，另一些电子相对往后运动。最后电子聚集在能量不变的位置。这就是所谓的微聚束(图 9.12)。同时如果电子束有一定能散，微聚束也有一定的宽度。

那么整体平均后，电子束的辐射是否为零呢？上面进行的是单电子的讨论，现在考虑集体效应。波荡器磁场为

$$\boldsymbol{B}_W = B_W\left(\hat{z} + i\hat{y}\right)e^{ik_w x}, \tag{9.97}$$

辐射的电磁波为

$$\boldsymbol{E} = E_0\left(\hat{z} + i\hat{y}\right)e^{-i\left(\omega_L t - k_1 x\right)}, \tag{9.98}$$

$$\boldsymbol{B} = c\boldsymbol{k}_1 \times \frac{\boldsymbol{E}}{\omega_L}. \tag{9.99}$$

先忽略电子束自身的库仑力，磁场引起的电子横向运动为

$$\beta_{z,0} = -i\beta_{y,0} = -\frac{eB_W}{imc^2\gamma_0 k_W}e^{ik_w x}, \tag{9.100}$$

这里，相对论因子可近似为 $\gamma_0 \approx \left(1 - \beta_{\|,0}^2\right)^{-1/2}$，即仅由未扰动电子速度决定。由辐射电磁场引起的横向运动为一阶小量，即

$$\beta_{z,1} = -i\beta_{y,1} = \frac{eE_0}{imc\gamma_0\omega_L}e^{-i\left(\omega_L t - k_1 x\right)}. \tag{9.101}$$

通过电子的横向运动可得到电子在这两个场中的纵向运动方程为

$$\frac{\partial(\gamma\beta_\|)}{\partial t} + c\beta_\| \frac{\partial(\gamma\beta_\|)}{\partial x} = \frac{e^2 B_W E_0\left(k_W + k_1\right)}{m^2 c^2 \gamma_0 k_W \omega_L}e^{-i\left[\omega_L t - (k_W + k_1)x\right]}. \tag{9.102}$$

一维电子束的连续性方程为

$$\frac{\partial n}{\partial t} + \frac{\partial\left(nc\beta_\|\right)}{\partial x} = 0. \tag{9.103}$$

对这两个方程进行线性化，令 $\beta_\| = \beta_{\|,0} + \beta_{\|,1}$，忽略横向运动，相对论因子可写为 $\gamma = \gamma_0 + \gamma_0^3 \beta_{\|,0}\beta_{\|,1}$，电子束密度写为 $n = n_0 + n_1$，并且假定都有 $e^{-i\left[\omega_L t - (k_W + k_1)x\right]}$ 的波动形式，由此可得

$$\beta_{\|,1} = i\frac{e^2 B_W E_0\left(k_W + k_1\right)}{m^2 c^2 \gamma_0^4 k_W \omega_L\left[\omega_L - (k_W + k_1)c\beta_\|\right]}e^{-i\left[\omega_L t - (k_W + k_1)x\right]}, \tag{9.104}$$

$$n_1 = i\frac{n_0 e^2 B_W E_0\left(k_W + k_1\right)^2}{m^2 c^2 \gamma_0^4 k_W \omega_L\left[\omega_L - (k_W + k_1)c\beta_\|\right]^2}e^{-i\left[\omega_L t - (k_W + k_1)x\right]}. \tag{9.105}$$

由横向速度和密度, 可得到驱动电磁辐射具有 $e^{-i(\omega_L t - k_1 x)}$ 形式的横向电流一阶小量为

$$j_z = -\frac{ne^2 E_0}{im\gamma_0 \omega_L}\left(1 + \frac{(k_W + k_1)^2 \beta_{\perp,0}^2 c^2}{2\gamma_0^2 \left[\omega_L - (k_W + k_1)c\beta_\parallel\right]^2}\right), \tag{9.106}$$

式中, $\beta_{\perp,0} = eB_W / (mc^2 \gamma_0 k_W)$.

将电流代入电磁辐射的波动方程, 可以得到色散关系

$$\left(\omega_L^2 - k_1^2 c^2\right)\left[\omega_L - (k_W + k_1)c\beta_\parallel\right]^2 = \frac{(k_W + k_1)^2 \beta_{\perp,0}^2 c^2 \omega_{pe}^2}{2\gamma_0^3}. \tag{9.107}$$

如果电磁辐射的相速度等于电子运动的群速度, 即 $k_1 c = (k_W + k_1)c\beta_\parallel$, 则发生共振, 这和上面的共振条件是相同的。在共振处, 电子能量是不变的, 最大增长率不在共振处, 为计算电磁辐射的增长率, 可假定 $\omega_L = \omega_r + \delta$, δ 为复数, $\omega_r = k_1 c$, 可得到增长率为

$$\Gamma = \mathrm{Im}\,\delta = \frac{\sqrt{3}}{2}\left[\frac{(k_W + k_1)^2 \beta_{\perp,0}^2 c^2 \omega_{pe}^2}{4\gamma_0^3 \omega_L}\right]^{\frac{1}{3}}. \tag{9.108}$$

为确定最大增长率, 需要确定 δ 的实数部分以及对应的 γ_0 等。

定义

$$\eta = \frac{\gamma_0 - \gamma_r}{\gamma_r}, \tag{9.109}$$

$$\tau = 2\eta k_W x = 4\pi\eta N_W, \tag{9.110}$$

N_W 为波荡器周期数, 这里直接给出自由电子激光的增益为

$$\Gamma = 4\left(4\pi\rho_{fel} N_W\right)^3 F(\tau), \tag{9.111}$$

其中 $F(\tau) = \left[\cos\tau - 1 + (\tau/2)\sin\tau\right]/\tau^3$, 其最大值位于 $\tau = 2.6$, 这时增长率最高。推导中假定电子束有很好的单能性, 即 $\Delta\eta < 1/(2\pi N_W)$。

在这个推导中, 忽略了由于微聚束引起的库仑场, 这也被称为康普顿区。如果电子密度比较高, 自由电子激光增强后, 库仑场不能忽略, 则过渡到所谓拉曼区, 也即可以把自由电子激光看成逆拉曼散射。

我们这里假定了自由电子激光是由噪声通过不稳定性增长产生的, 这种模式叫做自放大自发辐射(SASE), 由此得到的 X 射线激光的相干性还不够好, 为此可采用所谓高增益谐波产生(HGHG)方式, 由此可得到更单色、更相干的 X 射线激光。利用谐振腔来产生种子光源的方法也在探索中。利用晶体作反射镜组成的谐

振腔，由于晶体反射的达尔文宽带很窄，XFEL 有很好的单色性。但对于强场激光，单色意味着不能压缩到很窄的脉宽。

光场也可作为波荡器。我们可将波荡器波长改写为

$$\lambda_u = \frac{\lambda_L}{1 - \cos\theta}, \tag{9.112}$$

式中，λ_L 为激光波长，θ 为电子束和激光的夹角。波荡器参数描述的是电子横向振荡幅度，可用归一化激光振幅来描述，即 $K_w = a$。光波荡器本质上是激光的康普顿散射(参考 9.10 节)，但要实现相干的自由电子激光，需要考虑电子束的集体运动，电子束要形成微聚束。由于激光振幅 a 有横向分布，也即横向各处的波荡器参数是不同的，对于自由电子激光，这被称为横向梯度波荡器(TGU)，可以补偿电子能散的影响。

另外，也可以考虑利用激光驱动的鞘层场等作为波荡器。

9.10　汤姆孙散射和康普顿散射

考虑一个电子和非相对论激光相撞，电子在激光场中的运动散射激光。如果在电子参考系中，光子能量远小于电子静能，即 $\hbar\omega / m_e c^2 \ll 1$，光子散射产生的反冲力可忽略，这被称为线性汤姆孙散射。如果在电子参考系中，光子能量和电子静能可比，光子产生的反冲力不可忽略，则被称为康普顿散射。有些文献中，这两种情况都称为康普顿散射。

由于多普勒效应，电子参考系中的激光频率为

$$\omega_l = \sqrt{\frac{1+\beta}{1-\beta}}\omega_L. \tag{9.113}$$

在电子参考系中，电子向电子运动方向辐射频率为 ω_l 的光子，再回到实验室参考系时，辐射光子频率再经历一次蓝移，即

$$\omega_s = \left(\frac{1+\beta}{1-\beta}\right)\omega_L = \frac{(1+\beta)^2}{1-\beta^2}\omega_L \approx 4\gamma^2\omega_L. \tag{9.114}$$

汤姆孙散射的截面为

$$\sigma_T = \frac{8\pi}{3}r_0^2 = 6.65 \times 10^{-25}\,\text{cm}^2, \tag{9.115}$$

式中，$r_0 = e^2 / (mc^2)$ 为经典电子半径。

基于这一原理，利用单能电子束与单色激光对撞，可以得到单色的伽马射线，用于核物理等研究。通过调节电子束的能量或激光和电子束的夹角，可调控伽马

射线的能量。但由于汤姆孙散射截面较低，单脉冲的光子数比较少。改进办法是提高激光的脉宽和强度，由于激光焦斑大小要和电子束的横向尺寸匹配，相对应的瑞利长度限制了激光脉宽。同时激光强度增大后，也带来新的问题，即非线性汤姆孙散射。

对于激光驱动尾场加速，可在气体中放一挡板(图 9.13)，这样激光在挡板处反射后直接与尾场加速的电子相碰，产生康普顿散射，这个方案只用一束激光，并且可避开两束光不易在空间上对准的问题。

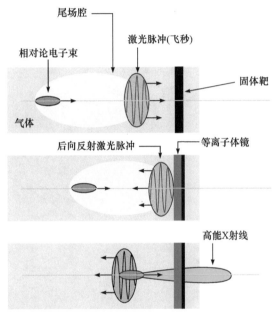

图 9.13　激光驱动尾场高能电子与从固体靶反射的激光作用，产生康普顿散射(K. T. Phuoc et al.，Nat Photonics 6(5)，308-11(2012))

利用两束电子束产生的两束伽马射线，可进行伽马-伽马对撞实验，比如由两个伽马光子产生正负电子对。

为了提高伽马射线的能量，需要更高的电子束能量，也可利用激光的谐波。这时，在电子参考系中光子能量和电子静能可比，我们需要考虑光子的反冲力。

9.10.1　汤姆孙散射用于等离子体诊断

我们先讨论光学波段汤姆孙散射，可采用基频或倍频激光。假定单色平面电磁波 $(\omega_L, \boldsymbol{k}_L)$ 与稀薄等离子体 $(\omega_L \gg \omega_{pe})$ 相互作用，忽略等离子体的色散和吸收。忽略入射激光电场对电子运动轨迹的影响，因此等离子体中单电子散射光的频率可写为(图 9.14)

$$\omega_{\mathrm{s}} = \omega_{\mathrm{L}} \frac{1 - \beta_{\mathrm{L}}}{1 - \beta_{\mathrm{s}}}, \tag{9.116}$$

式中，$\boldsymbol{\beta} = \boldsymbol{v}/c$ 为电子速度，β_{L} 和 β_{s} 为速度在入射和散射方向的投影。散射光波矢大小为

$$k_{\mathrm{s}} = k_{\mathrm{L}} \frac{1 - \beta_{\mathrm{L}}}{1 - \beta_{\mathrm{s}}}, \tag{9.117}$$

散射差矢为

$$\boldsymbol{k} = \boldsymbol{k}_{\mathrm{s}} - \boldsymbol{k}_{\mathrm{L}}. \tag{9.118}$$

当 $\beta \ll 1$ 时，有

$$\omega_{\mathrm{s}} = \omega_{\mathrm{L}} + \boldsymbol{k} \cdot \boldsymbol{v}, \tag{9.119}$$

这两个公式表示动量守恒和能量守恒。

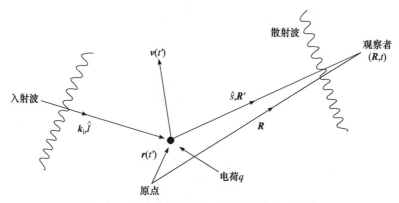

图 9.14　激光在等离子体中汤姆孙散射示意图

　　汤姆孙散射用于等离子体诊断时，需要考虑等离子体中很多电子的相干或非相干叠加，因此，需要仔细考虑远场测量处来自各个电子的电磁辐射的相位。假定电子运动是非相对论的，忽略等离子体中的场，即只考虑自由电子在激光电场中的振荡运动(磁场力忽略)，由公式(9.41)可知，运动电荷在远场的辐射为

$$\boldsymbol{E}_{\mathrm{s}}(R,t) = \frac{e}{cR} \Big[\boldsymbol{n} \times \big(\boldsymbol{n} \times \dot{\boldsymbol{\beta}} \big) \Big]_{\mathrm{ret}}. \tag{9.120}$$

因为等离子体区域对于远场的测量距离是小的，所以这里已将图 9.14 的 R' 近似为 R，但涉及相位时不能这样近似。由此可得到汤姆孙散射功率的角分布为

$$\frac{\mathrm{d}P_{\mathrm{s}}}{\mathrm{d}\Omega} = R^2 \boldsymbol{S} \cdot \boldsymbol{n} = \frac{R^2 c}{4\pi} E_{\mathrm{s}}^2 = \frac{e^2}{4\pi c} \Big[\boldsymbol{n} \times \big(\boldsymbol{n} \times \dot{\boldsymbol{\beta}} \big) \Big]_{\mathrm{ret}}^2. \tag{9.121}$$

　　现在我们把入射激光场写为

$$E_L(r,t') = E_{L0}(\cos k_L \cdot r - \omega_L t').\tag{9.122}$$

在非相对论条件下，忽略磁场力，电子运动方程为

$$m_e \frac{dv}{dt'} = eE_{L0}\big[\cos k_L \cdot r(t') - \omega_L t'\big].\tag{9.123}$$

这里的推迟时间可近似写为

$$t' = t - \frac{|R - n \cdot r|}{c}.\tag{9.124}$$

我们也忽略激光场对电子轨迹的影响，简单利用未扰动轨道，即

$$r(t') = r(0) + vt',\tag{9.125}$$

因此有

$$t' = \left(t - \frac{R}{c} + \frac{n \cdot r(0)}{c}\right)\Big/(1 - n \cdot \beta).\tag{9.126}$$

因此，电子运动的相位项为

$$\begin{aligned}
k_L \cdot r(t') - \omega_L t' &= k_L \cdot r(0) + k_L R \frac{1-\beta_L}{1-\beta_s} - \omega_L t \frac{1-\beta_L}{1-\beta_s} - k_L n \cdot r(0) \frac{1-\beta_L}{1-\beta_s} \\
&= -\omega_s\left(t - \frac{R}{c}\right) - k \cdot r(0).
\end{aligned}\tag{9.127}$$

因此散射光场为

$$E_s(R,t) = \frac{e^2}{m_e c^2 R}\big[n \times (n \times E_{L0})\big]\cos\left[\omega_s\left(t - \frac{R}{c}\right) + k \cdot r(0)\right].\tag{9.128}$$

从而，单位立体角里的散射功率为

$$P_s(R)d\Omega = \frac{e^4 E_{L0}^2}{4\pi m_e^2 c^3} d\Omega \big[n \times (n \times E_{L0})\big]^2 \cos^2\left[\omega_s\left(t - \frac{R}{c}\right) + k \cdot r(0)\right].\tag{9.129}$$

对时间平均，可得到

$$\overline{P_s(R)d\Omega} = \frac{E_{L0}^2 r_e^2}{8\pi} d\Omega \big[n \times (n \times E_{L0})\big]^2.\tag{9.130}$$

定义入射激光和散射光的夹角为 θ，则

$$|k| = \sqrt{k_s^2 + k_L^2 - 2k_s k_L \cos\theta} \approx 2k_L \sin\left(\frac{\theta}{2}\right).\tag{9.131}$$

对于偏振光，如果偏振夹角为 φ_0，

$$\left[\boldsymbol{n} \times \left(\boldsymbol{n} \times \boldsymbol{E}_{L0} \right) \right]^2 = \left(1 - \sin^2 \theta \cos^2 \varphi_0 \right) E_{L0}^2. \tag{9.132}$$

对于非偏振光，对 φ_0 平均，可得

$$\left[\boldsymbol{n} \times \left(\boldsymbol{n} \times \boldsymbol{E}_{L0} \right) \right]^2 = \left(1 - \frac{1}{2} \sin^2 \theta \right) E_{L0}^2. \tag{9.133}$$

如果对所有角度积分，可回到总散射截面(9.115)。应注意，对相对论电子，磁场力不能忽略，角分布需要重新推导。在等离子体中，如果有其他场，如外加磁场或电荷分离场等，公式(9.115)也有变化，等离子体的色散效应也忽略了。

现在我们考虑一定体积内 N 个电子的总汤姆孙散射。原则上，总散射可写为

$$\begin{aligned}
\frac{\mathrm{d}P_\mathrm{s}\left(\boldsymbol{R} \right)}{\mathrm{d}\Omega} &= \frac{cR^2}{4\pi} \sum_{j=1}^{N} \boldsymbol{E}_{sj} \cdot \sum_{l=1}^{N} \boldsymbol{E}_{sl} \\
&= \frac{cR^2}{8\pi} N E_\mathrm{s}^2 + \frac{cR^2}{4\pi} N \left(N - 1 \right) \left(\overline{\boldsymbol{E}_j \cdot \boldsymbol{E}_l} \right)_{j \ne l}.
\end{aligned} \tag{9.134}$$

第一项为非相干项，也即 N 个电子散射之和。如果入射激光波长远小于德拜长度，即 $\lambda_\mathrm{L} \ll \lambda_\mathrm{D}$，那么光波看到的电子都是随机分布的，由此产生的谱称为非集体效应谱。

如果电子是随机分布的，式(9.134)的第二项为零。但当激光波长大于德拜长度时，等离子体的集体运动的电子是关联的，这时第二项不为零，由此产生的谱分布叫做集体散射。比如，考虑激光在等离子体波上的散射，电子的集体运动可增强散射，在符合动量守恒的方向上，散射功率正比于 N^2。

对于完全均匀的等离子体，我们知道是没有散射的，因为电子运动产生的辐射和驱动辐射是一样的。但实际等离子体总是有涨落的，比如电子密度可写为 $n_\mathrm{e}(\boldsymbol{k}, \omega)$。实验中，我们测量的是时间平均的密度涨落，即

$$\overline{\left| n_\mathrm{e}\left(\boldsymbol{k}, \omega \right) \right|^2} = \frac{1}{T} \int_{-\frac{T}{2}}^{+\frac{T}{2}} \left| n_\mathrm{e}\left(\boldsymbol{k}, \omega \right) \right|^2 \mathrm{d}t. \tag{9.135}$$

对于一个稳定系统，我们可定义

$$S\left(\boldsymbol{K}, \omega \right) = \lim_{V \to \infty, T \to \infty} \frac{1}{VT} \frac{\left| n_\mathrm{e}\left(\boldsymbol{k}, \omega \right) \right|^2}{n_\mathrm{eo}}, \tag{9.136}$$

式中，n_eo 为平均电子密度，V 为散射体积，$N = n_\mathrm{eo} V$ 为电子数。这里不加推导地给出散射功率谱为

$$P_\mathrm{s}\left(\boldsymbol{R}, \omega_\mathrm{s} \right) \mathrm{d}\Omega \mathrm{d}\omega_\mathrm{s} = \frac{P_\mathrm{i} r_\mathrm{e}^2}{2\pi A} \mathrm{d}\Omega \mathrm{d}\omega_\mathrm{s} \left(1 + \frac{2\omega}{\omega_\mathrm{L}} \right) \left[\boldsymbol{n} \times \left(\boldsymbol{n} \times \hat{\boldsymbol{E}}_{L0} \right) \right]^2 N S\left(\boldsymbol{K}, \omega \right), \tag{9.137}$$

其中，A 为入射激光横截面面积，$\hat{\boldsymbol{E}}_{L0}$ 为 $\boldsymbol{E}_{L0}$ 方向的单位矢量。

可看到，在实验中测量得到了 $P_s(\boldsymbol{R}, \omega_s)$，就可以确定动力学形状因子 $S(\boldsymbol{K}, \omega)$，然后把它和 $n_e(\boldsymbol{k}, \omega)$ 关联。关于等离子体汤姆孙散射的详细理论可参考 D. H. Froula et al., Plasma Scattering of Electromagnetic Radiation, 2nd ed, Elsevier Press(2011)[中译本：电磁辐射的等离子体散射，2 版. 吴健等译，科学出版社(2021)]。

9.10.2　非线性汤姆孙散射和非线性康普顿散射

当激光强度达到相对论强度时，虽然电子的动量做简谐振荡 $\boldsymbol{p}_{\perp} = -\dfrac{q}{c}\boldsymbol{A}_{\perp}$，但由于 $p_{\perp} = m\gamma v_{\perp}$，电子速度振荡是非线性的，按经典电动力学理论，这种非简谐振荡辐射谐波。从光子的角度理解，激光强度增强时，光子密度增加，一个电子可同时与多个光子相碰，然后发射单个高能的光子。激光的归一化振幅可写为

$$a_0 = \frac{eE}{mc\omega_L} = \frac{eE \cdot \lambda_c}{\hbar\omega_L}, \quad \lambda_c = \frac{\hbar}{mc}, \tag{9.138}$$

即表示在一个康普顿波长内电子吸收的光子数。这一表达式从量子电动力学的角度表明，在强场条件下 $(a_0 > 1)$，电子-光子散射是非线性的，也即这时光在电子上的散射为非线性汤姆孙散射或非线性康普顿散射。

现在我们仔细看光子能量在与自由电子碰撞前后的变化。在电子参考系中，对于单光子散射，由能量和动量守恒，

$$\Delta E = \frac{\dfrac{\hbar\omega}{mc^2}(1-\cos\theta)}{1+\dfrac{\hbar\omega}{mc^2}(1-\cos\theta)}\hbar\omega. \tag{9.139}$$

对于汤姆孙散射，散射光子的波长变化为

$$\Delta\lambda = \lambda_c(1-\cos\theta), \tag{9.140}$$

式中 $\lambda_c = h/(mc)$ 为康普顿波长。康普顿波长一般远小于激光波长。

但如果考虑非线性效应，同时考虑相对论电子，在实验室参考系中，对于电子与激光对撞的情况，散射光子的最大能量为

$$\hbar\omega' = \frac{4n\hbar\omega\gamma^2}{1+\dfrac{4n\hbar\omega\gamma}{mc^2}+a_0^2} = \frac{4n\hbar\omega\gamma^3 mc^2}{1+a_0^2 m\gamma c^2 + 4n\hbar\omega\gamma^2}, \tag{9.141}$$

式中 n 为谐波阶数。考虑不同出射角，有

$$\hbar\omega' = \frac{m'\gamma n\hbar\omega(1+\beta)}{m'\gamma(1-\beta\cos\theta)+n\hbar\omega(1-\cos\theta)}, \tag{9.142}$$

这里，在相对论激光条件下，电子质量可以看成有个修正。

由于谐波效应，可大大扩展康普顿散射产生伽马光子的能量，并且其能谱变为宽谱。但可以看到，最大能量不会超过 $m\gamma c^2$.

已有相对论电子束与强激光相互作用产生非线性康普顿散射的初步实验，通过实验也可以反推出与电子束作用的激光的强度。

9.11   相对论高次谐波

相对论强激光与等离子体相互作用时可产生高次谐波，其物理本质仍是非线性汤姆孙散射，但我们需要考虑等离子体的集体效应和等离子体中场的影响。相对于激光与原子相互作用产生的高次谐波(参考第 2 章)，相对论谐波的产生效率更高，其本身的驱动功率也更高，因此有可能获得更强的谐波，也有可能合成更强的阿秒脉冲，目前在实验上能产生高次谐波，但在高频区通常有很强的噪声，目前还没有实现相对论谐波合成的阿秒脉冲。相对论激光与稀薄等离子体相互作用能产生高次谐波，但由于激光在等离子体中传输时有很强的色散，同时强激光对等离子体密度有很大的扰动，有关实验很少，这里不讨论。

9.11.1   弱相对论激光驱动的高次谐波

这一机制原则上不需要相对论效应。斜入射 p 偏振激光与一定标尺的等离子体相互作用时，激光电场的纵向分量可驱动等离子体以激光频率做纵向振荡，在临界密度和整数倍临界密度处，等离子体振荡共振增强，纵向等离子体振荡和激光的横向振荡耦合可产生高次谐波，这种机制也称为相干尾波辐射机制(CWE)，因为纵向振荡只在数倍临界密度处较强，最高谐波阶次和等离子体密度相关。

9.11.2   高密度固体表面相对论谐波

相对论激光与固体表面相互作用可产生高次谐波,具体机制和等离子体密度、标尺长度有关。

假定线偏振平面强激光正入射与密度远大于临界密度、标尺长度为零的台阶状等离子体相互作用，等离子体中很强的电荷分离场使得电子的纵向运动被大大抑制。这时可近似认为磁场力和静电力抵消，也即电子只在激光的横向电场作用下做横向非线性振荡，即

$$\beta = \frac{a}{\sqrt{1+a^2}}. \tag{9.143}$$

假定电子层的厚度远小于谐波波长，可只考虑激光场随时间的变化，即 $a = a_0 \cos\omega_L t$,

由此可得到电子的横向运动为

$$y = \frac{c}{\omega_L} \arcsin\left(\frac{a_0 \sin\omega_L t}{\sqrt{1+a^2}} \right). \tag{9.144}$$

由此可计算单电子的谐波辐射。在一维平面波近似下，由于对称性，只能产生奇次谐波。实际上，入射激光有一定的焦斑大小，需要对这一区域进行横向积分。对于特别高次的谐波，纵向厚度远小于波长的假定不再成立，需要考虑激光场在纵向强度和相位的变化。

如果两束激光同时从两侧与一厚度小于趋肤深度的高密度薄膜靶相互作用。两束激光同时与电子相互作用，产生高次谐波。在不同的偏振组合下，可产生不同的谐波。这里的一个问题是，谐波中有几个光子来自左侧激光，几个光子来自右侧激光？根据动量守恒和能量守恒不能给出唯一答案。但如果两束激光为涡旋光，且具有不同角动量，则根据谐波的角动量，可以帮助判断光子的来源，也可研究两束时空涡旋光与薄膜靶相互作用产生的高次谐波。

9.11.3 圆偏振激光驱动的高次谐波

单电子在圆偏振激光作用下的横向圆周运动可产生很强的辐射，激光与固体表面相互作用时，在一维平面近似下，各电子产生的辐射场相互抵消，不能产生辐射。但实际上，激光的横向尺寸有限，因此必然存在纵向场。对于圆偏振激光，沿 x 方向传输的圆偏振激光可表示为(参考第 1 章)

$$A = A_0 \begin{pmatrix} k^{-1}\partial_r u(r)\sin(kx-\omega_L t+\theta) \\ u(r)\sin(kx-\omega_L t) \\ u(r)\cos(kx-\omega_L t) \end{pmatrix}, \tag{9.145}$$

式中，$u(r)$ 为横向分布。如果 $u(r)$ 为高斯分布，$\partial_r u(r)$ 必然为环状结构，方位角 $\theta = \arctan(z/y)$。可以看到轴向 x 方向，矢势和电场表达式中的相位有随方位角变化这项，也即纵向场具有涡旋结构。这个纵向场可驱动电子的纵向振荡，振荡的基频为 ω_L，纵向振荡和横向振荡耦合后电子可辐射各种频率(包括偶次和奇次)的高次谐波。由于纵向场具有涡旋结构，所以产生的谐波也具有涡旋结构，即圆偏振高斯激光可产生涡旋的高次谐波。

我们也可用角动量守恒来解释。两个基频光子合成一个二倍频光子，基频光子具有自旋角动量 $1\hbar$，两个光子总角动量为 $2\hbar$，倍频光子的自旋角动量为 $1\hbar$，根据总角动量守恒，剩余的角动量 $1\hbar$ 变为倍频光子的轨道角动量。

因为轴上的激光更强，在激光有质动力作用下，固体表面会出现凹坑，这会增强纵向场，因此可增强谐波产生。实验上也可用激光与具有凹坑的靶相互作用来增强谐波，甚至可在薄膜靶上挖一小孔，这样在靶后也能得到高阶高次谐波，方便实验和应用。

9.11.4 相对论振荡镜模型

电子的纵向振荡对高次谐波的产生是非常有利的。考虑相对论线偏振激光正入射与较低密度 $(n_e > n_c)$ 的台阶状等离子体相互作用，我们知道激光强度可写为

$$I = \frac{\omega_L k_L}{8\pi} A_0^2 \times \begin{cases} 1 + \sin 2(k_L x - \omega_L t + \varphi), & \text{线偏}, \\ 2, & \text{圆偏}. \end{cases} \tag{9.146}$$

等离子体密度较低时，电子纵向运动不能忽略，电子表面在线偏振激光的有质动力和静电场作用下做 $2\omega_L$ 振荡，即

$$X(t) = X_s \sin 2\omega_L t. \tag{9.147}$$

可近似认为入射激光是从这个振荡的电子等离子体表面反射，因此反射场可写为

$$A_r = A_L \sin \omega_L t_{\text{ret}} = A_L \sin \omega_L \left(t - \frac{X(t)}{c} \right)$$

$$= A_L \left(\sin \omega_L t - \frac{\omega_L}{c} X_s \sin(2\omega_L t) \right). \tag{9.148}$$

对此作傅里叶展开，可得到奇次谐波。在这种机制下，可得到谐波强度和频率的定标关系为 $I_n \propto \omega^{-8/3}$，截止频率为 $\omega_{\text{cutoff}} \sim 8^{1/2} \gamma_{\max}^3$，$\gamma_{\max}$ 为等离子体表面最大相对论因子。

如果入射激光是圆偏振激光，电子不会做 $2\omega_L$ 振荡，因此在一维条件下不会产生高次谐波。但其脉冲包络的有质动力也可将电子层往里挤压，入射激光在往里运动的电子等离子体表面反射时可发生红移，当激光的下降沿和等离子体作用时，有质动力小于静电力，电子层开始往外运动(稍有延时)，这时反射激光频率蓝移，强度增强。总体上，圆偏振飞秒激光和台阶状等离子体相互作用，可产生亚飞秒的高频脉冲。对于线偏振激光，脉冲包络也起作用。

对于斜入射激光，激光电场或磁场具有纵向分量，因此电子表面可做频率为 ω_L 的振荡，因此可同时产生奇次和偶次谐波。对于 p 偏振入射，奇次和偶次谐波都是 p 偏振；对于 s 偏振入射，奇次谐波是 s 偏振，偶次谐波是 p 偏振的。斜入射平面光与平板靶相互作用，可通过洛伦兹变换成为正入射激光与平板靶相互作用，只是平板靶中的粒子以一定速度沿靶面方向运动。这样二维问题变成了一维问题，解析推导和数值模拟都变得简单。

对于有一定标尺长度的等离子体，在临界密度附近，电子层也可在激光有质动力作用下做纵向相对论振荡，一般认为标尺长度在 $0.2\lambda_L$ 附近时有较好效果。优

化标尺长度与激光强度、所关心的谐波阶次等有关。如果激光包络的有质动力使密度轮廓在临界密度附近变陡，标尺长度也会变小。实验中可特别采用预脉冲使等离子体密度轮廓变陡。

高次谐波可同时向靶前和靶后传播，如果等离子体密度较高、靶较厚，则只有高频谐波能向靶后传播。

9.11.5　超强相对论激光的高次谐波

对于特别强的激光，$a \gg 1$，纵向运动比横向运动更为重要，部分电子可脱离静电分离场的约束，短暂离开固体表面，这时用同步辐射理论描述更为合适，这时产生的谐波也被称为相干同步辐射机制。

当激光强度接近施温格极限时，在辐射主导区，由于量子电动力学效应，谐波辐射的效率非常高，可大于 10%，光子能量可达到 MeV 量级，也即可以看成 $\sim 10^6$ 次谐波，这时的谐波辐射在每个激光周期中两次发射，脉宽为亚飞秒。但由于辐射反作用效应改变电子轨迹，伽马射线不再是相干的。这可称为量子电动力学谐波，我们将在第 10 章作更多讨论。

9.11.6　涡旋相对论激光的高次谐波

相对论涡旋激光正入射与固体表面相互作用，可产生涡旋的高次谐波。对于拓扑荷为 l 的线偏振涡旋激光，由角动量守恒，如果固体靶没有获得角动量，则 n 次谐波的拓扑荷为 nl，见图 9.15。利用振荡镜模型也可得到同样的结论。

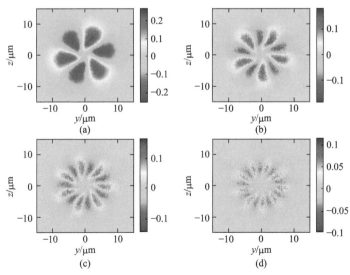

图 9.15　拓扑荷为 $l=1$ 的相对论激光在固体表面反射后得到的 3、5、7、9 次谐波(电场的横向分布)

9.12　韧致辐射

强激光与等离子体相互作用可产生高能电子。当电子在物质中传输时，在原子核附近，按经典理论，电子的运动轨迹受离子影响，这时电子产生的辐射即为韧致辐射。按照量子电动力学理论，电子和离子附近的虚光子作用，变成动量降低的电子和一个光子。其逆过程为，电子和一个光子同时与离子附近的虚光子作用，变成一个动量更高的电子，这就是逆韧致吸收，也即碰撞吸收。

虽然高能电子韧致辐射产生的伽马射线不单色，但电子到伽马射线的转换效率较高，实验上也容易实现。强激光可驱动大电荷量(>1nC)、短脉冲(<100fs)的小尺寸($<10\mu$m)电子束(参考第 7 章)，由此产生的高亮度伽马射线韧致辐射由于光子数很多，可用于高密度物质诊断。

动能为 E_{kin} 的电子通过韧致辐射产生能量大于 E_0 的伽马光子的截面为

$$\sigma_\gamma = 1.1 \times 10^{-16} Z^2 \left[0.83 \left(\frac{E_0}{E_{kin}} - 1 \right) - \ln \frac{E_0}{E_{kin}} \right] \text{cm}^2. \tag{9.149}$$

$\mathcal{N}_-$ 个高能电子穿过厚度为 x 的高 Z 靶，通过韧致辐射机制产生的伽马光子数可估计为

$$\mathcal{N}_\gamma = \mathcal{N}_- \int_0^x n_0 \sigma_\gamma \text{d}x = \mathcal{N}_- n_0 \sigma_\gamma x, \tag{9.150}$$

式中 n_0 为高 Z 材料的原子数密度。

如果电子束具有涡旋结构，即携带轨道角动量，当产生韧致辐射时，伽马光子和电子的角动量重新分配，伽马光的角动量和出射角相关。

9.13　切伦科夫辐射

高能电子在介质中运动时，即使匀速运动也有可能产生可传输的辐射，切伦科夫辐射就是一种。切伦科夫辐射可用于高能粒子的测量。

这里，我们从能量和动量守恒的角度来讨论。我们知道相对论电子的色散关系为 $\gamma = \sqrt{1 + (\beta\gamma)^2}$，因此

$$\Delta\gamma = \beta\Delta(\beta\gamma). \tag{9.151}$$

我们定义光子的相对论因子为

$$\gamma_p = \hbar\omega / (mc^2). \tag{9.152}$$

在折射率为 n 的介质中，光的相速度为 $\beta_p = 1/n$，动量大小为

$$\hbar k = n\hbar\omega / c = \beta_p \gamma_p mc. \tag{9.153}$$

由此我们可得到

$$\Delta\gamma_p = \frac{1}{n}\Delta\left(\beta_p\gamma_p\right). \tag{9.154}$$

为同时满足能量守恒和动量守恒，则有

$$\Delta\left(\beta_p\gamma_p\right) = -n\beta\Delta\left(\beta\gamma\right). \tag{9.155}$$

由轴向对称性，电子和光子没有横向动量交换，因此由轴向动量守恒可以得到

$$\Delta\left(\beta\gamma\right) = -\Delta\left(\beta_p\gamma_p\right)\big|_\parallel = -\Delta\left(\beta_p\gamma_p\right)\cos\theta, \tag{9.156}$$

这里 θ 为辐射传播方向和电子运动方向夹角，由上面两个公式得到

$$\cos\theta = \frac{1}{\beta n}, \tag{9.157}$$

即电子运动速度大于介质折射率倒数时，才可产生辐射。由轴对称性，切伦科夫辐射为径向偏振光。

关于横向动量守恒，如果把光理解为出射角为 θ 的平面单色光的叠加，即单次辐射为以角度 θ 出射的平面光，那么单个光子的辐射需要背景原子的反冲运动才能满足横向动量守恒，而总体平均后，背景原子的动量则没有变化。但更合适的理解应为，单次辐射就不是平面光，而是具有对称角分布的光场结构。这样就不需要背景原子的反冲。从另一个角度看，这里把光展开成平面光的叠加原则上是不合适的。

对于无色散介质，考虑辐射体的长度 L 后，电荷数为 Z 的入射粒子，在单位波长和角度区间的切伦科夫光子数为

$$\frac{\mathrm{d}^2N}{\mathrm{d}\lambda\mathrm{d}\cos\theta} = \frac{2\pi\alpha Z^2}{\lambda}\left(\frac{L}{\lambda}\right)^2\left(\frac{\sin\xi}{\xi}\right)^2\sin^2\theta, \tag{9.158}$$

式中 $\xi = \left[1/(\beta n) - \cos\theta\right]\pi L/\lambda$。可以看到角分布峰值位置即为 $\cos\theta = 1/(\beta n)$。如果考虑介质色散，角分布需要修正。对角度积分后可得

$$\frac{\mathrm{d}N}{\mathrm{d}\lambda} = \frac{2\pi\alpha Z^2 L^2}{\lambda^2}\left[1 - \frac{1}{\beta^2 n^2(\lambda)}\right]. \tag{9.159}$$

实验中，固体、液体和气体等都可作为介质，切伦科夫辐射一般为紫外到可见光的连续谱，由于光子数和波长平方成反比，短波长光的光子数更多，但短波长光折射率可接近 1，特别对 X 射线，折射率 $n < 1$，不能满足 $\beta n > 1$，因此一般可看

到蓝光, 这一效应可用于高能粒子探测, 实验中一般采用对紫外光灵敏的探测器。

切伦科夫辐射可以从不同角度解释, 这里从能量-动量守恒角度讨论切伦科夫辐射的一个原因是, 在后面讨论真空中四波混频过程中, 我们发现为同时满足能量和动量守恒, 散射信号光也是和探针光光轴成一个角度出射, 因此可称为类切伦科夫辐射。只是在真空中, 我们没有任何反冲原子, 从上面的讨论我们知道反冲原子其实是不需要的。

9.14　渡越辐射

另一种不需要加速的辐射为渡越辐射。当带电粒子在介质中传输时, 随电子一起运动的电磁场结构和介质的特性有关。当带电粒子从一种介质穿越陡峭界面到达另一种介质时, 其周围场的结构要变得匹配新的介质。场结构变化的过程可产生电磁辐射, 这种辐射被称为渡越辐射。在真空和介质界面有两种渡越辐射, 一种是电子进入介质时介质中的渡越辐射, 一般是高频辐射、紫外, 甚至 X 射线; 另一种是电子进入真空时真空中的渡越辐射, 一般是低频辐射。我们这里主要考虑真空中的渡越辐射。在激光等离子体相互作用中, 可以产生超高电流强度的高能电子束, 这种电子束可以产生很强的相干渡越辐射。这种辐射波长一般由电子束脉宽决定, 在 THz 波段。这种强 THz 辐射有很多应用, 后面将讨论相干渡越辐射对正电子的加速。同时相干渡越辐射的谱宽和电子的脉宽是相关的, 因此可以用辐射的谱宽来测量电子脉冲的宽度。

考虑一个相对论电子在 $t = 0$ 时, 从半无限大理想导体出射到真空(假定无限大时忽略了长波截止), 假定电子匀速运动, 速度为 v, 出射面位于 $x = 0$, 如图 9.16 所示。电子出射后, 在导体中留下一个反向匀速运动的镜像电荷。因此, $t > 0$ 时, 决定电磁场的电荷和电流可分别写为

$$\rho(\boldsymbol{R},t) = e\delta\big[(x-vt) - \delta(x+vt)\big]\delta(y)\delta(z), \tag{9.160}$$

$$J(\boldsymbol{R},t) = ve\big[\delta(x-vt) + \delta(x+vt)\big]\delta(y)\delta(z). \tag{9.161}$$

利用洛伦兹规范, 采用球坐标 (R,θ,φ), 标势和矢势分别为

$$\phi(\boldsymbol{R},t) = \int \mathrm{d}^3 R' \rho(R',t') / R_1, \tag{9.162}$$

$$A(\boldsymbol{R},t) = \int \mathrm{d}^3 R' J(R',t') / R_1. \tag{9.163}$$

式中, $R_1 = \sqrt{y^2 + z^2 + [x - x'(t')]^2}$ 为相对于电子的距离, $t' = t - R_1 / c$ 为推迟时, 电流和矢势都只有 x 分量。

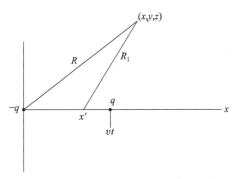

图 9.16 运动电荷和镜像电荷产生的场

对前向运动的电子，对于矢势，经运算，积分后可得到(电荷取负值)

$$A(\boldsymbol{R},t)=\frac{\beta e}{\sqrt{(vt-x)^2+\left(y^2+z^2\right)/\gamma^2}}u(ct-R)\equiv\frac{\beta e}{S_-}u(ct-R),\qquad(9.164)$$

这里 $u(x)$ 为阶梯函数，对 $x<0$，$u(x)=0$，对 $x>0$，$u(x)=1$，这说明辐射传播速度不可能大于光速。在球面上，$ct=R$，上式中的平方根 S_- 为

$$\sqrt{(\beta R-x)^2+\left(y^2+z^2\right)/\gamma^2}=R-\beta x=R(1-\beta\cos\theta).\qquad(9.165)$$

因此，在球面处，矢势 A 从 0 跳变为

$$A=\frac{\beta e}{R(1-\beta\cos\theta)}.\qquad(9.166)$$

类似地，可得到标势的表达式

$$\phi(\boldsymbol{R},t)=\frac{1}{\beta}A-\frac{e}{R}u(ct-R).\qquad(9.167)$$

同时可以对反向运动的电子进行类似的计算。然后把它们加起来，就可得到球面波前处的矢势和标势分别为

$$A=\frac{2\beta e}{R\left(1-\beta^2\cos^2\theta\right)},\qquad(9.168)$$

$$\phi=\frac{2\beta e\cos\theta}{R\left(1-\beta^2\cos^2\theta\right)}.\qquad(9.169)$$

由此可得到辐射场(不包括运动电荷经洛伦兹变换的库仑场)集中在球面薄层中，即

$$E_\theta=\frac{2\beta e\sin\theta}{R\left(1-\beta^2\cos^2\theta\right)}\delta(ct-R),\qquad(9.170)$$

$$B_\varphi = \frac{2\beta e \sin\theta}{R\left(1-\beta^2\cos^2\theta\right)}\delta\left(ct-R\right). \tag{9.171}$$

如果把电磁辐射写成频谱分布，则为

$$I(\omega) = \frac{\beta^2 e^2 \sin^2\theta}{2\pi^2 c\left(1-\beta^2\cos^2\theta\right)^2}. \tag{9.172}$$

可以看到强度不随频率变化，如果对所有频率积分，则强度为无穷大。这显然是非物理的。这是由于我们假定电子作为点电荷能匀速从理想导体中出射，并保持匀速运动。为了满足边界条件，我们假定了一个反向运动的点电荷。这意味着电子匀速出射需要无穷大的能量。实际上，不存在完全理想的导体，电子也不是点电荷，因此电子从导体中出射只需要很小的能量(eV 量级)消耗。但这个公式大体上仍是对的，特别是频率不是特别高时是正确的，也就是我们需要高频截断。如果考虑线电荷，即柱半径为零，能量仍发散，但发散速度变慢，如果柱半径不为零，则不再发散。

可以把 E_θ 分解到 E_x 和 E_r，为

$$E_x = -\frac{2\beta e \sin^2\theta}{R\left(1-\beta^2\cos^2\theta\right)}\delta\left(ct-R\right), \tag{9.173}$$

$$E_r = \frac{2\beta e \sin\theta\cos\theta}{R\left(1-\beta^2\cos^2\theta\right)}\delta\left(ct-R\right). \tag{9.174}$$

对于强相对论电子，辐射场的峰值角度为 $1/\gamma$。这和加速运动的相对论电子辐射场的前灯效应 $(1/2\gamma)$ 是类似的。

现在考虑脉宽为 τ，长度为 $l=c\tau$ 无穷细相对论电子束的相干渡越辐射，把点电荷的势积分，当观察点的推迟 $T=t-R/c<\tau$ 时，积分上限取 T，如果 $T=t-R/c>\tau$，则积分上限取 τ。这样可得到矢势 A 和标势 ϕ，当 $R\gg1$，且 $R\gg vT$ 时，在壳层 $0<T<\tau$ 内，在球坐标下得到

$$E_\theta = B_\varphi = \frac{2\beta I \sin\theta}{cR\left(1-\beta^2\cos^2\theta\right)}. \tag{9.175}$$

这和点电荷的公式非常类似。这里不同电子的辐射是相干叠加，这对于长波总是对的，因此电磁场的强度和电流强度成正比。对于飞秒激光驱动的电子源，通常脉宽很短(一般仍大于几个微米)，但电流强度很大。这意味着可以产生非常强的相干渡越辐射。当强流电子束在等离子体或导体中传输时，存在电子回流，这时上面的计算要进行修正。由于回流电子的相对论因子比较小，对电子运动方向的辐射影响相对较小。由于辐射有一定的宽度，强度随频率变化，频谱为

$$I(\omega)\mathrm{d}\omega = \frac{Q^2\beta^2\sin^2\theta}{2\pi^2 c(1-\beta^2\cos^2\theta)^2}\left(\frac{\sin\omega\tau/2}{\omega\tau/2}\right)^2\mathrm{d}\omega. \tag{9.176}$$

因此，相干渡越辐射的频谱宽度和电子束的宽度有关，电子束脉宽越短，产生的频率越高。根据这一特性，我们可以利用相干渡越辐射的频谱分布来测量电子束的脉宽。如果这一电子束是由伽马射线的康普顿散射产生的，还可以进一步测量超快伽马射线的脉宽。但也应该注意到，辐射强度和电荷量的平方成正比，也即只有电荷量足够大，相干渡越辐射的强度才大到可以被测量。

对于相对论电子的相干渡越辐射，由于电子运动的速度接近光速，在很长的传播距离上，即 $ct < 2\gamma^2 l$，辐射和电子束一起运动，比如当 $l = 5\mu m$，$\gamma = 10^3$ 时，传输距离为 5m。当相干渡越辐射足够强时，电磁场将影响电子的运动，同时电子运动的变化也会影响电磁波的传播。这时，电子运动和电磁辐射的传播应自洽计算。另外，我们看到，相干渡越辐射是一个半周期脉冲，假使不考虑电子束的影响，这种半周期电磁波在传播过程中，激光的脉宽倾向变宽，形成完整的周期。在横向上，衍射效应也使得束宽倾向于大于波长。

另外，相干渡越辐射是矢量光，电场有 r 分量和 x 分量，也即径向偏振。特别是，电场的纵向分量对电子是减速的，但对正电子是加速的，因此有可能利用这一机制进行正电子加速。

当考虑电子束的横向尺寸时，上面的计算中还需要考虑横向积分。这时，即使在中心轴上，纵向电场也不为零。同时，为了得到比较均匀的纵向场，可以优化电子束密度的横向轮廓，或者利用具有周期性结构的波导。

上面讨论的相干渡越辐射是在真空中产生的低频的电磁辐射。前面提到过，在介质中也可以产生相干渡越辐射，但由于色散关系的要求，其辐射频率要大于介质的截止频率，对于导体，可以看成是等离子体，也就是辐射频率要大于等离子体频率。这种辐射和切伦科夫辐射相比，频率更高，也可以用作高能电子的测量。

9.15　太赫兹辐射

强激光可通过多种机制产生太赫兹波段的辐射。频率为1THz的电磁辐射，其波长为300μm，对应的激光脉宽为1ps，因此飞秒或皮秒激光的脉冲包络效应适合产生1～100THz的少周期电磁辐射。由于强激光的功率和强度很高，强激光通常可产生高峰值功率的太赫兹辐射。强太赫兹辐射可用于太赫兹辐射的非线性效应研究。同时激光等离子体相互作用过程中产生的太赫兹辐射也可以对激光等离子体状态进行诊断。

9.15.1　与稀薄等离子体相互作用产生太赫兹辐射

稀薄等离子体的频率可以在太赫兹波段，如果其耦合产生电磁辐射，则可以产生太赫兹波段的辐射。回顾激光驱动产生的空泡尾场，其横向场部分就是太赫兹波段的径向偏振电磁辐射。在激光离开气体时，太赫兹辐射也可随之入射到真空。

强激光驱动空泡尾场时，在激光脉冲前沿，在激光有质动力作用下可形成一个密度峰，激光会从这个密度峰反射，这就是激光的侵蚀。由于密度峰以相对论速度运动，反射激光频率红移，如果空泡速度合适，反射光的频率可在远红外或太赫兹波段。

弱激光与空气相互作用时，在成丝过程中也能产生太赫兹辐射。

9.15.2　与固体靶相互作用产生太赫兹辐射

强激光与固体靶相互作用可产生更强的太赫兹辐射。激光等离子体相互作用产生的高能电子在穿过固体后表面时可产生渡越辐射，如果靶横向尺寸足够大，渡越辐射的波长由电子束长度决定，如果电子束的长度在几十微米左右，即可产生太赫兹辐射。这里的电子束可单独产生，比如尾场加速产生，也可在固体前表面产生。由于皮秒激光一般可产生更多的高能电子，因此可产生更强的太赫兹辐射。同时当热电子传到固体后表面时，很多电子不能完全离开靶表面，而是形成鞘层场，或者被鞘层场再次拉回，这些电子的运动也能产生太赫兹辐射。

激光产生的热电子在平面靶或柱靶表面在鞘层场作用下可做回旋振荡，如果回旋频率合适，也可产生太赫兹波段的辐射。

9.16　强激光驱动电磁脉冲

电磁脉冲(EMP)一般指 GHz 或 MHz 波段的电磁波。强激光与气体或固体靶相互作用时，也能产生这一波段的电磁辐射。目前对其的关注点主要在于其对电子探测仪器的干扰甚至损坏。强场激光驱动产生的电磁脉冲非常强，由于其波长较长，可以传输到靶室内各处，也容易传输到靶室外，它可以耦合到电子探测设备，从而干扰测量信号。电磁脉冲更强时可对芯片产生干扰或永久性损坏。目前采用的对应方法主要包括：激光打靶时暂时关闭电子设备，利用光纤将信号传导至真空腔室外，对真空腔室做电磁屏蔽，减少电磁脉冲传到靶室外等。电磁脉冲也可作为激光等离子体相互作用的一种诊断方法。

9.17　光子加速与相对论运动镜面反射

光子加速的概念是仿效粒子加速而提出的。当光在折射率随时间变化的介质中传播时频率会发生变化。频率变大意味着光子的能量被增加了，这称为光子加速。从宏观上来看，等离子体的折射率决定于电子数密度和电子的相对论质量，而等离子体密度变化使得等离子体折射率在时间和空间上都发生演化，因此光在等离子体波中传播时频率一定会发生改变，从而引起光子加速(或减速)现象。

作为例子，激光在稀薄等离子体中可激发尾场，前面我们已讨论过尾场对电子和离子的加速，光子在尾场下的绝热加速有类似之处，导致光子加速的原因是尾场下被扰动的电子密度对光的压缩从而引起频率的变化。从波动性角度来看，由于等离子体中电磁场的相速度由等离子体密度或者说折射率决定，将一束试探激光脉冲以特定相位注入强激光尾场中，如果试探脉冲波包的波前处于尾波电子数密度较低位置，其相速度相对较慢；与此同时，如果脉冲的波后处在电子数密度较高处，相速度较快，那么试探脉冲波包将会整体被压缩，波长减小，频率发生蓝移，同时等离子体波损耗能量。

我们也可从光子角度来考虑。在等离子体中，光子理论成立的条件是等离子体密度在时间和空间上的变化相对于光的周期和波长而言是缓慢的。光子在等离子体尾场下的加速可以这样理解：尾场下扰动的电子密度为光子提供了一种特殊的介质背景，等离子体折射率的梯度相当于作用于光子上的等效力，该等效力在效果上类似于静电场对电子的电场力。在特定的尾场相位下等效力对光子做正功从而将尾场能量传递给光子使光子能量(频率)获得增加，光子就被加速了。反之，如果等效力对光子做负功，光子就损失能量给尾场，从而被减速。光子加速可获得紫外和 X 射线，光子减速可获得红外和太赫兹辐射。

9.17.1　光子加速基本理论

考虑一维情况，假设探针激光比较弱，不影响等离子体的状态。在几何光学近似成立时，由等离子体的色散关系，等离子体中光子的哈密顿量可写为

$$H = \hbar\omega = h\sqrt{c^2 k^2 + \omega_{pe}^2(x,t)}. \tag{9.177}$$

只是现在 $\omega_{pe}(x,t)$ 是局域的等离子体波频率。忽略相对论效应时，等离子体频率完全由电子密度决定，即 $\omega_{pe}^2(x,t) = \omega_{pe0}^2(x)[1 + f(x,t)]$，这里 $f(x,t)$ 描述等离子体的密度扰动。光子的位置 x 和动量 k 为相应的正则变量，利用正则方程可得到描述光子位置和动量变化的动力学方程分别为

$$v = \frac{dx}{dt} = \frac{\partial H}{\partial k}, \tag{9.178}$$

$$\frac{dk}{dt} = -\frac{\partial H}{\partial x}. \tag{9.179}$$

假定电子等离子体密度扰动为小振幅余弦波，即 $f(x,t) = d\cos(k_{pw}x - \omega_{pw}t)$，其中

$d = \delta n / n_0$ 为归一化密度变化振幅，光子动量变化为

$$\frac{\mathrm{d}k}{\mathrm{d}t} = \frac{\omega_{\mathrm{pe0}}^2 k_{\mathrm{pw}} d}{2\omega} \sin\left(k_{\mathrm{pw}}x - \omega_{\mathrm{pw}}t\right). \tag{9.180}$$

假定光子初始位置、速度、动量和能量分别为 x_0、$v_0 = c^2 k_0 / \omega_0$、k_0、ω_0，经过一段时间后有小的变化，对其作一阶微扰展开，即 $x = x_0 + v_0 t + x_1$、$v = v_0 + v_1$、$k = k_0 + k_1$、$\omega = \omega_0 + \omega_1$，可得到光子动量变化为

$$\frac{\mathrm{d}k_1}{\mathrm{d}t} = \frac{\omega_{\mathrm{pe0}}^2 k_{\mathrm{pw}} d}{2\omega_0} \sin\left(k_{\mathrm{pw}}x_0 - \Omega t\right), \tag{9.181}$$

这里 $\Omega = \omega_{\mathrm{pw}} - k_{\mathrm{pw}} v_0$。对此积分，有

$$k_1 = \frac{\omega_{\mathrm{pe0}}^2 k_{\mathrm{pw}} d}{2\omega_0 \Omega}\left[\cos\left(k_{\mathrm{pw}}x_0 - \Omega t\right) - \cos(k_{\mathrm{pw}}x_0)\right]. \tag{9.182}$$

利用色散关系，可计算得到光子频率变化为

$$\omega = \omega_0\left[1 + \frac{c^2 k_0 k_1}{\omega_0^2} + \frac{\omega_{\mathrm{pe0}}^2 d}{2\omega_0^2}\cos\left(k_{\mathrm{pw}}x_0 - \Omega t\right)\right]. \tag{9.183}$$

将 k_1 代入后，可得到频率变化为

$$\Delta\omega = -\frac{\omega_{\mathrm{pe0}}^2}{2\omega_0}\frac{v_{\mathrm{p}}}{\Delta v} d\left[\cos\left(k_{\mathrm{pw}}x_0 + k_{\mathrm{pw}}\Delta v t\right) - \cos\left(k_{\mathrm{pw}}x_0\right)\right], \tag{9.184}$$

其中，$v_{\mathrm{p}} = \omega_{\mathrm{pw}} / k_{\mathrm{pw}}$ 为等离子体相速度，$\Delta v = v_0 - v_{\mathrm{p}}$，可以看到当光子速度接近等离子体波的相速度时，即 $\Delta v \to 0$ 时，光子可得到最大加速，

$$\left(\Delta\omega\right)_{\max} = \frac{k_{\mathrm{pw}}\omega_{\mathrm{pe0}}^2 v_p d t}{2\omega_0}\sin\left(k_{\mathrm{pw}}x_0\right). \tag{9.185}$$

　　对于大振幅等离子体扰动，不能进行微扰展开，但仍可使用准稳态近似，和讨论尾场时类似，做坐标变换，$\xi = x - v_{\mathrm{p}}t$，$k_\xi = k$，这样可得到光子的哈密顿量为(参考电子在尾场中的哈密顿量)

$$H\left(\xi, k_\xi\right) = \sqrt{c^2 k_\xi^2 + \omega_{\mathrm{pe}}^2\left(\xi\right)} - v_{\mathrm{p}} k_\xi. \tag{9.186}$$

我们仍可以得到正则方程

$$\frac{\mathrm{d}\xi}{\mathrm{d}t} = c\sqrt{1 - \frac{\omega_{\mathrm{pe}}^2\left(\xi\right)}{\omega^2}} - v_{\mathrm{p}}, \tag{9.187}$$

$$\frac{\mathrm{d}k_\xi}{\mathrm{d}t} = -\frac{\omega_{\mathrm{pe0}}^2}{2\omega}\frac{\partial f\left(k_{\mathrm{pw}}\xi\right)}{\partial\xi}. \tag{9.188}$$

利用色散关系消去 k_ξ 后可得

$$\frac{\mathrm{d}\omega}{\mathrm{d}t} = -\frac{\omega_{\mathrm{pe0}}^2 v_\mathrm{p}}{2\omega}\frac{\partial f\left(k_{\mathrm{pw}}\xi\right)}{\partial \xi}. \tag{9.189}$$

和电子在尾场中被尾场捕获和加速类似，我们看到光子被等离子体捕获和加速。

因为哈密顿量不依赖时间，可以有

$$H\left(\xi, k_\xi\right) = h_0. \tag{9.190}$$

h_0 可由光子的初始状态，即和密度包络作用前的频率决定。由此可得到光子频率随位置的变化为

$$\omega = \gamma_\mathrm{p}^2\left[h_0 \pm \beta_\mathrm{p}\sqrt{h_0^2 - \frac{\omega_{\mathrm{pe}}^2\left(\xi\right)}{\gamma_\mathrm{p}^2} - \frac{c^2 k_\perp^2}{\gamma_\mathrm{p}^2}}\,\right], \tag{9.191}$$

式中，β_p 为等离子体密度轮廓运动的相速度，γ_p 为相速度对应的相对论因子。考虑到光子可能斜入射到密度轮廓，这里也包括光子的横向动量 $k_\perp$，在光子加速过程中，横向动量不变。这里 ± 表示反射前后两种情况。和电子加速类似，可以得到光子频率的最大变化为

$$\left(\Delta\omega\right)_{\max} \approx 4\gamma_\mathrm{p}^2\omega_0. \tag{9.192}$$

这和多普勒频移是一致的，因此这里讨论的是多普勒频移的微观过程。

9.17.2　相对论运动镜面反射

可以看到要获得大的光子频率提高，需要一个相对论运动的密度轮廓，也即相对论运动镜面。强激光与等离子体作用产生相对论运动镜面主要有几个方式：第一种是电离面，强激光在气体中传输时，可迅速电离气体原子，形成等离子体，电离面的速度和激光群速度相同；第二种是激光驱动尾波，非线性尾波的密度峰运动速度和激光群速度相同；第三种是光压驱动薄膜靶加速，纳米厚度薄膜靶在光压作用下做相对论运动。

激光在相对论镜面反射时，由于多普勒效应，激光频率上升，但由于激光周期数为洛伦兹不变量，反射后不变，因此脉冲缩短，激光功率提高，强度增强，同时，由于激光焦斑原则上可聚焦到波长量级，激光频率上升后，焦斑有可能变得更小，因此激光强度有可能进一步提升。

对于前面两种产生相对论镜面的方式，实验上相对容易实现，已有一些原理性实验，其存在的一个重要问题是等离子体密度很低，从光子加速理论看，光子不容易被密度轮廓捕获，也即当光子到达密度峰值位置时光子速度仍没有跟上密度轮廓的运动。我们可以用低频光子或斜入射来减小光子的初始纵向动量，使得

光子更容易被捕获，但这仍有一定局限性。因此，对于低密度等离子体轮廓，大多数激光会穿过等离子体，只有少量激光可从相对论镜面反射。

现在我稍仔细分析第三种方案，即光压驱动的相对论固体密度薄膜靶。在第 8 章我们已知道，光压加速可得到 GeV 量级的质子束，这意味着质子或者说薄膜靶的速度可达到约 $\beta = 0.8$。光压加速原则上有很高的转换效率，即激光可以把很大一部分能量转给薄膜靶。这时如果有一束较弱的飞秒激光，可把它叫做探针光，从反向入射到薄膜靶的后表面，探针激光从后表面反射，这是光压加速的逆过程，即靶的能量传给激光，原则上，其效率也非常高。也即总体上，驱动激光的能量可以非常高效地传递给探针光。同时在这个过程中，虽然探针光的光子数不变，但其频率提高，脉宽更短，因此可获得比驱动光更强的激光功率和强度。如果光压加速和镜面反射同时进行，镜面速度可随时间变化，这意味着探针光反射后其频率是啁啾的，通过脉宽压缩的方法有可能使反射激光的脉宽更宽。也有人提出，通过控制驱动激光强度的横向分布，使得薄膜靶后表面呈抛物形分布，这样对反射激光有聚焦作用，可进一步提高强度。

如果驱动激光为 10～100PW 量级，原则上利用这种方法可使探针光强度增强到接近施温格极限。由于实验条件的限制，目前还没有相关实验。

9.17.3　超光速镜面与光脉冲折叠

对于光子加速，我们考虑的密度轮廓运动速度为相速度，是可以超过真空光速的。比如，激光在密度不断上升的等离子体中驱动空泡尾场时，空泡尾部密度轮廓的相速度就可超过光速(可参考第 7 章)，飞行焦点驱动的尾场相速度也可以大于真空光速。相速度大于真空光速的密度轮廓仍可以反射激光，这时，相速度对应的相对论因子需要推广为 $\gamma_p = 1/\sqrt{\left|1-\beta_p^2\right|}$。

现在我们考虑光在相速度变化的密度轮廓上的反射。假定相速度逐渐由超光速变为亚光速。开始时，激光脉冲被超光速密度轮廓反射，反射后的激光群速度小于真空光速，因此慢慢落后于密度轮廓。但当密度轮廓的相速度低于真空光速时，这部分光又可跑到密度轮廓的前面。这时，光脉冲的后半部分正在继续被密度轮廓反射。这两部分光在时空区域重合，这意味着光脉冲被折叠，光的周期数减小。数值模拟证实了光脉冲是可以折叠的。

第10章 强场激光等离子体相互作用中的量子电动力学效应

现代物理学认为，我们生活在满足爱因斯坦相对论原理和量子原理的量子四维闵可夫斯基时空中。光与物质相互作用的一般理论为量子电动力学理论。描述光场的方程为麦克斯韦方程，在第 1 章中我们简单给出了光场量子化的一种方法。描述电子在电磁场中运动的方程为狄拉克方程。在非相对论弱场条件下，狄拉克方程退化为包含自旋的薛定谔方程，零点能依然存在，量子光学利用的正是非相对论弱场量子电动力学理论。在强场激光与单电子或等离子体相互作用时，如果在实验室参考系或电子参考系，电场强度和施温格场强可比，光子的集体效应及多光子或场效应起重要作用，这就是强场量子电动力学效应。在某些情况下，可把场看成是经典的，而只考虑电子的量子效应，这就是所谓的半经典理论。在经典条件下电子运动方程则退化为非相对论牛顿方程或相对论的经典运动方程。本章也考虑高能光子与强场激光的相互作用。本章有时使用 $\hbar = c = 1$ 的自然单位制，实际计算时，可根据量纲恢复。

10.1 狄拉克方程

利用算符

$$\hat{E} = i\hbar \frac{\partial}{\partial t}, \quad \hat{p} = -i\hbar \nabla, \tag{10.1}$$

得到描述非相对论粒子在弱场(远小于施温格场)势 U 中运动的量子方程为薛定谔方程

$$i\hbar \frac{\partial \psi(\boldsymbol{x},t)}{\partial t} = -\frac{\hbar^2}{2m} \nabla^2 \psi + U\psi, \tag{10.2}$$

利用泡利矩阵，薛定谔方程可以处理非相对论电子的自旋。如果没有势，则描述的为自由电子。

相对论自由电子的狄拉克方程为

$$i\hbar \frac{\partial \psi(\boldsymbol{x},t)}{\partial t} = \left(\frac{\hbar c}{i} \boldsymbol{\alpha} \cdot \nabla + \beta mc^2 \right) \psi(\boldsymbol{x},t), \tag{10.3}$$

这里，$\boldsymbol{\alpha}$ 可表示为

$$\alpha_1 = \begin{pmatrix} 0 & 0 & 0 & 1 \\ 0 & 0 & 1 & 0 \\ 0 & 1 & 0 & 0 \\ 1 & 0 & 0 & 0 \end{pmatrix}, \quad \alpha_2 = \begin{pmatrix} 0 & 0 & 0 & -i \\ 0 & 0 & i & 0 \\ 0 & -i & 0 & 0 \\ i & 0 & 0 & 0 \end{pmatrix},$$

$$\alpha_3 = \begin{pmatrix} 0 & 0 & 1 & 0 \\ 0 & 0 & 0 & -1 \\ 1 & 0 & 0 & 0 \\ 0 & -1 & 0 & 0 \end{pmatrix}, \quad \alpha_0 = \beta = \begin{pmatrix} 1 & 0 & 0 & 0 \\ 0 & 1 & 0 & 0 \\ 0 & 0 & -1 & 0 \\ 0 & 0 & 0 & -1 \end{pmatrix}. \tag{10.4}$$

需要指出的是，这组矩阵不是唯一的，这只是一种表象。

定义泡利矩阵，

$$\sigma_0 = \begin{pmatrix} 1 & 0 \\ 0 & 1 \end{pmatrix}, \quad \sigma_x = \begin{pmatrix} 0 & 1 \\ 1 & 0 \end{pmatrix}, \quad \sigma_y = \begin{pmatrix} 0 & -i \\ i & 0 \end{pmatrix}, \quad \sigma_z = \begin{pmatrix} 1 & 0 \\ 0 & -1 \end{pmatrix}, \tag{10.5}$$

则

$$\alpha_0 = \begin{pmatrix} \sigma_0 & 0 \\ 0 & -\sigma_0 \end{pmatrix}, \quad \alpha_1 = \begin{pmatrix} 0 & \sigma_x \\ \sigma_x & 0 \end{pmatrix}, \quad \alpha_2 = \begin{pmatrix} 0 & \sigma_y \\ \sigma_y & 0 \end{pmatrix}, \quad \alpha_3 = \begin{pmatrix} 0 & \sigma_z \\ \sigma_z & 0 \end{pmatrix}, \tag{10.6}$$

如果动量为零，我们容易得到电子两个自旋的波函数和正电子两个自旋的波函数。这里不采用正、负能量的说法，而直接采用正反粒子的说法。实际上正电子的能量也是正的。这里也不采用负能海和空穴的说法，对于玻色子，负能海的解释显然是不对的。狄拉克方程可处理强场(和施温格场可比)。

由波函数可得到四维电流密度

$$j^\mu = \left(c\rho, j^k \right), \tag{10.7}$$

其中三维电流密度为

$$j^k = c\psi^\dagger \left(\boldsymbol{x}, t \right) \hat{\alpha}_k \psi \left(\boldsymbol{x}, t \right), \tag{10.8}$$

粒子概率密度为

$$\rho \left(\boldsymbol{x}, t \right) = \psi^\dagger \left(\boldsymbol{x}, t \right) \psi \left(\boldsymbol{x}, t \right). \tag{10.9}$$

自由运动电子的哈密顿量为

$$H_0 = c\boldsymbol{\alpha} \cdot \hat{\boldsymbol{p}} + \beta mc^2, \tag{10.10}$$

因此，自由哈密顿量的矩阵形式为

$$H_0 = \begin{pmatrix} mc^2 & 0 & cp_z & c\left(p_x - ip_y\right) \\ 0 & mc^2 & c\left(p_x + ip_y\right) & -cp_z \\ cp_z & c\left(p_x - ip_y\right) & -mc^2 & 0 \\ c\left(p_x + ip_y\right) & -cp_z & 0 & -mc^2 \end{pmatrix}. \tag{10.11}$$

把它对角化，可得

$$D = \begin{pmatrix} \sqrt{m^2c^4 + p^2c^2} & 0 & 0 & 0 \\ 0 & \sqrt{m^2c^4 + p^2c^2} & 0 & 0 \\ 0 & 0 & -\sqrt{m^2c^4 + p^2c^2} & 0 \\ 0 & 0 & 0 & -\sqrt{m^2c^4 + p^2c^2} \end{pmatrix}, \quad (10.12)$$

即可得到两个电子态和两个正电子态。对应的变换矩阵及其逆矩阵为

$$S = \begin{pmatrix} \dfrac{p_z}{p_x + \mathrm{i}p_y} & \dfrac{\sqrt{m^2c^2 + p^2} + mc}{p_x + \mathrm{i}p_y} & \dfrac{p_z}{p_x + \mathrm{i}p_y} & -\dfrac{\sqrt{m^2c^2 + p^2} - mc}{p_x + \mathrm{i}p_y} \\ 1 & 0 & 1 & 0 \\ \dfrac{\sqrt{m^2c^2 + p^2} - mc}{p_x + \mathrm{i}p_y} & \dfrac{p_z}{p_x + \mathrm{i}p_y} & -\dfrac{\sqrt{m^2c^2 + p^2} + mc}{p_x + \mathrm{i}p_y} & \dfrac{p_z}{p_x + \mathrm{i}p_y} \\ 0 & 1 & 0 & 1 \end{pmatrix}$$

$$(10.13)$$

和 S^{-1}。因此有

$$H_0 = SDS^{-1}. \quad (10.14)$$

由此可得到自由粒子狄拉克方程沿 x 方向传播的平面单色波函数解。通常可把四维波函数写为两个两维旋子，即

$$\varPsi(\boldsymbol{x},t) = \begin{pmatrix} \varphi \\ \chi \end{pmatrix} \cdot \mathrm{e}^{\frac{\mathrm{i}}{\hbar}(\boldsymbol{p}\cdot\boldsymbol{x} - E_p t)}, \quad (10.15)$$

可得到色散关系

$$E_p = \pm\sqrt{m^2c^4 + c^2p^2}, \quad (10.16)$$

也可写为

$$\hbar\omega = \pm\sqrt{m^2c^4 + c^2k^2\hbar^2}. \quad (10.17)$$

经推导可得

$$\varPsi_\lambda(\boldsymbol{x},t) = \sqrt{\frac{m_\mathrm{e}c^2 + \lambda E_p}{2\lambda E_p}} \begin{pmatrix} u \\ \dfrac{c\hat{\boldsymbol{\sigma}} \cdot \boldsymbol{p}}{m_\mathrm{e}c^2 + \lambda E_p} u \end{pmatrix} \frac{1}{(2\pi\hbar)^{\frac{3}{2}}} \mathrm{e}^{\frac{\mathrm{i}}{\hbar}(\boldsymbol{p}\cdot\boldsymbol{x} - \lambda E_p t)}, \quad (10.18)$$

式中，$\lambda = \pm 1$ 分别表示正能态和负能态，粒子动量为 $\boldsymbol{p}$，$\hat{\boldsymbol{\sigma}}$ 为三个泡利矩阵，

$$u = \begin{pmatrix} u_1 \\ u_2 \end{pmatrix} \tag{10.19}$$

满足归一化条件，即 $u^\dagger u = u_1^* u_1 + u_2^* u_2 = 1$。最简单地，可取

$$u = \begin{pmatrix} 1 \\ 0 \end{pmatrix}. \tag{10.20}$$

可以看到，对于负能态，时间是向过去传播的。这种向过去传播的负能态表示正电子。但对于正能态和负能态，其能量都为正，即 $E_p = \sqrt{m_e^2 c^4 + p^2 c^2}$。如果动量为 x 方向，$\hat{\sigma} = \sigma_x$ 波函数可写为

$$\Psi_\lambda(x,t) = \sqrt{\frac{m_e c^2 + \lambda E_p}{2\lambda E_p}} \begin{pmatrix} 1 \\ 0 \\ 0 \\ \frac{pc}{m_e c^2 + \lambda E_p} \end{pmatrix} \frac{1}{(2\pi h)^{\frac{3}{2}}} e^{\frac{i}{\hbar}(p \cdot x - \lambda E_p t)}. \tag{10.21}$$

对于一维情况，因为中间两项总为零，我们把没有外场时真空中粒子的一维平面单色波写为

$$u_p(x) = \sqrt{\frac{1}{2E_p}} \frac{\exp\left[\frac{i}{h}(px - E_p t)\right]}{\sqrt{2\pi\hbar}} \begin{pmatrix} \sqrt{E_p + mc^2} \\ \mathrm{sgn}(p)\sqrt{E_p - mc^2} \end{pmatrix}, \quad E_p \geqslant mc^2 \tag{10.22}$$

$$v_n(x) = \sqrt{\frac{1}{2E_p}} \frac{\exp\left[\frac{i}{h}(nx + E_p t)\right]}{\sqrt{2\pi\hbar}} \begin{pmatrix} \mathrm{sgn}(n)\sqrt{E_p - mc^2} \\ \sqrt{E_p + mc^2} \end{pmatrix}, \quad E = -E_p \leqslant -mc^2 \tag{10.23}$$

这里，p 和 n 分别为正能态和负能态的动量，$u_p(z)$ 和 $v_n(z)$ 描述单色(动量确定)平面波函数，可构成正交完备集。正能态和负能态之间的能级差为 $2mc^2$。对静止粒子，波函数有更简单的形式。

电子的自旋是内禀的，在许多过程中，用平面波形式表示一个具有确定动量的电子是合适的，在发生相互作用的很小的空间尺度上，动量比位置更重要。但如果电子具有确定的轨道角动量，则动量必然有一定的分布。这时把电子描述为很多平面波的合成，数学原则上依然是可以的，但从物理角度是不合适的。这时，用具有确定轨道角动量的函数，如拉盖尔-高斯等函数是更合适的。

如果电子有确定的能量、纵向动量和纵向角动量，在动量空间可把正能态波

函数的基写为

$$u_p(x) = \sqrt{\frac{1}{2E_p}} \frac{\exp\left[\frac{\mathrm{i}\left(p_{\parallel}x - E_p t\right)}{\hbar}\right]}{\sqrt{2\pi\hbar}}$$

$$\left[\left(\begin{array}{c} \sqrt{E_p + mc^2} \\ \mathrm{sgn}(p)\cos\theta_0\sqrt{E_p - mc^2} \end{array}\right)\mathrm{e}^{\frac{\mathrm{i}l\varphi}{\hbar}}J_l(\xi) + \mathrm{i}\left(\begin{array}{c} 0 \\ \sqrt{\Delta} \end{array}\right)\mathrm{e}^{\frac{\mathrm{i}(l+1)\varphi}{\hbar}}J_{l+1}(\xi)\right]. \tag{10.24}$$

式中，$p_{\parallel 0} = p\cos\theta_0$ 为纵向动量的大小；$p_{\perp 0} = p\sin\theta_0$ 为横向动量的大小，由于对称性，平均横向动量为零；$\Delta = \left(1 - mc^2/E_p\right)\sin^2\theta_0$；$\xi = k_{\perp 0}r$ 描述横向坐标，$k_{\perp 0} = p_{\perp 0}/\hbar$。式(10.24)中第二项为自旋轨道耦合项，对于非相对论情况，$p \to 0$，这项可忽略，也即自旋轨道耦合是相对论效应。同时对于傍轴近似，这项也可忽略。

考虑电磁场，其四维势为 $A^\mu = (\phi, \boldsymbol{A})$，电子在电磁场中四维正则能、动量为 $p^\mu - eA^\mu$，因此，电磁场中电子的狄拉克方程为

$$\mathrm{i}\hbar\frac{\partial\psi(\boldsymbol{x},t)}{\partial t} - e\phi\psi(\boldsymbol{x},t) = \left[c\boldsymbol{\alpha}\cdot\left(\frac{\hbar}{\mathrm{i}}\boldsymbol{\nabla} - \frac{e}{c}\boldsymbol{A}\right) + \beta mc^2\right]\psi(\boldsymbol{x},t). \tag{10.25}$$

我们也可把它改写为

$$\mathrm{i}\hbar\frac{\partial\psi(\boldsymbol{x},t)}{\partial t} = \left[c\boldsymbol{\alpha}\cdot\left(\hat{\boldsymbol{p}} - \frac{e}{c}\boldsymbol{A}\right) + \beta mc^2 + e\phi\right]\psi(\boldsymbol{x},t). \tag{10.26}$$

为更好地体现狄拉克方程的协变性，利用平直时空的度规

$$g^{\mu\nu} = \begin{pmatrix} 1 & 0 & 0 & 0 \\ 0 & -1 & 0 & 0 \\ 0 & 0 & -1 & 0 \\ 0 & 0 & 0 & -1 \end{pmatrix}, \tag{10.27}$$

定义四个反对易矩阵 γ^μ，$\mu = 0,1,2,3$。其反对易关系为

$$\{\gamma^\mu,\ \gamma^\nu\} = 2g^{\mu\nu}. \tag{10.28}$$

矩阵 γ^μ 可有不同的选择方法，但关键是要满足上面的反对易关系。利用反对易关系可得到

$$\left(\gamma^\mu\partial_\mu\right)^2 = \frac{\partial^2}{\partial t^2} - \nabla^2. \tag{10.29}$$

因此相对论自由电子协变形式的狄拉克方程可写为

$$\frac{\hbar c}{i}\gamma^\mu \partial_\mu \psi - mc^2\psi = 0. \tag{10.30}$$

四个反对易矩阵可选为

$$\gamma^\mu = (\gamma^0, \gamma) \equiv (\gamma^0, \gamma^1, \gamma^2, \gamma^3), \tag{10.31}$$

$$\gamma^0 = \beta, \quad \gamma^i = \beta\alpha^i, \quad i = 1,2,3 \tag{10.32}$$

式中，γ^0 厄米，$\gamma^i(i=1,2,3)$ 反厄米。应该指出，狄拉克方程(10.3)和(10.30)都是正确的，只是方程(10.30)可以更好地显示其协变性，更方便地用到其他参考系中。可定义

$$\gamma^5 = -i\gamma^0\gamma^1\gamma^2\gamma^3, \tag{10.33}$$

γ^μ 可用泡利矩阵表述为

$$\gamma^0 = \begin{pmatrix} I & 0 \\ 0 & -I \end{pmatrix}, \quad \gamma^i = \begin{pmatrix} 0 & \sigma^i \\ -\sigma^i & 0 \end{pmatrix}, \tag{10.34}$$

其中 I 为单位矩阵，即第 0 个泡利矩阵。

利用这组反对易矩阵，可定义共轭波函数

$$\bar{\psi} = \psi^\dagger\gamma^0, \tag{10.35}$$

这时，四维电流密度可写为

$$j^\mu(\boldsymbol{x},t) = c\psi^\dagger(\boldsymbol{x},t)\gamma^0\gamma^\mu\psi(\boldsymbol{x},t) = c\bar{\psi}\gamma^\mu\psi. \tag{10.36}$$

电子是自旋为 1/2 的费米子，因此满足反对易关系。我们知道，对于光子，因为是玻色子，所以满足对易关系。

运用洛伦兹变换矩阵 $\hat{a} = a_\mu^\nu$，可以构造波函数在不同参考系之间的变换关系，即

$$\psi'(x') = \psi'(\hat{a}x) = \hat{S}(\hat{a})\psi(x), \tag{10.37}$$

对于无穷小洛伦兹变换，即

$$a_\mu^\nu = \delta_\mu^\nu + \Delta\omega_\mu^\nu, \tag{10.38}$$

其中 $\Delta\omega^{\nu\mu} = -\Delta\omega^{\mu\nu}$，有

$$\hat{S}(\Delta\omega_\mu^\nu) = I + \frac{1}{8}[\gamma_\mu, \gamma_\nu]\Delta\omega_\mu^\nu. \tag{10.39}$$

可以把小洛伦兹变换写成绕 n 方向单位转动乘上转动量 $\Delta\omega$，即

$$\Delta \omega_\mu^\nu = \Delta\omega (\hat{I}_n)_\mu^\nu, \tag{10.40}$$

则对于有限变换 $\omega = \sum \Delta \omega$,

$$\hat{S}(\hat{a}) = \exp\left[-\frac{1}{4}\omega \hat{\sigma}_{\mu\nu}(\hat{I}_n)^{\mu\nu} \right]. \tag{10.41}$$

在电磁场中, 相对论协变的狄拉克方程为

$$\frac{\hbar c}{\mathrm{i}}\gamma^\mu \left(\partial_\mu - \frac{\mathrm{i}e}{\hbar c}A_\mu \right)\psi - mc^2 \psi = 0, \tag{10.42}$$

其共轭方程为

$$\frac{\hbar c}{\mathrm{i}}\gamma^\mu \left(\partial_\mu + \frac{\mathrm{i}e}{\hbar c}A_\mu \right)\overline{\psi} - mc^2 \overline{\psi} = 0, \tag{10.43}$$

即 ψ 和电子相联系, $\overline{\psi}$ 和正电子相联系, 因为正电子的质量仍为正, 但电荷和电子相反。应该指出, 狄拉克方程为多体理论, 不管是 ψ 的方程还是 $\overline{\psi}$ 的方程, 都同时有电子和正电子的态, 只是观测者的角度不同。

10.2　施温格场

强场量子电动力学效应中最具标志性的物理现象为强场下真空中正负电子对的产生。施温格给出恒定均匀电场下正负电子对产生的概率由下式决定:

$$W = \frac{\alpha e^2 E^2}{\pi^2}\sum_{n=1}^{\infty}n^{-2}\exp\left(-\frac{\pi n m^2 c^3}{eE\hbar} \right). \tag{10.44}$$

这表明只有当电场强度达到

$$E_s = \frac{m^2 c^3}{e\hbar} = \frac{mc^2}{e\lambda_\mathrm{c}} \approx 1.3 \times 10^{18}\,\mathrm{V/m} \tag{10.45}$$

时, 正负电子对才能显著产生, 这个电场强度即为施温格场。可以看到, 施温格场可以理解为电场在一个康普顿波长内对电子做的功等于电子静能。由于激光波长一般远大于康普顿波长, 因此可采用恒定均匀场近似。但需要指出, 对于重核附近的强场, 均匀场近似不能满足。施温格场强对应的激光强度为 $2.1 \times 10^{29}\,\mathrm{W/cm^2}$, 这个强度比目前激光技术能达到的强度还高几个数量级。电场强度不是洛伦兹不变量, 如果高能电子与激光对打, 在电子参考系, 激光的强度可增强, 也即容易接近施温格场。对于光光散射, 由于涉及虚正负电子对的产生和湮灭, 施温格场也是重要参数。

10.3　弱场微扰散射

当场强远小于施温格场时，可采用微扰理论。这里我们给出基本理论和一些重要散射过程。

10.3.1　弱场散射理论

考虑散射问题，初态 $|i\rangle$ (可选为平面单色波函数)到各个终态 $|f\rangle$ 的散射可以描写为

$$\sum_f |f\rangle\langle f|S|i\rangle, \tag{10.46}$$

终态 $|f\rangle$ 一般也选为平面单色波函数。这样只要知道了散射矩阵 $S_{fi} = \langle f|S|i\rangle$ 就可以计算跃迁到各终态 $|f\rangle$ 的概率，即 $\left|S_{fi}\right|^2$。在考虑具有轨道角动量的波函数时，可考虑使用涡旋态作为初态和终态。

自由电子在局域势 $V(x)$ 上散射，我们把电子的哈密顿量分解为自由运动的哈密顿量和相互作用部分，即

$$\hat{H} = \hat{H}_0 + V(x). \tag{10.47}$$

在非相对论条件下，我们知道波函数的演化传输可以用格林函数描述，即

$$\psi(x') = i\int d^3\boldsymbol{x}\, G(x'|x)\psi(x), \tag{10.48}$$

式中，$x = (x,t)$；G^+ 和 G^- 分别表示向未来演化和向过去演化；G_0 表示自由电子传输的格林函数。那么初始波函数 $\varphi(x) = \varphi(\boldsymbol{x},t)$ 随时间向未来的演化可写为

$$\psi^+(x') = \varphi(x') + \int d^4x_1 G_0^+(x'|x_1)V(x_1)\psi^+(x_1), \tag{10.49}$$

这里 $\varphi(x')$ 为自由传输项，第二项即为散射项。其中

$$\psi^+(x_1) = i\int d^3\boldsymbol{x}\, G^+(x_1|x)\varphi(x). \tag{10.50}$$

可以看到波函数先从负无穷时空点 x 传到发生相互作用的 x_1，然后到终态 x'。这里只考虑一次散射，也可以同时考虑多个不同的散射(多个通道)和考虑先后多次散射。

假定势在时间负无穷时绝热开启，在时间正无穷时绝热关闭，"绝热"是防止"开、关"引起的扰动。因此，可把终态描述为自由传播的平面光的组合，我们把平面光写为

$$\varphi_f\left(x',t'\right)=\frac{1}{(2\pi\hbar)^{\frac{3}{2}}}\exp\left[\mathrm{i}\left(\boldsymbol{k}_f\cdot\boldsymbol{x}'-\omega_f t\right)\right],\qquad(10.51)$$

则描述概率振幅的 S 矩阵为

$$
\begin{aligned}
S_{fi}&=\lim_{t'\to\infty}\left\langle\varphi_f\left(x'\right)\mid\psi_i^{+}\left(x'\right)\right\rangle\\
&=\delta^3\left(\boldsymbol{k}_f-\boldsymbol{k}_i\right)+\lim_{t'\to\infty}\int\mathrm{d}^3\boldsymbol{x}'\mathrm{d}^4x\varphi_f^{*}\left(x'\right)G_0^{+}\left(x'|x\right)V(x)\psi_i^{+}\left(x\right).
\end{aligned}\qquad(10.52)
$$

在相对论条件下，电子和正电子由狄拉克方程描述。我们用费曼传播子 S 来描述自由传输 S_0 和散射。

向未来演化的正能态，也即电子的自由演化，可写为

$$S_0\left(x'|x\right)=S_0\left(x'-x\right)=-\mathrm{i}\int\frac{\mathrm{d}^3p}{(2\pi\hbar)^3}\mathrm{e}^{\mathrm{i}p\cdot(x'-x)/\hbar}\mathrm{e}^{-\mathrm{i}E(t'-t)/\hbar}\frac{E\gamma^0-c\boldsymbol{p}\cdot\boldsymbol{\gamma}+m_\mathrm{e}c^2}{2E},\qquad(10.53)$$

类似地，向过去演化的负能态，即 $t'<t$ ，可写为

$$S_0\left(x'|x\right)=-\mathrm{i}\int\frac{\mathrm{d}^3p}{(2\pi\hbar)^3}\mathrm{e}^{\mathrm{i}p\cdot(x'-x)/\hbar}\mathrm{e}^{+\mathrm{i}E(t'-t)/\hbar}\frac{-E\gamma^0-c\boldsymbol{p}\cdot\boldsymbol{\gamma}+m_\mathrm{e}c^2}{2E},\qquad(10.54)$$

这就是向未来演化的正电子。初始波函数 $\psi(x)$ 在四维势 A^μ 的散射方程为

$$\varPsi\left(x'\right)=\psi\left(x'\right)+\int\mathrm{d}^4xS_0\left(x'-x\right)\frac{e}{\hbar c}\gamma^\mu A^\mu\varPsi(x).\qquad(10.55)$$

自由传输的平面单色狄拉克波函数可写为

$$\varPsi_\lambda\left(\boldsymbol{x},t\right)=\sqrt{\frac{m_\mathrm{e}c^2+\lambda E_p}{2\lambda E_p}}\left(\begin{array}{c}u\\\dfrac{c\hat{\boldsymbol{\sigma}}\cdot\boldsymbol{p}}{m_\mathrm{e}c^2+\lambda E_p}u\end{array}\right)\frac{1}{(2\pi\hbar)^{\frac{3}{2}}}\mathrm{e}^{\frac{\mathrm{i}}{\hbar}\left(p\cdot x-\lambda E_p t\right)}.\qquad(10.56)$$

如果末态为平面波，那么 S 矩阵为

$$
\begin{aligned}
S_{fi}&=\left\langle\psi_f\left(x'\right)\mid\varPsi_i\left(x'\right)\right\rangle\\
&=\delta_{fi}-\mathrm{i}e\varepsilon_f\int\mathrm{d}^4x\overline{\psi}_f(x)\gamma^\mu A^\mu\varPsi_i(x).
\end{aligned}\qquad(10.57)
$$

我们看到，如果初态 $\varPsi_i$ 为从未来往回传输的负能态(即出射的正电子)，这个负能态和势散射后，可投影到向未来传输的正能态上(即出射电子)。这个过程就是粒子对产生的过程，第 11 章讨论强场产生正负电子对正是基于这个思路。

在强场激光与等离子体或高能电子束相互作用时，两个比较重要的量子电动力学过程为电子-光子散射和光子-光子散射。根据前面的弱场散射理论可以得到散射截面，本书只给出一些结果，推导过程可参考量子场论方面的教材。

10.3.2　康普顿散射

电子在强电磁场中产生伽马光子的过程为非线性汤姆孙散射或非线性康普顿散射。一般把高能光子与低能电子相互作用称为康普顿散射，而把高能电子与低能光子相互作用称为逆康普顿散射。我们知道在不同的参考系中，电子和光子的能量是可以变化的，因此本书不强调这种区分。

这里我们先运用量子电动力学理论考虑线性过程，即电子只与一个光子相互作用，非线性过程将在 10.4 节中讨论。这里讨论的方法可以与第 9 章中经典电动力学的处理方法相比较。若 p、k 为碰撞前电子和光子的四维动量，p'、k' 为碰撞后电子和光子的四维动量。对于线性散射，由能量、动量守恒可得到不变量

$$s = (p+k)^2 = (p'+k')^2 = m^2c^2 + 2pk = m^2c^2 + 2p'k', \tag{10.58}$$

$$t = (p-p')^2 = (k'-k)^2 = 2(m^2c^2 - pp') = -2kk', \tag{10.59}$$

$$u = (p-k')^2 = (p'-k)^2 = (m^2c^2 - 2pk') = (m^2c^2 - 2p'k). \tag{10.60}$$

根据量子电动力学理论，利用费曼图，可计算得到极化平均的微分散射截面，

$$
\begin{aligned}
\mathrm{d}\sigma = 8\pi r_0^2 \frac{m^2c^2\mathrm{d}t}{(s-m^2c^2)^2} &\left\{ \left(\frac{m^2c^2}{s-m^2c^2} + \frac{m^2c^2}{u-m^2c^2} \right)^2 \right. \\
&\left. + \left(\frac{m^2c^2}{s-m^2c^2} + \frac{m^2c^2}{u-m^2c^2} \right) - \left(\frac{s-m^2c^2}{u-m^2c^2} + \frac{u-m^2c^2}{s-m^2c^2} \right) \right\},
\end{aligned}
\tag{10.61}
$$

这里 t 随散射光子动量的大小和方向变化。可定义

$$x = \frac{s-m^2c^2}{m^2c^2}, \tag{10.62}$$

对上式积分后可得到总截面

$$\sigma = 2\pi r_0^2 \frac{1}{x} \left\{ \left(1 - \frac{4}{x} - \frac{8}{x^2} \right) \ln(1+x) + \frac{1}{2} + \frac{8}{x} - \frac{1}{2(1+x)^2} \right\}. \tag{10.63}$$

对于非相对论情形，即 $x \ll 1$，总散射截面为

$$\sigma = \frac{8\pi}{3} r_0^2 (1-x). \tag{10.64}$$

第一项为第 9 章讨论的经典汤姆孙散射截面。对于极端相对论情形，即 $x \gg 1$，总散射截面为

$$\sigma = 2\pi r_0^2 \frac{1}{x} \left(\ln x + \frac{1}{2} \right). \tag{10.65}$$

在电子参考系中，$x = 2\hbar\omega/(mc^2)$，在质心参考系中，$x \approx 4\hbar^2\omega^2/(m^2c^4)$。在极端

相对论情形下，电子参考系和质心参考系的截面都随光子能量而增加，但角分布即微分截面有很大不同。

如果考虑电子和光子的极化，也可进行类似推导，但更为复杂。

10.3.3　单光子光光散射

在强场条件下，除了电子与场作用外，高能光子与场的作用也很重要。真空中光光相互作用是量子电动力学特有的过程，在经典电动力学中，麦克斯韦方程是线性的，不会发生光光非线性相互作用，即两束光在叠加区域光场是线性叠加的，当离开作用区域后，恢复原来的性质。

这里先讨论单光子间的光光散射。这时增加激光强度只会线性增加散射概率。如果两个光子的能量比较高，可产生正负电子对。

对于低能光子，散射过程为：两个光子变成一个虚电子-正电子对，然后再湮灭为两个终态光子。对于高能光子，则两个光子有可能变为实的电子-正电子对。总散射截面随质心光子能量的变化可参考图 10.1，当 $\hbar\omega \approx 1.5mc^2$ 时，散射截面有最大值。

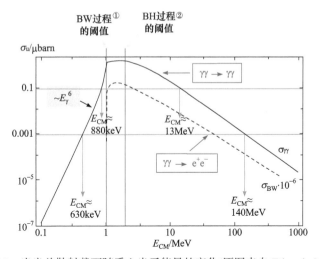

图 10.1　光光总散射截面随质心光子能量的变化(原图来自 Edoardo Milott)

在低能端 $\hbar\omega \ll mc^2$，非极化光子的总散射截面为

$$\sigma = \frac{973}{10125\pi}\alpha^2 r_e^2\left(\frac{\hbar\omega}{mc^2}\right)^6. \tag{10.66}$$

在高能端，非极化光子的总散射截面为

---

① 光光作用产生正负电子对的过程，称为 BW 过程。

② 伽马光子在高 Z 原子核附近产生正负电子对的过程，称为 BH 过程。

$$\sigma = 4.7\alpha^4\left(\frac{c}{\omega}\right)^2. \tag{10.67}$$

这里也给出高能端小角度散射的微分截面

$$\mathrm{d}\sigma = \frac{\alpha^4}{\pi^2}\left(\frac{c}{\omega}\right)^2 \ln^4\frac{1}{\theta}\mathrm{d}\Omega, \qquad \frac{mc^2}{\hbar\omega}\ll\theta\ll 1, \tag{10.68}$$

$$\mathrm{d}\sigma = \frac{\alpha^4}{\pi^2}\left(\frac{c}{\omega}\right)^2 \ln^4\frac{\hbar\omega}{mc^2}\mathrm{d}\Omega, \qquad \frac{mc^2}{\hbar\omega}\gg\theta, \tag{10.69}$$

这里 $\mathrm{d}\Omega$ 为立体角元。

10.4　强场量子电动力学效应

前面讨论的是电子或光子与单个光子的相互作用,但强激光的特点则是许多光子集体起作用。

在强场条件下 ($a_0 > 1$),电子-光子散射是非线性的,即电子可同时吸收很多个光子而散射一个光子,这也称为非线性汤姆孙散射或非线性康普顿散射,根据经典电动力学,这可以理解为由于相对论质量效应引起的电子非线性振荡,在 9.11 节有详细的讨论。从量子电动力学理论看,激光的归一化振幅

$$a_0 = \frac{eE}{mc\omega} = \frac{eE\cdot\lambda_{\mathrm{c}}}{\hbar\omega} \tag{10.70}$$

表示电子在一个康普顿波长内吸收的光子数,也即在强场下,电子是可以同时吸收几个激光光子而散射出一个高能光子的。

在强场下,可用电子四维正则(准)动量代替电子的动量进行计算,也即采用 Volkov 态(图 10.2)。考虑了归一化后,对于平面单色光,

$$q^\mu = p^\mu - \frac{\delta m^2 c^2}{4kp}a^2 k^\mu, \tag{10.71}$$

式中,$\delta = 1,2$ 表示线偏振或圆偏振;a^2 项表明激光强度,也即光子的集体效应起作用;k^μ 为光子四维动量,$k^2 = 0$;p^μ 为电子四维动量,$p^2 = m^2 c^2$ (由于度规选

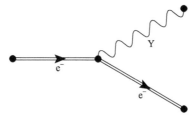

图 10.2　Volkov 态电子康普顿散射产生一个光子的费曼图

择不同，等式右边可多一个负号），$p^0 = \pm\sqrt{m^2 + \boldsymbol{p}^2}$。如果激光沿第三轴($z$轴)传播，可定义 $p_\pm = p^0 \pm n\cdot p = p^0 \pm p^3$，$q^2 = m^2 c^2\left(1 + \delta a^2 / 2\right)$，这可以看成电子质量在场作用下有了变化，因此也称为缀饰电子(dressed electron)。在第 2 章 2.4 节中，我们有过类似处理，只是现在需要从量子的角度来理解。

在第 9 章中，我们已给出了电子与激光对撞时，吸收 n 个激光光子后的散射光子能量随出射角 θ 的变化，即

$$\hbar\omega' = \frac{m'\gamma n\hbar\omega(1+\beta)}{m'\gamma(1-\beta\cos\theta) + n\hbar\omega(1-\cos\theta)}. \tag{10.72}$$

在相对论激光条件下，电子质量可以看成有个修正 $m' = m_e\sqrt{1 + \delta a^2 / 2}$。可以看到，最大能量不会超过 $m\gamma c^2$。

对于高能伽马与强激光相互作用产生正负电子对，出射的正负电子对也应用正则动量表示。

应该指出，Volkov 解假定光场是平面单色的，也即光子有确定的动量，在处理具有确定轨道角动量的光子时，因为光子动量必然有一定不确定性，这一方法是不恰当的。

在外场 A_μ 为平面波时，狄拉克方程精确解为 Volkov 态

$$\psi_{ps} = \left[1 + \frac{\left(\gamma^\mu A_\mu\right)\left(\gamma^\mu k_\mu\right)}{2\left(k^\mu p_\mu\right)}\right]\exp\left[-\mathrm{i}S_p\left(x\right)\right]u_{ps}, \tag{10.73}$$

$$S_p\left(x\right) = p^\mu x_\mu + \int \frac{\mathrm{d}\phi}{k^\mu p_\mu}\left(p^\mu A_\mu - \frac{A^2}{2}\right), \tag{10.74}$$

其中，γ^μ 是狄拉克矩阵；$A_\mu\left(\phi = kx\right)$ 是电磁四矢；ψ 是电子的四分量波函数；u_{ps} 是自由态狄拉克方程的四分量波函数；$S_p\left(x\right)$ 是电子在电磁场中的经典作用量函数。由电子波函数可以计算电流密度、动量密度和能量-动量张量。

在 Furry 图像下，康普顿散射的矩阵元为

$$S = -\mathrm{i}e\sqrt{\frac{\pi}{2V^3 \varepsilon\varepsilon'\omega}}(2\pi)^3 \delta^{(2)}\left(p'_\perp + k_\perp - p_\perp\right)\delta\left(p'_\perp + k_\perp - p_\perp\right)$$

$$\times \int \mathrm{d}\phi \bar{u}_{p's'}\left[1 - e\frac{\hat{n}\hat{A}(\phi)}{2p'_-}\right]\widehat{e_{kl}}\left[1 + e\frac{\hat{n}\hat{A}(\phi)}{2p_-}\right]u_{ps}$$

$$\times \exp\left\langle\mathrm{i}\left\{\left(p'_+ + k_- - p_+\right)\phi + \int_0^\phi \mathrm{d}\phi'\left[e\frac{p'A(\phi')}{p'_-} - e\frac{pA(\phi')}{p_-} - e^2\frac{A^2(\phi')}{2}\left(\frac{1}{p'_-} - \frac{1}{p_-}\right)\right]\right\}\right\rangle, \tag{10.75}$$

其中，$p_- = p^0 - n \cdot p$ 是光锥坐标系下的纵向动量；$p_\perp = p - (n \cdot p)p$ 是光锥坐标系下的横向动量。由式(10.75)的散射矩阵元可得辐射概率为

$$dP = V \frac{d^3 k}{(2\pi)^3} V \int \frac{d^3 p'}{(2\pi)^3} \frac{1}{2} \sum_{l,s,s'} |S|^2. \tag{10.76}$$

在极端强场条件下，即电磁场的归一化矢势 $a \gg 1$，电子的总辐射主要由无量纲不变量 $\chi(\chi_e)$ 决定

$$\chi^2 = \frac{e^2 \hbar^2}{m^6 c^8} \left(F_{\mu\nu} p^\nu \right)^2, \tag{10.77}$$

$$\chi = \frac{1}{E_s mc} \left| F_{\mu\nu} p^\nu \right| = \frac{c}{E_s e\hbar} a |kp| = \frac{a}{m^2 c^2} |kp|, \tag{10.78}$$

式中，$E_s = \frac{m^2 c^3}{e\hbar}$ 为施温格场；$|kp|$ 也是不变量。在电子参考系中，$|kp|$ 意味着光场的能量密度。需要指出，对于硬 X 射线激光，即使 $a < 1$，仍可能满足 $\chi \sim 1$，见图 10.3。可以看到电子的动量(对撞时)可增加量子电动力学效应，这称为相对论增强，用场来表示，即得到

$$\chi = \frac{\gamma}{E_s} \left| \boldsymbol{E}_\perp + (\boldsymbol{\beta} \times \boldsymbol{B}) \right|. \tag{10.79}$$

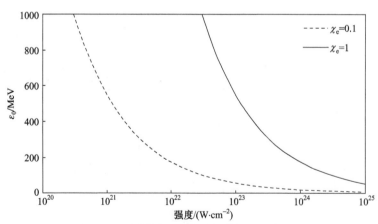

图 10.3 不同激光强度与电子能量所对应的 χ_e

χ 是描述强场量子电动力学效应最重要的参数，还有两个无量纲不变量和量子电动力学效应相关，即

$$f = \frac{e^2 \hbar^2}{m^4 c^6} \left(F_{\mu\nu} \right)^2 = \frac{1}{E_s^2} \left(F_{\mu\nu} \right)^2 = \frac{|E^2 - B^2|}{E_s^2}, \tag{10.80}$$

$$g = \frac{e^2\hbar^2}{m^4c^6} e_{\lambda\mu\nu\rho} F^{\lambda\mu} F^{\nu\rho} = \frac{|\boldsymbol{E} \cdot \boldsymbol{B}|}{E_s^2}. \tag{10.81}$$

对于强激光与等离子体或高能电子相互作用,这两项一般可忽略(见 10.5 节讨论),但对于只有虚电子对参与作用的真空量子力学效应,这两项是重要的。

对于光光相互作用,重要的无量纲参量为

$$\eta = \frac{e\hbar^2}{2m^3c^4} \left| F_{\mu\nu} k^\nu \right| = \frac{\hbar}{2E_s mc} \left| F_{\mu\nu} k^\nu \right| = \frac{\hbar\omega}{2mc^2 E_s} \left| \boldsymbol{E}_\perp + \left(\frac{\boldsymbol{k}}{k}\right) \times \boldsymbol{B} \right|. \tag{10.82}$$

可以看到,对于光光相互作用,虽然说相对论增强可能不确切,但光子动量显然是可以增加量子电动力学效应的,这和电子与光相互作用中电子动量的作用类似。

10.5　辐射主导区和量子主导区

随着激光强度的增加,强激光的量子电动力学效应开始起作用,电子的辐射也会极大影响激光等离子体相互作用过程,也就是说,激光等离子体相互作用进入辐射主导区和量子主导区。

10.5.1　辐射反作用与辐射主导区

按照经典电动力学讨论带电粒子与电磁场相互作用时,通常先计算电荷在电磁场中的运动,然后计算电荷运动产生的辐射。一般来说,这种处理是没有问题的。但严格来说,这种方法是不自洽的,也即忽略了电荷辐射对电荷运动和电磁场的影响。按照量子电动力学,每辐射一个光子,根据动量守恒,电子都将受到一个反冲力。如果在极短的时间里给电荷一个极大的加速度,电荷辐射对电荷运动的影响将不可忽略。

在第 9 章中,我们给出电子运动的辐射功率为

$$P = -\frac{2}{3} \frac{e^2}{m^2 c^3} \left(\frac{\mathrm{d}p_\mu}{\mathrm{d}\tau} \frac{\mathrm{d}p^\mu}{\mathrm{d}\tau} \right). \tag{10.83}$$

通过讨论电子在激光场中获得能量的功率和电子辐射功率的平衡得到

$$a^3 \omega = \frac{3mc^3}{2e^2}. \tag{10.84}$$

也即 $I\lambda^{4/3} \approx 10^{23}\,\mathrm{W}/(\mathrm{cm}^2 \cdot \mu\mathrm{m}^{4/3})$ 时,电子辐射对电子运动不可忽略,辐射反作用起重要作用,定义这个参数区域为辐射主导区。这里我们从辐射功率的角度考虑,辐射反作用起重要作用可以是辐射的单个光子的能量很大,也可以是辐射的光子数很多,但一般地,电子辐射功率高时,特征辐射频率也变高。

　　我们也可用辐射阻尼力来进行讨论。基于 Larmor 公式的辐射功率,包含了辐射阻尼的运动方程, 即 Lorentz-Abraham-Dirac 方程为

$$m\frac{\mathrm{d}u^{\mu}}{\mathrm{d}\tau} = \frac{e}{c}F^{\mu\nu}u_{\nu} + \frac{2}{3}\frac{e^{2}}{c^{3}}\left(\frac{\mathrm{d}^{2}u^{\mu}}{\mathrm{d}\tau^{2}} + \frac{\mathrm{d}u^{\nu}}{\mathrm{d}\tau}\frac{\mathrm{d}u_{\nu}}{\mathrm{d}\tau}u^{\mu}\right). \tag{10.85}$$

这一方程在辐射阻尼可作为微扰时是正确的, 但方程包含速度的二阶微分难以处理,并且外场为零时的解随加速度发散。为此,忽略量子效应,Landau-Lifshitz(LL)方程将式(10.85)修正为

$$m\frac{\mathrm{d}u^{\mu}}{\mathrm{d}\tau} = \frac{e}{c}F^{\mu\nu}u_{\nu} + \frac{2}{3}\frac{e^{2}}{c^{3}}\left[\frac{e}{m}\frac{\partial F^{\mu\nu}}{\partial x^{\alpha}}u_{\nu}u^{\alpha} - \frac{e^{2}}{m^{2}c^{2}}F^{\mu\nu}F_{\alpha\nu}u^{\alpha}\right.$$

$$\left. + \frac{e^{2}}{m^{2}c^{2}}(F^{\alpha\nu}u_{\nu})\left(F_{\alpha\lambda}u^{\lambda}\right)u^{\mu}\right]. \tag{10.86}$$

LL 方程的阻尼项可近似为与动量反向的阻尼。在强相对论条件下, 主要是第三项,即拉莫尔辐射阻尼项起作用。LL 方程要求在电子静止参考系中阻尼远小于洛伦兹力, 也即 LL 方程仅适用于 $\chi_{e} \ll 1$ 的情况, 但这不影响在实验室参考系下辐射阻尼大于洛伦兹力。

　　对于 $\gamma \gg 1$ 的电子, 辐射反作用的三维形式可近似为

$$F_{R} \approx -\frac{2}{3}\frac{e^{4}}{m^{2}c^{5}}\left[\gamma^{2}(\boldsymbol{E} + \boldsymbol{\beta}\times\boldsymbol{B})^{2} - (\boldsymbol{\beta}\cdot\boldsymbol{E})^{2}\right]\boldsymbol{v}. \tag{10.87}$$

定义 $\chi_{e} = \frac{e\hbar}{m^{2}c^{3}}\gamma\sqrt{(\boldsymbol{E} + \boldsymbol{\beta}\times\boldsymbol{B})^{2} - (\boldsymbol{\beta}\cdot\boldsymbol{E})^{2}} = \frac{\gamma}{E_{s}}\left|\boldsymbol{E}_{\perp} + (\boldsymbol{\beta}\times\boldsymbol{B})\right|$, 上式可写为

$$F_{R} \approx -\frac{2}{3}\frac{e^{2}m^{2}c}{\hbar^{2}}\chi_{e}^{2}\boldsymbol{v}. \tag{10.88}$$

可以看到辐射反作用力直接和 χ_{e} 因子相关, 这个 χ_{e} 因子就是我们前面定义的无量纲不变量式(10.78)。对于 $\gamma \gg 1$ 的电子,其在激光场中的运动可近似为一维运动,即 $\beta_{\perp} \ll \beta_{\parallel}$。$\boldsymbol{\beta}\cdot\boldsymbol{E}$ 项相对比较小。χ_{e} 因子大体上正比于 $\gamma E_{\perp}$, 即相对论增强的激光电场强度。在量子效应不强($\chi_{e} \ll 1$)的区域, 辐射反作用仍能够显著影响电子的动力学。如果辐射阻尼力和经典的洛伦兹力可比, 则也说明辐射反作用力非常重要。

10.5.2　单电子在激光场中的辐射反作用

　　考虑真空中电子与激光相互作用。如果电子初始速度为零, 电子动量变化为

$$\sqrt{1 + p_{x}^{2} + a^{2}} - p_{x} = h_{0} = 1, \tag{10.89}$$

$$p_x = a^2/2, \gamma = 1 + \frac{a^2}{2}, \tag{10.90}$$

因此辐射功率为 $(a \gg 1)$

$$P = \frac{2e^2}{12c} a^6 \omega^2. \tag{10.91}$$

这时对辐射起主要作用的横向动量为 mca，电子辐射的平衡点只和激光强度相关。

如果电子初始和激光同方向运动(实际实验中为小角度入射)，且相对论因子为 $\gamma_0 \gg 1$，则

$$\sqrt{1 + p_x^2 + a^2} - p_x = h_0 = \gamma_0 (1 - \beta_0), \tag{10.92}$$

$$p_x \approx \gamma_0 (1 + a^2). \tag{10.93}$$

即电子在激光场中继续被加速到很高的动量。但是这需要很长的加速距离，对于实际的激光，受瑞利长度的限制，加速一段距离后，因散焦，激光强度就降低了。

如果高能电子与激光对打，假定初始相对论因子 $\gamma_0 \gg 1$，利用电子哈密顿量可得

$$\sqrt{1 + p_x^2 + a^2} + p_x = h_0 = \gamma_0 (1 + \beta_0) \approx 2\gamma_0. \tag{10.94}$$

计算得到电子在激光场中的纵向动量为

$$p_x = \gamma_0 - \frac{a^2}{4\gamma_0}. \tag{10.95}$$

若 $\gamma_0 \gg a/2$，电子横向运动的辐射功率为

$$P = \frac{2e^2}{3c} \gamma_0^2 a^2 \omega^2. \tag{10.96}$$

即相对论运动电子与激光场对打时，电子惯性增大，横向振荡速度变小，不容易进入辐射主导区。但这是在实验室参考系考虑的。如果在电子参考系考虑，我们容易看到，高能电子与激光对打时更容易进入 QED 参数区。

辐射功率是洛伦兹不变量，但电子在激光场中获得能量的功率是和电场强度成正比，也即对打时，辐射反作用减弱，同向运动时辐射反作用增强。

10.5.3 等离子体中的辐射反作用

实际计算时，在 PIC 程序中，用 LL 方程代替洛伦兹方程，可以把辐射反作用力的影响考虑进去。但直接利用 LL 方程计算不能很好地体现辐射的随机性，也即辐射反作用力的随机性，同时辐射的伽马光子的特性也没有给出。

量子辐射的随机性具有重要意义，电子与强激光场作用时，量子随机辐射，使得不同电子的轨迹偏差更大。同时电子本身洛伦兹力引起的非线性运动，如有

质动力的作用，可放大这种随机性。这使得即使在弱量子主导区，即 $\chi_e \ll 1$ 时，激光等离子体相互作用也可能受较大影响。

顺带指出，原子从激发态跃迁到基态(或低激发态)，同时发出光子的过程，也可以理解为电子辐射阻尼的过程。

如果辐射反作用起重要作用，即称为辐射主导区。在辐射主导区，等离子体中的电子运动受辐射的影响很大。电子在激光有质动力作用下向侧向运动时，其辐射反作用力使其向激光轴运动。因此，等离子体不再被激光有质动力侧向推开，而是被约束在激光场中。同时，质子受电子的影响也汇聚在激光轴上。

辐射主导区意味着激光的能量迅速转换为辐射，这种辐射通常在伽马能段。对于相对论激光，激光的能量主要直接转换为电子的能量，在第 5 章和第 7 章中有详细介绍；电子能量可进一步转换为离子的能量，随着激光的增强，比如在强相对论激光光压和尾场机制加速质子过程中，激光能量转换为质子的比例可超过电子；而在辐射主导区，激光的能量可更多地转换为伽马射线。

这里给一个数值模拟的例子，归一化振幅 $a = 500$，脉宽为 20 个激光周期的激光与 20 倍临界密度等离子体相互作用。图 10.4(a)、(b)、(e)、(d)显示电子密度和质子密度的分布，可以看到电子被约束在激光场中，并且质子也由于静电力跟随电子在激光轴上；(c)、(f)为横向电场，可以看到激光场由于大量的辐射而被耗散；(g)为对应的伽马辐射。

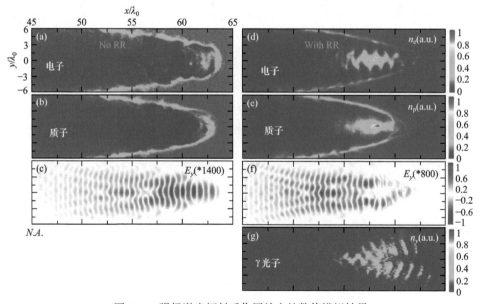

图 10.4　强场激光辐射反作用效应的数值模拟结果

值得注意的是，在强场下，强激光转换为伽马射线的效率大大提高，可超过

10%。这意味可产生极高功率的伽马射线，可用于伽马成像、核物理研究等。但我们从图 10.4(g)可以看到，强激光与固体密度等离子体相互作用时，伽马射线通常有很大的发散角，这影响了伽马束的亮度。我们知道，如果电子束的纵向动量足够大，由于相对论前灯效应，伽马辐射可集中在前向。强场激光与稀薄等离子体相互作用时，可加速得到高能电子，高能电子与横向静电场或激光脉冲尾波相互作用就可产生高亮度的伽马射线。为分别优化电子能量和横向场，可优化等离子体密度的纵向分布，比如用低密度等离子体获得高能量电子，然后用高等离子体密度获得高强度横向静电场。

10.5.4 量子主导区

一般地说，当 $\chi_e \sim 1$ 时，电子辐射进入量子电动力学领域，电子开始辐射大量高能光子，并受到显著的辐射反作用。电子辐射产生的高能光子在强激光场中会进一步通过 Breit-Wheeler 过程转化为正负电子对。在量子电动力学效应较强时，电子的自旋态开始参与到电子的辐射过程，成为观测强场量子电动力学效应的新变量。因此，量子主导区是和辐射主导区相关的，并都与 χ_e 因子相关。

当辐射的典型频率与电子自身能量可比，即

$$\hbar\omega_m = \gamma mc^2 \tag{10.97}$$

时，量子效应变得重要，这被定义为量子主导区。相对论电子辐射的典型频率为 $\omega_c \approx (1/\pi)\,\omega_L\gamma^3 \approx 0.3\omega_L\gamma^3$ (参考第 9 章)，如果近似认为 $\gamma = a$，可以得到

$$a^2 = \pi\frac{mc^2}{\hbar\omega_L}. \tag{10.98}$$

我们知道激光强度和归一化振幅的关系为(参考第 2 章)

$$I = \delta\frac{m^2c^3\omega_L^2}{8\pi e^2}a^2. \tag{10.99}$$

$\delta = 1,2$ 分别对应线偏振和圆偏振。量子主导区对应的激光强度为 $\sim 10^{24}\,(\mu m/\lambda_L)\,\mathrm{W}/\mathrm{cm}^2$，这比辐射主导区的激光强度稍高，和激光波长的定标关系也稍有不同。

10.6　弱场近似、局域交叉场近似和恒定场近似

上面我们给出了强场条件下，非线性康普顿散射基于量子电动力学理论的计算方法。我们看到实际计算是非常困难的，这对于数值模拟也是非常不利的。为此，我们将做一些近似，从而可以方便地进行数值模拟计算。

在交叉场中，和电子辐射相关的不变量 f, g 为零。对于强相对论电子，即使

是恒定场，在电子参考系也表现得像交叉场，这也被称为**局域交叉场近似**。同时我们看到，如果电磁场为弱场，即 $E \ll E_s$，f、g 可以忽略。对于目前实验室的激光条件，弱场近似都是成立的。这样强场下的电子辐射只由 χ 决定。

如果电子与电磁场相互作用的特征时间远小于外部电磁场自身变化的特征时间，那么在作用过程中可以把电磁场近似当成均匀恒定的。电子与电磁场作用的特征时间为

$$\tau = \frac{E_s}{E} \frac{\hbar}{mc^2} \sim \frac{mc}{eE}. \tag{10.100}$$

激光演化的特征时间为激光周期，因此有

$$\frac{T}{\tau} \sim \frac{eE}{mc\omega} = a. \tag{10.101}$$

也即对于强相对论激光 $a \gg 1$，恒定场近似可满足。在数值模拟中，很多地方是不满足强相对论条件的。但这时也不在辐射主导区或量子主导区，辐射不是特别重要，特别是产生高能伽马或正负电子对的概率很低。但需要注意的是，如果关注的对象是电子动量的变化，这可能带来不正确的结果，这时我们需要回到更一般的理论。

根据量子电动力学，电子是在运动过程中随机辐射一定频率的光子。如果两次辐射的间隔远小于光子的波长，电子的运动轨迹也没有因辐射光子而有大的变化，可以回到经典电动力学。在强场激光条件下，电子辐射的伽马光子波长非常小，这样两次辐射的间隔就可能大于光子波长，同时伽马光子的反冲力也会影响电子的运动。这时必须按照量子电动力学理论进行计算。

10.7　强场量子电动力学效应的数值模拟

由于辐射一个光子的平均距离(formation length) $\propto 1/a_0$，当场强足够强时，电子在激光场中辐射多个光子的过程可以近似为多次辐射单个光子的过程，每次光子辐射的概率也仅仅和电子所处位置的场强相关，不依赖于电子经历的全部电磁场，因而前面的近似可以使用复杂的激光场来计算多个光子的辐射过程。在上述近似下，电子的辐射概率为

$$\frac{\mathrm{d}^2 P}{\mathrm{d}\delta \mathrm{d}\tau} = -\frac{\alpha mc^2}{\hbar} \left[\int_z^\infty A_1(x)\mathrm{d}x + g \frac{2A_1'(z)}{z} \right], \tag{10.102}$$

其中，$\delta = p_\gamma / p$ 是辐射光子能量与电子能量的比值；$\mathrm{d}\tau = \mathrm{d}t / \gamma$，即单位光子能量间隔单位时间(原时)间隔内的辐射概率；α 是精细结构常数；A_1 是 Airy 函数；

$$z = \left[\frac{\delta}{(1-\delta)\chi_e} \right]^{2/3}; \quad g = 1 + \frac{\delta^2}{2(1-\delta)}$$。上式作为辐射光子的能谱，仅仅和电子所处

位置的 χ_e 有关。需要注意的是，Airy 函数和修正 Bessel 函数可以进行转换，

$$A_i(x) = \frac{1}{\pi} \sqrt{\frac{x}{3}} K_{1/3} \left(\frac{2}{3} x^{3/2} \right), \tag{10.103}$$

$$A_i'(x) = -\frac{1}{\pi} \frac{x}{\sqrt{3}} K_{2/3} \left(\frac{2}{3} x^{3/2} \right). \tag{10.104}$$

对公式(10.102)中能谱进行积分，能够得到一个能量为 γmc 的电子(正电子相同)在恒定电磁场中产生伽马光子的瞬时概率为

$$\lambda_\gamma(\chi) = \gamma mc^2 \int_0^1 \delta \frac{d^2 p}{d\delta dt} d\delta = \gamma mc^2 \int_0^1 \delta \frac{d^2 p}{d\delta d\tau} \frac{1}{\gamma} d\delta. \tag{10.105}$$

利用上面的公式可以进行伽马光子产生的计算，但为了方便数值模拟计算，我们给出更实用的一些近似。在半经典近似下，电子通过辐射伽马光子连续损失能量。量子修正的同步辐射能谱为

$$F(\chi,\eta) = \frac{4\eta^2}{\chi^2} y K_{2/3}(y) + \left(1 - \frac{2\eta}{\chi} \right) y \int_y^\infty dt K_{5/3}(t), \tag{10.106}$$

这里 η 为归一化的光子动量，

$$y = \frac{2\eta}{3\chi(\chi - 2\eta)}. \tag{10.107}$$

如果 $\chi < 2\eta$，即电子动量小于光子动量，这时不满足能量守恒，$F(\chi,\eta) = 0$。在经典近似下，$\hbar \to 0$，或光子能量远小于电子能量时，辐射能谱趋近于经典辐射能谱，即

$$F(\chi,\eta) \to y_c \int_{y_c}^\infty dt K_{5/3}(t). \tag{10.108}$$

对于强场激光，$\chi \sim 1$，量子理论和经典理论在高能光子端有很大偏差，量子理论得到高能伽马光子远少于经典理论，如图 10.5 所示。按经典理论，电子辐射的光子动量可大于电子动量，这显然是不符合守恒律的。

考虑了量子修正的电子辐射的瞬时功率为

$$P = \frac{2}{3} \alpha \chi^2 \frac{m^2 c^4}{\hbar} g(\chi) = P_c g(\chi). \tag{10.109}$$

P_c 为经典辐射功率(参见第 9 章)，$g(\chi) \in [0,1]$ 为量子修正

$$g(\chi) = \frac{3\sqrt{3}}{2\pi \chi^2} \int_0^\infty d\eta F(\chi,\eta) \approx 1 + 4.8(1+\chi) \left[\ln(1 + 1.7\chi) + 2.44\chi^2 \right]^{-\frac{2}{3}}. \tag{10.110}$$

辐射可在电子动量的反方向产生一个大小由辐射功率决定的反作用力，

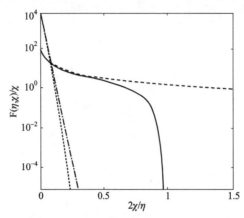

图 10.5　$\chi = 0.01$ 和 $\chi = 1$ 参数下量子和经典辐射谱的对比。图中虚点划线和虚线分别代表 $\chi = 0.01$ 下量子和经典的辐射谱；而实线和短划线代表 $\chi = 1$ 下量子和经典的辐射谱

$$f_{\mathrm{rad}} = -\frac{P}{c}\frac{\boldsymbol{p}}{p}. \tag{10.111}$$

多次的量子辐射可看成是一个随机行走过程，但量子随机行走和经典随机行走可表现出非常不同的分布规律，在强场量子辐射领域目前还没有关于量子随机行走的研究。这里仍按经典随机行走处理。

由电子瞬时辐射功率可以得到给定电磁场中产生伽马光子的微分概率为

$$\frac{\mathrm{d}^2 N(\chi,\eta)}{\mathrm{d}\eta\mathrm{d}t} = \frac{\sqrt{3}\alpha c}{2\pi\lambda_{\mathrm{C}}}\frac{\chi}{\gamma}\frac{F(\chi,\eta)}{\eta}, \tag{10.112}$$

式中，χ 为前面讨论的无量纲不变量，$\alpha = 1/137$ 为精细结构常数，$\lambda_{\mathrm{C}} = \hbar/(mc)$ 为康普顿波长。对光子动量积分

$$\frac{\mathrm{d}\tau_{em}}{\mathrm{d}t} = \int_0^{\frac{\chi}{2}}\frac{\mathrm{d}^2 N(\chi,\eta)}{\mathrm{d}\eta\mathrm{d}t}\mathrm{d}\eta = \frac{\sqrt{3}\alpha c}{2\pi\lambda_{\mathrm{C}}}\frac{\chi}{\gamma}h(\chi), \tag{10.113}$$

$$h(\chi) = \int_0^{\frac{\chi}{2}}\mathrm{d}\eta F(\chi,\eta)/\eta. \tag{10.114}$$

$F(\chi,\eta)$ 为前面量子修正的辐射能谱。

10.7.1　蒙特卡罗模拟

随着时间的增加，电子累积的辐射光子的概率为

$$\tau_{\mathrm{em}}(t) = \int_0^t \frac{\mathrm{d}\tau_{\mathrm{em}}}{\mathrm{d}t}\mathrm{d}t. \tag{10.115}$$

对于经典随机行走，如果假定在短时间内随机事件只发生一次，那么在时刻 t ，电子辐射伽马光子的概率为

$$P_{em} = 1 - e^{-\tau_{em}(t)}. \tag{10.116}$$

因为 $P_{em} \in (0,1)$ ，按照蒙特卡罗算法，可以在[0,1]之间均匀抽样产生随机数 r ，如果 $P_{em} > r$ ，则认为辐射事件发生。随后再累积计算辐射概率。

确定辐射事件发生后，需要确定这次辐射产生的伽马光子的能量。再取一个随机数 $\xi \in [0,1]$ ，由

$$\int_0^{\eta_f} \frac{d^2 N(\chi,\eta)}{d\eta dt} d\eta = \xi \int_0^{\chi/2} \frac{d^2 N(\chi,\eta)}{d\eta dt} d\eta \tag{10.117}$$

得到 η_f 。再根据公式

$$\hbar\omega = \frac{2mc^2 \eta_f \gamma}{\chi} \tag{10.118}$$

得到伽马光子的能量。

在得到伽马光子能量后，认为伽马光子辐射方向为电子动量方向，根据动量守恒，可得到电子动量变为

$$\boldsymbol{p}_f = \boldsymbol{p}_i - \hbar\omega \boldsymbol{p}_i / c. \tag{10.119}$$

这里讨论的是高能电子与强激光场作用产生的伽马光子。在激光等离子体作用时，电磁场更为复杂，但我们前面在作近似时已讨论过，即使对于任意的电磁场分布，一般情况下交叉场近似、弱场近似、恒定场近似仍是成立的，也即在 PIC 模拟时，利用局域的电磁场进行模拟就可以。

在目前的 PIC 模拟中，辐射的伽马光子可看成类似粒子，它后续在强场中产生正负电子对或离开等离子体，但它不再继续与电子发生电磁相互作用。为了节省数值模拟资源， η_f 一般取一个低能截断 $\eta_{f,\min}$ ，低能光子即 $\eta_f < \eta_{f,\min}$ 的辐射反作用是忽略的，也不在 PIC 程序中产生。应该注意，辐射反作用和电磁场与等离子体的自洽演化是不同的。PIC 模拟中电磁场与等离子体的自洽演化是集体效应起作用，电子产生的低能辐射仍通过麦克斯韦方程自洽作用于等离子体，也可以说是电子运动产生的场对其他电子起作用。在计算自洽演化时，辐射反作用是忽略的。辐射反作用是新加入的量子效应，是辐射对本身电子的反作用，激光弱时，辐射反作用可忽略，电子在强场激光中辐射的低能光子部分的辐射反作用也可忽略。

有一个问题是，这样辐射的伽马光子应该完全看成经典粒子，还是仍有波动特性。在一些产生具有轨道角动量伽马光子的数值模拟中，用经典方法，即 $\boldsymbol{r} \times \boldsymbol{p}$ 计算每个伽马光子相对于轴的轨道角动量，由统计结果可得到伽马束的总轨道角

动量和平均轨道角动量。我认为这一方法是合理的，是把伽马束减弱到单光子后，测量每个光子轨道角动量的结果。但另一方面，在测量前，一个伽马光子的轨道角动量性质(也包括动量性质等)是不确定的。可以认为单个伽马光子包含了整个伽马束的所有性质。如果用这一伽马束与原子核相互作用，我们的测量是在与核相互作用之后，因此在作用前的每个伽马光子可以认为是包含了伽马束的所有性质的，也即携带平均轨道角动量。目前还没有利用具有轨道角动量的伽马光子与原子核相互作用的研究。这里也涉及所谓经典随机行走和量子随机行走的问题。

高能电子也可以通过轫致辐射等产生伽马射线，这在通常的无碰撞 PIC 模拟中是被忽略的。对于高 Z 材料，或等离子体密度较高时，需注意这时轫致辐射也是比较重要的。

10.7.2　正负电子对产生

伽马光子与电磁场相互作用主要由以下几种方式产生正负电子。第一种是伽马光子在高 Z 原子核附近产生正负电子对，也即 Bethe-Heitler(BH)过程，这在第 12 章中伽马光子在物质中传输的能损一节中有介绍；第二种是伽马-伽马线性对撞，这在本章光-光散射中已有介绍；第三种则是伽马光子与强激光相互作用，伽马光子同时吸收多个激光光子产生正负电子对，也即非线性过程。光光作用产生正负电子对的过程，称为 Breit-Wheeler (BW)过程。这本质上是一种真空 QED 效应，但强激光与等离子体相互作用时，产生的伽马射线会继续与电磁场相互作用而产生正负电子对，在数值模拟中也应包括这一过程。电子直接与强激光相互作用也能产生正负电子对，类似于电子与原子核作用时的三叉戟(trident)过程，但这一过程一般可忽略。

对于伽马光子与强场相互作用产生正负电子对，最重要的无量纲参数为 η。能量为 $\hbar\omega$ 的伽马光子，在无量纲参数为 η 的电磁场中产生正负电子对的微分概率为

$$\frac{\mathrm{d}^2 N(\chi,\eta)}{\mathrm{d}\eta\mathrm{d}t} = \frac{\alpha c}{\lambda_{\mathrm{C}}}\frac{mc^2}{\hbar\omega}\eta T(\eta), \tag{10.120}$$

式中

$$T(\eta) \approx 0.16 K_{1/3}^2 \left[2/(3\eta)\right]/\eta. \tag{10.121}$$

对于低能光子 $\eta \ll 1$，$T(\eta) \approx \exp(-2/3\eta)$；对于高能光子 $\eta \gg 1$，$T(\eta) \approx \eta^{-1/3}$。

和前面电子辐射光子类似，我们可以得到能量为 $\hbar\omega$ 伽马光子在强场中产生正负电子对的概率为

$$\tau_p = \frac{\alpha c}{\lambda_{\mathrm{C}}}\frac{mc^2}{\hbar\omega}\int_{t_0}^{t}\mathrm{d}t\eta T(\eta), \tag{10.122}$$

式中，t_0 为伽马光子产生的时刻，$t < t_{esc}$，t_{esc} 为伽马光子逃逸出电磁场的时刻。这里计算 η 时，横向场是相对于伽马运动方向的，也即相对于产生伽马的电子运动方向的。

和上面一样，在 PIC 程序中可以利用蒙特卡罗算法，将伽马光子产生正负电子对的过程包括进去。

新产生的正负电子对将立刻参与激光等离子体相互作用过程。这使得模拟中的粒子数可能急剧增加，大大增加计算量。这时可使用粒子合并技术，让一个宏观粒子包括更多的真实粒子。

10.7.3　数值计算中的其他问题

在蒙特卡罗计算中，我们要求一个时间步长内最多只发生一次辐射，这意味着数值计算中时间步长不能太大。在 PIC 模拟中，一般要求时间步长 $\Delta t \ll \lambda_{\mathrm{L,D}} / c$，$\lambda_{\mathrm{L,D}}$ 为激光波长或德拜长度。一般情况下，在这种时间步长下是能够满足只辐射一次这个要求的。

需要指出，电子-光子散射的数值算法保证了动量守恒，但能量并不完全守恒。若电子初始和终态洛伦兹因子分别为 γ_i 和 γ_f，光子辐射过程中出现的能量误差为

$$\frac{\Delta \gamma}{\gamma_i} \approx \frac{1}{2\gamma_i} \left(\frac{1}{\gamma_f} - \frac{1}{\gamma_i} \right). \tag{10.123}$$

前面介绍的理论和数值计算方法中，我们得到的截面或产生概率都是极化平均的。实际上，电子和光子的极化对相互作用过程有重要影响，有关极化影响的理论正在发展中，10.8 节中专门对电子极化问题展开讨论。

在数值模拟中，电子产生伽马光子和伽马光子产生正负电子对都被假定为瞬时的。电子产生伽马光子所需的时间前面已有一些讨论。已有研究认为强场下电子从原子隧穿电离是需要一定时间的。类似地，强场下正负电子对在真空中隧穿变成自由电子，也需要一定的时间。这是一个重要的问题，但因为这个隧穿时间极短，所以不会影响上面的算法。

10.8　电　子　极　化

电子具有内禀角动量，其自旋量子数为 $s = 1/2$。在均匀静磁场(方向为 z)中，电子具有磁矩

$$\mu_z = -m_s g_e \mu_{\mathrm{B}}, \tag{10.124}$$

式中，$m_s = \pm 1/2$，$\mu_{\mathrm{B}} = eh/2m_e c$ 为玻尔磁矩。根据狄拉克方程，电子的 g 因子

(朗德因子) g_e 应严格为 2。但实际上，由于非线性效应，有微小的偏差，即

$$\mu_z = \pm\mu_B\left(1 + \frac{\alpha}{2\pi} - 0.328\frac{\alpha^2}{\pi^2} + \cdots\right), \tag{10.125}$$

$$a_e = (g_e - 2)/2 \approx 1.16\times10^{-3}. \tag{10.126}$$

在相对论性理论中，运动粒子的轨道角动量 l 和自旋角动量 s 分别都不守恒，守恒的只有总角动量 $j = l + s$，因此自旋在任何特定方向(比如取为 z 轴)上的投影也不守恒。如果 $g_e = 2$，电子自旋在动量方向上的投影为守恒量。但考虑反常磁矩时，电子自旋在动量方向的投影不再守恒。

10.8.1　辐射极化效应

电子磁矩在均匀静磁场中的相互作用能为

$$\varepsilon = -\mu_z B, \tag{10.127}$$

这里 z 轴方向即为磁场 B 方向。由于电子自旋投影可平行或反平行磁场，电子在磁场中的能级发生分裂。对于原子，电子磁矩引起的能级分裂在光谱上表现为谱的精细结构(塞曼效应)。顺带指出，原子核的磁矩引起的能级差更小，可产生超精细结构。在强场激光下，由于电磁场很强，谱的分裂应该更大，但由于强场的电离，原子变成高电荷态离子，对应的谱线也从可见光变为 X 射线。

对于自由电子，这两个能级间也可发生跃迁，一般从高能级跃迁到低能级，同时释放一个光子。顺带指出，从角动量角度看，由于电子自旋角量子数为 $s = 1/2$，跃迁前后角动量的变化为 $\Delta s = 1$，这和光子的自旋量子数 $s = 1$ 是一致的。更进一步，如果光子在引力场中有类似的行为，比如假定光子有引力矩，光子的自旋在引力场中反转，也需吸收或放出引力子，这和引力子自旋为 2 是吻合的。如果在宇宙中光子倾向于沿着引力方向运动，可以猜想，当地球上观测到时，来自极远处的光子的自旋都是极化的。

高能电子束在电磁场中运动时，在由同步辐射机制辐射光子时，在辐射光子的过程中电子自旋可反转，从平行到反平行，或相反。由于电子磁矩引起的能级分裂，辐射的光子能量也有分裂，即有精细结构。电子在均匀静磁场中运动时，处于不同自旋状态(即平行 $N^\uparrow$ 或反平行 $N^\downarrow$)电子数目的速率方程可写为

$$\frac{d}{dt}N^\uparrow = P^{\downarrow\uparrow}N^\downarrow - P^{\uparrow\downarrow}N^\uparrow, \tag{10.128}$$

式中 $P^{\downarrow\uparrow}$、$P^{\uparrow\downarrow}$ 表示电子自旋上下态之间的跃迁概率，因此极化率的演化可写为

$$P(t) = \frac{N^\uparrow - N^\downarrow}{N^\uparrow + N^\downarrow} = \frac{P^{\downarrow\uparrow} - P^{\uparrow\downarrow}}{P^{\downarrow\uparrow} + P^{\uparrow\downarrow}}\left[1 - \exp\left(-\frac{t}{\tau}\right)\right] + P_0\exp\left(-\frac{t}{\tau}\right), \tag{10.129}$$

其中，P_0 为初始极化度，$\tau = \left(P^{\downarrow\uparrow} + P^{\uparrow\downarrow} \right)^{-1}$ 是极化的时间尺度。由于 $P^{\uparrow\downarrow} > P^{\downarrow\uparrow}$，

电子能够沿磁场反方向逐渐建立极化并达到平衡，对应最大极化度为 $\dfrac{P^{\downarrow\uparrow} - P^{\uparrow\downarrow}}{P^{\downarrow\uparrow} + P^{\uparrow\downarrow}}$。

这一现象叫做辐射极化效应或 Sokolov-Ternov(ST)效应。

在传统加速器中，高能电子在储存环中运动时，如果持续施加一个静态的磁场，即可产生极化电子束，在存储环中电子建立极化的时间尺度为

$$\frac{1}{\tau_{\mathrm{ST}}} = C \frac{1}{\rho^3} \frac{\varepsilon^5}{(mc^2)^7}, \tag{10.130}$$

式中，常数 $C = 0.92214 \times 10^{-7} (\mathrm{eV})^2 \cdot \mathrm{m}^3 \cdot \mathrm{s}^{-1}$，$\varepsilon$ 为电子能量，ρ 为电子储存环在二极磁铁中运动的曲率半径。如果考虑二极磁铁间有自由传输的距离，极化时间可修正为 $\tau = \tau_{\mathrm{ST}} \left(L / 2\pi\rho \right)$，$L$ 为环的长度。这通常需要数十分钟，所能达到的最大极化值约为–0.924。对于质子，由于需要的时间太长，不能采用这种辐射极化方法。

强场激光由于具有极强的电磁场，可在很短的时间里影响电子的极化状态，因此得到了广泛的研究。但在强场激光中，同时具有电磁场，且随时空迅速变化。电子极化的变化更为复杂,目前在理论上已有多种方案。理论上，对 z 轴的选取方式等仍有一些争议。

自由电子除了具有自旋角动量外，也可携带轨道角动量，轨道角动量可用经典或量子方法描述。根据经典理论，电子轨道旋转方向不能突然转向。根据量子理论，利用携带 $\exp(\mathrm{i}l\varphi)$ 项的电子波函数可描述电子的轨道角动量，对应的磁矩可写为

$$\mu_z = -m_l g_e \mu_{\mathrm{B}}. \tag{10.131}$$

m_l 可取为整数，也可取为分数，也可由很多不同 l 叠加。和自旋类似，其在静磁场中的作用能和轨道角动量的方向有关。这两个能级间可跃迁，即通常从高能态跃迁到低能态。

10.8.2　相对论性自旋电子在电磁场中的运动

自旋电子在静梯度磁场下受到偏转力

$$\boldsymbol{F}_{\mathrm{SG}} = \nabla \left(\boldsymbol{\mu} \cdot \boldsymbol{B} \right), \tag{10.132}$$

这由施特恩-格拉赫(Stern-Gerlach，SG)实验证实。需指出，SG 实验用的是原子，角动量包括了自旋角动量和轨道角动量。忽略电子辐射，考虑了自旋效应的半经典 $(\hbar \to 0)$ 电子运动方程为

$$\frac{\mathrm{d}\boldsymbol{p}}{\mathrm{d}t} = -e\left(\boldsymbol{E} + \boldsymbol{\beta} \times \boldsymbol{B} \right) - e\lambda_{\mathrm{C}} \nabla \left(\boldsymbol{s} \cdot \boldsymbol{B}_{\mathrm{eff}} \right), \tag{10.133}$$

$$\frac{\mathrm{d}s}{\mathrm{d}t} = -\frac{e}{mc}s \times B_{\mathrm{eff}}, \tag{10.134}$$

$$B_{\mathrm{eff}} = \frac{1}{\gamma}B + \frac{1}{\gamma+1}\beta \times E, \tag{10.135}$$

式中 $\lambda_{\mathrm{C}} = \dfrac{\hbar}{mc}$ 为康普顿波长。方程(10.133)中的第二项即为 SG 力，方程(10.134)为电子自旋的进动。在一般电磁场中，同时有电场和磁场，为此，式(10.133)和式(10.134)两个公式运用了有效磁场 B_{eff}。这个公式中也假定了 $g_{\mathrm{e}} = 2$，并认为电磁场可看成是恒定的。不同极化的电子受的 SG 力方向不同，因此利用 SG 力可以分离出极化的电子束。

　　下面给出电子自旋进动方程的更普适形式。在电子参考系下，电子自旋的四维矢量为 $S'^{\mu} = (0, s)$，在一般参考系中为 $S^{\mu} = \left(S^0, S\right)$。由洛伦兹变换，

$$S = s + \frac{\gamma^2}{\gamma+1}(\beta \cdot s)\beta, \tag{10.136}$$

$$S^0 = \gamma \beta \cdot s. \tag{10.137}$$

电子自旋进动方程的协变形式为

$$\frac{\mathrm{d}S^{\mu}}{\mathrm{d}\tau} = \frac{ge}{2mc}\left[\frac{g}{2}F^{\mu\nu}S_{\nu} + \frac{1}{c^2}U^{\mu}\left(S_{\alpha}F^{\alpha\beta}U_{\beta}\right)\right] - \frac{1}{c^2}U^{\mu}\left(S_{\nu}\frac{\mathrm{d}U^{\nu}}{\mathrm{d}\tau}\right), \tag{10.138}$$

这里的速度四维矢为 $U^{\alpha} = \gamma(c, v)$，$\mathrm{d}U^{\mu}/\mathrm{d}\tau$ 为电子受到的外力，一般可忽略。写成三维形式，则为 T-BMT 方程，

$$\frac{\mathrm{d}s}{\mathrm{d}t} = \frac{e}{mc}s \times \Omega_{\mathrm{s}}, \tag{10.139}$$

$$\Omega_{\mathrm{s}} = \left(a_{\mathrm{e}} + \frac{1}{\gamma}\right)B + a_{\mathrm{e}}\frac{\gamma}{\gamma+1}(\beta \cdot B)\beta + \left(a_{\mathrm{e}} + \frac{1}{\gamma+1}\right)\beta \times E. \tag{10.140}$$

对电子 $a_{\mathrm{e}} = (g_{\mathrm{e}} - 2)/2 \approx 1.16 \times 10^{-3}$，对质子 $a_{\mathrm{p}} = 1.793$。如果 $a_{\mathrm{e}} = 0$，即得到前面的方程。这时，自旋的进动和动量的转动一致，此时自旋在速度方向的投影为守恒量。但因为 $a_{\mathrm{e}} \neq 0$，自旋在动量方向的投影将不再守恒，特别地，对于 $\gamma \gg 1/a_{\mathrm{e}} \approx 10^3$ 的电子，

$$\Omega_{\mathrm{s}} \approx a_{\mathrm{e}}B - a_{\mathrm{e}}(\beta \cdot B)\beta - a_{\mathrm{e}}\beta \times E. \tag{10.141}$$

自旋的进动速度将由 a_{e} 决定。可以证明，对于封闭轨道，$s \cdot n_0$ 为绝热不变量。对于 $\gamma \gg 1$ 的电子，辐射反作用力不会对电子进动产生影响。

10.9　强激光驱动正负电子对实验进展

　　目前实验上成功进行强激光驱动正负电子对主要有两种方式，即强激光与高

能电子束相互作用以及强激光与等离子体相互作用。目前前者的目的在于基础研究，后者则有潜在应用。强激光产生的正负电子对达到一定的密度和体积可符合等离子体的定义，即尺度大于德拜长度，这可用于研究对等离子体的性质。低能大电荷量的正电子也可以用于材料缺陷或结构的无损探测。低能正电子在材料中传输时，易被囚禁在空穴处，利用正负电子对湮灭产生的伽马射线可确定空穴位置。因为伽马射线的波长极短，原则上可有很高的空间分辨精度。

10.9.1　高能电子非线性康普顿散射及真空正负电子对产生实验

需要指出，在实验室中，直接利用伽马-伽马对撞产生正负电子对还未实现，但曾利用电子康普顿散射的伽马光子与强激光场作用时产生出正负电子对 (图 10.6)。

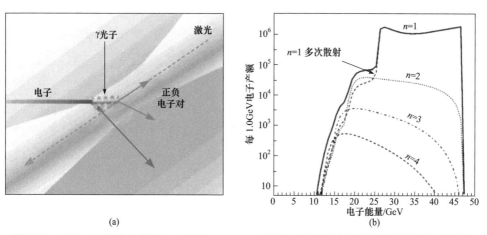

图 10.6　(a)SLAC 实验示意图，(b)吸收 $n=1\sim4$ 个光子时的散射电子的能谱及总的电子能谱

(C. Bula et al., Phys. Rev. Lett. 76, 3116 (1996))

在 SLAC 的实验中，能量为 $E_0 = 46.6\text{GeV}$ 的高能电子以角度 $\theta_0 = 17°$ 与 $a = 0.5$ 的激光相撞。根据前面的理论，如果初始能量为 E_0 的电子以角度 θ_0 与激光束相撞，则出射电子的最小能量为

$$E_{\min} = \frac{(m')^2 c^4}{(m')^2 c^4 + 2nE_0\hbar\omega_L\left(1+\cos\theta_0\right)}E_0, \tag{10.142}$$

式中 $m' = m_e\sqrt{1+\delta a^2/2}$。那么当 $n=1$ 时，$E_{\min} = 25.6\text{GeV}$，完整的电子能谱则可按照上面的理论进行计算。理论计算的结果可参考图 10.6。实验中测到的最小电子能量更低，并证实电子发生了吸收 4 个激光光子的非线性康普顿散射。同时，产生的伽马光子继续与激光场相互作用产生了正负电子对。也有理论认为，电子与激光直接作用，通过三叉戟过程直接产生正电子。也有报道，能量为 200 MeV 左右的高能

电子与 $a=10$ 的激光作用，电子吸收多达 $n=500$ 光子后散射伽马光子。

在强场条件下出射正负电子对动量也应该用正则动量表示，这意味着强场下伽马-伽马对撞与没有强场的伽马-伽马对撞不同。如果高能伽马光子与强激光对打，高能伽马光子可同时吸收多个低能激光光子产生正负电子对。为更清晰地验证这点，可不用电子束与强激光对打，而是直接用一束高能伽马束与激光对打，也可以在一束强激光的焦点处，两束高能伽马束对打。

10.9.2　强激光与等离子体相互作用产生正负电子对

实验上，强激光与等离子体相互作用产生正负电子对的方法主要有两种。第一种是高功率、大能量的皮秒激光直接与高 Z 固体靶相互作用。强激光与固体表面的预等离子体相互作用可产生大量高能电子，高能电子向靶内运动，通过轫致辐射产生伽马射线，伽马射线通过 BH 机制，在高 Z 核附近产生正负电子对，如图 10.7 所示。产生正负电子对要求伽马光子的能量至少为两倍电子静能，即 $E_0 = 1.022\mathrm{MeV}$。动能为 E_{kin} 的电子通过轫致辐射产生能量大于 E_0 的伽马光子的截面为

$$\sigma_\gamma = 1.1 \times 10^{-16} Z^2 \left[0.83 \left(\frac{E_0}{E_{\mathrm{kin}}} - 1 \right) - \ln \frac{E_0}{E_{\mathrm{kin}}} \right] \mathrm{cm}^2. \tag{10.143}$$

$\mathcal{N}_-$ 个高能电子穿过厚度为 x 的高 Z 靶，通过轫致辐射机制产生的伽马光子数可估计为

$$\mathcal{N}_\gamma = \mathcal{N}_- \int_0^x n_0 \sigma_\gamma \mathrm{d}x = \mathcal{N}_- n_0 \sigma_\gamma x, \tag{10.144}$$

式中 n_0 为高 Z 材料的原子数密度。

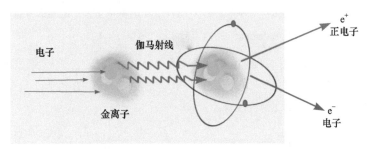

图 10.7　高能电子在高 Z 材料中产生正负电子对的过程

当伽马光子的能量远大于电子静能(玻恩近似)，但不是很高时，即 $m_\mathrm{e}c^2 \ll \hbar\omega \ll 137 m_\mathrm{e}c^2 Z^{-1/3}$，BH 过程产生正负电子对的总截面为

$$\sigma_{\mathrm{BH}} = \frac{28}{9} Z^2 \alpha r_\mathrm{e}^2 \left(\ln \frac{2\hbar\omega}{m_\mathrm{e}c^2} - \frac{109}{42} \right). \tag{10.145}$$

式中可定义 $\sigma_0 = \alpha r_e^2 = 5.8 \times 10^{-28}\,\mathrm{cm}^2$。在极端相对论条件下，上式修正为

$$\sigma_{\mathrm{BH}} = \frac{28}{9} Z^2 \alpha r_e^2 \left(\ln \frac{2\hbar\omega}{m_e c^2} - \frac{109}{42} - f(\alpha Z) \right), \tag{10.146}$$

$f(\alpha Z) \approx (1.2 \sim 1.06)(\alpha Z)^2$，当 $\alpha Z \ll 1$ 时，$f(\alpha Z) \approx 1.2(\alpha Z)^2$。

伽马能量接近反应阈值时，如果满足

$$Z\alpha \ll \sqrt{\frac{\hbar\omega - 2m_e c^2}{\hbar\omega}} \ll 1, \tag{10.147}$$

对于正电子能量为 $m_e c^2 < \mathcal{E}_+ < (\hbar\omega - m_e c^2)$ 的总截面为

$$\sigma_{\mathrm{BH}} = \frac{\pi}{12} Z^2 \alpha r_e^2 \left(\frac{\hbar\omega - 2m_e c^2}{m_e c^2} \right)^3. \tag{10.148}$$

轫致辐射产生的伽马光子穿过厚度为 l 的靶时，产生的总正电子数为

$$\mathcal{N}_+ = \int_0^l \mathcal{N}_\gamma(x) n_0 \sigma_{\mathrm{BH}} \mathrm{d}x = \frac{1}{2}\mathcal{N}_- \sigma_\gamma \sigma_{\mathrm{BH}} l^2 n_0^2 = \frac{1}{2}\mathcal{N}_- (\sigma_\gamma n_0 l)(\sigma_{\mathrm{BH}} n_0 l). \tag{10.149}$$

这个公式的成立条件为 $l \ll R, \mu^{-1}$，这里 R 为高能电子的阻止距离，μ 为伽马光子的吸收系数。

从高能电子到正负电子对，一般可有 10^{-4} 左右的转换效率。因为皮秒激光可产生足够多的高能电子，所以正电子容易被观测到。

电子直接与原子核相互作用，通过虚光子过程也可产生正负电子对，这一过程称为三叉戟过程(trident process)。其总截面为

$$\sigma_{\mathrm{tr}} = 5 \times 10^{-33} Z^2 (\gamma - 3)^{3.6}\,\mathrm{cm}^2, \qquad \varepsilon_e < 7\mathrm{MeV} \tag{10.150}$$

$$\sigma_{\mathrm{tr}} = 1.6 \times 10^{-30} Z^2 (\ln\gamma)^3\,\mathrm{cm}^2, \qquad \varepsilon_e > 7\mathrm{MeV} \tag{10.151}$$

对于相对论等离子体，忽略正电子的损失，则由三叉戟过程产生的正负电子对数密度随时间的增长率为

$$\dot{n}_+ = (n_+ + n_e) n_i c \sigma_{\mathrm{tr}}, \tag{10.152}$$

式中，$n_e = Zn_i$、n_i 分别为电子密度和离子密度。对此积分，可得到

$$n_+(t) = \frac{1}{2} Zn_i \left(e^{\Gamma t} - 1 \right). \tag{10.153}$$

其中增长率为

$$\Gamma = 2n_i c \sigma_{\mathrm{tr}}. \tag{10.154}$$

当 $\Gamma t \ll 1$ 时，$n_+(t) = n_e n_i c \sigma_{\mathrm{tr}} t$。

　　三叉戟过程的截面要远小于 BH 过程的截面，一般来说，三叉戟过程是可以忽略的。目前实验中产生正负电子对机制主要也是 BH 过程。但如果小体积高密度相对论等离子体可被激光约束，因为轫致辐射产生的伽马光子会迅速离开等离子体，三叉戟过程可产生更多的正电子和更高的正电子密度。

　　应该指出，靶中产生的正电子可通过碰撞等机制有一定能量损失，这将在第 12 章中有详细介绍。正电子还有一种特别的损失机制，即正负电子湮灭，相对论因子为 γ 的飞行正电子湮灭的截面为

$$\sigma_{\mathrm{an}}(\gamma) = \frac{\pi r_{\mathrm{e}}^2}{2\gamma+1}\left[\frac{\gamma^2+4\gamma+1}{\gamma^2-1}\ln\left(\gamma+\sqrt{\gamma^2-1}\right)-\frac{\gamma+3}{\sqrt{\gamma^2-1}}\right]. \tag{10.155}$$

在非相对论近似下，即 $\tau = t/(4m^2c^4)\to 1$ ，t 为四维动量内积(见 10.3 节的定义)。湮灭截面为

$$\sigma_{\mathrm{an}} = \frac{\pi r_{\mathrm{e}}^2}{2\sqrt{\tau-1}}. \tag{10.156}$$

截面大小和 BH 过程可比，但由于正电子数远小于电子数，在激光等离子体相互作用这个时间尺度上，可忽略。在更长的时间尺度上，正负电子湮灭为两个伽马光子。

　　有些皮秒激光有很长的预脉冲，这样固体表面预等离子体的区域很长，利用直接加速机制，自调制尾场加速机制等都可以加速电子，因此电子可达到很高的能量。相应地，正电子也可有较高的能量。

　　强激光驱动产生正电子的第二种方法是把电子加速过程和产生正负电子对过程分开，其好处是可以分别优化。目前实验中，一般采用飞秒激光，原则上采用皮秒激光也是可以的。第一步强激光与气体靶相互作用，可通过调节气体密度、焦斑大小等来控制电子束的能谱和电荷量。用高密度气体可获得能量相对较低，但电荷量较大的电子束；用低密度气体可产生能量较高，但电荷量较小的电子束。第二步电子束与毫米量级厚度的高 Z 靶相互作用，通过轫致辐射机制产生伽马射线，再通过 BH 机制产生正负电子对。

10.9.3　正电子加速

　　强激光与固体薄膜靶相互作用，可通过靶法线鞘层加速(TNSA)机制加速质子，当正电子穿过靶到达靶背鞘层时，也可被鞘层场加速。由于正电子的质量比质子小很多，更容易被鞘层场加速。为了得到足够强的鞘层场，靶不能太厚，这时产生正电子的数目较少。实验中，观测到了被鞘层场加速的准单能正电子束。由于鞘层场加速机制的固有特点，加速得到的正电子能量不会很高，单能性也不好。

　　电子束随正电子一起穿越高 Z 材料后表面时可产生相干渡越辐射，这种辐射为

太赫兹波段的径向偏振光，我们在第 9 章对此有讨论。径向偏振光有很强的纵向电场分量，可加速束团中的正电子。在传输过程中，正电子不断获得能量，而电子不断损失能量，因此电子的能量不断以太赫兹波为桥梁转移到正电子。相干渡越辐射的场强和粒子数成正比，因此需要短脉冲、大电荷量的电子束。渡越辐射在横向上对正电子有一定的聚束作用，但对电子是散焦的，这不利于正电子的长距离加速。为此，可利用纵向磁场引导电子束的传输，也可利用波导来引导太赫兹波的传输，以形成稳定的传输模式。如果驱动电子束来自传统加速器，在穿过一薄片高 Z 材料后就可产生并加速正电子，因此这是一种获得高能正电子的方法。

利用中空波导时，电子束也会产生尾场，也可对正电子进行加速，因为通道中没有等离子体，因此没有横向散焦场，我们在粒子束驱动尾场加速中有过讨论。也可利用等离子体尾场加速正电子，其主要困难是等离子体尾场的横向散焦。目前理论上主要有两种方案，一种是利用第二个空泡的前端，此处有个很小的区域，横向场是对正电子聚焦的，但这个区域很小，实验上比较困难；另一种可能的方案是利用涡旋激光驱动尾场，因为轴上有电子柱，可提供一定的聚焦力。

10.10　强激光驱动极化粒子束

极化高能粒子束对于核物理、高能物理等研究具有重要意义，前面也专门介绍了极化电子的效应。传统加速器已有一些办法产生极化的高能粒子束，比如利用 Sokolov-Ternov(ST)的辐射极化机制产生极化电子束。但对于质子束，辐射极化是不可行的。未极化的质子束经过某些原子核时，不同极化质子的散射截面不同，利用这一特性可得到极化的质子束，但其效率通常很低，大约为10^{-6}。

产生极化质子束目前最可行的方法是先产生极化的质子源，然后再进行加速。传统加速器中常用的一种方法是先得到自由氢原子，这可通过射频波电离氢分子等方法得到。原子的极化主要通过电子对外场响应，通过 SG 效应可分离不同极化的原子。为得到更高强度的质子束，一般采用磁多极而不是磁偶极。为解决磁多极带来的多磁场方向问题，可后接缓变磁场过渡到二级磁场，这样原子可通过绝热进动演化到相同极化方向。利用这种方法可得到极化氢原子靶。原子中电子的极化可耦合到质子，极化氢原子电离后即可得到极化质子源。

对于高能电子，它们在强场(如强激光场)中运动时，当 QED 效应变得显著时，电子的自旋会影响其辐射，从而通过辐射反作用影响电子的运动，因此不同极化的电子可被分离，这类似强磁场下的 ST 效应，由于强场激光的电磁场远强于静磁场，极化时间非常短，电子束与单束激光作用就可实现这种分离。理论上可通过优化激光，比如利用椭圆偏振光、双色激光等，优化这种分离。原则上，这样得到的电子束的极化方向是垂直于激光传播方向的，但如果使用圆偏振激光，则有可能得到极化平行激光方向的极化电子束。需指出，很早就有人提出利用圆偏激光与碱原子相互作用产生纵向极化的电子束，并在实验上取得了成功。由于利用电子束与超强激光相互作用的方法在具体实现上的困难，辐射极化效应更多是作为极化效应的研究，而不是产生极化电子束的实际方法。

对于激光驱动极化粒子束，目前最可行的方法也是先产生极化的电子或质子束，然后进行加速。讨论比较多的一个方案是利用红外激光将 HCl 气体分子极化，再用圆偏振紫外激光将其电离，这样可得到预极化的电子和质子。应指出，美国杰斐逊实验室(JLab)已有可稳定运行的用于传统加上器的极化电子枪。

利用尾场加速可得到高能极化电子束。应注意驱动尾场激光电离得到电子的影响，为此，需设法使氯离子及其产生的电子排离加速区域。为减少退极化，得到高的极化率，可采用涡旋激光驱动等。

利用气体靶加速质子较为困难，如果采用尾场方案，需要特别强的激光，但是可考虑使用磁涡旋加速，无碰撞静电激波加速等。我们也需考虑等离子体自生磁场对质子的退极化。数值模拟表明，这些方案是有效的，但目前还无相关实验。

10.11　反质子、缪子等的产生

缪子质量约为电子质量的 207 倍，半衰期为 2.2μs，自旋和电荷与电子相同。缪子衰变可产生电子(反缪子产生正电子)和一对缪中微子。

强场激光主要有两种方式产生缪子。一种是激光驱动的伽马射线在重核附近成对产生缪子和反缪子，由能量守恒可知，伽马光子的能量至少200MeV，这可以利用 GeV 量级的电子束由轫致辐射机制产生。目前激光驱动已可产生 GeV 量级电子束，这种方案是可行的，但反应截面较小。另一种方法为利用高能质子束，(即约 400 MeV 以上能量的质子束)轰击靶就可产生 π 介子，π 介子的寿命只有约 26ns，很快就可以衰变得到缪子。

缪子的寿命很短，这为缪子加速带来困难，激光尾场加速由于其极高的加速梯度可提供可能的加速方案。但缪子的源尺寸通常都很大，和空泡的尺寸不匹配，目前还未找到好的解决办法。应指出，当缪子速度接近光速时，由于相对论效应，缪子的寿命可大大提高。

反质子是质子的反粒子，其质量及自旋与质子相同，但电荷及磁矩则与质子相反，与电子一样带负电荷。1933 年狄拉克在理论上预言了反质子的存在。1955 年，塞格雷和张伯伦用粒子加速器产生的高能质子轰击铜靶产生了反质子。根据能量守恒，与静止靶碰撞时，想要产生反质子，入射质子的能量阈值为 $6m_pc^2$，即 5.6GeV，对于高 Z 靶，由于靶内质子的费米运动，反应阈值会有所降低。如果利用激光加速能产生足够高能的质子束，即可驱动反质子产生。

第 11 章 真空强场量子电动力学效应

将真空中的强场量子电动力学(QED)效应单独进行讨论，是因为真空中的强场量子电动力学效应还未在实验室中验证过,在强场激光与等离子体相互作用时,会有其他机制产生的辐射或正负电子对等，也即有很大的噪声干扰,这会影响实验结果的分析。利用高能电子束与强激光相互作用会干净很多,但仍有辐射干扰。干净的真空 QED 效应实验是指初始条件只有光,而没有其他粒子。

11.1 光 光 散 射

第 10 章中，我们讨论单光子散射和强场光光散射，主要是给出了散射截面。在低频条件下，即 $\hbar\omega \ll m_e c^2$，对于弱场，即 $E \ll E_s$，也满足无量纲参数 $\eta\left(=\dfrac{\hbar}{2E_s mc}\left|F_{\mu\nu}k^{\nu}\right|\right) \ll 1$。这时，欧拉和海森伯的有效场理论描述了真空受激极化后的性质。真空涨落有效场的拉氏密度为

$$\mathcal{L}_{EH} = \frac{\xi}{128\pi}\left[4\left(F_{\alpha\beta}F^{\alpha\beta}\right)^2 + 7\left(\tilde{F}_{\alpha\beta}F^{\alpha\beta}\right)^2\right], \tag{11.1}$$

其中，耦合系数 $\xi = \alpha/\left(45\pi E_s^2\right)$，$F$ 和 $\tilde{F}$ 分别为普通和对偶电磁张量。

$$F_{\alpha\beta}F^{\alpha\beta} = -2\left(\left|\boldsymbol{E}\right|^2 - \left|\boldsymbol{B}\right|^2\right), \tag{11.2}$$

$$\tilde{F}_{\alpha\beta}F^{\alpha\beta} = -4\boldsymbol{E} \cdot \boldsymbol{B}. \tag{11.3}$$

它们为电磁不变量。对于单个平面波，这两项都为零，也即真空不能被极化。但如果电磁波不是平面光，具有一定结构，或者两个激光相互作用，拉氏密度可不为零。有效场理论与利用虚电子对的四光子单圈图等效，也即忽略了高阶效应。对于目前的激光强度，有效场理论是足够的。

在经典电动力学(CED)理论中，含极化项电磁场的拉氏密度为

$$\mathcal{L}_{CED} = -\frac{1}{16\pi}F_{\alpha\beta}F^{\alpha\beta} + \frac{1}{2}M_{\alpha\beta}F^{\alpha\beta}, \tag{11.4}$$

其中 $M_{\alpha\beta}$ 为电磁极化四维协变张量。在不存在有效场涨落的真空中，电磁极化张量 $M_{\alpha\beta}$ 为零，也即包含的电极化率分量 $\boldsymbol{P}$ 和磁极化率分量 $\boldsymbol{M}$ 均为零。考虑欧拉-拉格朗日有效场后，电极化率和磁极化率不再为零。它们可写为

$$\boldsymbol{P} = \frac{\partial \mathcal{L}_{\mathrm{EH}}}{\partial \boldsymbol{E}} = \frac{\xi}{4\pi}\left[2\left(\left|\boldsymbol{E}\right|^2 - \left|\boldsymbol{B}\right|^2\right)\boldsymbol{E} + 7(\boldsymbol{E}\cdot\boldsymbol{B})\boldsymbol{B}\right], \tag{11.5}$$

$$\boldsymbol{M} = \frac{\partial \mathcal{L}_{\mathrm{EH}}}{\partial \boldsymbol{B}} = \frac{\xi}{4\pi}\left[7(\boldsymbol{E}\cdot\boldsymbol{B})\boldsymbol{E} - 2\left(\left|\boldsymbol{E}\right|^2 - \left|\boldsymbol{B}\right|^2\right)\boldsymbol{B}\right]. \tag{11.6}$$

因此，强场下的真空可看成有一定极化率的非线性介质，从而可以用经典非线性光学的方法研究各种真空非线性效应。这种真空极化可以理解为虚正负电子被强场拉开的距离没有达到康普顿波长，没有变为实的正负电子，但极化的效应是存在的。需要注意的是，对于单个单色平面波，电极化率和磁极化率都为零。

11.2　真空双折射

由于激光电磁场的偏振方向是各向异性的，因此"极化真空"作为非线性光学介质也是各向异性的。这使得另一束在"极化真空"中传输的探针光产生双折射效应。

在三维空间，利用爱因斯坦求和规则，

$$D_i = E_i + 4\pi P_i = \varepsilon_{ij}E_j, \tag{11.7}$$

$$H_i = B_i - 4\pi M_i = \mu_{ij}B_j, \tag{11.8}$$

ε_{ij} 和 μ_{ij} 分别为极化真空的电容率和磁导率张量。由此可得

$$P_i = \frac{1}{4\pi}\left(\varepsilon_{ij} - \delta_{ij}\right)E_j, \tag{11.9}$$

$$M_i = -\frac{1}{4\pi}\left(\varepsilon_{ij} - \delta_{ij}\right)B_j, \tag{11.10}$$

式中 δ_{ij} 为单位矩阵。和上面的电极化率和磁极化率比较，可得到折射率椭球。

线偏振探针光在大空间尺度强静磁场中传输时，原则上有真空双折射效应，并导致线偏光变成椭偏光，PVLAS 装置正是基于这一思想设计的。但由于目前能产生的静磁场较弱，由此引起的真空双折射效应还未在实验上观测到。

如果四维动量为 $k^{\mu} = (\omega_{\mathrm{pb}}, \boldsymbol{k})$ 的弱探针光 $f^{\alpha\beta}$ 和强激光场 $F^{\alpha\beta}$ 相互作用，则探针光感受到的真空的有效折射率有两个，即

$$n_1 = 1 - 7\xi \left(F^{\alpha\beta} k_\beta \right)^2 / \left(2|\boldsymbol{k}|^2 \right), \tag{11.11}$$

$$n_2 = 1 - 2\xi \left(F^{\alpha\beta} k_\beta \right)^2 / |\boldsymbol{k}|^2. \tag{11.12}$$

如果两束光都为线偏振平面单色光，强激光沿 $+x$ 轴传播，电场方向为 y，探针光的传播方向为 $k = (\sin\theta\cos\varphi, \sin\theta\sin\varphi, \cos\theta)$，这里 θ 为传播方向和 x 轴的夹角，也即和强激光方向的夹角。那么两个折射率分别为

$$n_1 = 1 + \frac{7\alpha E^2}{90\pi E_s^2}(1 - \cos\theta)^2, \tag{11.13}$$

$$n_2 = 1 + \frac{4\alpha E^2}{90\pi E_s^2}(1 - \cos\theta)^2. \tag{11.14}$$

式中 α 为精细结构常数。可以看到两束平面光同向传播时，两个折射率都为 1，没有双折射效应。应指出，如果强激光不是平面光，仍可有不为 1 的折射率。

当两束光反向传播时，折射率最大，这时，两个极化率方向分别为 y 方向和 z 方向，即强激光的偏振方向和垂直偏振方向。因此，只有当探针光的偏振方向和强激光的偏振方向为 45° 夹角时，才有最好的双折射效果。频率为 ω_{pb} 的探针光，在经过长度为 L 的作用区域后，产生的相位差为

$$\epsilon = \omega_{\mathrm{pb}} L(n_1 - n_2) = \frac{2\alpha\omega_{\mathrm{pb}} L E^2}{15\pi E_s^2}, \tag{11.15}$$

对于 $\epsilon \ll 1$，光强的椭偏率为 ϵ^2。可以看到，需要激光的强度很高时，即电场和施温格场可比时，双折射效应才是明显的，顺带指出，这里的强激光也可采用强 X 射线激光。因为目前的激光强度仍远小于施温格强度，因此强激光的真空双折射效应仍是很弱的，但即使这样，真空双折射效应依然可能是实验室中首先能观测到的强场 QED 效应。同时我们不单需要强度，还需要强度在传播方向上的积分，从公式 (11.15) 可以看到，在极化激光强度不变的条件下，偏振变化的光子数和作用长度的平方成正比，因此在保证激光瑞利长度的条件下，增加激光脉宽可按平方关系增加光子数。另一方面，探针光的频率对于双折射效应也是重要的，因此可用 X 射线，甚至伽马射线作为探针。因为硬 X 射线自由电子激光相对容易操控，也可以精确测量椭偏度，因此目前认为是比较好的探针光。实验中，在较少的发次下得到可靠的结果，需要 X 射线脉冲有足够多的光子数，同时也要求很高的偏振纯化和测量精度，如图 11.1 所示。

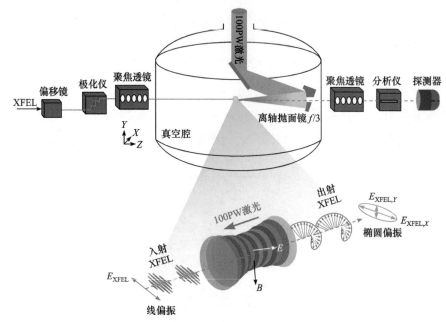

图 11.1　真空双折射实验示意图。硬 X 射线自由电子激光经偏振纯化仪后的高度纯化线偏光聚焦在强激光焦点处,由真空双折射效应变为椭偏的 X 射线激光再由分析仪测量其椭偏度

　　为得到高的激光强度,需要将激光聚焦到近一个波长,但这使激光的瑞利长度很短,甚至小于激光脉宽,这时可考虑采用飞行焦点保证长的作用距离。

11.3　四波混频效应

　　真空双折射是光光散射的一种效应,即光的偏振有变化。和普通非线性介质类似,真空极化还能改变探针光的频率和动量方向。改变频率的主要机制为四波混频,比如探针光吸收两个泵浦强激光的光子,变为频率上升的新光子。

　　在三个输入光子和一个输出光子的四光子过程中,一般要完全满足能量和动量守恒,即相位匹配条件,才有高的转换效率。对于平面单色光,必须采用不同方向入射的三束光(图 11.2),这在实验上具有很大的难度。

　　强激光在波导中传输时,不再为平面波,而具有新的模式,其相速度大于真空光速,同时因为电磁场具有纵向分量,$|\boldsymbol{E}|^2 - |\boldsymbol{B}|^2$ 和 $\boldsymbol{E} \cdot \boldsymbol{B}$ 不再为零。探针光同向或反向和其作用时,可产生四波混频,但实验上因为波导的引入,激光等离子体产生辐射会引起噪声。

　　具有有限束腰半径的激光,如高斯激光,其横向动量有不确定性,第二束光与它相互作用时,可理解为与其中两个具有不同动量方向的光子相互作用,这样

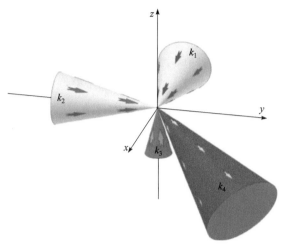

图 11.2　三束入射光的情况下入射光与散射光空间分布(J.Lundin et al.，Physical Review A74，

043821(2006))

就可以满足能动量守恒。如果作用区域的横向尺寸很小，由测不准原理，也可理解为动量具有很大不确定性。这时两束光对打也可实现四波混频。现在我们讨论一个具体例子。假定强激光

$$E_{L} = iA_{L} \exp\left[i\left(\omega_{L}t + k_{L}x\right)\right]e_{y}, \tag{11.16}$$

$$B_{L} = -iA_{L} \exp\left[i\left(\omega_{L}t + k_{L}x\right)\right]e_{z}, \tag{11.17}$$

和 X 射线探针光

$$E_{x} = iA_{x} \exp\left[i\left(\omega_{x}t - k_{x}x + \phi\right)\right]e_{y}, \tag{11.18}$$

$$B_{x} = iA_{x} \exp\left[i\left(\omega_{x}t - k_{x}x + \phi\right)\right]e_{z} \tag{11.19}$$

相互作用。这里的偏振选择可使 $\left|\boldsymbol{E}\right|^{2} - \left|\boldsymbol{B}\right|^{2} \neq 0$ 而 $\boldsymbol{E} \cdot \boldsymbol{B} = 0$，这时混频效应最强。

考虑真空极化时，电磁场的传输方程为

$$\nabla^{2}\boldsymbol{D} - \frac{1}{c^{2}}\partial_{t}^{2}\boldsymbol{D} = 4\pi\left[\nabla\times\nabla\times\boldsymbol{P} - \frac{1}{c}\partial_{t}\left(\nabla\times\boldsymbol{M}\right)\right]. \tag{11.20}$$

考虑和频过程，散射光的频率 $\omega_{s} = \omega_{x} + 2\omega_{L}$。因为强激光振幅远大于作为探针的 X 射线，即 $A_{L} \gg A_{x}$，可得到真空极化矢量为

$$\boldsymbol{P} = \frac{i4\xi}{2\pi}\omega_{L}^{2}\omega_{x}A_{L}^{2}A_{x}\exp\left[i\left(\omega_{s}t - k_{sx}x + \phi\right)\right]e_{y}, \tag{11.21}$$

$$\boldsymbol{M} = \frac{i7\xi}{2\pi}\omega_{L}^{2}\omega_{x}A_{L}^{2}A_{x}\exp\left[i\left(\omega_{s}t - k_{sx}x + \phi\right)\right]e_{z}, \tag{11.22}$$

这里 $k_{sx} = k_{x} - 2k_{L}$。假定散射光是弱的，可得到散射光的波动方程为

$$\nabla^2 \boldsymbol{E}_s - \frac{1}{c^2}\partial_t^2 \boldsymbol{E}_s = -7\mathrm{i}\xi\omega_L^2\omega_x\frac{\omega_s^2}{c^2}A_L^2 A_x \exp\left[\mathrm{i}\left(\omega_s t - k_{sx}x + \phi\right)\right]\boldsymbol{e}_y. \tag{11.23}$$

我们看到，散射光 $\boldsymbol{E}_s$ 没有随时间或空间的非线性增长项，这时动量和能量不能同时满足守恒，这也是我们说两束平面光相互作用不能产生四波混频的原因。但 $\boldsymbol{E}_s$ 仍有小的扰动，可认为是测不准关系尺度内的扰动，这种扰动是和 A_L^2 成正比的，是一种局域的强场效应。

但如果相互作用的时空区域是有限的，在远场观测时，另一种干涉效应就会起作用，这使得在某些方向上有可能满足相干叠加。因此，这是一种集体效应，也即单次混频过程只在测不准尺度内发生的效应，通过集体效应被放大。我们也许可以把它看成两次量子随机行走的叠加。我们不能在第一步过程结束后直接求概率，而是应该在整个相互作用过程中用波的方法计算结束后再进行测量。在经典光学中，我们把它称为准相位匹配。这也可称为类切伦科夫辐射。

把散射光的波动方程改写为

$$\nabla^2 \boldsymbol{E}_s - \frac{1}{c^2}\partial_t^2 \boldsymbol{E}_s = \frac{4\pi}{c}\partial_t \boldsymbol{j}, \tag{11.24}$$

则电流项为

$$\boldsymbol{j}(t',\boldsymbol{x}') = -\frac{28}{4\pi}\xi\omega_L^2\omega_x\frac{\omega_s}{c}A_L^2 A_x \exp\left[\mathrm{i}\left(\omega_s t' - k_s x' + \phi\right)\right]\boldsymbol{e}_y, \tag{11.25}$$

这里，用 $(t',\boldsymbol{x}')$ 表示相互作用区域，$(t,\boldsymbol{x})$ 表示远场观测点。使用格林函数法得到远场关于四波混频推迟势的解

$$A_s(t,\boldsymbol{x}) = \frac{1}{c}\int \mathrm{d}^3\boldsymbol{x}'\frac{1}{|\boldsymbol{x}-\boldsymbol{x}'|}\int \mathrm{d}t'\boldsymbol{j}(t',\boldsymbol{x}')\delta\left(t-t'-|\boldsymbol{x}-\boldsymbol{x}'|\right). \tag{11.26}$$

将源点时间积分后，远场推迟势为

$$A_s(t,\boldsymbol{x}) = -28\xi\omega_L^2\omega_x\frac{\omega_s}{c^2}A_L^2 A_x \frac{\exp\mathrm{i}(\omega_s t - k_s|\boldsymbol{x}| + \phi)}{4\pi x}$$
$$\times \int \mathrm{d}^3\boldsymbol{x}'\exp\left[\mathrm{i}\left(k_s\boldsymbol{n}\cdot\boldsymbol{x}' - k_{sx}x'\right)\right]\boldsymbol{e}_y, \tag{11.27}$$

这里的两个波矢分别为 $k_s = \omega_s/c = k_x + 2k_L$，$k_{sx} = k_x - 2k_L$。从积分因子可以看出，$k_s\boldsymbol{n}\cdot\boldsymbol{x}' = k_{sx}x'$ 时有共振，散射光振幅随作用区域尺寸线性增长。由此可得到共振方向和探针光传输方向的夹角为

$$\theta_s = \arccos\frac{k_{sx}}{k_s} = \arccos\frac{k_x - 2k_L}{k_x + 2k_L} \approx \sqrt{\frac{8k_L}{k_x}}, \tag{11.28}$$

这里最后一个等式中假定探针光频率远大于强激光频率。我们看到，对于这样的

平面散射光，能量守恒，探针光传播方向动量也守恒，但横向动量不守恒。不过，如果从全局来看，总横向动量依然为零，也即是守恒的。因此这是一种准相位匹配。假设强激光和探针光均为圆柱状，其中小的那束光的体积为 $V=\pi\rho^2 L$，则积分后得到散射光振幅为

$$
A_s\left(t,\boldsymbol{x}\right)=-28\xi\omega_{\rm L}^2\omega_x\frac{\omega_s}{c^2}A_{\rm L}^2 A_x\frac{\exp{\rm i}(\omega_s t-k_s\left|\boldsymbol{x}\right|+\phi)}{4\pi x}
$$

$$
\times\frac{2V}{k_x\rho\sin\theta}{\rm sinc}\left[\frac{1}{2}(k_x\cos\theta-k_{sx})L\right]J_1\left(k_x\rho\sin\theta\right)\boldsymbol{e}_y.
$$

(11.29)

贝塞尔函数这项是横向积分得到的，当 $\rho\to\infty$ 时，即平面光条件下，散射光趋向零。但当 ρ 足够小时，横向积分部分可得到一个横向分布，其峰值在探针光方向，即 $\theta_\rho=0$，宽度为 $\Delta\theta_\rho=\dfrac{\pi}{k_x\rho}$。如果 $\Delta\theta_\rho$ 足够大，可以覆盖到 θ_s，即 $\Delta\theta_\rho\sim\theta_s$，则可在 θ_s 方向观测到混频散射光子(图 11.3)。

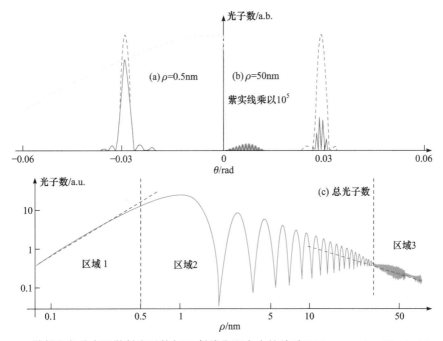

图 11.3　散射光角分布及散射光子数与 X 射线焦斑大小的关系(S.Huang et al.，Physical Review D100，013004(2019))

对于 X 射线激光与光学激光的光光散射，X 射线光子吸收两个可见光光子，光子能量有微小的改变，如果 X 射线激光光子能量为 10keV，而可见激光光子能量为 1eV，则混频散射光子能量为 10.002keV。实验上可通过晶体的衍射进行测

量，目前的实验精度可以满足要求。原则上也可以利用穆斯堡尔效应进行探测。
同时可测量散射光的角分布，但要注意探针光横向衍射效应带来的噪声。原则上，
探针光也可以先吸收一个光子，再放出一个光子，如果泵浦激光有一定的谱宽，
探针光也有频率变化，但这种变化很小，目前没有好的探测方法。

11.4　经典随机行走和量子随机行走

前面我们把准相位匹配的四波混频理解为量子随机行走，这可能对其他强场
量子电动力学也有重要意义，因此这里作一些简单介绍。

大家都熟悉经典随机效应，比如布朗运动。考虑一个最简单的经典随机运动，
一个行走者进行一维运动，初始时位于坐标原点。行走者每抛一次硬币，行走一
步，步长为 1，正面向左，反面向右，这样经 t 次后，行走者位于 x 处的概率为

$$P_t\left(x\right)=\frac{1}{2^t}\frac{t!}{\left(\dfrac{t+x}{2}\right)!\left(\dfrac{t-x}{2}\right)!}. \tag{11.30}$$

当 t 足够大时，该分布为高斯分布，标准差为 $\sqrt{t}$。具体形状如图 11.4 所示(红线)。

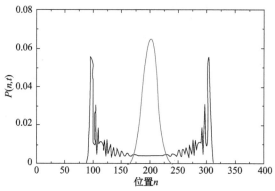

图 11.4　经典行走和量子行走 150 步的模拟图。红线为经典行走，黑线为量子行走

量子行走是两个或多个过程干涉的结果。仍考虑简单的一维行走，用两个自
旋态代替硬币的正反面，把初态写为

$$\left|\psi_{\text{in}}\right\rangle=\frac{1}{\sqrt{2}}\left(\left|\uparrow\right\rangle+i\left|\downarrow\right\rangle\right)\otimes\left|0\right\rangle, \tag{11.31}$$

其中 $\left|0\right\rangle$ 表示行走者初始位置，用 Hadamard 矩阵实现自旋态反转，即

$$\hat{H}=\frac{1}{\sqrt{2}}\begin{pmatrix}1 & 1\\ 1 & -1\end{pmatrix}. \tag{11.32}$$

同时用行走算符实现位置移动，即

$$\hat{L}(a) = \exp(-\mathrm{i}a\hat{p}\hat{\sigma}_z / \hbar), \tag{11.33}$$

式中，$\hat{p}$ 为动量算符，$\hat{\sigma}_z$ 为 z 方向泡利矩阵。整个行走过程为 $\hat{U} = \hat{L}\hat{H}$，末态为

$$|\psi_t\rangle = (\hat{U})^t |\psi_{\mathrm{in}}\rangle. \tag{11.34}$$

其中每次的自旋状态和上一步的自旋状态是相关的，也即各路径是干涉的，其最后的分布如图 11.4 中黑线所示。可以看到其结构和前面准相位匹配下的强度分布图有相似之处。

对于强场量子电动力学效应，如果有两种或多个量子过程同时或先后发生，原则上，不能分别计算概率然后相乘，而是需要考虑这几种量子过程的关联性，也即需要在中间过程中用波函数描述，只有给出最后结果时，再计算概率分布。比如，强场 QED 效应产生的伽马射线可包含角动量，这些伽马射线继续与原子核作用时，如果要保留角动量等信息，要用波动形式描述这些伽马射线。

11.5　多模激光的光光散射

多模可包括多时间模和多空间模。常见的多时间模为多色激光，常见的横向空间模可体现为不同的横向包络。多模激光的光光散射中，不同模式的散射光可发生干涉，可在时间、空间局部获得增强。上面的准相位匹配，也可理解为多空间模激光的光光散射。

11.6　真空正负电子对产生

正负电子对产生有多种机制。在真空中，如果光子能量足够大，两个光子间的相碰就可产生正负电子对；一个伽马光子与强场相互作用，通过多光子 BW 过程也可产生正负电子对。这里讨论真空在强场作用下的正负电子对产生，强场是指归一化矢势大于 1，即

$$a_0 = \frac{eE}{mc\omega_{\mathrm{L}}} = \frac{eE \cdot \lambda_{\mathrm{C}}}{\hbar\omega_{\mathrm{L}}} > 1, \tag{11.35}$$

也即光场做功产生粒子对时要消耗多个光子。一般地，$a_0 \gg 1$ 时，外场可近似看成恒稳场，也即满足第 10 章讨论的恒稳场近似。这时粒子对产生的机制为施温格隧穿效应，类似强场下原子的隧穿电离，其概率正比于 $\exp(-\pi E_{\mathrm{s}} / E)$，$E_{\mathrm{s}}$ 为施温格场。

　　下面我们介绍一种计算强场下真空中产生正负电子对的方法。在电磁场中，狄拉克方程为

$$\mathrm{i}\hbar\frac{\partial\psi(\boldsymbol{x},t)}{\partial t}=\left[c\boldsymbol{\alpha}\cdot\left(\hat{\boldsymbol{p}}-\frac{e}{c}\boldsymbol{A}\right)+\beta mc^2+e\phi\right]\psi(\boldsymbol{x},t). \tag{11.36}$$

考虑简单模型，假设只存在一维电场，其可以用标势描述为

$$\phi=V(z,t)=V(z)f(t), \tag{11.37}$$

即假定时间部分和空间部分可分离。这只是一个模型场，并不完全符合麦克斯韦方程。我们可只考虑波函数随时间的演化，把狄拉克方程写为

$$\mathrm{i}\hbar\frac{\partial}{\partial t}\psi(z,t)=\left[c\alpha_z p_z+\beta mc^2+eV(z,t)\right]\psi(z,t)=H\psi(z,t), \tag{11.38}$$

α_z 为狄拉克矩阵的 z 分量，β 为对角矩阵，即

$$\alpha_z=\begin{pmatrix}0&0&1&0\\0&0&0&-1\\1&0&0&0\\0&-1&0&0\end{pmatrix},\quad \beta=\begin{pmatrix}1&0&0&0\\0&1&0&0\\0&0&-1&0\\0&0&0&-1\end{pmatrix}. \tag{11.39}$$

也可用泡利矩阵写为

$$\alpha_3=\begin{pmatrix}0&\sigma_z\\\sigma_z&0\end{pmatrix}=\sigma_z\begin{pmatrix}0&1\\1&0\end{pmatrix}=\sigma_z\sigma_1, \tag{11.40}$$

$$\beta=\alpha_0=\begin{pmatrix}\sigma_0&0\\0&-\sigma_0\end{pmatrix}=\sigma_0\begin{pmatrix}1&0\\0&-1\end{pmatrix}=\sigma_0\sigma_3. \tag{11.41}$$

因为空间只有一个分量，自旋只有两个取向，忽略自旋分量，只考虑正反粒子分量，则哈密顿量变为

$$H=c\sigma_1 p_z+\sigma_3 mc^2+eV(z,t). \tag{11.42}$$

取动量为 z 方向，我们把没有外场时真空中粒子的一维初始态写为

$$u_p(z)=\sqrt{\frac{1}{2E}}\frac{\exp\left[\mathrm{i}/\hbar(pz-Et)\right]}{\sqrt{2\pi\hbar}}\begin{pmatrix}\sqrt{E+mc^2}\\\mathrm{sgn}(p)\sqrt{E-mc^2}\end{pmatrix},\quad E\geqslant mc^2 \tag{11.43}$$

$$v_n(z)=\sqrt{\frac{1}{-2E}}\frac{\exp\left[\mathrm{i}/\hbar(pz-Et)\right]}{\sqrt{2\pi\hbar}}\begin{pmatrix}\mathrm{sgn}(n)\sqrt{-E-mc^2}\\\sqrt{-E+mc^2}\end{pmatrix},\quad E\leqslant -mc^2 \tag{11.44}$$

这里，p 和 n 分别为正能态和负能态的动量；对于正能态，$E=\sqrt{m^2c^4+p^2c^2}$，对于负能态，$E=-\sqrt{m^2c^4+n^2c^2}$；$u_p(z)$ 和 $v_n(z)$ 描述单色(动量确定)平面波函数，

可构成正交完备集。正能态和负能态之间的能级差为 $2mc^2$。原则上，狄拉克方程只能描述成对的电子和正电子。

由波函数可得到四维电流密度

$$j^\mu = \left(c\rho, j^k\right), \tag{11.45}$$

其中三维电流密度为

$$j^k = c\psi^\dagger(\boldsymbol{x},t)\hat{\alpha}_k\psi(\boldsymbol{x},t), \tag{11.46}$$

粒子概率密度为

$$\rho(z,t) = \psi^\dagger(z,t)\psi(z,t). \tag{11.47}$$

对于无外场的真空态，$\rho(z,t) = 0$。

加上外场后，$\psi(z,t)$ 按狄拉克方程随时间演化。我们可以把 $\psi(z,t)$ 展开成 $u_p(z)$ 和 $v_n(z)$ 的表达式，这和第 1 章中把电磁波展开为单色平面波的叠加是类似的。

$$\begin{aligned}
\psi(z,t) &= \sum_p \hat{b}_p u_p(z,t) + \sum_n \hat{d}_n^\dagger v_n(z,t) \\
&= \sum_p \hat{b}_p(t) u_p(z) + \sum_n \hat{d}_n^\dagger(t) v_n(z),
\end{aligned} \tag{11.48}$$

其中，$u_p(z,t)$ 和 $v_n(z,t)$ 包含了时间项；$\hat{b}_p$ 为 p 态的湮灭算符；$\hat{d}_n^\dagger$ 为 n 态的产生算符。上式中对应电子的部分，即正能态部分为

$$\psi^{(p)}(z,t) = \sum_p \hat{b}_p(t) u_p(z). \tag{11.49}$$

从真空态演化为正能态即电子的概率密度为

$$\rho(z,t) = \left\langle 0 \left| \left[\psi^{(p)}(z,t)\right]^\dagger \psi^{(p)}(z,t) \right| 0 \right\rangle. \tag{11.50}$$

对空间区域进行积分可得到总粒子数，

$$N(t) = \int \mathrm{d}z \rho(z,t) = \sum_p \left\langle 0 \left| \hat{b}_p^\dagger(t) \hat{b}_p(t) \right| 0 \right\rangle. \tag{11.51}$$

经过推导，可得到粒子数的表达式为

$$N(t) = \sum_{p,n} \left|U_{p,n}(t)^2\right|, \tag{11.52}$$

式中时间演化矩阵

$$U_{p,n}(t) = \int \mathrm{d}z u_p^*(z) v_n(z,t) \tag{11.53}$$

为 t 时刻负能态 $v_n(z,t)$ 和自由正能态 $u_p^*(z)$ 的内积，也就是看负能态演化后有多

少的自由正能态分量。应注意，$v_n(z)$ 和 $u_p(z)$ 是正交完备的。这类似于我们对光场作傅里叶变换时，看光场在各个频率平面光函数上有多少分量。可把这项简写为 $\langle p\,|\,n(t)\rangle$。

利用这种方法可得到粒子数产生随时间演化过程。其他计算真空粒子对产生的方法还有瞬子方法、量子弗拉索夫方程法等。

对于有限空间长度 L，可得到离散化 $v_n(z)$ 和 $u_p(z)$，然后可利用劈裂算符方法进行数值求解。将空间分为 N_z 个格点，同时将时间分成 N_t 步，将时间演化算符 $\exp(-\mathrm{i}Ht)$ 分解为 N_t 个连续作用，即将每一个子作用过程分解为

$$\exp(-\mathrm{i}Ht) \approx \exp\left(-\frac{\mathrm{i}V\Delta t}{2}\right)\exp(-\mathrm{i}H_0\Delta t)\exp\left(-\frac{\mathrm{i}V\Delta t}{2}\right),\tag{11.54}$$

式中，H_0 为系统的自由哈密顿量，标势 V 为离散时空点的值。再通过坐标空间和动量空间的傅里叶变换关系，可以求出态的演化过程。最终得到在一定场条件下产生粒子对的具体结果。

应该注意到，根据这一方法，波函数在某一空间点的演化不影响临近点的波函数，这只有在场是缓变时才成立。对于激光场，其波长远大于康普顿波长，缓变近似一般是成立的。

一般地，电场可用势表示为

$$\boldsymbol{E} = -\nabla V - \frac{1}{c}\frac{\partial \boldsymbol{A}}{\partial t},\tag{11.55}$$

其一维形式可简化为

$$E = -\frac{\partial}{\partial z}V(z,t) - \frac{1}{c}\frac{\partial A(z,t)}{\partial t}.\tag{11.56}$$

前面采用的是标势规范，即假定 $\boldsymbol{A}=\boldsymbol{0}$，因此电场可用标势描述。现在假定空间没有库仑场，电磁场只用 $\boldsymbol{A}$ 来描述，也即

$$E = -\frac{1}{c}\frac{\partial A(z,t)}{\partial t},\tag{11.57}$$

这里 $A(z,t=0)=0$。我们可以回到一般的包含矢势的狄拉克方程进行讨论。同时，我们也可找到新函数 $\Phi(z,t)$，满足

$$A(z,t) = \frac{\partial}{\partial z}\Phi(z,t).\tag{11.58}$$

定义新的标势为 $V^*(z,t) = \int \mathrm{d}z E$，则可得到

$$V^*\left(z,t\right) = -\frac{1}{c}\frac{\partial \Phi\left(z,t\right)}{\partial t}, \tag{11.59}$$

可以证明，利用新标势进行计算，结果是正确的。

作为例子，在实际计算中，可取 $V\left(z\right)$ 具有 Sauter 势的形式，即

$$V\left(z\right) = V_0 S\left(z\right) = V_0 / 2\left[1 + \tanh\left(\frac{z}{W}\right)\right], \tag{11.60}$$

这里 W 表示势的宽度。采用标势规范时，A_μ 只有标势分量，波函数 $\psi = \psi\left(z,t\right)$。假设它不随时间变化，在矢势规范中，矢势的形式可写为

$$A_x\left(z\right) = \frac{cV_0 t}{2W}\left[1 - \tanh^2\left(\frac{z}{W}\right)\right]. \tag{11.61}$$

前面的讨论都是基于一维模型。上述方法原则上是可以推广到三维空间的。我们回到三维狄拉克方程，其总哈密顿量为

$$H = c\boldsymbol{\alpha} \cdot \left(\hat{\boldsymbol{p}} - \frac{e}{c}\boldsymbol{A}\right) + \beta mc^2 + e\phi, \tag{11.62}$$

可分解为自由部分和外场部分，即

$$H = H_0 + H', \tag{11.63}$$

自由运动的哈密顿量为

$$H_0 = c\boldsymbol{\alpha} \cdot \hat{\boldsymbol{p}} + \beta mc^2. \tag{11.64}$$

自由哈密顿可对角化，即

$$H_0 = SDS^{-1}, \tag{11.65}$$

S 和 D 的表达式见第 10 章。为进行数值计算，依然把空间和时间分成很多格点，在小时间间隔 Δt 内，自由哈密顿量的矩阵为

$$\exp\left(-\mathrm{i}H_0\Delta t\right) = S\exp\left(-\mathrm{i}D\Delta t\right)S^{-1}. \tag{11.66}$$

外场哈密顿量为

$$H' = \boldsymbol{\alpha} \cdot e\boldsymbol{A} + e\phi = \boldsymbol{\alpha} \cdot e\boldsymbol{A} + eV. \tag{11.67}$$

把它写成矩阵形式为

$$H' = e\begin{pmatrix} V & 0 & A_z & A_x - \mathrm{i}A_y \\ 0 & V & A_x + \mathrm{i}A_y & -A_z \\ A_z & A_x - \mathrm{i}A_y & V & 0 \\ A_x + \mathrm{i}A_y & -A_z & 0 & V \end{pmatrix}. \tag{11.68}$$

我们也把它对角化为

$$H' = S_E D_E S_E^{-1}. \tag{11.69}$$

对角矩阵为

$$D_E = e \begin{pmatrix} V+A & 0 & 0 & 0 \\ 0 & V+A & 0 & 0 \\ 0 & 0 & V-A & 0 \\ 0 & 0 & 0 & V-A \end{pmatrix}, \tag{11.70}$$

其中 $A = \sqrt{A_x^2 + A_y^2 + A_z^2}$，对应的变换矩阵为

$$S_E = \begin{pmatrix} \dfrac{A_z}{A_x + \mathrm{i}A_y} & \dfrac{A}{A_x + \mathrm{i}A_y} & \dfrac{A_z}{A_x + \mathrm{i}A_y} & -\dfrac{A}{A_x + \mathrm{i}A_y} \\ 1 & 0 & 1 & 0 \\ \dfrac{A}{A_x + \mathrm{i}A_y} & \dfrac{A_z}{A_x + \mathrm{i}A_y} & -\dfrac{A}{A_x + \mathrm{i}A_y} & \dfrac{A_z}{A_x + \mathrm{i}A_y} \\ 0 & 1 & 0 & 1 \end{pmatrix}. \tag{11.71}$$

类似地，对于小时间间隔，

$$\exp(-\mathrm{i}H'\Delta t) = S_E \exp(-\mathrm{i}D_E \Delta t) S_E^{-1}. \tag{11.72}$$

通过方程(11.71)和方程(11.72)，可以计算得到某时刻 t 的态函数。然后可计算出产生的粒子对的数量。

目前理论上有较多的研究是假定各种场的形式，然后计算粒子对的产生，对真实激光场的考虑还较少。特别应该指出，对于平面激光场，由于对称性抑制，是不能产生粒子对的。

在强激光与真空作用时，一旦产生第一个粒子对，电子和正电子将与强激光相互作用，产生高能电子和伽马光子等，这时高能电子和伽马光子与强场相互作用可迅速通过产生更多的正负电子对，形成雪崩效应，从而形成"对等离子体火球"。强激光将与对等离子体相互作用。回顾一下，激光与固体相互作用也有类似效应，一旦电离产生了一个自由电子，电子碰撞很容易产生更多的自由电子。

真实的激光场带有自旋与轨道角动量，产生的正负电子对也带有自旋和轨道角动量。对圆偏振激光，很多个光子变成正负电子对时，由于电子对的自旋角动量有限，由总角动量守恒，电子对必然携带很大的轨道角动量。上面的讨论中，将正负电子的本征态用平面单色波描述，这在讨论所产生的具有轨道角动量的正负电子对时是不方便的。这时可考虑利用拉盖尔-高斯函数等作为正负电子的本征态。

11.7 强场激光与类轴子

轴子或类轴子(ALP)被猜想是宇宙暗物质的重要候选对象，有理论认为轴子和光子有弱的耦合，在强场下可产生轴子，比如认为太阳上强场可产生大量轴子，因此对着太阳可探测轴子，太阳轴子望远镜(CAST)装置是利用数十米长的强磁场来进行测量，即认为轴子和强磁场耦合后可产生光子，但目前实验上还未观测到。也可设计主动的探测方法，其中一种方法为穿墙法，先利用激光与强磁场作用产生轴子，轴子穿过一个墙，同时屏蔽原来的激光，再与强磁场相互作用产生光子。这种方法需要激光有很高的平均功率，由于产生和探测这两个过程都非常弱，因此能被探测的光子数非常少。

强场激光具有极强的电磁场，也是产生可测量轴子的可能工具。假定光子与轴子相互作用的拉氏量可写为(也有其他模型)

$$L = -\frac{1}{16\pi} g\tilde{F}_{\mu\nu}F^{\mu\nu}\Psi, \tag{11.73}$$

Ψ 表示轴子场，g 为非常小的耦合系数。由此可得到描述轴子的克莱因-戈尔登方程，即无自旋有质量粒子的有源波动方程

$$\left(\partial^2 + m_a^2\right)\Psi = g\boldsymbol{E}\cdot\boldsymbol{B}. \tag{11.74}$$

假定线偏振平面探针光(可为 XFEL)与背景强静电场 E_0 相互作用，背景强静电场可由强场激光产生。探针光的磁场方向和静电场的方向一致，探针光磁场写为

$$B_{pb} = B_0 \exp\left[-\mathrm{i}\left(\omega_{pb}t - k_{pb}x\right)\right]. \tag{11.75}$$

在一维条件下容易得到

$$\Psi = \frac{\mathrm{i}gE_0B_0L}{2k_a}\mathrm{e}^{-\mathrm{i}(\omega_a t - k_a x)}\mathrm{sinc}\left[\frac{1}{2}\left(k_{pb} - k_a\right)L\right], \tag{11.76}$$

式中，$\hbar\omega_a = m_a c^2$ 为轴子静止能量；$k_a = p_a/\hbar$ 描述轴子动量；k_{pb} 为探针光波数，在等离子体中时 $\omega_{pb}^2 = k_{pb}^2 c^2 + \omega_{pe}^2$；$L$ 为相互作用的长度。式(11.76)最后一项描述失相过程，这是由于轴子具有静止质量，在满足能量守恒的条件下，动量并不完全守恒。

因为背景场是静电场，光子能量可近似为零，根据能量守恒，

$$\hbar\omega_{pb} = \sqrt{m_a^2 c^4 + p_a^2 c^2}, \tag{11.77}$$

由此可得

$$k_a = \sqrt{k_{pb}^2 + \frac{\omega_{pe}^2}{c^2} - \frac{\omega_a^2}{c^2}}. \tag{11.78}$$

一般认为 $m_a c^2$ 为 $1\mu eV \sim 1eV$，如探针光为硬 X 射线(比如光子能量为 $10keV$)，$k_{pb}^2 \gg \omega_a^2 / c^2, \omega_{pe}^2 / c^2$，上式可近似为

$$k_a \approx k_{pb} + \frac{1}{2} \frac{\omega_{pe}^2 / c^2 - \omega_a^2 / c^2}{k_{pb}}. \tag{11.79}$$

当相互作用长度不是很长时，后面这项引起的相位变化可忽略，波函数振幅随长度线性增长。如果相互作用长度很长，比如利用等离子体尾场中的静电场时，需要考虑失相问题。前面讲过，轴子产生过程中，动量并不完全守恒，但在测不准关系内，作为提供静电场的等离子体可平衡这部分动量。这和伽马射线在原子核附近产生正负电子的 BH 过程类似。

强场激光产生轴子后，还需要进行探测，这极为困难。如利用上面的穿墙法，由于产生和测量都是微扰的，实验上存在很大困难。现在假如探针光的偏振方向和静电场有一个夹角，比如 45°，可以把探针光分解为平行和垂直静电场方向，磁场和静电场平行的探测光因产生轴子而损失光子，而磁场和静电场垂直的探测光不损失光子，因此探针光由线偏变为椭偏，测量椭偏度的变化即可测得轴子的产额。

需要注意的是，由于真空极化，探针光经过静电场时，真空双折射效应也会使探针光的偏振发生变化，如果椭偏度变化偏离 QED 理论，则表明可能存在类轴子。

第 12 章　激光核物理

激光核物理的确切定义尚未完全确定，我们这里是指激光驱动的核反应和核应用。原子核的尺寸在飞米量级，典型的核辐射能级在 MeV 量级。可见光波段的激光单个光子能量为 1eV 量级，要在飞米尺度内群聚百万个光子才能影响核结构，这意味着极高的激光强度。从做功的角度理解，虽然强激光的电场很强，但在飞米尺度上对核内质子所做的功很有限。对于半衰期很短的核，小的扰动也许能影响其衰变，但一般来说，激光不能通过直接与核相互作用激发核能级，驱动核裂变等。强激光可以间接地驱动核反应，激光加热等离子体，当等离子体离子温度足够高时，就可产生大量的核反应。强激光可产生高能电子、高能质子、伽马射线等。这些次级射线源可驱动各种核反应，并具有许多潜在应用。激光驱动各种射线束在物质中的传输和在材料改性等方面的应用，也是激光核物理的一部分。

12.1　重要核过程

利用强激光研究核物理，需要对核结构和一些基本核过程有一定了解。

12.1.1　核结构

核子与核子的作用力为强相互作用。核子间相互作用可用汤川(Yukawa)势描述，

$$\phi(r) = -\phi_0 \frac{1}{r/r_N} e^{-r/r_N}, \tag{12.1}$$

式中 r_N 为核半径，一般为飞米量级。可以看到汤川势和等离子体中描述德拜屏蔽的静电势形式是相同的。作为参考，德拜势为

$$\phi(r) = \frac{q}{r} e^{-r/\lambda_D}, \tag{12.2}$$

但两者的物理原因是不同的。

由 $F = -\frac{\partial \phi}{\partial r}$ 可知，汤川势对应的力为

$$F = -\frac{\phi}{r_N} \left(\frac{r_N}{r} + \frac{r_N^2}{r^2} \right) e^{-r/r_N}. \tag{12.3}$$

可以看到，这是一个短程力。也即当 $r > r_N$ 时，作用力迅速减小，这和等离子体鞘层场类似。

核子间通过交换介子而发生相互作用，类似电荷间通过交换光子而发生相互作用。由测不准关系

$$m_m c^2 = \frac{\hbar c}{r_N},$$ (12.4)

可以估算出介子质量。如果 $r_N \approx 2\text{fm}$，则介子质量为 $m_m c^2 \approx 100\text{MeV}$，实际上，后来实验中发现传递强相互作用的为 π 介子，m_π^+ 和 m_π^- 的质量为电子质量的 273.3 倍，m_π^0 的质量为 $264\,m_e$。对于电磁相互作用，$r_N = \infty$，所以光子的静止质量为零。

在更短的空间尺度上，需要考虑组成核子的夸克。传递夸克间相互作用的为胶子。

12.1.2 核衰变与谱宽

强场激光产生的射线束通常是超快的，也许可以用来研究不稳定的核。具有稳定能量状态的原子核的波函数可以写为

$$\psi(x,t) = \psi_n(x,0)\mathrm{e}^{\frac{-\mathrm{i}E_n t}{\hbar}}.$$ (12.5)

对于一个不稳定的核，有一定的衰变概率，其波函数可写为

$$\psi(x,t) = \psi_n(x,0)\mathrm{e}^{\frac{\Gamma t}{2\hbar}}\mathrm{e}^{\frac{-\mathrm{i}E_n t}{\hbar}}.$$ (12.6)

那么在 t 时刻的粒子数为

$$N(t) = N_0 \psi^*(x,t)\psi(x,t) = N_0 \psi_n^*(x,0)\psi_n(x,0)\mathrm{e}^{-\frac{\Gamma t}{\hbar}} = N_0 \mathrm{e}^{-\frac{\Gamma t}{\hbar}}.$$ (12.7)

现在我们来看下它的能谱分布，对波函数作傅里叶展开，可得

$$g(E) = \frac{\psi_n(x,0)}{\sqrt{2\pi}} \frac{\mathrm{i}}{(E - E_n) + \mathrm{i}\Gamma/2},$$ (12.8)

求概率分布可得

$$p(E) = \frac{\Gamma}{2\pi\left[(E - E_n)^2 + (\Gamma/2)^2\right]}.$$ (12.9)

这意味着不稳定核的衰变寿命是和能谱宽度相关的，能量越不确定，平均寿命越短，这也正是能量和时间的测不准关系。

有些核能级的寿命很短，小于飞秒，甚至更短。通常能级寿命是通过核辐射的谱宽来推测的。由于超短激光产生的射线源脉宽很短，以后甚至有可能产生仄

秒脉宽的伽马射线，这可作为核过程的超快探针。

12.1.3　核自旋

原子核由质子和中子组成。质子和中子都为费米子，其自旋为 $(1/2)\hbar$。核的自旋是所有核子的自旋角动量和轨道角动量耦合的结果。对于基态，偶偶核的自旋为零，奇偶核(中子和质子数中有一个为奇数)的自旋为 $\hbar$ 的半整数倍，奇奇核的自旋为 $\hbar$ 的整数倍。对于激发态，核的自旋可发生变化。

我们知道，电子自旋可引起原子谱线的分裂，形成所谓精细结构，同样，核的自旋可引起原子谱线更细微的分裂，形成超精细结构。对于钠原子 3p-3s 跃迁，由于电子自旋，3p 能级分裂为 $3^2P_{3/2}$ 和 $3^2P_{1/2}$，这两个能级到基态 $3^2S_{1/2}$ 的跃迁为著名的钠双黄线。基态 $3^2S_{1/2}$ 靠近核，受核自旋的影响比较大，钠核的自旋为 3/2。因此基态再分裂成间隔很小的两个能级，上能级离核较远，能量分裂则可忽略，从而形成超精细结构。为了满足角动量守恒，角动量耦合是需要的。

从狄拉克理论知道，电子的磁矩为

$$\mu_e = -\frac{e\hbar}{2m_ec}\left(g_{e,l}\boldsymbol{L} + g_{e,s}\boldsymbol{S}\right), \tag{12.10}$$

其中 $g_{e,l}=1$，不考虑高阶项时 $g_{e,s}=2$，实际上有微小修正。因此上式可近似写为

$$\mu_e = -\left(\boldsymbol{L} + 2\boldsymbol{S}\right)\mu_B, \tag{12.11}$$

这里 $\mu_B = \frac{e\hbar}{2m_ec}$ 为玻尔磁矩。类似地，有核玻尔磁矩，也即核磁子，

$$\mu_N = -\frac{e\hbar}{2m_pc}. \tag{12.12}$$

质子和中子的磁矩分别为

$$\mu_p = 2.79285\mu_N, \tag{12.13}$$

$$\mu_n = -1.91304\mu_N, \tag{12.14}$$

其形式和电子偏离比较大的原因是核子是有内部结构的。

原子核有磁矩意味着在磁场中核的能级有分裂。强场激光具有非常强的磁场，原则上对核能级也有较大的扰动，但强场激光对核能级的扰动至今在实验中还没有被观测到。

这里我们先来看看传统上是怎么做的。原子核的磁矩是所有核子的总自旋和总轨道角动量对磁矩贡献之和。可以把它写成

$$\boldsymbol{\mu}_I = g_I\mu_N\boldsymbol{I}, \tag{12.15}$$

g_I 为原子核的 g 因子，$\boldsymbol{I}$ 为核的自旋角动量。如果将核放在均匀稳态磁场中，核

磁矩 $\boldsymbol{\mu}_I$ 与磁场 $\boldsymbol{B}$ 的相互作用能为

$$\mathcal{E} = -\boldsymbol{\mu}_I \cdot \boldsymbol{B} = -g_I \mu_N m_I B, \tag{12.16}$$

式中 m_I 为自旋在外磁场方向投影的磁量子数,共有 $2I + 1(I, I - 1, -I)$ 个值,因此能量 $\mathcal{E}$ 也有 $2I + 1$ 个值。两相邻能级之间跃迁,其跃迁能量为

$$\Delta E = g_I \mu_N B. \tag{12.17}$$

当磁场强度为 1T 时,其辐射光子的频率大约在 10MHz 量级。实验上,外加一个高频磁场,当满足

$$\hbar\omega = \Delta\mathcal{E} \tag{12.18}$$

时,原子核发生共振,核的取向改变,高频信号减弱,这就是核磁共振。利用这种方法可以测量磁矩;若已知磁矩,则可以测量磁场。核能级的分裂在原子光谱上可表现为核塞曼效应。

可以看到核磁矩引起的能级变化是很小的,虽然强场激光可以使磁场强度增加好几个数量级,但相邻能级间跃迁光子能量依然远小于强激光光子能量。这意味着,在一个或少数几个激光周期里,是很难实现这种核跃迁的。若强激光与相对论原子核对打,在核参考系中,能级差变大,但辐射光子能量相对于驱动激光光子能量的比值不变。强场激光的电磁场特别强,强激光与核相互作用时,有可能有非线性效应,但目前还未观察到。原子核的电偶极为零,但某些原子核具有电四极,其引起的能级分裂和电场的梯度相关。即短波的强场激光,比如强场 X 射线自由电子激光可引起更大的效应。但一般地,强场激光的电场梯度比高 Z 原子核附近电子云引起的电场梯度小。

强激光可产生具有轨道角动量的伽马光子。伽马光子的轨道角动量可以和原子核的自旋或轨道角动量耦合。

12.1.4　巨共振

在中、重核光核反应中,核吸收一个伽马光子后,可引起质子相对于中子的偶极集体运动,这种运动可通过发出一个或多个中子释放能量。这种集体运动称为巨共振(图 12.1),光子能量在 10~30MeV 很宽的范围内有很宽的共振峰,如果核不是球形而是椭球形,可有双峰结构。强场激光通常可以产生宽谱的伽马源,特别是当激光强度达到辐射反作用参数区时,激光能量可非常高效地转换成伽马射线,因此利用激光伽马源研究巨共振核反应是有意义的。球形原子核的巨偶极共振的截面可表示为

$$\sigma(E) = \sigma_{\max} \frac{(E\varGamma)^2}{\left(E^2 - E_{\max}^2\right)^2 + (E\varGamma)^2}, \tag{12.19}$$

式中,E 为入射光子能量,$E_{\max}$ 为截面最大处能量,$\varGamma$ 为共振峰半高宽。

由激光驱动高能电子产生的轫致辐射能谱一般可用玻尔兹曼分布来描述，巨共振反应的数量(其他束靶反应也类似描述)可写为

$$N = N_0 \int_{E_{\text{th}}}^{\infty} \sigma(E) n_\gamma(E) \mathrm{d}E, \tag{12.20}$$

式中，N_0 为归一化后的被辐照核数，E_{th} 为反应阈能，n_γ 为光子能谱分布。巨共振放出中子后的核一般是放射性的，可放出特征伽马射线。对其活度进行测量，若已知驱动伽马射线谱分布，可反推巨共振反应截面。反过来，如果已知反应截面，通过伽马光子巨共振引起的活化，也可以进行激光驱动伽马射线的测量。

类似地，强激光伽马源也可用来研究矮共振等。

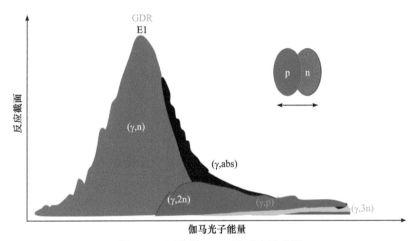

图 12.1　巨共振(GDR)核反应示意图

12.1.5　电子跃迁激发核跃迁

高电荷态离子的能级跃迁可以产生比较高能的光子，比如10keV 量级。通过强激光与等离子体相互作用可以产生高电荷态离子，并使离子布居在激发态，这在前面的章节中已有介绍。如果电子跃迁的光子能量可以和核的能级差匹配，核附近电子跃迁可能不产生光子，而是直接激发核能级，这个过程被称为电子跃迁激发核跃迁(NEET)。这个电子的激发态也可以是自由电子，也即电子跃迁为自由电子被捕获，这被称为 NEEC。

如果激发态的核能级是长寿命的，那么这个核被称为同质异能态。比如 $^{181}\text{Ta}\left(I = \dfrac{7^-}{2}\right)$ 有同质异能态 $\left(I = \dfrac{9^-}{2}\right)$，其能级差为 6.2keV，激发态的寿命为 6.8µs。如果核外电子跃迁可以产生同样能量的光子，则可以激发得到同质异能态。一些长寿命的同质异能态可作为很好的储能物质。根据测不准原理，长寿命同质异能

态到基态跃迁的谱宽很窄。比如，上面这个核跃迁的谱宽为 $\Gamma_\gamma = 6.7 \times 10^{-11} \mathrm{eV}$，由于电子跃迁的谱宽较大，完全匹配的部分很小，也即电子跃迁能激发同质异能态的概率很小。但在等离子体环境下，核跃迁的谱宽可能变大。最近有利用激光驱动获得同质异能态的成功实验。

原子核在强磁场中核能级可以发生分裂，这种分裂是和磁场的强度成正比的，因此可以通过调节磁场强度来调节能级差。这样可以调节到核外电子跃迁的能级差。利用这种方法也可进行 NEET 研究。

前面讲过，激光很难直接与核相互作用。但激光可以在比较长的空间尺度上和核外电子相互作用，当核外电子被加速后回到原子核，根据第 2 章中的三步模型，可产生短波长的高次谐波。这一高能光子可能以实光子或虚光子的形式和核相互作用，形成巨共振等。返回的高能电子也可能直接与核反应。相对于束靶反应，由于电子来源于原子的核外电子，瞄准距离也许更小。激光强度增加时，相对论激光使电子做扭 8 字运动，这会影响电子回到初始原子核。

12.2 等离子体中核反应

可以把核反应分为束靶核反应和体核反应。对于束靶核反应，作用对象为高能射线束和静止靶，基于传统加速器的核反应研究和应用大多基于这种模式，利用激光驱动射线束的核反应也基于这种模式。对于原子弹或裂变反应堆，链式反应起了很大作用，但不能把它称为体反应。

对于激光驱动惯性约束聚变或磁约束聚变，聚变反应和数密度有关，特别对于一种核，如 DD 反应，聚变反应和数密度平方成正比。激光可以加热一小团等离子体，从而进行体反应研究，这是利用传统加速器难以做到的。前面介绍过利用激光驱动团簇产生中子源或利用 DHe 反应产生质子源，这些利用的都是体反应。原则上，激光也可以与高 Z 材料相互作用，加热高 Z 离子，如果等离子体的密度比较高，就可产生较多的核反应。

在等离子体中，如果离子温度和电子温度相同，重离子的运动速度相对于质子较小，一般来说越过重离子的核外静电势垒更困难些，因此需要更高的激光强度，同时激光等离子体相互作用产生的伽马射线等可能会干扰离子-离子核反应。

12.2.1 等离子体中的核反应截面

传统上，通过高能离子和固定靶碰撞来测量核反应的截面。高能离子在材料中传输时，能量的主要损失机制为电离和原子激发等，但离子仍有一定概率直接与材料中原子核相互作用，发生核反应。

核反应截面定义为

$$\sigma = \frac{n_{\mathrm{r}}}{n_{\mathrm{i}} N_{\mathrm{s}}} = \frac{\text{出射粒子数}}{\text{入射粒子数} \times \text{单位面积靶核数}}, \tag{12.21}$$

反应截面 σ 的单位是巴(b),

$$1\mathrm{b} = 10^{-24}\,\mathrm{cm}^2, \tag{12.22}$$

核反应截面通常和原子核的几何尺寸同数量级。核反应截面远小于入射粒子和电子以及和核弹性碰撞的截面。实际上,出射粒子的角向分布不是均匀的,为此可定义微分截面

$$\sigma_{\mathrm{ab}} = \frac{\mathrm{d}n_{\mathrm{r}}}{n_{\mathrm{i}} N_{\mathrm{s}} \mathrm{d}\Omega}. \tag{12.23}$$

主要反应截面和碰撞离子的中心质量能有关,一般可以写为

$$\sigma(\mathcal{E}) = S(\mathcal{E})\exp(-2\pi\eta)\frac{1}{\mathcal{E}}, \tag{12.24}$$

这里 $S(\mathcal{E})$ 称为天体物理 S 因子,是实验中需要测量的量。

$$\eta = \alpha Z_1 Z_2 \sqrt{\frac{\mu c^2}{2\mathcal{E}}} = 0.16 Z_1 Z_2 \sqrt{\frac{A}{\mathcal{E}}}, \tag{12.25}$$

这里, Z_1、Z_2 为离子电荷数, α 为精细结构常数, $\mu = m_1 m_2 / (m_1 + m_2)$ 为约化质量, $A = A_1 A_2 / (A_1 + A_2)$ 为约化质量数。

如果考虑核外电子屏蔽势 U 的影响,则考虑修正函数

$$f = \exp\left[\pi\eta(\mathcal{E})U / \mathcal{E}\right]. \tag{12.26}$$

对于冷靶实验,屏蔽势可估计为聚变反应前后电子束缚能的变化。这会导致低能区反应截面增大。

在等离子体中,随能量增加,粒子数减少,但核反应截面随能量增加。因此,最多的反应通常发生在粒子数和截面都不是很小的地方,这被称为伽莫夫峰,如图 12.2 所示。

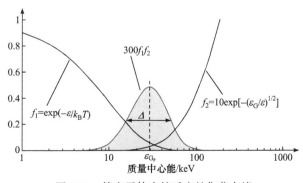

图 12.2　等离子体中核反应的伽莫夫峰

12.3　激光核聚变

强激光驱动惯性约束核聚变已有很长的研究历史，可参考各种文献，这里在激光核物理这个大背景下对其作简单的介绍。分子的质量小于组成分子的核和电子质量之和，但其差异不大，由质能关系，原子、分子反应的典型能量为1eV；原子核的质量也小于组成核的质子和中子质量之和，核反应的典型能量为1MeV，两者相差 6 个数量级，因此核反应相对化学反应可提供极大的能量密度和巨大的能量。核材料是高储能密度物质。高 Z 核的裂变和低 Z 核的聚变都是放能反应。最容易实现聚变反应的是氢的同位素氘和氚，即

$$D + T \rightarrow \alpha(3.5\text{MeV}) + n(14.1\text{MeV}), \tag{12.27}$$

反应产物是能量为 3.5MeV 的 α 粒子和能量为 14.1MeV 的中子。

氘氚核反应所需的离子温度比较低，反应截面也比其他聚变反应高很多。离子温度在10keV 左右，氘氚聚变反应就有较高的反应截面，离子温度约为64keV时，核反应截面最大(约 5b)。对于超强激光，将离子加热到这样的温度是很容易的，也即可轻松驱动聚变反应。因为氚是放射性材料，实验室研究时所用的反应一般为氘氘反应。它有两个几乎等概率的反应通道，即

$$D + D \rightarrow T(1.01\text{MeV}) + p(3.03\text{MeV}), \tag{12.28}$$

$$D + D \rightarrow {}^3\text{He}(0.82\text{MeV}) + n(2.45\text{MeV}). \tag{12.29}$$

实现可控聚变反应主要有两条技术路线，即磁约束和惯性约束，也有少量磁惯性聚变等其他方案的探索。对于惯性约束，其驱动源可以是激光、粒子束和 Z 箍缩装置等，这里只讨论激光驱动惯性约束聚变。

惯性约束聚变的目的不只是产生核反应，而是自持燃烧，即局部聚变反应加热附近聚变材料，逐步使得整个聚变靶丸整体聚变反应，这也被称为点火，类似于汽油发动机的点火、燃烧。只有这样，才能用较少的驱动激光能量获得很多的核反应能量，实现能量增益。因此，惯性约束聚变研究就是研究如何实现点火、如何实现能量增益。

束靶反应是不能实现能量增益的。从反应公式看，几十 keV 的氘离子束入射到氚中，就能得到3.5MeV 的 α 粒子，能量增益是很大的。但实际上，氘离子入射时，离子-电子的碰撞截面要大得多，氘离子通过离子-电子碰撞损失的能量远大于聚变反应产生的能量。

目前激光驱动惯性约束聚变的标准方法是，将氘、氚注入 2mm 大小的空心小球内，降低温度，使大部分氘、氚处于固体，均匀附着在小球内壁，部分以气体

形式在小球中心，这被称为冷冻靶，如图 12.3 所示。主要有两种驱动模式，即直接驱动和间接驱动。直接驱动为激光直接均匀辐照在靶丸上，加热固体氘氚外面的壳层材料；间接驱动为激光照射黑腔内壁产生 X 射线辐射，X 射线辐射再辐照靶丸。壳层材料加热后向外膨胀，其反冲力将剩余的壳层材料和聚变材料向里挤压，并最终在中心形成一个热斑。在同样强度下，光的动量密度远小于有质量的粒子，因此直接利用光的动量进行压缩是不合算的。利用间接驱动的原因则是减小流体不稳定，也是为了更好模拟核爆。

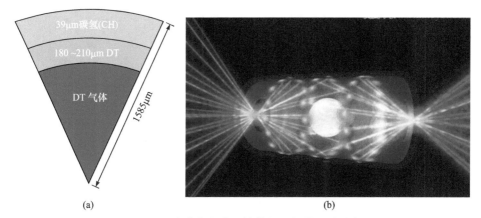

图 12.3　(a)聚变靶丸典型结构和(b)间接驱动示意图

　　现在我们对点火热斑进行简单分析。热斑的主要能量损失机制为轫致辐射，能量损失功率为

$$W_b = 5.34 \times 10^{-24} n^2 T^{\frac{1}{2}} \ \mathrm{erg} / \left(\mathrm{s \cdot cm^3} \right), \tag{12.30}$$

这里离子数密度单位为 $1/\mathrm{cm}^3$，温度单位为 keV。假定光性薄，所有辐射都没有被再吸收就离开了热斑。当氘氚等密度，即 $n_D = n_T = n/2$ 时，聚变反应单位体积内有产生能量的功率为

$$W_{\mathrm{fus}} = \frac{1}{4} n^2 \langle \sigma v \rangle Q_{\mathrm{DT}} = 7.04 \times 10^{-6} n^2 \langle \sigma v \rangle \ \mathrm{erg} / \left(\mathrm{s \cdot cm^3} \right), \tag{12.31}$$

这里 $\langle \sigma v \rangle$ 为一定温度下氘氚反应的截面。这两个功率都随着温度增长，但聚变功率增长得更快。DT 聚变反应中，约 80% 能量为中子携带，中子不能沉积在聚变区域，为实现自持反应，需要满足

$$W_b \leqslant (1/5) W_{\mathrm{fus}}. \tag{12.32}$$

由此可得到理想点火温度约为 4.3keV。这个理想点火温度对磁约束聚变也是适用的。

　　热斑的温度极高，它会迅速膨胀做功。可对此作一个简单估计，热斑单位体

积的热能为 $3nk_BT$(包括离子和电子)，如果热斑的约束时间为 τ_E，即经过这段时间后，热能降为零，那么其能量损失的功率为 $3nk_BT/\tau_E$，考虑这项后，发现在比较宽的温度范围内(比如 $8\text{keV}<T<25\text{keV}$)，点火条件可近似写为

$$n\tau_E T \approx 3.3\times10^5 (\text{s}\cdot\text{keV})/\text{cm}^3, \tag{12.33}$$

也即密度、温度和约束时间的乘积要满足一定阈值，这就是劳森条件。在最新的激光驱动聚变实验中，靶丸中心热斑已达到劳森条件，但向外燃烧过程仍有待改进。

对于磁约束聚变，通过磁场来约束等离子体，一般希望约束时间 τ_E 是无限大的。对于激光驱动聚变，实际上是没有约束的，聚变等离子体依靠自身的惯性维持一定的约束时间，因此被称为惯性约束。

因为热等离子体球以稀疏波形式膨胀，波前速度可用离子声速 $c_s=\sqrt{2k_BT_e/m_i}$ 进行估计，对于密度为 $\rho=nm_i$，半径为 R 的等离子体球，其约束时间为

$$\tau_{\text{conf}} = R/c_s. \tag{12.34}$$

对于惯性约束聚变，约束时间要和聚变反应时间可比，这决定了有多少比例的 DT 在约束时间里被燃烧，即发生核聚变反应，聚变反应时间为

$$\tau_{\text{fus}} = \frac{1}{\langle\sigma v\rangle n}. \tag{12.35}$$

由这两个时间之比可得到

$$\frac{\tau_{\text{conf}}}{\tau_{\text{fus}}} = \langle\sigma v\rangle n\tau_{\text{conf}}. \tag{12.36}$$

它决定了约束时间内所能燃烧的燃料量。其控制量为

$$n\tau_{\text{conf}} = \frac{\rho R}{m_i c_s}. \tag{12.37}$$

可以看到，要使热斑充分燃烧，需要足够大的热斑，同时需要足够高的密度。因此在惯性聚变研究中，面密度 ρR 是一个重要参数。

把大质量的核材料加热到很高的温度，需要很高的驱动功率和能量，为提高效率，必须尽可能地提高核材料密度，这样才能减小驱动功率和驱动能量。实现 DT 燃料 30% 的燃烧效率需要

$$\rho R \approx 3\text{g}/\text{cm}^2. \tag{12.38}$$

对于球形燃料，可得到燃料密度为

$$\rho \approx \frac{300}{M_i^{1/3}}\text{g}/\text{cm}^3, \tag{12.39}$$

这里 M_i 的单位为 mg，即当 $M_i=1\text{mg}$ 时，密度要达到 $\rho\approx300\text{g}/\text{cm}^3$。对于初始密

度为 $\rho_{DT} \approx 0.225 \text{g/cm}^3$ 的固体氘氚，压缩因子为 1500。

实现高密度的基本思想为准等熵压缩，即利用多个激波，在尽量不加热氘氚的情况下对其压缩。有关激波压缩和流体不稳定性等可参看 3.5 节。

惯性聚变的牵引目标主要是核爆模拟和聚变能源。双孔黑腔结构最适合核爆模拟。对于聚变能源，如果扩大装置规模，技术上是有可能实现的，但其经济价值有待验证。目前，太阳能、风能等可再生能源发展迅速，即使聚变能源得到技术验证，由于其难度远高于裂变电站，在经济上也未必可行。聚变能源的最大优势在于其极高的储能密度以及核材料容易获得。未来人类进行星际旅行时，光能也难以获得，聚变能源是很好的选择。

12.3.1 快点火和冲击波点火

为实现中心点火，需要同时实现高密度和高温，这很难，但仍是主流方案。快点火则是希望将靶压缩和热斑形成分开，超强超短激光是快点火最重要的驱动源，因此快点火曾是强场激光物理研究的重要牵引目标，得到广泛关注，但快点火研究也遇到了很多困难。

快点火方案的第一步是通过直接驱动或间接驱动将聚变靶丸压缩到很高的密度，然后皮秒拍瓦激光和靶丸外的等离子体相互作用，虽然由于相对论效应和打孔效应等，激光能穿透到高于临界密度的地方，但离热斑形成所需的密度~300g/cm^2 还有几百微米的距离，因此激光不能直接加热热斑。激光和等离子体相互作用产生远高于阿尔芬电流极限的强流电子束，这些电子穿越等离子体，并沉积在高密度区，加热局部氘氚等离子体，并形成热斑，再点燃整个靶丸(图 12.4)。

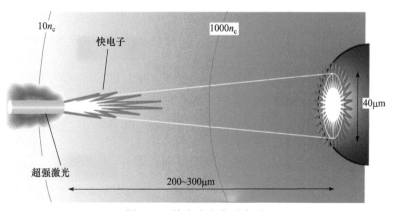

图 12.4 快点火方案示意图

由于电子加热的时间很短，热斑等离子体来不及膨胀，可以利用等容模型估计快点火所需的条件。由简单估计可知，快点火需要很高的功率和能量，这也是需要皮秒拍瓦激光的原因。快点火的最大困难是如此高功率的电子束的传输问题。

冲击波点火是另一种可能实现点火的方案。它在实现准等熵压缩的激光脉冲后，再紧跟一个更强的脉冲，激光强度可达 $\sim 10^{16}\,\mathrm{W/cm^2}$，这个激光脉冲驱动一个更强的激波形成热斑。但更强的脉冲必然意味着更多的流体不稳定，更多的参量不稳定。不稳定性产生的超热电子有可能预加热靶丸，也有观点认为超热电子能在短距离里沉积，对形成强激波是有利的。可利用涡旋激光等降低角动量的相干性来有效控制参量不稳定性，这一方案有更大成功的可能。

12.3.2　PB 反应

对于聚变反应，质子和硼的反应也是很多人感兴趣的，其核反应需要的温度更高，因此难度更大，但质子硼反应有一个很大的优点，即反应产物没有放射性物质，其核反应方程为

$$p + {}^{11}\mathrm{B} \to 3\alpha + 8.6\mathrm{MeV}. \tag{12.40}$$

目前对于 PB 反应，总体上仍处于基础研究阶段。

实验上可通过纳米结构靶等增强激光能量的吸收，从而增加反应产额。由于阿尔法粒子的射程很短，只有表面的阿尔法粒子能被测量到，这给实验研究带来困难。

12.3.3　聚变-裂变堆

激光聚变的中子可以用于驱动裂变反应。在传统核电站中，每次核反应产生的中子较少，它导致核材料不能充分燃烧，如果有外注入的中子源，燃烧就可以更充分。在具有外注入中子源的条件下，甚至可采用次临界裂变反应堆进行发电，在取消外注入中子时，反应可立即停止，这样核电站更安全。外注入中子也有利于核废料的处理。

这些技术路线的前提是较为便宜的中子源。强流质子束驱动的散裂中子源可能是一个好的中子源。但如果聚变中子源达到能量增益为 1 以上，虽然还不能单独用于聚变能源，但作为裂变堆的外注入中子源，经济上也许也是可行的。

反过来，也可考虑裂变-聚变方案。如果在聚变靶丸外包裹一层裂变材料，激光驱动压缩，使其达到很高的密度，从而达到临界条件，产生链式反应。利用裂变产生的能量容易驱动聚变反应。

12.4　核反应射线源

除了自然界中的射线源，如宇宙射线，传统加速器可以产生各种射线源。强

激光可通过电磁相互作用产生各种射线束，如激光驱动电子加速，量子电动力学效应产生的伽马辐射等。同时，基于强相互作用或者说核反应，也可以产生各种射线，这时驱动源可以是传统加速器，也可以是强激光。这里主要介绍的是基于强激光的核反应射线源，特别强调的是其独特性。

12.4.1 聚变中子源

激光聚变反应的一个应用是中子源等射线源。对于这种需求，不需要实现点火和能量增益。中子源在中子成像等方面有重要意义，和 X 射线成像相比，对 X 射线不敏感的轻元素和 X 射线吸收太大的重元素，中子成像有其优越性。

可以利用裂变反应堆或强流高能质子束驱动的散裂中子源等方式获得中子源。这些都是利用裂变反应的大型装置。对于激光驱动的聚变反应，显然也是可以产生中子源的。对于纳秒激光，利用爆推靶，也即非等熵压缩，可以使等离子加热到很高的温度，但密度不是很高。利用这种方法是无法实现点火和能量增益的，但可以获得很高的中子产额和很高的中子通量，可以用来进行高通量中子辐照条件下材料性质研究。

利用飞秒强场激光也能驱动聚变反应，其中一种方式为飞秒激光和含氘团簇(比如氘代甲烷)相互作用。飞秒激光和团簇靶相互作用，电子迅速离开团簇后，团簇中离子因静电库仑力发生爆炸，这被称为库仑爆炸。获得动能的离子和其他团簇的离子发生碰撞，就可发生核反应。利用这种方式也是不可能实现能量增益的，但实验中可以获得每焦耳激光能量 $10^6 \sim 10^7$ 个中子的产额。

12.4.2 激光质子束驱动中子源

利用激光质子束驱动核反应也能通过(p,n)反应产生中子源。比如质子和铅作用就能产生中子，当质子能量较高，比如达到 $20 \sim 40 \text{MeV}$ 时，效率可达到 $10^{-3} \sim 10^{-2}$，总体上单位激光能量产生的中子数可超过团簇的方案，但对激光功率的要求更高。

12.4.3 聚变质子源

利用纳秒激光驱动的聚变反应还可产生质子源，其主要反应为

$$D + {}^3\text{He} \to \alpha + p. \tag{12.41}$$

相比于飞秒激光加速得到的质子源，利用这一核反应可产生很均匀的质子源，用于聚变靶丸或其他物理过程的诊断。其缺点是需要高功率的纳秒激光，一般实验室不具备条件。

12.4.4 激光质子驱动活化反应及伽马射线

质子所引发的反应截面一般比光核反应截面大。比如质子和铜具有

^{63}Cu(p,n)^{63}Zn 这一反应，^{63}Zn 会放出能量为669.6keV 的伽马射线，其半衰期为38.47min。如果激光产生的质子束照射一叠铜薄膜，离线测量各层铜膜上的特征伽马射线，就可反演出质子的能谱。活化法是测量质子能谱的一种重要方法。

12.5　高能射线在物质中的传输

强激光除了可以加热等离子体，也可以加速离子和电子并产生伽马射线等，这些在前面章节已有介绍。激光射线束的应用可看成核技术应用，因此我们把有关内容都放到本章进行介绍。高能射线与物质相互作用的过程，首先是粒子束的传输问题。关于粒子束在真空的传输，在传统加速器及辐射等章节中有介绍。这里介绍高能射线束在物质中的传输。

12.5.1　重带电粒子的传输

重带电粒子 $(m_0 \gg m_e)$ 在物质中传输时，对于快速粒子，能损的主要机制为粒子与核外电子的非弹性碰撞，可通过激发原子中的束缚电子或电离过程损失一定动能，这也被称为电子阻止。这里的重带电粒子包括缪子、质子等。快速粒子的定义为当速度远大于原子中束缚电子的速度，即可假定电子静止。如果入射粒子与电子正碰，给定入射粒子动量 $p = m_0 \gamma \beta c$ ，其传递给静止电子的最大能量为

$$T_{\max} = \frac{2m_e c^2 \beta^2 \gamma^2}{1 + 2\gamma m_e / m_0 + (m_e / m_0)^2} \approx 2m_e c^2 \beta^2 \gamma^2, \tag{12.42}$$

这里的近似等式是针对重粒子的。如果不是正碰，传递能量更小。这一转移能量对于入射粒子来说是很小的，因此需要通过很多次的碰撞，入射粒子的能量才能全部损失。对于1MeV 量级的粒子，大约需要10^4 次碰撞，对于固体材料，整个慢化过程的时间大约为 1ps。

只有当入射粒子传递给电子的能量大于电子的激发能时，传递过程才能真的发生，原子的平均激发能可大体近似拟合为 $I = 16Z^{0.9}(Z > 1)$ 。根据量子理论，考虑了相对论和其他修正后，重带电粒子的电子阻止本领的 Bethe-Block 公式为

$$-\frac{dE}{dx} = Kz^2 \frac{Z}{A} \frac{1}{\beta^2} \left(\frac{1}{2} \ln \frac{2m_e c^2 \beta^2 \gamma^2 T_{\max}}{I^2} - \beta^2 - \frac{C}{Z} - \frac{\delta}{2} \right), \tag{12.43}$$

式中，Z、A 分别为穿越物质的原子序数和原子量；z 为入射粒子的电荷量；C/Z 为壳修正项，入射能量低时比较重要；$\delta/2$ 为电子密度修正，入射能量很高时，需要考虑。常数

$$K = 4\pi N_A r_e^2 m_e c^2 \approx 0.307 \text{MeV} \cdot \text{cm}^2 / \text{g}, \tag{12.44}$$

其中，N_A 为阿伏伽德罗常量，r_e 为电子半径。

可以看到，对重带电粒子，能损率和入射粒子质量无关，只和入射粒子速度相关。阻止本领和 z^2 成正比，因此 α 粒子相对于质子更容易被阻止，穿透本领很弱。

当入射粒子每核子能量为 0.2～20MeV 时，Bethe-Block 公式(12.43)中第一项占主导，阻止本领随入射粒子能量增加而减小(图 12.5 中 b 区)。也即当粒子快要静止时有快速的能量沉积，这就是所谓的布拉格峰。可以这样理解，入射粒子动能越接近电子静能，传递给电子的能量比例越大。但公式(12.43)对低能的入射粒子(<0.2MeV)，壳修正起比较大影响，即在较低能区，阻止本领随离子能量增加而增加，阻止本领的峰值位置大约为 $500I$。对于特别低的入射能量，核阻止相对电子阻止占主导。与核的碰撞，可使晶格原子位移，形成缺陷，造成靶物质的辐射损伤，这对核材料、核改性、质子治疗等具有重要意义。但从能损角度看，只有粒子能量很低时，核阻止能损才是重要的。

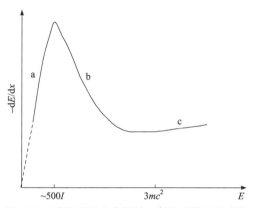

图 12.5　重粒子阻止本领随入射粒子能量的变化

当每核子动能>20MeV 时，公式(12.43)中相对论项开始起作用，使阻止本领逐渐随入射能量增加而增加，在小于 $3m_0c^2$ 附近，有一个比较平台的最小阻止本领区域，对应的粒子称为最小电离粒子。在较轻物质$(Z/A\sim0.5)$中，最小电离粒子的能损大约为

$$-\frac{\mathrm{d}E}{\mathrm{d}x}\Big|_{\min} = 2\mathrm{MeV}\cdot\mathrm{cm}^2\mathrm{g}. \tag{12.45}$$

对于特别高能的粒子，辐射损失将起很大作用。

当入射粒子与规则的晶体作用沿单晶原子行列方向运动时，由于所谓离子沟道效应，入射粒子可在低电子密度区运动，这使得粒子能损大大降低。

另外需指出，入射粒子束在物质中传输时，除了平均能量逐渐降低，由于随机碰撞，能谱也会逐渐变宽。物质很薄时，能损分布为布朗分布。

对于重离子，其能量较低时，电荷交换效应和核阻止作用都起比较人作用，这对离子束用于注入、表面改性、刻蚀等研究时比较重要。

12.5.2　电子束的传输

电子和正电子在物质中的能损和运动轨迹与重带电粒子很不同。电子和靶原子相互作用主要引起电离能量损失、辐射能量损失和多次散射。电子在物质中的运动轨迹十分曲折。

和重带电粒子类似，电子(正电子)与核外电子发生非弹性碰撞，使原子电离或激发。电离能损是电子束能损的重要方式。由于入射电子静止质量和靶原子中电子一样，对低能电子束，一次碰撞可损失很多能量，并且碰撞后入射电子运动方向有较大改变。两电子碰撞后，原则上已不能区分哪个是入射粒子，哪个是背景电子。对低能电子，由非线性弹性碰撞引起的电子能损为

$$-\frac{\mathrm{d}E}{\mathrm{d}x} = K\frac{Z}{A}\frac{1}{\beta^2}\left(\ln\frac{2m_\mathrm{e}v^2}{I} + 1.2329\right). \tag{12.46}$$

高能时，考虑相对论效应，近似表达式为

$$-\frac{\mathrm{d}E}{\mathrm{d}x} = K\frac{Z}{A}\frac{1}{\beta^2}\ln\left(\frac{\gamma m_\mathrm{e}c^2}{2I} - \beta^2 - \frac{\delta^*}{2}\right). \tag{12.47}$$

更精确的表达式为

$$-\frac{\mathrm{d}E}{\mathrm{d}x} = K\frac{Z}{A}\frac{1}{\beta^2}\left[\ln\frac{\gamma m_\mathrm{e}c^2\beta\sqrt{\gamma-1}}{\sqrt{2}I} + \frac{1}{2}(1-\beta^2) - \frac{2\gamma-1}{2\gamma^2} + \frac{1}{16}\left(\frac{\gamma-1}{\gamma}\right)^2\right]. \tag{12.48}$$

对于正电子，其能损表达式为

$$-\frac{\mathrm{d}E}{\mathrm{d}x} = K\frac{Z}{A}\frac{1}{\beta^2}\left\{\ln\frac{\gamma m_\mathrm{e}c^2\beta\sqrt{\gamma-1}}{\sqrt{2}I} - \frac{\beta^2}{24}\left[23 + \frac{14}{\gamma+1} + \frac{10}{(\gamma+1)^2} + \frac{4}{(\gamma+1)^3}\right]\right\}. \tag{12.49}$$

正电子损失完能量静止下来时，和电子湮灭，发出两个 511keV 的伽马光子。在飞行过程中，正电子的湮灭截面为

$$\sigma(Z,E) = \frac{Z\pi r_\mathrm{e}^2}{\gamma+1}\left[\frac{\gamma^2+4\gamma+1}{\gamma^2-1}\ln\left(\gamma+\sqrt{\gamma^2-1}\right) - \frac{\gamma+3}{\sqrt{\gamma^2-1}}\right]. \tag{12.50}$$

对于飞秒激光产生的正电子，在其产生过程中，正电子的湮灭可以看成是一个慢过程，基本是可以忽略的。

带电粒子在原子核的库仑场中减速时产生轫致辐射。对电子来说，一般速度和加速度很高，轫致辐射损失是重要的。因轫致辐射造成的平均能损为

$$-\frac{\mathrm{d}E}{\mathrm{d}x} = 4\alpha N_\mathrm{A} \frac{Z^2}{A} z^2 \left(\frac{1}{4\pi\varepsilon_0} \frac{e^2}{mc^2} \right)^2 E \ln\frac{183}{Z^{\frac{1}{3}}} (\mathrm{SI}). \tag{12.51}$$

对电子, 可写为

$$-\frac{\mathrm{d}E}{\mathrm{d}x} = 4\alpha N_\mathrm{A} \frac{Z^2}{A} r_\mathrm{e}^2 E \ln\frac{183}{Z^{\frac{1}{3}}}. \tag{12.52}$$

从公式可以看出, 高 Z 元素的韧致辐射更强, 对于铜, 电子能量大于 20MeV 时, 韧致辐射能损就大于电离能损(图 12.6)。

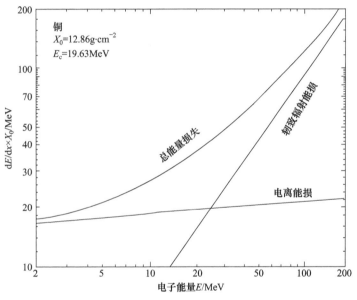

图 12.6　铜中电子能损随电子能量的变化

　　总体上, 电子的能损比离子小。空气中, 4MeV 的电子, 射程可达 15m。而同样能量的阿尔法粒子, 射程只有 2.5cm。

12.5.3　正电子的传输

　　正电子的传输和电子很类似, 但它可以和电子湮灭产生伽马射线。一个正电子注入金属中, 一般在几个皮秒之后达到热平衡。这个时间要短于正电子在金属中湮没所需时间(通常超过 100ps)。利用正电子湮没特性的正电子湮灭谱学在材料科学中有广泛应用, 这被称为正电子湮没技术。检测材料的正电子湮没技术所用正电子一般都是热粒子。它们表现出量子特性, 在室温下具有大约 6nm 的德布罗意波波长。在完美的晶格中, 正电子一直处在这种自由状态直到湮没; 正电子会被具有正电荷的金属离子所排斥, 所以晶格中任何空位(空洞、位错周围或者不相干界面处的晶格不规则)都会成为正电子的最小势能区。正电子被捕获后可发生湮没，空位型缺陷区域的电子密度要比普通区域的低，也即有较低的湮没率，所以被捕获的正电子要比自由的正电子寿命更长。同时捕获也会影响到湮没谱线的多普勒展宽。图 12.7 给出了正电子慢化、热扩散和湮没过程的示意图。湮没是一个随机过程，所以正电子的寿命会有一个统计分布，即寿命谱。利用这些特性，可进行缺陷探测。

　　激光驱动产生的正电子具有脉宽短、强度高等特点，有望用于缺陷探测等，但目前还未看到报道。

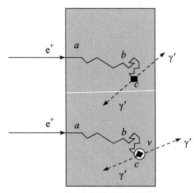

图 12.7　注入固体中的正电子的可能过程示意图。上面轨迹：注入(*a*)，慢化(*a* 到 *b*)，热扩散 (*b* 到 *c*)，*c* 中与本体中电子发生湮没并发射出两个光子(γ′)。下面轨迹：从 *a* 到 *c* 都相同，*c* 中在空位(*v*)被捕获，在空位中湮没并发射出两个光子(γ′)

12.5.4　伽马射线的传输

　　当伽马射线的能量低于 30MeV 时，最主要的相互作用过程包括光电效应、康普顿效应和电子对效应。其他的相互作用包括相干散射、光核反应、核激发等。后面几种机制对伽马射线的吸收影响很小，一般小于 1%，但对于中子源产生等应用仍是十分重要的。

1. 光电效应

　　伽马光子与靶原子中束缚电子作用，光子能量全都给某个束缚电子，使之发射出去，光子本身消失，这个过程为光电效应，出射的电子为光电子。为满足动量守恒和能量守恒，光电效应需要原子核的参与，但原子核带走的能量极小，可忽略。如果电离的为内壳层电子，后续外层电子向内跃迁，可发出 X 射线，但也可能射出一个外层电子来消耗能量，这即为俄歇效应，出射电子为俄歇电子。由能量守恒得到光电子的能量为

$$E_e = \hbar\omega - B_i,　　　　　　　　　(12.53)$$

B_i 为电子束缚能。

在非相对论能区 $\left(\hbar\omega \ll m_{\mathrm{e}}c^2\right)$，不考虑吸收边时，K 壳层电子的光电效应总截面为

$$\sigma_{\mathrm{K}} = \sqrt{32}\alpha^4 \left(\frac{m_{\mathrm{e}}c^2}{\hbar\omega}\right)^{7/2} Z^5 \sigma_{\mathrm{Th}}, \tag{12.54}$$

其中，汤姆孙散射截面 $\sigma_{\mathrm{Th}} = \dfrac{8\pi}{3}r_{\mathrm{e}}^2 = 6.65\times10^{-25}\,\mathrm{cm}^2$。在相对论能区，截面为

$$\sigma_{\mathrm{K}} = 1.5\alpha^4 \frac{m_{\mathrm{e}}c^2}{\hbar\omega} Z^5 \sigma_{\mathrm{Th}}, \tag{12.55}$$

光电效应和原子序数有非常强的依赖关系，因此在探测或屏蔽时，一般都选用高 Z 元素。高能时，光电效应减弱。光子在 L、M 壳层也能产生光电效应，但截面较小。近似地，光电效应的总截面可写为

$$\sigma_{\mathrm{ph}} = \frac{5}{4}\sigma_{\mathrm{K}}. \tag{12.56}$$

对于低能的伽马光子 $(\hbar\omega < 100\mathrm{keV})$，光电截面有很多吸收边，这是由于光子能量大于某壳层电子结合能时，光子开始和该层的电子相互作用，因此截面迅速增大。

2. 康普顿效应

康普顿效应是光子在自由电子上的散射，这时电子束缚能忽略。光电效应主要发生在内壳层电子，康普顿效应则主要发生在外层电子。

根据能量守恒和动量守恒，散射光子的能量为

$$E_{\gamma'} = \frac{E_{\gamma}}{1 + \left(E_{\gamma}/m_{\mathrm{e}}c^2\right)\left(1-\cos\theta\right)}, \tag{12.57}$$

康普顿反冲电子的动能为

$$E_{\mathrm{e}} = E_{\gamma} - E_{\gamma'} = \frac{E_{\gamma}^2}{m_{\mathrm{e}}c^2 + E_{\gamma}\left(1-\cos\theta\right)}, \tag{12.58}$$

式中 θ 为入射光子和散射光子的夹角。对应地，反冲电子和入射光子的夹角 ϕ 为

$$\cot\phi = \left(1 + \frac{E_{\gamma}}{m_{\mathrm{e}}c^2}\right)\tan\frac{\theta}{2}. \tag{12.59}$$

对于低能光子，单个电子的康普顿散射截面即为汤姆孙散射截面，

$$\sigma_{\mathrm{c,e}} = \sigma_{\mathrm{Th}} = \frac{8\pi}{3}r_{\mathrm{e}}^2 = 6.65\times10^{-25}\,\mathrm{cm}^2. \tag{12.60}$$

考虑原子序数，则

$$\sigma_{\mathrm{c}} = Z\sigma_{\mathrm{Th}}, \tag{12.61}$$

这时散射截面与光子能量无关，仅与 Z 成正比。

对于高能光子，$\hbar\omega \gg m_e c^2$，康普顿散射截面为

$$\sigma_c = Z 2\pi r_e^2 \ln\left(\frac{2\hbar\omega}{m_e c^2} + \frac{1}{2}\right). \tag{12.62}$$

康普顿散射有一定的角分布，其单电子微分散射截面由 Klein-Nishina 公式给出，

$$\frac{\mathrm{d}\sigma}{\mathrm{d}\Omega} = r_e^2 \left[\frac{1}{1+a(1-\cos\theta)}\right]\left[\frac{1+\cos^2\theta}{2}\right]\left[1 + \frac{a^2(1-\cos\theta)^2}{(1+\cos^2\theta)\left[1+a(1-\cos\theta)\right]}\right], \tag{12.63}$$

这里 $a = \hbar\omega / m_e c^2$。

3. 正负电子对

伽马光子经过原子核附近时，与原子核的库仑场作用，伽马光子转换成一个电子和一个正电子。根据能量守恒，$\hbar\omega > 2m_e c^2$，即能量大于 1.02MeV 的光子就有可能产生正负电子对。对于强激光等离子体相互作用，这样的高能伽马射线是很容易产生的，因此正负电子对不难产生。为满足能量和动量守恒，原子核需要参与这个过程。由于电子是有质量的，电子对的动量必然小于伽马光子的动量，也即多余的动量需要原子核带走，但原子核的反冲能量是可忽略的。根据动量守恒，正负电子对大体上都是前向运动的。伽马射线能量大时，前倾更显著。伽马射线在电子附近也可产生正负电子对，但其概率比较小，并且根据能量和动量守恒，其所需的最小能量为 $4m_e c^2$。

对于能量稍大于 $2m_e c^2$ 的伽马射线 $(a = \hbar\omega / (m_e c^2) < 1/\alpha Z^{1/3})$，产生正负电子对的截面为

$$\sigma_{\mathrm{pair}} = 4\alpha r_e^2 Z^2\left(\frac{7}{9}\ln 2a - \frac{109}{54}\right)\mathrm{cm}^2, \tag{12.64}$$

当 $a = \hbar\omega / (m_e c^2) \gg 1/\alpha Z^{1/3}$ 时，

$$\sigma_{\mathrm{pair}} = 4\alpha r_e^2 Z^2\left(\frac{7}{9}\ln\frac{183}{Z^{1/3}} - \frac{1}{54}\right)\mathrm{cm}^2, \tag{12.65}$$

也即高能光子产生电子对的截面只和材料有关，和光子能量无关。对于同样厚度的靶，伽马射线的衰减速度是相同的。但由于高能伽马光子产生正电子的能量比较高，容易穿过靶，并且其次级效应也能产生正电子，因此利用高能伽马射线或高能电子产生正电子时，可采用稍厚的靶。

对于伽马射线传输中的三种效应，光电效应和电子对效应与原子序数有关，高 Z 元素有利于其发生。从伽马能量上看，对于低能伽马，主要是光电效应；对于中能伽马，主要是康普顿散射；而对于高能伽马，电子对效应更重要(图 12.8)。

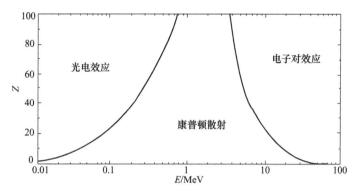

图 12.8　光子与物质作用中光电效应、康普顿散射和电子对效应分别起主导作用的范围

伽马射线在物质中传输时，几种效应同时起作用，总的能损如图 12.9 所示。

从伽马射线传输时的三种效应看，光子或者直接消失，或者被散射后改变能量和动量，即从原来的伽马束中去除，因此射程的概念不适用，但可以用半吸收厚度(强度降到一半时的厚度)来描述伽马射线的穿透能力。一般来说，伽马射线的穿透本领比离子和电子大。伽马射线强度随穿透深度 l 的关系可写为

$$I = I_0 \mathrm{e}^{-\mu l} = I_0 \mathrm{e}^{-\sigma_\gamma N l},\tag{12.66}$$

式中 N 为原子数密度。

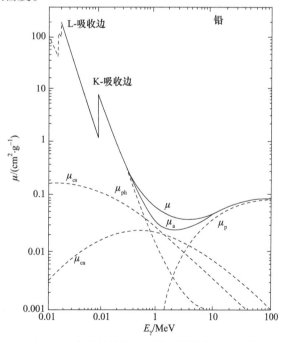

图 12.9　伽马射线能损随伽马射线能量的变化

伽马射线通常可以用晶体、塑料闪烁体和高纯锗等将伽马射线转换为光信号或电信号再进行测量，但由于弛豫时间的限制，时间分辨很难小于皮秒。对于激光产生的伽马射线，由于其脉宽很短，密度很高，在短时间内可同时有多个光子入射到测量材料，而测量设备一般无法区分一个高能光子和多个低能光子。一个可能的解决办法是多通道单光子测量，即在较远的位置同时用多个晶体进行测量，确保在一个晶体中最多只有一个光子，为了获得一个谱分布需要很多的通道。另一种方法则是采用衰减法，即利用已知的伽马光子衰减特性，在不同厚度处进行测量，再反演出能谱(图 12.10)。但从图 12.9 中可以看到，伽马射线的能损随伽马能量不是单调下降的，当伽马射线能量较高时，反演有困难。

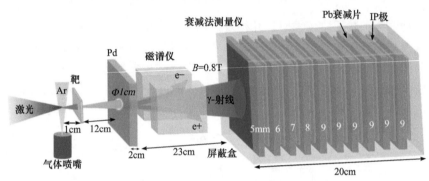

图 12.10　用衰减法测量伽马射线能谱示意图。也可设计成不同空间位置的铅厚度不同，这样可只用一个 IP 板记录信号

12.5.5　中子的传输

由于电中性，中子一般不与核外电子发生相互作用，因此有很强的穿透性。因为没有库仑势垒，中子几乎与所有原子核都发生核反应。有些核反应能产生次级带电粒子，如质子、阿尔法粒子，反应截面通常和中子速度成反比。利用带电粒子引起的电离现象就可探测中子，常用材料包括 ^{10}B、^{6}Li、^{3}He 等。这种方法主要用于探测慢中子。

入射中子与原子核发生弹性碰撞，中子运动方向改变，能量减小，这就是中子慢化，同时原子核获得一定动量，成为"反冲核"。常用的慢化材料有石墨、重水和普通水。能量为 E 的中子和氢核即质子碰撞时，反冲质子的能量和出射方向的关系为

$$E_{p} = E \cos^{2} \theta. \tag{12.67}$$

通过测量质子能量，可反推出中子能量。

中子与重核作用可发生裂变，这是裂变链式反应中的基本过程。激光或传统加速器产生的中子可用于驱动次临界反应和核废料处理。利用中子引起的裂变反

应也可作为中子测量的一种方法。

中子与原子核反应可产生具有一定半衰期的放射性核，这被称为"活化"。强激光产生的中子在实验过程中将材料活化，作用结束后，可离线测量活化材料的放射性，如其发出的伽马光子。

中子可用中子飞行时间谱仪(nTOF)、气泡(bubble)探测器、碳化硅中子探测器、^{3}He 和 BF_3 正比计数管等进行探测。

12.6　激光射线束传输中的集体效应

激光驱动射线束的特点是峰值流强高，因此，除了上面讨论的单粒子传输规律外，集体效应有时也起很大作用。

12.6.1　阿尔法电流极限

电子在真空中传输时，电流强度有极限值，即所谓的阿尔芬电流极限。对相对论电子束，阿尔芬电流极限为

$$I_A = \beta\gamma\left(m_e c^2 / e\right) = 17\beta\gamma \ kA. \tag{12.68}$$

这个极限的物理原因是，比 I_A 大的电流产生的磁场太强，使得电子的拉莫尔半径小于束半径，这使得电子不能继续在束方向传输。

12.6.2　电子热传导

激光与固体表面相互作用会产生热电子或超热电子，热电子和超热电子的能量向里传输。我们下面采用两种极端的模型来进行讨论，本节先考虑第一种模型，假定碰撞是充分的，等离子体温度是随空间缓变的，即电子的平均自由程小于温度梯度的标尺长度，这时电子运动一般是非相对论的。这对较弱的激光或者惯性聚变中用的三倍频激光比较适用，但超热电子比较多时，也需要修正。后面我们将考虑第二种模型，即不考虑碰撞，但关注热电子运动产生的磁场对电子传输的影响，我们一般考虑相对论电子。

我们先来讨论第一种情况，即 Spitzer 的经典热传导。采用动理学理论，在 x 方向传输的非相对论热流可写为

$$Q = \int\left(\frac{1}{2}m_e v^2\right)v_x f(v)\mathrm{d}^3 v. \tag{12.69}$$

如果电子分布 $f(v)$ 为麦克斯韦分布，$Q = 0$。但实际上，有热源时，能量大于 $k_B T_e$ 的电子偏多，能量小于 $k_B T_e$ 的电子偏少，这样，高能的电子倾向于流出到附近，附近的低能电子倾向于流入。这样电子分布将偏离麦克斯韦分布，也即热流是存在的。

假定等离子体有均匀密度，其温度在 x 方向缓变。采用极坐标，只保留一阶小量时，可把分布函数写为

$$f(v) = f_0(v) + f_1(v)\cos\theta, \tag{12.70}$$

式中，$f_0(v)$ 为麦克斯韦分布，$f_1(v)$ 为小的偏离。当这一偏移主要由电子-离子碰撞引起时，可以证明玻尔兹曼方程中的碰撞项写为

$$\left(\frac{\delta f}{\delta t}\right)_c = \frac{-3}{4\pi}\left(\frac{2\pi k_B T_e}{m_e}\right)^{3/2}\frac{\nu_{ei}}{v^3}f_1(v)\cos\theta = \frac{-W}{v^3}f_1(v)\cos\theta. \tag{12.71}$$

在电子-离子充分碰撞的条件下，我们可忽略电子热运动产生的磁场，这时在电子的玻尔兹曼方程中含有 $\cos\theta$ 的项为

$$\frac{\partial f_1}{\partial t} + v_x\frac{\partial f_0}{\partial x} - \frac{eE}{m_e}\frac{\partial f_0}{\partial v} = \frac{-W}{v^3}f_1(v), \tag{12.72}$$

这里电场 E 为 x 方向。在稳态时，即忽略 $\partial f_1/\partial t$，可以得到

$$f_1(v) = -\frac{v^3}{W}\left(v_x\frac{\partial f_0}{\partial x} - \frac{eE}{m_e}\frac{\partial f_0}{\partial v}\right). \tag{12.73}$$

我们这里考虑的是充分碰撞的条件，没有磁场，也没有电流，即

$$j_x = -e\int v_x f(v)\mathrm{d}^3 v = -2\pi e\int (v\cos\theta)f_1(v)\cos\theta v^2\sin\theta\mathrm{d}\theta\mathrm{d}v = 0. \tag{12.74}$$

由此可得

$$\int v^3 f_1(v)\mathrm{d}v = 0, \tag{12.75}$$

因此

$$\int v^6\left(v_x\frac{\partial f_0}{\partial x} - \frac{eE}{m_e}\frac{\partial f_0}{\partial v}\right)\mathrm{d}v = 0. \tag{12.76}$$

假定 f_0 为麦克斯韦分布，从上式可得到

$$eE = -4k_B\partial T_e/\partial x. \tag{12.77}$$

这是温度梯度产生的电场。在第 9 章我们讨论过温度梯度和密度梯度不平行可产生磁场。这样我们可得到

$$f_1(v) = f_0(v)\frac{v^4}{2Wk_B T_e}\left(8 - \frac{m_e v^2}{k_B T_e}\right)k_B\frac{\partial T_e}{\partial x}. \tag{12.78}$$

可以看到高能电子和低能电子对 $f_1(v)$ 的影响是相反的。现在我们可以对前面的热流方程积分，得到 Spitzer-Harm 热流

$$Q_{\text{SH}} = \frac{-128}{3\pi} \frac{n_e k_B T_e}{m_e \nu_{ei}} k_B \frac{\partial T_e}{\partial x} = -\mathcal{K}_{\text{th}} \frac{\partial k_B T_e}{\partial x}. \tag{12.79}$$

这里，$\mathcal{K}_{\text{th}}$ 为 Spitzer 热传导系数；$k_B T_e$ 和前面一样，采用能量单位；$\mathcal{K}_{\text{th}}$ 和 $T_e^{5/2}$ 成正比，并且传输的热流和等离子体密度无关，因密度增加的热流和碰撞频率的增加刚好平衡。上面给出的热流公式通常是高估的，一个原因是电子-电子碰撞被忽略了。更重要的是，我们这里一直假定等离子体是充分碰撞的，但如果电子的自由程 $\lambda_{\text{mfp}} = \nu_{\text{th}} / \nu_{ei}$ 大于温度梯度 $L_T = T_e / (\partial_x T_e)$，上面的假定是不成立的。当存在超热电子，即电子分布不满足麦克斯韦分布时，这时能量沉积非局域，即超热电子可运动很长的距离才热化，这时热传输也需要修正。在聚变研究中，经常加一个唯象的限流因子。在聚变研究中，超热电子预热靶的内部对流体的低熵压缩是有害的，这也是采用三倍频激光的一个原因。在同样激光强度下，短波长激光的归一化矢势更小，其超热电子数量更少，由于其临界密度更高，可在较高的等离子体密度下产生较小的等离子体温度，但仍可得到同样的热压。

12.6.3　超热电子在等离子体中传输的集体效应

对于强激光与固体靶相互作用，电子温度更高、超热电子更多。这时前面的热传导模型更不适合。我们现在考虑另一个极端条件，即先完全忽略电子-离子碰撞，我们取其电子平均速度为 ν_h，热电子密度为 n_h，则其产生的电流密度(前面我们假定电流为零)为

$$j_h = n_h \nu_h. \tag{12.80}$$

其巨大的电流强度引发背景电子产生反方向的运动，即回流，回流可极大抵消热电子产生的磁场，使得超过阿尔芬电流极限的热电子可继续传输。回流电子的动量通常是远小于高能电子束中电子的动量，因此从能量角度看，回流电子的动能不会很大消耗电子束的能量。但因为电子束的速度最大只能为 c，且回流电子的数量更多，电子束的磁场可被大大抑制，这使得远大于阿尔芬电流极限的电子束能在等离子体中传输。在惯性聚变电子快点火方案中需要非常高的电子束强度，即使有电子回流帮助，是否能输运点火所需足够功率的电子束流仍是有疑问的。

在理想导体条件下，即电导率为无限时，热电子传输几乎不受影响，这时电场满足条件

$$E + \boldsymbol{v}_e \times \boldsymbol{B} = 0, \tag{12.81}$$

由此可求出感应磁场

$$\frac{\partial B}{\partial t} = \nabla \times (\boldsymbol{v}_e \times \boldsymbol{B}). \tag{12.82}$$

因为电流密度为

$$J = -n_e e v_e = \frac{c}{4\pi e} \nabla \times \left(\frac{\nabla \times B}{n} \times B \right), \tag{12.83}$$

由此可得磁场的演化方程

$$\frac{\partial B}{\partial t} = -\frac{c}{4\pi e} \nabla \times \left(\frac{\nabla \times B}{n} \times B \right). \tag{12.84}$$

12.6.4　超热电子传输的不稳定性和反常制动

电子束和回流电子可在等离子体中激发韦伯不稳定性，这在第 3 章中已有介绍。假定束电流完全被回流电子中和，在三维物理图像上，韦伯不稳定性可产生绕细丝的扰动磁场。扰动磁场倾向于箍缩电子束，这样电子束流逐渐被聚成一个细丝，并且将回流挤到细丝周围，这一过程的时间尺度大约为电子束的等离子体频率的倒数，即 ω_b^{-1}。在演化后期，细丝间的吸引力可使细丝进行非线性的合并。细丝合并后的电流可远大于阿尔芬电流 I_A，这时可产生极强的自生磁场。同时这使得高能电子获得横向的动能。这种由集体效应引起的纵向动能减小也被称为反常制动，其动能减小速度远大于经典库仑碰撞。

高流强的质子束传输时也具有集体效应。

12.7　激光驱动放射性治疗

强激光驱动产生的电子束、伽马射线、质子束和重离子束等，在人体中传输时沉积能量。关于射线束在物质中的能量沉积，前面已有一些介绍。对人体组织而言，能量沉积意味着细胞等的损坏。这一过程可用于肿瘤放射治疗。基于传统加速器的放射治疗已得到实际应用，获得了很好效果，这里对激光驱动放射治疗作初步介绍。

12.7.1　射线剂量

射线在材料中传输时，以各种方式沉积能量。吸收剂量是度量材料吸收射线能量的多少，单位称为戈瑞(Gray)。1Gy 定义为质量为 1kg 的物质吸收 1J 的能量，即

$$1\text{Gy} = 1\text{J} / \text{kg}. \tag{12.85}$$

对于生物体，由于不同射线的损伤程度不同，可引入等效剂量，

$$\text{等效剂量(Sv)} = \text{吸收剂量(Gy)} \times \text{权重因子}(W_R). \tag{12.86}$$

欧洲核子中心建议放射性工作人员年等效剂量应小于 15mSv。对普通民众，限制

剂量更小。

射线在物质中效应的另一个单位是伦琴(R)，它考虑的是电离效应。

$$1R = 使1kg空气中产生2.58×10^{-4}C电量的辐射量 \tag{12.87}$$

上面的辐射剂量都是从物质效应角度考虑的，也即和接受辐射的物质的性质有关。如果从发出放射性的角度考虑，我们可定义放射性强度为

$$1Bq = 1次核衰变/s \tag{12.88}$$

12.7.2　电子束和伽马刀放疗

电子束虽然用得不多，但是可用于肿瘤治疗的。由于电子束比质子有更好的穿透性，所需的电子能量为 4～25MeV，对于激光驱动加速电子加速，这是容易实现的。所需的激光功率只有几十太瓦，同时需要几十 Hz 的重复频率，以保证治疗快速、高效。激光装置可以做得很小。技术上需要解决的问题可能包括电子束的单能性、稳定性、电子能量的易操控性等。相对于传统加速器，其高剂量率可能带来治疗上的一些优势。实际应用中需要考虑的一个因素可能是建设费用和维持费用。几十 TW 的激光装置建设费用不高。目前产生激光的电光转换效率还比较低，但对于电子肿瘤治疗，运行电费支出可能不是最重要的成本支出。总体上看似乎是可行的，但相对传统加速器，还没有体现出特别的优势。

电子束及其产生的伽马束在进行治疗时的一个缺点是，它在杀死肿瘤细胞的同时，也会杀死传播路线上的健康细胞。解决办法是采用多束流在不同方向对准肿瘤位置照射，这样肿瘤细胞受到的伤害就会远大于健康细胞。

一般用高能电子产生的轫致辐射进行伽马刀治疗。伽马光治疗技术已较为成熟，随着一些新技术的应用，治疗效果也比以前更好了。因此，利用激光加速产生的电子束产生的伽马射线进行肿瘤治疗技术上是可行的。重要的是要评估其经济可行性。

激光驱动电子束有很高的瞬时流强，进一步产生的伽马射线也有很高的流强。有研究认为高瞬时流强是有利于肿瘤治疗的。

12.7.3　质子束放疗

另一个办法是采用质子、重离子等强子来代替电子和伽马射线。强子的能量沉积有明显的布拉格峰(图 12.11)，也即在传输末端，当离子能量比较低时，有特别高的能量沉积效率。这非常有利在于在杀死肿瘤细胞的同时，尽量减少对健康细胞的损伤。相对于伽马射线，质子治疗所需的总剂量低好几倍。结合 X 射线电子计算机断层扫描(CT)和聚对苯二甲酸乙二醇酯(PET)CT 等成像技术，可实现对肿瘤的精准治疗。

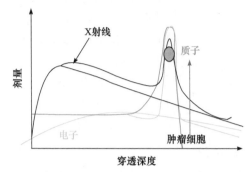

图 12.11　X射线、电子和质子沉积剂量随穿透深度的变化

用于肿瘤治疗的质子能量范围为 3～300MeV。作为参考，230MeV 的质子在水中的射程为 34cm。质子在人体中传输时，主要由于和电子的碰撞而损失能量，其阻止本领可由前面的 Bethe-Block 公式计算。同时，质子束治疗时，在横向也需要使质子束集中在肿瘤区域。为此，除了需要考虑质子束本身的方向性外，还需要考虑质子束传输时的横向散射，由于质子的质量相对电子大，质子束相对于电子束有较小的横向散射，这有助于减小对附近重要器官的损伤。质子的横向散射主要是由质子束和原子核的多次(软)碰撞引起的。假定质子束动量为 p，速度为 v，Highland 给出了散射角的近似公式

$$\theta_{\text{Highland}}=\frac{14.1\text{MeV}}{pv}\sqrt{\frac{\rho x}{\rho X_0}}\left(1+\frac{1}{9}\log_{10}\frac{\rho x}{\rho X_0}\right)\text{rad.} \tag{12.89}$$

这里假定散射物质是薄的，即远小于阻止距离；ρx 为物质面密度，ρX_0 为质量辐射长度。物质层比较厚时，质子动量会随传播距离逐渐变小，上式可改为积分形式。少量质子还会与靶核发生硬的碰撞，甚至引发核反应，在进行精细的治疗时需要考虑这些影响。根据肿瘤的大小，质子束的能散度一般要求为1%～2%。

基于传统加速器的质子治疗渐趋成熟，装置大小和费用也不断降低，以碳为代表的重离子装置也逐渐增多。笔束(pencil beam)扫描技术逐渐普及，以取代原来的散射增宽技术，这可增加治疗的精准性，并减小装置尺寸。

激光质子束用于肿瘤治疗还很不成熟，目前激光驱动质子束的最大能量大约在100MeV，随着 10PW 级装置的建设，质子能量有可能达到肿瘤治疗所需的200～300MeV。强场激光的能量转换效率目前还远低于传统加速器，但对于肿瘤治疗，电力费用可能不是主要成本。从长期来看，强场激光的建设成本有可能和传统加速器相当或低于传统加速器。因此，总体上激光质子束癌症治疗还处于研究的初期阶段，但仍值得重视。

激光质子束相对于传统加速器有一些不同的特点。激光质子束通常有很短的脉宽，因此对于癌症治疗有很高的剂量率(单位时间的能量沉积)，剂量率对治疗

效果的影响还有待研究。目前激光质子束的单能性还很差，如果通过选能的方法只选取部分质子，则会大大降低效率。激光质子束的产生源点很小，但一般有较大的发散角，经过传输照射到肿瘤时尺寸比较大，但通过聚焦系统，原则上可得到很小的尺寸，可进行精细治疗。激光可通过光学系统方便地调整质子束的位置，这对笔束技术是有利的。

总体上现在讨论激光质子束是否可替代传统质子束或作为传统质子束的补充还为时尚早。

12.8　激光驱动射线束的成像

利用各种手段，在不同条件下拍摄具有更高空间和时间分辨的像片一直是人类追求的目标。强场激光驱动的射线束由于具有脉冲短、流强高等特点，也具有一些独特的应用。在前面的章节中已有一些介绍，这里再对激光驱动射线束成像做一些简单的介绍。

12.8.1　激光质子束成像

质子相对于电子惯性大很多，所以在传输过程中，散射较小，成像质量也比较高。激光质子束一般有较大的散角，比如对 TNSA 机制，散角一般在 10°左右，在离质子源稍远的地方，就可对较大的样品完整成像。质子成像可用 RCF 作记录介质。质子成像可采用点源成像或平面光成像，如果样品和像片靠得很近，可近似看成平面光成像，可有很大的空间分辨率。如 12.12(a)就是把蜻蜓紧贴在 RCF 上得到的质子成像，图中只给出了局部的放大图，可以看到分辨率好于 $10\mu m$。也可把样品放在质子源和 RCF 的中间，这时可看成点源成像，其空间分辨率由质子源的大小决定。由于激光的焦斑可聚焦到几个微米，激光质子源的尺寸也很小，因此可有很高的空间分辨率。

激光质子束的一个重要特点是单能性差，这在质子成像中是一个优点。不同能量的质子到达样品需要不同的时间，也即不同能量的质子与不同时刻的样品相互作用。记录时我们可采用多层的 RCF，由于质子沉积有布拉格峰，不同能量的质子主要沉积在不同的 RCF 上，这意味着不同 RCF 上记录的是样品不同时刻的状况，也即宽谱质子源成像可有时间分辨。由简单估算可知，时间分辨率可达到皮秒量级。因此，激光质子束可用于激光等离子体演化过程的成像研究，图 12.12(b)即为质子束对激光与靶相互作用过程的成像。

质子束是带电的，除了由密度效应可成像外，强的电磁场也可使质子改变运动方向，即质子束可探测样品中的电磁场，由于激光等离子体的电磁场很强，特别对激波、磁重联等过程，场的变化很剧烈，质子束成像是很好的探测方法。

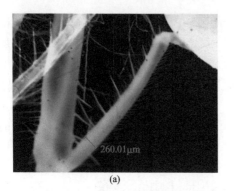
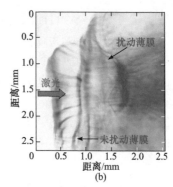

图 12.12　(a)质子束对蜻蜓的成像(腿的局部)；(b)质子束对激光与靶相互作用过程的成像

(L. Gao, et al.，PRL109，115001(2012))

　　目前激光质子源的空间均匀性大多不够好,给一些精细结构的分析带来困难。目前有一些工作在设法改善激光质子束的均匀性。激光驱动聚变质子源有很好的均匀性，但需要大型纳秒激光驱动。

　　当质子束的能量达到 500MeV∼1GeV 时，质子束的穿透性已很高，可以探测大型物体内部的微小缺陷。

12.8.2　激光驱动伽马射线成像

　　伽马射线有很强的穿透性，可以对物体内部结构进行成像(图 12.13)。强激光驱动伽马射线成像目前主要利用强激光产生大电荷量电子束，再通过轫致辐射产生伽马射线。伽马射线成像要求的伽马光子能量一般为 10MeV 左右，但要求伽马射线的光子数足够多，这样才能得到高品质的图像。因此，要求激光能产生电子束的能量不是很高，比如 30MeV 左右，不要求单能性，但要求电子束的电荷量足够大，达到几十纳库。我们已在第 7 章介绍过如何产生大电荷量的电子束。由于激光伽马束具有超短特性，因此可进行超快成像。

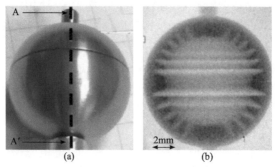

图 12.13　伽马射线可对物体内部结构进行成像。(a)原物体，(b)伽马射线成像。伽马射线可以

拍摄到金属内部结构

利用回旋辐射等机制产生的伽马射线也可用于伽马射线成像。我们知道在辐射主导区，激光可以非常高效地转换为伽马射线，因此利用这种高亮度伽马射线进行成像研究是很理想的。但目前的激光还不够强，所以难以产生这种超强的伽马射线进行成像实验。

12.8.3　其他激光射线束的成像

激光电子束也可用于成像，由于其惯性比较小，对电磁场比较敏感，可用于等离子体尾场等的探测。激光驱动的正电子可用于固体内部缺陷的探测等，我们在前面章节中已有介绍。激光驱动的中子束原则上可直接用于快中子成像，或慢化后进行慢中子成像。但目前除开激光聚变中子源外，激光驱动中子源的数量较少，准直性也不够好，目前还未看到成像实验。

12.9　激光射线束的其他应用

激光驱动射线的应用仍在发展过程中，可能会继续涌现新的应用。

12.9.1　单粒子效应

由于半导体集成技术的发展，芯片中的刻画精度已达几十纳米甚至几纳米。高能粒子通过如此精细的芯片极容易使其反转甚至破坏，从而可影响或破坏整个控制系统，这被称为单粒子效应。宇宙射线(主要是高能质子)可通过单粒子效应对航天器上的芯片造成破坏，由于大气层的阻挡，宇宙射线对地面芯片的影响较小，但仍有概率发生。为研究这一现象，并对芯片进行加固设计，可利用传统加速器或激光驱动产生质子束，进行针对性的实验。卫星等航天器上的芯片特别容易受单粒子效应影响，又不易更换，因此特别需要重点研究。从另一角度看，如果质子能量比较高，能在大气中传输很长的距离，5GeV 左右的质子束可穿透大气层，地面出射的质子束也能对远处芯片进行打击。空基的质子束受大气影响小，所需的质子能量可大大降低。

12.9.2　缪子的应用

缪子可用于催化聚变。若缪子入射到氘氚等离子体中，由于缪子质量远比电子大，可更靠近离子，这使得氘氚核反应更容易发生。

缪子有很强的穿透力，曾有人利用宇宙射线中缪子对埃及金字塔进行成像。由于其极强的穿透性，原则上可利用激光驱动的缪子和深海中的潜艇进行通信。

12.9.3　质子束诱导 X 射线荧光分析

质子束与材料相互作用可电离内壳层电子，产生特征的 X 射线荧光辐射，从而确定元素性质和含量，相比于电子束驱动，由于质子速度较小，韧致辐射的干扰更小。

附　　录

1. 常用三角函数公式

$$\sin\alpha + \sin\beta = 2\sin\frac{\alpha+\beta}{2}\cos\frac{\alpha-\beta}{2},$$

$$\sin\alpha - \sin\beta = 2\cos\frac{\alpha+\beta}{2}\sin\frac{\alpha-\beta}{2},$$

$$\cos\alpha - \cos\beta = -2\cos\frac{\alpha+\beta}{2}\cos\frac{\alpha-\beta}{2},$$

$$\cos\alpha - \cos\beta = -2\sin\frac{\alpha+\beta}{2}\sin\frac{\alpha-\beta}{2},$$

$$\sin\alpha\cos\beta = \frac{1}{2}[\sin(\alpha+\beta)+\sin(\alpha-\beta)], \quad \cos\alpha\sin\beta = \frac{1}{2}[\sin(\alpha+\beta)-\sin(\alpha-\beta)],$$

$$\cos\alpha\cos\beta = \frac{1}{2}[\cos(\alpha+\beta)+\cos(\alpha-\beta)], \quad \sin\alpha\sin\beta = -\frac{1}{2}[\cos(\alpha+\beta)-\cos(\alpha-\beta)].$$

2. 坐标系

本书一般把激光传播方向定为 x 轴；在没有激光时，把其他波(如电子等离子体波、激波等)的传播方向定为 x 轴；讨论 Z 箍缩时，把纵向定为 z 方向。

本书的柱坐标系取 (r,θ,z) 或 (r,θ,x)，这里以第一种方式给出书中用到的一些表达式，作为备查。

$$x = r\cos\theta,$$

$$y = r\sin\theta,$$

$$\nabla = \frac{\partial}{\partial r}\hat{e}_r + \frac{1}{r}\frac{\partial}{\partial\theta}\hat{e}_\theta + \frac{\partial}{\partial z}\hat{e}_z,$$

$$\nabla\cdot\boldsymbol{A} = \frac{1}{r}\left[\frac{\partial}{\partial r}(rA_r) + \frac{\partial}{\partial\theta}A_\theta + \frac{\partial}{\partial z}(rA_z)\right],$$

$$\nabla\times\boldsymbol{A} = \frac{1}{r}\left[\frac{\partial}{\partial\theta}A_z - \frac{\partial}{\partial z}(rA_\theta)\right]\hat{e}_r + \left(\frac{\partial}{\partial z}A_r - \frac{\partial}{\partial r}A_z\right)\hat{e}_\theta + \frac{1}{r}\left[\frac{\partial}{\partial r}(rA_\theta) - \frac{\partial}{\partial\theta}A_r\right]\hat{e}_z,$$

$$\nabla^2 = \frac{1}{r}\frac{\partial}{\partial r}\left(r\frac{\partial}{\partial r}\right) + \frac{1}{r^2}\frac{\partial^2}{\partial\theta^2} + \frac{\partial^2}{\partial z^2}.$$

3. 单位制和常用电磁公式

为和大多数的文献一致，本书大多采用高斯单位制，为避免单位制的影响，本书尽量采用归一化的方程。真空介电常数 $\epsilon_0 = 1$，真空磁导率 $\mu_0 = 1$。

库仑定律为

$$F = \frac{q_1 q_2}{r^2},$$

洛伦兹力为

$$\boldsymbol{F} = q\left(\boldsymbol{E} + \frac{1}{c}\boldsymbol{v} \times \boldsymbol{B}\right),$$

电子电荷为 $-e$，e 为正值。

在等离子体中，我们一般直接采用微观的麦克斯韦方程，即

$$\nabla \times \boldsymbol{E} = -\frac{1}{c}\frac{\partial \boldsymbol{B}}{\partial t},$$

$$\nabla \times \boldsymbol{B} = \frac{4\pi}{c}\boldsymbol{J} + \frac{1}{c}\frac{\partial \boldsymbol{E}}{\partial t},$$

$$\nabla \cdot \boldsymbol{E} = 4\pi\rho,$$

$$\nabla \cdot \boldsymbol{B} = 0.$$

在宏观材料中可引入极化强度 $\boldsymbol{P}$ 和磁化强度 $\boldsymbol{M}$，即

$$\boldsymbol{P} = \chi_e \boldsymbol{E},$$

$$\boldsymbol{M} = \chi_m \boldsymbol{B},$$

χ_e 为极化率，χ_m 为磁化率。定义电感强度 $\boldsymbol{D}$ 和介质中磁场强度 $\boldsymbol{H}$ 分别为

$$\boldsymbol{D} = \boldsymbol{E} + 4\pi\boldsymbol{P},$$

$$\boldsymbol{H} = \boldsymbol{B} - 4\pi\boldsymbol{M},$$

则

$$\boldsymbol{D} = \boldsymbol{E} + 4\pi\chi_e\boldsymbol{E} = \epsilon\boldsymbol{E},$$

$$\boldsymbol{H} = \boldsymbol{B} - 4\pi\chi_m\boldsymbol{B} = \frac{1}{\mu}\boldsymbol{B},$$

式中，ϵ 为宏观材料的介电常数，μ 为磁导率。

麦克斯韦方程为

$$\nabla \times \boldsymbol{E} = -\frac{1}{c}\frac{\partial \boldsymbol{B}}{\partial t},$$

$$\nabla \times \boldsymbol{H} = \frac{4\pi}{c}\boldsymbol{J} + \frac{1}{c}\frac{\partial \boldsymbol{D}}{\partial t},$$

$$\nabla \cdot \boldsymbol{D} = 4\pi\rho,$$

$$\nabla \cdot \boldsymbol{B} = 0.$$

在二维空间，利用爱因斯坦求和规则，

$$D_i = E_i + 4\pi P_i = \varepsilon_{ij} E_j,$$

$$H_i = B_i - 4\pi M_i = \mu_{ij} B_j,$$

ε_{ij} 和 μ_{ij} 分别为极化真空的电容率和磁导率张量。由此可得

$$P_i = \frac{1}{4\pi}\left(\varepsilon_{ij} - \delta_{ij}\right) E_j,$$

$$M_i = -\frac{1}{4\pi}\left(\varepsilon_{ij} - \delta_{ij}\right) B_j,$$

式中 δ_{ij} 为单位矩阵。和上面的电极化率和磁极化率比较，可得到折射率椭球。

在洛伦兹规范下，电磁势方程为

$$\frac{1}{c}\frac{\partial \phi}{\partial t} + \boldsymbol{\nabla} \cdot \boldsymbol{A} = 0,$$

$$\nabla^2 \phi - \frac{1}{c^2}\frac{\partial^2 \phi}{\partial t^2} = -4\pi\rho,$$

$$\nabla^2 \boldsymbol{A} - \frac{1}{c^2}\frac{\partial^2 \boldsymbol{A}}{\partial t^2} = -\frac{4\pi}{c}\boldsymbol{J}.$$

在库仑规范下，电磁势方程为

$$\nabla \cdot \boldsymbol{A} = 0,$$

$$\nabla^2 \phi = -4\pi\rho,$$

$$\nabla^2 \boldsymbol{A} - \frac{1}{c^2}\frac{\partial^2 \boldsymbol{A}}{\partial t^2} = -\frac{4\pi}{c}\boldsymbol{J} + \frac{1}{c}\nabla\frac{\partial \phi}{\partial t}.$$

电磁场和势的关系为

$$\boldsymbol{B} = \nabla \times \boldsymbol{A},$$

$$\boldsymbol{E} = -\nabla\phi - \frac{1}{c}\frac{\partial \boldsymbol{A}}{\partial t}.$$

电磁波在等离子体中传输方程为

$$\nabla^2 \boldsymbol{A} - \frac{1}{c^2}\frac{\partial^2 \boldsymbol{A}}{\partial t^2} = -\frac{4\pi}{c}\boldsymbol{J}_{\mathrm{t}},$$

$$\nabla^2 \boldsymbol{A} - \frac{1}{c^2}\frac{\partial^2 \boldsymbol{A}}{\partial t^2} = \frac{4\pi e}{c}\left(n_{\mathrm{e}}\boldsymbol{v}_{\mathrm{et}} - n_{\mathrm{i}}\boldsymbol{v}_{\mathrm{it}}\right).$$

物理量转换单位的方式

$$\left(E,\phi\right)\left(\text{高斯制}\right)=\sqrt{4\pi\epsilon_0}\,\left(E,\phi\right)\left(\text{国际制}\right),$$

$$\left(B,A\right)\left(\text{高斯制}\right)=\sqrt{\frac{4\pi}{\mu_0}}\left(B,A\right)\left(\text{国际制}\right),$$

$$\left(q,j\right)\left(\text{高斯制}\right)=\frac{1}{\sqrt{4\pi\epsilon_0}}\left(q,j\right)\left(\text{国际制}\right).$$

4. 波的描述

书中采用复变函数和余弦(正弦)两种方式描述波。

$$a=a_0\mathrm{e}^{\mathrm{i}\omega t-\mathrm{i}kx}=a_0\left[\cos\left(\omega t-kx\right)+\mathrm{i}\sin\left(\omega t-kx\right)\right],$$

$$a=a_0\cos\left(\omega t-kx\right)=a_0\left(\mathrm{e}^{\mathrm{i}\omega t-\mathrm{i}kx}+\mathrm{e}^{-\mathrm{i}\omega t+\mathrm{i}kx}\right)/2.$$

5. 常用符号

A，电势，面积，约化质量数；A_0，电势振幅；Ai，A_i，Airy 函数

a，归一化电势，湮灭算符，加速度，长度；a_L，a_0，归一化激光电势；a_B，氢原子玻尔半径；a^+，产生算符

B，磁场强度；B_av，平均磁场强度；B_g，引导磁场强度

C，常数

c，真空光速；c_s，离子声速

D，电感强度，厚度

d，长度

E，电场，能量；E_L，激光电场，E_s，施温格临界场；E_a，玻尔半径处场强

F，力，焦距，光学镜子 F 数，四维电磁张量

f，焦距，分布函数，描述量子电动力学效应的无量纲参数；f_rad，辐射反作用力；f^μ，四维力

G，引力常数，增益系数

g，动量密度，加速度，螺线管强度，增益系数，描述量子电动力学效应的无量纲参数；$g^{\mu\nu}$，度规

e，电子电荷(一般取正值)，比内能

$\hat{e}_x,\hat{e}_y,\hat{e}_z$，单位矢量

H，哈密顿量，能量，厄米函数

h，比焓；h_0，哈密顿量常数

$\hbar$，约化普朗克常数

I，激光强度，电流强度，角量子数；I_0，峰值强度；I_p，电离能，普朗克强度；I_{th}，电离阈值

i，虚数

J，电流强度，贝塞尔函数，角动量；j，电流密度，角动量密度

K，玻尔兹曼常数，聚焦常数；K_{ib}，逆轫致吸收系数

k，波数，Keldysh参数；k_B玻尔兹曼常数；k_i，波数虚部；k_L，真空中激光波数；k_{pe}，电子等离子体波波数；k_r，波数实部；k_s，散射光波数；k_W，摇摆器参数；k_w，摇摆器波数

L，拉格朗日量，长度，特征长度，角动量，拉盖尔函数；L_d，失相长度

$\mathcal{L}$，拉格朗日密度

l，拓扑荷，长度

M，描述光束品质，动量守恒常数，整数

$\mathcal{M}$，马赫数

m，质量，电子质量，磁量子；m_0，静止质量；m_e，电子质量；m_i，离子质量；m_m，介子质量；m_p，质子质量；m_μ，缪子质量

$N, \mathcal{N}$，个数

n，数密度、折射率；n_e，电子数密度；n_i，离子数密度；n_0，背景数密度；n_c，临界密度；n_b，粒子束密度；n_p，光子数

P，压力，功率，极化强度；P_0，自然功率；P_{cr}，临界功率；P_f，自聚焦功率；P_N，空气电离阈值功率；P_R，辐射压

p，动量，广义动量，压力，径向量子数；p_c，正则动量；p_e，电子等离子体热压；p_{el}，电子等离子体纵向动量；p_{et}，电子等离子体横向动量

Q，电荷，热流，常数

q，电荷，广义坐标，高斯激光脉冲q参数

QED，量子电动力学

R，位置；R_c，回旋半径；R_e，雷诺数；R_m，磁雷诺数

r，位置；r_0，r_e，经典电子；r_N，核半径

S，坡印亭矢量，面积，自相似参数，自旋角动量，天体物理S因子

SRS，受激拉曼散射

SBS，受激布里渊散射

s，粒子轨道，斯托克斯参数，自旋角量子数

sinc，辛格函数

T，温度，电磁应力张量；T_e，电子温度；T_i，离子温度；T_L，激光周期

TPD，双等离子体衰变

t，时间；t_0，时间；t_p，普朗克时间

U，势，四维速度；U_p，振荡能

u，流体速度，激光横向分布；u_e，电子流体速度；u_{el}，电子流体纵向速度；u_{et}，电子流体横向速；u_i，离子流体速度；u_s，激波速度

V，体积，电势；V_c，相干体积

v，粒子速度；v_e，电子速度；v_i，离子速度；v_{os}，振荡速度；v_a，v_A，阿尔芬声速；v_g，群速度；v_p，v_{ph}，相速度；v_{te}，电子热速度；v_D，漂移速度

W，能量守恒常数，概率，功率；W_b，韧致辐射功率；W_{fus}，聚变功率

w，光束横向尺寸；w_0，焦斑尺寸

x，波传播方向空间坐标；$\hat{x}$，单位矢量，x_R，瑞利长度

y，空间坐标；$\hat{y}$，单位矢量

Z，原子序数

z，空间坐标；$\hat{z}$，单位矢量

α，精细结构常数，成团系数

β，归一化速度，磁化等离子体 β 值，啁啾参数

Γ，电离率，增长率；Γ_{we}，韦伯不稳定性增长率

γ，相对论因子，绝热指数，增长率；γ_a，绝热指数；γ_e，电子相对论因子；γ_p，相速度对应的相对论因子

Δ，宽度

δ，狄拉克函数；δ_{ij}，克罗内克函数

$\mathcal{E}$，能量

ε，能量密度，发射度，介电系数

η，折射率，电阻率，流体黏滞系数，描述光光相互作用的无量纲参数；η_m，磁黏滞系数

Θ，电磁感应张量

θ，角度

κ_e，热传导系数

Λ，等离子体参数，洛伦兹变换矩阵

λ，波长；λ_B，德布罗意波长；λ_L，真空中激光波长；λ_{pe}，λ_p，电子等离子体波波长；λ_C，康普顿波长；λ_D，德拜长度；λ_W，摇摆器波长；λ_w，尾波波长

μ，磁矩，约化质量；μ_B，玻尔磁矩；μ_e，电子磁矩；μ_p，质子磁矩；μ_n，中子磁矩

ν，频率，碰撞频率；ν_{eff}，有效碰撞频率；ν_{ei}，电子离子碰撞频率；ν_{ie}，

离子电子碰撞频率；ν_{ee}，电子电子碰撞频率；ν_{ii}，离子离子碰撞频率

ξ，位置

π，圆周率

ρ，质量密度，电荷密度，概率密度，曲率半径，横向尺寸；ρ_0，背景密度

σ，截面，电导率，偏振，斯特藩-玻尔兹曼常数，增长率，泡利矩阵

ς，gouy 相位

τ，时间，脉宽；τ_G，高斯激光脉宽

ϕ，标势，归一化标势，波函数

φ，相位，角向角度

χ，χ_e，描述量子力学效应的无量纲参数；χ_e，极化率张量

ψ，波函数

Ω，立体角

ω，频率；ω_a，原子频率；ω_c，电子回旋频率；ω_h，上杂化频率；ω_L，激光频率；ω_l，朗缪尔波频率；ω_p，等离子体频率；ω_{pe}，电子等离子体频率；ω_{pi}，离子等离子体频率；ω_r，频率实部；ω_s，散射光频率

参 考 书 目

[1] Jackson J D. Classical Electrodynamics. 3rd ed. New York: John Wiley & Sons, Inc,. 1999.

[2] Chen F F. Introduction to Plasma Physics. New York: Springer, 1974; 中译本, 等离子体物理学导论. 林光海, 译. 北京: 科学出版社, 2016.

[3] Kruer W L. The Physics of Laser Plasma Interactions. Boulder: Westview Press, 2003.

[4] Liu C S, Tripathi V K, Eliasson B. High-Power Laser-Plasma Interaction. Cambridge: Cambridge University Press, 2019.

[5] Gibbon P. Short Pulse Laser Interaction with Matter. London: Imperial College Press, 2005.

[6] Mulser P, Bauer D. High Power Laser-Matter Interaction. Berlin: Springer Press, 2010.

[7] Takabe H. The physics of laser plasmas and application-Volume 1: Physics of Laser Matter Interaction. Springer Nature Swizerland AG, 2020.

[8] 盛政明. 强场激光物理研究前沿. 上海: 上海交通大学出版社, 2014.

[9] 余玮. 飞秒激光与等离子体相互作用的解析理论. 北京: 科学出版社, 2018.

[10] Drake R P. High-Energy Density Physics. 2nd ed. Springer International Publishing AG, 2018.

[11] Cercignani C, Kremer G M. The Relativistic Boltzmann Equation: Theory and Application. Basel: Birkhaeuser Verlag, 2002.

[12] Sedov L I. Similitude and Dimensional Analysis in Mechanics. New York: Academic Press, 1959.

[13] Rezzolla L, Zanotti O. Relativistic Hydrodynamics. Oxford: Oxford University Press, 2018.

[14] 陈佳洱. 加速器物理基础. 北京: 北京大学出版社, 2012.

[15] Lee S Y. Accelerator Physics. 2nd ed. Singapore: World Scientific Publishing Co. Pte. Ltd., 2004.

[16] Seryi A. Unifying Physics of Accelerators, Lasers and Plasma. New York: CRC Press, 2015.

[17] 栗弗席兹 E M, 别列斯捷茨基 B Б. 理论物理学教程·第四卷: 量子电动力学. 朱允伦, 译. 北京: 高等教育出版社, 2015.

[18] Greiner W, Mueller B, Rafelski J. Quantum Electrodynamics of Strong Fields. Berlin: Sprimger-Verlag, 1985.

[19] Atzeni S, Meyer-ter-Ven J. The Physics of Inertial Fusion. Oxford: Oxford University Press, 2004; 中译本, 惯性聚变物理. 沈百飞, 译. 北京: 科学出版社, 2008.

[20] 施沃雷尔·海因里希, 马吉尔·约瑟夫, 贝勒·布加德. 激光与核: 超高强度激光在核科学中的应用(Lasers and Nuclei: Applications of Ultrahigh Intensity Lasers in Nuclear Science). 王乃彦, 译. 哈尔滨: 哈尔滨工程大学出版社, 2019.

[21] Paganetti H. Proton Therapy Physics. 2nd ed. New York: CRC Press, 2019.